美学史论稿

六朝美学史
【修订本】

吴功正 著

陕西师范大学出版总社

图书代号：SK20N0824

图书在版编目（CIP）数据

六朝美学史/吴功正著.—修订本.—西安：陕西师范大学出版总社有限公司，2020.8（2021.12重印）

（美学史论稿）

ISBN 978-7-5695-1323-3

Ⅰ.①六… Ⅱ.①吴… Ⅲ.①美学史—中国—六朝时代 Ⅳ.①B83-092

中国版本图书馆CIP数据核字（2020）第021539号

六朝美学史（修订本）

LIUCHAO MEIXUE SHI（XIUDING BEN）

吴功正　著

出版统筹	刘东风　郭永新
责任编辑	彭　燕
责任校对	宋媛媛
封面设计	张潇伊
出版发行	陕西师范大学出版总社
	（西安市长安南路199号　邮编710062）
网　　址	http://www.snupg.com
印　　刷	陕西龙山海天艺术印务有限公司
开　　本	787mm×1092mm　1/16
印　　张	36.25
插　　页	4
字　　数	540千
版　　次	2020年8月第1版
印　　次	2021年12月第2次印刷
书　　号	ISBN 978-7-5695-1323-3
定　　价	168.00元

读者购书、书店添货或发现印装质量问题，请与本公司营销部联系、调换。

电话：（029）85307864　85303629　传真：（029）85303879

总序

对《六朝美学史》《唐代美学史》《宋代美学史》的修订实际是每部书出版后就已着手，这是因为每部书都有欠缺、遗珠和不足。修订是重新审视，甚至以旁观者或以读者的身份看待，这样，或是幡然猛醒，自查自纠；或是补苴罅漏，另起炉灶。

需要说明的是，我的先期积累和准备不是美学史，而是美学理论和文学经典的审美鉴赏。我1985年出版了文体美学著作《小说美学》，1991年出版了门类美学著作《文学美学》，然后才开始写美学史。因而，我是在打下了比较坚实的美学理论基础上才进入美学史域的。另外，我还阅读和解阐了相当数量的经典文本。理论和文本，犹如鸟之双翼，等翅膀羽毛长硬实了，就可以飞入美学史领地。通过实践，这种研究方法行之有效，不仅根基扎实，而且别立一套美学史体系。

本次修订实际上已经跳出三本美学史，从更宏观深入的角度观照整个中国美学史外在和内在的关系：不仅涉及美学史的本体内容，而且扩大至未被认知的领域；不仅对系统之间加以整合，而且指涉研究理念、方法论、书写方式等问题；不仅回答"写什么"，而且回答"怎么写"。其解读方式是既对对象进行审美价值判断，又进行审美感受的体验，体现当下时代和撰写主体的审美理想和审美价值观。在具体论述方式上，视域求气度，论析求深度，话语有温度。分而言之，主要体现在以下几个方面。

首先，在美学通史中写断代美学史。可以敝帚自珍地说，"通史在胸，断代在握"是"美学史论稿"丛书的学术特色、亮点。在中国美学史上，六朝是转折期，由粗放进入精致，美学精神和形态多有体现；唐代是辉煌期，全面爆出绚丽的火花；宋代是高峰期，影响元、明、清三代美学。三个大的历史时段相对独立，貌似失联，实有关联。这次修订继续坚持在通史中考察断代史美学现象，并扩大到具体的门类美学。例如对六朝陶俑美学的定位，认为六朝陶俑美学在中国美学史上和六朝其他门类美学一样，承前启后，从汉的简单粗放逐步走向精致，作为美学储备为唐三彩精彩纷呈的陶塑铺垫了基础。"断"中有"通"，"通"中观"断"，浑然一体。这不是蜻蜓点水，泛泛而论，而是渗透在论述机体中，化为血肉。对于每一个美学断代，都把它放在中国美学史的长河中考察其地位。众所周知，在不同的美学观念、美学形态、美学范畴等方面，六朝或是创生期，或是发展期，或是转折期；在众多的美学域界，是"映日荷花别样红"也好，是"小荷才露尖尖角"也罢，中古及以后的美学大势都在这里确定下来了。在此后的美学史中，六朝那些美的创造者与美的阐释者，纷纷走进绚丽多姿、五光十色的美学史图像中，唐及唐以后每一个时代的艺术长廊里都折射出这批巨匠们的光华。至于具体个体，也存在着个别和一般的关系，寻根究底还是"断"和"通"关系的内涵问题。在解读美个体具体审美成就的基础上，也要将其放在中国美学通史中加以考察，明确个体之于普遍的存在地位和作用。如对吴道子宗教画的评价就是在绘画通史中加以考察的。吴道子的宗教画集大成而又自出新意，他于佛画所作"兰叶描"成为后世之楷范，五代及其以后的宗教画在审美技法上盖出于此，可见其影响之深远。这就形成了在深沉内涵上，绘画美学史"断"和"通"的连接。

其次，提高对中国美学史的整体认知，在补短中进而扬长。通俗地讲，就是既做减法，又做加法。但无论是"减容"还是"增容"，是"削山头"还是"填沟壑"，不仅要保证美学史的良好平衡性，最重要的是追求深度和新意。这次修订过程中，三本书的原有存量各自删去三分之一。体例、框架、叙述笔调等均不变，优点保留，但芟除叙述文字，加强提炼和概括，有些章节则整个砍掉。所谓加法，也不是"在蜂蜜上加糖"，而是更为体现笔者对美学史特别是对这三个美学大时代的认识和理解，增添新材料，深化新认知，甚至在局部领域内重打锣鼓另开张。具体做法如下：一是加强思想史和美学史的论述。这是修订的一个重点领域，也是基于作者思想史—美学史的一种认知。六朝绕不过玄学，唐代绕不过佛学，宋代绕不过理学，这是三大时代的思想史标识。修订版不是泛泛而论，而是深入到四个层面：精神层面（增加专节，如宋代《文化精神与美学精神》）、思维层面（增加专节，如宋代《理学与美学思维》）、形态层面（增加专节，如唐代《佛教与书法美学》）、范畴层面（六朝"言意"、唐代"境界"、宋代"涵泳"）。二是加强特色美学阐述。每个时代都有各自的特色"产业"，进而形成特色美学。原书虽努力体现，但有遗珠现象，于是六朝增加《青瓷、陶俑美学》，唐代增加《茶道美学》，宋代增加《工艺美学》。三是加强美学史的本体认知。美学史本体上是史，遵循史的一般原则，是其应有之义。然而，美学史也有特殊的形态原则，在对历史形态进行说明和解读时，应当寻根溯源，找到其发展脉络。如"风骨"这一美学范畴，就形成了刘勰、陈子昂、殷璠、李白这条一以贯之的美学发展线索。作为方外之人，皎然不重美学的外部说明，只重内部描述，这是自元结以来的又一次转变，其特点是向内转，对晚唐司空图、南宋严羽有深刻影响。故而，既勾画美学史思想的线条，又探寻其"三江源头"，才会有史的图像。

再次，以理解之同情深入美学现场，用心写史。美学史是灵魂史、审美心理结构史，正因如此，研究方法更需要思辨和体验，尤其是体验。研究者作为主体仿佛神游于对象的美学世界里，分明在和他们交谈、对话，有切肤之感地体验着他们的酸甜苦辣，跟他们一样喜怒哀乐。这样，研究者就能零距离地与他们神交、心知、灵契，所做的审美评价因之而深笃，所做的审美描述因之而亲切。所得到的便是别一种收获，不是政治学、社会学、考据学的，而是美学的。社会影响人的心态和心态史，进而影响美学和美学史。心态史和美学史之密切关系，也是这次修订的重点之一。例如李贺，就径直以"李贺心态和美学"为题。李贺心态具有变态性特征，心理变态造成物象变形，这又是具体的家世、社会因素所致，构合为李贺心态的形成图式和深层原因。李贺创造了缤纷多姿、荒诞奇幻的美，不仅形成了一个诗歌美学流派，而且出现了一种改变传统、指向新途的审美趋势。这是从审美对象和主体感受中综合形成的，因而具有美学史的本体意义。另外，还注意对心态加以区别，如李白和李贺。李白是放，狂放无忌；李贺是抑，抑郁幽愤。李白心态虽有郁闷之处，但善作发泄、排解，总体比较亮；李贺则内敛于心，形成郁结，趋于暗，于是便以浓艳之物象作为对象性载体。柳宗元和陶渊明的心态也有不同，柳被外界步步紧逼，陶则是自愿为之。历代诗话、诗论往往从心态现象上看待，大而化之，缺少辨析。殊不知心态差异直接影响美学差异，进而形成千差万别的审美个性。

最后，再说这次修订版的缘起，犹如甘蔗倒吃、反弹琵琶。《唐代美学史》最早由陕西师范大学出版总社推出，这是我系列美学史著作中的一部，也是我和该出版社因缘生法的成果。而对已经出版的三部美学史进行修订，并将近年来新的学术成果做一总结（拙著《中国美学史论》），这一提议则是在陕西师范大学出版总社建社三十周年的庆典上确定下来的。出版计划甫一制订，便开始了行之有效的落实工作。但具体实施过程之艰辛与困难，却大为出乎我的意料。其中甘苦，恕不在此一一赘述。然我以古稀之年，尚有机会"毕其功于一役"，实乃人生一大幸事。毁誉在人，无须多言。

由衷感谢陕西师范大学出版总社董事长兼社长刘东风先生的鼎力支持，以及大众文化出版中心主任郭永新先生在书稿统筹过程中付出的艰辛劳作！一并致谢为修订版常年提供系列论文刊载的《南通大学学报》主编邓乐群教授、《齐鲁学刊》编审张玉璞教授！深切感谢江苏社会科学院樊和平副院长、科研处唐永存副处长所给予的关心、支持和帮助！

吴功正
2018年10月于南京玄武湖湖畔

目录

绪　言　六朝美学史概述 001

第一编　在前代美学史的延伸下

第一章　汉代和六朝两大美学史区段间的演变轨迹 013

　　第一节　从两汉经学到六朝玄学、两汉神学到六朝人学 013

　　第二节　从两汉到六朝审美意识的变更 017

　　第三节　从两汉到六朝审美风貌的演化 020

第二章　两大美学史区段的中介——西晋 024

第二编　六朝社会与美学

第三章　庄园与美学 031

　　第一节　庄园经济的基本形态 031

　　第二节　庄园经济与美学之间的关系 036

第四章　风习与美学 040

　　第一节　豪奢生活与金粉美学 040

第二节　民间习俗与通俗美学 046
　　　第三节　士庶之分与贵族美学 051

第五章　士风与美学 056
　　　第一节　六朝士风与前朝士风 056
　　　第二节　六朝士风与美学的关系 062

第六章　隐逸和美学 074
　　　第一节　隐逸历史状貌及其在六朝的表现 074
　　　第二节　隐逸与美学的关系 079

第七章　南渡与美学 085
　　　第一节　南渡心态类别 085
　　　第二节　南渡心态和审美格调 089

第八章　玄学与美学 092
　　　第一节　玄学的渊源和发展 092
　　　第二节　玄学与玄言诗 099
　　　第三节　玄学—美学范畴 101

第九章　佛教与美学 114
　　　第一节　六朝佛教的特点 114
　　　第二节　玄佛更迭现象 117
　　　第三节　佛学—美学形态 122

第三编　历史坐标：人的自我发现，自然的被发现

第十章　对人和情感世界的发现与重新确认 135
　　　第一节　人的素质和情感特点 135
　　　第二节　生命意识和情感类型 139

第十一章　自然山水意识的萌发与确定 147
　　　第一节　自然山水文化—审美意识的发展历程 147

第二节　自然山水文化—审美意识的载体 150

　　第三节　对自然山水的不同心态 157

第四编　美学范畴

第十二章　"妙" 163

　　第一节　"妙"解 163

　　第二节　"妙"之表现 166

　　第三节　"妙"之地位 169

第十三章　"言意" 173

　　第一节　"言意"哲学渊源 173

　　第二节　"言意"美学表现 178

第十四章　"丽" 183

　　第一节　"丽"的感性表征 183

　　第二节　"丽"的特殊形态 184

　　第三节　"丽"的美学历程 188

第十五章　"气韵" 191

　　第一节　"气韵"的形成 191

　　第二节　"气韵"作为美学范畴 194

　　第三节　"气韵"美学范畴的美学史影响 196

第五编　门类美学

第十六章　绘画美学 201

　　第一节　六朝绘画美学与前代之关系 201

　　第二节　顾恺之的画论与绘画 203

　　第三节　宗炳的山水画 209

　　第四节　陆探微、张僧繇及其他南朝画家 213

　　第五节　王微的《叙画》 215

第六节　谢赫的"六法" 217
　　第七节　姚最的《续画品》 221
　　第八节　六朝绘画美学的影响 223

第十七章　书法美学 226
　　第一节　书家群体 226
　　第二节　王羲之、王献之 231
　　第三节　书法美学论 237
　　第四节　南北朝书法分股与合流 246

第十八章　乐舞美学 248
　　第一节　六朝乐舞美学的演变 248
　　第二节　六朝乐舞美学形态 262
　　第三节　六朝乐舞审美格调 271
　　第四节　六朝乐舞的诗赋表征 274
　　第五节　南北朝乐舞之比较及影响 279

第十九章　雕刻美学 286
　　第一节　六朝雕刻基本状况 286
　　第二节　雕刻艺术的审美特征 287
　　第三节　人物砖刻的世俗情味 292

第二十章　园林美学 294
　　第一节　六朝园林文化—审美心理 294
　　第二节　六朝园林三大系统 300
　　第三节　六朝园林景观结构 311
　　第四节　六朝园林审美特征 320
　　第五节　南北园林异同 322

第二十一章　青瓷、陶俑美学 327
　　第一节　六朝青瓷概述 327
　　第二节　六朝青瓷美学表征 329

第三节　六朝陶俑美学……331

第二十二章　文学美学（社会文化环境）……333

第一节　崇文的社会风气……333
第二节　文学社交社团活动……335
第三节　文学教育……342

第二十三章　文学美学（发展历程）……344

第一节　东吴文学……344
第二节　东晋文学……344
第三节　刘宋文学……346
第四节　萧齐文学……348
第五节　萧梁文学……349
第六节　陈代文学……350

第二十四章　文学美学（诗歌门类）……352

第一节　郭璞……352
第二节　陶渊明……358
第三节　谢灵运……369
第四节　颜延之……379
第五节　鲍照……385
第六节　谢朓……396
第七节　沈约和永明体……400
第八节　萧氏父子……406
第九节　梁陈其他诗人……413

第二十五章　文学美学（辞赋散文门类）……421

第一节　东晋……421
第二节　刘宋……426
第三节　齐梁陈……436

第二十六章　文学美学（小说门类）……445

第一节　小说审美观念……445
第二节　志怪小说……448

第三节　志人小说 454

第二十七章　文学美学（论说门类） 461

　　第一节　葛洪 461
　　第二节　范晔 466
　　第三节　刘勰 472
　　第四节　钟嵘 507
　　第五节　萧氏三兄弟 518
　　第六节　萧子显 523
　　第七节　两大论争 527
　　第八节　其他 532

第二十八章　南北朝美学交流 535

　　第一节　南北朝美学的特征 535
　　第二节　南北朝美学的融合 541

第六编　在延伸下的美学史中

第二十九章　对六朝美学的选择和吐纳 553

　　第一节　隋代之于六朝 553
　　第二节　唐代之于六朝 554

第三十章　六朝美学纵向性、多方位之影响 558

　　第一节　精神人格影响 558
　　第二节　诗美学影响 559
　　第三节　论说形态影响 561
　　第四节　最具影响力的贡献 563

绪言　六朝美学史概述

六朝时期，曾经稳定的中国社会结构出现了最不稳定的局面，最讲究大一统的中国却最没有大一统，南北长期对峙，"钟山龙蟠，石城虎踞，帝王之宅"竟是如此宅基不牢、王气不聚。即使在同一王朝期内也是沧海桑田、陵谷巨变。公元453年，宋文帝被长子所杀，其后二十多年间，更换了六个皇帝；齐历世仅二十二年，换了七个皇帝，其中八年间（494—502）换了五个。这是一个冲撞、变动的时期，从而规定了它那绚丽和惨淡、悲剧和闹剧、宗教色彩和世俗情调相并存的现象。这才会有萧氏父子至尊身份和轻靡诗风并存的状况（如萧衍，生活那样清苦而诗情风流），才会有萧纲与裴子野的古今新旧之争——实际是理性美学与感性美学之争。一切没有稳定，一切有待稳定，而一切又在向稳定方面发展。这些都使得六朝时期最动乱且又最活跃、最复杂且又最有内容。六朝烟水的靡丽，六朝粉黛的靡丽，编织成一幅光怪陆离的文化图像。

跟地理状况居中的特点相吻合，它具有南北文化交汇的特征；在文化形态上，它又具备阴阳文化交感的性质。它负载的历史内容深厚，具有和吴地姑苏文化相类似的性质。六朝美学就是在上述总体文化语境中具备了自身的涵质。

六朝是中国美学走向自觉、基本定型的时期。

六朝是中国美学在各个门类、领域全面发育的时期。

六朝是审美主体的审美基本成熟的时期，人情绪结构的多面性被发现、被感受到。我们可以从六朝列出一长串居于中国美学史前沿、具有一流水平的美学家名字。曹植《与杨德祖书》形容建安文学盛况是"人人自谓握灵蛇之珠,家家自谓抱荆山之玉",六朝美学家群体状况也正如此。

六朝美学就形态而言,有理论形态和物化的作品形态,而且两者的发展呈同步趋势,使得中国美学在总体形态上趋于完备。理论形态有四个特点:一是由思辨性进入经验性;二是由抽象议论进入艺术的多种门类研究;三是由创作论进入欣赏论、批评论;四是诞生了"品"的形式。

六朝美学精神比较齐备,包括人文精神、现实精神、悲剧精神、玄远精神、天人合一精神、生命精神、宇宙精神等等。精神现象的出现反映了精神意识的孵化和发育。

六朝在社会结构与美学的关系上,在哲学与美学的关系上,在宗教与美学的关系上,为中国美学史提供了范例。

六朝奠定了有中国特色的绘画、书法、园林审美理想,它诞生了一系列新美学范畴,诸如"妙""气韵""神似""风骨""味"等,具有美学史的阶段性意义和地位、价值。而在六朝的不同阶段又有不同的美学范畴:东晋是"神""韵";刘宋是"清";齐、梁、陈是"艳",是与宫体之靡丽相并存的永明体之清丽。六朝美学在审美范畴演化过程中显示出其思想的轨迹:由雅入俗,由形上而形下,由纯精神现象超越进入世俗生活的感应和描述。

六朝美学是由贵族美学、通俗美学、金粉美学交织而成的"三色环"。六朝是中国历史的一个重要时期。这个时期在历史内涵上,过渡与沉淀、延续与变异同时存在;在美学上则是精致与板涩并存,出水芙蓉与错彩镂金相生。

六朝是继先秦后又一次思想纷乱期,人文主义精神重新抬头,也正因为此,人们对于自身的体认产生了自觉的意识,因而出现了人对于自身的审美,即所谓的人物品藻。而对人价值的估价和肯定标准,并不仅仅是人的学问和德行,还包括人的个性、智慧、情感、情调、风度等。

《南史》卷五九写道:"二汉求士,率先经术;近代取人,多由文史。"这时期的人知识广博,知识结构比较全面。《南史·顾协传》载顾协"博极群书,于文字及禽兽草木尤称精详"。《南史·刘杳传》载刘杳"博综群书,沈约、任昉以下每有遗忘,皆访问焉"。《梁书·范岫传》说范岫"博涉多通,尤悉魏晋以来吉凶故事","多识前代旧事"。《梁书·裴子野传》载:"子野与沛国刘显、南阳刘之遴、陈郡殷芸、陈留阮孝绪、吴郡顾协、京兆韦棱，皆博极群书，深相赏好。"

历史的发展最终体现为人的发展、人的素质的全面提高。而人的素质的重要体现是审美素质，审美素质是文化的标志。于是，人用审美的眼光看待自然、宇宙、社会，看待自身，人本身也就成了审美的对象物。伴随着人的被发现，人的情感得到了全面发育，情感的多重领域及其形式便成为审美的对象。于是，六朝抒情小赋诞生了，赋的功能由叙事转变为抒情，其情感类型也丰富多样。

魏、晋、六朝是在汉末动乱对儒学冲击之后重建思想精神格局的，这个精神格局具有多元性特征，不再单以建功立业、皇家盛典、兵血交飞为审美对象，凡人小事，琐屑情感，以至于夫妇间的闺房之情也成为审美对象。如何逊《为衡山侯与妇书》所写的：

> 昔人邀游洛汭，会遇阳台，神仙仿佛，有如今别；虽帐前微笑，涉思犹存；而幄里余香，从风且歇。掩屏为疾，引领成劳；镜想分鸾，琴悲别鹤。心如膏火，独夜自煎；思等流波，终朝不息。始知萋萋萱草，忘忧之言不实；团团轻扇，合欢之用为虚。路迩人遐，音尘寂绝，一日三秋，不足为喻。聊陈往翰，宁写款怀；迟枉琼瑶，慰其杼轴。

情感在审美中占据突出的地位，带动了整个审美功能的变化，正如萧子显《南齐书·文学传论》所说："文章者，盖情性之风标，神明之律吕也。"

审美对于主体的满足是"畅神"，这是宗炳《画山水序》所提出的。它是中国美学理论史上的一个重要提法，不再是先秦延伸下来的"比德"说，不再是以善为目的，以人格理想对象化为目的，而是倡导主体个性心灵和精神的畅达与表现。这样，六朝人美学成果的精神意味就比较显著。《世说新语》是名士风度、风韵之记录；六朝书法有韵、有神、有味，是内在丰神的显示和线条化。明代董其昌说："晋人书取韵，唐人书取法，宋人书取意。""气韵"论是六朝最有影响和价值的审美论，就立足于审美主体的内在精神。六朝美学使审美逐步转向主体，转向内心，而这个内心世界是灵动、超脱、自由、潇洒的，这才是六朝审美进入主体世界的真正特点。审美的对象和审美的表达构成一个完整的命题。审美以"神明""气韵"为对象，其表达亦如此。

以"情""神"为中心，以"钟情"与"抒情"、"畅神"与"传神"为基本格局,是六朝美学的总体框架,其特色也就从这个总体框架中衍生出来。

六朝美学与哲学思潮的联系十分紧密。哲学命题的衍生和变异带来了美学上的许多变化,从而使人们的认识接近于审美,这是六朝美学的重要进步。正始玄学论辩的最大成果是"无"成为哲学本体的存在,这对于美学是最具影响的,从无累于物的哲学论题到超然之美的美学命题的转换便顺理成章了。

随着哲学思维的发展,对人的体认的深入,六朝审美心理学得到了长足的发展。"神思论""感兴论""虚静论"这些最具有审美心理内涵的理论出现在六朝,是较之汉、魏的重大发展。作家心理—创作心理—鉴赏心理所构成的三维心理出现于六朝,使审美心理结构完整化。刘勰所提出的"才性""神思""知音"正是对这三维审美心理的概括。"才性"是作家心理素质的概括。创作审美以主体自身为前提和依据,《体性》说:"才力居中,肇自血气;气以实志,志以定言。吐纳英华,莫非情性。"审美来自于作家的"才性",这是对审美的真正回归。"神思"是六朝美学家对创作心理的深刻体认。刘勰立《神思》专篇,萧子显、宗炳等也明确提到了这个概念。在创作心理阐述方面,六朝美学家的突出贡献是揭示了心、物之间的互构交流关系。《文心雕龙》说:"随物而宛转……与心而徘徊。"这是六朝美学对心物关系也就是主客体关系的正确揭示。在创作审美过程中,作家处于虚静状态之中。《文心雕龙·神思》明确提出"虚静":"陶钧文思,贵在虚静,疏瀹五藏,澡雪精神。"《养气》提出:"吐纳文艺,务在节宣,清和其心,调畅其气,烦而即舍。"鉴赏说到底仍然是审美,刘勰提出,鉴赏方法是"披文以入情""沿波讨源,虽幽必显",鉴赏时"剖情析采""吟咏滋味",其主体基础是"操千曲而知音,观千剑而识器"。由此可见,六朝的审美心理包括了整个审美过程,是一个完整的心理结构。中国的审美心理学至此而真正形成。虽然后代在审美心理学的具体提法上各有不同,但总体框架、结构、心理内涵都沿用六朝的审美心理学。

审美心理发展的最后成果体现在创作审美上。它使得六朝作家审美心理活动更加灵动、活跃,审美心理感觉更加细腻、灵敏。谢朓、鲍照的杰出就在于其审美感觉的细腻。作家之间的区别最终表现为审美心理的不同,表现为审美心理结构比例的不同。沈德潜《古诗源》曾说:"玄晖灵心秀口。"

刘熙载《艺概·诗概》认为鲍照这样的诗人,"不可无一,不能有二"。审美心理使得六朝作家有了自己的特色。

六朝美学是形态全面发育、范畴基本齐备的时期。绘画、书法、乐舞、雕刻、园林、文学等诸种形态毕备,其中文学美学中诗歌、辞赋、散文、小说(包括志怪、志人)均齐全。范畴美学中"妙""丽""势""言意""气韵""风骨"等大量出现。这些范畴开始从哲学、社会学、伦理学中走出来,成为真正的美学范畴。门类美学的成就都达到了中国美学史上的最高水平。这一切被哺育出来,或是彻底定型,或是仅为雏形,留待以后去发展,但都留下了审美的基核。例如清代王士禛拈出"神韵",以为前所未有,其实正来自六朝的"气韵"。

六朝美学是前代残存而有新的萌生的时期,是定型过渡时期,既积淀了前代又为后代做出新的积淀的时期。这一时期,人的素质全面发展,审美能力大幅度提高。庄佛合流形成了新的思想趋向,也带来了新的审美趋向。作为庄学新形态的玄学,在本体上促进了美学向无上性、无穷性、无限性的升腾。玄学使得六朝美学对美的体认达到一个相当深刻的层次,这就是美是不可言传、不可言喻的,体认美的方式是得鱼忘筌、舍筏达岸。从以玄对山水到以美对山水,六朝美学经历了一场深刻的新变。佛学精神使美学本体论和形神论等具体理论得到了新的生发和提高,庄学更使自然论在六朝美学中得到了确立。

六朝时,审美趋于感性化,又色彩绮靡,缺少建安的风骨,所以钟嵘才会慨叹"建安风力尽矣"。也唯其如此,六朝美学才有了它的特定性。

六朝美学对中国美学史的贡献就在于它实现了美学的解放。美学开始从道德、实用中剥离,进而沉淀下来,成为真正意义上的美学。这相对于两汉而言,是历史性的进步。

对美学、文学、艺术的重视,是六朝的新气象。诚然,它们所依附的社会道德、功利并没有消失,但是纯艺术、文学、美学的欣赏出现了,着眼于它们本身价值的赞美出现了。谢灵运"每一诗至都邑,贵贱莫不竞写,宿昔之间,士庶皆遍,远近钦慕,名动京师"[①]。"(刘)孝绰辞藻为后进所

---

① 沈约:《宋书·谢灵运传》。

宗，世重其文，每作一篇。朝成暮遍，好事者咸讽诵传写，流闻绝域。"①对文学特别是纯文学性（所谓纯文学性正是审美性）的欣赏，标明了六朝美学的发展。

这种风气的形成跟六朝帝臣的好尚与提倡相关。南平王刘铄，才华横溢，当时人认为能与陆机媲美。建平王刘宏有文气。《南史·临川王义庆传》曰："文帝好文章，自谓人莫能及。"《南齐书·王俭传》曰："宋武帝好文章，天下悉以文采相尚。"《宋书·明帝纪》曰："帝爱文义，撰江左以来文章志。"《南史·宋本纪中》云，孝武帝"才藻甚美"。齐武帝萧道成虽出身戎行，但一篇《塞客吟》却富文采。其时，文惠太子、竟陵王子良、隋王子隆均招集文士，《南史·刘绘传》："永明末，都下人士盛为文章谈义，皆凑竟陵西邸。"《南齐书·谢朓传》亦载："子隆好辞赋，数集僚友。"上述状况在中国历史上尚不多见。君臣的好尚当然也促进了贵族美学的形成和发展，但没有使美学大幅度地向功利化、道德化方向摆动。

六朝文笔之辨，促使文学从杂文化中分离出来，文学向美学方向靠拢，同时也促进了整个六朝美学的发展。

声律美学是六朝美学的另一重大贡献。声律美感是作用于人的听觉感受所形成的美感，六朝人重声律美学，是感性主义美学发展和膨胀的必然产物，体现了人进一步的感性要求。人既需要视觉的审美满足，又需要听觉的审美满足。六朝声律美学是六朝人对汉语言音乐质感的发现、规范、运用，是把朴素的声律现象加以审美化从而产生的。这与六朝人对美听这一审美特性的深入体认分不开，又与佛教重声韵的影响分不开。近人陈寅恪《四声三问》说："竟陵王子良大集善声沙门于京邸，造经呗新声，实为当时考文审音之一大事。"六朝声律美学对促进近体诗的形成，对促进中国诗的美听化，具有不可低估的贡献。

六朝孕生了给中国美学以极大影响的清水芙蓉之美。六朝存在着两种对立的审美形态：清水芙蓉和错彩镂金。"清"是六朝重要的审美标准。谢灵运《石壁精舍还湖中作》有句："山水含清晖。""晋宋以还，清音遂畅"②，出现了新的审美形态。谢朓诗风有"平秀清发"之称。清思又来自玄思，玄思澄澈，表现出清的特征。江淹《杂诗》云："亹亹玄思清，胸中

---

① 姚思廉：《梁书·刘孝绰传》。
② 纪昀批点《苏文忠公诗集》卷八。

去机巧。物我俱忘怀,可以狎鸥鸟。"以这样的心态去观照对象就必然会去发现、捕捉和表现清的审美形态。

清水芙蓉和错彩镂金是六朝并存着的两种审美形态。在趋向上,清水芙蓉逐步取代错彩镂金。宗白华《中国美学史中重要问题的初步探索》论述道:

> 这两种美感或美的理想,表现在诗歌、绘画、工艺美术等各个方面。
>
> 楚国的图案、楚辞、汉赋、六朝骈文、颜延之诗、明清的瓷器,一直存在到今天的刺绣和京剧的舞台服装,这是一种美,"错彩镂金、雕绘满眼"的美。汉代的铜器、陶器,王羲之的书法,顾恺之的画,陶潜的诗,宋代的白瓷,这又是一种美,"初发芙蓉,自然可爱"的美。
>
> 魏、晋、六朝是一个转变的关键,划分了两个阶段。从这个时候起,中国人的美感走到了一个新的方面,表现出一种新的美的理想。那就是认为"初发芙蓉"比之于"错彩镂金"是一种更高的美的境界。在艺术中,要着重表现自己的思想,自己的人格,而不是追求文字的雕琢。陶潜作诗和顾恺之作画,都是突出的例子。王羲之的字,也没有汉隶那么整齐,那么有装饰性,而是一种"自然可爱"的美。这是美学思想上的一个大的解放。诗、书、画开始成为活泼泼的生活的表现,独立的自我表现。

因此,如毛先舒《诗辩坻》卷四所说:"镂金错彩,犹留晋骨;初日芙蓉,微开唐制。"在对时间的审美上,六朝人表现出生命意识和对于时光飘逝的深情伤感,富于感染人的力量。

六朝人形成了特有的空间审美观念,具有中国美学空间感的典型意义与价值。阴铿《开善寺》云:"莺随人户树,花逐下山风。栋里归白云,窗外落晖红。"有来有去,有进有出,形成空间循环往复的节奏,内在地蕴含着"无往不复,天地际也"这种中国哲学深刻的空间意识。

《南史》卷四四中有一句十分重要的话:"咫尺之内,便觉万里为遥。"它揭示了中国美学的空间意识,给后代绘画美学的体势论以很大影响。唐代王维《画学秘诀》云:"咫尺之图,写千里之景,东西南北,宛尔目前;春夏秋冬,生于笔下。"以至于杜甫《戏题王宰画山水图歌》直截了当地说:"咫尺应须论万里。"

总之,六朝美学的贡献是多方面的,涉及范畴、形态、意识、理想、形式、发展观等方面。六朝是美学自由、活跃的时期,"精神是最哲学的,因为是最解放的、最自由的","向外发现了自然,向内发现了自己的深情"[①]。

六朝美学史的发展历程是一个纵向结构问题。唐人元稹曾经做过这样的揭示:"建安之后,天下文士遭罹兵战,曹氏父子鞍马间为文,往往横槊赋诗,故其遒壮抑扬冤哀悲离之作,尤极于古。晋世风概稍存,宋齐之间,教失根本,士以简慢歙习舒徐相尚,文章以风容色泽放旷精清为高,盖吟写性灵流连光景之文也,意义格力无取焉。陵迟至于梁陈,淫艳刻饰佛巧小碎之词剧,又宋齐之所不取也。"[②]是对六朝美学的总体估价。

清代乔亿对六朝诗美学的阶段性特征做过这样的描述:"宋诗已有排(俳)句,然骨重体拙,古意尚存;齐诗骨秀神清,而力不厚;梁诗高者可匹宋、齐,下者与陈、隋并入唐律矣;陈诗格最下,前不如梁,后不如隋。"[③]

近人陈寅恪从历史学角度把六朝分为三个阶段:"一为东晋,二为宋、齐、梁,三为陈。东晋为北来士族与江东士族协力所建,宋、齐、梁由北来中层阶级的楚子与南北士族共同维持,陈则为北来下等阶级(经土断后亦列为南人)与南方土著掌握政权的时代。"[④]

按照我们对六朝审美理想、特征的考察,可以把它划分为东晋、宋、齐梁、陈四大时期。东晋美学最风流,其风流气韵的最佳载体是书法。一派空灵,一派虚行,一派化机,矫若游龙,翩若惊鸿。它属于从心所欲不逾矩的自由的美。东晋还有绘画。文学成就相对低下,还没有从简单的玄言诗中解脱出来。玄思与玄言有区别。玄言是表达载体,而玄思是思维,是观照的视域和方式。一旦玄思成为人们的内视域,审美就出现了根本性的变化。东晋玄言远不如正始时的深刻,但玄思带来了晋人的虚灵和潇洒,突破有限走向无限,走向超越。于是,"妙""神""韵""言不尽意"等,才会成为这

---

① 宗白华:《美学散步》,上海人民出版社1981年版。
② 元稹:《唐故工部员外郎杜君墓系铭并序》。
③ 乔亿:《剑溪说诗》。
④ 陈寅恪:《魏晋南北朝史讲演录》,黄山书社1987年版。

一时期的审美范畴，它体现于对自然山水的审美，也体现于对人物的审美。

清人沈德潜《说诗晬语》说："诗至于宋，性情渐隐，声色大开，诗运一转关也。"刘宋是六朝美学史上的转折时期。宋有承晋之一面，形成了晋、宋山水审美意识，成为中国美学史最典范的自然审美意识。晋、宋山水诗的排遣风格，改变了忧伤的情调。它形成了悠游天地的审美态度，"静照"——玄之"虚静"、释之"寂照"的审美心态，与天地相融的审美精神。"山水质有而趣灵""抚琴动操，欲令众山皆响"等说法和做法，都是这一时期自然审美意识达于一个高端境界的显示，它在山水诗文的文学美学和园林美学中留下了痕印。另一方面，刘宋美学注重感性，遂致"声色大开"。玄言的影响逐渐弱化，审美的独立性开始显现，注重于"声"与"色"的感觉特征，趋于灵便和敏锐。站在这之间的是谢灵运。

齐梁美学是规范意义的六朝美学的典型。感性主义全面发育和形成，其代表是宫体诗，这是从宫廷发育起来的。《南史·梁简文帝纪》："（简文帝萧纲）弘纳文学之士，赏接无倦……雅好赋诗，其自序云'七岁有诗癖，长而不倦'。然帝文伤于轻靡，时号宫体。""简文文明之姿，禀乎天授……体所传，且变朝野。"他写有《见内人作卧具》《戏赠丽人》《咏内人昼眠》《伤美人》《美人晨妆》《夜听妓》等，形成了艳丽的强烈色彩和感觉，对诗风产生了深刻影响。

与此同时存在的是永明体的清气和幽丽。永明体既是指声律美学范畴，又是指美学形态。刘勰《文心雕龙·明诗》曾经这样描述他所处时代的文学状况："俪采百字之偶，争价一句之奇。情必极貌以写物，辞必穷力而追新，此近世之所竞也。"骈四俪六，繁声竞彩，追逐新奇，家竞新哇，人尚谣俗。它把美学推向感性主义的高峰，使得美学不再像东晋时那样追求潇洒世界、洒脱人生和悠游天地，它彻底回到了最平俗的日常生活。

在这样的美学背景下，爆发了齐梁时代持续时间颇长的古今新旧之争，即萧纲、裴子野之争，由此产生了第三派的刘勰折中性美学思想。刘勰的美学思想具有丰富内容，而钟嵘《诗品》关于文学美学的思想，谢赫《画品》关于绘画的美学思想，都把齐梁美学推进到一个更高的阶段。从某种意义上可以说，齐梁美学是对六朝美学的总结和升华。刘勰、钟嵘、谢赫等人的美学思想对中国美学思想影响甚大。

陈代美学没有什么新的创造，只是发展了齐梁时代浮艳的一面。《诗筏》曰:"宫体一出,从风而靡,盖秀才天子也,又降为浪子皇帝矣。"陈后主就是其代表。总体而言,宫体诗艳欲的特征,使诗的表现和审美领域与对象越来越狭小,并且使本来高雅的美变得平庸、粗俗,变成情欲的表征。它为其本身的变化准备了条件,终于在隋、唐完成了这一进程。

第一编

在前代美学史的延伸下

第一章　汉代和六朝两大美学史区段间的演变轨迹

在历史的自然延续过程中，汉后为魏、晋、南北朝。历史的发展包括美学史的发展是在延续与革新、沉淀与变异的运行方式中进行的。六朝之于汉代也是如此。如果把六朝置身于中国美学史长卷中考察，六朝的总地位是变汉。

汉代美学的基本特征是以神学为主调，充满着楚风骚调，创造了美的巨丽形态和粗拙形制。它斑斓多彩、绚丽多姿，把中国美学推到一个最浪漫、最古拙的顶峰。从顶峰再向前走，或是下坡，或是改道，于是六朝的审美境域出现了。

第一节　从两汉经学到六朝玄学、两汉神学到六朝人学

两汉经学出现繁盛景况，这是汉武帝"独尊儒术"所产生的直接后果。《汉书·儒林传赞》载，自汉武帝立五经博士以来，"百有余年，传业者浸盛，支叶蕃滋，一经说至百余万言，大师众至千余人，盖禄利之路然也"。叠床架屋的烦琐考证和穿凿附会的治学方法，使得这类经学徒有学术，而鲜有思想，遏制了思维的活跃开展和学术的自由发展。汉儒释诗，在表面的繁荣背后却是苍白无力的章句训诂因袭。据《汉书·艺文志》所载，《诗》分六家，四百一十六卷，可谓皇皇。古文学派讲训诂，今文学派重章句，却无美学的专门研究。经学在汉代的兴盛推到登峰造极的地步，已经使得它缺少了生机活力，其内部也就孕育着一种变革。于是，玄学的兴起打破了经学的坚硬外壳，王弼代替了汉儒。不是

自然观的元气论,而是本体观的人格论,是药、酒、谈玄、容止,是思辨哲学。请看何晏、王弼、嵇康的哲学、美学思辨是何等深邃而又何等精彩!

对于窒息人灵智的汉代治学方法和门径,汉人本身就已看到其致命缺陷,逐步加以限制和改革,为章句化向义理化的历史性进程从内部机制上做了准备。在这一转换过程中又存在着从清议到清谈的重要环节。清议是道德评价,逐渐转为政治非议。《晋书·山涛传》云:"至于后汉,女君临朝,尊官大位,出于阿保,斯乱之始也。是以郭泰、许劭之伦,明清议于草野;陈蕃、李固之徒,守忠节于朝廷。"清议中出现汉末的忠节之士,招致党锢之祸。在魏代汉、晋取魏的历史取代过程中,大批名士首当其冲,成为政治绞杀的俎上肉,吓破心胆的魏、晋名士不敢再踵武前贤了,只得口吐玄言,崇尚虚无,于是,清议转化为清谈,没有了清议的锋芒和政治色彩、激烈言辞,只有重视人的外形、本体人格和玄妙的"无为而无不为"的理论。《后汉书·郑太传》:"孔公绪(伷)清谈高论,嘘枯吹生。"刘桢《赠五官中郎将诗》:"清谈同日夕,情盼叙殷勤。"于是诞生了何晏、王弼。王弼在魏、晋玄学中有着极大的影响。这从《晋书·陆云传》一段近乎小说家言的记述中可以见出一斑:"初,(陆)云尝行,逗宿故人家,夜暗迷路,莫知所从。忽望草中有火光,于是趋之。至一家,便寄宿,见一年少,美风姿,共读《老子》,辞致深远。向晓辞去……却寻昨宿处,乃王弼冢。云本无玄学,自此读《老》殊进。"

总之,清谈思想史的发展过程表现为:清议到品评再到清谈玄理。其哲学思想的内涵就是由实证到思辨,由烦琐到灵智。玄言表现得清峻、智慧,富于思想深度,开启人们的智能,没有多少冬烘气。

汉代经学的重要特征是重师法,在文学、美学上也如此,沿袭成风。《文心雕龙·时序》写道:"爰自汉室,迄至成、哀,虽世渐百龄,辞人九变,而大抵所归,祖述楚辞,灵均余影,于是乎在。"汉文学、美学实际上就是楚文学、美学,具体创作中的因袭现象很多。洪迈《容斋随笔》卷七就曾写道:"枚乘作《七发》,创意造端,丽旨腴词,上薄骚些,盖文章领袖,故为可喜。其后继之者……规仿太切,了无新意。"这是对文学、美学创造性发展的阻隔。要冲破这种阻隔,委实需要一个过程。这个过程是从汉末开始的,是在思想失控,儒学非尊上形成的。今人汤用彤《魏晋玄学与文学理论》写道:"汉末以后,中国政治混乱,国家衰颓,但思想则甚得自由解放。此思想之自由解放本基于人们逃避苦难之要求。故混乱衰颓实与自由解放具因果之关系。黄老在西汉初为君人南面之术,至此转而为个人除罪求福之方。老庄之得势,则是由经世致用至此转为个人之逍遥抱一。又其时佛之渐盛,亦见经世之转为出世。而养生在于养神者见于嵇康之论,则超形质而重精神。神仙、导养之法见于葛洪之书,则弃尘世而取内心。汉代之齐家治国,期致太平,而复为魏晋之逍遥游放,期风流得意也。故其时之思想中心不在社会而在个人,不在环境而在内心,不在形质而在精神。于是魏晋人生观之新型,其期望在超世之理想,其向往为精神之境界,其追求者为玄远之绝对,而遗资生之相对,从哲理上说,所在意欲探求玄远之世界,脱离尘世之苦海,探得生存之奥秘。"伴随着由两汉经学到魏、晋玄学,中国文学、美学思想也产生了重大变迁,出现了"有无""本末""言意""自然""虚静""神思""感兴"等一系列美学范畴。这里没有两汉铺扬蹈厉的形容,斑驳陆离的描述,过度失实的夸饰,而是"象外""有无"等一类事外远致的范畴;这里也没有两汉以形容、铺排见长的特点,而是穷追义理、揭旨生光。玄学最直接的文学产物是玄言诗。许询的玄学五言诗深获时誉。《世说新语·文学》载:"简文称许掾云:玄度五言诗,可谓妙绝时人。"玄言诗受到如此盛赞,表明了当时受玄学影响所形成的评判倾向。从经学笼罩的两汉到玄学浸染的魏、晋、六朝,中国美学史出现了一次重大转折。

神学化是两汉的一大思想精神。它是儒学独尊走向极端化的产物,由董仲舒肇其端,从《春秋繁露》到班固的《白虎通义》都贯串着这一思想主调。两汉末世已兴谶纬学,汉光武帝"宣布图谶于天下"[1],它包含着极其浓厚而又强烈的天人感应色彩。章帝大会群儒,谶纬学本来是跟儒学不相通之神学,都被写进儒学经典之中,于此,"儒者争学图纬,兼复附以妖言"[2]。

谶纬神学作为一种精神氛围同样影响着汉代的美学思想。神学家认为,上天之神是喜欢热闹、繁华、琳琅满目的"美"的,因此,在"郊坛"上就要陈设"有文章采镂黼黻之饰,及玉、女乐"等声色之品。既然帝王为天子,承受天命,那么就应"使寮庶百姓复睹羽旄之美,闻钟

---

[1] 范晔:《后汉书·光武帝纪》。
[2] 范晔:《后汉书·张衡传》。

鼓之音，欢嬉喜乐，鼓舞疆畔，以迎和气，招致休庆"①。谶纬神学促使远古巫术文化复苏，并且进一步神异化，如所谓"黄帝坐于扈阁，凤凰衔书至帝前""伏羲时有天下龙马，负图出于河，遂法之书八卦"等。一系列经过神话化和想象化、虚幻化的形象出现了，跟中国原生态楚文化相对接。"图仙人之形，体生毛，臂变为翼，行于云，则年增矣，千岁不死。"②有黄帝唐虞、伏羲女娲、龙凤羽人、神木朱雀、白麟赤雁、黄龙凤凰等形象出现，便有美学的艺术有形载体出现，如南阳汉砖画有伏羲、女娲交尾图，王延寿《鲁灵光殿赋》的详尽描述等。这是一个斑斓焕发的世界，神、人、鬼、怪集于一体。一切都被阐解为具备一种神秘性的感应功能。《白虎通义》就对宫殿建筑做过如是具体说明。

但是，在历史的延伸过程中，神学被人学所代替。这种替代由魏、晋、六朝完成。魏晋风度是对人的外形、气度、丰神所做的概括和赞美。这个过程又经过了汉末人物评，最终成为魏、晋、六朝的人物品藻。重视人的任情所为，是对人的本体性体认，所有人都是世俗中的现实的人，不是对天有所感应的人，人的才性、情感、气质、风貌、格调、风度成为人们所关注甚或是效法的目标。《世说新语·识鉴》就说到褚裒在众多人中根据对方非凡的气度而一眼认出了素不相识的名士孟嘉的。那些放浪形骸的举止因为是人本性的显示，所以得到了赞美，而没有受到礼法的指斥。不再是两汉的立业、功名，而是魏、晋、六朝人的思辨、自适。谢尚"企脚北窗下，弹琵琶，故自有天际真人想"③。女才人谢道韫"神情散朗，故有林下风气"④。颜延之"布衣蔬食，独酌郊野。当其为适，傍若无人……又好骑马遨游里巷，遇知旧辄据鞍酒，得必倾尽，欣然自得"⑤。重视风度、才性远胜于两汉的伦理、节操。这是对人另一层面的肯定，是人学主题的组成部分。

人学主题发展的又一方面是感伤主义情调的出现和发展。这是从汉代《古诗十九首》就已开始的，是对人的生存意识、生命意识的一种体认，是人的主题的内容之一，是人觉醒后反观自身的一种把握。经过汉末的动乱环

---

① 范晔：《后汉书·马融传》。
② 王充：《论衡·无形篇》。
③ 刘义庆：《世说新语·容止》。
④ 刘义庆：《世说新语·贤媛》。
⑤ 李延寿：《南史·颜延之传》。

境，感伤主义情调沉淀到六朝人的心理结构中，化为动人的悲音。从《古诗十九首》到建安悲慨，再到正始之音，最后到陶潜自挽，东汉到六朝的这条情感线链，烙上了史的印记，这个过程就是走下神坛，进入人世；汰除神学，建立人学的过程。

第二节　从两汉到六朝审美意识的变更

从汉代的审美观念到六朝的审美意识呈现出复杂的状态，既有对汉代审美理想部分的继承，又有对汉代审美观念的变革，还有以汉代为基础的新的发展。

从汉代云气画到六朝墓壁装饰画。汉代云气画为六朝墓壁装饰画铺垫了绘画的审美基础，包括审美习惯和审美传达手段的延续。汉人对云气的描绘极为生动，表现了对这一最具有变幻性的自然现象的体验之细致。到六朝，其墓壁的装饰画对云气的描绘就甚得汉人丰神，更重要的是，汉人的云气描绘线条感给六朝人提供了积淀。从汉画像石的云气画到六朝墓壁的云气画，有明显继承痕迹。

从汉代辞赋到六朝小赋。这是一个敛缩而不是直线式发展的过程。辞赋本来是从《楚辞》发展形成的，在形式机制发展的同时，继承其抒情传统，所谓"发愤以抒情"是也。大赋出现，铺扬蹈厉，苞括宇宙，劝百讽一，赋的政教功能渐显，抒情特征日衰。而且大赋结构过于庞大、冗繁、恢宏，思想被形象所淹没。实际上，经学与赋学在思维机制上有相类之处。随着经学、神学的渐衰和创作者对于大赋形制的不堪负荷，辞赋也就面临着必须变革的命运。汉灵帝刘宏于太学之外，另立鸿都门学，提倡辞赋、小说、绘画、书法等，一些具有审美性质的文学、艺术样式逐渐萌生、发展，这是富于新生机的美学乳芽。桓谭《新论》论小说，直接影响了六朝人的小说观念。六朝人吸收并明显地变革、改造了东汉书法。辞赋的沿革变迁历程更为显著，它改革并取代了汉代大赋的宏大体制，结为小赋；改变了汉代大赋的体物特征，转入抒情，回归楚骚美学。

从《淮南子》到顾恺之的"以形传神"论。这之间存在着一条联系的线索。《淮南子》重视神的作用、功能和主宰地位，明确认为"神为主"。

《原道训》曰:"以神为主者,形从而利;以形为制者,神从而害。"《精神训》云:"心者形之主也,而神者心之宝也。"《淮南子》的以神为主论,运用于审美活动的说明,便成了审美论。《淮南子》关于"神"有一个重要的代名词——"君形者",《说山训》以尽管所画的是稀世美女形象,却不令人动心;尽管所画的是孟贲的大眼睛,却不可畏为例,说明其原因是"君形者亡焉",没有"神"。《说林训》云:"使但吹竽,使氏厌窍,虽中节而不可听,无其君形者也。"符合节奏却无动听之处,也是因为"无其君形",没有神。重神的内蕴的美学思想给顾恺之的"以形写神"论以深刻影响。顾恺之提出"传神写照",提出"悟对通神",显然吸收了《淮南子》的美学思想,具体地运用于绘画美学领域。顾恺之说:"以形写神空其实对,则荃生之用乖,传神之趋失矣。""以形写神"论第一次用明确的语言揭示了"神"与"形"之间的主从关系,确立了"神"在整个艺术中的美学地位。

从王充、《淮南子》到刘勰的《文心雕龙》。《文心雕龙》作为泛美学著作具有集大成性质,除总结了六朝时文章创作经验、文学审美经验,还广泛吸收了前代特别是汉的美学思想与理论。

《淮南子·原道训》说:"神与化游,以抚四方。"又说:"神托于秋毫之末,而大宇宙之总。"这显然被刘勰吸收为神思论,他专列《神思》篇,提出了"神与物游"的著名美学命题。而《淮南子·傲真训》所说的"身处江海之上,而神游魏阙之下"的想象论,则被刘勰几乎一字不移地用在《神思》篇首,成为阐解"神思"的最佳注释。《淮南子》的美学支柱是道家的天然论,显然也成了《文心雕龙》自然观的基础。

从汉代神学到魏、晋、六朝人学这个哲学、美学旅程中站立着一位重要的人物——王充,他是以最激烈的形式、最强烈的呼声反对神学的,但他的《论衡》只是到汉末经过蔡邕的提倡才风行开来。一切都要到汉末才出现凝聚和沉淀,因此,对于六朝来说,最重要的不是整个汉代,而是汉末,是汉末的整合或反拨,最终输入了六朝。

王充的美学思想与刘勰《文心雕龙》的关系不是单一的。《论衡·案书》所说的"物以文为表,人以文为基"思想影响了《文心雕龙》的思想。王充疾虚崇实的哲学观给刘勰哲学观进而也给其美学观以影响。

在传统的"真""善""美"论中,王充第一次把"真"与"美"联结起来，形成一个完整独特的审美概念"真美"。这在反对汉代谶纬神学中发挥着极大的作用，表现了哲学的理性特征。他要求艺术、美学要忠实于实际生活及其情景，不可"增益事实，为美盛之语"。这一美学思想既是对神学经学迷雾的廓清，又是对大赋审美倾向的反拨。刘勰《文心雕龙》的写实观，《情采》篇所说"写真"论，就是对王充"真美"观的继承。《文心雕龙·宗经》提出文学之"六义"在这之中，不是回荡着王充"疾虚妄""务实诚"的声音吗？但由于刘勰美学观在"真美"论上过于贴近王充，因而其思想观念不免产生偏颇。王充没有正确解释神话中的神异现象，反而一笔否定。例如认为雷公形象乃"虚妄之象也"，这就否定了原始思维所孕育的人类童年期的美好想象。刘勰也曾批评《离骚》那些取之于神话的形象"诡异""谲怪"。在文质观上，在形式与内容关系上，王充与刘勰也存在着联系。《论衡·超奇篇》把内容、质，喻为根、核；把形式、文，喻为叶、壳，用以阐释二者之关系，颇具卓识。"有根株于下，有荣叶于上，有实核于内，有皮壳于外。文墨辞说，士之荣叶，皮壳也。实诚在胸臆，文墨著竹帛，外内表里，自相副称，意奋而笔纵，故文见而实露也。人之有文也，犹禽之有毛也。毛有五色，皆生于体。苟有文无实，是则五色之禽毛妄生焉。"与之同时，他又提倡要有"文章"和色彩。《量知篇》写道："绣之未刺，锦之未织，恒丝庸帛，何以异哉？加五采之巧，施针缕之饰，文章炫耀，黼黻华虫，山龙日月。学士有文章之学，犹丝帛之有五色之巧也。"刘勰的观点与之相差无几。《文心雕龙》所说的"质附文""文附质""为情而造文"等，对文采形式自身的要求，所体现出来的情采统一观、文质统一观，都相承于王充。

然而，从王充到刘勰又有变异，刘勰也有纠正王充偏颇，而使持论趋于公允的。《论衡·艺增篇》批评《诗经·小雅·鹤鸣》中的"鹤鸣于九皋，声闻于天"，认为"言其闻高远，可矣；言其闻于天，增之也"，完全是胶柱鼓瑟实证化了。超常理性化的哲学观，抹杀了感性化的美学观。把艺术、审美中所必需的夸饰一概斥之为虚妄，是王充的偏颇之处。刘勰纠正王充之论，使论述较为公允周密。他特立《夸饰》篇，充分看到夸饰的作用："壮辞可得喻其真。"他经过中和调节，整合出这样一个理论命题："夸而有节，饰而不诬，亦可谓之懿也。"对这一命题，清人纪昀评道："彦和不废夸饰，但欲去泰去甚，持平之论也。"

王充《论衡·薄葬篇》云:"事莫明于有效,论莫定于有证。"《知实篇》曰:"事有证验,以效实然。"过于理性化和确证化了,在哲学上犹可站住脚,在美学上就明显跛足了。他不无偏激地把婴儿和脏水一股脑儿泼出去,"图仙人之形,体生毛,臂变为翼,行于云"的绘画,因为无"足以验",被他斥之为"虚图"①,这是反迷信,又是反美学的。他忽视了审美中一个十分重要的命题:无中生有。魏、晋、六朝"有无"之辨所产生的"象外"审美论否定了王充之论,而魏、晋、六朝的忘筌之论是对王充征实论的最好否定。艺术审美是无中生有、虚中见实,有限中出无限。从王充到六朝,中国美学史理论所走过的是一条否定之路,否定王充征实论,使艺术走向虚空。其关捩人物是西晋的陆机,《文赋》云:"课虚无以责有,叩寂寞而求音。"这是真正的审美论,此论一直影响到唐代的张彦远,他在其《历代名画记·叙画之源流》中对王充进行了全面清算。

第三节　从两汉到六朝审美风貌的演化

先秦、两汉特别是汉代艺术显得大而无当、繁富不堪,汉大赋就是典型体现,整幅填满,密不透风,难以行针走线。如《西京赋》所说的那样,"植物斯生,动物斯止……伯益不能名,隶首不能纪,林麓之饶,无所不有"。这体现了汉人征服和占有外部世界的雄心,是"苞括宇宙"的心理对象化,同时也体现了艺术审美上缺乏选择和提纯的粗拙特征。而艺术审美又恰恰需要经过从粗放到精约的敛缩与提炼过程,这是艺术的逻辑。从汉代到六朝的美学史正体现了这一点,因而它具备了历史与逻辑的统一性。园林艺术的审美历程就是其典型体现。

秦、汉到六朝的园林嬗变,在构置规模上是由大入小。"小"恰成六朝园林之基本特征,从而也构成中国园林的根本特征。它以小见大,以有限的空间来容纳无限之自然。这标志着中国园林作为门类审美样式在观念上的成熟和进化——懂得艺术的概括原理和辩证转化逻辑。在再现自然空间时,又以相对小的空间表现无限的涵蕴,对再现和表现的融合(以表现为主体功

---

① 王充:《论衡·无形篇》。

能）和有机把握，是六朝园林的艺术特征。任何艺术在浑浑灏灏的自然对象面前都显得力拙贫窘和微不足道，无法原样不移或分毫不爽地再现自然对象的所有景象、状态。汉代园林主人在暴富和膨胀了的占有欲驱赶下尽情罗列、排设自然景象，而不知小中见大、知微显著，咫尺之间见层峦叠嶂、烟波浩荡。这是汉代人审美观念的非成熟性，不能代表精致性的中国美学特征。看看《上林赋》所描述的，举凡天飞地走、河含海孕的所有景象，包括传说中的，都河倾海泻般地尽数迎头泼下。这是美的现象堆垛，缺少选择。同时，汉代园林弥漫着神异氛围。《史记》载，汉武帝刘彻以神话传说为基础，模拟蓬莱、方丈、瀛洲三山，建章宫北有太液池，"以象海中神山"。园居寓示仙居，人象沉淀天象，跟整个汉代的神瑞祯祥意识相关。王延寿《鲁灵光殿赋》曾写该殿绘画："上纪开辟，遂古之初，五龙比翼，人皇九头，伏羲鳞身，女娲蛇躯，鸿荒朴略，厥状睢盱。"东汉梁冀园林"窗牖皆有绮疏青琐，图以云气仙灵"。这种风格到六朝时基本被汰除，代之以明媚天成的自然园林风光，来自于现实自然景象本身，而不是凭借神话传说虚拟构想。六朝园林记载中常用"殆若自然"一类话，就表达了这一风格背后的思想。

汉代园林重视地表建筑群的营造，如东汉梁冀园林。据《后汉书·梁冀传》，"冀乃大起第舍，而寿（冀之妻孙寿，封襄城君）亦对街为宅。殚极土木，互相夸竞"。而六朝侧重于依山傍水和植被栽培，以自然风光为园林主体。如《南史》载谢灵运供职期间所筑园，"穿池植援，种竹树果"；时为湘东王的萧绎于江陵营湘东苑，"植莲蒲缘岸，杂以奇木"；戴颙私园"植林"；孙绰园有"茂林"。这一切反映了园林美学观念的变化，即由汉代的神异化到六朝的山林化，汉代的斗富思想到六朝的观赏情趣，汉代的广垒厚积到六朝的随应自然，汉代的粗放型到六朝的精约型。其精约型特征，在园林名字上也可以看出来，如"中园""小园"等。谢惠连《仙人草赞序》："余之中园，有仙人草焉。"庾信有著名的《小园赋》，格局更小。从园林格调言，六朝人常把园林命为"幽庭"之类，陈代沈炯便写有《幽庭赋》。

这是在整个时代精约型文化—审美观念基础上形成的，与整个社会风气的走向庶几相关。例如汉代兴厚葬，六朝倡薄葬。《晋书·索绨传》载："汉天子即位一年而为陵，天下贡赋三分之，一供宗庙，一供宾客，一充山陵。"汉代天子贡赋的三分之一用于死后陵墓上,何等浩糜!在同传中曾记有晋愍帝的惊异之词:"汉陵中物何乃多邪!"长沙马王堆墓葬是汉代厚葬的一个突出例证。到建安时,厚葬风气受到冲击,"建安十年,魏武帝以天下凋敝,下令不得厚葬,又禁立碑"①。《南史》卷四九《刘歊传》载刘歊作《革终论》提到"张奂止用幅巾,王肃惟盥手足,范冉敛毕便葬,爰珍无设筵几,文度故舟为棺,子廉牛车载柩,叔起诫绝坟陇,康成使无卜吉",都是薄葬之例。他本人则吩咐后事曰:"气绝不须复魂,盥漱而敛。以一千钱市成棺,单故裙衫,衣巾枕履。此外送往之具,棺中常物,一不得有所施……敛讫,载以露车,归于旧山,随得一地,地足为坎,坎足容棺,不须砖礐,不劳封树,勿设祭殡,勿置几筵。"汉代厚葬根源于神学谶纬之风,而六朝薄葬充分显示了当时人对死亡这一生命最严峻主题的理性思考和认知。也是在刘歊《革终论》中,他说:"形者无知之质,神者有知之性。有知不独存,依无知以自立,故形之于神,逆旅之馆耳。及其死也,神去此馆,速朽得理。"这种理性认知是薄葬之风最终形成的基础。尽管西汉文帝也诏令薄葬,"不治坟,欲为省",但随葬之珍宝仍不计其数,这种矛盾现象的产生就在于生死理性主题还没有建立起来。

  从汉代到六朝社会风气的变化后遂在美学格调上表现出来。六朝人不再像西汉人那样铁马金戈,纵横驰骋,放眼于斑斓多姿的外部世界,充满着征服和占有外部世界的雄心与欲望。汉人是唯大为美,大而无当,非写实因素浓重,把人的自信力推到一个高峰,是那样确信自己能够支配这个世界,洋溢着乐观向上、蓬勃旺盛的情调,创造了美的"巨丽"形态。而六朝人的心态出现变化,趋于内敛,没有雄气和魄力,津津乐道周围的生活空间和咀嚼回味心灵的欢乐悲伤,他们不再欣赏汉人的雄大气象和境域,而是以小为美。这一审美理想确定以后,它就表现在许多方面,园林是"小园",连文学样式也尚"小"。汉是大赋,六朝则为小赋。六朝还出现了"小诗","小诗"流变为唐代的绝句。这在文学样式上是一次重大的变化,例如五言小诗中谢朓的《玉阶怨》:"夕殿下珠帘,流萤飞复息。长夜缝罗衣,思君此何极。"七言小诗中萧纲的《夜望单飞雁》:"天霜河白夜星稀,一雁声嘶何处归。早知半路应相失,不如从来本独飞。"从此,六朝小诗遂定型。

---

① 沈约:《宋书·礼志二》。

从文体学的角度看，它有其演变成型之原因，而从美学史的角度看，则是六朝审美心态变化所致：尚"小"遂有"小诗"。

总之，两汉是繁富，六朝是精约；两汉雄放，六朝精致。它虽无汉之气派，但玲珑剔透。它塑造了自己所独有的美学形象和品格。它似乎突然冷却了两汉，敛缩起来，两汉的"关中大汉"骤变为六朝的"秀骨清像"。由此，一幅美学史的演变轨迹图便昭现出来了。

第二章 两大美学史区段的中介——西晋

六朝，顾名思义是由六个朝代构成。其内部有连贯性的是东晋、南朝，没有前后连贯性的是吴代，它与东晋、南朝之间隔了个西晋。正所谓"王濬楼船下益州，金陵王气黯然收"，无论是从朝代的延续性，还是从美学史的延续性看，西晋都处在中介地位上，与东晋之美学史关系需要厘清。

永嘉之乱，大族如过江之鲫，纷纷南下，带来了中原文化、玄学、贵族艺术。但是，南渡后的历史、地理、社会、文化时空环境毕竟不同于中朝。这就预示着西晋到东晋将有一段文化、美学的变革。东晋初期，鉴于西晋灭亡的教训，不少人提出整治社会风气。《晋书·诸葛恢传》载，诸葛恢激烈地说："今天下丧乱，风俗陵迟，宜尊五美，屏四恶，进忠实，退浮华。"渡江之初，士子们还沉浸在所谓亡国的悲慨之中，于是便有卫玠的"形神惨悴""百端交集"，周𫖮的流泪悲痛，王导的愀然变色，立誓"共戮力王室，克复神州"①。

王导虽是玄学领袖，但无空谈玄虚之味，而具有政治家的风范。他拥戴琅邪王司马睿建都建康，联络土著大族，促进侨姓士族与吴姓士族的政治联合，形成"王与马，共天下"的政治格局，实行"愦愦"而治即宽容政治。鉴于当时国库匮竭，王导主张"俭以足用，以清静为政"②，他本人首先穿练布单衣。冷酷的社会已改变了西晋的奢侈之风，随着偏安日久，人们的心态逐渐内敛，追求娴静幽雅，佛释的意识增长，更促进了这种心态的内敛化历程。人们更重视逍遥的心境和恬淡的生活情调。于是，西晋到东晋，人们

---

① 刘义庆：《世说新语·言语》。
② 房玄龄：《晋书·元帝纪》。

的人生心态、审美心态、美学格调发生明显改变。从西晋的金谷之会到东晋的兰亭之会就清晰地留下了这条线索。

这是两次著名的盛会。金谷之会一方面弥漫着清悲意识，一方面又充满着富贵气象。前者在深层次上可纳入后者之中，是富贵难以永恒地维系下去，忧惧豪华凋落的意识体现。在这时期，勘破现实人生的意识还不占主导地位，占主导地位的是享乐、玩味人生。在史的历程上，它处于交错、交叉时期，一方面有士夫文化意识，如赋诗叙怀，一方面则有露富、显摆意识。

金谷园"冠绝时辈"的建筑陈设，"昼夜游宴"的游园方式都反映了园主的夸富和餍足欲望心理。在心理转换层面上，还存在着这样的情形：愈是"感性命之不永，惧凋落之无期"，就愈是在现实世界，在自身所设置的优裕空间中去尽情享受，是西晋上流社会的侧影。在这样的背景下才会有金谷园主石崇与王恺间令人瞠目结舌的斗富。

但是，进入东晋的兰亭会却发生了转折性的变化。金谷有富贵气，而兰亭有文化味。请看金谷园，"时琴瑟笙筑，合载车中，道路并作。及住，令与鼓吹递奏"，鼓吹笙簧，沸反盈天，不绝于道，不绝于时。再看兰亭，"无丝竹管弦之盛"，这个差别，非常值得重视，它昭示了中国文化、审美趣味在六朝的转型特征——不再沉湎于歌舞声乐之中，而是从清幽景色中获得心灵的陶冶和心绪的寄寓，其方式是"一觞一咏"。《兰亭集序》还表述了中国人的时空文化—审美意识："仰观宇宙之大，俯察品类之盛。"它是六朝人对时空观念表述得最深刻、最富于哲理意味的一句话。中国人正是在俯仰的视觉感受中领略到莽莽宇宙之浩瀚存在和深邃奥义。在"游目骋怀"中"极视听之娱"，领悟和体味到宇宙之真义，其感受深度和所触及的文化含义要远远超过《金谷诗序》。如果说金谷园是金碧山水，兰亭则是淡墨山水，格调的变异正显示出时代文化、审美意味的新走向。金谷园居于中介，到东晋兰亭会，这一转化便得以实现和确定。

处在中介的西晋承载了转折的功能，表现在众多层面上，例如文学。西晋左思的《三都赋》乃汉大赋之遗响，亦为绝响。洛阳纸贵，只是短暂的辉煌，犹如灯芯将灭前那突然蹿起的光焰。《三都赋》虽还像汉大赋那样铺采摛文，却分明显得后乏来者。永嘉之乱造成西晋的彻底崩溃，关中诸郡"百姓饥馑，白骨蔽野，百无一存"①，"长安城中，户不盈百，墙宇颓毁，蒿棘成林"，一片凋零。"公私有车四乘"，竟致"米斗，金二两。人相食，死者太半"②。在南方建康建立起来的东晋政权，是由一批北方士族的高级难民组成的，怀着一种客居他乡、寄人篱下的心态。正如司马睿所说："寄人国土，心常怀惭。"③草创于南方的东晋王朝国力远比不上西晋，以致为节俭宫前双阙之资，王导借牛首山双峰聊以充当，建康已没有洛阳、长安那样宏大的宫殿建筑群，时代也失去了它那曾经有过的豪华和气派，因此文学的审美活动也就失去了它曾经有过的繁、杂、大、壮的对象。赋体文学尽可以铺扬蹈厉，但失去了特定的对象，又何大之有！人们转而便把审美的触须伸向身边琐事、胸中闲情。士子风流不是吃药、纵酒、愤世嫉俗，而是具有潇洒风神。这样，汉赋之大也就无用武之地了，"小赋"便应运而生，遂有东晋陶渊明《闲情赋》《归去来兮辞》等，并直接通向南朝小赋，如鲍照《芜城赋》，谢庄《月赋》，江淹《恨赋》《别赋》，庾信《小园赋》等。

在文学的审美格调上，西晋之于东晋也是居于中介点上，清代乔亿《剑溪说诗》对西晋诗之地位做了这样的确定："汉诗和平，魏诗激昂，晋诗高处与魏相颉颃，次之则信如刘彦和所谓'轻绮'也。"刘勰的"轻绮"说，就是《文心雕龙·明诗》的下列论述："晋世群才，稍入轻绮，张潘左陆，比肩诗衢，采缛于正始，力柔于建安，或析文以为妙，或流靡以自妍，此其大略也。"西晋诗的中介内涵就是：其"高处"即高层次的诗上承魏诗风骨，但整个趋向却下启东晋诗风。它"力柔于建安"，这一重要转折始于傅玄，到张协玄言诗时已构成独立机制，这便引出了东晋玄言诗的高潮。元好问《论诗三十首》曾经感喟曰："可惜并州刘越石，不教横槊建安中。"确实，时代没有提供给他机遇，在诗坛上，也因而没有能像建安时期那样给予他更多的风云气。这一切都表明有一股力量——时代的审美力在支配着诗人们的审美活动。"力柔于建安"的趋向终于通过西晋的转化发展为东晋的玄言诗风，"江左篇制，溺乎玄风，嗤笑徇务之志，崇盛亡机之谈"④。钟嵘《诗品序》更直接认为："永嘉时贵黄老，稍尚虚谈，于时篇什，理过其

---

① 房玄龄：《晋书·贾疋传》。
② 房玄龄：《晋书·愍帝纪》。
③ 刘义庆：《世说新语·言语》。
④ 刘勰：《文心雕龙·明诗》。

辞，淡乎寡味。爰及江表，微波尚传，孙绰、许询、桓、庾诸公，皆平典似《道德论》，建安风力尽矣。"从"力柔于建安"到"建安风力尽矣"，正是经过西晋的转折到东晋的文学美学演变图。

在美学理论上，陆机的《文赋》居于从魏到东晋、南朝的中间地位上，即成为从曹丕《典论·论文》到刘勰《文心雕龙》、钟嵘《诗品》的中介。建安风骨苍劲，但少有华彩。曹植《洛神赋》的文辞犹如赋中所描述的那样："翩若惊鸿，婉若游龙，荣耀秋菊，华茂春松。"它预示着华茂之美学新风即将刮入文坛诗苑。接受这股风气并从理论上加以概括、提倡，从而改变魏以来质木无文的审美倾向的，就是陆机《文赋》。他第一次从美的视角，以"缘情""绮靡"的美学及其形式特征对文学的审美性质做了确定，改变了此前哲学、伦理学对文学性质的研究。清代沈德潜《说诗晬语》说："《文赋》云，'诗缘情而绮靡'，言志章教，惟资涂泽，先失诗人之旨。"朱彝尊《与高念祖论诗书》说："魏晋而下，指诗为缘情之作，专以绮靡为事，一出乎闺房女子之思，而无恭俭好礼廉静疏达之遗，恶在其为诗也？"这种指责，恰恰是《文赋》之贡献所在。他对文学中的一系列创作现象做了心理学美学的阐释，成为文学美学理论的开山祖。萧梁时刘勰就深受其影响，章学诚《文史通义·文德》认为："刘勰氏出，本陆机说而昌论文心。"邓绎《藻川堂谭艺·日月篇》说："彦和之《文心雕龙》，亦多胎息于陆。"刘勰接受了陆机的许多思想，又进行了新的开扩。

要之，从汉、魏到六朝的美学史，以西晋为中介、转型期，经过纷乱、错综的变更，才在东晋形成沉淀，进而伸向南朝。这个过程总体上说，是从外扬到内敛，从对外部世界的征服到对内心世界的体味，从挥扬蹈厉到潇洒文雅，从大而化之到小巧玲珑，从伦理性的文学到审美性的文学，主体性地位开始在美学中确定。这是一个转折、凝缩进而沉淀的过程，比起前代美学史来更为复杂，也更具美学的本体意义。

第二编

六朝社会与美学

第三章　庄园与美学

六朝的经济形态、结构与美学形态、审美意识有着特殊的关系，它在中国美学史上具有相当的典型性。

第一节　庄园经济的基本形态

六朝的士族大地主经济属于庄园型经济。梁昭明太子萧统《开善寺法会》曰："命驾出山庄。"山庄即庄园。山庄又名坞或墅。坞的概念由东汉沿袭而来，即在村庄周围构筑屏障式的土堡，又名廓城，俗称土围子。如《后汉书·董卓传》："又筑坞于郿，高厚七丈，号曰万岁坞。"坞如同山寨，在开始出现时具有地主武装，守土治安的性质。《后汉书·李章传》："清河大姓赵纲遂于县界起坞壁，缮甲兵，为在所害。"《晋书·庾衮传》："衮乃率其同族及庶姓保于禹山……杜蹊径，修壁坞，树藩障。"到六朝时，这种功能仍然存在，但不再限于此了。如《太平寰宇记》卷九六《江南东道·越州会稽》记"尚书坞在县东南三十三里，宋尚书孔稚圭之山园也"。六朝以来出现山墅，如《晋书·谢安传》："安遂命驾出山墅，亲朋毕集……又于土山营墅，楼馆竹林甚盛。"他们选择优美丰腴的山水地作为营建山墅的所在地，例如《南史·王弘之传》载："始宁沃川有佳山水，弘之又依岩筑室。"所谓"依岩筑室"就是构筑别墅。《南史·王骞传》："有旧墅在钟山，八十余顷。"《南史·徐勉传》："为家以来，不事资产，既立墅舍，似乖旧业。"《南史·王正德传》："自征虏亭至于方山，悉略为墅。"

这些庄园的领主均为士族大家，他们除了沿袭政治特权，还沿袭经济特权，他们的不少庄园是被赐予的，例如上面所述王骞在钟山的八十余顷良田，"即晋丞相王导赐田"①。田庄有世袭权，谢混"仍世宰相，一门两封，田业十余处，僮役千人"，谢弘微继承这份产业，"经纪生业，事若在公。一钱尺帛出入，皆有文簿"，自谢混死后，"室宇修整，仓廪充盈，门徒不异平日。田畴垦辟，有加于旧"。等到谢混的妻子东乡君死后，仍然"遗财千万，园宅十余所，又会稽、吴兴、琅邪诸处太傅安，司空琰时事业，奴僮犹数百人"②。谢灵运"因父祖之资，生业甚厚，奴僮既众，义故门生数百，凿山浚湖，功役无已"③。

六朝庄园经济有很大发展，它作为私人经济所有制形态有着很强的封闭性，萧齐竟陵王萧子良"于宣城、临成、定陵三县界立屯，封山泽数百里，禁民樵采"。庄园主深深知道，庄园在敛积财富方面所起的作用。《宋书》卷七七所记沈庆之兴建庄园就是一个突出的例子：

> 居清明门外，有宅四所，室宇甚丽，又有园舍在娄湖，庆之一夜携子孙徙居之，以宅还官，悉移亲戚中表于娄湖，列门同闬焉。
>
> 广开田园之业，每指地语人曰："钱尽在此。"

"钱尽在此"的自白把他兴建庄园的目的表现无遗。后来，他发了，"中兴，身享大国，家素富厚，产业累万金，奴僮千计"。又有裴之横"与僮属数百人，于芍陂大营田墅，遂致殷积"④。这里所记的"大营田墅"与"遂致殷积"之间存在着因果关系。

开拓庄园经济产业，是六朝士族大家的主要经济形态。《宋书》卷五四《孔灵符传》言会稽孔灵符"家本丰，产业甚广"。这还不够，又去经营田庄，"又于永兴立墅，周回三十三里，水陆地二百六十五顷，含带二山，又有果园九处"。刘宋时的王鉴就是一位"颇好聚敛"的人，其"聚敛"的重要手段是"广营田业"。

田庄又是六朝仕宦退身的最佳去处。如《梁书》卷五一《张孝秀传》

---

① 姚思廉：《梁书·太宗王皇后传》。
② 李延寿：《南史·谢弘微传》。
③ 沈约：《宋书·谢灵运传》。
④ 姚思廉：《梁书·裴之横传》。

记张孝秀卸职后,依托田庄,"居于东林寺,有田数十顷,部曲数百人,率以力田,尽供山众"。田庄具有较强的自给自足性质。孔灵符的永兴田庄,既有水田又有旱地,还有山田,复有果园。这种自足性又是和封建性相联系的,萧齐时顾欢说道:"亭池第宅,竞趣高华,至于山泽之人,不敢采饮其水草。"①

六朝田庄的规模很大,如前面所举会稽孔灵符的永兴田庄,刘宋时谢混、谢弘微有"田业十余处,僮役千人",萧梁时曹景宗"于城南起宅,长堤以东,夏口以北,开街列门,东西数里"②,陈朝的沈泰田庄"良田有逾于四百,食客不止于三千"③。

六朝采取多种措施限制士族大家扩占田庄。刘宋时扬州刺史西阳王子尚曾上书,曰:"山湖之禁,虽有旧科,民俗相因,替而不奉,熂山封水,保为家利。自顷以来,颓弛日甚,富强者兼岭而占,贫弱者薪苏无托。至渔采之地,亦又如兹。斯实害治之深弊,为政所宜去绝。损益旧条,更申恒制。"有司捡壬辰诏书:"占山护泽,强盗律论,赃一丈以上,皆弃市。"于是,"(羊)希以'壬辰之制,其禁严刻,事既难遵,理与时弛。而占山封水,渐染复滋,更相因仍,便成先业,一朝顿去,易致嗟怨。今更刊革,立制五条。凡是山泽,先常熂爈种养竹木杂果为林芿,及陂湖江海鱼梁鳝䱥场,常加功修作者,听不追夺。官品第一、第二,听占山三顷,第三、第四品,二顷五十亩。第五、第六品,二顷,第七、第八品,一顷五十亩,第九品及百姓,一顷。皆依定格,条上赀簿。若先已占山,不得更占,先占阙少,依限占足。若非前条旧业,一不得禁。有犯者,水土一尺以上,并计赃,依常盗律论。停除咸康二年壬辰之科。'从之"。齐高帝于建元元年(479)夏四月己亥,诏曰:"二宫诸王,悉不得营立屯邸,封略山湖。"但占地的情况并没有从根本上得到遏制。《宋书·蔡兴宗传》:"会稽多诸豪右,不遵王宪,又幸臣近习,参半宫省,封略山湖,妨民害治。"《梁书·武帝纪》梁武帝诏曰:"薮泽山林,毓材是出,斧斤之用,比屋所资。而顷世相承,并加封固,岂所谓与民同利,惠兹黔首?凡公家诸屯成见封熂者,可悉开常禁。"又诏曰:"又复公私传、屯、邸、冶、爰至僧尼,当其

---

① 萧子显:《南齐书·顾欢传》。
② 姚思廉:《梁书·曹景宗传》。
③ 姚思廉:《陈书·高祖纪》。

地界，止应依限守视；乃至广加封固，越界分断水陆采捕及以樵苏，遂致细民措手无所。凡自今有越界禁断者，禁断之身，皆以军法从事。若是公家创内，止不得辄自立屯，与公竞作以收私利。至百姓樵采以供烟爨者，悉不得禁，及以采捕，亦勿诃问。若不遵承，皆以死罪结正。"

这些大型庄园是多种经济成分并存的经济实体，更重要的是它们比西方古典庄园更多地重视了"园"的因素。从上引的许多史料中可以看出，人们兴建田业时会一并考虑"田墅""园宅""起宅"等等。例如刘宋时到㧑"宅宇山池，伎妾姿艺，皆穷上品"①，将农林牧渔、飞禽走兽、田产庄户、花园别墅作为一个整体来考虑和营建。

谢灵运《山居赋》所描述的始宁山居即始宁山墅就是一个典型的例证。《南史·谢灵运传》："灵运父、祖并葬始宁县，并有故宅及墅，遂移籍会稽，修营别业，傍山带江，尽幽居之美。"这是在祖业的基础上加以新的经营而形成的。它是一个独立的经济体并兼具其他多种功能，它能自给自足，具有中国经济自然性的典型特征，所谓"春秋有待，朝夕须资。既耕以饭，亦桑贸衣。艺菜当肴，采药救颓。自外何事，顺性靡违"。它是"自园之田，自田之湖"，农业生产方面，"阡陌纵横，塍埒交经。导渠引流，脉散沟并。蔚蔚丰秋，芸芸香秔。送夏蚕秀，迎秋晚成。兼有陵陆，麻麦粟菽。候时觇节，递艺递熟。供粒食与浆饮，谢工商与衡牧。生何待于多资，理取足于满腹"。它还有相当面积的水面，放养鱼类；有相当范围的林区，栽培松柏等树，并设置有"杏坛、柰园、橘林、栗圃"，成为园艺之圃，其中"桃李多品，梨枣殊所。枇杷林檎，带谷映渚。椹梅流芬于回峦，楟柿被实于长浦"。它还有一定的手工业，对"既耕以饭，亦桑贸衣"自注云："寒待绵纩，暑待绣绤，朝夕餐饮，设此诸业以待之。"还有酿造业："亦酝山清，介尔景福。苦以术成，甘以蘖熟。"可见，始宁山墅是一无所不有、靡不毕备的实体，是东方庄园经济的典型体现。这种庄园经济结构体在植物的分布和内部设置上充分人工化，遂致园艺化，从而达到自然化和人工化的结合。"南山则夹渠二田，周岭三苑。九泉别涧，五谷异巘。群峰参差出其间，连岫复陆成其坂。众流溉灌以环近，诸堤拥抑以接远。""葺基构宇在岩林之中，水卫石阶，开窗对山，仰眺曾峰，俯镜浚壑。去岩半岭复有一

---

① 李延寿：《南史·到㧑传》。

楼，迥望周眺既得远趣，还顾西馆望对窗户。缘崖下者密竹蒙径，从北直南悉是竹园，东西百丈，南北百五十丈，北倚近峰，南眺远岭。四山周回，溪涧交过，水石竹林之美，岩岫隈曲之好，备尽之矣。"这样的庄园已经过充分园艺化和园林化了。

而当时在始宁建田庄的不只谢灵运一人，还有王弘之、孔淳之等。于始宁建山庄非唯经济上的考虑，还有一个更重要的原因。《南史·王弘之传》写道："始宁沃川有佳山水，弘之又依岩筑室。谢灵运、颜延之并相钦重。灵运与庐陵王义真笺曰：'会境既丰山水，是以江左嘉遁，并多居之。至若王弘之拂衣归耕，逾历三纪，孔淳之隐约穷岫，自始迄今。阮万龄辞事就闲，纂戎先业，既远同羲、唐，亦激贪厉竞。若遣一个有以相存，真可谓千载盛美也。'"已包含着精神栖居的深层目的。依山水而筑园林，山水、园林密切相关，筑田庄以营园林，田庄园林化，这都是六朝才有的。它还成为士族于城市之外的乡村去处，如萧齐时的周山图"于新林立墅舍，晨夜往还"[1]。

当时的庄园除范围、规模大外，还在于内部封闭，产业经济完备。葛洪《抱朴子》写道："僮仆成群，闭门为市，牛羊掩原隰，田池布千里。"

六朝时士族大家不断进行庄园扩张，刘宋时孝武帝多次下诏说："其江海田地，公家规固者，详所开弛。贵戚竞利，悉皆禁绝。""前诏江海田池，与民共利。历岁未久，浸以弛替，名山大川，往往占固。"[2]而刘宋时，这种庄园扩张现象发生得最严重的是在会稽郡，"会稽多诸豪右，不遵王宪"，"封略山湖，妨民害治"[3]。在这些"不遵王宪"的"豪右"中就有南朝首家士族谢灵运家，但最终也受到了遏制。"会稽东郭有回踵湖，灵运求决以为田，太祖令州郡履行，此湖去郭近，水物所出，百姓惜之，颙坚执不与。""灵运既不得回踵，又求始宁岯崲湖为田，颙又固执。"[4]六朝规定，"名山大泽不以封，盐铁金银铜锡及竹园、别都宫室园圃"[5]均属国家所有，不过往往还是会被士族大家所鲸吞和蚕食。

---

[1] 萧子显：《南齐书·周山图传》。
[2] 沈约：《宋书·孝武帝纪》。
[3] 沈约：《宋书·蔡廓传附蔡兴宗传》。
[4] 沈约：《宋书·谢灵运传》。
[5] 魏徵：《隋书·百官志》。

总的来说，六朝经济的主要经济形态是庄园经济。它是中世纪的经济形态，也是中国经济的基本形态。它不同于东汉的土坞，也不同于唐代的田庄（皇庄、官庄、寺庄、私庄），它具有自足性、封闭性，兼备经济性与文化性的特征。

第二节 庄园经济与美学之间的关系

经济与美学之间并不存在直接的联系，美学远离经济，然而，经济环境、经济行为方式却能够孕生或改变社会风习，进而孕生或改变人的审美心态、情趣。一个显著的事实就是，现代大工业生产及其经济环境、经济行为方式所产生的审美情调、审美理想与传统自然经济环境中所产生的审美情调、审美理想以至审美节奏有很大的差异。这种差异不能不追溯到经济方式的层面上来，当然，它是通过社会风习的中介发挥作用的。从这样的理论前提和事实前提出发，就会寻绎到六朝经济与美学之间的某种联系。

跟汉末动乱不同的是，六朝经济基本上得到了发展。《晋书·食货志》描述了汉末的社会状况和经济所受破坏的状况："人相食啖，白骨盈积，残骸余肉，臭秽道路。"这样，在文学美学上才会有曹操《蒿里行》："白骨露于野，千里无鸡鸣。"曹植《送应氏》："中野何萧条，千里无人烟。"王粲《七哀诗》："出门无所见，白骨蔽平原。"蔡琰《悲愤诗》："马边悬男头，马后载妇女。"陈琳《饮马长城窟行》所写"君独不见长城下，死人骸骨相撑拄"的悲惨世界和悲愤情调。唐代元稹在《唐故工部员外郎杜君墓系铭并序》中写道："建安之后，天下文士遭罹兵战，曹氏父子鞍马间为文，往往横槊赋诗，故其抑扬怨哀悲离之作，尤极于古。"这就形成了建安悲慨、遒劲、慷慨多气、咏叹多情的文学美学风格特征，这也就是所谓的建安风力或曰建安风骨。

经过汉末动乱、永嘉之乱后，东晋、南朝的经济相对稳定，并且得到了发展。尽管王朝更迭如转蓬，但六朝经济和政治之间有一定距离，没有随政局改变造成大波荡，除了侯景之乱的大破坏外，整个六朝经济呈发展趋势。其中一个重要原因是庄园经济作为基本经济形态并没有因政局变化而变化，反而延续并发展下去。《宋书·孔季恭传》中史臣道："江南之为国盛矣……地广野丰，民勤本业，一岁或稔，则数郡忘饥。会（会稽）土带海傍湖，良畴亦数十万顷，膏腴上地，亩直一金，鄠（今陕西户县）、杜（今陕西西安南）之间不能比也。"六朝经济繁庶首推荆扬二州。《宋书》卷六六写道："江左以来，树根本于扬越，任推毂于荆楚。扬土自庐蠡以北，临海而极大江；荆部则包括湘沅，跨巫山而掩邓塞；民户境域，过半于天下。"卷五四说义熙十一年（415）至元嘉末（453），"三十有九载，兵车勿用，民不外劳，役宽务简，氓庶繁息，至余粮栖亩，户不夜扃，盖东西之极盛也"。自晋末至刘宋大明间，"年逾六纪，民户繁育，将曩时一矣……荆城跨南楚之富，扬部有全吴之沃，鱼盐杞梓之利，充仞八方；丝绵布帛之饶，覆衣天下"。其次则为长江上游之益州等地，"土地特美，蚕桑鱼盐，家有焉"①。优渥的经济来源和生活环境，使得他们的文学、美学心态逐渐软化和艳化，这样也就淡化了他们的审美激情。汉魏风骨的那种慷慨气不见了，代之而起的是雕琢气——堆砌成风，缺少生活所赋予美学的热情、生气，流于平板，缺乏灵机。优渥生活导致美学双翅出现退化现象，已没有被历代诗美学家所称道的曹操那种"老瞒横槊"的劲健。

但是，另一方面，庄园主适性适意的生活又使他们摆脱了对于政治的依附，减少了与政治之间过多过密的牵连与瓜葛，他们的文学、艺术审美活动不再是为了获得功利，不再是为了政治的目的和歌功颂德，而是为了获得精神的愉悦，也就是为了审美的需要。这些都促进了六朝美学的发展和进步。《梁书》卷二五《徐勉传》记述了徐勉对他的庄园所发表的一席话："聊于东田间营小园者，非在播艺，以要利入，正欲穿池种树，少寄情赏……经始历年，粗已成立。桃李茂密，桐竹成荫，塍陌交通，渠畎相属。华楼迥榭，颇有临眺之美，孤峰丛薄，不无纠纷之兴。渎中并饶菰蒋，湖里殊富芰莲。"这告诉人们，经营田庄有多种原因，诚然是为了经济生活的自给自足，但是也有精神目的，"颇有临眺之美""不无纠纷之兴"，所谓"少寄情赏"，正是说精神陶冶的欲望，其关键是"非在播艺，以要利入"，不是企图获取经济利益。这样也就开拓了六朝庄园的多功能性，特别是在物质功能之外，更注重于精神的满足功能。于是，六朝庄园作为经济形态与美学之间就产生了一条联系线索。庄园不仅仅是六朝人经济生活范畴内的对象，而

---

① 郦道元：《水经注·江水注》。

且是审美的对象，获取了审美的内容、情感、兴趣等。谢灵运的不少诗就是这方面的审美产物。

随着审美素质的成熟和审美趣味的提高，特别是最能体现六朝人审美素质、最能得其风气之先的士族文人的审美情韵的发展，六朝人对庄园的审美化进程便加速了。他们充分发掘和塑造了庄园物质与精神的双重性质，其精神性质既有精神享受，又有精神陶冶，前面所引徐勉庄园的"临眺之美""纠纷之兴"就是这种表述。

在庄园的经济行为方式中有一种叫作"行田"的，也给六朝山水自然文化、审美意识的形成以深刻影响。这一点，人们注意较少，故稍涉笔墨。王羲之《与谢万书》写道：

> 顷东游还，修植桑果，今盛敷荣，率诸子，抱弱孙，游观其间，有一味之甘，割而分之，以娱目前。虽植德无殊邈，犹欲教养子孙以敦厚退让……比当与安石东游山海，并行田视地利，颐养闲暇。衣食之余，欲与亲知时共欢宴。虽不能兴言高咏。衔杯引满，语田里所行，故以为抚掌之资，其为得意，可胜言邪！①

谢灵运以"行田"入题的诗有《行田登海口盘屿山》："羁苦孰云慰，观海藉朝风。莫辨洪波极，谁知大壑东。依稀采菱歌，仿佛含矉容。遨游碧沙渚，游衍舟山峰。"另有《白石岩下径行田》："小邑居易贫，灾年民无生。知浅惧不周，爱深忧在情。旧业横海外，芜秽积颓龄。饥馑不可久，甘心务经营。千顷带远堤，万里泻长汀。洲流涓浍合，连统塍埒并。虽非楚宫化，荒阙亦黎萌。虽非郑白渠，每岁望东京。天鉴倘不孤，来兹验微诚。"行田即视察田庄，这种视察进而开拓产业的经济行为方式发生在这批士族文人身上，便自然地跟文化行为——遨游山水联系起来了。正如孙统《兰亭诗二首》所写："地主观山水，仰寻幽人踪。"在行田中自然审美意识得到了哺育。

六朝田庄、庄园为士族大家所有，庄园主是士族，而这批士族又因其固有的文化环境和文化土壤的孕育条件具有较高的文化、审美素质。庄园主、士族、高品位文化人，这三位往往结合于一体，其典型代表当数谢灵运。兼具物质型和精神型的庄园，打开了这批士族文人的审美视域，庄园本身成

---

① 房玄龄：《晋书·王羲之传》。

为其艺术、文学审美的对象，同时士族文人又以自身的趣味、情调设计着庄园，两者之间互为作用。然而，庄园生活及其中士族文人的游赏活动，既开拓但也局限了士族文人的审美视野，他们的审美对象显得不够丰富。随着庄园经济发展和扩张的是自耕农的破产，"卖妻儿，甚者或自缢死"①。这些惨状却一概被排拒在士族文人的文学审美视域之外，这比起唐代诗人要逊色许多了。六朝士族文人为庄园生活所局限，其审美笔调反而显得局促而不够舒展。就庄园审美而言，其审美视域本身也显得不够广阔。

然而，把庄园经济生活和美学联结得如此紧密的，是在六朝。它使得中国自然经济的一种标准形态成了文学的审美对象，它无疑促进了人与自然生态关系的发展。这批庄园尽管经过了人文化的加工构筑，但也保留了大量的自然原生态动植物，这又无疑促进了六朝士族文人自然回归意识的发展，这都是六朝庄园实体对于士族文人主体所起的启迪、暗示作用。以庄园的原生态自然为游赏和审美对象，又哺育了六朝人悠游天地、逍遥四方的闲适情调与心态。这种情调、心态与隐逸生活相结合就铸合为六朝人的审美文化心理结构。士族大家的庄园经济形态在后代虽然有所改变，但是，其审美文化心理却沉淀下来，凝聚在结构内核里，在后来的审美文化品类中可以大量看到其跃动，它构成了六朝美学对于中国美学的一项史的重要贡献。

---

① 沈约：《宋书·沈怀文传》。

第四章　风习与美学

社会风习是弥漫于整个社会的风尚习俗。它具有一定的时代性和阶段性，也就是某一时代有某一时代的社会风习。它是一种约定俗成的规范，甚或是无形的规范、隐性的模态。它如氤氲细雾，具有特殊的弥漫性能和浸染性能，使得人的行为方式以至思维方式、审美方式都不得不受其影响。社会风习是一个中性概念，具有正负面值，不是仅仅具有单一面值。因而，社会风习总是从正负方面影响着一个时代的美学状貌及其精神、格调。

第一节　豪奢生活与金粉美学

六朝的豪奢在中国历史上颇为典型，充满着豪侈、斗富，肉欲横流。这是被史家颇多指斥的历史生活现象。南朝各代的第一代皇帝都比较俭朴，他们大多以布衣之身马上得天下，故勤于政事、自奉廉洁。这是南朝各代皆然的现象，也就成了规律性的现象。比如刘宋武帝刘裕：

> 清简寡欲，严整有法度，未尝视珠玉舆马之饰，后庭无纨绮丝竹之音。初，朝廷未备音乐，长史殷仲文以为言，帝曰："日不暇给，且所不解。"仲文曰："屡听自然解之。"帝曰："政以解则好之，故不习耳。"宁州尝献虎魄枕，光色甚丽，价盈百金。时将北伐，以虎魄疗金创，上大悦，命碎分赐诸将。平关中，得姚兴从女，有盛宠，以之废事，谢晦谏，即时遣出。财帛皆在外府，内无

> 私藏。宋台建，有司奏东西堂施局脚床，金涂钉，上不许。使用直脚床，钉用铁。广州尝献入筒细布，一端八丈，帝恶其精丽劳人，即付有司弹太守，以布还之，并制岭南禁作此布。帝素有热病，并患金创，末年尤剧，坐卧常须冷物，后有人献石床，寝之，极以为佳，乃叹曰："木床且费，而况石邪！"即令毁之。制诸主出适，遣送不过二十万，无锦绣金玉。内外奉禁，莫不节俭。性尤简易，尝着连齿木屐，好出神武门内左右逍遥，从者不过十余人。时徐羡之住西州，尝思羡之，便步出西掖门，羽仪络驿追随，已出西明门矣。诸子旦问起居，入阁脱公服，止着裙帽，如家人之礼焉。
>
> 微时躬耕于丹徒，及受命，耨耜之具颇有存者，皆命藏之，以留于后。及文帝幸旧宫，见而问焉，左右以实对，文帝色惭。有近侍进曰："大舜躬耕历山，伯禹亲事土木，陛下不睹列圣之遗物，何以知稼穑之艰难，何以知先帝之至德乎？"及孝武大明中，坏上所居阴室，于其处起玉烛殿，与群臣观之，床头有土障，壁上挂葛灯笼，麻绳拂，侍中袁顗盛称上俭素之德，孝武不答，独曰："田舍公得此，已为过矣。"故能光有天下，克成大业，盛矣哉。①

他曾说："我布衣，始望不至此。"②故战战兢兢，以事王事。又如齐高帝：

> 及即位后，身不御精细之物，主衣中有玉介导，以长侈奢之源，命打破之。凡异物皆令随例毁弃。后宫器物栏槛，以铜为饰者，皆改用铁。内殿施黄纱帐，宫人着紫皮履。华盖除金华爪，用铁回钉。每曰："使我临天下十年，当使黄金与土同价。"欲以身率下，移风易俗。③

他常常想到自己是一名布衣天子，因此克勤克俭，"布衣素族，念不到此，因藉时来，遂隆大业"④。

齐代还有一位帝王——齐明帝也较为俭约。他"罢武帝所起新林苑，以地还百姓。废文惠太子所起东田，斥卖之。永明中，舆辇舟乘，悉剔取金银，还主衣库，以牙角代之。尝用皂荚，讫，授余渖与左右，曰：'此犹堪明日

---

① 李延寿：《南史·宋本纪上》。
② 李延寿：《南史·王弘传》。
③ 李延寿：《南史·齐本纪上》。
④ 萧子显：《南齐书·高帝纪下》。

用。'太官进御食，有裹蒸，帝十字画之，曰：'可四片破之，余充晚食。'而武帝掖庭中宫殿服御，一无所改。其俭约如此"。再如梁武帝萧衍：

> 日止一食，膳无鲜腴，惟豆羹粝饭而已。或遇事拥，日昃移中，便漱口以过……

> 身衣布衣，木绵皂帐，一冠三载，一被二年。自五十外便断房室，后宫职司贵妃以下，六宫祎褕三翟以外，皆衣不曳地，傍无锦绮。不饮酒，不听音声，非宗庙祭祀，大会飨宴及诸法事，未尝作乐。勤于政务，孜孜无怠。每冬月四更竟，即敕把烛看事，执笔触寒，手为皴裂。①

还有陈武帝陈霸先：

> 雄武多英略，性甚仁爱。及居阿衡，恒崇宽简。雅尚俭朴，常膳不过数品。私飨曲宴，皆瓦器蚌盘，肴核庶羞，裁令充足，不为虚费。初平侯景及立敬帝，子女玉帛皆班将士。其充闱房者，衣不重采，饰无金翠，声乐不列于前。践阼之后，弥厉恭俭。②

其子陈文帝亦尚节俭，"起自布衣，知百姓疾苦，国家资用，务从俭约。妙识真伪，下不容奸。一夜内刺闱取外事分判者。前后相续。每鸡人伺漏传签于殿中者，令投签于阶石上，锵然有声，云：'吾虽得眠，亦令惊觉。'其自强若此"③。

马上天子深知创业之艰难，因此，生活俭朴，身体力行，想形成社会风尚，但是，整个六朝豪奢之风遍于国中，这些马上天子的努力"可怜无补费精神"，难挽颓风。有的朝代第二代帝王就肆行奢风。如齐武帝"颇喜游宴、雕绮之事"④，"武帝奢侈，后宫万余人，宫内不容，太乐、景第、暴室皆满，犹以为未足"，其弟豫章王萧嶷"后房亦千余人"⑤。

其实，这种豪侈之风早已浸染社会，成为社会之通病。《晋书·何曾传》记晋武帝时的司徒、太傅何曾"性奢豪，务在华侈。帷帐车服，穷极绮丽，厨膳滋味，过于王者。每燕见，不食太官所设，帝辄命取其食。蒸饼上

---

① 李延寿：《南史·梁本纪中》。
② 李延寿：《南史·陈本纪上》。
③ 李延寿：《南史·陈本纪上》。
④ 李延寿：《南史·齐本纪上》。
⑤ 李延寿：《南史·齐高帝诸子上》。

不坏作十字不食。食日万钱，犹曰无下箸处"。其子何劭"骄奢简贵，亦有父风。衣裘服玩，新故巨积。食必尽四方珍异，一日之供以钱二万为限。时论以为太官御膳，无以加之"。

晋室南渡，偏安东南，一开始尚处于故国飘零的悲怆之中，国匮民乏，无力靡费，但偏安日久，俭约之习日减，豪奢之风日增。例如，齐废帝郁林王萧昭业"与群小共作诸鄙亵掷涂赌跳、放鹰走狗杂狡狯"。他挥金如土，"极意赏赐左右，动至百数十万。每见钱曰：'我昔思汝一个不得，今日得用汝未？'武帝聚钱上库五亿万，斋库亦出三亿万，金银布帛不可称计。即位未期岁，所用已过半，皆赐与诸不逞群小。取诸宝器以相击剖破碎之，以为笑乐。及至废黜，府库悉空"。"好斗鸡，密买鸡至数千价。武帝御物甘草杖，宫人寸断用之。"①陈代陈后主陈叔宝"荒于酒色，不恤政事"。"君臣酣饮，从夕达旦，以此为常。而盛修宫室，无时休止。税江税市，征取百端。刑罚酷滥，牢狱常满。"更为荒唐的是，当隋军渡过京口，守军密启告急，当时陈后主正在饮酒，不予理睬。隋军将领高颖攻进宫城，看到那封告急文件还没有拆封，被扔在床下。

六朝帝王的奢侈状况和奢侈方式在中国历代帝王中是罕见的。每朝的开国天子无不俭约，其末代皇帝又无不奢侈。豪奢成为加速王朝更迭的催化剂，"恶"成为历史进步的动力。从建康宫、台城内刮起的这股奢侈风也刮到了全社会。《梁书》卷三八《贺琛传》记当时一场官宴"破数家之产"，"所费事等丘山，为欢止在俄顷……其余淫侈，著之凡百，习以成俗，日见滋甚"。《陈书》卷三《世祖纪》记"梁氏末运，奢丽已甚，刍豢厌于胥吏，哥钟列于管库。土木被朱丹之采，车马饰金玉之珍"。他们睡的是玳瑁床，世间珍异，应有尽有。"（徐）湛之善于尺牍，音辞流畅，贵戚豪家，产业甚厚，室宇园池，贵游莫及，伎乐之妙，冠绝一时。门生千余人，皆三吴富人之子，姿质端妍，衣服鲜丽。每出入行游，涂巷盈满。泥雨日，悉以后车载之"，连皇上宋文帝也"每嫌其侈纵"②。《建康实录》亦载："（徐）湛之服色鲜丽，游宴奢侈，时安成公何勖，无忌子也，临汝公孟灵休，昶之子也，各奢豪，京师语曰：'安成食，临汝饰，湛之二事兼美之。'"徐君茜"颇好声色，侍妾数十，皆佩金翠，曳罗绮，服玩悉以金

---

① 李延寿：《南史·齐本纪下》。
② 李延寿：《南史·徐湛之传》。

银……有时载伎肆意游行，荆楚山川，靡不毕践"①。

梁代武帝虽尚节俭，但还是无法遏制臣下奢侈之风，典型的有羊侃："姬妾列侍，穷极奢靡。""大同中，魏使阳斐与侃在北尝同学，有诏命侃延斐同宴。宾客三百余人，食器皆金玉杂宝，奏三部女乐。至夕，侍婢百余人俱执金花烛。侃不饮酒而好宾游，终日献酬，同其醉醒。"有一次，其客张孺才醉后造成船中失火，延烧七十余艘，所毁金帛不可胜数，"侃闻聊不挂意，命酒不辍。孺才惭惧自逃，侃慰喻使还，待之如旧"②。此外，靖惠王宏敛财之多，令武帝瞠目结舌。其总的奢靡状况，如《资治通鉴》卷一五九《梁纪》一五所写："今天下所以贪残，良由风俗侈靡使之然也。今之燕喜，相竞夸豪，积果如丘陵，列肴同绮绣，露台之产，不周一燕之资，而宾主之间，裁取满腹，未及下堂，已同臭腐。又，畜妓之夫，无有等秩，为吏牧民间，致赀巨亿。罢归之日，不支数年，率皆尽于燕饮之物，歌谣之具。"

豪奢与荒淫是相联系的，为公主纳面首者有之，纳皇太子妃为己妃者有之，梁元帝妃徐昭佩"与荆州后堂瑶光寺智远道人私通。酷妒忌，见无宠之妾，便交杯接坐，才觉有娠者，即手加刀刃。帝左右暨季江有姿容，又与淫通。季江每叹曰：'柏直狗虽老犹能猎，萧溧阳马虽老犹骏，徐娘虽老犹尚多情。'时有贺徽者美色，妃要之于普贤尼寺，书白角枕为诗相赠答"③。

豪家富室的横取暴征，造成极少数人的豪富和消费的豪奢，形成了社会的贫富悬殊。东晋时已出现了"男不被养，女无匹对，逃亡去就，不避幽深"④的境况，梁代"豪家富室，多占取公田，贵价僦税，以与贫民，伤时害政，为蠹已甚"。"至于民间，诛求万端，或供厨帐，或供厩库，或遣使命，或待宾客，皆无自费，取给于民。又复多遣游军，称为遏防，奸盗不止，暴掠繁多。或求供设，或责脚步，又行劫纵，更相枉逼。良人命尽，富室财殚。此为怨酷，非止一事。"⑤"百姓不能堪命，各事流移，或依于大姓，或聚于屯封"，"民失安居"，"户口空虚"⑥。

奢侈的生活消费形成了这样的强烈对比：萧齐时"户口不能百万，而太

---

① 李延寿：《南史·徐君蒨传》。
② 李延寿：《南史·羊侃传》。
③ 李延寿：《南史·后妃下》。
④ 房玄龄：《晋书·刘毅传》。
⑤ 姚思廉：《梁书·武帝纪下》。
⑥ 姚思廉：《梁书·贺琛传》。

乐雅郑，元徽时校试千有余人，后堂杂伎不在其数"，因而，它染化于整个社会空气，便造成"伤败风俗"，浮靡成风。

美学与社会风气存在着深刻的联系。时代审美理想既存在着前后代的历时性关系，又存在着本时代与其他社会因素相勾连的共时性关系。这种逐渐弥漫的奢靡性社会风气，追求艳俗、香软、感官的强烈刺激。《南史·后妃传》描述的陈后主、张贵妃等所居三阁"每微风暂至，香闻数里，朝日初照，光映后庭"，正是六朝社会风习追求香、色的集中写照。人的感性要求得到极大的满足，并被驱赶着追逐更多的满足。从前引的许多例证中可以看出，在感性需要的追逐与满足过程中，人们已剥落理性人所应基本具备的廉耻、道德心灵，一切都是裸露的，赤条条的，又是疯狂的，狂热的。这样，整个社会散发的是令人发酥、发软的香气，但显得极端世俗化。这一切是从皇廷中所孕生和散发出来的，当它扩散成为全社会的风气后就像酸雾一样存在了。在中国历史上，六朝是第一个俗化时期，后代能与之相比的是两宋和晚明。整个社会风习世俗化，首先形成的是人的心态的香艳化和软化，这是促进六朝人彻底走向俗化的基本动因，它已沉淀为人的心理结构和心理的感性要求、欲望。人的感性要求、欲望一旦毫无节制地泛滥开来，其行为方式就会毫无准的。六朝愈向后发展，这种状况就表现得愈突出和明显，到陈代可以说是发展到极致。东晋曾经有过的贵族气派和宁静潇洒，也被纸醉金迷、浓香艳粉所代替。一切显得俗不可耐和香艳刺鼻，它又最终通过人而表现出来。颜之推《颜氏家训》对这些浓艳香气熏染出来的南朝人做了惟妙惟肖的描绘：

> 梁世士大夫，皆尚褒衣博带，大冠高履，出则车舆，入则扶侍，郊郭之内，无乘马者……及侯景之乱，肤脆骨柔，不堪行步，体羸气弱，不耐寒暑，坐死仓猝者，往往而然。建康令王复，性既儒雅，未尝乘骑，见马嘶喷陆梁，莫不震慑。乃谓人曰："正是虎，何故名为马乎？"其风俗至此。

在这样的总体社会氛围内，精神领域发生了重大变化，遂浸染于美学，俗艳化的审美趋向和审美理想形成，进而成为人内在和外在的审美要求，最终的产物便是宫体诗，豪奢的生活终于积淀为金粉美学。

金粉美学是六朝特别是南朝美学的基本特征，这一概念本身就包含着浓郁的香气和刺激性，最能引发人们体认六朝美学的浮艳感觉。它的形成原因，最终还是要从社会环境和社会风习中去寻找，因为金粉世界孕育了金粉美学。

第二节　民间习俗与通俗美学

六朝的疆土占当时中国的半壁江山，以萧梁时为例，包括了淮水以南今苏、豫、蜀、鄂、湘、浙、闽、粤、桂等大片地区。这一地区正好是长江主干线流域，因而它属于长江流域风俗文化带，有荆楚、吴越、巴蜀等丰富的风俗文化资源。如果运用地理文化学的原理来说明，那就是一定的地理环境会孕生出符合该地区地理环境特征的风俗，从而形成一定的风俗文化。南方文化系统本来就存在着一个风俗文化带。《孟子·离娄》下认为："晋之乘，楚之梼杌，鲁之春秋，一也。"这实际是指出了楚文化文明的独立性质。先秦时代江淮流域孕生的充满神异色彩的《庄子》、屈骚以及后来由淮南王刘安门客所辑录的《淮南子》，都有着同一个神话母题和风俗文化母体。

地理环境不同，形成了黄河文化带和长江文化带不同的品格，黄河文化带凝重而务实，长江文化带奇诡而浪漫。浮想离奇、斑斓多姿的老庄、屈骚代表了长江文化带的根本特征，并作为文化基因沉淀到文化的历史长河之中。理清了这条线索，追溯了这一源头，才能说清玄学何以会风行于六朝，六朝文学、文化、美学又何以会风姿绰约、色彩玄妙。南朝的刘勰生活在南方文化带中，所形成的文化、审美观念，已使他认识到，以北方文化、审美观念为参照系，屈骚与中原风雅文化有异同之处。《文心雕龙·辨骚》写道："将核其论，必征言焉。故其陈尧舜之耿介，称汤武之祗敬，典诰之体也；讥桀纣之猖披，伤羿浇之颠陨，规讽之旨也；虬龙以喻君子，云蜺以譬谗邪，比兴之义也；每一顾而流涕，叹君门之九重，忠怨之辞也。观兹四事，同于风雅者也。至于托云龙，说迂怪，丰隆求宓妃，鸩鸟媒娀女，诡异之辞也；康回倾地，夷羿弹日，木夫九首，土伯三目，谲怪之谈也；依彭咸之遗则，从子胥以自适，狷狭之志也；士女杂坐，乱而不分，指以为乐，娱酒不废，沉湎日夜，举以为欢，荒淫之意也。摘此四事，异乎经典者也。"楚辞在美学的某些方面给汉赋以影响，特别是其奇诡的思维，进而影响了六朝的志怪小说，这是一条具有联结性质的线索。王逸《楚辞章句》说："昔楚南郢之邑，沅湘之间，其俗信鬼而好祝，其祀必使巫觋作乐，歌舞以娱神。"歌舞的目的是乐神，通过富于神异色彩的歌舞形式取悦于神，这样，便在巫祝形式中融会了审美因子。

在总格调上，长江文化带与黄河文化带不同，具有佻达、迷乱、放浪、缤纷的特征。但随着衣冠渡江，黄河文化连同其风习也带到江左，这样，江淮以南的风俗文化又有着黄河文化带的特征。在文化史上，衣冠渡江具有文化开发意义和文化交流作用。不仅如此，六朝还曾从域外引进了衣、食、住、行各个方面的社会风习，滋养了本地区的风俗文化，佛教文化对六朝的社会风习影响尤大。例如坐胡床，萧梁时庾肩吾写有《咏胡床应教诗》，明确告诉人们，它来自域外，"传名乃外域，入用信中京"，又写到它的形状及其功能等，"足欹形已正，文斜体自平。临堂对远客，命旅誓初征。何如淄馆下，淹留奉盛明"。再有吃胡饼，例如王羲之坦腹东床所食者，便是胡饼。六朝时还有不少独特的饮食及生活行为方式，如东晋时时兴牛心炙，《建康实录》载："时重牛心炙，坐客未啖，（周）顗先割啖羲之，由是知名。"喜乘牛车，这在西晋石崇与王恺斗富时已有，《南史》卷四三《齐高帝诸子》也记有萧晔乘坐牛车事。

发饰方面，东晋、南朝女性流行流苏髻、堕马髻。所谓堕马髻实由后汉梁冀之妻孙寿流传下来。《后汉书·梁冀传》载"（孙）寿色美而善为妖态，作愁眉，啼妆，堕马髻，折腰步，龋齿笑，以为媚惑"。当时还时兴假发，《晋书·五行志》载曰："太元中，公主妇女必缓鬓倾髻，以为盛饰。用髪既多，不可恒戴，乃先于木及笼上装之，名曰假髻，或名假头。至于贫家，不能自办，自号无头，就人借头，遂布天下。"

在穿着上，东晋人穿木屐，著名的有谢安接淝水捷报后过门限折木屐齿的故事。东晋人所戴冠较小，而衣带宽大，"晋末皆冠小而衣裳博大，风流相放，舆台成俗"。南京石子冈出土的头戴小冠的瓷俑就是明证。

在六朝，名士们的穿戴具有导向作用，形成了特有的风俗。例如《建康实录》载人们对于谢安，"衣冠效之，乃以成俗"。

民间风习具有特定的内涵和色彩，它往往用某一具体的时令和时间表示出来。六朝民间节日最著名的是三月三日修禊节，因王羲之《兰亭集序》而闻名。诗作有所涉及的如谢惠连《三月三日曲水集诗》："四时著平分，三春禀融烁。迟迟和景婉，天天园桃灼。携朋适郊野，味爽辞尘廓。蜚云兴翠岭，芳飙起华薄。解辔偃崇丘，藉草绕回壑。际渚罗时簌，托波泛轻爵。"沈约《三月三日率尔成章诗》："丽日属元巳，年芳具在斯。开花已匝树，流莺复满枝。洛阳繁华子，长安轻薄儿。东出千金堰，西临雁鹜陂。游丝映空转，高杨拂地垂。绿萍文照耀，紫燕光陆离。清晨戏伊水，薄暮宿兰池。象筵鸣宝瑟，金瓶泛羽卮。宁忆春蚕起，日暮桑欲萎。长袂屡已拂，雕胡方自炊。爱而不可见，宿昔减容仪。且当忘情去，叹息独何为。"陈后主叔宝写有《上巳宴丽晖殿各赋一字十韵诗》《上巳玄圃宣猷堂禊饮同共八韵诗》《上巳玄圃宣猷嘉辰禊酌各赋六韵以次成篇诗》等。江总《三日侍宴宣猷堂曲水诗》："上巳娱春禊，芳辰喜月离。北宫命箫鼓，南馆列旌麾。绣柱擎飞阁，雕轩傍曲池。醉鱼沉远岫，浮枣漾清漪。落花悬度影，飞丝不碍枝。树动丹楼出，山斜翠磴危。礼周羽爵遍，乐阕光阴移。"

当时的节日还有立春。陈后主叔宝写有《立春日泛舟玄圃各赋一字六韵成篇》："春光反禁苑，暖日暖源桃。霄烟近漠漠，暗浪远滔滔。石苔侵绿藓，岸草发青袍。回歌逐转楫，浮冰随度刀。遥看柳色嫩，回望鸟飞高。自得欣为乐，忘意若临濠。"又写有《献岁立春光风具美泛舟玄圃各赋六韵诗》。

还有七夕节。牛郎织女相会的故事及七夕风俗到六朝已具备了完整的形态。萧梁时宗懔《荆楚岁时记》："傅玄《拟天问》云：'七月七日，牵牛织女会天河。'""七月七日为牵牛织女聚会之夜。是夕，人家妇女结彩缕，穿七孔针，或以金银鍮石为针，陈瓜果于庭中以乞巧。"从这些记载的来源看，它至少已成为荆楚一带的风习，实际上，六朝所据之地均如此。还有一个有趣的现象，在全六朝诗中，写七夕的诗较之其他风俗岁时节令诗要多得多。连法相森森、膜拜佛释的梁武帝萧衍也写有七夕诗。现分别择诗列于下：

刘宋时谢惠连《七月七日夜咏牛女》诗："落日隐櫩楹，升月照帘栊。团团满叶露，析析据条风。蹀足循广除，瞬目矖曾穹。云汉有灵匹，弥年阙相从。遐川阻晹爱，修渚旷清容。弄杼不成藻，耸辔骛前踪。昔离秋已两，今聚夕无双。倾河易回斡，欸情难久惊。沃若灵驾旋，寂寥云幄空。留情顾华寝，遥心逐奔龙。沉吟为尔感，情深意弥重。"

刘宋南平王刘铄《七夕咏牛女诗》："秋动清风扇，火移炎气歇。广檐含夜阴，高轩通夕月。安步巡芳林，倾望极云阙。组幕紫汉陈，龙驾凌宵发。谁云长河遥，颇剧促筵越。沉情未申写，飞光已飘忽。来对眇难期，今欢自兹没。"

萧衍《七夕诗》："白露月下团，秋风枝上鲜。瑶台含碧雾，罗幕生紫烟。妙会非绮节，佳期乃凉年。玉壶承夜急，兰膏侬晓煎。昔悲汉难越，今伤河易旋。怨咽双断念，凄悼两情悬。"

范云《望织女诗》："盈盈一水边，夜夜空自怜。不辞精卫苦，河流未可填。寸情百重结，一心万处悬。愿作双青鸟，共舒明镜前。"

沈约《织女赠牵牛诗》："红妆与明镜，二物本相亲。用持施点画，不照离居人。往秋虽一照，一照复还尘。尘生不复拂，蓬首对河津。冬夜寒如此，宁遽道阳春。初商忽云至，暂得奉衣巾。施衿已成故，每聚忽如新。"

何逊《七夕诗》："仙车驻七襄，凤驾出天潢。月映九微火，风吹百合香。来欢暂巧笑，还泪已沾裳。依稀如洛汭，倏忽似高唐。别离未得语，河汉渐汤汤。"

庾肩吾《七夕诗》："玉匣卷悬衣，针楼开夜扉。姮娥随月落，织女逐星移。离前忿促夜，别后对空机。倩语雕陵鹊，填河未可飞。"

其他还有谢灵运的《七夕咏牛女诗》、刘孝仪《咏织女诗》等等。可以说，大凡六朝的一流诗人，都写有这类诗。这些诗人设身处地想象出一年一度七夕会的牛女情感，相见恨短，情怀楚楚，如陈后主叔宝《七夕宴重咏牛女各为五韵诗》："明月照高台，仙驾忽徘徊。雷徙闻车度，霞上见妆开。房移看动马，斗转望攲杯。靥色随星去，鬓影杂云来。更觉今宵短，只遽日轮催。"

除了设想动人的夫妻相会外，诗人们还描述了七夕乞巧穿针的民间习俗，柳恽写有《七夕穿针诗》，徐勉《七夕穿针诗》云："步月如有意，情来不自禁。向光抽一缕，举袖弄双针。"台城内有层城观（一名穿针楼）。《舆地志》云："齐武帝七月七日使宫人集此，是夕穿针以为乞巧之所。亦曰穿针楼。"《南史·宋本纪》记："是夜七夕，令（杨）玉夫伺织女度，报已，因与内人穿针讫，大醉，卧于仁寿殿东阿毡幄中。"

当时亦有重阳节。魏时曹丕《九日与钟繇书》写道："岁往月来，忽复九月九日。九为阳数，而日月并应，俗嘉其名，以为宜于长久，故以享宴高会。"到了六朝，这一节时仍风行。陶渊明《九日闲居诗序》云："余闲居爱重九之名，秋菊盈园，而持醪靡由。"梁代吴均《续齐谐记》记道："今世人每至九月九日,登高饮酒,妇人带茱萸囊。"《建康实录》载:"登高飙馆。馆所立在孙陵冈。世呼为九日台也。"齐武帝萧赜就曾于永明五年(487)九月九日"登高飙馆"。《十道四番志》云:"武帝九月九日,以宴群臣孙陵冈,即吴大帝蒋陵。"

民俗是一种特定的文化显示,具有浓郁的区域文化色彩,所谓"吴楚之色泽,中原之风骨,燕赵之悲歌慷慨"①。它又具有特定的人文精神和由此产生的审美情感。其精神和情感,跟民俗的特定或固定含义相伴生,因此,它也就获得了特定或固定的民俗格调。例如三月三日修禊节,原始的宗教色彩逐渐淡化,而人文色彩逐渐浓化。这种活动一般都在优美的自然环境中举行。在这样的环境中依据民俗文化程序所进行的活动就起到拥抱自然、净化心灵、升腾情思的作用,能体认生命意识,获取审美意识。例如唐代宋之问《三月三日奉使凉宫雨中禊饮序》写道:"三月上巳,有祓除禊饮者,成俗久矣……吾侪恭兴路寝,初忝云轺,违北京之宴乐,坐南山之雾雨,相与会良友,陶暮春,席幽林,觞曲水。是日也,杂英初发,群物半荣,春透迤而上山,雪嵌釜而藏谷。高人一坐,杞梓交阴,作者肆筵,芝兰同气。递袭歌咏,不登弦管,嵇叔夜之鸣琴,偏依绿竹;郭子期之春酒,本出青山。论史可听,谈玄愈默,不觉齐万品,溢九围,爱流波,惜迟景。顾昐相谓,虽非巢许之间,左右同声,盍各岩泉之助。"这一活动能在中国士人中代代相传,就是因为其文化、审美的转捩和传承。

七夕望牵牛织女,已经包含着中国人对美好爱情祝愿的善良愿望与心理,又由于织女善织已经过了人们的描述和加工,因此人们进一步将其与人世间的女红相联系,这也就进一步开拓了它的文化含义。这些心理是文化的,又是审美的,它具有全民族的性质。

民俗文化孕育了特有的民俗意象、符号等。尽管民俗中的人文因素不断增加,但民俗中原先的母体原型的神话、宗教、原始民族色彩却不会因此泯灭,这样就增加了审美中迷乱纷茫的色调。民俗就其本来形态而言,是通俗化的,因此,民俗化文化进程就促进了审美的通俗化,南朝民歌就是在这一进程中产生的,《神弦歌》就是祀神民俗的产物。《白石郎曲》描述男神的形象:"白石郎,临江居,前导江伯后从鱼。积石如

---

① 黄宗羲:《马雪航诗序》。

玉，列松如翠，郎艳独绝，世无其二。"《清溪小姑曲》描述女神形象："开门白水，侧近桥梁。小姑所居，独处无郎。"在通俗化的审美进程中，产生出佻达、轻盈、活泼的审美品格，形成了吴、楚文化色泽，描刷了六朝的文化、美学基色，从而，也就最终完成了通俗美学的定型。

第三节 士庶之分与贵族美学

清人钱大昕说："六朝最重门第。"[①]这是对六朝风习、观念的一个极重要的概括。士庶之间有难逾之鸿沟，难如关山，恍若天隔。清人赵翼《廿二史札记》写道："所谓高门大族者，不过雍容令仆，裙屐相高，求如王导、谢安，柱石国家者，不一二数也。次则如王弘、王昙首、褚渊、王俭等，与时推迁，为兴朝佐命，以自保其家世，虽朝市革易，而我之门第如故。以是为世家大族，迥异于庶族而已。"士族享受着许多特权，即使改朝换代，爵位仍袭如故。南朝甚至明确规定士庶即世家与寒族、寒人入仕的年龄差距，"甲族以二十登仕，后门以过立试吏"[②]。士族在仕进途中有特殊的安排，平流进取，坐至公卿。这是一个特殊的利益群体，既维护着自身家族的利益，又维护着群体利益。士族大家的群体利益凌驾于一切，即使是王朝更迭也无所谓，并且往往成为王朝受禅的最直接推助力和前台角色。前朝的重臣，在新朝的主子那里仍然保持爵禄。士族大家的存在不为王朝替代所左右，在六朝，"一朝天子一朝臣"并不明显地存在。这实际上也是六朝走马灯似的发生王朝替换和皇帝轮转的重要原因，因为，一个时代最重要的利益群体并没有对此起到阻遏，反而起到推波助澜的作用。士族大家唯有保家观念，而没有尽忠殉国精神，他们把王权象征的玺绂的受授视为一家物给另一家罢了，十分简易又十分随便。《南史·褚炤传》记曰：

(褚) 贲往问讯炤。问曰："司空今日何在？"贲曰："奉玺绂在齐大司马门。"……

炤正色曰："不知汝家司空，将一家物与一家，亦复何谓？"

最高统治集团与士族一般都相处无事，只有在发现其参与政治事变时，

[①] 钱大昕：《跋陶渊明诗集》。
[②] 姚思廉：《梁书·武帝纪》。

才给予严厉打击,例如刘氏王朝相继处死头号士族谢氏的谢混、谢灵运。相反,东晋名相王导系士族首家,其五世孙王僧达在刘宋时仍居要津,"三年间便望宰相"①。其七世孙王融在齐武帝时,"三十内望为公辅"②。其六世孙王骞在梁代仍保留着当年王导所获赐田八十顷,爵位利禄一概得到保留和延续。以利益作为驱动,为了保持既有的爵禄,就有了严格的封闭性、封锁性,也就形成了对庶族的排拒性。刘宋时王弘说:"士庶之际,实自天隔。"③王球认为:"士庶区别,国之章也。"④它已经被国法所认可、所确定,连帝王都无可奈何。齐代中书舍人纪僧真为寒人,深受齐武帝的宠幸,他企图跻身士族阶层。下面是《南史》卷三六《江斅传》关于此事的一段记载:

> (纪僧真)谓帝曰:"臣小人,出自本县武吏,邂逢圣时,阶荣至此。为儿昏,得荀昭光女,即时无复所须,惟就陛下乞作士大夫。"帝曰:"由江斅、谢瀹,我不得措此意,可自诣之。"僧真承旨诣斅,登榻坐定,斅便命左右曰:"移吾床让客。"僧真丧气而退,告武帝曰:"士大夫故非天子所命。"

士庶悬隔是规定,是规矩,是制度,上至天子下到黎民,不可越雷池一步,而且它已演化为门阀观念,成为人们的观念尺度和标准。宋孝武帝母路太后的内侄孙路琼之,与士族王僧达是邻里,有一次路琼之"盛车服诣僧达,僧达将猎,已改服。琼之就坐,僧达了不与语,谓曰:'身昔门下驺人路庆之者,是君何亲?'"当面给路琼之以羞辱,路琼之走后,王僧达下令把路琼之坐的床烧掉,一点面子也不留。路太后向孝武帝哭告,孝武帝认为,这是活该,曰:"琼之年少,无事诣王僧达门,见辱,乃其宜耳。"

士庶悬隔如此严格,便带来了下列现象:

士庶不同席。上引王僧达烧路琼之坐床,就是适例。另有:"右军将军王道隆,任参国政,权重一时,蹑履到兴宗前,不敢就席,良久方去,竟不呼坐。元嘉初,中书舍人秋当,诣太子詹事王昙首,不敢坐。"⑤《南

---

① 李延寿:《南史·王僧达传》。
② 李延寿:《南史·王融传》。
③ 李延寿:《南史·王弘传》。
④ 李延寿:《南史·王球传》。
⑤ 李延寿:《南史·蔡兴宗传》。

史·张敷传》记道,亦是中书舍人的秋当、周赳"并管要务,以敷同省名家欲诣之,赳曰:'彼若不相容接,便不如勿往,讵可轻行。'当曰:'吾等并已员外郎矣,何忧不得共坐。'敷先旁设二床,去壁三四尺。二客就席,敷呼左右曰:'移我远客。'赳等失色而去"。

士庶不通婚。为了保持士族的纯洁性,不致被外化、异化,六朝的士庶不通婚表现得十分苛刻、严厉。"辄婚非类""婚宦非类",即使穷途潦倒成了破落户也不能与富有的寒人通婚。《南史·儒林传》载:"(王)元规八岁而孤,兄弟三人,随母依舅氏往临海郡,时年十二。郡土豪刘瑱者,资财巨万,欲妻以女。母以其兄弟幼弱,欲结强援,元规泣请曰:'姻不失亲,古人所重,岂得苟安异壤,辄婚非类。'母感其言而止。"《南史·贼臣传》载,侯景曾请娶于王、谢大族,梁武帝说,"可于朱、张以下访之","景恚曰:'会将吴儿女以配奴'"。他在叛乱中果然这样做了。如有违禁现象,则会或遭弹劾,如萧梁时东海王源把女儿嫁给富阳富户满璋之的儿子满鸾,被中丞沈约弹劾,说:"王满连姻,实骇物听。"①王氏是士族,满氏是寒族,不可通婚,尽管这位王氏之女是个罗圈腿。或者仕进受抑,《晋书·杨佺期传》:"弘农华阴人,汉太尉震之后也。曾祖准,太常,自震至准七世有名德……自云门户承籍,江表莫比……而时人以其晚过江,婚宦失类,每排抑之。"

大兴谱学。六朝时"人尚谱系之学,家藏谱系之书"②。诚然谱学自西晋以来就有其流传原因,但南渡之后,百姓混乱,士庶混杂,有士族、寒族、土著、虏族,有中原大族,亦有地方大族,冒名顶替者甚众,"昨日卑细,今日便成士流"③,为了严肃谱系,严格士庶分别,便大立谱牒,由此而兴谱学。颜之推《观我生赋》自注云:"中原冠带,随晋渡江者百家,故江东有百谱。"当时最负盛名的是贾、王二氏谱学。《南史》卷五九《王僧孺传》载:"始晋太元中,员外散骑侍郎平阳贾弼笃好簿状,乃广集众家,大搜群族,所撰十八州一百一十六郡,合七百一十二卷。凡诸大品,略无遗阙,藏在秘阁,副在左户。及弼子太宰参军匪之,匪之子长水校尉深世传其业。"《南史》卷七二《贾希镜传》亦载道:"先是,谱学未有名家,希镜

---

① 沈约:《奏弹王源》。
② 郑樵:《通志·氏族略序》。
③ 李延寿:《南史·王僧孺传》。

祖弼之广集百氏谱记，专心习业。晋太元中，朝廷给弼之令史书吏，撰定缮写，藏秘阁及左户曹。希镜三世传学，凡十八州士族谱，合百帙，七百余卷，该究精悉，皆如贯珠，当时莫比。永明中，卫将军王俭抄次百家谱，与希镜参怀撰定。"沈约对贾氏谱学十分推崇，称之为晋谱。《南史·王僧孺传》载，梁武帝听了沈约的建议后"留意谱籍"，"诏僧孺改定《百家谱》"。

是否熟悉谱学是六朝官员能否到吏部供职的先决条件之一。王晏在萧齐吏部供职，永明中，齐武帝准备让后来成为明帝的萧鸾接替王晏的职位，王晏说："鸾清干有余，然不谙百氏，恐不可居此职。"于是，齐武帝收回成命。

既然谱牒具有如此重要的地位，那么谁在这方面营私舞弊，谁就会受到严厉制裁。《南史》卷七二《贾希镜传》记道，建武初，贾希镜迁长水校尉，伧人（中原人，南方人对中原人的蔑称）王泰宝"买袭"《琅邪谱》，尚书令王晏把此事报告给齐明帝，"（贾）希镜坐被收，当极法"，其子"栖长谢罪，稽颡流血，朝廷哀之，免希镜罪"。

谱牒维护了六朝门阀士族的政治特权和经济利益，也维护了他们在文化活动中的专利权。南渡后的中原士族大家如王、谢二氏，仍然阔步文坛，江南士族如吴郡张、陆、顾氏和吴兴沈氏亦昂首诗苑。具体如琅邪王氏之王筠、王僧虔、王俭、王融、王僧孺等，陈郡谢氏之谢灵运、谢惠连、谢庄、谢朓等；吴郡张氏之张缵等；陆氏之陆倕等；顾氏之顾野王等；吴兴沈氏之沈约等。他们基本上控制了东晋、南朝的文化市场，形成了士族文化、文学圈，他们互通声气、互相提携，出现了一些文学创作的群体。《南史·到溉传》记："（任）昉还为御史中丞，后进皆宗之。时有彭城刘孝绰、刘苞、刘孺，吴郡陆倕、张率，陈郡殷芸，沛国刘显及溉、洽，车轨日至，号曰兰台聚。"《南史·陆倕传》载："（任）昉为中丞，簪裾辐辏，预其宴者，殷芸、到溉、刘苞、刘孺、刘显、刘孝绰及陆倕而已，号曰龙门之游。"

士族阶层特殊的政治经济地位，紫爵朱禄，使得他们有宽裕的物质、文化条件和闲情从事于文化和美学活动——"玩文学"，他们在审美趣味上也有着相近的特点。《世说新语·雅量》注引《晋安帝纪》："（戴逵）性甚快畅，泰于娱生。好鼓琴，善属文，尤乐游宴，多与高门风流者游。"这里所说的"高门"指的就是王、谢等士族，所谓"风流"正是指其名士和士族风度，宅心玄远，高情远韵，悠闲从容。他们已没有临刑东市的悲壮，亦没有伴醉避害的悲愤。南宋时陆游在《夜归偶怀故人独孤景略》中感慨万端地写道："刘琨死后无奇士，独听荒鸡泪满衣。"南渡后的士族确实泯灭了中流击楫的悲壮和奋发精神。《晋书·刘惔传》描述了当时的士族状态："居官无官官之事，处事无事事之心。"他们已经成为社会的既得利益者和世袭集团，他们完全可以在优裕的生活环境中过着雍容闲止的精神生活。他们也没有先前士族裸袒箕踞、对弄婢妾的放荡，他们追求一种风度，这种风度就是贵族风度；他们品尝一种情调，这种情调就是贵族情调，这是由六朝士族土壤所孕生出来的贵族审美情调。

金粉美学、通俗美学、贵族美学构成了六朝美学的"三色环"。这个"三色环"才是六朝美学的完整图像，它由社会风尚习俗从不同方面投射到美学领域，风气渐变，并及文林，文化、文学、美学界是感应时代、社会风气之敏感区，社会心态影响了审美心态。六朝美学"三色环"就在不断变动、变异、变幻中，完成了它史的历程。

第五章　士风与美学

名士之风在魏晋以来经过正始、竹林、中朝的煽扬，已是风靡天下。衣冠渡江之后，其状况究竟如何呢？唐代杜牧《润州二首》诗云："大抵南朝皆旷达，可怜东晋最风流。"整个东晋、南朝名士的风格就表现为旷达、风流。就其自身而言，它具备着怎样的品性和品格呢？就史的历程而言，它与前代士风之间有怎样的联系呢？然而，史家对魏晋士风之研究，往往只及正始、竹林、中朝，涉于东晋者也仅是将其视为士风之终结时期，至于南朝，则很少有人问津。这样，南朝便似乎成了士风发展的断层带。其实，历史的状况并非如此。东晋、南朝士风的风貌与特征既跟前代有联系，又有属于自己的东西。它是一个不可忽视的时期，并对隋唐士风产生了深刻影响，例如盛唐李白之狂放、晚唐杜牧之逸放就是受此影响而成。

第一节　六朝士风与前朝士风

从本源上讲，名士风非唯存于魏晋之世，早在东汉时就已存在；对儒家仪轨的摆脱，非始于魏晋，早在东汉时亦已发生。例如，马融虽"才高博洽，为世通儒"，乃一代大儒，但是却"达生任性"，放任自达，"不拘儒者之节"①。这种脱节现象的出现，是一个重要信号，标明儒学已有缺口，儒学只是作为学问或信仰才存在，不再成为人们恪遵的行为准则和道德规范。作为深通儒学精义的学者可以摆脱其节操，流于放逸之庄学风度，于

---

① 范晔：《后汉书·马融传》。

是，儒、庄在通儒身上便出现奇妙之组合。

老庄之学填补儒学空位的时间也同样始于东汉。如"(周)勰……少尚玄虚……常隐处窜身，慕老聃清静，杜绝人事，巷生荆棘，十有余岁。至延熹二年，乃开门延宾，游谈宴乐"①。闭门十余年是为修身养性，养成老庄之性，然后"开门延宾，游谈宴乐"，步入玄学家的轨道，这也成了魏晋时代玄学家们的一种形成模式，从而也成了独特的士文化现象。

仕途失意之时，西汉士风是贾谊型的，咏鹏鸟，大放宏论，企求自己的主子不问"鬼神"问"苍生"，但是到东汉就再也不是如此了，而是寻找另一种生活内容，去安顿心灵。如《后汉书》卷七〇《孔融传》所载："融虽居家失势，而宾客日满其门，爱才乐酒，常叹曰，座上客常满，樽中酒不空，吾无忧矣。"这不是后代杜甫樽中无渌的寒碜，也不是李白对影成三人的孤独，而是座上客常满的热闹，樽中酒不空的富足。客满则形成玄谈之场所，而作为魏晋风度标志之一的酒早盛行于东汉末年："孝灵之末，朝政堕废。群官百司，并湎于酒，贵戚尤甚，斗酒至千钱。中常侍张让子奉为太医令，与人饮酒，辄掣引衣裳，发露形体，以为戏乐。将罢，又乱其舄履，使小大差跱，无不颠倒僵仆，踒跌手足，因随而笑之。"与酒相连或者说酒所引发的狂放实自东汉始，它形成了名士风度并对魏晋风度产生了影响。《世说新语·德行》注引《晋书》曰："魏末阮籍嗜酒荒放，露头散发，裸袒箕踞，其后贵游子弟阮瞻、王澄、谢鲲、胡毋辅之之徒皆祖述于籍，谓得大道之本。故去巾帻，脱衣服，露丑恶，同禽兽，甚者名之为通，次者名之为达也。"

所以，放浪士风实乃开自汉季。《抱朴子》外篇卷二〇五《疾谬》写道："汉之末世，则异于兹，蓬发乱鬓，横挟不带，或褒衣以接人，或裸袒而箕踞。朋友之集，类味之游，莫切切进德，闇闇修业，攻过弼违，讲道精义，其相见也，不复叙离阔，问安否，宾则入门而呼奴，主则望客而唤狗。其或不尔，不成亲至，而弃之不与为党。及好会，则狐蹲牛饮，争食竞割，掣拨淼摺，无复廉耻。以同此者为泰，以不尔者为劣。终日无及义之言，彻夜无箴规之益。诬引老庄，贵于率任，大行不顾细礼，至人不拘，检括啸傲，纵逸谓之体道。"

---

① 范晔：《后汉书·周勰传》。

这股士风从一开始就表现出与儒学正统严整规范背离的倾向，它借用了老庄自由放任的思想，但已不具备老庄自由性思想的原旨教义与本体精神，而是不适当地发展为个人的生活行为方式。这种士风在六朝并没有消歇而是继续煽扬，于是，一条历史线索便出现了。最典型的是《晋书·光逸传》中的一段记载，光逸渡江南下，"初至，属辅之与谢鲲、阮放、毕卓、羊曼、桓彝、阮孚散发裸裎，闭室酣饮已累日。逸将排户入，守者不听，逸便于户外脱衣露头于狗窦中窥之而大叫。辅之惊曰：'他人决不能尔，必我孟祖也。'遽呼入，遂与饮，不舍昼夜，时人谓之八达"。到了南朝，依然如此。《南齐书·王俭传》载："（永明）四年，以本官领吏部……十日一还学，监试诸生，巾卷在庭，剑卫令史，仪容甚盛，作解散髻，斜插帻簪，朝野竞之，相与仿效。但常谓人曰：'江左风流宰相，惟有谢安。'盖自比也。"

士风自东汉以来可谓一以贯之，形式也相近，但其内涵和精神却缺少正始、竹林的悲壮、深沉、飘逸（更重要的是飘逸中所内蕴的现实意识），对形式的模仿远远超过了对内涵的继承，因此，六朝的士风并不具备前代深刻的内涵。

魏、晋、六朝名士大都瘦弱、潇洒，风度翩翩且富于病态美，少年老成，且少亡者居多，如正始名士王弼年二十四而亡，渡江名士大家卫玠二十七即卒。《建康实录》载："京师人士闻其（卫玠）姿容，观者如堵，玠先有劳疾，从此遂甚。卒，时年二十七。"时人谓"看杀卫玠"。王导曾下令迁葬，令曰："此君风流名士，海内所瞻，可修祭奠，以敦旧好。"如果说正始、竹林名士注重著述，如王弼、何晏、嵇康、阮籍等多有著作留世，六朝名士则大多述而不作，只是摆谱、玩派头、抖风度、耍大牌，玄言空谈而已，很少有著述行世。

魏、晋、六朝名士的一个重要特征是学高品秽，哲学家学问之精深和实际人品之低俗，恰成鲜明之对比，或者说他们是双重人格，这正是前面所论及的名士一开始出现就表现出了与正统儒学相背离的品格的原因。因此也就形成了这样的判断标准：不用人格来判别学问。如何晏，《三国志·魏志》卷九《曹爽传》："（何）晏等专政，共分割洛阳野王典农部桑田数百顷，及坏汤沐地以为产业，承势窃取官物，因缘求欲州郡，有司望风，莫敢忤旨……爽……又私取先帝才人七八人，及将吏、师工、鼓吹、良家子女三十三人，皆以为伎乐。诈作诏书，发才人五十七人，送邺台，使先帝婕妤教习为伎，擅取太乐乐器，武库禁兵，作窟室，绮疏四周，数与晏等会其中，饮酒作乐。"这里虽以记曹爽为主，但都有何晏参与其事。年少才高思深的正始玄学又一代表王弼，被何劭讥笑"为人浅"。竹林名士之一的王戎，据《晋书》本传，"戎好治生，园田周遍天下，翁妪二人常以象牙筹，昼夜算计家资"，是著名的财迷。《晋纪》载："王戎殖财贿，家僮数百，计算金帛，有如不足，以此获讥于时。"王戎还"广收八方园田水碓，周遍天下"。中朝名士王衍"妙善玄言，惟谈老庄为事。每捉玉柄麈尾，与手同色。义理有所不安，随即改更，世号口中雌黄，朝野翕然，谓之一世龙门"。所谓"一世龙门"，就是王氏家族中有王戎、王衍、王澄等名士，遂成为王氏名士群体。而王衍尤善为政治经营，老谋深算，十分现实而又机心缜密地安排着家族在整个上层政治集团中的格局，一点也没有玄学家的玄虚和空洞。他以族弟王敦为青州刺史、王澄为荆州刺史，而自己身居朝廷中枢要津，成掎角之势，自诩为狡兔三窟，从而为人所鄙夷。以上择正始、竹林、中朝三代名士为例，说明其品格不高是一个共通的现象。到六朝也是如此，刘宋时沈勃"好为文章，善弹琴，能围棋"，大有名士之风，却"轻薄逐利""多受货贿""声酣放纵"[1]。

这里涉及一个需要回答的重要问题：经过永嘉之乱后，士风玄学经历了怎样的变迁，对于玄学发展又产生了怎样的影响？某种学说的命运往往是在社会出现裂变、世态发生巨变后被置于难堪和不幸的地位上。永嘉之乱的巨创让西晋玄学经历了一个实践否定的过程。这种否定是激烈无情的攻讦。如《晋书·范宁传》写道："时以浮虚相扇，儒雅日替……其源始于王弼、何晏，二人之罪深于桀纣。"这种否定又是痛苦的经验，刘琨的认识巨变就是典型的例证。他在《答卢谌》中写道："昔在少壮，未尝检括，远慕老庄之齐物，近嘉阮生之放旷，怪厚薄何从而生，哀乐何由而至。自顷辀张，困于逆乱，国破家亡，亲友凋残，负杖行吟，则百忧俱至，块然独坐，则哀愤两集……然后知聃周之为虚诞，嗣宗之为妄作也。"玄学是精神意识形态，风靡于上流知识阶层的圈子内，是主体自身存在的某种精神形式，挥麈击壶，口吐玄言，是风度的显示，甚至是生活方式和习惯。它诚然表现了精神的超

---

[1] 沈约：《宋书·沈演之传》。

越和精神的寄托，是一种绵延了相当长历史时期的精神现象，但其玄虚本体性质却远离了实践品格和中国文化的致用功能。它只能有智慧和思维的开发功能，既无补于澄清天下，亦无益于力挽狂澜。当历史出现裂变，特别是经历了大波大澜的国破家亡之后，人们对精神的反思往往在物质整顿之上，把世态变故的原因归结为精神意识方面的——这有弥留之际忏悔的王衍，有沉痛总结和反思的陈頵等人——虽然不尽具合理性，因为每种历史事变都有着复杂的构成因素，不能归结为单一的精神原因。《晋书·殷浩传》引庾翼给殷浩书：

> 王夷甫先朝风流士也，然吾薄其立名非真，而始终莫取。若以道非虞夏，自当超然独往。而不能谋始，大合声誉，极致名位。正当抑扬名教，以静乱源，而乃高谈庄老，说空终日，虽云谈道，实长华竞。及其末年，人望犹存，思安惧乱，寄命推务。而甫自申述，徇小好名，既身囚胡虏，弃名非所。凡明德君子，遇会处际，宁可然乎！而世皆然之，益知名实之未定，弊风之未革也。

东晋时人对玄学的清理不限于对玄学本身的抨击，在他们眼中，玄学不是一个孤立的哲学精神体，由于玄风盛行，影响了整个社会风气，形成社会的浮虚不实。晋室南来，陈頵就曾说道："中华所以倾弊，四海所以土崩者，正以取才失所，先白望而后实事，浮竞驱驰，互相贡荐，言重者先显，言轻者后叙，遂相波扇，乃至陵迟。加有庄老之俗倾惑朝廷，养望者为弘雅，政事者为俗人，王职不恤，法物坠丧。"[1]

这批反思者中亦有从复杂的政治视角看待问题的，如祖逖说："晋室之乱，非上无道而下怨叛也，由宗室争权，自相鱼肉，遂使戎狄乘隙，流毒中土。"虽然经过严厉的清算，但士风和玄风却没有消歇。人们几乎像吸毒一样，既清醒地知其毒害，可又情不自禁地非吸不可。魏晋风度中的吃药就如同吸毒一样，再严厉的讨伐也无法禁其蔓延。玄言之诱惑太强了，于是出现了一个独特的反刍现象，借用颜之推的话来说，叫作"复阐"，《颜氏家训·勉学》："何晏、王弼，祖述玄宗，递相夸尚，景附草靡……洎于梁世，兹风复阐。"复者，重新出现之谓也。其实何止萧梁一世，整个东晋、南朝都是如此。

---

[1] 房玄龄等：《晋书·陈頵传》。

"洛京倾覆，中州士女避乱江左者十六七"①，衣冠南渡，如过江之鲫，玄风亦南渡，仍然传染于名士之中，成为精神风尚。在东汉之末，虽已形成名士层，自持主体是精神风骨，却没有形成理论系统。只有到了魏晋，产生了玄学，名士才真正找到其精神家园，名士的精神特征，才真正得到确定和有了归宿。南渡之后，东晋王朝面临着三大课题：一是如何稳定渡江名士的情绪、意志，一是如何解决南北之间的矛盾，一是为南渡名士确立怎样的精神意识形态。

在稳定东晋初期的大局和士子心理方面，丞相王导发挥了特殊的作用。《晋书·王导传》曾载一事，可以充分地看出此点。桓彝初渡江，目睹东晋朝廷孱弱，对周𫖮说："我以中州多故，来此欲求全活，而衰弱如此，将何以济？"遂忧惧不乐，后来见到王导，"极谈世事"，忧惧顿消，又对周𫖮说："向见管夷吾，无复忧矣！"另外，文中这位周𫖮，效忠于东晋王朝，痛斥叛乱的王敦，视死如归，大义凛然："路经太庙，𫖮大言曰：'天地先帝之灵，贼臣王敦，顷覆社稷，枉杀忠良，陵虐天地，神祇有灵，当速杀敦！'语未终，收人以戟伤其口，血流至踵，颜色不变，容止自若，观者为之流涕。"②从他的壮举可以看出当初东晋稳定江左形势的效应。

在解决南北矛盾时，北方士族大家尽力罗织南方士族大家进入最高政权机构。《晋书·王导传》中王导说："顾荣、贺循，此土之望，未若引之，以结人心。二子既至，则无不来矣。"又说："顾荣、贺循、纪瞻、周玘，皆南土之秀，愿尽优礼。"顾荣、贺循做带头羊，"由是吴、会风靡……渐相崇奉，君臣之礼始定"③。

渡江挟带而至的玄学仍然是东晋、南朝的社会精神意识，从渡江伊始，这个衔接过程便出现了。《世说新语·赏誉》载："王敦为大将军，镇豫章。卫玠避乱，从洛投敦，相见欣然，谈话弥日。于时谢鲲为长史，敦谓鲲曰：'不意永嘉之中，复闻正始之音。阿平若在，当复绝倒。'"注引《卫玠别传》亦写道："玠至武昌见王敦，敦与之谈论，弥日信宿。敦顾谓僚属曰：'昔王辅嗣吐金声于中朝，此子今复玉振于江表，微言之绪，绝而复续，不悟永嘉之中，复闻正始之音。阿平若在，当复绝倒。"《建康实录》

---

① 房玄龄等：《晋书·王导传》。
② 许嵩：《建康实录》。
③ 房玄龄等：《晋书·王导传》。

所记亦相类。王导也曾说过:"正始之音,正当尔耳。"①"正始之音"作为玄学的始发之音,在南渡后复又奏响,位居丞相的王导成为东晋名士、玄学之领袖。

"王丞相过江左,止道声无哀乐、养生、言尽意三理而已。然宛转关生,无所不入。"②这股士风一旦卷入江南,便鼓吹不休,不仅在东晋,而且及于南朝,直至隋末之王通才予以彻底清算。渡江后,能否具有正始之音,甚或成为擢升的重要条件。如《建康实录》所载,"(袁粲言于齐)明帝曰:'臣观(张)思曼有正始之遗风,宜为宫职。'"一直到刘宋时,对名士的评价,还与正始之风相连,如王微对何偃说:"卿少陶玄风,淹雅修畅,自是正始中人。"③

这样,东晋、南朝就承接了正始、竹林、中朝士风及其玄学精神,历史出现了向前延伸的图像。在这幅思想史的图像中,仍然是玄谈析理、思辨智慧,表述着那个时代共同的思想主题、精神主题。

第二节　六朝士风与美学的关系

六朝士风之特征在总体上归入汉末以来的名士基本特征之中,但在深度层面上,不如正始、竹林的精神深刻,亦不及正始、竹林之玄远,缺少了那种殉道精神和临刑东市、索琴弹奏的富于悲慨意味的色调。对于名士之特征,《后汉书·方术传论》做了这样的概括:"汉世之所谓名士者,其风流可知矣。虽弛张趣舍,时有未纯,于刻情修容,依倚道艺,以就其声价,非所能通物方,弘时务也。"六朝对前代士风的继承,在具体的用具、细节上也可以看出,例如击壶。《建康实录》《世说新语·豪爽》等均有记述,王敦"每酒后辄咏魏武帝乐府歌曰:'老骥伏枥,志在千里。烈士暮年,壮心不已。'以如意打唾壶为节,壶边尽缺"。再如玄学家所用的"麈",《资治通鉴》注:"鹿之大者曰麈,群鹿随之,皆视麈所往,麈尾所转为准。于文,主鹿为麈,古之谈者挥焉,良为是也。"于是,挥

---

① 刘义庆:《世说新语·文学》。
② 刘义庆:《世说新语·文学》。
③ 沈约:《宋书·王微传》。

麈谈玄，成为魏晋以降名士之风度标志，如《南齐书·王僧虔传》："盛于麈尾，自呼谈士。"它甚至成为皇帝的赏赐品，《南史》卷七五《顾欢传》载，齐高帝时，顾欢"东归，上赐麈尾"。这一直延续到陈代，据《陈书》卷三三《儒林·张讥传》："后主尝幸钟山开善寺，召从臣坐于寺西南松林下，敕召讥竖义。时索麈尾未至，后主敕取松枝，手以属讥，曰：'可代麈尾。'"麈尾是玄言的标志性工具，因而对麈尾的摒弃便成了对玄言清谈之风的摒弃。齐国功臣陈显达之子陈休尚手执麈尾，显达曰："麈尾蝇拂，是王、谢家物，汝不须捉此！"随即把儿子手中的麈尾拿来烧掉了。

六朝的谈玄之风仍然盛炽，其规模不亚于前代，且与佛学讲论相结合，更有其特点，如《南史》卷二〇《谢举传》所载："举尤长玄理及释氏义，为晋陵郡时，常与义学僧递讲经论，征士何胤自虎丘山出赴之，其盛如此。先是，北度人卢广有儒术，为国子博士，于学发讲，仆射徐勉以下毕至。举造坐屡折广，辞理遒迈。广深叹服，仍以所执麈尾、斑竹杖、滑石书格荐之，以况重席焉。"

六朝名士在人格修养及学术意识上对正始、竹林有继承，如皆好清静，宽和，高谈能言，追寻恬然怡然之精神境界。例如《陈书》卷二三《王玚传》："玚性宽和，及居选职，务在清静。"《陈书》卷一七《王劢传》："美风仪，博涉书史，恬然清简，未尝以利欲干怀。"《南史·伏曼容传》："倜傥好大言。"

南朝玄学较之前代也有了重大的发展，其标志是：

其一，玄学氛围对于整个思想界起到了规范和导向作用。王僧虔徙业入玄就是一个典型的例证。据《南齐书》卷三三《王僧虔传》："僧虔宋世尝有书诫子曰：'……往年有意于史，取《三国志》聚置床头，百日许，复徙业就玄……曼倩有云："谈何容易。"见诸玄，志为之逸，肠为之抽，专一书，转诵数十家注，自少至老，手不释卷，尚未敢轻言。"

其二，修玄意识不再仅仅存在于社交场合，它渗入家庭，成为家庭教育的构成内容。如《梁书》卷四一《王褒传》所载："褒著《幼训》，以诫诸子。其一章云：……吾始乎幼学，及于知命，既崇周、孔之教，兼循老、释之谈，江左以来，斯业不坠，汝能修之，吾之志也。"

其三，形成了类似于文学流派的名士群体。如所谓"中兴名士"：

"曼任达颓纵，好饮酒。温峤、庾亮、阮放、桓彝同志友善，并为中兴名士。"①又有所谓"兖州八伯"："时州里称陈留阮放为宏伯，高平郗鉴为方伯，泰山胡毋辅之为达伯，济阴卞壶为裁伯，陈留蔡谟为朗伯，阮孚为诞伯，高平刘绥为委伯，而曼为䰄伯。凡八人，号兖州八伯，盖拟古之八隽也。"与之对应的有"四伯"，《羊聃传》云："其后更有四伯，大鸿胪陈留江泉以能食为谷伯，豫章太守史畴以大肥为笨伯，散骑郎高平张嶷以狡妄为猾伯，而聃以狼戾为琐伯，盖拟古之四凶。"同卷《光逸传》还记有所谓"八达"。

其四，对于正始、竹林玄风的继承，虽有形式上的，但更重要的是内容，或者说更重视内在精神上的联结，深入地发掘和表现了玄学的精神。这从王僧虔《诫子书》的细致说教中可以看出来："汝开《老子》卷头五尺许，未知辅嗣何所道，平叔何所说，马、郑何所异，指、例何所明，而便盛于麈尾，自呼谈士，此最险事。设令袁令命汝言易、谢中书挑汝言庄，张吴兴叩汝言老，端可复言未尝看邪？谈故如射，前人得破，后人应解，不解即输赌矣。且论注百氏，荆州八帙，又才性四本，声无哀乐，皆言家口实，如客至之有设也。汝皆未经拂耳瞥目。岂有庖厨不修，而欲延大宾者哉？就如张衡思侔造化，郭象言类悬河，不自劳苦，何由至此？汝曾未窥其题目，未辨其指归，六十四卦，未知何名；《庄子》众篇，何者内外；八帙所载，凡有几家；四本之称，以何为长。而终日欺人，人亦不受汝欺也。"

六朝名士的特征中已没有了前代名士的激烈、急切和悲愤精神——魏晋名士有时甚或糟蹋生命、自戕性命，《晋书》卷四九《阮籍传》有记：

> 阮籍……性至孝。母终，正与人围棋，对者求止，籍留与决赌。既而饮酒二斗，举声一号，吐血数升。及将葬，食一蒸肫，饮二斗酒，然后临诀。直言穷矣，举声一号，因又吐血数升。毁瘠骨立，殆致灭性。

《世说新语》亦载："阮籍当葬母，蒸一肥豚，饮酒二斗，然后临诀，直言穷矣。都得一号，因吐血，废顿良久。"唯其有此种行为方式才益显示内心世界的怫郁和愤懑。正如《世说新语》所载："王孝伯问王大：'阮籍何如司马相如？'王大曰：'阮籍胸中垒块，故须酒浇之。'"但是六朝名士精

---

① 房玄龄等：《晋书·羊曼传》。

神中已没有痛苦的回味，也缺乏深沉的力量。东晋以后由于偏安江左所带来的士人心态确有差别，表现为与竹林名士不同的情调和理想。《建康实录》载，东晋孙绰"常鄙山涛，而谓人曰：'山涛吾所不解，吏非吏，隐非隐，若以元礼门为龙津，则当点额暴鳞矣'"。

江南地方数千里，士子风流，皆出其中。袁粲见江斅曰："风流不坠，政在江郎。"①六朝士子的标志是风流，其具体表现亦即"风流"二字。《建康实录》载，"（张）绪口不言利，家不蓄财，不受私属。若清谈端坐，或竟日不食。卒年六十八。遗命作芦葭辒车，灵床置杯水香火。从弟融敬重，事之如亲兄，置酒于灵前，酌酒恸哭曰：'阿兄风流顿尽！'"所以齐明帝才会以蜀中柳之婀娜比附张绪之风流："此柳风流可爱，甚似思曼（张绪字）少年。"所谓风流不是现今语义上浪漫情调的代名词，而是指正始遗风，即张绪行为方式的三不："口不言利，家不蓄财，不受私属。"《南史》卷七六《张孝秀传》记：

> 孝秀性通率，不好浮华，常冠谷皮巾，蹑蒲履，手执并桐皮麈尾，服寒食散，盛冬卧于石上。博涉群书……善谈论，工隶书，凡诸艺能，莫不明习。

这是南朝名士的典型形态，而六朝名士的风度又有许多表现，具体而言：

临危不惧、临变不惊、临乱不慌，是一种风度，外在的娴雅适足反映出内心的博大、安定。这是正始就已形成的名士风度。例如《世说新语·雅量》所载的玄学大师夏侯玄："夏侯太初尝倚柱作书。时大雨，霹雳破所倚柱。衣服焦然，神色无变，书亦如故，宾客左右，皆跌荡不得住。"《语林》又记曰："太初从魏帝拜陵，陪列于松柏下，暴雨霹雳，正中所立之树，冠冕焦坏，左右睹之，皆伏，太初颜色不改。"这两段记载均不免小说家言，其真实性不可深究，其夸饰意图乃是描述和表现出一种风度和内心的静定。《世说新语·方正》又载，夏侯玄"临刑东市，颜色不异"。此外，"嵇中散临刑东市，神气不变。索琴弹之，奏广陵散"。由此，静定自若、娴雅安宁便成为名士风度的标志之一。宋代欧阳修《六一居士传》写道："太山在前而不见，疾雷破柱而不惊。"可见，它一直绵延于中国士子的心理结构之中。

---

① 李延寿：《南史·江斅传》。

在六朝，和前代一样，镇定、幽雅、闲散、处事不惊，作为风度显示，是对人的价值的肯定形式，也成为六朝时人的基本素质构成因子。如果把历史的发展视为人的发展的历程，那么，六朝士风就是人的素质全面发育，精神自持性、主体性走向成熟的一个显著标志。谢安处事不乱、不惊的儒相风度是东晋之一例。《建康实录》载谢安闻淝水大捷：

> 太元八年，秦苻坚率众，号百万，次于淮淝，京师震恐。加安征讨大都督。玄入问计，安夷然无惧色，答曰："已别有旨。"既而寂然。玄不敢复言，乃令张玄重请。安乃命驾出土山墅，宴亲朋毕集，方留玄围棋赌别墅。安常棋劣于玄，玄是日有惧心，便不胜。安顾外生羊昙曰："以墅乞汝。"安游陟至夜，方还府内，逮明指授将帅，各当其任。玄等既破秦军，有驿书至，时安方对客围棋，看书既竟，便摄放床上，了无喜色，棋如故。客问之，徐答曰："小儿辈已破贼。"既罢，还内，过户限，心喜甚，不觉屐齿之折。

谢安是在下围棋时不露胜利之喜，王彧则是下围棋时不见临死之惧。据《南史》卷二三《王彧传》，王彧被赐死，敕令到时，"正与客棋，扣函看，复还封置局下，神色怡然不变。方与客棋思行争劫竟，敛于内衾毕，徐谓客曰：'奉敕见赐以死。'方以敕示客"。

这种名士风度常常是通过面临意外的惊人事变来显示从容镇定的。据有关史料载，东晋宁康元年二月，"大司马桓温来朝，有篡夺之志，顿兵新亭，欲诛执政而废帝。召侍中王坦之、吏部尚书谢安石将害之，坦之恐，将欲出奔，谢安止之，曰：'晋祚存亡，在此一行，君何所逃？'既见温，坦之前大惧，仓惶倒执手板，流汗沾衣，安石后至，从容高视，良久坐定，谓温曰：'安闻诸侯有道，守在四方，明公何须壁后置人。'温笑曰：'不能不尔。'遂却兵，欢语移日而罢"。本来，王坦之与谢安齐名，通过这场事变"方知优劣"，分出了高下。《建康实录》载，谢安"尝与孙绰等泛海，风起浪涌，诸人并惧，安吟啸自若。舟人以安为悦，犹去不止。风转急，安徐曰：'如此将何归耶？'舟人承言即回。众咸服其雅量"。"雅量"即是风度和气度，《世说新语》就辟有"雅量"的专门章节，显示了对这种风度的价值肯定。

除谢安外，史书中所记具有名士风度的人还有很多，例如《世说新语·雅量》载:"(庾)翼便为于道开卤簿盘马,始两转,坠马堕地,意色自若。"《南史》卷二〇载:"(宋)明帝废鬱林,领兵入殿,左右惊走报(谢)瀹。瀹与客围棋,每下子,辄云'其当有意',竟局乃还斋卧,竟不问外事。明帝即位,瀹又属疾,不知公事。萧谌以兵临起之,瀹曰:'天下事,公卿处之足矣;且死者命也,何足以此惧人。'"《南史》卷二三载:"(王惠)尝临曲水,风雨暴至,坐者皆驰散。惠徐起,不异常日,不以沾濡而改。"《南史》卷三二《张融传》载,张融"及行,路经嶂崄,獠贼执融将杀食之。融神色不动,方作洛生咏,贼异之而不害也。浮海至交州,于海中遇风,终无惧色,方咏曰:'干鱼自可还其本乡,肉脯复何为者哉。'又作《海赋》,文辞诡激,独与众异"。

自正始以来,士风不是划一化的。正始士风是药,仪容美貌;竹林士风是酒,放荡不羁;中朝士风是清谈,挥麈玄言;而东晋、南朝士风则表现为优雅、从容、静定,这是人格塑造和形象素描中的社会价值标准和审美理想的变化。"风流"成为这一时代的标准和理想,绝非偶然。

《建康实录》有一段记述,记有东晋时对"风流"的议论:

> 简文为会稽王时,尝与孙绰商略诸风流人,绰言曰:"刘惔清蔚简令,王濛温润恬和,桓温高爽迈世,谢尚清易令达。"而濛性和畅,与刘惔为简文入室之宾,累迁位司徒左长史。晚求为东阳,不许。及濛病,乃恨不用之。濛闻之曰:"人言会稽王痴,竟痴也。"疾渐笃,于灯下转麈尾,叹曰:"如此人曾不得四十也!"年三十九卒。临殡,刘惔以犀柄麈尾置棺中,因恸哭久之。谢安亦称美之,曰:"王长史语甚不多,可谓有令音也。"

"风流"之称只在东晋、南朝,而不在这以前,说明这一时期不再追寻为社会历史环境、条件所规范的狂放不羁和高蹈玄远,而是追寻一种精神境界,要有为于世,如王导、谢安,要成为"公辅之器"。"公辅之器""公辅才也",正是中国士人的最高社会、政治、仕途理想和目标,由此,东晋、南朝名士真正寻找到了自己的位置。而"公辅之器"绝不能狂放不拘、长醉不醒,扪虱谈玄,只能静定自若、优雅从容、超常淡定,所以,该风度的出现就有历史逻辑的必然性。

魏晋以来士风中有不同的名士风格,任继愈的《中国哲学发展史》将其划为三派:何晏、王弼、郭象、张湛为玄学正统派,用玄学维护名教;

嵇康、阮籍为玄学激进派,用玄学对抗当时的假名教;谢鲲、王衍、卫玠、王澄、胡毋辅之等为玄学颓废派,用玄学遗忘名教。这种划分还带有纵向特点,而到了六朝的南朝,名士的特征则基本具有横向组合二重性。《南史》卷二四《王思远传》载道:"都水使者李珪之常曰:'见王思远终日匡坐,不妄言笑,簪帽衣领,无不整洁,便忆丘明士。见明士蓬头散带,终日酣醉,吐论纵横,唐突卿宰,便复忆见思远。'"王思远的仪容整洁和丘明士的蓬头散带,代表了两种不同的名士风度、风格,在两者之间选择,正反映了六朝士风的不同品位。这才会有《晋书》所载光逸学狗叫,谢鲲调笑女色而被梭折两齿之事,他们属于任继愈所说的"玄学颓废派"。同样,也才会有陶渊明、戴逵、戴颙等一批幽洁之士。人觉醒时,在其观念、意识进化推动社会进步的正面值出现的同时,却也伴生出其负面值,即享乐意识——知道该如何玩味人生、享乐人生。因此,人的觉醒包含着历史的善,也包含着历史的恶。六朝名士享乐意识的恶性发展是对伦常礼教的公然践踏。刘宋范晔因罪抄没时"乐器服玩,并皆珍丽,妓妾亦盛饰,母止住单陋,惟有一厨盛樵薪,弟子冬无被,叔父单布衣"[①],受到社会谴责。

潇洒是中国名士风度,这是在六朝特别是东晋时所形成的。它包含有灵气、睿智、飘逸和洒脱等内容,既是外在的风姿,又是内在的气韵。《世说新语·赏誉》载道:

> 王子敬(献之)语谢公:"公故萧洒。"
>
> 谢曰:"身不萧洒。君道身最得,身正自调畅。"

刘孝标引《续晋阳秋》注曰:"(谢)安弘雅有气,风神调畅也。"他们的风调用张融的自述就是:"天地之逸民也。进不辨贵,退不知贱,兀然造化,忽若草木。"这是一种精神性超越和升腾。他们的潇洒通达已到了开放的程度,如《南史》卷三二《张融传》载,张融病逝后,"遗令建白旐无旒,不设祭,令人捉麈尾登屋复魂,曰:'吾生平所善,自当陵云一笑。三千买棺,无制新衾。左手执《孝经》《老子》,右手执小品《法华经》。妾二人哀事毕,各遣还家。'"又说:"吾生平之风调,何至使妇人行哭失声,不须暂停闺阁。"参透人生、了无牵挂才是真正的通达、通脱,而所谓魏晋风度的通达、通脱至此才真正形成。

[①] 沈约:《宋书·范晔传》。

六朝名士有自己独特的生活行为方式。例如《南史·王弘之传》载"上虞江有一处名三石头，弘之常垂纶于此"，往来经过的人不识王弘之，有的人便问："你这位渔师钓到的鱼卖不卖？"弘之回答说："亦自不得，得亦不卖。"但是他傍晚时常提着钓的鱼到上虞郭，经过亲戚朋友家，每每放一两条鱼在门内再离去。像王弘之一样，六朝名士没有多少因世事激愤所导致的怫郁，而是在散淡中与事无争、于世无缘，身在世内，却作世外之游，即逍遥游。《南史·何点传》载："点虽不入城府，性率到，好狎人物。遨游人间，不簪不带，以人地并高，无所与屈，大言箕踞公卿，敬下。或乘柴车，蹑草屩，恣心所适，致醉而归。故世论以点为孝隐士，弟胤为小隐士，大夫多慕从之。时人称重其通，号曰'游侠处士'。"这类作逍遥游的"游侠处士"在六朝名士中占有相当的比重，从而也使得六朝士风染上了这种散淡的色彩。刘宋时谢谌近乎对联的话"入吾室者但有清风，对吾饮者惟当明月"①最能代表六朝士人风调了。

在六朝士风笼罩下所形成的精神氛围，使得广大士子甚或皇家宗室亦受其风染，将其当作一种生活情调与志尚。例如齐宗室萧钧，"居身清率，言未尝及时事。会稽孔珪家起园，列植桐柳，多构山泉，殆穷真趣，钧往游之。珪曰：'殿下处朱门，游紫闼，讵得与山人交邪？'答曰：'身处朱门，而情游江海，形入紫闼，而意在青云。'珪大美之"②。他虽身处朱门而情在江湖，这便是一种名士风调，因而也就得到士夫阶层的赞赏。吴郡名流张融清抗绝俗，即使是王公贵人，亦傲然相视，但他却十分看重萧钧，对他的兄长张绪说："衡阳王（萧钧）飘飘有凌云气，其风情素韵，弥足可怀，融与之游，不知老之将至。"③可见，名士之风已波扩于社会各阶层。

六朝士流之格调不同凡俗，有其特定的情味，显得高雅超脱。例如《南史·孔珪传》载：

（孔珪）居宅盛营山水，凭几独酌，傍无杂事。门庭之内，草莱不剪。中有蛙鸣，或问之曰："欲为陈蕃乎？"珪笑答曰："我以此当两部鼓吹，何必效蕃？"王晏尝鸣鼓吹候之，闻群蛙鸣，曰："此殊聒人耳。"珪曰："我听鼓吹，殆不及此。"晏甚有惭色。

---

① 李延寿：《南史·谢弘微传》。
② 李延寿：《南史·齐宗室》。
③ 李延寿：《南史·齐宗室》。

六朝名士已趋于有情调、脱俗，在美学人格上更富于意味。

酒是魏晋风度的构成内容，也遗传给了南朝。竹林名士中有酗酒者，如《世说新语·文学》注引云："刘伶常乘鹿车，携一壶酒，使人荷锸随之，曰：'死便掘地以埋，土木形骸，遨游一世。'"阮籍沉于酒更为著名。这类酗酒者，六朝名士中不乏其人，仿佛不如此则不能成为名士。如刘宋时颜延之"好饮酒，不拘细行"。他看到沙门释慧琳为宋太祖所赏爱，便"醉白上"，以致犯颜逆鳞。萧齐时丘灵鞠"好饮酒"，任东观祭酒时对人说："人居官愿数迁，使我终身为祭酒不恨也。"

醉酒跟佯狂一样是避世的绝妙手段。阮籍放酒的真实意图诚如苏轼所论："嗣宗虽放荡，本有意于世，以魏晋间多故，一放于酒耳。"阮籍用醉酒在险恶的政治变动中避开了一个个难题。司马昭想为长子司马炎向阮籍的女儿求婚，"籍醉六十日，不得言而止"。《晋书》本传云："钟会数以时事问之，欲因其可否而致之罪，皆以酣醉获免。"

从阮籍开始，魏晋名士、中国名士的一种独特的背反性荒诞方式形成了：为了保全生命而不惜戕害生命。佯狂避害，醉酒避世，最不清醒的迷狂方式掩盖着最清醒的意识。《建康实录》所载，与陆机、陆云兄弟被人号为"三俊"之一的东晋大名士顾荣就是一个非常典型的例证。顾荣"恒纵酒酣畅，谓友人张翰曰：'惟酒可以忘忧，但无如作病何。'"齐王冏以为大司马主簿，荣惧祸及，不捴府事。转中书侍郎，在职不复饮酒。人或问曰：'何前醉而后醒？'荣惧，复饮酒。"他给乡里友人的信中曾描述他身为齐王冏主簿的极端恐惧心理："常虑祸及，见刀与绳，每欲自杀。"他之饮不饮，简直成为政治演变的晴雨表。局势对己不利则饮，有利则不饮，一旦被人点破心态，复又饮。反复无常的饮与戒，都不是个人的生活需要，而是应付环境的特殊手段。酒不再是生活、文化意义的，而是政治、社会意义的了。

仗酒使气，灌夫骂座式的情形在六朝亦史不乏书，《南史》卷七二《文学》载，"（谢）善勋饮酒至数斗，醉后辄张眼大骂，虽复贵贱亲疏无所择也，时人谓之谢方眼。而胸衿夷坦，有士君子之操焉"。

这时的酒与文学创作所需要的情绪心态发生了独特的联系，酒气焕激出才气，如《建康实录》载，"（谢）超宗既坐，饮酒数瓯，辞气横出，太祖对之甚欢"。丘灵鞠"性好酒及臧否人物，在沈渊坐，见王俭诗，渊曰：

'王令文章大进。'灵鞠曰:'何如我未进时也。'"酒和诗的独特联系成为诗酒文学,一直影响到唐代李白的"斗酒诗百篇"。

六朝饮酒方式也有变化,趋于雅致化、情调化,不再像竹林阮咸大瓮饮酒那样放荡甚或粗俗,而是独酌,顾影自怜般地细啜慢饮,极大地改变了竹林名士的饮酒方式,这实质上是文化、审美情调的改变。例如袁粲"好饮酒吟讽,独酌庭中,以此自适"①。颜延之"布衣疏食,独酌郊野"②。独酌,甚或到郊野独酌,被视为自适性生活行为。这便使中国士大夫雅文化情调得到了鲜明的体现,从而从一个特定的视角体现了六朝士风。

狂放不羁是六朝士风的表现形态之一。《建康实录》有一段记载颇有意思。颜竣乃刘宋名士颜延之之子,太祖曾经对颜延之说:"卿诸子谁有卿风?"延之对曰:"竣得臣笔,测得臣文,伯得臣义,跃得臣酒。"何尚之嘲之曰:"谁得卿狂?"延之曰:"不可及也。"袁粲"少有风操,尝著《妙德先生传》,以续嵇康《高士传》,其文略曰:'有妙德先生,陈国人也。尝谓人曰,昔有一国,国中有一水号曰狂泉,国人饮此泉无不狂,惟国君穿井而汲,独得无恙。国人既并狂,反谓国主之不狂为狂,于是聚谋共执国主,疗其狂疾。火艾针药,莫不毕具,国主不任其苦,于是到泉所酌水饮之,饮毕便狂,君臣大小其狂若一,众乃欢然。我既不狂,难以独立,比亦欲试饮此水矣。'"③这篇带有寓言色彩的传记实际上是袁粲的自况。

六朝名士表现出卓尔不群、狂放不羁的个性和行为,其派调正是魏晋风度的延续,并对晚明名士以重要影响,《建康实录》中有一番记载十分典型:

>(王徽之)性卓荦不羁,为大司马桓温参军,蓬首散发,不综府事。又为车骑桓冲兵曹参军,冲尝问:"卿署何曹?"对曰:"似是马曹。"又问:"管几马?"曰:"不知马,何由知数?"又问:"马比死多少?"曰:"未知生,焉知死!"尝从冲行,值暴雨,徽之因下马,排入车中,谓冲曰:"公岂得独擅一车!"

再看这一段记载:

>后宴会功臣上酒,尚书令王晏等与席,(谢)瀹独不起,曰:"陛下受命应天,王晏以为己力。"献觞遂不见报。上大笑解

---

① 许嵩:《建康实录》。
② 许嵩:《建康实录》。
③ 许嵩:《建康实录》。

之。座罢,晏呼瀹共载,欲相抚悦,瀹又正色曰:"君巢窟在何处?"晏初得班剑,瀹谓曰:"身家太傅,裁得六人,若何事顿得二十?"晏甚惮之,谓江祏曰:"彼上人者,难为酬对。"①

耿介正直,与众不同,不媚权势要津,敢于嘲弄、嬉笑怒骂,溢在言表,毫不掩饰,这就是所谓的名士派头。在历史延续的图像中,晚明徐文长等人身上就沉淀着这种名士血色素。这是一种不遵矩度、规范的生活、处事、行为方式,十分独特,富于个性色彩,而且不以世人之评判为转移,显得十分执着,内含对自己行为的一种自信心理。如张融"风止诡越,坐常危膝,行则曳步,翘身仰首,意制甚多。见者惊异,聚观成市,而融了无惭色"②。然而,也存在着另一种事实,到了六朝后期,出现了一批礼节之士,迂腐,远欠通脱、潇洒。例如萧梁时刘瑴,"性方轨正直",他为武陵王晔参军时,晔与幕僚宴饮,自割鹅炙。瑴曰:"殿下亲执鸾刀,下官未敢安席。"因起请退。他曾经与友人孔彻同乘一条船,孔留意岸上的女子,他便举席自隔,不与同坐。还有一次,他的哥哥刘瓛在夜里隔着板壁呼喊他,刘瑴初不应答,一直等到自己下床穿好衣服,走到帘外,然后才应答。刘瓛感到非常奇怪,刘瑴说:"刚才穿衣戴帽没有搞好,担心有失礼节。"

六朝名士特别是东晋名士的社会作用显然大增,能参与政治生活和高层统治、决策,如谢安。六朝名士的作用,还表现在他们的行为、风度具有一种影响力,他们习尚什么,尽管没有多少深厚的文化和美学意义,但也能影响一大批名士竞起仿效,出现时髦和流行色。比如谢安,据《晋书》本传载:

> 谢安少有盛名,时多爱慕。乡人有罢中宿县者,还诣安。安问其归资,答曰:"有蒲葵扇五万。"安乃取其中者捉之,京师士庶竞市,价数倍。
>
> 安本能为洛下诸生咏,有鼻疾,故其音浊,名流爱其咏而弗能及,或以手掩鼻以学之。

再如刘宋时范晔"衣裳器服,莫不增损制度,世人皆法学之"③。这些就是所谓的名士效应。魏晋名士何以均手不离玉柄麈尾,其原因也可以由此而找

---

① 李延寿:《南史·谢弘微传》。
② 李延寿:《南史·张融传》。
③ 沈约:《宋书·范晔传》。

到，这表现了名士领袖的呼唤作用和一般名士的效法功能，崇尚和效法具有较强的趋同特征。

六朝士人在人外形上的审美要求跟魏晋时一样，崇尚瘦削飘逸、病态化和女性化。屠隆《鸿苞节录》卷一云："晋重门第，好容止。崔、卢、王、谢子弟生发未燥，已拜列侯；身未离襁褓，而已被冠带。肤清神朗，玉色令颜，缙绅公言之朝端，吏部至以此臧否。士大夫手持粉白，口习清言，绰约嫣然，动相夸饰，鄙勤朴而尚摆落，晋竟从此云扰。"其实，这种倾向早在后汉就已出现。《后汉书》卷六三《李固传》说李固："胡粉饰貌，搔头弄姿，盘旋偃仰，从容冶步。"正始名士何晏"美姿仪，面至白，魏明帝疑其傅粉。正夏月，与热汤饼。既啖，大汗出，以朱衣自拭，色转皎然"[①]。到了六朝，相沿成习，其风未衰。有的人腰若纨素，不能盈掬。瘦骨清像成为魏晋时人的审美理想。人体美尚瘦，佛像也是如此，形成了六朝具有时代特征的审美标准。

"风流总被雨打风吹去"，王谢大家"五世而斩"，谢安之孙谢混，死于刘裕之手；谢玄之孙谢灵运被诬谋反，遭宋文帝刘义隆杀害；王导在钟山有赐田八十顷，延之近二百载，但因梁武帝萧衍造佛寺，被强征过去。六朝士风在烟光流散中留下了美学的印迹，游心玄虚，托情味道，高蹈飘逸，它成就了六朝美学独有的情味、趣味、韵致，它是独特的江左美学，绵延了一个相当长的历史时期。

[①] 刘义庆：《世说新语·容止》。

第六章　隐逸和美学

第一节　隐逸历史状貌及其在六朝的表现

隐逸是中国社会中上士层的特有现象，它几乎蔓延和绵延于整个历史过程中，是由士与社会统治集团之间的特有关系所决定的。这种关系具有一定的弹性和张缩余地。儒家提出"用之则行，舍之则藏""天下有道则见，无道则隐"的模式，后来进一步被描述为："时之来也，为云龙，为风鹏，勃然突然，陈力以出；时之不来也，为雾豹，为冥鸿，寂兮寥兮，奉身而退"①，以便出处自由地处理跟社会集团之间的关系，以及在社会旋涡中保持自己独立的人格形象。道家说："身在江海之上，心居乎魏阙之下。"虽然隐居山林，却心会名爵。隐居是一种行为，一种具体的方式，它仍然具有某种人格规范，古代思想家对之所提出的要求是："不降其志，不辱其身"，"非其君不事，非其友不友"，仍然没有脱离对士的总体要求。伯夷、叔齐是古代隐士的榜样。

中国人从一开始所结成的对自然的依附关系，形成对林泉山岗的向往心理，隐士生活被描述成理想乐甸，仍然没有摆脱农耕经济形态及其生活方式。有自己的田园、茅舍，一切依附于自然："用天之道，分地之利。""多养凫雁，广牧鸡豚；黄精白术，枸杞薯蓣，朝夕采掇，以供服饵。""枕明月而弹琴，对清风而缓酌。望岭上之青松，听云间之白鹤。用山水而为心，玩琴书而取乐。"②这里所描述的，又被中国士人们以自己的

---

① 白居易：《与元九书》。
② 董浩：《全唐文·茅茨赋》。

语言描述过多少次，也曾经是中国绘画不厌其烦的描绘题材。

后汉两晋六朝是中国隐逸风习的大盛时期。后汉奠定了三种隐逸模式。其一是愤世进而避世。往往在时代出现裂变时，社会便隐逸成风。隐逸与社会政治风云的关系至为密切，因而它常常成为政治晴雨指示器。《后汉书·逸民列传》："汉室中微，王莽篡位，士之蕴藉义愤甚矣。是时裂冠毁冕，相携持而去之者，盖不可胜数。"其二是避祸遁世。《后汉书·李膺传》载陈蕃免太尉，朝野属意于膺，荀爽恐其名高致祸，欲令屈节以全乱世，为书贻曰："方今天地气闭，大人休否。智者见险，投以远害。虽匿人望，内合私愿。想甚欣然，不为恨也。愿怡神无事，偃息衡门，任其飞沉，与时抑扬。"其三是离世而寻求生活的悠游。《后汉纪》卷二三载："（宋仲）劝林宗仕，泰曰：'不然也。吾夜观乾象，昼察人事，天之所废，不可支也……吾将岩栖归神，咀嚼元气，以修伯阳、彭祖之术，为优哉游哉，聊以卒岁者。'"这一段话言此类人对现实的政治生活已经没有了热情和兴趣。以上所述三种类型的隐士在后汉定格后，成为中国隐士的基本范式。

西晋的政治绞杀极其残忍，《晋书》卷三三《何曾传》言当时名士"未尝闻经国远图，惟说平生常事"，这就加速了隐逸的过程，不过，在当时连隐逸也难实现，以"侧席求贤""备礼征召"为旗号的搜访隐逸实是以各种方式堵塞隐逸之路。只有像李密那样，以孝的口实即一封《陈情表》，才让自己得以归隐。有许多当年清名高士，在轩车驷马临门时，也纷纷穿朱戴紫，车马红尘，离开茅舍柴扉了。杀嵇康确实起到了杀鸡吓猴、敲山震虎的效果，竹林名士吓破心胆，形成了分化。阮籍为司马昭撰《让九锡表》，向秀的《思旧赋》包含着无可奈何和几分忏悔意识。《世说新语·言语》："嵇中散既被诛，向子期举郡计入洛。（司马）文王引进，问曰：'闻君有箕山之志，何以在此？'对曰：'巢、许，狷介之士，不足多慕。'"这近乎自我解嘲的回答，令"王大咨嗟"，十分吃惊。《晋书》本传亦有近似记载。《世说新语·政事》记："嵇康被诛后，山公举康子绍为秘书丞。绍咨公出处，公曰：'为君思之久矣，天地四时，犹有消息，而况人乎？'"干禄之心已冲淡了父亲流出的殷殷碧血了。这个时代，中国士子、文人的两重人格表现得特别显著。写《招隐诗》的陆机，利禄熏心，撰《思归引》的石崇，竟也跟潘岳一样是献媚之士。

东晋、南朝隐逸之风承续前代。由于当时的政治生态环境，即便贵为天子，也常怀恐惧之心，因此隐逸生活成为许多人的选择。其时的隐士类型与前代几近，但又有自己的特点。

第一种类型，如《晋书·隐逸传》云"麟乎麟，胡不遁世以存真""古之至人，藏器于灵，缊袍不能令暖，轩冕不能令荣"者，例如戴逵、戴勃、戴颙父子三人"并隐遁有高名"。其中戴逵最为有名，屡征不就。这一类隐士把山林老泉看成是人世栖身的最佳去处。戴逵《闲游赞》写道："然如山林之客，非徒逃人患、避争斗，谅所以翼顺资和，涤除心机，容养淳淑而自适者尔。"隐，是息心沉机，安顿灵魂。不过，当一名真正的隐士可并不容易，首先要为生计所累，有时为生活所迫，便不得不屈志。《南史·戴颙传》记戴勃、戴颙兄弟俩隐居于桐庐县深山中，"勃疾，患医药不给"，戴颙便妥协了，对戴勃说："颙随兄得闲，非有心于语默，兄今疾笃，无可营疗，颙当干禄以自济耳。""乃求海虞令"，即将成功，因为戴勃死了方才停止。

第二种类型是高卧东山者，典型者是谢安。所谓高卧，《晋书·陶潜传》云："夏日虚闲，高卧北窗之下。"高卧东山便是待价而沽的代名词。《世说新语·排调》："谢公在东山，朝命屡降而不动，后出为桓宣武司马。将发新亭，朝士咸出瞻送。高灵时为中丞，亦往相祖。先时多少饮酒，因倚如醉，戏曰：'卿屡违朝旨，高卧东山，诸人每相与言，安石不肯出，将如苍生何。今亦苍生将如卿何？'谢笑而不答。初，谢安在东山居布衣时，兄弟已有富贵者，翕集家门，倾动人物。刘夫人戏谓安曰：'大丈夫不当如此乎？'谢乃捉鼻曰：'但恐不免耳。'"

也有人以隐逸为生活的调剂和调味品，获得魏阙与山林间的平衡，例如沈约。《南史·沈约传》载："约性不饮酒，少嗜欲，虽时遇隆重，而居处俭素。立宅东田，瞩望郊阜，常为《郊居赋》以序其事。"

在六朝隐士真假杂陈的背景下，才产生了孔稚珪著名的《北山移文》。此文列举了三种类别的隐士：一类是遗世独立者。"耿介拔俗之标，潇洒出尘之想，度白雪以方洁，干青云而直上。"一类是鄙夷利禄者。"芥千金而不眄，屣万乘其如脱。"一类是名利之徒。他们"终始参差，苍黄翻覆"，"乍回迹以心染，或先贞而后黩"。文章以周颙为例，说其人"虽假容于江皋，乃缨情于好爵"，"其始至也"，俨然是一副隐士的模样，皇帝诏赴之书到来后，这位周先生便立刻大变，判若两人。《北山移文》是对高标隐逸而利禄熏心的一批六朝伪隐士淋漓尽致的嘲弄与鞭挞。这在六朝是有典型性的，一些人名为隐士，实对利禄未能忘怀。那位"山中宰相"陶弘景也可归入这一类。

六朝的隐逸之风大炽，家族集体归隐的情形十分突出，有以下各种情形。一是夫妻同隐。《南史·陶潜传》云："其妻翟氏，志趣亦同，能安苦节，夫耕于前，妻锄于后。"《南史·朱百年传》载，朱百年夫妻同隐，朱死后，会稽太守资助其妻，"百年妻遣婢诣郡门奉辞固让，时人美之，以比梁鸿妻"。二是夫妇儿女同隐。《南史·刘凝之传》载，刘凝之"携妻子泛江湖，隐居衡山之阳，登高岭，绝人迹，为小屋居之。采药服食，妻子皆从其志"。三是父子同隐。沈道虔"子慧锋，修父业，不就州辟"[①]。雷次宗"子肃之颇传其业"[②]，郭希林"少守家业，征召一无所就，卒。子蒙亦隐居不仕"[③]。四是兄弟同隐。徐伯珍"兄弟四人皆白首相对，时人呼为'四皓'"[④]。宗彧之，宗炳从父之弟，"早孤，事兄恭谨。家贫好学，虽文义不逮少文，而真淡过之。征辟一无所就"[⑤]。

六朝还有一些隐逸群体名称，如寻阳三隐、京口二隐等。《建康实录》载，周续之"通五经、五纬，号曰十经，名冠当时，同门称为颜子。闲居读《易》《老》，入庐山事沙门慧远，时彭城刘遗民遁庐山，陶渊明亦居彭泽山，时谓之寻阳三隐"。"续之终身不娶，好游名山，注嵇康《高士传》。"《建康实录》又载："臧荣绪，东莞莒人也……躬自灌园，以供祭祀。纯笃好学，括东、西二晋为一书，纪、录、志、传一百一十卷。隐居京门，著《五经序论》。常以宣尼生于庚子日，其日陈五经以拜之。自号被褐先生。初，与关康之俱隐京口，四十年不出门。号京口二隐。"

隐逸在六朝作为一种生活行为方式，得到社会的承认，以至能够逢凶化吉、遇难呈祥。《世说新语·简傲》记曰："谢万北征，常以啸咏自高，未尝抚慰众士……及万事败，军中因欲除之。复云：'当为隐士。'故幸而得免。"谢万就是因为愿去当隐士，才幸免于难。

---

① 李延寿：《南史·隐逸传》。
② 李延寿：《南史·隐逸传》。
③ 李延寿：《南史·隐逸传》。
④ 李延寿：《南史·隐逸传》。
⑤ 李延寿：《南史·隐逸传》。

六朝已出现了"朝隐",这是当时隐逸行径的新趋向,为一部分大官僚获得仕宦和隐逸的双重满足打开了通道。《南史》卷二一《王僧祐传》介绍王僧祐:"雅好博古,善老庄,不尚繁华。工草隶,善鼓琴,亭然独立,不交当世。沛国刘瓛闻风而悦,上书荐之。为著作佐郎,迁司空祭酒,谢病不与公卿游。齐高帝谓王俭曰:'卿从可谓朝隐。'答曰:'臣从非敢妄同高人,直是爱闲多病耳。'经赠俭诗云:'汝家在市门,我家在南郭。汝家饶宾侣,我家多鸟雀。'俭时声高一代,宾客填门,僧祐不为之屈,时人嘉之。"

史书中多处描述了隐士们的操守、隐逸情怀。《建康实录》载,宗测"少静退,家甚贫,豫章王嶷征为参军,不起,测答府曰:'何为谬伤海鸟,横斤山木?'母丧,身自负土植松柏,嶷复遣书请之,辟为参军。测答曰:'性同鳞羽,爱止山壑,眷恋松云,轻迷人路。纵宕岩流,有若狂者,忽不知老至,而今鬓已白,岂容课虚责有,限鱼鸟慕哉!'永明三年,诏征太子舍人,不就"。又载:"吴苞亦隐士,常以一壶自随,一旦谓弟子曰:'吾今夕当死,壶中大钱一千,以通九泉之路;蜡烛一挺,以照七尺之尸。'"复载:"(杜)京产好恬静,专学黄、老,以洁静为心,廉虚成性,通和发于天挺,敏达表于自然。隐太平山。征为员外散骑常侍,京产曰:'庄叟持钓,岂为白璧所回。'辞疾不就。"《南史·隐逸传》中也有一段记载,几近文学作品的描述:

渔父者,不知姓名,亦不知何许人也。太康孙缅为寻阳太守,落日逍遥渚际,见一轻舟陵波隐显,俄而渔父至,神韵潇洒,垂纶长啸,缅甚异之。乃问:"有鱼卖乎?"渔父笑而答曰:"其钓非钓,宁卖鱼者邪?"缅益怪焉。遂褰裳涉水,谓曰:"窃观先生有道者也,终朝鼓枻,良亦劳止。吾闻黄金白璧,重利也;驷马高盖,荣势也。今方王道文明,守在海外,隐鳞之士,靡然向风。子胡不赞缉熙之美,何晦用其若是也?"渔父曰:"仆山海狂人,不达世务,未辨贱贫,无论荣贵。"乃歌曰:"竹竿籊籊,河水浟浟。相忘为乐,贪饵吞钩。非夷非惠,聊以忘忧。"于是悠然鼓棹而去。

这倒很有一点《楚辞》中的风味,由此也可以看出六朝隐逸与《楚辞》之间的联系。当然,六朝时亦有不能固志之隐士。例如何尚之,"于方山著《退居赋》以明所守，而议者谓尚之不能固志"。果然，他出来"任事，上待之愈隆"，于是"袁淑乃录古来隐士有迹无名者，为《真隐传》以嗤焉"。

出处隐显之优劣在六朝有过争议。谢万作《八贤论》，列举四隐——渔父、季主、楚老、孙登，四显——屈原、贾谊、龚胜、嵇康，指出"处者为优，出者为劣"。中国文人的价值评判标准就是这样的，而"孙绰难之，以谓体玄识远者，出处同归"。《世说新语·排调》以同一药物有两种名称的例子说明出处的共同性质：

> 谢公始有东山之志，后严命屡臻，势不获已，始就桓公司马。于时人有饷桓公药草，中有远志，公取以问谢："此药又名小草，何一物而有二称？"谢未即答。时郝隆在坐，应声答曰："此甚易解，处则为远志，出则为小草。"谢甚有愧色。

《南史·齐宗室列传》中衡阳王云："身处朱门而情游江海，形入紫闼而意在青云。"把六朝人出处两相得的心态表述得淋漓尽致。

第二节 隐逸与美学的关系

在隐逸的社会风习中，文学作品也对此多有描述。陈代张正见《赋得日中市朝满诗》："云阁绮霞生，旗亭丽日明。尘飞三市路，盖入九重城。竹叶当垆满，桃花带绶轻。惟见争名利，安知大隐情。"陈代周弘让《留赠山中隐士诗》："行行访名岳，处处必留连。遂至一岩里，灌木上参天。忽见茅茨屋，暧暧有人烟。一士开门出，一士呼我前。相看不道姓，焉知隐与仙。"这时期的文学创作活动表露了对隐逸的审美要求和神往，孙绰《遂初赋》写道："带长皋，倚茂林，孰与坐华幕，击钟鼓者同年而语其乐哉！"

隐逸情绪和生活场景的萧散淡泊色调正是一种美学情调。在隐逸的艺术、文学审美活动中，美学与生活的情调获得了统一，生活的境界正是美学的境界。在这里，隐逸生活的超然，审美的超然，具备了内在的一致性。中国人的自然观是亲和观、消融观，主体融化在自然生机之中。而亲和、消融的实现，有多种方式，其中隐逸是重要的方式，因为隐逸的生活场所就是在林泉山岗、荒村寒水之中，他们的隐逸行为方式，悠游林泉、弋钓鱼鸟、弹琴饮酒、啸傲山壑，都是在实现着与自然的亲和、消融。隐逸原因的政治、社会因素并没有消逝或淡化，士人"性分所至"，主体因素则得到强调。到六朝时，大量出现通过隐逸来获得自身心理满足和情绪自适的现象。《晋书·谢安传》言谢安"出则渔弋山水，入则言咏属文"，这是一种典型的隐士生活。隐居生活的环境促进了主体与自然的消融，也促进了主体的心理自适发展："穷居而野处，升高而望远。坐茂树以终日，濯清泉以自洁。采于山，美可茹，钓于水，鲜可食。起居无时，惟适之安。"

隐逸在六朝，是一种风习、风气，以至成为六朝风度的一种标识。它虽然留有远古击壤吟歌的因子，但其特征大有不同，隐逸中已经掺杂了假的因子，它不再是以与社会处于隔离状态的唯一形式出现，而是有多种形式。"高卧东山"的曲线出仕图像产生了，为唐代的"终南捷径"做了准备。

六朝的审美理论概括与揭示了中国文学审美的一种特殊方式：物感式。这一理论的中心内涵是不同的生活场和审美环境会使审美主体产生与之相适应的审美感受。这一理论应用于出处的审美主题，便有孙绰的如下著名论述：

> 情因所习而迁移，物触所感而兴感。故振辔于朝市，则充屈之心生；闲步于林野，则辽落之志兴。①

六朝隐逸生活的社会贡献是孕生了隐逸心态，形成了悠游天地的精神现象。如果营营于官场的竞争，则会产生屈辱之心；如果隐居于山野林泉之中，则会"兴"起"辽落之志"。这种"辽落之志"只能是隐逸生活的产物，它使人的心态平静、明和、淡泊、净洁。谢安在给王胡之的一首诗中，谈到他的这种隐居生活是"幽畅"生活，心态是"幽畅"心态："朝乐朗日，啸歌丘林。夕玩望舒，入室鸣琴。玉弦清澈，南风披襟。醇醪淬虑，微言洗心。幽畅者谁，在我赏音。"这描述了六朝隐士的生活内容。清晨迎着朝阳，啸歌于林木之间。晚间玩赏着月亮，抚琴弄弦。南风迎襟而来，伴着清亮的弦音。酒醪澄澈了思虑，玄言洗涤着心灵。隐士们从这种生活中获得生活的寄托，其主调和精神主旋律就是"幽畅"。"幽畅"是高品位精神的观象，内蕴着高层次隐士的理想和精神需求："鲜冰玉凝，遇阳则消。素雪珠丽，洁不崇朝。膏以朗煎，兰由芳凋。哲人悟之，和任不摽。外不寄傲，内润琼瑶。如彼潜鸿，拂羽雪霄。"这些隐士极富于内涵和素养，外不傲物骄矜，

---

① 孙绰：《三月三日兰亭诗序》。

内润如琼瑶玉珠。他们是"潜鸿",终当会拂羽云霄。这种隐士形象和心志的写照正介乎于先秦出处显隐与白居易云龙雾豹的认识之间,是六朝典型的隐逸论。而这样的生活和心态,又被六朝人理解为真正的潇洒。

对于隐逸,魏、晋、六朝的史著多有专述。如嵇康《高士传》,皇甫谧《高士传》《逸士传》,孙绰《至人高士传》等,可以充分看出史学界对隐逸之士及其行为的赞赏。皇甫谧《高士传》计三卷,记载至魏晋的隐士九十六人。他所选择的隐士须"身不屈于王公,名不耗于终始",有着严格的操守,一生的行迹都要体现隐士的思想及其行为方式,即使古代的伯夷、叔齐也不属此列,因为他们曾经"扣马而谏",毕竟与统治集团之间有过关系,对重大政治行动还是表现出了自己的倾向。而真正的隐士应该彻底泯灭功利欲念,应该彻底脱离世俗政治,绝不为任何金紫名利所动,"不事王侯,高尚其事",这是一轴中国隐士的标准图像。这一类隐士在隐逸动机和行为上的纯净度极高。

魏、晋、六朝的隐逸生活描述常常是和道家归返自然的描述相联系的。道家不受拘约,发挥人的自然本性以及离开纷嚣的现实、返回无诈的自然世界的思想,正是隐士们的思想基础和行为动因。嵇康写有《与吕长悌绝交书》《与山巨源绝交书》,绝交的根本原因乃在入仕利禄上。他的思想动因当然有多种,其中有因与曹魏集团有过深的联系而不愿与司马氏集团合作的因素,但也有他久已形成的名士气派,以及不受拘约的思想原因。他提倡的是"循性而动",要依循自然本性去活动和行动,正如野禽有其野性,这种本性驱使它回归,"虽饰以金镳,飨以嘉肴,逾思长林而志在丰草也"。而"复得返自然"不仅是陶渊明的思想,也是整个汉、魏、六朝隐士们的共同思想。

六朝隐逸行为之所以富于现实的色彩和思想内涵,乃是因为痛苦惨烈的人生体验与道家的归返自然思想形成了交契点。从何晏、嵇康、陆机、陆云、张华、潘岳、谢灵运、鲍照等一大批名士不得善终的结局中,魏、晋、六朝人得出了这样一个结论:得行其道,未必善终;老于沟壑,反为福果。这种比照无疑催促人们去寻找一种精神依托,老庄委身自然大化的思想便成为他们的思想基础并成为这个时期隐逸思想的内核,提高了隐逸行为的思想品位,也加速了隐逸行为的思想化和审美化进程。

对于阮籍的诗,胡应麟在《诗薮》中认为"虚无恬淡类庄、列",

刘熙载《艺概·诗概》认为其诗"出于庄",王夫之则评价道:"步兵《咏怀》自是旷代绝作,远绍《国风》,近出入于《十九首》,而以高朗之怀,脱颖之气,取神似于离合之间,大要如晴云出岫,舒卷无定质。而当其有所不极,则弘忍之力,内视荆、聂矣。且其托体之妙,或以自安,或以自悼,或标物外之旨,或寄疾邪之思。意固径庭,而言皆一致,信其但然而又不徒然,疑其必然而彼固不然。不但当时雄猜之渠长,无可施其怨忌,且使千秋以还了无觅脚根处。"

在士人隐逸的过程中,也逐渐形成了对隐逸的审美,山水画兴起,其格调中显然有着隐逸情趣,而文学则成为最普泛最直接的审美活动方式。潘岳《在怀县作诗》写道:"器非廊庙姿,屡出固其宜。徒怀越鸟志,眷念想南枝。"左思《咏史》咏曰:"破褐出闾阖,高步追许由。振衣千仞冈,濯足万里流。"后两句成为千古流传的名句。陆机《折杨柳行》写道:"人生固已短,出处鲜为谐。"人生本来就很短暂,而出处问题又常常使人处在两难境地中。到了东晋、南朝,以隐逸为文学审美对象的活动进一步得到发展。郭璞的《游仙诗》在游仙中表达着隐逸的愿望。谢朓《之宣城郡出新林浦向板桥》一诗也写道:"既欢怀禄情,复协沧洲趣……虽无玄豹姿,终隐南山雾。"

在六朝隐逸总体文化环境中,在对隐逸生活进行文学审美的过程中,诞生了两位杰出的文学家:陶渊明、谢灵运。他们都有过隐逸的生活经历,又都对隐逸生活进行了文学的审美,创作了令后代不断提及又神而往之的文学作品。他们的作品代表了六朝时人对隐逸生活所进行的文学审美活动的最高水平。陶渊明的《辛丑岁七月赴假还江陵夜行涂口》写道:"高歌非吾事,依依在耦耕。投冠旋旧墟,不为好爵萦。"《癸卯岁始春怀古田舍》:"先师有遗训,忧道不忧贫。瞻望邈难逮,转欲志长勤。"《始作镇军参军经曲阿作》:"望云惭高鸟,临水愧游鱼。真想初在襟,谁谓形迹拘。"谢灵运的《登江中孤屿》写道:"江南倦历览,江北旷周旋。怀新道转迥,寻异景不延。乱流趋正绝,孤屿媚中川。云日相辉映,空水共澄鲜。表灵物莫赏,蕴真谁为传。想象昆山姿,缅邈区中缘。始信安期术,得尽养生年。"这些诗都在中国文学美学史上以成熟完美的形式表现出对隐逸生活的审美自觉。这些诗体现了主体对隐逸生活进行审美时所持有的审美心态和审美情调,把中国诗的隐逸心态及其审美情趣推展到一个新的区段。然而,陶渊明与谢灵运之间又是有区别的。这种区别表现为隐逸的彻底性程度，因而也就影响了审美情调的纯净度。清代诗论家毛先舒的《诗辩坻》写道："灵运志存故国，但牵于禄位，不能如征士（陶渊明）之高蹈，意欲以禄代耕，又义心时激，发为狂躁，卒与祸遘。节虽不足称，而志亦有足哀矣。"毛先舒的这一比较是有识见和切中肯綮的。谢灵运虽隐而心志未灰，他是在谢氏家族被新朝冷落、贬抑、排挤之后不得已而隐居的。他身虽隐居却"志存故国""牵于禄位"，因而是不彻底的，属于有限度的隐居。而陶渊明的隐居不受一己或家族的利益左右和转移，是人性的自然要求，正如陶渊明本人所说的："质性自然，非矫厉所得。"即不是矫饰和故意表现。他多次描绘这样的愿望："日倦川涂异，心念山泽居……聊且凭化迁，终返班生庐。"他又有这样的神往："曷不委心任去留，胡为乎遑遑欲何之。富贵非吾愿，帝乡不可期。"这是心灵的自觉愿望，是企求人生的精神淡泊和生命家园。这种隐居生活是无所牵挂的自觉要求和心理驱动。因此，在隐逸生活的人生价值评判和审美估价上，历来陶高于谢，乃至获得"古今隐逸诗人之宗"[①]的盛誉。

六朝形成这样的价值总体评价趋向，在中国的隐逸文学中具有导向作用。刘宋时的著名名士和史学家范晔所撰《后汉书·逸民列传》将真正的隐士与屈原、嵇康做了如下比较："若伊人者，志陵青云之上，身晦泥污之下，心名犹且不显，况怨累之为哉！与夫委体渊沙，鸣弦揆日者，不其远乎？"屈原的"委体渊沙"与嵇康的"鸣弦揆日"之所以不及"志陵青云"之士，乃是因为被名所累，羁绊了心志的腾越和飞升。

道家功成身退的思想是隐逸思想的内核。《庄子·山木》云："直木先伐，甘井先竭……功成者堕，名成者亏。"因此，隐逸行为就包含着道家先知先觉般的深刻人生体验和社会经验，它顽强地支配着中国士人的出处行为。晋代居官洛阳的张翰见秋风起，因思家乡味美之鲈鱼，便萌发退隐回乡之念。这则记载曾被皮相地解释为对家乡的依恋和归根之想。《世说新语·鉴识》刘孝标注引《文士传》载张翰对后来成为东晋大名士的顾荣说的一段话，道出了归隐的真实原因："天下纷纷未已，夫有四海之名者，求退良难。吾本山林间人，无望于时久矣。"可见，先秦老庄思想已沉淀在魏、晋、六朝人隐逸意识的深层结构中了。

---

① 钟嵘：《诗品序》。

隐逸不仅是六朝时士人的一条生活道路，而且为他们拓开了一条新的审美之路。这条审美之路促进人与自然关系的融合。与服食养生相并生的是隐逸时尚的发展。人和自然的关系通过隐逸行为及其对隐逸所进行的文学化活动，进一步走向审美。从这里，我们进一步看到了六朝人宁静致远、玄妙高蹈、优雅从容的心态与风度。总体而言，文学的审美格调趋于雅化、飘逸，这是六朝隐逸名士生活在美学上所产生的积淀。

第七章　南渡与美学

永兴元年（304），匈奴刘渊于山西离石起兵，国号汉。晋怀帝永嘉四年（310），刘渊死，子聪继位，次年遣军灭晋军十万，杀玄学大家、太尉王衍，同年兵破洛阳，俘怀帝，这就是历史上有名的"永嘉之乱"。中原沸腾，西晋崩解，士族大家如过江之鲫，纷纷南来。他们是一批高级难民，又成了一批移民。他们离开了自己的故乡热土，抛弃了花团锦簇的豪华生活，重新成家立业、安身立命。这也就是历史上有名的"衣冠渡江"。

第一节　南渡心态类别

南渡伊始，士人心态随局势巨变，其状态亦是复杂的，既有着历史剧变时期社会心态变化的一般特征，又有着晋室士人的特殊特征。其主要类别是：

怀旧心态。东晋上层难民一开始进入南方，总是频频回首，做故国神游，这便有著名的新亭对泣。《晋书·王导传》载：

> 过江之士，每至暇日，相邀出新亭饮宴。周顗中座而叹曰："风景不殊，举目有江山之异！"皆相视流涕，惟导愀然变色曰："当共戮力王室，克复神州，何至作楚囚相对泣邪？"众收泪而谢之。

东晋初期的故国之思、恢复之志是强烈的、急切的。这是所有国土裂变时期共有的，可以说是难民心理。

失落心态。士人们到了陌生江南，不免心事浩茫、左右失措。《世说新语·言语》曾记道：

> 卫洗马（玠）初欲渡江，形神惨悴，语左右云："见此茫茫，不觉百端交集。苟未免有情，亦复谁能遣此！"

初欲渡江时，心里无底，遂觉世事茫茫，百端交集于胸中，失落、绝望、悲痛、伤感等情绪并作，遂致形神憔悴，不能自已。这是一种情感的透入，一种精神上的感受。

愧疚心态。《世说新语·言语》载曰：

> 元帝始过江，谓顾骠骑曰："寄人国土，必常怀惭。"荣跪对曰："臣闻王者以天下为家，是以耿、亳无定处，九鼎迁洛邑。愿陛下勿以迁都为念！"

晋元帝司马睿作为南渡后东晋第一帝，对吴地第一土著望族、骠骑将军顾荣所表露的惭愧之感正是晋室失落故土、"寄人国土"的心态。这种心态使南渡晋室在一开始保持着知耻为勇的状态。

俭朴心态。南渡伊始，东晋君臣在这方面的表现是相当突出的。如晋元帝司马睿戒酒。《世说新语·规箴》记："元帝过江犹好酒，王茂弘与帝有旧，常流涕谏，帝许之，命酌酒一酣，从是遂断。"又注引《晋纪》曰："上身服俭约，以先时务。性素好酒，将渡江，王导深以谏。帝乃令左右进觞，饮而覆之，自是遂不复饮。克己复礼，官修其方，而中兴之业隆焉。"嗜酒如命却戒酒如削，其行为体现了东晋初期君臣亡国而企复国，以对自身的约束树立励精图治的榜样，达到"克己复礼"的最高目的，表明其清醒的政治意识。

玄思心态。晋室南渡，回首旧土，既有故国之念，还有那跟故国联系在一起的精神之恋，最突出的是玄学之思。一方面怀念故土，一方面怀念在故土上曾经发生的谈玄论道。两者交合，便使这种怀旧之思呈现出复杂的状态。《世说新语·企羡》写道：

> 王丞相过江，自说昔在洛水边，数与裴成公、阮千里诸贤共谈道。羊曼曰："人久以此许，卿何须复尔？"王曰："亦不言我须此，但欲尔时不可得耳。"

然而，不管东晋渡江之初心态如何复杂，其主导面则是黍离之痛、故土之思、恢复之念。在这方面，王导起到了关键性作用，安定人心、抚慰土著、笼络士族，从而使南来士族人士处在有所希望和有所期待的状态之中。因而即使是在积贫积弱的东晋初期,他们也对未来的王室振兴怀抱着希望。

疲软心态。人的心志、心态是很容易被软化、弱化,进而被外在环境所同化的。时间一长,便安于现状,就会感到南方世界并不比北国风光差多少,甚至要强得多。经过多年经营的江南产业反而成为北伐、恢复的沉重负担和累赘。人的惰性产生了作用,士人们为江南风致所陶醉,他们所创造的新江南又成了新的心灵缰索。真个是时过境迁!东晋人变得安分随时,他们已经没有了渡江之初的慷慨、激愤,也没有了眼泪。他们对北伐恢复故园,已经失去了热情,非但不予以支持,还要加以阻拦。例如王羲之两次遗书,力阻北伐。他的《遗殷浩书》写道:

> 自寇乱以来,处内外之任者,未有深谋远虑,括囊至计,而疲竭根本,各从所志,竟无一功可论、一事可记,忠言嘉谋弃而莫用,遂令天下将有土崩之势,何能不痛心悲慨也!任其事者,岂得辞四海之责!追咎往事,亦何所复及,宜更虚己求贤,当与有识共之,不可复令忠允之言常屈于当权。今军破于外,资竭于内,保淮之志非复所及,莫过还保长江。都督将各复旧镇,自长江以外,羁縻而已。任国钧者,引咎责躬,深自贬降,以谢百姓,更与朝贤思布平政,除其烦苛,省其赋役,与百姓更始,庶可以允塞群望,救倒悬之急。
>
> 使君起于布衣,任天下之重。尚德之举,未能事事允称,当董统之任而败丧至此,恐阖朝群贤未有与人分其谤者。今亟修德补阙,广延群贤,与之分任,尚未知获济所期。若犹以前事为未工,故复求之于分外,宇宙虽广,自容何所!知言不必用,或取怨执政,然当情慨所在,正自不能不尽怀极言。若必亲征,未达此旨,果行者,愚智所不解也。愿复与众共之。

可说是再三申吁、反复劝阻,甚至以覆国之虞相胁,未能达到目的,便转而致信手握实权的会稽王司马昱,再加以阻拦。这便有《与会稽王笺》:

> 古人耻其君不为尧舜,北面之道,岂不愿尊其所事,比隆往代,况遇千载一时之运?顾智力屈于当年,何不权轻重而处之也。今虽有可欣之会,内求诸己,而所忧乃重于所欣。《传》云:"自非圣人,外宁必有内忧。"今外不宁,内忧已深。古之弘大业者,或不谋于众,倾国以济一时功者,亦往往而有之。诚独运之明足以

迈众，暂劳之弊终获永逸者可也。求之于今，可得拟议乎！

夫庙算决胜，必宜审量彼我，万全而后动。功就之日，便当因其众而即其实。今功未可期，而遗黎歼尽，万不余一。且千里馈粮，自古为难，况今转运供继，西输许、洛，北入黄河，虽秦政之弊，未至于此，而十室之忧，便以交至。今运无还期，征求日重，以区区吴越，经纬天下十分之九，不亡何待！而不度德量力，不弊不已，此封内所痛心叹悼而莫敢吐诚。

往者不可谏，来者犹可追，愿殿下更垂三思，解而更张，令殷浩、荀羡还据合肥、广陵，许昌、谯郡、梁、彭城诸军皆还保淮，为不可胜之基，须根立势举，谋之未晚，此实当今策之上者。若不行此，社稷之忧可计日而待。安危之机，易于反掌，考之虚实，着于目前，愿运独断之明，定之于一朝也。

地浅而言深，岂不知其未易。然古人处间阎行阵之间，尚或干时谋国，评裁者不以为讥，况厕大臣末行，岂可默而不言哉？存亡所系，决在行之，不可复持疑后机，不定之于此，后欲悔之，亦无及也。

殿下德冠宇内，以公室辅朝，最可直道行之，致隆当年，而未允物望，受殊遇者所以窹寐长叹，实为殿下惜之。国家之虑深矣，常恐伍员之忧不独在昔，麋鹿之游将不止林薮而已。愿殿下暂废虚远之怀，以救倒悬之急，可谓以亡为存，转祸为福，则宗庙之庆，四海有赖矣。

关于北伐的具体策略问题，尚可讨论，而关键是人的心态。王羲之对北伐的态度内在地隐含着一种求安宁而不求进取的惰性心理。这同样反映在孙绰上疏阻止桓温北伐上，即《谏移都洛阳疏》，疏文有言：

植根于江外数十年矣！一朝拔之，顿驱蹙于空荒之地，提挈万里，逾险浮深，离坟墓，弃生业，富者无三年之粮，贫者无一餐之饭，田宅不可复售，舟车无从而得，舍安乐之国，适习乱之乡，出必安之地，就累卵之危，将顿仆道途，飘溺江川，仅有达者。夫国以人为本，疾寇所以为人，众丧而寇除，亦安所取裁？此仁者所宜哀矜，国家所宜深虑也。自古今帝王之都，岂有常所？时隆则宅中而图大，势屈则遵养以待会。

为田产富贵所累所牵的心理溢于言表。既得利益的桎梏，偏安江左的局促，形成了苟且偷安的心态。

第二节　南渡心态和审美格调

既然国也安了，家也安了，业也有了，田宅均有了，那就尽情地去享受人生、享受荣华。一种舍俭为奢的风气便抬头，另外，一种寻求潇洒风流的生活习尚也萌生了。能同时作为这两种风习代表的是谢安。

据《建康实录》载，当初谢安欲更营宫室，王彪之不同意，说："中兴初，即位东府，殊为俭陋……成帝止兰台都坐，殆不蔽寒暑，是以更营修筑。方之汉、魏，诚为俭狭，复不至陋，殆合丰约之中，今自可随宜增修。强寇未殄，不可大兴功力。"颇有忧患意识。但谢安说："宫室不壮，后世谓人无能。"跟《史记》所载萧何造未央宫的论调基本一致，是用宫室宏壮来炫耀自身能耐的心理显示。而王彪之反驳说："任天下事，当保国宁家，朝政惟允，岂以修屋宇为能耶？"谢安终究"无以夺之"。因此，"终彪之世，不改宫室"，但一旦他死了，形势便立刻出现了变化。太元三年（378），"尚书仆射谢安石以宫室朽坏，启作新宫，帝权出居会稽王第"，开始大兴土木，"始工内外，日役六千人。安与大臣毛安之决意修定，皆仰模玄象，体合辰极，并新制置省阁堂宇名署时政。构太极殿欠一梁，乃有梅木流至石头津。津卞启闻，取用之，因画花于梁卜，以表瑞焉。又起朱雀门，重楼皆绣楣藻井，门开三道，上重名朱雀观。观下门上有两铜雀，悬楣上刻木为龙虎左右对"。至"新宫成"，"内外殿宇大小三千五百间"。享乐成为追求，也是赢得淝水胜利后心安理得的享受。这些人毕竟是一批超级"土豪"，一有温室环境便产生温室效应，继续摆酒设宴、穷奢极侈。

于是，餍足人心的享乐之风便蔓延开来。谢安除有携妓游东山之举外，饮食也甚考究，往往一餐百金。《晋书·范宁传》写道："夫人性无涯，奢俭由势。今并兼之士亦多不赡，非力不足以厚身，非禄不足以富家，是得之有由，而用之无纪。蒲酒永日，驰骛卒年，一宴之馔，费过十金，丽服之美，不可赀算，盛狗马之饰，营郑卫之音，南亩废而不垦，讲诵阙而无闻，凡庸竞驰,傲诞成俗。"到了南朝以后,这种奢靡之风便更盛了。

另一方面,以谢安为代表的六朝名士所表现的潇洒意韵,也是南渡社会稳定后所滋生的。他们或独自,或携子带孙,游览山川,以此为一种生活方式,透溢出生活和审美情调。这是"保小以固存"的局促性社会安豫性心理的体现。江南已成为他们的"安乐之国",他们不再眷顾那"井堙木刊,阡陌夷灭,生理茫茫"①的中原旧地了。他们彻底放松、安逸了,他们开始享受生活了。于是玄言诗、山水诗、隐栖诗、逸情诗等诗歌门类出现了,开拓和发展了中国诗歌的体裁类别,同时,形成了新的审美品格:内敛、幽畅、潇洒、风流。还是从开风气之先的谢安的《与王胡之诗》说起。"朝乐朗日,啸歌丘林。夕玩望舒,入室鸣琴",早歌暮琴,出户入室,构成了一整天的生活内容。在披襟迎风中聆听五弦清音,"醇醪淬虑,微言洗心",饮酒作乐,谈玄微言。"幽畅者谁,在我赏音",从中获得精神的"幽畅"。《世说新语·德行》注引《文字志》曰:"安弘粹通远,温雅融畅。""风神秀彻。"在这样的生活中形成了特有的魏晋风度即名士风度,不以外露张扬为能,而以和润内涵为修,此便是温文尔雅,此便是风神调畅,渗入文学作品中便极大地改变了文学的审美品位格调。

如果说晋元帝司马睿"会三月上巳,帝亲观禊,乘肩舆,具威仪",是一种政治行为的话,那么事隔近半个世纪永和九年(353)的兰亭修禊就纯粹是一种精神活动了。必须充分估价兰亭修禊在六朝文化中的地位。不仅仅是三月三日的修禊民俗,不仅仅是王羲之因之完成了绝世书法作品《兰亭集序》,在文学史、美学史上,《兰亭诗》也成为六朝诗歌的代表作。它体现了六朝人的社会心态、审美心态、艺术精神。

《兰亭诗》写道:"虽无丝与竹,玄泉有清声。虽无啸与歌,咏言有余馨。"从中可以看出,东晋渡江人及其后代已完全沉浸和迷恋于那秀美幽丽的江南风光了,对失去的中原土地田宅不复关怀。社会心态出现转型。审美心态因"江山之助"而铸合为一种新的形态,形成了与北方文学审美心态相并存、相媲美的文学审美心态。

晋室南渡,时空消磨,人们苟安局促,历史和社会学家可以做出评价,也给文学提供了一个新的生长点,哺育了一种新的文学审美心灵。继晋室永

---

① 房玄龄等:《晋书·孙绰传》。

嘉南渡之后，有宋室建炎南渡，历史以相同形式演出了新场面，其社会、文化、审美心态和审美格调酷肖无异。

　　由东晋开始形成的艺术文化精神，具有偏安的时代特征，具有江南的地域文化特征。士人们雍容、宁静、怡然的审美格调、艺术精神，不同于汉赋大壮、建安风力，甚至不同于太康风调。它是一种纯粹的江南艺术精神，它从原初的发生条件、环境中脱离开来、独立出来，形成硬核结构，沉埋到中国文学家的心理深层中，变成他们的风度、气韵、品格，源源不绝地释放出来。它改变了并进而形成了中国文学新的审美精神，它所影响的不仅仅是一代或几代，而是后来整个的中国文学、美学史。

第八章　玄学与美学

第一节　玄学的渊源和发展

魏晋南北朝的哲学思潮表现为玄学思潮。玄学思潮依传统的分法，划为正始、竹林、中朝三个阶段。《世说新语·文学》注曰：

> （袁）宏以夏侯太初、何平叔、王辅嗣为正始名士，阮嗣宗、嵇叔夜、山巨源、何子期、刘伯伦、阮仲容、王濬仲为竹林名士，裴叔则、乐彦辅、王夷甫、庾子嵩、王安期、阮千里、卫叔宝、谢幼舆为中朝名士。

其实，袁宏（彦伯）的这种说法来之于谢安，《世说新语·文学》记道："袁彦伯作《名士传》成，见谢公，公笑曰：'我尝与诸人道江北事，特作狡狯耳，彦伯遂以著书。'"可见，发明权在谢安，他说之于口，而袁宏则著之于书了。玄学思潮起于魏代齐王正始经竹林期，至中朝，历时七十多年。这是玄学最红火的时期。东晋有一批玄言家，诸如殷浩、郗超、谢尚、阮裕、韩伯、张凭、王胡之、孙绰、孙盛，还有佛门中之支遁、道安、慧远等人。衣冠南渡，玄风仍然大盛于东晋，但玄学的思辨形式有所不同。它风靡整个思想界，在玄学理论上产生了许多引人注目的成果，在文学上则是促成了玄言诗的发展。东晋玄言诗之所以成为六朝文学中的重要现象，原因正在此，整个美学也深受其影响。《文心雕龙·论说》："迄至正始，务欲守文；何晏之徒，始盛玄论。于是聃周当路，与尼父争涂矣。"这成为对整个玄学思想界的描述。

作为最有思辨色彩的正始玄学乃至整个玄学是怎样产生的呢？这需要一

个历史过程。这个过程反映了中国思想界的大变动，这种思想大变动进而带来了六朝美学大变动。

玄学虽然大盛于魏晋南北朝，但其源头却在东汉。东汉兴经学，从经学到玄学是思想程序上的一次否定性过程，是经学的宇宙观，特别是方法论走向极端化从而走向反面的过程。在思想史的运行图上，这是一次自我否定。经学的烦琐、图谶学的兴盛，使得思想界除了孕育一场新变外，别无他途。思想家马融不仅注经，还注《老子》，这是一个新动向。从《后汉书》的一些记载中可以看出，对章句学的否定和不满已成风气，如《荀淑传》记，荀淑"少有高行，博学而不好章句，多为俗儒所非"。《韩韶传》亦记韩韶"少能辨理，而不为章句学"。因此，当时儒业总体如《儒林列传序》所言："章句渐疏，而多以浮华相尚，儒者之风盖衰矣。"儒学章句化、烦琐化使得本来正确的东西被导入歧路和穷途。出路何在呢？思想界转向玄学。

东汉中叶以后，原来潜伏的诸种社会矛盾均显露化，农民战争埋葬了整个东汉王朝，社会已经没有统一的秩序和能够统一人们思想的精神意识与理论。原先曾经是社会统一思想的儒学面临着土崩瓦解，不被重视的老庄思想伺机发展，经过改造后遂成为玄学思想。《世说新语·文学》记："支道林、许、谢盛德，共集王家。谢顾谓诸人：'今日可谓彦会，时既不可留，此集固亦难常。当共言咏，以写其怀。'许便问主人有《庄子》不，正得《渔父》一篇。谢看题，便各使四坐通，作七百许语，叙致精丽，才藻奇拔，众咸称善。"又记，支道林"因论《庄子·逍遥游》。支作数千言，才藻新奇，花烂映发"，致使王羲之"披襟解带，留连不能已"。而"《庄子·逍遥游篇》，旧是难处诸名贤所可钻味，而不能拔理于郭、向之外。支道林在白马寺中，将冯太常共语，因及《逍遥》。支卓然标新理于二家之表，立异义于众贤之外，皆是诸名贤寻味之所不得。后遂用支理"。从这些记载都可以看出庄学是如何被改造为玄学的，而在改造过程中，佛家发挥了独特的作用，或以佛理解庄学，或以玄学融入佛学。

在魏晋激烈的政权角逐中，名士多成为政治斗争和绞杀的牺牲品，如何晏、夏侯玄、嵇康等。这样，人们的言谈便流于谈玄，以此作为避世的求生手段。这是玄学行世的社会原因。《世说新语·尤悔》曾记道："王导、温峤俱见明帝。帝问温前世所以得天下之由，温未答。顷，王曰：'温峤年少未谙，臣为陛下陈之。'王乃具叙宣王创业之始，诛夷名族，宠树同己,及文王之末,高贵乡公事。明帝闻之,覆面箸床曰:'若如公言,祚安得长。'"梁启超在《新史学》中具体说道:"汉世外戚宦官之祸,连踵继轨,两汉后妃之家,著闻者四十余氏,大者夷灭,小者放窜,其身家俱全者,不得四五。宦官弄权,杀人如草,一朝为董、袁所袭,亦无孑遗。人人渐觉骨肉之间,皆有刀俎。若乃党锢之祸,俊顾厨及,一网以尽。其学节冠一世,位望至三公者,亦皆骈首阙下,若屠猪羊。天下之人,见权势之不可恃也如彼,道德学问之更不可恃也如此,人心彷徨,罔知所适,故一遁而入于虚无荒诞之域,刍狗万物,良非偶然。"不是作用于现实的实际运动和事变,也不是为着就某一现实事态施以影响,加速其进程或使其衰退,而是摆脱现实的具体形态和品格,超然于这些形态之上,去追寻一种玄远而又久远的精神意识。这样,玄学在思辨形式上便扬弃了具体的形态和形下的品性。

与玄学密切相关的是清议。清议后发展为清谈,挥麈清谈。清议、清谈是谈玄的内容,也是谈玄的一种形式,有时清议、清谈本身就是特定的谈玄或进行道德价值评价的方式。谈玄是在互相驳难中进行的,这样就逐渐走向抽象思辨层。如《世说新语·文学》载:"何晏为吏部尚书,有位望,时谈客盈坐。王弼未弱冠,往见之。晏闻弼名,因条向者胜理语弼曰:'此理仆以为极,可得复难不?'弼便作难,一坐人便以为屈,于是弼自为客主,数番,皆一坐所不及。"谈玄诚然机锋甚健,但也不是纯粹以一方压倒另一方,它有时也表现出玄机的互为调和色彩。例如《世说新语·文学》所写,"傅嘏善言虚胜,荀粲谈尚玄远,每至共语,有争而不相喻。裴冀州释二家之义,通彼我之怀,常使两情皆得,彼此俱畅"。这是谈玄辩难中典型的调和例证。

那么到了东晋、南朝,玄学是如何发展的?它首先表现在玄学的表达方式上,辩难术大大发展。《世说新语·文学》记,东晋"谢安年少时请阮光禄(裕)道《白马论》。为论以示谢。于时,谢不即解阮语,重相咨尽。阮乃叹曰:'非但能言人不可得,正索解人亦不可得。'"注引《中兴书》曰:"裕甚精论难。"《文学》又记:"桓南郡与殷荆州共谈,每相攻难。年余后,但一两番。桓自叹才思转退,殷云:'此乃是君转解。'"辩难术是玄学的思维方式表现,因此魏时玄学传入东晋、南朝,更多地体现在思维机制上。

六朝时弘扬玄学的重要方式是设立玄学馆。刘宋文帝时立四馆,其中就有何尚之的玄学馆。《南史》卷二《宋本纪》载，宋文帝"好儒雅，又令丹阳尹何尚之立玄素学"。据《南史·何尚之传》介绍，"立宅南郭外，立学聚生徒。东海徐秀，庐江何昙、黄回，颍川荀子华，太原孙宗昌、王廷秀，鲁郡孔惠宣并慕道来游，谓之南学。王球常云：'尚之西河之风不坠。'尚之亦云：'球正始之风尚在。'"《世说新语·文学》亦云："何尚之为丹阳尹，更置玄学于南郊外，时名士慕道来游焉。"宋明帝置总明观，设玄学部。这样，传播玄学就有了专门的机构，并且形成了专门的玄学学派——"南学"。

有了上述的总体哲学文化氛围，东晋、南朝便出现了一批玄学家，如伏曼容"善老易"，伏晅"能言玄理"，太史叔明"少善老庄"，张讥"笃好玄言"，顾越"特善庄老"，等等。这批玄学家在思想体系上仍然是宗法、出入庄老，其思想脉络相承于正始玄学。

随着思想的开放和思想界多元化格局的出现，六朝思想界不再是儒学独尊，也不是玄学擅场，而是儒玄并综，例如萧梁时贺玚"世以儒术显"，少年时曾被名家预测为："此生将来为儒者宗矣。"后为太学博士、五经博士，"于礼尤精"。就是这样一位儒学大师，却著"礼易老庄讲疏"[①]。这时的玄学讲义不太过分执着于教条式的高头讲章，而是自由发挥，不拘一格，也如张融"玄义无师法，而神解过人，高谈鲜能抗拒"[②]。这样，礼玄双修趋于互构互补。《晋书·江惇传》写江惇道："性好学，儒玄并综，每以为君子立行，应依礼而动，虽隐显殊途，未有不傍礼教者也。若乃放达不羁，以肆纵为贵者，非但动违礼法，亦道之所弃也。"名教与自然的最终归于统一，反映了礼玄的互构和统一。这时的名士风度不是放浪无操的竹林风度，而是动由礼节，可以口吐玄言，行为方式却遵循礼法的规范。例如《晋书·庾亮传》称这位一代名臣"善谈论，性好庄老，风格峻整，动由礼节"。这种状况也最灵敏地通过人的感受体现出来，《世说新语·言语》所记便是典型的例证："刘尹与桓宣武共听讲《礼记》。桓云：'时有入心处，便觉咫尺玄门。'刘曰：'此未关至极，自是金华殿之语。'"

人物品藻继续在六朝流行，《世说新语·品藻》记曰："世论温太真是过江第二流之高者。时名辈共说人物，第一将尽之间，温常失色。"人

[①] 李延寿：《南史·贺玚传》。
[②] 李延寿：《南史·张融传》。

的社会价值通过品评得到社会的肯定，《世说新语·德行》载："李元礼风格秀整，高自标持，欲以天下名教是非为己任。后进之士，有升其堂者，皆以为登龙门。"《南史·张绪传》记："绪少知名，清简寡欲，从伯敷及叔父镜、从叔畅并贵异之。""宋明帝每见绪，辄叹其清淡。"由于他是玄学中人，"善谈玄，深见敬异"，仆射王俭曾经说过："绪过江所未有，北士可求之耳。"这就为他的擢升奠定了基础。"吏部尚书袁粲言于帝曰：'臣观张绪有正始遗风，宜为宫职。'"于是"复转中庶子。后为侍中，迁吏部郎，参掌大选"。当帝欲用张绪为右仆射时，王俭认为："绪少有清望，诚美选也。南士由来少居此职。"张绪"长于周易，言精理奥，见宗一时"，他把何晏也不放在眼中，常说："何平叔不解易中七事。"

谈玄仍有高低之分，玄奥深秘，能直入本体，是为上乘。《世说新语·品藻》曾比较庐江何充和陈郡谢尚，"王丞相云：'见谢仁祖（谢尚）恒令人得上。与何次道（何充）语，惟举手指地曰："正自尔馨！"'"刘孝标注云："或清言析理，何不逮谢故邪？"

六朝时人物品藻仍赞赏人物的漂亮外形和所反映出的内在气度，其方式和所运用的语言都与前代相差无几。《建康实录》载："（王）恭美姿仪，人多爱悦……孟昶见之，叹曰：'此真神仙中人也！'"而王恭临刑时的气度颇似嵇康，《晋书》载："王恭性虽抗直，而暗于机会，自矜贵不闲用兵，尤信佛道，临刑犹诵佛经，自理须鬓，神无惧容，谓监刑者曰：'我暗于信人，所以致此。原其本心，岂不忠于社稷耶！'"这段话还透露了一个信息，玄学中人在其本心上是"忠于社稷"的，这样也就消除了玄学与社会之间的隔膜，从本体上道出了玄学不是否定而是维护统治集团的根本利益的。

六朝的人物品藻也仍然是言辞洁爽，一语破的，例如《世说新语·品藻》记："桓玄问刘太常曰：'我何如谢太傅？'刘答曰：'公高，太傅深。'"《品藻》还有一段记载，颇有意思：

抚军问孙兴公："刘真长何如？"曰："清蔚简令。"

"王仲祖何如？"曰："温润恬和。"

"桓温何如？"曰："高爽迈出。"

"谢仁祖何如？"曰："清易令达。"

"阮思旷何如？"曰："弘润通长。"

"袁羊何如？"曰："洮洮清便。"

"殷洪远何如？"曰："远有致思。"

六朝放逸之风受玄风影响仍然存在，到梁代，人民仍然对此议论纷纷，从中可以看出玄言之状况。如《梁书》卷五一《阮孝绪传》有论："夫至道之本，贵在无为，圣人之迹，存乎拯弊，弊拯由迹，迹用有乖于本。本既无为，为非道之至，然不垂其迹，则世无以平，不究其本，则道实交丧。丘旦将存其迹，故宜权晦其本，老庄但明其本，亦宜深抑其迹。迹既可抑，数子所以有余，本方见晦，尼丘是故不足。非得一之士，阙彼明智，体二之徒独怀鉴识。然圣已极照，反创其迹。贤未居宗，更言其本。良由迹须拯世，非圣不能，本实明理，在贤可照。若能体兹本迹，悟彼抑扬，则孔庄之意其过半矣。"

在玄学仍然风靡六朝的同时，非难玄学的思潮兴起。《晋书》卷八二《虞预传》写道："预雅好经史，憎疾玄虚，其论阮籍裸袒，比之伊川被发，所以胡虏遍于中国，以为过衰周之时。"刘宋时范晔《后汉书·方术传论》谴责汉世名士，实有现实指向："及征樊英、杨厚，朝廷若待神明，至竟无他异。英名最高，毁最盛。李固、朱穆等以为处士纯盗虚名，无益于用，故其所以然也。"然而，六朝也有另一种议论，认为清谈并不误国。《世说新语·言语》记道："王右军与谢太傅共登冶城。谢悠然远想，有高世之志。王谓谢曰：'夏禹勤王，手足胼胝；文王旰食，日不暇给。今四郊多垒，宜人人自效。而虚谈废务，浮文妨要，恐非当今所宜。'谢答曰：'秦任商鞅，二世而亡，岂清言致患邪？'"

整个六朝的玄学思潮相沿于前代，并结合了南渡定都建康的特征，其思维内容和方式基本上相承于正始玄学和竹林玄学，是一种具体化的运用，没有新的理论建树和系统的阐发，但它保持了玄学的空灵和固有的生机。玄学思想成为当时士大夫的思想行为方式和准则。这时的玄言特色是进一步把思想上矛盾的和不相融的范畴统一起来，解决了思想和行为规范上的一些问题。例如身居庙堂而心在江湖之论，便为名士们企望功名而又要获得清高之誉打开了通道，产生了一批身居高位而不经世事者。颜之推的《颜氏家训》对这种思潮做了猛烈的抨击，《勉学篇》写道："梁朝全盛之时，贵游子弟，多无学术，至于谚云：'上车不落则著作，体中何如则秘书。'无不熏衣剃面，傅粉施朱，驾长檐车，跟高齿屐，坐棋子方褥，凭斑丝隐囊，列器玩于左右，从容出入，望若神仙。明经求第，则顾人答策；三九公宴，则假手赋诗。当尔之时，亦快士也。及离乱之后，朝市迁革。铨衡选举，非复曩者之亲；当路秉权，不见昔时之党。求诸身而无所得，施之世而无所用。被褐而丧珠，失皮而露质，兀若枯木，泊若穷流，鹿独戎马之闲，转死沟壑之际，当尔之时，诚驽材也。"

在当时的哲学思想界，《列子》思想对放诞之风起到了掀波扬澜的作用，它把及时行乐的思想推到极致，所谓"十年亦死，百年亦死；仁圣亦死，凶愚亦死；生则尧舜，死则腐骨，腐骨一矣，孰知其异。且趣当生，奚遑死后。"正因为生之难得，所以，他们极端重视生的享乐，所谓"凡生之难遇，而死之易及。以难遇之生，俟易及之死，可孰念哉"。"为欲尽一生之欢，穷当年之乐，惟患腹溢而不得恣口之饮，力惫而不得肆情于色，不遑忧名声之丑，性命之危也。"这种思想既成为名士风流放逸的写照，又对其风起到鼓煽作用。《晋书·五行志》中曾写到当时名流"相与为散发裸身之饮"，发展到"对弄婢妾"的地步，过江之后仍然如此。例如《世说新语·德行》载："王平子、胡毋彦国诸人皆以任放为达，或有裸体者。"《世说新语·任诞》注引《晋纪》，记道："王导与周𫖮及朝士诣尚书纪瞻观伎。瞻有爱妾，能为新声。𫖮于众中欲通其妾，露其丑秽，颜无怍色。有司奏免𫖮官，诏特原之。"他的秽行得到了最高统治者的理解和原谅，由此可以看出社会的宽容程度。周𫖮对自己的行为做了辩解，《世说新语·任诞》记："有人讥周仆射与亲友言戏秽杂无检节，周曰：'吾若万里长江，何能不千里一曲！'"这位周仆射还是一位酗酒之徒。《世说新语·任诞》记："周伯仁，风德雅重，深达危乱。过江积年，恒大饮酒，尝经三日不醒。时人谓之'三日仆射'。"《晋阳秋》曰："初，𫖮以雅望获海内盛名，后屡以酒失。庾亮曰：'周侯末年，可谓凤德之衰也。'"《语林》曰："伯仁正有姊丧，三日醉，姑丧，二日醉。大损资望。每醉，诸公常共屯守。"《世说新语·品藻》注引《晋纪》曰："鲲与王澄之徒，慕竹林诸人，散首披发，裸袒箕踞，谓之'八达'。故邻家之女，折其两齿，世为谣曰：'任达不已，幼舆折齿。'"从这些皆可以看出《列子》所传播的人生哲学思想与当时风气之关系。

在六朝，对玄学的排拒可以说跟崇尚玄学相伴而生。《晋书·陶侃传》

载，陶侃说："老庄浮华，非先王之法言，不益实用，君子当正其威仪，何用蓬头、跣足，自谓宏达邪？"但是玄学屡禁而不止，原因是从过江开始，上层集团就还保持着对玄学的兴趣。《世说新语·方正》注引《高逸沙门传》："晋元、明二帝，游心玄虚，托情道味，以宾友礼待法师。王公、庾公倾心侧席，好同臭味也。"魏晋以来思想界在崇玄与反玄上就有与无等问题所做的辩论推进了当时的思想发展，并给美学思想以深刻影响。值得注意的是，六朝对于玄学的态度，不是从根本上否定它，而是提醒人们注意玄学的深奥内涵，不要浅尝辄止，不要虚得其表，满足于手挥麈尾的外在行为。总的说来，江左玄风延续于前代，扩展到思想意识的多个领域，不但使各个领域的面貌发生了变化，而且影响了美学思潮，实现了哲学思潮与美学思潮的对接。

第二节　玄学与玄言诗

六朝的玄言诗是六朝文学美学中的重要现象，也是玄学和文学美学相构合的重要现象，它有自己兴起、发展、衰落的过程，也有特定的基本特征和思想内涵。钟嵘《诗品序》批评玄言诗"理过其辞，淡乎寡味"，说明一些玄言诗以直接的理念和概念作为诗歌的表达内容和对象，违背了诗的形象审美特征和付诸感性的表达方式。所以，玄言诗给人们的感觉是"淡乎寡味"，所以才会"平典似《道德论》"，忽视了诗歌创作与谈言玄理的界限。但是，对玄言诗现象应该做出具体分析。

其一，此乃当时社会风气使然。当时日常谈话的内容是玄言，交谈方式是玄言辩难，这已成为全社会的交流方式和社会风习。《世说新语·文学》的一段记载可以说明部分问题。"殷中军为庾公长史，下都，王丞相为之集，桓公、王长史、王蓝田、谢镇西并在。丞相自起解帐带麈尾，语殷曰：'身今日当与君共谈析理。'既共清言，遂达三更。丞相与殷共相往反，其余诸贤，略无所关。既彼我相尽，丞相乃叹曰：'向来语乃竟未知理源所归。至于辞喻不相负，正始之音，正当尔耳。'明旦，桓宣武语人曰：'昨夜听殷、王清言，甚佳，仁祖亦不寂寞，我亦时复造心；顾看两王掾，辄翣如生母狗馨。'"整个社会玄学气氛弥漫，当然会影响文林，遂致诗歌受其风染，产生玄言诗。

其二，一些玄言诗虽言玄理，但所言却至为深隽，绝不浅俗。例如郭璞《赠温峤》诗第五章云："言以忘得，交以淡成。"包含着对言意哲学范畴的深刻体认。虞说《兰亭诗》："神散宇宙内，形浪濠梁津。寄畅须臾欢，尚想味古人。""寄畅"成为玄言精义表达的重要体现，构合成玄学意识。有些玄言诗竟然能表达对于世事的忧心。例如玄言诗人孙绰《与庾冰》诗写道："德之不逮，痛矣悲夫。蛮夷交迹，封豕充衢。芒芒华夏，鞠为戎墟。哀兼黍离，痛过茹荼。"黍离麦秀之思至为深切。

其三，玄言诗成了以玄对山水的独特观照手段，是中国山水诗发展历程中的一个重要阶段。以玄思对待山水，也就是以玄学作为文学创作主体的观照视域，山水景象便寓托着玄学精神。《世说新语·容止》注引孙绰《庾亮碑》："公雅好所托，常在尘垢之外。虽柔心应世，蠖屈其迹，而方寸湛然，固以玄对山水。"其典型体现便是那一组兰亭诗。玄学精神使得诗人们以欢欣愉悦的心态看待自然和节候变化，形成了积极、健康、向上的精神现象。例如王羲之《兰亭诗》写道："代谢鳞次，忽焉以周。欣此暮春，和气载柔。咏彼舞雩，异世同流。乃携齐契，散怀一丘。"对于节候的转变递代，对于暮春时节的来临，表现出与众不同的态度和感受，极为难得。他们从大化流行中所获得的玄学体认，又极为深刻，例如王羲之《兰亭诗》写道："悠悠大象运，轮转无停际。"玄言诗人孙绰《游天台山赋》深刻地表述了玄与山水的内在关系："太虚辽廓而无阂，运自然之妙有，融而为川渎，结而为山阜。"玄意观照着山水，进而融合为山水，因此，便"泯色空以合迹，忽即有而得玄"，"浑万象以冥观，兀同体于自然"，玄与自然合为一体。又如谢万《兰亭诗》，有山水，亦有玄理。庾阐《三月三日诗》写道："心结湘川渚，目散冲霄外。清泉吐翠流，渌醽漂素濑。悠想盼长川，轻澜渺如带。"也体现了这种融会。玄言诗借山水以言玄意、玄思，一些诗写得不枯寂、不冷漠，而是有勃勃的生机，在玄与山水的融合中透溢出来，例如孙绰的《兰亭诗》："莺语吟修竹，游鳞戏澜涛。"鸟飞鱼游，正是大自然之生机所在，也是玄言诗生机之所在。

第三节　玄学—美学范畴

哲学的发展带动了美学的发展与进步,六朝哲学思潮中涌发了一系列的美学范畴。哲学思想孕育了美学思想,其中最显著的是人物品评。

人物品评是中国古代具有价值评判意义的一种方式,汉末尤盛,形成了所谓"月旦评"。《后汉书·许劭传》曰:"初,劭与靖俱有高名,好共核论乡党人物,每月辄更其品题,故汝南俗有月旦评焉。"汤用彤曾在《魏晋玄学论稿》说:"溯自汉代取士大别为地方察举,公府征辟,人物品鉴遂极重要。有名者入青云,无闻者委沟壑。朝廷以名治(顾亭林语),士风亦竞以名相高。声名出于乡里之臧否,故民间清议乃隐操士人进退之权。于是月旦人物,流为俗尚;讲目成名(《人物志》语),具有定格,乃成社会不成文之法度。"它在最初具有舆论监督的功能。清初顾炎武《日知录》卷一三曾认为,"清议"表明社会还有未被恶习污染之地,尚有一片清白之所在:"天下风俗最坏之地,清议尚存,犹足以维护一二,至于清议亡而干戈至矣。"最著名的是东汉末年的"匹夫抗愤,处士横议"。《后汉书·党锢传序》写道:"桓灵之间,主荒政谬,国命委于阉寺,士子羞与为伍,故匹夫抗愤,处士横议,遂乃激扬名声,互相题拂,品核公卿,裁量执政,婞直之风,于斯行矣……因此流言,转入太学,诸生三万余人,郭林宗、贾伟节为其冠,并与李膺、陈蕃、王畅更相褒重。学中语曰:'天下模楷李元礼,不畏强御陈仲举,天下俊秀王叔茂。'又渤海公族进阶、扶风魏齐卿,并危言深论,不隐豪强。自公卿以下,莫不畏其贬议,屣履到门。"从中可以看出对人物的清议在社会舆论监督中的作用——能左右人的政治生命。

那么清议在六朝时发展如何呢?这里有一番东晋时人的对话,讲到了月旦评在当时的状况,足证其在六朝的沿袭和发展:

纳尝问梅陶曰:"君乡里立月旦评,何如?"陶曰:"善褒恶贬,则佳法也。"

纳曰:"未益。"

时王隐在坐,因曰:"《尚书》称'三载考绩,三孝黜陟幽明',何得一月便行褒贬!"陶曰:"此官法也,月旦,私法也。"

隐曰:"《易》称'积善之家,必有余庆;积不善之家,必有余殃',称家者岂不是官?必须积久,善恶乃著,公私何异,古人有言，贞良而亡，先人之殃；酷烈而存，先人之勋。累世乃著，岂但一月！若必月旦，则颜回食埃不免贪污；盗跖引少，则为清廉。朝种暮获，善恶未定矣。"

时梅陶及钟雅数说余事，纳辄困之，因曰："君汝颍之士，利如锥；我幽冀之士，钝如槌。持我钝槌，捶君利锥，皆当摧矣。"

陶、雅并称"有神锥，不可得槌"。纳曰："假有神锥，必有神槌。"

雅无以对。[①]

从这里可以看到一条延续着的线索，衣冠南渡之后的士人并未因一江之隔和历史事变形成巨大的精神鸿沟，而是相承相续并形成了相应的评价观念，甚至以能品藻人物作为一个人一生业绩的构成条件之一。如王僧绰"藻品人物，拔才举能，咸尽其分"[②]。

六朝的人物品藻仍然采取魏晋时代品赏容貌的方式。《南史》卷三〇《何炯传》载何戢赞美其从弟何炯玄谈"神情"："此子非止吾门之宝，亦为一代伟人。"《建康实录》称王恭"濯濯如春月柳"，这里的一个鲜明特色亦即魏、晋、六朝品藻人物的特色是以自然界形象来比附人的风采，开拓了联系性思维的思路。其中所谓"目"即品赏，品题，具有评判和鉴赏之意，如《后汉书·许劭传》记曰："曹操微时，常卑辞厚礼，求为己目。"

品藻是对人的外在特征和内在丰神恰当而又言辞简易的评价。《南史》卷二〇《谢弘微传》："弘微与琅邪王惠、王球并以简淡称，人谓沈约曰：'王惠何如？'约曰：'令明（王惠字）简。'次问王球，约曰：'茜玉（王球字）淡。'"一个"简"字，一个"淡"字，于简洁中见出准确，勾出了各人特征。人物品藻类似于盖棺论定，《梁书》卷四一《王规传》载："皇太子出临哭，与湘东王绎令曰：'威明昨宵奄复殂化，甚可痛伤。其风韵遒正，神峰标映，千里绝迹，百尺无枝。文辩纵横，才学优赡，跌宕之情弥远，濠梁之气特多，斯实俊民也。'"

人物品藻又具有价值评判的功能，以用于人物的简拔，是人物选拔的一种重要方式和手段，这就是所谓的清议鉴人。它是对人素质、属性的鉴定，侧重于人的德行与品格。通过对人的众多品评形成的一种近乎结论的评语，

---

① 房玄龄等：《晋书·祖纳传》。
② 许嵩：《建康实录》。

是对人的最终确认和人物最终是否得以简拔的依据。这种简拔方式在东汉时就已形成，如《后汉书·黄香传》曰："天下无双，江夏黄童。"《后汉书·贾彪传》评道："贾氏三虎，伟节最怒。"人物品藻给了魏、晋、六朝以深刻影响，这便出现了记录名言逸事的《世说新语》。

人物品藻是通过对人外在形式的评判达到对人的存在的肯定，它寻求到了一种方式和道路，即在评定中赋予人存在意义。周顗"少有重名，神彩秀彻，司徒掾贲嵩见而叹曰：'汝、颍固多奇士！清我邦族，必其人矣！'"①"（纪少瑜）初为《京华乐》，王僧孺见而赏之，曰：'此子才藻新拔，方有高名。'"②评定是通过鉴赏完成的，这样，鉴赏作为一种评定方式和思维方式便被确定。通过鉴赏来发现和确定对象的价值，这是中国人确立对象存在的最常用方式，它在六朝臻于成熟。

人物品藻不仅是对人物的价值估价和评定，而且包含着审美的因子：有些是对人物进行饱含激情的赞赏，这便是进入了审美境域；有些是对人物进行自然美和艺术美的赞赏，这同样是审美。这就为将人物品藻引入美学架设了通道。当然，在美学本体上，人品和美学品格之间不是完全重合与对应的。例如东晋孙绰人品恶劣，审美水平和能力却极佳，许询亦如此，美学品位极高，但人散发出腐朽气。同样，司马道子人品极差，但审美欣赏的水平却极高。六朝人物品藻的贡献，不在于揭示出人物品格与审美品格之间存在着多少联系，而在于展现了人物品藻这样一种具体的形式与美学的品评方式、美学范畴之间的关系。

从一定意义上说，人物品藻提供了众多的美学范畴，如形神、气韵、风骨等。人物品藻的一些术语之所以能最终形成美学范畴，关键在于民族的思维形式和审美方式。中国的民族思维习惯于对人的内在与外在特征进行形象化的描述，这是中国思维的一个重要表现形态。这种描述是通过生动、概括的语言来完成的，语言本身就富于色彩和形象感，因而它是审美的形象性写照。这时，主体之于对象往往带有情感的欣赏意味，因而其观照就不是理性的，而具有审美的性质。人们对他人的评价有多种形式：伦理的，道德的，社会的，审美的。魏、晋、六朝时期的人物品藻经历了从伦理、道德型品评到审美型品评，最后确定为审美型品评的历程。这个历程显示了中国民族

---

① 许嵩：《建康实录》。
② 李延寿：《南史·文学》。

思维形式发展的趋向，奠定了审美型品评在人物品评中的历史地位。为了达到表述效应，中国民族思维创造了以此来比兴彼的方式，但仍然没有摆脱形象本身，是以一种形象（更多的是用自然物象）来拟比另一种形象，通过某一形象所显示的特征或形态来显示另一形态，进而获得对于形象的印象和理解。这种表述方式体现了中国民族的思维特征：任何描述和显示都裹和着具体的形象。

正因为有了六朝的人物品藻方式，才会有美学的品评方式，六朝诞生了《诗品》《画品》《书品》，绝非偶然，它们的直接渊源就是人物品藻，其思维方式和语言形式都是人物品评式的。这是中国美学批评的特殊形式，即使后代的某些美学批评著作不是以"品"的题目出现，但其具体的批评形式都是"品"。可以说，中国的美学批评是品评式批评，是对对象的品味和玩赏。六朝的人物品藻引发并哺育了美学品评，这是六朝人对中国美学的贡献。此外，六朝人哲学上的成就最主要体现在思维方式上——民族的思辨水平和能力极大地提高了，善于进行理性思辨，摆脱了东汉的烦琐性和传统的经验性，这也为六朝美学铺设了雄厚的哲学基础。

人物品藻的形神之论直接孕育了美学上的形神之论。它成为美学范畴以后，就再也不是伦理型品藻，政治型、道德型评价，而是审美的品鉴、赏鉴。它结合了庄子美学思想，融会成独有的美学范畴。《庄子·知北游》云："精神生于道，形本生于精，而万物以形相生。"一切都是从那个"道"的本体出发的。在形与神范畴的内部关系上，庄子认为，神重于形，形以显神，形现则神开，《庄子·在宥》曰："抱神以静，形将自正。""神将守形，形乃长生。"同样，融会了先秦庄子美学的六朝美学形神论在形神的解释上也重神，神重于形，认为神是本体，是主宰，就有了六朝绘画上顾恺之的"传神写照"论。

"传神写照"论是指传达对象之内在丰神，也就是凝聚与凝结对象精神现象与本质之所在。从一定意义上说，审美中所要表现的是对象的内在丰神、精神，这才是根本意义上的审美活动。而主体在审美中所要获得的心理满足又是什么呢？六朝人仍然把它归结为"神"——"畅神"[①]。主体"神"得以舒张，审美主体的心理就处于自由无碍的状态中。一切都融入

[①] 宗炳：《画山水序》。

主体的神思之中，这就是所谓的"万趣融其神思"。而主体处于自由无碍的状态中，其审美心态和思维状态又是怎样的呢？六朝人还是把它归结成"神"——"神思"①，是精神的远游，是神的飞扬和腾越。把这一切凝聚为"神"，是对主体精神及其功能在审美中地位的强调和重视。这样，"神"的主体性哲学便彻底实现为主体性美学。六朝时顾恺之画论，就明确写到"以形写神"，王僧虔书法论也认为"学书之难，神彩为上，形质次之"。

确定"神"在哲学、美学对象和主体中的地位，是六朝哲学、美学的巨大贡献。后代对"形""神"的美学阐释基本上没有超越六朝人的论述框架。例如唐代白居易《画记》写道："形真而圆，神和而全。"明代陆时雍《诗镜总论》说："形神无间。"这些都与六朝美学阐释是一致的。

在这个时期，在美学范畴内出现了诸多辩题，主要有以下几种。

首先，名教与自然。名教与自然之争是魏晋哲学、玄学中的重要课题。其争论基本可分为三派，一派以王弼为代表，认为名教建立在自然基础之上，名教、自然在调和孔、老过程中得到统一，这就是他所说的"则天成化，道同自然"②，这也是道家思想所强调的自然，所谓"道法自然"是也。《庄子·秋水》认为："天地有大美而不言。"王弼注《老子》，对老子思想做了新的发挥，把万物之源归结为"无"，即精神本体的"道"，认为一切都是顺应而不是对抗或阻塞自然的。他注《老子·五章》曰："天地任自然，无为无造。万物自相治理，故不仁也。"又注《老子·六十章》曰："神不害自然也，物守自然，则神无所加，神无所加，则不知神之为神也。"而儒家名教是经过人为加工的，在东汉显得陈腐而僵化，虚伪而矫饰，王弼在《老子指略》中说，名教之末已流于"智愚相欺，六亲相疑"，"父子兄弟，怀情失直，孝不任诚，慈不任实"，要改变这种状况，王弼提出要"崇本息末"。他具体说道：

> 尝试论之曰：夫邪之兴也，岂邪者之所为乎？淫之所起也，岂淫者之所造乎？故闲邪在乎存诚，不在善察；息淫在乎去华，不在滋章；绝盗在乎去欲，不在严刑；止讼存乎不尚，不在善听。故不攻其为也，使其无心于为也；不害其欲也，使其无心于欲也。谋之

---

① 刘勰：《文心雕龙·神思》。
② 王弼：《论语释疑》。

于未兆，为之于未始，如斯而已矣。故竭圣智以治巧伪，未若见质素以静民欲；兴仁义以敦薄俗，未若抱朴以全笃实；多巧利以兴事用，未若寡私欲以息华竞。故绝司察，潜聪明，去劝进，剪华誉，弃巧用，贱宝货。惟在使民爱欲不生，不在攻其为邪也。故见素朴以绝圣智，寡私欲以弃巧利，皆崇本以息末之谓也。

"崇本息末"论在根本上是老庄之论，以绝圣弃智、泯灭欲念来抑制各种腐恶的社会现象。因此，《老子指略》提出："素朴可抱，而圣智可弃。"名教因此就应该建筑在"自然"的基础之上。

王弼建立了"贵无论"。《三国志·钟会传》注引何劭《王弼传》，记载了王弼和裴徽之间的一段对话。裴徽问王弼："夫无者，诚万物之所资也，然圣人莫肯致言，而老子申之无已者何？"王弼回答说："圣人体无，无又不可以训，故不说也；老子是有者也，故恒言无所不足。""无"是本，"无"不是子虚乌有的"无"，而是万有、全有之本。他又在《论语释疑》中解释说："道者，无之称也。""无"即是"道"。王弼所确定的玄学理论命题是随因自然，他在注《老子·四十五章》时写道："随物而成，不为一象，故若缺也。大盈充足，随物而与，无所爱矜，故若冲也。随物而直，直不在一，故若屈也。大巧因自然以成器，不造为异端，故若拙也。大辩因物而言，已无所造，故若讷也。"随因自然，顺应物之本性，而不是违忤和抗拒物性之自然。从这样的理论前提出发，在名教与自然的关系上也应该是名教顺应自然，因此王弼在《论语》注中说道："自然亲爱为孝，推爱及物为仁也。"

既然自然是本，就应当保持自然的原生态和既有运行规则，不要对其进行人为加工或扭曲，应摆脱现实的扭曲或涂饰状态，返璞归真。《老子指略》写道："夫素朴之道不著，而好欲之美不隐，虽极圣明以察之，竭智虑以攻之，巧愈思精，伪愈多变，攻之弥甚，避之弥勤。则乃智愚相欺，六亲相疑，朴散真离，事有其奸。盖舍本而攻末，虽极圣智，愈致斯灾。况术之下此者乎！夫镇之以素朴，则无为而自正。攻之以圣智，则民穷而巧殷。故素朴可抱，而圣智可弃。"

另一派以嵇康"越名教而任自然"论为代表。这种意见的激烈与彻底程度远远超过了王弼的名教以自然为基础论。嵇康在《与山巨源绝交书》中公然宣称"每非汤武而薄周、孔"，以直接否定儒学者的姿态出现，其思想武器亦来自于老庄。他说:"老子、庄周,吾之师也。"其《释私论》写道:"夫称君子者,心无措乎是非,而行不违乎道者也。何以言之?夫气静神虚者,心不存于矜尚;体亮心达者,情不系于所欲。矜尚不存乎心,故能越名教而任自然;情不系于所欲,故能审贵贱而通物情。物情通顺,故大道无违;越名任心,故是非无措也。是故言君子,则以无措为主,以通物为美;言小人,则以匿情为非,以违道为阙。何者?匿情矜吝,小人之至恶;虚心无措,君子之笃行也。"在嵇康看来,要能顺应自然,主体必须"无措""通物"。所谓"以无措为主,以通物为美"。"无措"和"通物"的含义核心是超越,当然也就包含着"越名教"了。这一玄学命题具有较浓的人格哲学色彩:要挣脱"名教"的外在桎梏,突破荣华富贵等的羁绊,走向道家的逍遥。因而嵇康在《与山巨源绝交书》中提出了一个著名的命题,叫作"游心于寂寞":"外荣华,去滋味,游心于寂寞,以无为为贵。""浊酒一杯,弹琴一曲,志愿毕矣。"而阮籍在这方面则更多地表现出一种情感激愤的色彩,在哲学的神往境界上又更多地表现出超越性。他在《大人先生传》中写道:"超世而绝群,遗俗而独往,登乎太始之前,览乎汜漠之初,虑周流于无外,志浩荡而自舒。"他已经感性化地描述了一个空前自由的超自然境界。诚然,他的激愤和神往超自然境界,具有避祸全身之现实用意,但是他既然确定了任应自然的理想境界,当然也就包含着对礼教的超越、蔑视以及在行为方式上的不为礼、法所拘约。史书和《世说新语》对阮籍越名教的行为多有记述:

> 籍嫂尝归宁,籍相见为别。或讥之,籍曰:"礼岂为我设邪!"邻家少妇有美色,当垆沽酒。籍尝诣饮,醉便卧其侧。籍既不自嫌,其夫察之,亦不疑也。兵家女有才色,未嫁而死。籍不识其父兄,径往哭之,尽哀而还。其外坦荡而内淳至,皆此类也。

> 阮步兵(籍)丧母,裴令公往吊之,阮方醉,散发坐床,箕踞不哭。裴至,下席于地。哭吊唁毕,便去。或问裴:"凡吊,主人哭,客乃为礼,阮既不哭,君何为哭?"裴曰:"阮方外之人,故不崇礼制,我辈俗中人,故以仪轨自居。"时人叹为两得。

《大人先生传》描述的人格理想、人生境界就是以阮籍为代表的竹林名士的审美境界:"今吾乃飘飖于天地之外,与造化为友,朝飧汤谷,夕饮西海,将变化迁易,与道周始,此之于万物,岂不厚哉!故不通于自然者不足以言道！"因此，把握了阮籍的这一人生理想和审美理想，才能真正把握竹林名士行为的思想内涵，其种种任诞放达的行为方式在根本上是有着越名教而任自然的思想背景的。

嵇、阮的超越论走得很远，当然会为现实的统治秩序所不容，嵇康便被刑戮东市，阮籍常年酣醉以避害。哲学上有人起而反对任诞，把名教与自然加以彻底调和。《世说新语·德行》载："王平子、胡毋彦国诸人，皆以任放为达，或有裸体者。乐广笑曰：'名教中自有乐地，何为乃尔也！'"这是把名教渲染成一片乐土，认为从中自可得乐，不必去放任自达。裴𬱟抨击放任自达的时代习尚，《晋书·裴𬱟传》载曰："𬱟深患时俗放荡，不尊儒术，何晏、阮籍素有高名于世，口谈浮虚，不遵礼法，尸禄耽宠，仕不事事；至王衍之徒，声誉太甚，位高势重，不以物务自婴，遂相仿效，风教陵迟，乃著崇有之论，以释其蔽。"他强调事物的本源和本体是"有"，其《崇有论》写道："夫总混群本，宗极之道也；方以族异，庶类之品也。形象著分，有生之体也。化感错综，理迹之原也。"具有较浓的现实哲学色彩。裴𬱟对"贵无"论的抨击立足于此："遂薄综世之务，贱功烈之用；高浮游之业，卑经实之贤……是以立言藉于虚无，谓之玄妙；处官不亲所司，谓之雅远；奉身散其廉操，谓之旷达。故砥砺之风，弥以陵迟。放者因斯，感悖吉凶之礼，而忽容止之表，渎弃长幼之序，混漫贵贱之级。其甚者至于裸裎，言笑忘宜，以不惜为弘，士行又亏矣。"可见，他的理论是以名教为指归的。

郭象以高明的圆滑手段把名教与自然调和起来。他是以自己的理论来解释和重塑庄子思想的，他作《庄子注》，把庄子思想阐解为"内圣外王之道"，就是他试图把名教与自然相调和的理论行为。他为当时的世家大族设计了一幅理想蓝图。其《逍遥游注》云："夫神人，即今所谓圣人也。夫圣人虽在庙堂之上，然其心无异于山林之中，世岂识之哉！徒见其戴黄屋、佩玉玺，便谓足以缨绂其心矣，见其历山川，同民事，便谓足以憔悴其神矣，岂知至至者之不亏哉！"其《大宗师注》也写道："夫理有至极，外内相冥，未有极游外之致，而不冥于内者也。未有能冥于内而不游于外者也。故圣人常游外以宏内，无心以顺有，故虽终日挥形，而神气无变，俯仰万机，而淡然自若。"这是一条绝妙的调和之道，使世家大族能获得自我平衡和心理安慰；尽管处于滚滚红尘之中，却因"无心"而犹如置身"方外"；尽管身在庙堂之上，却因心思脱俗，犹如置身山林之间。高雅是需要的，但荣华却又是不可须臾离开的，于是便寻求二者的统一，皆不偏废，这当然为士族大家所欢迎。

名教与自然的哲学纷争虽形成三个派别，但都给了六朝美学以不同方面的影响，并从总的方面促成了六朝自然美学观的建立和发展。

王弼崇尚"天地任自然，无为无造"的自然哲学观，追寻"无"的本体和行为，认为一切都应保持原生态和本来面貌，这就产生了哲学—美学上的素朴论。该论提倡保持原生态和本色特征，遂促进了六朝自然、素朴、不事雕饰的审美理想和形态的形成。在这样的审美理想氛围中才诞生了陶渊明平淡自然的美学作品。

在六朝美学史上，对于"初发芙蓉"与"雕绘满眼"不同审美形态的取舍，显示出了当时的美学取值。《南史·颜延之传》："延之尝问鲍照己与灵运优劣，照曰：'谢五言如初发芙蓉，自然可爱。君诗若铺锦列绣，亦雕绘满眼。'"这种概括在六朝美学史乃至中国美学史上都是非常著名的。而"初发芙蓉"规范了一条审美的思路导向，完成了庄子哲学真正的美学化历程，对于中后期中国美学形态的形成和发展有很大的作用。"初发芙蓉"之美对于六朝美学界而言，确实如一股新风，显现了别一种美的形态。在此之前，感性主义的高涨，纷红骇绿、叠床架屋的现状使得整个文学、美学界浮靡之风大炽，在这样烦腻的美学氛围中，"初发芙蓉"的美学之风虽未能扭转大局，但它所昭示的美学方向后来成了一种美学实践。

"越名教而任自然"的思想在思想界和美学界的影响更为宏深，它促进了任达之风的发展，其最大意义是产生了超越性的思维要求和心理愿望：超越功利，达于"绝美"（嵇康语）；超越有限，达于无限；超越形质，达于精神。这种心理超越正是美学所最为需要的，因此也才会有"手挥五弦，目送归鸿""游心太玄"等最具审美特质的见解出现，极大地丰富了六朝人以至整个中华民族的审美心理。

"神游""游心"不断在六朝美学论著中出现，充分显示了六朝人思维的开阔和灵敏、发达。钟嵘倡"自然英旨"论，其《诗品序》提出："吟咏情性，亦何贵于用事。""观古今胜语，多非补假，皆由直寻。"钟嵘自然论就是本色论、原生态论。刘勰《文心雕龙》亦尚自然论，纪昀评说："齐梁文藻，日竞雕华，标自然以为宗，是彦和吃紧为人处。"《明诗》认为：

"人禀七情，应物斯感，感物吟志，莫非自然。"《定势》论自然之道："夫情致异区，文变殊术，莫不因情立体，即体成势也。势者，乘利而为制也。如机发矢直，涧曲湍回，自然之趣也。""圆者规体，其势也自转；方者矩形，其势也自安；文章体势，如斯而已。是以模经为式者，自入典雅之懿；效骚命篇者，必归艳逸之华；综意浅切者，类乏酝藉；断辞辨切者，率乖繁缛，譬激水不漪，槁木无阴，自然之势也。"文章的具体审美传达也应自然，《丽辞》曰："夫心生文辞，运裁百虑，高下相须，自然成对。"至于作家的情性气质，也应是"自然之恒资"。刘勰崇尚"自然之论"，一方面有鲜明的一以贯之的特色，另一方面却又把"原道""征圣""宗经"视为"文之枢纽"，这种调和妥协色彩，又显然受到了当时名教与自然调和妥协的理论影响。

这个时期中争论的主题还包括才性之辨。才性异同离合之争亦名为《四本论》之争。《四本论》为钟会所著。《世说新语·文学》刘孝标注引《魏志》云："会论才性同异传于世。四本者，言才性同、才性异、才性合、才性离也。尚书傅嘏论同，中书令李丰论异，侍郎钟会论合，屯骑校尉王广论离，文多不载。"《四本论》已不复存在，而对于才性异同离合，唐长孺《魏晋才性论的政治意义》指出："大概论同异者在于'才''性'二名词的解释。主同者以本质释性，以本质之表现在外者为才，这也就是较传统的说法；主异者以操行释性，以才能解才，也就是王充的说法；其论'合'与'离'者首先承认性指操行，才指才能，然后讨论二者的关系。"袁准《才性论》曰："凡万物生于天地之间，有美有恶，物何故美？清气之所生也。物何故恶？浊气之所施也。"汉末清议，以清浊分人，品论优劣，袁准将其具体化为清浊二气，"气"是人格美的本体规范。曹丕《典论·论文》则把"气"说——清浊二气说具体运用于文学美学。"文以气为主，气之清浊有体，不可力强而致，譬诸音乐，曲度虽均，节奏同检，至于引气不齐，巧拙有素，虽在父兄，不能以移子弟。"这是曹丕美学论的核心。他还强调了文学家的"才气"，"才气"诉诸文学就形成了"文气"。他举出了若干作家的例子：徐干"时有齐气"，孔融"体气高妙"。这是把才性论具体运用于文学美学的实例，是其具体成果的显示。中国美学的风格论在这里体现了它的内核，即以才性为本体，由此也规定了中国美学的风格论是主体论。这在总体理论框架和内核上与才性同异离合论是一致的，只是它进一步运用于文学美学了。

才性同异离合论延续到了六朝,《世说新语·文学》载:"殷中军虽思虑通长,然于才性偏精,忽言及《四本》,便若汤池铁城,无可攻之势。""支道林、殷渊源俱在相王许,相王谓二人:'可试一交言,而才性殆是渊源崤函之固,君其慎焉。'支初作,改辙远之,数四交,不觉入其玄中。相王抚肩笑曰:'此自是其胜场,安可争锋。'"才性的哲学人格论和审美论也延续到六朝,并得到了运用,例如钟嵘《诗品》重视才、气,认为刘琨、卢谌"自有清拔之气",谢灵运"兴多才高"。他这是把才性联系起来阐释的。再如论嵇康:"过为峻切,讦直露才,伤渊雅之致。"评陶潜:"文体省净,殆无长语。笃意真古,辞兴婉惬。每观其文,想其人德。"亦是如此。刘勰《文心雕龙》列有"体性"专篇,认为"才性异区,文辞繁诡",明确把"才性"的主体性质与文学美学风格联结起来,揭示了其中的关系。

除名教与自然,才与性之辨外,这个时期还存在着有无之辨。《晋书·王衍传》曰:"魏正始中,何晏、王弼等祖述老庄,立论以为天地万物皆以无为本。"这是渊源于老庄思想的哲学本体论。"贵无"派认为:"天地万物,皆以无为本。无也者,开物成务,无往不存者也。阴阳恃以化生,万物恃以成形,贤者恃以成德,不肖恃以免身。故无之为用,无爵而贵矣。"而"贵无"与裴頠"崇有"论的争论,反映了当时哲学界对物之本体的不同认识。《文心雕龙·论说》曾写道:"夷甫、裴頠,交辨于有无之域。""无"作为本体是一切认识的本源,也是认识论者所要把握的,这是"本",因此,认识论者就应该"崇本息末"。王弼注《老子·三十八章》云:

> 载之以道,统之以母,故显之而无所尚,彰之而无所竞,用夫无名,故名之笃焉,用夫无形,故形以成焉。守母以存其子,崇本以举其末,则形名俱有而邪不生,大美配天而华不作。

在《老子指略》中,王弼又说:

> 夫物之所以生,功之所以成,必生乎无形,由乎无名。无形无名者,万物之宗也。不温不凉,不宫不商,听之不可得而闻,视之不可得而彰,体之不可得而知,味之不可得而尝。故其为物也则混成,为象也则无形,为音也则希声,为味也则无呈,故能为品物

> 之宗主，苞通天地，靡使不经也。若温也则不能凉矣，宫也则不能
> 商矣。形必有所分，声必有所属。故象而形者，非大象也；音而
> 声者，非大音也。然则四象不形，则大象无以畅；五音不声，则大
> 音无以至。四象形而物无所主焉，则大象畅矣；五音声而心无所适
> 焉，则大音至矣……无形畅，天下虽往，往而不能释也；希声至，
> 风俗虽移，移而不能辩也。

王弼强调事物的本体是"无"，无形、无名，此乃万物之宗。他着意强调相对于客观物象的是精神现象，精神是本体。它不是表现为有形和有名，而是为象无形，为音无声。然而，在另一方面，象、音又是要借助于形、声表现出来的，也是可以借助于具体的形象去把握的。但是，要真正把握"万物之宗"的精神，又需要有主体条件，这就是要摒弃机巧之心，而怀素朴之心。王弼的上述思想在哲学本体论和哲学认识论上尚有可论之处，但于美学却显得十分适用。

作为玄学源泉之一的《周易》，王弼注其《复卦》曰："凡动息则静，静非对动者也；语息则默，默非对语者也。然则天地虽大，富有万物，雷动风行，运化万变，寂然至无，是其本矣。""无"是"本"，"本"乃"寂然"，它给予美学上的巨大影响是产生了陆机《文赋》"课虚无以责有，叩寂寞而求音"的精辟之论，其思想内核直至语言形式都是来自"有无本末"之论。对此，汤用彤在《魏晋玄学与文学理论》一文中的阐解至为透彻："盖文并为虚无，寂寞（宇宙本体）之表现，而人善为文（善用此媒介），则方可成就笼天地之至文。至文不能限于'有'（万有），不可囿于'音'，即'有'而超出'有'，于'音'而超出'音'，方可得'弦外之音''言外之意'。文之最上乘，乃'虚无之有''寂寞之声'，非能此则无以为至文。"这就是说，审美主体要以虚静澄澈之心境观照审美对象，在审美创造过程中不要胶着于和黏滞于审美对象，所创造的审美意象要超出具体的"言"、具体的"象"、具体的"有"，产生更大的审美效应，获得更多的审美意味。这一美学思想在东晋、南朝最突出的成果是产生了宗炳《画山水序》所说的"澄怀味象"论。可见，审美"贵无"论在六朝形成，是六朝美学吸受哲学因子自铸范畴的重要成果之一，它给后代以很大影响。晚唐司空图《诗品》中有言："素处以默，妙机其微。饮之太和，独鹤与飞。""遇之匪深，即之愈稀，脱有形似，握手已违。"哲学命题已彻底形成美学命题了。明代吴宽《书画鉴

影》对王维诗画的描述可以说是这一美学思想的进一步运用:"至今读右丞诗者则曰有声画,观画者则曰无声诗。以余论之,右丞胸次洒脱,中无障碍,如冰壶澄澈,水镜渊渟,洞鉴肌理,细现毫发,故落笔无尘俗之气,孰谓诗画非合辙也。世传右丞雪景最工而不知其墨画尤为神品。若《行旅图》,一树一叶,向背正反,浓淡浅深,穷神尽变,自非天真烂发,牢笼物态,安能匠心独妙耶?"

总的来说,王弼所说的"以无为为居,以不言为教,以恬淡为味,治之极也",阮籍所说的"微妙无形,寂寞无听",对于中国美学的发展发挥着极大的作用,能够促使中国美学创造突破有限走向无限,不断钻深或不断升腾,以获得更多的美的意味。

第九章　佛教与美学

"胜幡法鼓萦且击，智师道众纷以驰。"六朝兴佛，梁代为最，佛寺多达两千八百多所，僧尼八万多人。东晋有佛寺一千七百多所，刘宋近两千所，萧齐两千多所，侯景乱后的陈朝尚有一千二百多所。《南史·郭祖深传》称，梁时"都下佛寺五百余所，穷极宏丽。僧尼十余万，资产丰沃。所在郡县，不可胜言"。唐代杜牧《江南春绝句》称"南朝四百八十寺"是一个缩小了的数字——单是建康一都就有五百多所。梵宇宝刹，布满国中；胡僧梵客，处处流走。与剑光戟影相辉映的是佛光僧影，这使六朝成为一个世俗与宗教并存的世界。《晋书·周嵩传》曾记："嵩精于事佛，临刑犹于市诵经。"可见当时人对佛教笃信之深。谈六朝，不能不谈佛教，佛教在六朝文化中有独特的地位，并给予了美学以深刻影响。

第一节　六朝佛教的特点

六朝佛教有着鲜明的特点，具体如下。

其一，与帝王佞佛相关。吴赤乌十年（247），沙门僧会自西竺来传佛会，吴大帝孙权作寺居之。杨修之诗云："僧会西来始布金，常闻钟磬伴潮音。江南古寺知多少，此寺独应年最深。"又有《晋书·孝武帝纪》："帝初奉佛法，立精舍于殿内，引诸沙门以居之。"《晋书·恭帝纪》："其后复深信浮屠道，铸货千万，造丈六金像，亲于瓦官寺迎之，步从十许里。"六代帝王多倾资建寺，如晋简文帝造波提寺等，宋文帝造天竺寺、报恩寺等，宋孝武帝造药王寺、新安寺等，宋明帝造湘东寺、兴皇寺、湘宫寺等，齐高帝造建元寺等，齐武帝造齐安寺、禅灵寺、集善寺等，梁简文帝造天皇寺等，陈后主造大皇寺等，梁武帝造智度寺、法王寺、仙窟寺、光宅寺、肖帝寺、解脱寺、同行寺、劝善寺、资圣寺、天光寺、大爱敬寺、同泰寺等。

其二，佛释和政治之间联系至为密切。释道安有一名言曰："不依国主，则法事难立。"依附于最高政治集团，借助政治势力，才能获得自身的生存和发展，这就相当清楚地揭示了中国政教之间的关系，也说明中国政教不同于西方政教之间常常处于矛盾和冲撞状态中。因此，在中国的宗教徒中，出现了具有特殊身份的人物。与六朝道教中有所谓"山中宰相"相类似，佛教中有"黑衣宰相"。《南史》卷七八载："（宋）文帝见论赏之（慧琳），元嘉中，遂参权要，朝廷大事皆与议焉。宾客辐凑，门车常有数十辆，四方赠赂相系，势倾一时。方筵七八，座上恒满。琳着高屐，披貂裘，置通呈书佐，权侔宰辅。会稽孔觊尝诣之，遇宾客填咽，暄凉而已。觊慨然曰：'遂有黑衣宰相，可谓冠屦失所矣。'"《宋书·颜延之传》亦载："时沙门释慧琳，以才学为太祖所赏爱，每召见，常升独榻。"

刘宋文帝曾坦率地说："吾少不读经，比复无暇，三世因果，未辨致怀，而复不敢立异者，正以前达及卿辈时秀，率皆敬信故也。范泰、谢灵运每云，六经典文，本在济俗为治耳。必求性灵真奥，岂得不以佛经为指南邪？颜延年之折达性，宗少文之难白黑论，明佛法汪汪，尤为明理，并足开奖人意。若使率土之滨，皆纯此化，则吾坐致太平，夫复何事！"

梁武帝萧衍登基后发愿舍道事佛，由依老学转为虔诚地笃信佛教。他在《舍事道法诏》中说："耽事老子，历叶相承……今舍旧医，归凭正觉……化度含识，同共成佛，宁在正法之中，长沦恶道，不乐依老子教，暂得生天。"其《述三教诗》也曾述他信仰演变的三部曲："少时学周孔""中复归道书""晚年开释卷"。佛教在梁代已成国教，武帝信仰转移，有着极深的政治原因。《梁书·萧子恪传》云："江左以来，代谢必相诛戮，此是伤于和气，所以国祚例不灵长。"对这种"江左以来，代谢必相诛戮"的状况，清初王夫之曾在《读通鉴论》卷一五写道："宋可以有天下者也，而其为神人之所愤怒者，恶莫烈于弑君。篡之相仍，自曹氏而已然，宋因之耳。弑则自宋倡之。其后相习，而受夺之主必死于兵与鸩。夫安帝之无能为也，恭帝则欣欣然授之宋而无异心，宋抑可以安之矣，而决于弑焉，何其忍也……呜呼！躬行弑而欲子孙之得免于弑，躬行弑而欲其臣之弗弑，其可得乎！"赵翼《廿二史札记》卷一一亦言："然则宋武九子、四十余孙、六七十曾孙，死于非命者十之七八！且无一有后于世者……斯固南北分裂时劫运使然，抑亦宋以猜忍起家，肆虐晋室，戾气所结，流祸于后嗣……卒至宗支尽，而己之子孙转为他族所屠。"本以杀弑方式取代前朝政权，却种下恶果，遂致自吞其果，同室操戈，愈演愈烈。有鉴于此，梁代倡佛教，以空无、慈善思想浸润政治，以达到政权的和平、自然过渡与交接。

由于政教关系至密，遂使汰抑沙门屡屡不成。刘宋孝武帝大明年间，昙标道人跟羌人高阇谋反，孝武帝遂降诏曰："佛法讹替，沙门混杂，未足扶济鸿教，而专成逋薮。"可是，因为政门和佛门之间存在着千丝万缕的关系，"诸寺尼出入宫掖，交关妃后，此制竟不能行"①。齐明帝时，张欣泰"上书陈便宜二十条，其一条言宜毁废塔寺"②。梁武帝时，"大弘释典"，耿介正直的郭祖深上条直言："道人又有白徒，尼则皆畜养女，皆不贯人籍，天下户口几亡其半。而僧尼多非法，养女皆服罗纨，其蠹俗伤法，抑由于此。请精加检括，若无道行，四十以下，皆使还俗附农。罢白徒养女，听畜奴婢。婢惟着青布衣，僧尼皆令蔬食。如此，则法兴俗盛，国富人殷。不然，恐方来处处成寺，家家剃落，尺土一人，非复国有。"③条陈虽慷慨激昂，亦有具体对策，却始终未被采纳实行。

利益需要是意识形态历史选择的内在驱动力，弘扬佛教是一种政权利益需要，在净化思想空气，息心沉机，免除纷嚣方面有特殊的功能。尽管佛学和庄学有许多一致点，但外来文化的新鲜性质对于本土文化更有吸摄能力，何况佛学较之庄学在解释对象世界和使人们获得人生、思想解脱方面更具有彻底性，这样，佛教便和名教获得了内在一致性，成为全社会的统一意识，化为国教。宋明帝定乱后，曾下令曰："先帝建中兴及新安诸寺，所以长世垂范，弘宣盛化。顷遇昏虐，法像残毁，师徒奔进，甚为矜怀。妙训渊谟，有扶名教。可招集旧僧，普各还本，并使材官，随宜修复。"④《弘明集》卷一一讲得更为具体："慧远法师尝云：'释氏之化，无所不可，适道固自

---

① 沈约：《宋书·天竺迦毗黎国传》。
② 李延寿：《南史·张欣泰传》。
③ 李延寿：《南史·郭祖深传》。
④ 李延寿：《南史·郭祖深传》。

教源，济俗亦为要务，世主若能剪其讹伪，奖其验实，与皇之政，并行四海，幽显协力，共敦黎庶，何成、康、文、景独可奇哉！使周汉之初复兼此化，颂作刑清，倍当速耳！'窃谓此说有契理奥，何者？百家之乡，十人持五戒，则十人淳谨矣；千室之邑，百人修十善，则百人和厚矣。传此风训，以遍宇内，编户千万则仁人百万矣……夫能行一善，则去一恶，一恶既去，则息一刑，一刑息于家，则万刑息于国，四百之狱，何足难错；雅颂之兴，理宜倍速，即陛下所谓坐致太平者也。"经过如此周密的阐解，名教和佛教就整合为整体性统治思想了。

其三，南北朝佛性特点有差异。北朝重在实行，禅意盎然；南朝重于义理，玄风大炽。《续高僧传》卷一七《慧思传》曰："江东佛法，弘重义门。"这种差异带有区域体文化差异特征，南北文化的性质、色彩、特点十分显著。《隋书》卷七五《儒林传序》云："自晋室分崩，中原丧乱，五胡交争，经籍道尽。魏氏发迹代阴，经营河朔，得之马上，兹道未弘。暨夫太和之后，盛修文教，缙绅硕学，济济盈朝，缝掖巨儒，往往杰出，其雅诰奥义，宋及齐梁，不能尚也。南北所治章句，好尚互有不同。江左《周易》则王辅嗣，《尚书》则孔安国，《左传》则杜元凯。河、洛、《左传》则服子慎，《尚书》《周易》则郑康成，《诗》则并主于毛公，礼则同遵于郑氏。大抵南人约简，得其英华；北学深芜，穷其枝叶。"这诚如陈寅恪《隋唐制度渊源略论稿》所言，"魏晋南北朝之学术、宗教皆与家族、地域两点不可分离"。

第二节　玄佛更迭现象

六朝佛学思想基本处于调和期。释家的大乘空宗思想与玄学思想有近似之处：玄学思想不是老庄思想的简单复活和原版翻录，它融合了释佛老庄思想，形成了非老非庄而又亦老亦庄的思想机制。当时人们思想接受的内容和方式是"锐志佛道，兼研老子五千文……玩五经为琴簧"[①]，他们常用老庄思想，甚至名词概念阐解佛释，一些名僧分不清何者为庄、何者为释，这样，庄意释味就铸合为玄学精神。《公案代别百则》曾载有一则公案："梁

---

① 牟子：《理惑论》。

武帝请付大士讲经，大士俨然。帝曰：请大士与朕讲经，为什么不讲？志公曰：大士讲经毕。代云：讲得甚好。"这则公案所述，既有玄味，复有禅意。而且在当时，名僧与名士交游已成为风尚。清人知归子《居士传》卷一曾写道："东晋之初，风教渐广，王导、庾亮、周顗、谢鲲、桓彝之属，皆尝与梵僧尸利蜜多罗游。谢安居东山，降心支遁……至如王羲之、坦之、询、珉、许询、习凿齿，各与缁流津接，大率名言相永，自标远致而已。"名僧中亦有不少身披道袍的名士，如支道林。名士隽语实录《世说新语》的《言语》《文学》《伤逝》记及支道林的，多达十余处。支道林与其时著名玄言诗人孙绰、王羲之过从甚密。他深领庄学思想，深解《庄子·逍遥游》，在庄学阐解方面领新标异，如刘孝标注引支道林《逍遥游》：

> 夫逍遥者，明至人之心也。庄生建言大道，而寄指鹏鷃。鹏以营生之路旷，故失适于体外，鷃以在近而笑远，有矜伐于心内。至人乘天正而高兴，游无穷于放浪；物物而不物于物，而遥然不我得，玄感不为，不疾而速，则逍然靡不适。此所以为逍遥也。若夫有欲当其所足，足于所足，快然有似天真。犹饥者一饱，渴者一盈，岂忘烝尝于糗粮，绝觞爵于醪醴哉？苟非至足，岂所以逍遥乎？

其时，向、郭二家双霸庄学坛盟，时人难乎为继，无法"拔理于郭、向之外"，支道林竟能"标新理于二家之表，立异于众理之外，皆是诸名贤寻味之所不得"，关键是他用佛理使庄理更为透彻、空灵，较之郭注深入了一大层级，吻合了东晋名士的心态，世"后遂用支理"，使其学说得以风行。支道林曾经与许询、谢安于王濛之所，论《庄子·渔父》："支道林先通作七百许语，叙致精丽，才藻奇拔，众咸称善。"他曾被刘遗民称为僧徒中的玄学家。《世说新语·赏誉》载王濛语，言支道林"寻微之功，不减辅嗣（王弼字）"。他蓄鹤饲马，善书能诗，大有六朝名士风度。据《许玄度集》，道林常隐剡东山，不游人事，好养鹰马，而不乘放，人或讥之。遁（支道林）曰："贫道爱其神骏。"卒后，戴安道尝经其墓，叹曰："德音未远，而拱木已积，冀神理绵绵，不与气运俱尽尔。"

"道"在佛学中本指方法，支道林却将其做本体论说，这显然是以庄解佛。把这些话和《老子·十四章》组合起来体认，就会发现两者的联系和一致性了。《老子》曰："视之不见，名曰'夷'；听之不闻，名曰'希'；搏之不得，名曰'微'。此三者不可致诘，故混而为一。其上不皦，其下不昧。绳绳不可名，复归于无物。是谓无状之状，无物之象，是谓惚恍。迎之不见其首，随之不见其后。"此外，僧肇在其《不真空论》写道："如此，则万象虽殊，而不能自异；不能自异，故名象非真象；象非真象，故则虽象而非象。"《涅槃无名论》也写道："夫涅槃之为道也，寂寥虚旷，不可以形名得；微妙无相，不可以有心知。超群有以幽升，量太虚而永久，随之弗得其踪，迎之罔眺其首……潢漭惚恍，若存若往，五目不睹其容，二听不闻其响，冥冥窅窅，谁见谁晓。"再看道安《合放光光赞略解序》对佛性所做的如下阐解："泊然不动，湛尔玄齐，无为也，无不为也，万法有为而此法渊默，故曰：无所有者，是法之真也。"以上其思想内涵是一致的。老子言"道"，僧肇言"涅槃"，道安言"法"，然而，"道""法""涅槃"均言本体。因此，作为本体论，老、释对万物之源的体认都是一致的。玄言的本末论和佛学的空有论，在探究万物本体上思想近似。一致的体认使得老佛之间在思维上出现了联系。竺道生有"入理言息""得意忘象""忘筌取鱼"之说，所谓"夫象以尽意，得意则忘象。言以寄理，入理则言息。自经典东流，译人重阻，多守滞文，鲜见圆义。若忘筌取鱼，始可与言道矣"①。"至象无形，至音无声，希微绝朕思之境，岂有形言者哉！"②这样，魏、晋、六朝玄学就在老释融合的总体文化氛围内形成。正因为以玄义释佛义，始有"六家七宗"之说。竹林玄学名士阮籍说："余以为形之可见，非色之美；音之可闻，非声之善……是以微妙无形，寂寞无听，然后乃可以睹窈窕而淑清。"③从中可以看出其亦庄亦释意味，它以本体体认论，探究了本源之所在。这种本源是非物质性的，非实体性的，不可穷究的。它主宰一切生灵，弥漫所在时空，悬镜在天，是理想之归宿，是支配一切行为方式之动源。

玄释之所以能合一，关键是二者在说明世界的思维方式上十分接近，这早在西晋乐广的清谈中就有所说明，《世说新语·文学》载道：

> 客问乐令"旨不至"者，乐亦不复剖析文句，直以麈尾柄确几曰："至不？"客曰："至。"乐因又举麈尾曰："若至者，那得去？"于是客乃悟服。

---

① 慧皎：《高僧传·竺道生传》。
② 竺道生：《妙法莲华经疏》。
③ 阮籍：《阮籍集》。

其悟性思维方式，余嘉锡所注，做了极好阐释：

> 公孙龙子有《指物论》，谓物莫非指，而指非指。《庄子·天下》篇载惠施之说曰："指不至，至不绝。"此客盖举《庄子》以问乐令也。陆德明《释文》引司马云："夫指之取物，不能自至，要假物，故至也。然假物由指不绝也。一云指之取火以钳，刺鼠以锥。故假于物，指是不至也。"夫理涉玄门，贵乎妙悟，稍参迹象，便落言诠……乐令未闻学佛，又晋时禅学未兴，然此与禅家机锋，抑何神似？盖老、佛同源，其顿悟固有相类者也。

乐广其人虽然没有学佛的记载，但他在老、佛同源的思想文化环境中，在悟性思维陈述上，展现了二者的结合。

佛学和玄学的地位在六朝经历了一个升降替代的更变过程。这个过程表现为释家以玄言解佛义，在本体论上取得玄佛的一致内涵。释家教义毕竟精致、微妙，遂吸引玄言家向佛学靠拢，由初不甚解，最终化解佛义，如《世说新语·文学》载东晋玄言家殷浩"始看佛经，初视《维摩诘》，疑'般若波罗密'太多；后见小品，恨此语少"，"大读佛经，皆精解。惟至事数处不解，遇见一道人问所签，便释然"，"读小品，下二百签，皆是精微，世之幽滞。尝欲与支道林辩之，竟不得"，就是对这一过程的描述。西晋兴玄，任诞之风大盛，最终灭亡，原因有多种，但人们总是把它归结为清谈误国。王衍率军被后赵石勒活埋前，曾做过这样的忏悔："呜呼！吾曹虽不如古人，向若不祖尚浮虚，戮力以匡天下，犹不至今日。"①桓温北征，亦将此归咎于王衍："遂使神州陆沉，百年丘墟，王夷甫（王衍）诸人，不得不任其责。"②梁代陶弘景《题所居壁》云："夷甫任散诞，平叔坐谈空。岂悟昭阳殿，遂作单于宫。"《晋书》卷九一曰："有晋始自中朝，迄于江左，莫不崇饰华竞，祖述虚玄，摈阙里之典经，习正始之余论，指礼法为流俗，目纵诞以清高，遂使宪章弛废，名教颓毁，五胡乘间而竞逐，二京继踵以沦胥，运极道消，可为长叹息者矣。"客观地看，玄学清谈并非西晋灭亡的主因，但当时人的这种体认和严峻反思，则无疑置玄学于不利地位。东晋虽在衣冠渡江后将玄风带来，但执麈击壶之气已不及西晋之盛。玄风渐衰，因而佛风大煽，玄风由主宰佛学而沦为其臣属。但作为精神意识，玄佛之间

---

① 房玄龄等：《晋书·王衍传》。
② 刘义庆：《世说新语·轻诋》。

却无泾渭之分，而是混为一江春水了。

玄佛相合，佛义初入已经玄学化，失去佛的初始面目了。僧睿曾曰："自慧风东扇，法言流咏以来，虽曰讲肄，格义迂而乖本，六家偏而不即。"①所谓"格义迂而乖本"之"本"乃本义、本体；所谓"不即"也就是远离佛义之本义、本体。这是外来文化求其生存而不能不采取的方式。求一席之位，然后逐渐移位，最后僭居首席，此乃佛取玄的过程描述，这正如东晋佛教领袖释道安说的"以斯邦人庄老教行，与方等经兼忘相似，故因风易行也"②。据《高僧传》卷六《慧远传》："尝有客听讲，难实相义，往复移时，弥增疑昧。远乃引《庄子》义以为连类，于是惑者晓然。是后安公（道安）特听，慧远不废俗书。"这就是佛家初来的变通之道。

《世说新语·文学》载殷仲堪与僧慧远问答一事。殷问："《易》以何为体？答曰：《易》以感为体。殷曰：铜山西崩，灵钟东应，便是《易》耶？远公笑而不答。"用"以感为体"说明《易》之本体性质，正道出了《易》的感应特征。玄学和佛学都是力图从哲学宇宙观层面上说明世界之本体，然而，佛学之论较玄学之论更为彻底、透辟。佛学东入，虽经过魏、晋、六朝的风染，最初玄味甚浓，但是，玄学体识论的非彻底性、非完全化的抽象思辨性，决定其最终要被彻底和完全化的抽象思辨性的佛学体识论所取代。慧远曾描述他由儒入庄，再出庄入佛的过程，相当典型地展示了佛玄消长的现象："每寻畴昔，游心世典，以为当年之华苑也。及见老庄，便悟名教是应变之虚谈耳。以今而观，则知沉冥之趣，岂得不以佛理为先？"佛教中空无说对一切的否定包括对佛释自身的否定，已经到了彻底的地步，这是玄学多有不及的。这在东晋殷浩身上也得到了鲜明反映。殷浩是其时大名士，《世说新语·文学》对其人其事所载甚丰，足证其名动一时，如"谢镇西少时，闻殷浩能清言，故往造之，殷未过有所通，为谢标榜诸义，作数百语，既有佳致，兼辞条丰蔚，甚足以动心骇听。谢注神倾意，不觉流汗交面。殷徐语左右，取手巾与谢郎拭面"。但他在被贬黜后，徙之东阳，精通佛理，并通过比较，发现佛理之精微奥妙在玄理之上，《世说新语·文学》有此一载："殷中军见佛经，云：'理亦应阿堵上。'"阿堵即指

---

① 僧睿：《毗摩罗诘提经义疏序》。
② 道安：《毗奈耶序》。

玄理。僧肇也曾说过："尝读老子《道德章》，乃叹曰：'美则美矣，然期栖神冥累之方，犹未尽善也。'"由此可见，彻底性取代非彻底性，更高层级的抽象思辨性取代稍低层级的抽象思辨性是意识学说更迭替代的运行规律，这是历史的规律，又是逻辑的规律。玄、佛学说的地位升降，佛理取代玄理，拔赵帜而立汉帜，正是这一规律所致。

第三节 佛学—美学形态

佛学和美学的连接点在于追求和确立精神本体性。最初的宗教伴随着强烈而炽热以至狂热的情感。情感可以说是宗教的强大动力，它不同于日常生活型情感，而是包含着精神目的的憧憬、向往与理想。宗教产生于对超自然力的崇拜进而寻求解脱的社会机制与心理机制中，期望获得心灵的抚慰、平衡和替代性寄托与转移。宗教情绪始终伴和着净化、升腾和自我抚慰的意味。宗教是人类把握世界的一种独特方式，宗教情感是人类发展到一定文化区段后所产生的高级情感。审美情感亦如此，始终跟文化的进化相伴随，其方式在内涵、目的性和手段上恰与宗教方式一致。审美同样是人类把握和体察世界的一种独特方式。可以说，宗教情感和审美情感都具有浓厚的文化色彩，宗教形式和审美形式具有内在联结关系。"佛性我"的提法使得精神本体具备了形上意义的本体性质：佛教要解脱自身和超越实世，征服个体欲念，进入"涅槃"。这种超越方式恰恰跟审美是一致的——超越此界便形成对彼处净界的向往和感性描述，这是佛的境界，又是审美的境界。审美是满足、完成、存在、替代、超越，恰与宗教境界相合。因而，当人们以审美的方式把握世界时，当自我理性完善后寻求精神自由时，审美便替代了宗教。

从宗教与美学的细分关系来看，主要包括以下几种。

佛学与文学美学。魏晋有佛情小说，六朝则有佛理诗、禅林诗。这一演进历程昭示着佛教向文学深度渗透的趋势。人们运用诗的形式来解阐佛义，试图使佛义文学形态化，如慧远写过《庐山诸道人游石门诗》等。比起唐宋的禅意诗，六朝的佛理诗还显得稚拙和生涩。唐宋禅意诗不仅明禅义，更在于使禅义成为审美方式和主体意蕴，组合成禅宗美学。而六朝佛理诗是以诗揭佛理。它不是意识型审美，而是把诗作为某种负载形式，这是诗和佛教相结合的初始形态，虽不如禅宗美学一派生机，却是通向它的一条管道。

佛学与美学智慧。佛学是一种智慧文化，其机锋含有特定的灵思。它体现了思维的敏捷和在直觉爆发中所闪烁的灵光，匪夷所思、异想天拔而又具备思维成果的深刻性。这是佛的智慧、机巧，它给予人们一种独特的思维满足和真谛把握，给人以启迪，让人莞尔而笑和会心开颜，佛教文化的活力恰恰体现在这种独特状态中。《续高僧传》卷二〇《习禅篇五》云，"佛化虽隆，多游辩慧"，道出了佛教文化的智慧型特征。佛性浑灏而又超脱，佛思博大而又灵跃，佛学和庄学的融会，构合和丰富了中国文化的智慧——在中国思想史上，六朝实现了这种融会，虽然较之唐宋禅宗公案的智慧还是粗浅的，却是智慧力的发萌。《世说新语》就载有这些机锋斗智的故事。《言语》载，琅邪王司马昱座上，名士刘尹问僧竺道生："道人何以游朱门？"答曰："君自见其朱门，贫道如游蓬户。"从中可以看到人们的智慧。智慧反映了思维的敏捷，常常在论辩中发挥优势。《文学》载："僧意在瓦官寺中，王苟子来与共语，便使其唱理。意谓王曰：'圣人有情不？'王曰：'无。'重问曰：'圣人如柱邪？'王曰：'如筹算，虽无情，运之者有情。'僧意曰：'谁运圣人邪？'苟子不得答而去。"总言之，六朝是中国的智慧文化期，是佛玄共哺之结果，在这样的文化氛围中蕴生的主体文化——审美心理充满着机巧和灵智，构成了六朝的美学风范。

丛林建筑和美学。丛林又言禅林，为佛门之所在。它的构建也包含着从观念到实体建筑的佛家原理，当然也包含着审美原理。丛林多在深山幽谷之中，所谓"天下名山僧占多"，"占"，不是世俗功利性的，而是以佛义为目的的选择。深山幽谷远离人世的嚣闹，固然有助于修禅练习，澄心息机，如谢灵运的十世孙唐释皎然《题湖上兰若示清会上人》所写："意中云木秀，事外水堂闲。"但也表现了某种心理向往、愿望，幽深的丛林和净土世界似乎更有环境、氛围的暗合之处。支道林曾描述佛家西天世界的境界：

> 佛经记西方有国，国名安养，回辽迥邈。路逾恒沙，非无待者，不能游其疆；非不疾者，焉能致其速？其佛号阿弥陀，晋言无量寿。国无王制班爵之序，以佛为君，三乘为教，男女各化育于莲华之中，无有胎孕之秽也。馆宇宫殿，悉以七宝，皆自然悬构，制非人匠。苑囿池沼，蔚有奇荣，飞沉天逸于渊薮，逝寓群兽而率

真,闾阖无扇于琼林,玉响天谐于箫管。冥霄陨华以阖境,神风拂故而纳新,甘露征化以醴被,蕙风导德而芳流,圣音应感而雷响,慧泽云垂而沛清。

梁代沈约《弥陀佛铭》也写道:"于惟净土,既丽且庄。琪路异色,林沼焜煌……玲珑宝树,因风韵响。"所以,僧家占尽湖山光景,是一种包含宗教目的的选择,在选择进而营建过程中,审美的因子一并以入。因此,当人们置身梵宫耸峙、树木掩映的丛林中时,与宗教净化意识并生的是身清气洁的审美感受。萧纲《望同泰寺浮图》:"遥看官佛图,带璧复垂珠。烛银逾汉汝,宝铎迈昆吾。日起光芒散,风吟宫征殊。露落盘恒满,桐生凤不雏。飞幡杂晚虹,画鸟狎晨凫。"江总《入龙丘岩精舍》:"聊承丹桂馥,远视白云峰。风窗穿石窦,月牖拂霜松。暗谷留征鸟,空林彻夜钟。"陈后主《诗同江仆射游摄山栖霞寺》:"鹫岳青松绕,鸡峰白日沉。天迥浮云细,山空明月深。摧残枯树影,零落古藤阴。霜村夜鸟去,风路寒猿吟。"以佛心所写的禅林诗,以禅林为对象的六朝诗,其格调清幽明畅,成为六朝文学美学的组成部分,并给唐代常建等的禅林诗以深刻影响。

佛教雕塑美学。《法苑珠林》曰:"自泥洹以来,久逾千祀,西方像制,流式中夏。"佛雕乃从西域和中亚传入本土。佛传言释迦升天,优填王以纯紫楠檀造如来结跏思惟像,成为佛像雕塑之滥觞。据称,鸠摩罗什曾携此像到过北朝,《法华宗要》就对此做过介绍:"有外国法师鸠摩罗什,超爽俊迈,奇悟天拔,量与海深,辩流玉散,继释踪以嗣轨,秉神火以霜烛,纽颓纲于将绝,拯漂溺于已沦,耀此慧灯,来光斯境。"一般而言,北方佛教重修持,故多石窟雕琢;南方佛教尚义理,故多以诗画明义和雕塑成像,形成南北的差异形态。当然南方亦有参天佛像雕琢,如六朝时的浙江剡县石佛。佛像露外雕刻或室内雕塑,是变宗教观念为实体形象的需要,释道宣《神州三宝感通灵》就曾写道:"安设尊仪,或石或塑。"

佛像雕塑属于宗教的偶像崇拜形式之一。偶像崇拜根源于人们对佛的形象及其性能作用的原初体认和虚幻型理解。《后汉书》曾载当时人对佛的形象的描述:"佛身长一丈六尺,黄金色,项中佩日月光,变化无方,无所不入,故能化通万物,而大济群生。"偶像崇拜,在心理学上的本质依然是想象及其膨胀。佛伟大,法力无穷,使人焕发出无尽的精神可能性,便由观念崇拜臆想出形体硕大的佛，意念向形体塑造转化。佛教称佛的真身为法身。《大乘义章》云："言法身者，解为两义：一、显本法性以成其身，名为法身；二、以一切诸功德法而成身，故名为法身。"《文选》南朝梁王简栖《头陀寺碑文》称："况法身圆对，规矩冥立；一音称物，宫商潜运。"真身无法保存，遂以艺术形式替代，根据人们对佛的理解和观念描述，产生了雕塑和绘画，尤以雕塑为显著，使得佛身更为实体化。《广弘明集》卷二四中，慧远说："法身之运物也，不物物而兆其端，不图终而会其成，理玄于万化之表，数绝乎无名者也。若乃语其筌寄，则道无不在。是故如来或晦先迹以崇基，或显生途而定体，或独发于莫寻之境，或相待于既有之场。独发类乎形，相待类乎影，推夫冥寄，为有待邪？为无待邪？自我而观，则有间于无间矣，求之法身，原无二统，形、影之分，孰际之哉？而今之闻道者，咸摹圣体于旷代之外，而不悟灵应之在兹；徒知圆化之非形，而动止方其迹，岂不诬哉？""如来身者，是常住身，不可坏身，金刚之身，非杂食身。即是法身，当作是观。"可见，法身乃是实身的存在，当实身无法永存时，雕塑便成为替代形式，佛的雕塑也便成为膜拜对象和心灵感应对象。《金光明经·天王品》云："若能供养过去、现在、未来诸佛，则得无量不可思议功德。"宗教意识中观念崇拜往往和形体想象性夸张描述相联系，这是宗教思维的特点，跟神话思维有相似之处，总是把理想的形体夸作自身的无数倍，是一种放大型体认方式。一旦偶像以实体形态形成和出现，人们的意念崇拜意识便物化，便对象化，偶像即成为形同人体而超越人体，经过具象而抽象、写实而夸张的景仰对象和膜拜实体。在中国，对佛的观念崇拜，始于东汉，随之而来，在汉末三国时便有了物象化的佛像雕塑。据《三国志·刘繇传》："笮融者……（徐州牧陶）谦使督广陵、彭城运漕，遂……坐断三郡委输以自入。乃大起浮图祠，以铜为人，黄金涂身，衣以锦采，垂铜槃九重，下为重楼阁道，可容三千余人。悉课读佛经，令界内及旁郡人有好佛者听受道，复其他役，以招致之，由此远近前后至者五千余人户，每浴佛，多设酒饭，布席于路，经数十里。民人来观及就食且万人，费以巨亿计。"延及刘宋，元嘉十四年（437）有铭金铜佛坐像，佛身跏趺，双手交叠，似作禅定，背有经过夸饰的焰光背景。佛体铸型精致，背光生动栩栩然，在背光映衬下，佛体之佛味更为显明，袈裟质感明朗，整个铸造至为精工。晋恭帝造丈六金像，亲于瓦官寺迎之。梁天监六年（507），僧祐造无量寿佛一丈八尺。中大通四年（532），造旃檀像，长一丈六尺。同泰寺所铸十方金像、十方银像，皆极壮丽。江总《摄山栖霞寺碑》记"齐居士平原明僧绍，空解渊深，至理高妙，遗荣轩冕，遁迹岩穴"，永明七年（489），舍宅立寺，即栖霞寺。僧绍梦见如来光彩，遂怀创造佛像之愿望，不久病故，由其子临沂令仲璋，克荷先业，"首于西峰石壁与度禅师镌造无量寿佛坐，身三丈一尺五寸。通座四丈，并二菩萨倚，高三丈三尺。若乃图写瑰奇，刻削宏壮，莲花莹目，石境沉晖，藕丝萦发，云崖失彩，项日流影"，"齐文惠太子、豫章文献王、竟陵文宣、始安王等，慧心开发，信力明悟，各舍泉贝，共成福业"。刘宋太宰江夏王霍姬、齐雍州刺史田奂，"广收财施，琢磨巨石，影拟法身"。梁太尉临川靖慧王于天监十年（511）"爰撤帑藏，复加莹饰，绘以丹青，镂之铣鋆，五分照发，千轮启焕"，在栖霞山镌刻了石雕佛像。

佛像为世俗人们所镌琢，世俗人们按照自己的审美理想构想、设计、雕刻、捏塑佛像。而个体审美又渗透着时代审美理想，六朝佛像秀骨清像，唐代佛像体圆丰腴。苏轼曾写道："今观古塑维摩像，病骨磊嵬如枯龟。"汉世始有佛像，形制未工，六朝则有新进，唐人盛赞其时"二戴（戴逵、戴颙父子）像制，历代独步"。据《世说新语》，戴逵求学于范宣，范见戴"好画"，"以为无用，不宜劳思于此。戴乃画《南都赋图》，范看毕咨嗟，甚以为有益，始重画"。《晋书·戴逵传》云："戴逵，字安道，谯国人也。少博学好谈论，善属文，能鼓琴，工书画。其余巧艺，靡不毕综"，"不乐当世，常以琴书自娱"，"太宰、武陵王晞闻其善鼓琴，使人召之，逵对使者破琴，曰：'戴安道不为王门伶人。'"据金维诺《我国古代杰出的雕塑家戴逵和戴颙》考论："戴逵与画家顾恺之同时，而年龄略长，关于他的生卒年代，可以大体推算出来。东晋太元十二年（387）六月，孝武帝'束帛'聘戴逵为'散骑常侍国子博士'，戴逵避而不就。会稽内史上疏称：戴逵'且年垂耳顺，常抱羸疾'。说明在公元387年已年约六十。由是戴逵约生于咸和元年（326）。据《晋书》本传和《历代名画记》，他卒于太元二十一年（396），'年在耆老'。"

戴逵为建康瓦官寺所塑佛像五尊，与顾恺之所画维摩诘壁画、狮子国的玉像，被时人誉为"三绝"。六朝时，雕塑佛像完善化，"虽依经熔铸，各务仿佛,名士奇匠,竞心展力,而精分密数,未有殊绝",独戴逵"机思通赡,巧拟造化,思所以影响法相,咫尺应身",他曾做木雕无量寿佛一尊,挟持菩萨两尊,自己隐于帷幕后,潜听观赏者的论评,"核准度于毫芒,审光色于浓淡,其和墨点采,刻形镂法"①,然后委心积虑,精勤修改,费时三年,方告完成。"虽周人尽策之微,宋客象楮之妙,不能逾也",堪为"振代迄今,所未曾有"。其子戴颙,字仲若,与兄戴勃,"并隐遁有高名"。元嘉时,戴颙改造吴郡绍灵寺丈六释迦像,"治像手面,威相若真,自肩以上,短旧六寸,足蹠之下,削除一寸"。又,"宋世子铸丈六铜像于瓦官寺,既成,面恨瘦,工人不能治,乃迎颙看之。颙曰:'非面瘦,乃臂胛肥耳。'既错减臂胛,瘦患即除,无不叹服焉"②。

  从上引戴逵父子的几则事例中可以看出六朝雕刻的审美理想。一是"核准度于毫芒,审光色于浓淡",追求形似的精确,逼肖于对象,容不得丝毫差别和走样。同时,色彩的浓淡厚薄也把握得准确鲜明,富于光感,这都反映了六朝的审美理想和审美原则。在绘画上,顾恺之对形、神的规范、要求亦至为严格。雕刻、绘画审美理想相类,反映了六朝时庄净华严之佛风传入中土后对艺术的影响。二是戴颙改丈六铜像事,显然运用了比例原理。比例协调,佛像匀称,进而形似于被构想的对象,这正反映了六朝雕塑美学思想的成熟。三是戴逵父子的雕塑不仅在六朝、中国佛教雕塑史,而且在整个中国雕塑美学史上占据着应有之地位。他们改造了汉代以来雕塑粗犷的形制,导向于精致;改造了古朴的风味,导向于精美,尤重藻饰彩绘,把绘画艺术的"范金赋采"融吸入雕塑之中,体现了六朝美学"错彩镂金"的色彩形式特点,当然更使佛像精光四溢。《剡县石城寺弥勒石像碑铭》就曾经这样描述道:"青舡与丹粟竞彩,白金共紫铣争辉。"又正如金维诺在《我国古代杰出的雕塑家戴逵和戴颙》所做的评价:"不像早期金铜佛像那么古朴,那么受到外来形制的约束。尽管在衣饰的处理上,在基本外形、体态上还继承着早期(如建武四年金铜佛像)的样式,但是造像柔丽的富有表情的面目,修整的符合体形与动作规律的衣饰,显示了艺术对人物的理解、表现技巧的纯熟,以及对于造型艺术民族化上所获得的成功。背光富有装饰的火焰纹以及整个佛像、佛座等的造型,都揭示了艺术家对于艺术规律的深刻认识。"

---

① 道世:《法苑珠林》。
② 沈约:《宋书·戴颙传》。

六朝时还有一位颇享盛名的僧门雕刻家僧祐。据金维诺《僧祐与南朝石窟》所做的详尽介绍：僧祐俗姓俞，祖籍彭城下邳，父亲世居建业。僧祐从小就出家了，一生致力于寺院的修建，经典的搜校。他所集录的《出三藏经序集》，为我们保存了一些极其珍贵的资料。他是活动于齐梁间的佛教名僧，梁天监十七年五月卒于建初寺，享年七十四岁。由于长期亲自参加营建和铸造，他积累了极其丰富的经验，成为当时享有盛名的建筑、雕塑设计家。《高僧传》这样赞扬他："祐为性巧思，能目准心计，及匠人依标，尺寸无爽，故光宅、摄山大像，剡县石佛等，并请祐经始，准画仪则。"这几处铸造、雕凿，都是经过长期筹划、运作，而遇到困难以后，由僧祐"专任像事"改凿才得以完成的。这说明僧祐在设计和艺术上的造诣，不是当时一般人所及的。光宅寺的无量寿佛是大型的金铜佛像，这一"丈八金像"在宋明帝时曾"四铸不成"。到梁天监八年，在沙门法悦和智清的委托下，僧祐才主持完成了铸造这一大型铜佛的工作。虽然这一体现僧祐才智的铜造像没有留存下来，但是与此差不多同时经僧祐修造的石造像却遗留至今，这就是剡县石佛。剡县石佛在今浙江新昌宝相寺，寺在城南两公里处的石城山。关于石佛的修造，据《高僧传》卷一四称："石城山隐岳寺，寺北有青壁，直上数十余丈……（僧护）擎炉发誓，愿博山镌造十丈石佛，以敬拟弥勒千尺之容……以北齐建武中，招结道俗初就雕剪，疏凿移年，仅成面朴。顷之，护遘疾而亡……后有沙门僧淑纂袭遗功，而资力莫由，未获成遂。至梁天监六年有始丰令吴郡陆咸……驰启建安王，王即以上闻，敕遣僧祐律师专任像事……初僧护所创凿龛过浅，乃铲入五丈。更施顶髻及身相……像以天监十二年春就功，至十五年春竟。坐躯高五丈，立形十丈，龛前架三层台。又造门阁殿堂……"这一记载说明了石像的制作经过和制作年代。剡县石佛身高百尺，在当时南北方都是少见的，而从各部分的尺度比例来看，显然能看出僧祐在制作这一佛像上"准画仪则"的才能。由于佛身高大，为了适应观众向上仰视的角度，头部尺寸较大；虽是雕凿的坐像，但同时又考虑到了起立时的尺度，各部如何相称等。至今，这一巨型石佛仍然保存在宝相寺内，虽历经不断的重新装凿，仍然可以见到原像之仿佛。

总的来说，六朝佛雕艺术在一个方面代表了六朝美学的最高水平。它不同于传统的实用和艺术雕塑，而是更多地利用自然的物质条件和质料，把质朴的、不成形的实体，经过雕琢后变为精致的、成形的艺术品，这本身体现了艺术实践手段的高明。而雕琢的实践目的是将宗教观念物态化和具型化。它是观念构想的物型塑造,将非成型的巨大石料按照宗教观念加以合目的的雕琢,从观念外化和传达方式上都体现了审美的原则和方式。中国美学的崇高形态,不在诗、词、曲中,而在佛像雕塑中,并初显于六朝石佛中,与北朝石窟相映生色。可以说,佛教不仅对造型艺术,而且对整个中国美学做出了不可替代的贡献。

佛教与绘画。汉明帝时始有绘佛画,"明帝令画工图佛像置清凉台及显节陵上"[①]。在佛风熏染下,六朝绘画美学也得到长足发展,它首先存在于以佛为对象的绘佛画中,并带动了整个六朝绘画美学观念和技法的新变。东吴时曹不兴按人物画原理为传教的康僧会所携佛画底本作画。被谢赫《古画品录》列为第一的刘宋陆探微以"秀骨清像"为其画像特征,东晋顾恺之则是"刻削为容仪",因其为建康瓦官寺绘维摩诘像的"清羸示病之容,隐几忘言之状"而著名。就绘佛画而言,则有顾恺之的"妙绝"、戴逵父子的"赋采"、张僧繇的吸收西域画法。

张彦远《历代名画记》评戴逵父子的佛画,称六朝以前佛像画"以形制古朴,未足瞻敬,后晋明帝、卫协,皆善画像,未尽其妙。泊戴氏父子皆善丹青。又崇释氏,范金赋采,动有楷模"。这是具有史感的评述。戴逵父子促进了佛画走向精致化。

张僧繇为梁武帝时名画家,相传为吴人,据清代同治《湖州府志》所载,为今之浙江吴兴人,主要活动在南京、吴兴等地,时人称之为超越前人的画家。其绘画有独特风格和成就,被时人称为"张家样"。姚最《续画品》称其"善图塔庙,超越群工"。张彦远《历代名画记》说:"武帝崇饰佛寺,多命僧繇画之。"据北宋米芾《画史》所载:"《梁武帝翻经象》在宗室仲忽处,亦假顾笔。《天帝释象》在苏泌家,皆张僧繇笔也,张笔天女、宫女,面短而艳,顾乃深靓,为天人相。武帝作居士服,反唇露齿。宫女四人,擎花,后四武士持戈剑,发如神也。"又据《建康实录》,梁大同三年(537)所建一乘寺,在丹阳县之左,寺门遍画凹凸花,代称张僧繇手迹,其花乃用天竺遗法,朱及青绿所成,远望眼晕如凹凸,就视即平,世咸异之,乃名凹凸寺。这就是所谓的"没骨"画法,显然不同于传统的"有

---

① 魏收:《魏书·释老志》。

骨"画法。"有骨"画法，以线条为主体，且仅有一种色——墨色。而张僧繇打破了传统画法，借鉴、运用了西域的晕染画法，注重色彩及其多样化，且通过色彩浓淡、厚薄的处理、调配，形成画面的凹凸视觉美感形式，也就形成因色彩而出现的立体感。这一新画风和画法带动了整个绘画美学的进步和发展。

佛教和瓷器。佛泽波披，无土不渗。南朝时的青瓷纹饰产生了莲瓣纹、忍冬纹等装饰图案，丰富了中国瓷器纹饰的内容，带来了新的气息。它在青瓷纹饰这样的微观现象中反映出来，体现了佛教对六朝美学的影响是全方位的。

莲花在佛教上代表净土，佛座是莲花身，佛仿佛是莲花蕊。支道林曾说，佛域之中，"男女各化育于莲华之中"。《佛所行赞》言佛祖之母摩诃摩耶"美丽如莲花"，释迦牟尼有"如莲花的双手""似出于淤泥的莲花大眼"等，可见莲花在佛教中的重要性。

《六度集经》卷七《禅度无极第五》谓："心犹莲华，根茎在水，华合未发，为水所覆，三禅之行，其净犹华，去离众恶，身意俱安。"由于佛教因素的影响，莲花和中国传统的莲花形象相融合，成为中西合璧的形象适例。莲花原先的高洁内涵被赋予了新的圣洁意义。虽然屈赋以出淤泥而不染的莲花自况，但对艺术没有形成大规模渗透，只有在佛莲东来后才出现这种状况，它从一个具体而微的视角反映了佛教的渗透力和穿透力。

忍冬俗称金银花，忍冬纹类似于忍冬花植物的花纹，可以做工艺品的边饰。它于东汉末年开始出现，在六朝最盛行，压倒了传统的中国式云气纹，至隋唐又为缠枝卷叶的花草纹所替代。艺术、美学形态的演变反映了意识形态的演变，忍冬纹始出于东汉而盛于六朝，正和佛教传入与盛行的情况同步。在这个意义上说，它具有史的意象特征。

佛教与音乐美学。梵音沉沉，佛乐悠悠，佛教音乐丰富了中国的音乐美学。《法华经·方便品》云："若使人作乐，击鼓吹角贝，箫笛琴箜篌，琵琶铙铜钹，如是众妙音，尽持以供养，皆已成佛道。"因而彼时佛教音乐盛行，竟陵王萧子显、梁武帝萧衍等皆笃敬佛法并造佛乐，追随者众多。梵乐南北有异，赞宁《高僧传·读诵》云："原夫经传震旦，夹译汉庭，北则竺兰，始直声而宣剖；南惟僧会，扬曲韵以讽通。"佛教音乐的清雅、庄严、典丽、古朴，悠扬韵律和格致滋润着中国的音乐美学。它本身特有的音乐感、沉浸感和升腾感使人意念净化，灵魂出窍。佛教作为宗教，音乐作为艺术，双重功能得到统一和发挥。可以说，佛教的传播是以音乐为媒介手段的，佛教的流布跟音乐共生，佛教流布，音乐便扩散。如鸠摩罗什《维摩诘所说经》所说："天竺国俗，甚重文制，其宫商体韵，以入弦为善……见佛之仪，以歌叹为贵。"六朝时，佛教就有"转读""梵呗""唱导"三法，都是以乐宣教，包括纯音乐，或是乐语。这样，六朝佛教波泽华土，其音乐亦风靡天下，扩散力较之前代为甚。佛教音乐与中国宫廷音乐在旋律格调上有一些相合之处，这使二者很容易结成亲缘关系。同时佛教音乐的韵味吻合了人们的宗教膜拜和神往心理企求、愿望，在被接受过程中，便沉淀到民族的音乐层中，从而使其传染和传播功能较之别的艺术更加显著。我们细加分辨和体味，便会发现，在传统的古典音乐韵律中是有着佛教音乐的因子的。

佛教音乐的另一个重要效应是促成了中国声律学的形成，完成期恰是六朝。陈寅恪在《四病三问》中对此有过精辟的论述：中国语之入声皆附有K、P、T等辅音之缀尾，可视为一特殊种类，而最易与其他之声分别。平上去则其声响高低相互距离之间虽有分别，但应分别之为若干数之声，殊不易定。故中国文士依据及模拟当日转读佛经之声，分别定为平上去之三声。合入声共计之，适成四声。于是创为四声之说，并撰作声谱，借转读佛经之声调，应用于中国之美化文。此四声之说所由成立，及其所以适为四声，而不为其他数声之故也。陈寅恪又说："建康为南朝政治文化之中心，故为善声沙门及审音文士共同居住之地。二者之间发生相互之影响，实情理之当然也。""鸡笼西邸为审音文士抄撰之学府，亦为善音沙门结集之道场。永明新体之词人既在'八友'之列，则其与经呗新声制定以前之背景不能不相关涉，自无待言。"梵声和汉音的许多重合之处，善声沙门和审音文士的密切联系，建康作为宗教中心和政治中心的特殊环境，为六朝声律学的形成和发展提供了条件。此外，中国声律学完整的声律规范成熟于六朝，为唐代近体诗的声律模式奠定了基础。梵声、汉音犹如两股江流终于在六朝汇成一川春水。

研究中国佛教不能不以六朝为对象，这是中国佛教史上的典型期。佞佛和灭佛共存，但灭佛仅存于意识形态的辩斗之中，如范缜《神灭论》的出现，最终无法抗衡利用政治手段所进行的佞佛行为。不过，佞佛和灭佛都以猛烈尖锐的形式出现，这正构成了六朝的宗教冲撞现象，构成特定的信仰文化现象。六朝佛教另一个典型性是它作为外来文化，先依附本土文化，求其契合处，逐渐与本土文化相摄融，然后步步渗透，渐渐滋生，最后独立发展，从而构成了中西文化融合的时代现象。佛教直接或借助于别种文化意识如玄学，影响中国美学形态的时期开始于六朝，它对文学、绘画、雕塑等的全方位渗透，揭示了宗教和美学之间的特殊关系，遂构成了审美文化现象。佛教蕴藏着众多的审美文化因子，它亦是按照审美的原则描述理想的境域，按照理想的观念寻找负载的物化体，这一过程恰与审美相连通。但我们要明确一个认识：不能因为绘画、雕塑等是艺术门类，表现了佛像或佛意，便认为它们是审美的艺术品，这是肤浅的。佛教在六朝对美学进行影响，首先是由总体宗教文化环境和氛围所规范的，香烟缭绕中孕生着六朝美学的纷披陆离。当某种文化还不具备社会化势态时，就不足以影响文化分支的美学。而强大的文化流，使得美学在六朝第一次散发出佛意禅味。这就构成六朝美学特殊的审美文化现象。其次，佛教对美学的影响也是由玄佛更迭现象所规范的。六朝的组合型文化状态，使得其时的美学亦呈组合状。庄的逍遥、禅的空明，给予审美主体最主要的是审美观念、审美意识的影响。这个时期的观念和实践还不完全同步，但在史的进程上却为唐宋禅宗美学倡其先声。再次，佛教对美学的影响还是由佛学和美学形态所规范的。美学形态是佛教影响美学的基本实迹。它不全在于佛教观念实体化和图像化，也在于带来了六朝艺术美学的深刻新变，改变了传统的艺术审美观念、艺术审美传达手段，甚至审美物质材料。凹凸画的出现以及引起人们极大兴趣甚至更改寺名的事实，说明西域佛风给人们艺术审美精神影响之深刻。如果没有对佛的信仰精神与美学素养的同时发展和提高，也就不可能出现顾恺之"妙绝"的创作的轰动效应。这一切都反映了六朝的佛学水平、美学水平。

总之，无论是中国佛教史，还是中国美学史，都不可或缺地存在着六朝佛学、美学这一特定时期，它是佛、美相合的初生期、创生期，也是罕见的繁荣期。

第三编

历史坐标：人的自我发现，自然的被发现

第十章　对人和情感世界的发现与重新确认

六朝是政治上最动荡、最黑暗却又是艺术上、美学上最灿烂、最活跃的时期。那么，衡量六朝美学进步的尺度是什么呢？是人的自我发现、自然的被发现。自然是被发现的对象，人是发现主体。社会的进步、历史的进步，最终体现为人的发展、人的进步、人的素质的全面提高。六朝是智慧文化期，智慧而深情，艳丽而惨淡，宗教色彩和世俗情调并重。

六朝哲学主题出现变异，人的内在哲学思辨态度透现出特有的风度、气韵。历史合力作用下所产生的六朝人丰富而深茂的文化、美学素养又反映出人的历史性进化，带来了六朝艺术缤纷多姿的现象和美学的独特建树，其历史坐标的轴点是人。

第一节　人的素质和情感特点

《南史》卷四二《萧子显传》描述道："子显风神洒落，雍容闲雅，简通宾客，不畏鬼神。性爱山水，为《伐社文》，以见其志。饮酒数斗，颇负才气。"这可以说是六朝人形象及其素质的典型刻画和描述。六朝人的素质很高，琴棋书画，无所不通。东晋桓伊善吹笛，东晋谢安淝水之战酣战时于别墅中弈棋成为美谈，宋代羊玄保，萧齐时王抗、褚思，萧梁时到溉等，都是围棋国手。

整个魏、晋、六朝，才人辈出，各领风骚，而且普遍年轻，才情早熟，基本上都表现出有才华和有悟性这两大特点。孔融年少气盛，敢与当时名流争辩；何晏少年成名；王弼虽年仅二十四岁而夭亡，却著述面广言深，为魏晋哲学之巨擘，令何晏赞叹："后生可畏，若斯人者，可与言天人之际矣。"萧齐江夏王萧锋"五岁，高帝使学凤尾诏，一学即工。高帝大悦，以玉麒麟赐之，曰：'麒麟赏凤尾矣。'""好琴书，盖亦天性。尝觐武帝，赐以宝装琴，乃于御前鼓之，大见赏。""工书，为当时藩王所推。"①《陈书·陆琼传》载，大同末，梁武帝曾诏令编定《棋品》，时"到溉、朱异以下并集，琼时年八岁，于客前覆局，由是京师号曰神童"。

六朝出现了一批早熟才子。谢瞻六岁、谢庄七岁、谢惠连十岁便能文。《南史》卷五九记任昉"幼而聪敏，早称神悟，四岁诵诗数十篇，八岁能属文"。《梁书》卷三三记张率"年十二能属文，常日限为诗一篇，稍进作赋颂，至年十六，向二千许首"。《南史·何逊传》谓何逊"八岁能赋诗"，"沈约尝谓逊曰：'吾每读卿诗，一日三复，犹不能已。'"《陈书》卷三〇记陈代傅縡"七岁诵古诗赋至十余万言，长好学，能属文"。

六朝帝王的素养都颇高。萧齐时齐高帝能写一手漂亮文章。《南史·苏侃传》载，"时高帝在兵久见疑，乃作《塞客吟》以喻志"。文曰：

宝纬紊宗，神经淡序，德晦河、晋，历宣江、楚。云雷兆壮，天山繇武。直发指秦关，凝精越汉渚。秋风起，寒草衰，雕鸿思，边马悲。平原千里顾，但见转蓬飞。星严海净，日澈河明，清晖映幕，素液凝庭。金笳夜厉，羽辔晨征。斡晴潭而怅泗，梐松洲而悼情。兰涵风而写艳，菊笼泉而散英。曲绕首燕之叹，吹轸绝越之声。歇园琴之孤弄，想庭藿之余馨。青关望断，白日西斜，恬源靓雾，垄首晖霞。戒旋鹬，跃还波。情绵绵而方远，思袅袅而遂多。粤峇秦中之筑，因为塞上之歌。歌曰：朝发兮江泉，日夕兮陵山。惊飙兮渐汨，淮流兮潺湲。胡埃兮云聚，楚笳兮星悬。愁墉塘兮思字，恻怆兮何言。定寰中之逸鉴，审雕陵之迷泉。悟樊笼之或累，怅遐心以栖玄。

委婉深沉，荡气回肠。既见气魄，又含情长。

人的素质显示的是人的内心世界，以及人对情感的体认程度。魏晋时关于有情与无情之辨，实际上表明了当时人对情感作用的发现及其体认程度，

---

① 李延寿：《南史·齐高帝诸子》。

从而在思辨形式上为人对情感的重视以及情感的培育做了先期性准备,《三国志·钟会传》注引何劭《王弼传》写道:

> 何晏以为圣人无喜怒哀乐,其论甚精,钟会等述之。弼与不同,以为圣人茂于人者神明也,同于人者五情也。神明茂,故能体冲和以通无;五情同,故不能无哀乐以应物。然则圣人之情,应物而无累于物者也。今以其无累,便谓不复应物,失之多矣。

何劭《王弼传》又载王弼答荀融书道:

> 夫明足以寻极幽微,而不能去自然之性,颜子之量,孔父之所预在,然遇之不能无乐,丧之不能无哀……乃知自然之不可革。

何晏认为,圣人是无情的,没有或不表露喜怒哀乐之情。而王弼认为,圣人有与常人相同也有不相同的地方。所不同者,有"神明",有"神明"就能体冲和以通无;所同者,是跟常人一样,"五情同"。尽管如此,"圣人之情"的表达和表现,又有特殊之处,"应物而无累于物",因物而生,却不滞于物、不拘泥于物,不为物所牵制,而是顺应物的自然逻辑和发展规律。这样,圣人之情既源于"物",而又突破"物",完全表现出自然性的特征。王弼《老子道德经注》中亦说道:"圣人达自然之性,畅万物之情,故因而不为,顺而不施。除其所以迷,去其所以惑,故心不乱而物性自得之也。"王弼的情论,一是承认情的存在性,二是认为情应物却超越物,三是认为情顺应自然。这些论述是对情的正确体认与揭示,标志着魏晋时人对人自身认识的发展。这种情感论在魏晋的发萌产生了两大方面的影响。在美学理论上,刘勰《文心雕龙》、钟嵘《诗品》、宗炳《画山水序》、王微《叙画》等,重视情感在审美中的地位与作用,所谓"为情而造文"说正是其理论产物。另一大影响是开发了人的情感世界和对情感的体认、体验方式。这使得魏、晋、六朝人特别富于感情,易于动情,丰于畅情,人获得了发展和完善。

《世说新语》中还有两段著名的记述:

> 王戎丧儿万子,山简往省之。王悲不自胜。简曰:"孩抱中物,何至于此?"王曰:"圣人忘情,最下不及情。情之所钟,正在我辈。"简服其言,更为之恸。

> 桓子野每闻清歌,辄唤奈何。谢公闻之,曰:"子野可谓一往而有深情。"

"情之所钟，正在我辈"，一往情深，是魏、晋、六朝人对自身情感特性和情感世界的体认与把握。这是人走向自觉的一个重要标尺。他们表现出对情的各种媒体、载体的高度敏感，情特别易于感发、形成和波荡，而且在情感表达上一任所发，无所阻碍，即所谓"任情"是也。"任情"论的纵放，导致了六朝"文章且须放荡"和纵情的表现。

《三国志·钟繇传》注引《魏略》中钟繇答曹丕书一段非常著名的话："臣同郡故司空荀爽言：'人当道情，爱我者一何可爱，憎我者一何可憎！'"对情的要求和表达，何等明快、何等直爽。这是人对自身内在素质的呼唤，也是人对人之所以为人的一种确定。他们把自己看成有情者，"我辈"正是"钟情"者。他们认为人与人之间的交往、联系是情感联系，他们感应的是情，向对象所投入的也是情，情成为人际之纽带。他们为情而生，也为情而死，对情感十分执着。

《世说新语》曾记："王长史登茅山，大恸哭曰：'琅邪王伯舆，终当为情死！'"《晋书》卷六五《王悦传》所记王导与其长子王悦的感情至为深挚。王导"还台及行，悦未尝不送至车后"，等到王悦死后，王导"还台，自悦常所送处，哭至台门"。《世说新语·伤逝》又载，郗愔的儿子郗超死后，"左右白郗公：'郎丧。'既闻，不悲。因语左右：'殡时可道。'公往临殡，一恸几绝"。可见情感之深。

以上两例是言父子情深，兄弟情深则有王徽之与王献之。《世说新语·伤逝》载，兄弟二人"俱病笃，而子敬（献之）先亡，子猷（徽之）问左右：'何以都不闻此消息，此已丧矣。'语时了不悲，便索舆来奔丧，都不哭。子敬素好琴，便径入坐灵床上，取子敬琴弹，弦既不调，掷地云：'子敬，子敬！人琴俱亡！'因恸绝良久，月余亦卒"。

朋友之间也有这方面的例子。《建康实录》载，江左大名士顾荣"好琴书，及卒，家人置琴于灵座。吴郡张翰往哭之，既而上床鼓琴数曲，叹曰：'顾生复能赏此否？'又恸哭，不吊丧主而去"。这些例子都说明，六朝人在处理亲属人伦关系和人际关系时，以情为重、以情为先，钟于情且善于萌发情。

《晋书》卷九四《隐逸·郭文传》所载一段温峤与郭文的对话，很有意思："（温峤）又问（文）曰：'饥而思食，壮而思室，自然之性，先生安独无情乎？'文曰：'情由忆生，不忆故无情。'"温峤把情感的发生视同饮食男女一般，具"自然之性"。郭文认为，情感产生于回忆，没有回忆就产生不出感情，这是六朝人对情感发生的独特说明。

第二节　生命意识和情感类型

六朝人的情感类别甚多，情感内容很丰富，钟嵘的《诗品序》对此做了精当而生动的概括：

> 若乃春风春鸟，秋月秋蝉，夏云暑雨，冬月祁寒，斯四候之感诸诗者也。嘉会寄诗以亲，离群托诗以怨。至于楚臣去境，汉妾辞宫，或骨横朔野，魂逐飞蓬；或负戈外戍，杀气雄边；塞客衣单，孀闺泪尽；或士有解佩出朝，一去忘返；女有扬蛾入宠，再盼倾国。凡斯种种，感荡心灵，非陈诗何以展其义？非长歌何以骋其情？

情感类别虽甚多，但有一个共同的主题——生命意识，这种意识包括以下几个方面。

对送别表现。送别是六朝的重要情感主题之一。六朝人的进步，是把这自有人类就有的一种分离方式用情感加以体验和表现。《建康实录》载："殷仲文还姑熟，桓谦要弘之送别。弘之曰：'凡祖离送别，必在有情，下官与殷风马不接，无缘扈从。'谦伟其言。"王弘之的话清楚地表明六朝人不是把"送别"看成一般行为，而是进行情感认知。互相没有情感，则不能送别，送别这种行为方式本身就是情感表现。王弘之说"凡祖离送别，必在有情"，是对送别情感属性的确定，这是六朝人重要的体认论。于是，六朝出现江淹名赋《别赋》。作者分门别类地描述了公卿、侠士、军士、夫妻、方外、情侣等的别情离绪。"是以别方不定，别理千名，有别必怨，有怨必盈，使人意夺神骇，心折骨惊。虽渊、云之墨妙，严、乐之笔精，金闺之诸彦，兰台之群英，赋有凌云之称，辩有雕龙之声，谁能摹暂离之状，写永诀之情者乎！"

对人生如寄的伤感。谢安《与支遁书》云："人生如寄耳，顷风流得意之事，殆为都尽。"六朝的士子层中弥漫着人生如寄的伤感，它直接渊源于在《古诗十九首》中就已形成的人生如寄的感伤主义思绪，例如："人生天地间，忽如远行客。""人生寄一世，奄忽若飙尘。""人生忽如寄，寿无金石固。"因而，《文选》李善注引《尸子》曰："老莱子曰：'人生于天地之间，寄也。'"

对死生、时空的咏叹。这几乎成为汉、魏、六朝的时代主题，是人的生命意识萌发后所产生的感伤情绪，是一种清醒的人生意识，显示了人的发展。例如，孔融《杂诗》："人生有何常，但患年岁暮。"曹植《送应氏》："天地无终极，人命如朝霜。"陆机《大暮赋序》："夫死生是失得之大者，故乐莫甚焉，哀莫深焉。"鲍照《伤逝赋》："寒往暑来而不穷，哀极乐反而有终。"到了六朝的末代陈朝，江总尚在《岁暮还宅诗》中伤情地唱道："长绳岂系日？浊酒倾一杯。"这是全社会的普遍音调。一世之雄曹操，在横槊赋诗时，也不禁苍凉悲歌："对酒当歌，人生几何？譬如朝露，去日苦多。"因此，钟嵘《诗品》说曹操"有悲凉之句"。刘宋文帝义隆在"抚剑怀感激，志气若云浮"的慷慨的同时，却不期然地萌生出"惆怅惧迁逝，北顾涕交流"[①]的伤感。自从孔子做出时光消逝如流水的比喻以后（这是中国人对时间观念的清醒体认），人们便萌发了"迁逝"意识，甚至愈是理性，其伤情愈是感性。

由此而形成的情绪转化沿着两条线路行进。一条是趁时纵欲，及时行乐。《梁书·夏鱼弘传》中夏鱼弘说："丈夫生世，如轻尘栖弱草，白驹之过隙。人生欢乐富贵几何时？"于是他"恣意酣赏，侍妾百余人，不胜金翠，服玩车马，皆穷一时之绝"。他把所在郡地搜刮净尽，"常语人曰：'我为郡，所谓四尽，水中鱼鳖尽，山中獐鹿尽，田中米谷尽，村里民庶尽。'"在他身上体现出了"取之尽锱铢""用之如泥沙"的贪婪和挥霍的完全统一，盖出于对时间、生命的恐惧。另一种则是焕激起建功立业的热情。魏武帝在"人生几何"的伤感中却跳跃着暮年烈士的一颗不已"壮心"。曹植的《赠徐干诗》也写道："惊风飘白日，忽然归西山。圆景光未满，众星灿以繁。志士营世业，小人亦不闲。"

确实，生命意识、感伤情绪在魏、晋、六朝有着极强的现实动因。这是一个血腥却又产生出绚丽的美的时代，人的生命被社会轻而易举地否定，社会便成了人的强大、酷烈的异己力量。在这个时代，封建结构和秩序显得特别不稳定，王朝的更迭频繁异常，于是，"汉魏以来，王侯就第宁有得保妻子者乎"，代代不乏"公族构篡夺之祸，骨肉遭枭夷之刑，群王被囚槛之

[①] 刘义隆：《元嘉七年以滑台战守弥时遂至陷没乃作诗》。

困，妃主有离绝之哀"①。东晋十一个皇帝，没有一人死时超过五十五岁。刘宋时，孝武帝共有二十八个儿子，被宋明帝杀掉十六个，其余的都被宋后废帝杀掉。萧齐时齐废帝鬱林王萧昭业被废杀时二十二岁，齐废帝海陵王被废杀时十五岁，东昏侯萧宝卷被废杀时十九岁。萧梁时，梁武帝萧衍在侯景之乱中饿死台城，简文帝死时四十九岁，元帝萧绎死时四十七岁，敬帝萧方智死时仅十六岁。在血淋淋的政治绞杀中，一批批作家诗人无以善终，时当才华毕露的盛年，或临刑东市，或惨遭不测。《晋书·阮籍传》载："魏晋之际，天下多故，名士少有全者。"这是多么惨烈悲哀的历史图像！谢灵运在上文帝表中明白地说："今虚声为罪，何酷如之！夫自古谗谤，圣贤不免，然致谤之来，要有由趣。或轻死重气，结党聚群；或勇冠乡邻，剑客驰逐。未闻俎豆之学，欲为逆节之罪；山栖之士，而构陵上之衅。今影迹无端，假谤空设，终古之酷，未之或有。"②变幻如转蓬的政局，祸生肘腋的厄运，使得人们处在极端恐惧的状态中，如同惊弓之鸟，因而六朝人的生存意识特别强烈。

这种伤感情绪之所以动人、绚丽、深刻，是因为它不再限于个体的遭际，不再限于生存空间的残酷，而是上升到宇宙生命观层次，发露了感伤主义的内涵。《晋书·羊祜传》载："祜乐山水，每风景，必造岘山，置酒言咏，终日不倦，尝慨然叹息，顾谓从事中郎邹湛等曰：'自有宇宙，便有此山，由来贤达胜士，登此远望，如我与卿者多矣，皆湮没无闻，使人悲伤……'"《世说新语·言语》载："桓公北征，经金城，见前为琅邪时种柳，皆已十围，慨然曰：'木犹如此，人何以堪？'攀枝执条，泫然流泪。"陶渊明《饮酒诗》其三云："人生能复几？倏如流电惊。"其十五云："宇宙一何悠，人生少至百。"宇宙无穷而人生有限，时间无常而空间悬隔，引发出六朝人的感伤主义情绪，并增加了它的思想深度。

六朝人特别重视生死问题，对于人生存中居于首要地位的生死，表现出特殊的敏感和特别的动情，《世说新语》就列有《伤逝》专篇。魏文帝曹丕对于过去的老友"徐、陈、应、刘，一时俱逝，痛可言邪"，"观其姓名，已为鬼录"，痛心切腑；对于过去的南陂之游时时追思，"犹在心目"。陆机《叹逝赋序》曰："昔每闻长老追计平生同时亲故，或凋落已尽，或仅有

---

① 房玄龄等：《晋书·齐王冏传》。
② 沈约：《宋书·谢灵运传》。

存者。余年方四十，而懿亲戚属亡多存寡，昵交密友亦不半在。或所曾共游一途，同宴一室，十年之外，索然已尽，以是思哀，哀可知矣。"即使是方外人，也同样重情。"支道林丧法虔之后，精神陨丧，风味转坠，常谓人曰：'昔匠石废斤于郢人，牙生辍弦于钟子，推己外求，良不虚也。冥契既逝，发言莫赏，中心蕴结，余其亡矣。'却后一年，支遂殒。"可见，生死是生命意识的反映和体现，而又与情感相联系，特别感动人心。

魏、晋、六朝人的人际关系标准不是功利的，而是彼此的相知。相逢何必曾相识，只要言谈投机，就立刻会走到一起，由陌路而顷刻热络。那位临秋风思故乡鲈鱼而辞官归去的张翰与人相交的情形就是如此，《晋书·张翰传》记曰：

> 贺循赴命入洛，经吴阊门，于船中弹琴。翰初不相识，乃就循言谭，便大相钦悦。问循知其入洛，翰曰："吾亦有事北京。"便同载即去，而不告家人。

他们还特别重视人与人之间的心灵交契、情感互通，在这种深层次的交流中，甚至连语言都显得多余。《世说新语·任诞》记桓子野为王子猷吹笛，"为作三调，弄毕，便上车去，客主不交一言"。这是一种独特又高层次的无言之美。

他们的情感表达显得十分独特、超俗、潇洒，异乎常人。《世说新语·任诞》记曰：

> 王子猷居山阴，夜大雪，眠觉，开室，命酌酒。四望皎然，因起彷徨，咏左思《招隐诗》。忽忆戴安道，时戴在剡，即便夜乘小船就之。经宿方至，造门不前而返。人问其故，王曰："吾本乘兴而行，兴尽而返，何必见戴？"

一旦想起友人便迫不及待地去相见，是魏、晋、六朝人的一种情感特点，深挚而又迫切。《世说新语·简傲》也曾载过："嵇康与吕安善，每一相思，千里命驾。"这种情绪表达及显示出来的人的情绪特征是遣情而至、适情为止，这正是六朝人的一个重要特点，是他们以人为本位，以主体自适为满足，不为物累牵制的精神自洽性显示。

对才情的重视。六朝人重视人的才情。中国文化的传统是人品与文品相连，在对人的才情进行估价时总是不脱离对他们品行的评价。文品如人品的一致性见解，使人们对作家首先进行伦理性、道德性而不是审美性鉴赏，遏制了纯美学的发展。在这一点上，六朝人表现出了反传统的特色，他们并不因为一个人道德卑下而鄙夷其才情。《世说新语·品藻》写道："孙兴公、许玄度皆一时名流。或重许高情则鄙孙秽行，或爱孙才藻而无取于许。"尽管"鄙孙秽行"，却没有贬其才情，反而"爱孙才藻"。

《世说新语》中多处载有对"才情"的赞誉。《文学》："王东亭作《经王公酒垆下赋》，甚有才情。"《赏誉》："二贤，故自有才情。""玄度才情，故未易多有许。"对"才情"的欣赏，形成了一种舆论和精神环境，因而也就极大地促进了人才情的发育和发展，才情高的作家、诗人、艺术家不断涌现，他们的才情包括以下几个方面的特征。

第一，他们智慧而机敏。六朝人富于智慧，聪敏而又机智，有口才，多捷才，口辩能力和随机应变能力很强。《南史》卷二〇《谢庄传》记道：

> 庄有口辩，孝武尝问颜延之曰："谢希逸《月赋》何如？"答曰："美则美矣，但庄始知'隔千里兮共明月'。"帝召庄以延之答语语之，庄应声曰："延之作《秋胡诗》，始知'生为久离别，没为长不归'。"帝抚掌竟日。……初，孝武尝赐庄宝剑，庄以与豫州刺史鲁爽，后爽叛，帝因宴问剑所在。答："昔以与鲁爽别，窃为陛下杜邮之赐。"上甚悦，当时以为知言。

第二，他们具有先秦纵横家的口辩甚至是狡辩的才智，常现白马黑马之辩和晏婴使楚的情景。《南史》卷三二《张融传》记道：

> 高帝出太极殿西室，融入问讯，弥时方登阶。及就席，上曰："何乃迟为？"对曰："自地升天，理不得速。"时魏主至淮而退，帝曰："何意忽来忽去？"未有答者，融时下座，抗声曰："以无道而来，见有道而去。"公卿咸以为捷。
>
> 融善草书，常自美其能。帝曰："卿书殊有骨力，但恨无二王法。"答曰："非恨臣无二王法，亦恨二王无臣法。"
>
> 融假还乡，诣王俭别。俭立此地举袂不前，融亦举手呼俭曰："歌曰'王前'。"俭不得已，趋就之。融曰："使融不为慕势，而令君为趋士，岂不善乎？"常叹曰："不恨我不见古人，所恨古人又不见我。"

《世说新语·排调》记："孙子荆年少时欲隐，语王武子'当枕石漱流'，误曰'漱石枕流'。王曰：'流可枕，石可漱乎？'孙曰：'所以枕流,欲洗其耳;所以漱石,欲砺其齿。'"又记:"诸葛令、王丞相共争姓族先后,王曰:'何不言葛、王,而云王、葛?'令曰:'譬言驴马,不言马驴,驴宁胜马邪?'"这些记载都表明六朝人反应快速、灵敏,有捷才。

六朝时,当时社会南北分峙,使辙交驰,在类似战国群雄的外交场合中,辩论时有所闻,而在辩论撞击中,智慧得到了充分表现和高度发挥。齐武帝"以(王)融才辩,使兼主客,接魏使房景高、宋弁"。"弁见融年少,问:'主客年几?'融曰:'五十之年,久逾其半。'""上以魏所送马不称,使融问之曰:'秦西冀北,实多骏骥,而魏之良马,乃驽不若,将旦旦信誓,有时而爽,駉駉之牧,遂不能嗣?'宋弁曰:'当是不习地土。'融曰:'周穆马迹遍于天下,若骐骝之性,因地而迁,则造父之策,有时而踬。'弁曰:'王主客何为勤勤于千里?'融曰:'卿国既异其优劣,聊复相访,若千里斯至,圣上当驾鼓车。'弁曰:'向意既须,必不能驾鼓车也。'融曰:'买死马之骨,亦以郭隗之故。'弁不能答。"①

第三,他们少有辩才,思维早熟。《世说新语·雅量》载"竹林七贤"之一的王戎"七岁,尝与诸小儿游。看道边李树多子折枝。诸儿竞走取之。惟戎不动,人问之,答曰:'树在道边而多子,此必苦李。'取之信然"。六朝时也多有这类少年智者,王融"少而神明警慧"②。"(谢尚)八岁,神悟夙成。(谢)鲲尝携之送客,或曰:'此儿一座之颜回也。'尚应声答曰:'坐无尼父,焉别颜回!'席宾莫不叹异。"③

六朝人敏捷智慧的形成与当时的玄学辩难之风有密切关系。《建康实录》载道:"(殷)浩识度清远,弱冠有美名,尤善玄言,与叔父融俱好老、易。融与浩谈则辞屈,著篇则融胜,由是浩为风流谈论者所宗。或问浩曰:'将莅官而梦棺,将得财而梦粪,何也?'浩曰:'官本臭腐,故将官而梦尸;钱本粪土,故将得财而梦秽。'时人以为名言。"

在僧俗辩难中同样有如此情景。《世说新语·文学》载:"支道林许掾诸人共在会稽王斋头。支为法师,许为都讲。支通一义,四坐莫不厌心,许送一难,众人莫不抃舞。"

玄学论辩不限于两个人的场面,还可以有大场合,例如《世说新语·文

---

① 李延寿:《南史·王融传》。
② 李延寿:《南史·王融传》。
③ 许嵩:《建康实录》。

学》曾写道:"裴散骑娶王太尉女,婚后三日,诸婿大会。当时名士,王裴子弟悉集,郭子玄在坐,挑与裴谈。"有高层次的对手,又有辩论的大场面,探讨的是微妙深奥的玄理,这就能激发起人的智慧,开发人的思维领域和功能。这是玄学文化所孕生的智慧文化。先秦诸子百家争鸣激发智慧,六朝玄学开发智慧,宋及宋以后的禅宗公案调动智慧(如苏轼之所以能谈锋机敏,就得力于禅宗机锋),这些都是中国智慧文化的典型。当然,这种智慧文化能引起人们的审美愉悦,让人会心一笑,又进入审美领域,成为审美文化。

以清悲为美。所谓清悲,不全是指悲痛,"悲"在六朝亦是"动人"的代称。王褒《洞箫赋》云:"故知音者乐而悲之,不知音者怪而伟之。"今人钱锺书《管锥编》认为:"奏乐以生悲为善音,听乐以能悲为知音,汉魏六朝,风尚如斯。"《礼记·乐记》云:"丝声哀。"郑玄注:"'哀',怨也,谓声音之体婉妙,故哀怨矣。"《淮南子·齐俗训》云:"徒弦则不能悲。"张衡《南都赋》云:"清角发徵,听者增哀。"嵇康《琴赋》云:"八音之器,歌舞之象,历世才士,并为之赋颂……称其才干,则以危苦为上;赋其声音,则以悲哀为主,美其感化,则以垂涕为贵。"《隋书·音乐志》载陈后主"造《黄鹂留》及《玉树后庭花》《金钗两臂垂》等曲……绮艳相高,极于轻薄,男女唱和,其音甚哀。""绮艳""轻薄"之曲何以会"其音甚哀"?要解释圆通,只能说"哀"是"感人""动人"的别一种说法。钱锺书在《管锥编》中继续说:"心理学即谓人感受美物,辄觉胸隐然痛,心怦然跃,背如冷水浇,眶有热泪滋等种种反应。文家自道赏会,不谋而合。或云'读诗至美妙处,真泪方流'。""一切造艺皆须如洋葱之刺激泪腺,而百凡审美又得如绛珠草之偿还泪债。"钱锺书又说:"列奥巴迪笔记考论初民与文明人闻乐之别,略谓文明人聆而悲涕,初民则聆而喜呼踊跃,吾国古人言音乐以悲哀为主,殆非先进之野人欤!"社会的进步、历史的发展最终体现了人的发展、人的素质的提高。人的素质的提高不仅体现为理性因素的增加,智能水平的提高,而且体现为情感因素的发挥,情感的丰富、复杂、多样、细腻等,情感感应能力的提高,善于体察、体验、体认对象,对于善于动情的对象表现出特殊的敏感。六朝人以清悲为美,闻哀音而垂涕,正是情感功能及其内涵的显示,也正是人的素质的显示。

这种人的发展显著地区别于两汉,是对两汉的一种挣脱和超越。神学目的论和谶纬宿命论对人的才性的压制与桎梏不再存在了，人以新的哲学观、宇宙观观察和体认世界，因此对存在和生命充满了强烈的愿望和企求。他们对人生短促的一唱三叹和感慨，他们对人生如梦的恐惧，对及时行乐的欲望，都根源于那熊熊燃烧的生命火球。他们对人类这一主题的描述第一次显得那么动情、那么伤感、那么惨淡、那么绚丽。当摆脱了汉儒的冬烘，出现魏、晋、六朝的风度，历史出现了进步。人物品藻不是以社会的统一尺度为标杆，不是伦理、道德、节操，而是才性、风神、外貌，这是历史进步的一种显示。人们不再像两汉经学家那样标榜学问，而是以自身的风度、辩才无碍的思想、智慧来确证自己的存在和价值。这是一个梦醒了，双眸明亮闪动地看待世界的时代，一方面理性味浓郁，论道谈玄，一方面抒情性强烈，情感荡漾，人的素质从来没有得到如此全面的发挥和发展。人们看到了自身，确认了自身，使这个时代成为比以前任何都更为理性而又热情地发现自身存在的时代，这是六朝作为一个历史时代的显著标志。

第十一章 自然山水意识的萌发与确定

六朝人一方面睁眼看自身,一方面又炯炯有神地看外部世界。他们首先从自然山水那里发现了美,从而萌发和确定了自然山水文化—审美意识,并物化了这种意识——写山水诗、作山水画。

第一节 自然山水文化—审美意识的发展历程

自然山水文化—审美意识的确定是一个历史过程,它显得很漫长。黄河文明、齐鲁文化早熟,出现了黄河、泰山文化崇拜。泰山被视为最高峻、壮丽的山峰形象,反映了古代中国人的自然视野以及文化视野尚未开拓。在这种文化环境中,人对于自然还不是完全意义上的审美的人。因此,"智者乐水,仁者乐山",自然形态的山水成为道德伦理谈论的对象。虽然《诗经·閟宫》中有"泰山岩岩,鲁邦所瞻",《硕人》中有"河水洋洋,北流活活"的描绘,但无自身独立存在的价值,只是作比兴之用,成为阐释本体的外在工具。《楚辞》中有《九歌·湘夫人》的"袅袅兮秋风,洞庭波兮木叶下",《九歌·涉江》的"山峻高以蔽日兮,下幽晦以多雨。霰雪纷其无垠兮,云霏霏而承宇",无论是对象领域抑或主体情思,较之于《诗经》,都深广了许多。如恽敬《大云山房文稿》所说,"三百篇言山水,古简无余词,至屈左徒而后,瑰怪之观、淡远之境、幽奥朗润之趣,如遇于心目之间"。但它只是发挥抒情效应,或作为背景存在,所发挥的是艺术媒介功能,没有成为严格规范意义上的山水文学,没有成为一种独立的美学现象和文学品种，最根本的是主体精神还没有形成独立结构的自然山水意识。但这又是通向万里江河的不可或缺的滥觞，为后代山水诗文的出现，提供了审美经验。"嵩高维岳，峻极于天""河水洋洋，北流活活"的壮美景象不再是用于比兴，而是成为严格规范意义的山水诗文的独立审美对象。自然山水意识一旦转化为作品，它就变成实体现象。屈原借山水以抒情怀的手法更为以后山水诗类似手法的运用，开扩了宽阔河床。萧梁时刘勰在《文心雕龙》中揭橥道："山川无极，情理实劳。"在《神思》篇阐述道："神思方运，万涂竞萌，规矩虚位，刻镂无形，登山则情满于山，观海则意溢于海，我才之多少，将与风云而并驱矣。""若乃山林皋壤，实文思之奥府，略语则阙，详说则繁，然屈平所以能洞监风骚之情者，抑亦江山之助乎？""山沓水匝，树杂云合。目既往还，心亦吐纳。"①他对山水诗创作中江山之助和诗之情性的关系，做了论述。"江山之助"成为中国美学自然审美意识生成的基本体认，意识被归结为存在的作用和启迪结果。这一有影响的自然审美观，需要加以辨析。从现象上看，"江山之助"颇似存在决定论，当人的文化—审美意识还没有萌发之前，任何"江山"对人都是没有意义的。当人的审美意识完善以后，才能体认和感知到江山之美，江山不能规定审美情感的生成，因此，这种自然审美观只能出现在中国文化—审美层面上，而不可能产生在自然山水意识的发生开端。传统的机械决定论对自然山水审美学做了貌似唯物论、实为机械论的说明。

汉赋中堆砌了大量自然山水风光描述，因其狭隘功利主义色彩过于浓重，山水自然的审美品格反被淹没。不过，它虽然不是从审美意识上观照进而与自然山水结成审美关系，但其描述对象包罗天地万物，山倾河泻般的物象起到了开拓人们视野的作用，其铺张扬厉的手法也给后代人以启发，正如《文心雕龙·夸饰》所言："至如气貌山海，体势宫殿，嵯峨揭业，熠耀焜煌之状，光采炜炜而欲然，声貌岌岌其将动矣。莫不因夸以成状，沿饰而得奇也。"钱锺书《管锥编》写道：

> 《全后汉文》卷六七荀爽《贻李膺书》："知以直道不容于时，悦山乐水，家于阳城。"参之仲长欲卜居山涯水畔，颇征山水方滋，当在汉季。荀以"悦山乐水"，缘"不容于时"；统以"背

---

① 刘勰：《文心雕龙·物色》。

山临流",换"不受时责"。又可窥山水之好,初不尽出于逸兴野趣,远致闲情,而为不得已之慰藉。达官失意,穷士失职,乃倡幽寻胜赏,聊用乱思遗老,遂开风气耳。后世画师言:"山水有可行者,有可望者,有可游者,有可居者。"(《佩文斋书画谱》卷一三郭熙《山水训》)统之此文,局于"可居",尚是田园安隐之意多,景物流连之韵少。阮元《石渠随笔》云:"他人画山水,使有其地,皆可游玩,倪(瓒)则枯树一二株、矮屋一二楹,写入纸幅,固极萧疏淡远之致,设身入其境,则索然意尽矣。"与统同心,如《全三国文》卷三〇应璩《与程文信书》,《全晋文》卷六一孙绰《遂初赋》等。

其中提到的仲长统的这篇文章,在中国山水文学、美学史上有重要地位:"使居有良田广宅,背山临流,沟池环匝,竹木周布,场圃筑前,果园树后。舟车足以代步涉之艰,使令足以息四体之役。养亲有兼珍之膳,妻孥无苦身之劳。良朋萃止,则陈酒肴以娱之;嘉时吉日,则烹羔豚以奉之。蹰躇畦苑,游戏平林,濯清水,追凉风,钓游鲤,弋高鸿。讽于舞雩之下,咏归高堂之上。安神闺房,思老氏之玄虚;呼吸精和,求至人之仿佛。与达者数子,论道讲书,俯仰二仪,错综人物。弹南风之雅操,发清商之妙曲。逍遥一世之上,睥睨天地之间。不受当时之责,永保性命之期。如是,则可以陵霄汉、出宁宙之外矣,岂羡夫入帝王之门哉!"该文的价值不全在于对自然山水风光的动人描述,更在于它确定了陶醉于自然山水的价值意义:促使人精神升腾和超越,"陵霄汉、出宇宙之外",是纯精神感受的获得和享受,具有无上的和形上的价值,远胜于"入帝王之门"的世俗荣誉给人的快乐。仲长统之文甚有影响,刘宋时谢灵运《山居赋》写道:"昔仲长愿言,流水高山。"

在自然山水文学成为独立的审美品,人的自然审美意识成为自觉意识之前,中国美学出现了一个独特的中间过程。这个中间过程是审美意识形成史的一个极为重要的契机。个体本来并不以自觉意识来观照自然山水,而是因为生活遭际所致,从自然山水中去求取"不得已之慰藉",所谓"悦山乐水"缘"不容于时","背山临流"换"不受时责",成为个体精神的抒发和寄托方式。从世界美学史上考察,中国人的这种意识形成是一种特殊现象,不同于西方人的审美意识生成史:直接的意识累积。中国自然山水意识的最终形成是间接、意外的，是在"不得已之慰藉"中获得了表象的心理结构积淀，是"无心插柳柳成行"。偶合对于中国自然山水审美又具有偶然中的必然性，其必然性体现了中国美学的历史规律。当自然山水意识孕育出来以后，其外化形式便出现了，自然山水文学完整的形式，具备了独立的生命并鲜明地区别于其他诗歌样式。它成为诗歌门类中的一股支脉是由曹操领引，中经陆机、潘岳、左思、陶渊明到刘宋时的谢灵运，然后得以形成的，而整个山水文学、美学由附庸到蔚然成风是在六朝时的东晋刘宋。

《全晋文》卷二七王献之《帖》云："镜湖澄澈，清流泻注，山川之美，使人应接不暇。"《宋书》卷九三雷次宗《与子侄书》曰："爰有山水之好。"这些都标志着六朝时人的自然山水审美文化意识的形成和成熟。

第二节　自然山水文化—审美意识的载体

自东晋起，山水文化、审美意识成熟的标志——山水文学作品出现，山水诗具备了独立的文学美学品格。

这里首先要提到的是东晋时人袁嵩的《宜都山川记》。北朝人郦道元《水经注》中那段关于三峡风光的绝丽文字，虽有郦氏之修润，但其底本却是袁氏《宜都山川记》：

> 自黄牛滩东入西陵界至峡口百许里，山水纡曲，而两岸高山重嶂，非日中夜半，不见日月。绝壁或千许丈，其石彩色，形容多所像类。林木高茂，略尽冬春。猿鸣至清，山谷传响，泠泠不绝。所谓三峡，此其一也。
>
> 常闻峡中水疾，书记及口传悉以临惧相戒，曾无称有山水之美也。及余来践跻此境，既至，欣然，始信耳闻不如亲见矣。其叠崿秀峰，奇构异形，固难以辞叙。林木萧森，离离蔚蔚，乃在霞气之表，仰瞩俯映，弥习弥佳。流连信宿，不觉忘返。目所履历，未尝有也。既自欣得此奇观，山水有灵，亦当惊知己于千古矣。

对后一大段描述，钱锺书《管锥编》评曰："游目赏心之致，前人抒写未曾。"这不是一般地描述山水或对自然山水的欣赏、爱好，而是通过情感移注，使得情感对象化。这样，无生命的对象便"有灵"，于是，山水对于人来说，就"惊知己"。钱锺书认为，"此种境界，晋、宋以前文字中所未有也"。这正是六朝山水意识新觉醒的标志，是它超越前人之所在。山水文化、审美意识觉醒后在各个艺术门类领域全面铺开。在文学理论中，有刘勰《文心雕龙·明诗》等篇，为人所熟知。绘画理论中，如王微《报何偃书》说："又性知画绘……故兼山水之爱，一往迹求，皆仿像也。"宗炳《画山水序》说："余眷念庐、衡，契阔荆、巫，不知老之将至。愧不能凝气怡身，伤跕石门之流，于是画象布色，构兹云岭。"在文学方面更见丰富，形成了具有独特体制和内涵的山水文学。山水经过旅游得到开发，游记文学作品便是其载体——把经过游览所得之观感记录下来，再传播下去。例如庐山，其山有著名的石门，据《水经注·庐江水》载，"庐山之北，有石门水，水出岭端，有双石高竦，其状若门，因有石门之目焉"。其后，对它的描写流传于世的有东晋署名为"庐山诸道人"所写的《游石门诗序》，十分漂亮：

> 石门在精舍南十余里，一名障山。基连大岭，体绝众阜。辟三泉之会，并立而开流。倾岩玄映其上，蒙形表于自然，故因以为名。此虽庐山之一隅，实斯地之奇观，皆传之于旧俗，而未睹者众。将由悬濑险峻，人兽迹绝，逶回曲阜，路阻行难，故罕经焉。
>
> 释法师以隆安四年仲春之月，因咏山水，遂杖锡而游。于时交徒同趣三十余人，咸拂衣晨征，怅然增兴。虽林壑幽邃，而开涂竞进；虽乘危履石，并以所悦为安。既至，则援木寻葛，历险穷崖，猿臂相引，仅乃造极。
>
> 于是拥胜倚岩，详观其下，始知七岭之美，蕴奇于此。双阙对峙其前，重岩映带其后，峦阜周回为障，崇岩四营而开宇。其中则有石台石池，宫馆之象，触类之形，致可乐也。清泉分流合注，渌渊镜净于天池。文石发采，焕若披面，柽松芳草，蔚然光目。其为神丽，亦已备矣。
>
> 斯日也，众情奔悦，瞩览无厌。游观未久，而天气屡变。霄雾尘集，而万象隐形；流光回照，则众山倒影。开阖之际，状有灵焉，而不可测也。乃其将登，则翔禽拂翮，鸣猿厉响。归云回驾，想羽人之来仪，哀声相和，若玄音之有寄。虽仿佛犹闻，而神以之畅；虽乐不期欢，而欣以永日。当其冲豫自得，信有味焉，而未易

言也,退而寻之。

　　夫崖谷之间,会物无主,应不以情而开兴,引人致深若此。岂不以虚明朗其照,闲邃笃其情耶!并三复斯谈,犹昧然未尽。俄而太阳告夕,所存已往。乃悟幽人之玄览,达恒物之大情,其为神趣,岂山水而已哉!

　　于是徘徊崇岭,流目四瞩,九江如带,丘阜成垤。因此而推,形有巨细,智亦宜然。乃喟然叹宇宙虽遐,古今一契。灵鹫邈矣,荒途日隔,不有哲人,风迹谁存。应深悟远,慨焉长怀。各欣一遇之同欢,感良辰之难再,情发于中,遂共咏之云尔。

这篇序文明确写道,同游的庐山诸道人"众情奔悦,瞩览无厌",以浓厚的情趣和兴致,游览庐山石门,使得这种游览具有很浓的情感色彩,也就是美学色彩。他们兴致颇高地探险寻幽。石门奇观"传之于旧俗,而未睹者众",他们以开拓者和探险者的身份,去探寻庐山石门那幽深的美景。尽管"悬濑险峻,人兽迹绝""路阻行难",人所"罕经",但诸庐山道人还是"咸拂衣晨征,怅然增兴",看到了一系列的山水奇观:"其为神丽,亦已备矣。"特别是在天气屡屡变化之中,看到了开阔隐显、变幻万状的奇景壮观。他们徘徊流连在山巅,"流目四瞩",看到"九江如带,丘阜成垤"。这次游览行为具有开发性质,五百年以后,唐代诗人白居易,游访庐山石门,写下《游石门涧》诗:

　　石门无旧径,披榛访遗迹。时逢山水秋,清辉如古昔。常闻慧远辈,题诗此岩壁。云覆莓苔封,苍然无处觅。萧疏野生竹,崩剥多年石。自从东晋后,无复人游历。独有秋涧声,潺湲空旦夕。

《游石门诗序》是六朝较早的一篇山水游记文学作品,由此出现了庐山石门山水的文学化载体。白居易游庐山石门的兴趣从何而来?就是因《游石门诗序》和诗而来。白居易写道,"自从东晋后,无复人游历",但是,他"常闻慧远辈,题诗此岩壁",这就可以看出山水文学的影响。再如孙绰《游天台山赋》:

　　披荒榛之蒙茏,陟峭崿之峥嵘。济楢溪而直进,落五界而迅征。跨穹隆之悬磴,临万丈之绝冥。践莓苔之滑石,搏壁立之翠屏。揽樛木之长萝,援葛藟之飞茎。虽一冒于垂堂,乃永存乎长生。必契诚于幽昧,履重险而逾平。既克济于九折,路威夷而修通。恣心目之寥朗,任缓步之从容。藉萋萋之纤草,荫落落之长松。觌翔鸾之裔裔,听鸣凤之喈喈。过灵溪而一濯,疏烦想于心胸。荡遗尘于旋流,发五盖之游蒙。追羲、农之绝轨,蹑二老之玄踪。

以自然山水为文学的独立描述对象,或者说文学成了自然山水艺术化表现的独立载体,这正是山水意识成熟的标志。从陪衬到主体,从某种表述功能的需要到作为独立的观照对象出现,是中国山水文学的史的历程。六朝完成了这一史的历程。山水自然作为存在,是早就出现的现象,其形态、状貌、美质并不以人的存在为前提,但其形态、状貌、美质能够被人所发现、承认,则是以人的文化审美素质的产生和出现为前提的。当人的上述素质具备以后,就能以其所独有的审美心理结构和图式去发现美的对象,确认其是美的,从而以美的心理去感受它,用美的手段去表现它,这才是山水诗文蔚为大观的最显著标志。我们不能首先或主要以山水文学作品出现的数量来衡量山水审美意识的发展,虽然当山水审美意识发展以后,会在文学作品的数量上反映出来,但其发生过程却应是先有审美意识再有文学作品。

六朝山水审美意识还有一个独特载体——书信体作品,这个独特形式对于说明山水文学、美学的高涨情形,是十分典型的,如吴均《与顾章书》:

仆去月谢病,还觅薜萝。梅溪之西,有石门山者。森壁争霞,孤峰限日。幽岫含云,深溪蓄翠。蝉吟鹤唳,水响猿啼。英英相杂,绵绵成韵。既素重幽居,遂葺宇其上。幸富菊花,偏饶竹实。山谷所资,于斯已办。仁智所乐,岂徒语哉!

祖鸿勋《与阳休之书》:

吾比以家贫亲老,时还故郡。在本县之西界,有雕山焉。其处闲远,水石清丽,高岩四匝,良田数顷。家先有野舍于斯,而遭乱荒废,今复经始,即石成基,凭林起栋,萝生映宇,泉流绕阶。月松风草,缘庭绮合。日华云实,傍沼星罗。檐下流烟,共宵气而舒卷;园中桃李,杂椿柏而葱茜。

其余著名者还有陶弘景《答谢中书》,鲍照《登大雷岸与妹书》,吴均《与朱元思书》等,它们虽以书信体式出现,却是美学作品。有意思的是,这种美的动人描述付诸纯书信形式,其目的是力图将美传达给自己的友人以产生共感效应。有的书信,无其他事可供陈述,亦无寒暄套语,劈头便是风景描述，贯尾亦为山水绘写。这些现象适足可说明，山水描述在当时已成为时尚，犹如正始谈玄一样。而随口谈玄悄悄地让位于对山水风景的纵意言说，正是山水自然审美意识成熟的显著标志。

六朝山水审美意识的最集中表现形态是山水诗，它具有时代审美特征。这时期诞生了大小二谢、沈约、王融、何逊、萧统、阴铿等一大批杰出的山水诗人。他们的艺术审美触须广泛地触及自然山水的众多领域。谢灵运《初去郡》写道："溯溪终水涉，登岭始山行。野旷沙岸净，天高秋月明。憩石挹飞泉，攀林搴落英。"谢朓《晚登三山还望京邑》："余霞散成绮，澄江静如练。喧鸟覆春洲，杂英满芳甸。"沈约《石塘濑听猿》："嗷嗷夜猿鸣，溶溶晨雾合。不知声远近，惟见山重沓。既欢东岭唱，复伫西岩答。"何逊《酬范记室云诗》："林密户稍阴，草滋阶欲暗。"阴铿《五洲夜发诗》："夜江雾里阔，新月迥中明。溜船惟识火，惊凫但听声。"王籍《入若邪溪》："蝉噪林逾静，鸟鸣山更幽。"王僧孺《咏春》："岸烟起暮色，岸水带斜晖。"这些都显示了山水自然审美意识的普遍化发展。只有当审美感受在不同的个体身上滋生潜长，形成一定的美学定量，人们才会对自然对象形成审美兴趣，寻找适合于自身审美感觉的物象自然，从而加以审美化，最终出现审美晶体。

在六朝的自然山水诗中，逐步形成和发展起独特的审美文化意识和情趣。更重要的是，这种审美意识和情趣表现出深细秀新的特征。《东观余论》曾写道："古人论诗，但爱（何）逊'露湿寒塘草，月映清淮流'及'夜雨滴空阶，晓灯暗离室'为佳，殊不知逊秀句若此者殊多，如《九日侍宴》云：'疏树翻高叶，寒流聚细纹。日斜迢递宇，风起嵯峨云。'《答高博士》云：'幽蝶弄晚花，清池映疏竹。'《还渡五洲》云：'萧散烟霞晚，凄清江汉秋。'《答庾郎》云：'蛱蝶萦空戏。'《日暮望江桥》云：'水影漾长桥。'《赠崔录事》云：'河流绕岸清，川平看鸟远。'《送行》云：'江暗雨欲来，浪白风初起。'"秀的审美形态的出现，标志着六朝山水文学以至整个六朝文学精致性的审美性质的产生。黄子云《野鸿诗的》评价谢诗"句多清丽，韵亦悠扬，得于性情独深"。秀美、清丽，都显示出六朝美学向高层发展的趋向，其审美格调、形态、趣味趋向雅化，使六朝美学出现高品位的定位，为整个六朝山水文学创设了一种美学总体氛围。

运用美学史纵向建构的观点说明和解释六朝山水自然意识的产生原

因，是前述审美经验的凝聚、积淀。从局部经验上说，是观照方式、传达手法等的延续，从整体经验上说，则是自然被人主体化了的普遍规律体现。当一切外在对象对于人来说，成为他自身的对象，成为对人的主体力量的肯定和实现，对象遂成为人本身。当自然还是作为人的尖锐对立对象存在时，人们对它诚惶诚恐和无能为力，就无法也不可能把它当作美的对象来观照。巫觋之风盛行的远古，自然力威胁着人的生存空间和条件，这使得它成为人敬畏和盲目崇拜的对象存在，人不可能发现自然所存在的美态、美质。在人类对自然的体认过程中，这是一个必经阶段。人对自我力量的体认，需要由人自身去实现。天人合一的中国哲学思想的产生，是对人和自然关系的一种解释，人的主体力量在这里得到体认。人和自然的关系经过主体化改造，进而发展成为审美关系，美的对象被发现。这便有《论语·雍也》的见解："智者乐水，仁者乐山。"它又深度触及人的自我特征包括心理结构和对象"山""水"的感应同化关系，以及不同人对于对象的选择。

《南史》卷七六《陶弘景传》中的一段话，很能代表六朝人的自然审美文化意识水平和对山水的钟情与神往："身既轻捷，性爱山水……谓门人曰：'吾见朱门广厦，虽识其华乐，而无欲往之心。望高岩，瞰大泽，知此难立止，自恒欲就之。'"不步趋于"朱门广厦"的"华乐"，而是钟爱于高岩大泽的自然山水，表现得那么自觉、那么情感化，是心灵的自然性要求。这就把中国古老的心、物、人、自然的建构思想，推进到一个更高的阶段。

我们把美学史上的现象视为一种遇合现象，将其视为一般历史现象一样体认。历史总要汇合到一个点上，形成事物、行为、意识的显性变动，后人总是在前人的意识淤积层上进行拓荒。历史长程的某一点，确实是机遇、机缘，是千百年少有的机会。而历史遇合是一种交合碰撞现象和结果。中国的自然山水文学成熟于这一时期，首先是自然山水审美意识成熟的结果，是隐藏着必然性的历史偶发。除上述纵向原因外，还要有横向社会历史条件，它们非常典型地说明了美学生成的基本原理：美的被发现首先要有社会的人的审美意识形成。

六朝名士的游赏活动是山水文化、审美意识发萌的显示，同时又对其他人有引领作用，例如游会稽。从《世说新语》的记载来看，会稽、山阴等地的许多名士"到此一游"过。王献之云："从山阴道上行，山川自相映发，使人应接不暇。若秋冬之际，尤难为怀。""顾长康从会稽还。人问山川之美，顾云：'千岩竞秀，万壑争流，草木蒙笼其上，若云兴霞蔚。'"《晋书·孙绰传》言其"居于会稽，游放山水，十有余年"。《世说新语·栖逸》载道："许掾好游山水，而体便登陟，时人云：许非徒有胜情，实有济胜之具。"可见，游会稽、写会稽的活动流行程度。

这个时候也出现了一批性爱山水的人物，如《南史·沈道虔传》载沈道虔"立宅临溪，有山水之玩"。《宋书·孔淳之传》载孔淳之"居会稽剡县，性好山水，每有所游，必穷其幽峻。或旬日忘归。尝游山，遇沙门释法崇，因留共止，遂停三载……与征士戴颙、王弘之及王敬弘等共为人外之游"。

《南史》卷四九《刘歊传》言其"性重兴乐，尤爱山水，登危履岭，必尽幽遐，人莫能及，皆叹其有济胜之具"。谢灵运更为典型，《宋书·谢灵运传》载，谢灵运"出为永嘉太守，郡有名山水，灵运素所爱好，出守既不得志，遂肆意游遨，遍历诸县，动逾旬朔，民间听讼，不复关怀"。"出郭游行，或一日百六七十里，经旬不归，既无表闻，又不请急。""寻山陟岭，必造幽峻，岩嶂千里，莫不备尽。登蹑常着木履，上山则去前齿，下山去其后齿。尝自始宁南山伐木开径，直至临海，从者数百人。临海太守王琇惊骇，谓为山贼，徐知是灵运乃安。"从《从游京口北固应诏诗》中可以看出他曾经应诏随宋文帝游过京口（今江苏镇江）北固山。从他的诗题中可以看出其游踪之广、游点之多。如《富春渚诗》《游赤石进帆海诗》《登江中孤屿诗》《登永嘉绿嶂山诗》《游岭门山诗》《石室山诗》《登上戍石鼓山诗》《登石门最高顶诗》《从斤竹涧越岭溪行诗》等。

此外，魏、晋、六朝大量出现的一个现象就是，以山水来比拟、品藻人物的形象、风度、气韵，《世说新语》中就俯拾即是："王公目太尉，岩岩清峙，壁立千仞。""嵇叔夜之为人也，岩岩若孤松之独立，其醉也，傀俄若玉山之将崩。"等等。这种现象是山水自然意识萌发的一个朕兆：人们对自然山水的特征已熟悉到随手拈来的地步，并且自然地与人们的审美文化特征联系起来了。这是山水自然审美意识形成独立意识的一个必要过程，也是一个中介过程。

第三节　对自然山水的不同心态

六朝人对山水持有不同的心态,包括以玄对山水,以佛对山水,以审美态度对山水。

孙绰《太尉庾亮碑》称其"以玄对山水"。所谓以玄对山水,就是以玄学家的心理观照山水,"借山水以谈玄",山水是玄言及玄学心理的对象,通过山水描述最终表达玄思玄理。因此,在他们观照自然山水时始终存在着玄言家的视域。比如顾恺之《虎丘山记》云:"吴城西北有虎丘山者,含真藏古,体虚穷玄。"玄对山水的关键是主体所持的基本观念和眼光——在东晋玄风之中,人们的精神视域已经经过佛风的熏染,习惯于用玄学眼光看待一切,人物品藻充满玄味,也同样以此看待山川自然。

佛对山水的代表人物是宗炳,他的《画山水序》有着鲜明的佛学内涵。他的佛学思想反复强调的是神不灭。他著有《明佛论》,其中有言:"今神妙形粗,而相与为用,以妙缘粗,则知以虚缘有矣。"这是对"神"以及"形神"关系的基本体认。因此,他在山水理论上,便认为"至于山水,质有而趣灵",这个"质有"的外形、外壳之下的"趣灵"就是以佛家所言之"神"为底蕴的。宗炳所说"山水以形媚道"的"道"就是以"应会感神,神超理得"的"神"为内涵的。而"神"又是微茫无端的,因此,他又说"神本亡端,栖形感类,理入影迹"。微茫的"神"使得山水有了光辉,有了神采,有了灵魂,于是"山水以形媚道"。宗炳又说:"畅神而已。神之所畅,孰有先焉!"当主体在山水中获得精神畅达后便与那大明至智之神明相融会,最终进入佛家所企求和描述的境界。

孙绰曾指摘卫承:"此子神情都不关山水,而能作文?"①能够作文的前提就是创作主体自身的"神情"要与"山水"相通,这正是六朝人所要求的创作主体的审美素质,这就是人以审美态度对山水。《世说新语》还有一段记载:

> 王司州至吴兴印渚中看,叹曰:"非惟使神情开涤,亦觉日月清朗。"

这一记载,标志着六朝人真正进入审美状态了——山水不仅使人的情感得

---

① 刘义庆:《世说新语·赏誉》。

到净化、洗涤，而且人用经过"开涤"的眼光看待山水时会觉得"日月清朗"。这是六朝中对于山水与主体的审美关系所做的最有深度的经验描述。西晋左思《招隐》诗写有名句："非必丝与竹，山水有清音。"山水中美的清音，其给人的审美愉悦感受已远远超过"丝竹"了。这种山水赏会心态正是审美心态。

三种心态都是观照自然山水的内心视域，而三种心态又有相通之处，首先是玄佛相通，这是为东晋以降玄佛合流的整体思想趋势所规范的。玄佛思想家之间常常互借概念解释自己的理论，因而理论观念上的交叉、互因现象常常发生。佛家用"心斋""坐忘"等老庄术语说明佛家思想、参禅行为；玄学家则用佛释之"寂照"，说明玄学之"虚静"，前者如支道林《大小品对比要钞序》所说的"览通群妙，凝神玄冥，灵虚响应，感通万方"，后者如王羲之《答许询诗》所写的"争先非吾事，静照在忘求"。庄佛合流是在六朝总体文化环境和发展中所产生的文化现象，合流体现为思维机制和观照方式的接近与混融。而玄佛合流所阐解的"静照"，其内核是主体保持着与对象的认识距离，以止水之心、无欲之念、宁静之态观照对象，静的外态中却有着动的心态，思维处于高能态中。这种态度恰恰与审美所需要的态度一致，于是出现了玄佛合流后第二个层次的合流——玄佛与审美的合流。这也是从玄佛到审美的一次大的弹跳。清代沈曾植《海日楼题跋》把支道林和谢灵运的山水诗做了比较，指出它们的一致性："支公模山范水，固已华妙绝伦；谢公卒章，多托玄思。风流祖述，正自一家。"这个结论是正确的。

自然山水美的发现，山水诗的创造，最终体现为主体功能，是主体文化、审美素质提高以后反观自然山水所获得的体认。在玄学环境和玄佛合流趋势中，六朝人对于山水自然的观照方式出现了重大变迁，愈来愈向审美本体接近，"虚明朗其照"的审美心境孕育出来了，且"浑万象以冥观，兀同体于自然"[①]，与自然万物冥化为一，达于大圆智境。这些都表明六朝人的审美心理结构已经铸造出来了。

六朝人对自然的审美意识，最终表现为天人化一、消融有机的境界。例如，东晋戴逵《闲游赞》写道："昔神人在上，辅其天理，知溟海之禽，不以笼樊服养，栎散之质，不以斧斤致用。故能树之于广汉，栖之于江湖，

[①] 孙绰：《游天台山赋》。

载之以大猷，覆之以玄风。使夫淳朴之心，静一之性，咸得就山泽，乐闲旷……逮于台尚，莫不有以保其太和，肆其天真者也。且夫岩岭高则云霞之气鲜、林薮深则萧瑟之音清，其可以藻玄莹素，疵其皓然者舍是焉？……然如山林之客，非徒逃人患，避争门，谅所以翼顺资和、涤除机心、容养淳淑，而自适者尔。况物莫不以适为得，以足为至，彼闲游者，奚往而不适，奚待而不足。胡荫映岩流之际，偃息琴书之侧，寄心松竹，取乐鱼鸟，则淡泊之愿于是毕矣。"这就体现了他天人化一的审美意识。

自然山水从远古的人格神到现实的人格确定，从附丽品到美的具体存在，山水诗从附庸到大国，自然山水的观照意识最终被审美意识所取代，经历了一个漫长的史的历程，历史终于翻涌起洪涛巨浪，完成了它自身的蜕变，这都是在六朝。因此，六朝也就顺理成章地成为史的一个坐标。

唐卢照邻《乐府杂诗序》说："山水风云，逸韵生于江左。"山水文化热是从江左掀起的，而这股文化热，又非浅近的，它有着很高的审美品位，即有"逸韵"。《世说新语·言语》载，袁彦伯慨叹"江山辽落，居然有万里之势"。顾恺之用"遥望层城，丹楼如霞"形容江陵城景，"王右军与谢太傅共登冶城，谢悠然远想，有高世之志"。荀中郎在京口，神思腾越、逸趣横生，"登北固望海云：虽未睹三山，便自使人有凌云意"。这都体现了以心灵拥抱自然山水的六朝美学精神。从王羲之《兰亭诗》的名句"群籁虽参差，适我无非亲"、孙统《兰亭诗》"凡我仰希，期山期水"都可看出，六朝人对自然山水的发现是一种审美的发现，有着很浓的审美意味。它使得自然山水的审美出现高品位的定格，具有美学史的划时代意义的定格。孙绰《答许询诗》云："宅心辽廓。"有斯心境，始有斯审美，一切都有恃于主体条件的成熟和赋予。

第四编

美学范畴

第十二章 "妙"

第一节 "妙"解

六朝出现了一个独特的审美范畴："妙"。朱自清曾经这样写道："魏、晋以来，老庄之学大盛，特别是庄学；士大夫对于生活和艺术的欣赏与批评也在长足发展。清谈家也就是雅人要求的正是那'妙'。后来又加上佛教哲学，更强调了那'虚无'的风气。于是乎众妙层出不穷。在艺术方面，有所谓'妙篇''妙诗''妙句''妙楷''妙音''妙舞''妙味'，以及'笔妙''刀妙'等。在自然方面，有所谓'妙风''妙云''妙花''妙色''妙香'等。又有'庄严妙士'指佛寺所在。至于孙绰《游天台山赋》里说到'运自然之妙有'，更将万有总归一'妙'。在人体方面，也有所谓'妙容''妙相''妙耳''妙趾'等；至于'妙舌'指的会说话，'妙手空空儿'（唐裴铏《聂隐娘传》）和'文章本天成，妙手偶得之'（宋陆游诗）的'妙手'，都指的手艺，虽然一个是武的，一个是文的。还有'妙年''妙士''妙容''妙人''妙选'，都指人，'妙兴''妙绪''妙语解颐'也指人。'妙理''妙义''妙旨''妙用'，指哲学，'妙境'指哲学，又指自然与艺术。哲学得有'妙解''妙觉''妙悟'，自然与艺术得有'妙赏'。这种种又靠着'妙心'。"[①]朱自清从六朝的大量概念现象中发现了一个出现频率很高的范畴——妙。这可以说是首家发现，而朱自清所拈出的若干实例并不能完全吻合和涵盖"妙"

---

① 朱自清：《朱自清古典文学论文集》，上海古籍出版社1981年版。

的语义本体。例如所拈"妙容"之"妙",乃好之义,是对于对象状貌、性质的判断和估价。而具有本体意义的"妙"是一个哲学、美学范畴,或者说是哲学位移到美学的范畴,"妙"更切合、更能概括中国版的美学本体性质和涵值,而绝不是一个仅具描述性能的概念。

六朝美学"妙"的本体意义是指玄妙、奥妙、微妙。这样,"妙"才会是一个审美概念范畴,才会突破人们对这一语义的习俗性理解,也才会突破文章学的涵值导入审美学。

就发生次序而言,中国文化中哲学先于美学,审美意识是在哲学意识成熟后产生和出现的。哲学的观照方式、本体探究、体认,为美学做了先期准备。因此,用审美的方式把握世界时,或者说掌握对象需要采取审美的方式时,哲学便成为美学的意识、方法的内核。所以,中国哲学和中国美学之间并不存在楚河汉界。哲学体认方式运用于审美,便成为审美方式,哲学思维与审美思维就具备了同一性。中国美学不是从文章学中孵化出来的,理解中国美学应该透视中国哲学。上引朱自清所拈的众多"妙"语,之所以其中尚有概念界定模糊之处,原因正在于未能辨清审美义和文章义,而对此的含义廓清也不限于"妙"这一特定范畴。不过,朱自清所拈概念的模糊性具有普遍性,时至今日,审美学和文章学还常常被人们搅和在一起,不明了中国哲学和中国美学相关而又独立的关系。循着这样的论述前提,就需要从哲学本体之源上探究六朝美学之"妙"义。

《老子·一章》开宗明义说:"常无,欲以观其妙;常有,欲以观其徼,此两者,同出而异名,同谓之玄,玄之又玄,众妙之门。"《老子·十五章》云:"古之善为道者,微妙玄通,深不可识。"所谓"众妙之门",就是一切变化的总门、枢纽,也就是指"道"。"道"乃非实体的精神现象,是一切存在的本源,遂成为本体的存在,具有哲学本体性意义。这样,便规范了"道"的虚幻性、精微性。它视之不见、搏之不得、触之不及,高悬于一切实体之上而又内在于一切实体之中。于是"妙"也就从"道"上形成了它具体而抽象的意义,沈一贯《老子通》曰:"凡物远不可见者,其色黝然,玄也。大道之妙,非意象形称之可指,深矣,远矣。不可极矣,故名之曰玄。"《老子通》的这一说明、阐释有两点值得注意:其一是"妙,非意象形称之可指",即它无法用具象化的形象、意象加以称指,不可具象固定，这就规范了它是精神、意念存在，其性质又最易于导入美学，成为审美符号标识；其二是"不可极"，深然窅然，"故名之曰玄"。"妙"与"玄"便相联结，"玄"成为"妙"的另一种概念指称，"玄妙"遂组合成为一独立概念。两晋南朝谈"玄"之风大炽，何以"妙"字触目皆是？"妙"的审美范畴独立成体，于此可寻找到那硕大的哲学文化背景了。王弼注《老子》，有一个极重要的阐释："妙者，微之极也。"这是对"妙"做的哲学阐释，而不是把"妙"常规性、一般性、皮相性地解释成"美好"。"微"的极致便是"妙"，于是，"妙"便成为"道"之极致表现——玄虚、空灵、神奥。没有时空具体性和实体指称性，《老子》也只能勉强将之命名为"道"。

"妙"即"道"，是"道"之最高境界，作为老学发展的庄学，就是这样体认的。《庄子·寓言》曰："颜成子游谓东郭子綦曰：'自吾闻子之言，一年而野，二年而从，三年而通，四年而物，五年而来，六年而鬼入，七年而天成，八年而不知死、不知生，九年而大妙。'"颜成子游所说的"吾闻子之言"的"言"就是"道"，闻言即闻道言。闻言的体认过程以九年时间来计数，也就是划为九个层级。最高层级是"九年而大妙"，"大妙"乃大道玄妙之境界。

中国"美"的概念符号和从近代西方移译而来的"美"的概念符号虽然是同一的，但含义不尽一致。人们今天所说的中国美学的概念实际上是以西方概念来命名的。如果说中西方"美"的语义有相同处，那只在浅表层次上，即感性、兴趣、经验，而在深度层次或本体层（抽象意味层）上，中西方所使用的语词概念则不同，西方是"美"，中国则是从哲学移栽来的"妙"。中国语词"美"的含义有两方面：一是外观呈现的、具体感性的、实体时空的现象、状态、外貌，给人以具体直感印象。中国"美"的别一种说法就是"好"。"好"由"女""子"组合而成，透见了"美"的含义所在。二是美与善相连，如《国语》云："彼将恶始而美终，以晚盖者也。"《管子·宙合》云："言察美恶，审别良苦，不可以不审。"《管子》提出"审"，"审美"即"审善"，这便影响了中国美学的纯净度。概括起来说，在感性形态上，美即好；在价值判断上，美即善。这和西方本体性美学的"美"的含义有相当距离。

西方近代美学奠基者康德在《判断力批判》中说："某些艺术作品，虽然从鉴赏力的角度来看,是无可指责的,然而却没有灵魂。一首诗,可以写得十分漂亮而又优雅,但却没有灵魂。一篇叙事作品,可以写得精确而又井然有序,但却没有灵魂。一篇节日的演说,可以内容充实而又极尽雕琢的能事,但却没有灵魂。一些谈吐可以不乏风趣而又娓娓动听,但却没有灵魂。甚至一个女人,可以说是长得漂亮、温雅而又优美动人,但却没有灵魂。那么,究竟什么是我们所说的'灵魂'呢?从美学的意义上来看,所谓'灵魂',是指心灵中起灌注生气作用的那种原则。"康德又认为,美是"不可言说的",是无法用逻辑性概念限制、指称、规范的。康德的上述论述揭示了近代意义的"美"的含义。美不限于形态、不限于外观形式,它内蕴其内或超越其上,美不可名状。这样,便把对美的概念的含义体认掘到新的层次上。

从这个论述层面上确定"美",再加以中西方组合比照,可见本体意义上的"美"不类同于中国古典习用语的"美",而类同于那个特殊的"妙"。"妙"是中国美学中独特的审美范畴。"妙"即"美",六朝时期"妙"作为"美"的概念的成批量出现,正反映了这一时期审美意识的新自觉。

第二节 "妙"之表现

"妙"之含义既如上述,那么它作为六朝美学的核心范畴,在审美领域的表现就不限于上引的朱自清的援例,而涉及创作与鉴赏的多种方面。其要点如次:

奠定了"妙悟"的悟性审美思维机制。黑格尔把宗教和美学作为同一境界来体认:"这种境界里的生活,这种对真实的心满意足,作为情感,这就是享受神福;作为思想,这就是领悟,这种生活一般可以称为宗教的生活。"[①]黑格尔把这种思想获得的具体方式称为"领悟"。"领悟"是审美活动的重要方式之一,构成了独特的悟性思维机制。悟性思维排除了知性分解和理性抽象,形成整体性直觉思维。一悟百了,一觉百通,依靠的是心灵

---

① 黑格尔:《美学》,商务印书馆1979年版。

的体验、领略和悟会。它能直入对象本体，获得大明透亮的心知体认。它以主体的心灵满足为需要，具有极大的随机性和极强的主体性，直观悟解、当下即得，超越逻辑制约，排除逻辑思维的许多中介，思维主体作为整体，直入思维领域。六朝时，如《涅槃无名论·妙存》云"然则玄道在于妙悟，妙悟在于即真"，宗教思维方式和玄学思维方式相结合，使得这时期的人重悟解、悟服、悟会。如《世说新语·文学》所载乐广清谈一事，刘孝标注曰：

> 夫藏身潜往，交臂恒谢，一息不留，忽焉生灭，故飞鸟之影，莫见其移；驰车之轮，曾不掩地。是以去不去矣，庸有至乎？至不至矣，庸有去乎？然则前至不异后至，至名所以生；前去不异后去，去名所以立，今天下无去矣，而去者非假哉？既为假矣，而至者岂实哉？

《世说新语》和刘注非常典型地说明了六朝悟性思维的特点：用最简洁的语言或动作暗示某种答案。答案不是现成的或显露的，它完全依靠接受者的心灵体验和悟解能力得出。悟性高，是六朝人的心理素质特征。这种心理素质具备后便对审美思维发生影响，于是顾恺之的画论有一个极重要的审美命题，即"迁想妙得"。他说：

> 凡画，人最难，次山水，次狗马；台榭，一定器耳，难成而易好，不待迁想妙得也。此以巧历不能差其品也。

庾阐的《著龟论》亦曰：

> 神通之主，自有妙会，不由形器……是以象以求妙，妙得则象忘，著以求神，神穷则著废。

所谓"迁想"，即想象、联觉、直观推移。在层出不穷的"迁想"活动中，则会"妙得"，获得本体之"妙"义，即精微之义。庾阐之"妙得"跟顾恺之的"妙得"属同一范畴。其思维方式是悟，"妙悟"则"妙得"，这构成了思维方式与思维成果之联系。"妙悟"跟一般的感悟在思维层面上还不尽相同，"妙悟"更能体现悟性思维的微妙特征。"妙悟"在六朝被第一次提出，体现了审美思维的独立和健全，思维的审美特征开始形成，丰富了先秦两汉以来的审美心理结构。

揭示了"妙处不传"的审美特殊功能。《世说新语·文学》载道：

> 司马太傅（道子）问谢车骑（玄）："惠子其书五车，何以无一言入玄？"谢曰："故当是其妙处不传。"

美的特质不是概念性和逻辑性的指称。谢玄和司马道子的对话,虽说的是玄言,却涉及美的特质。"无一言入玄",并不表明不及玄意,只是没有用言语明确表达出来罢了。它"妙处不传",其微旨妙义不需要用显性的语词符号固定下来和传送出来,移入美学,说的正是美的不可言传性。东晋郭璞的《江赋》就曾写道:"经纪天地,错综人术,妙不可尽之于言,事不可穷之于笔。""妙不可传"和"妙不可言",都是说符号功能无法满足审美功能。符号一旦将美固定化,就会限制美的表达。美是精神现象,无法言传,这正是对"妙"这一中国"美"的替代性概念范畴的最恰当说明。谢赫的"微妙"论具体体现了六朝"妙"论,《画品》评张墨、荀勖:"若拘以体物,则未见精粹;若取之象外,方厌膏腴,可谓微妙也。"这是绘画美学上的"妙"论,直接揭示了审美的特质性能。"若拘以体物",如果拘泥于对象的形体状态,体察虽细,毫发不爽,则"未见精粹",失去了对象内持的精神,亦即前引康德所说的"灵魂"。如要达到"微妙"的审美境界,就应"取之象外",超越对象实体,追寻臻化于物象表层之外的精神、意味。这一"微妙"论成了标准的审美论。继谢赫《画品》之后,南朝陈代姚最《续画品》亦认为:"丹青妙极,未易言尽。""妙"的审美意味,难以用概念性语言加以穷尽。

因此,六朝美学的成就便表现为向对象内形相的逐步摆脱,向对象外精神的渐次寻求,这正是中国美学在这一时期走向成熟的标志。于是,"妙"就成了六朝美学高档次的审美标准,如王僧虔《笔意赞》:"骨丰肉润,入妙通灵。"庾肩吾《书品》:"子敬泥帚,早验天骨,兼以掣笔,复识人工,一字不遗,两叶传妙。"《宋书·谢灵运传》:"妙达此旨,始可言文。"以上,涉及画学、文学、书学、音韵学等领域,"妙"成为六朝美学具有广泛涵盖面的核心范畴。

开拓了"妙赏"的审美鉴赏领域。由人物品评而浸染审美的艺术鉴赏领域是六朝美学的一个重要走向,其鉴赏概念较之一般的鉴赏概念,内涵要深入得多。它提出了"妙赏"的范畴概念,这不仅仅是符号形式,更重要的是反映了观念的新变和升华。《世说新语·术解》载:

> 荀勖善解音声,时论谓之"闇解",遂调律吕,正雅乐,每至正会,殿庭作乐,自调宫商,无不谐韵。阮咸妙赏,时谓"神解"。每公会作乐,而心谓之不调,既无一言直勖意,忌之,遂出

  阮为始平太守。后有一田父耕于野，得周时玉尺，便是天下正尺。

  荀试以校己所治钟鼓金石丝竹，皆觉短一黍，于是伏阮神识。

这则故事说明了"妙赏"与一般鉴赏的区别。尽管荀勖善解音声，时人称扬为"闇解"，但阮咸却不置一褒词，乃因为他能"妙赏"，胜人一筹。"妙赏"处于鉴赏层面的感觉最高层，识之于精微、鉴之于微茫，其感觉更为细巧、尖新，因而能"神解"。由"妙赏"而得"神解"，显示出了悟解性思维的基本特征。

  六朝美学跟"妙赏"相关联的还有"玄赏"这一概念。《历代名画记》载顾恺之评《北风诗》一画："神仪在心而手称其目者，玄赏则不待喻。""玄赏"与"妙赏"含义相近，同属鉴赏感觉的高峰区段，赏至于玄妙，因而它"不待喻"，即不可言喻，无法用语言加以表达，只能靠妙心体验，其欣赏只能是"心赏"。一旦用言喻、言赏，就会索然寡味。"玄赏""妙赏"的玄妙性能，正反映了六朝美学的根本性质。

第三节　"妙"之地位

  "妙"是中国美学对美的独特理解所铸成的独特范畴，至六朝而定型化。"妙"即"美"，"妙学"即中国式"美学"。这样，相近于西方近代概念的"美学"在中国六朝便以"妙学"出现。它是在六朝总体文化、哲学氛围内诞生的美学范畴，是从哲学、文化学位移、移植、转换而来的。先秦的"妙"论是纯哲学的，是对世界本体性的体认，那时的美学还只是用哲学来看待、观照的美学，哲学、美学在意义和性质上具有相近点，到六朝则演变为对审美本体性的体认、确定。这是六朝美学"妙"的范畴史之地位，是六朝美学的独特范畴，也是第一范畴。

  六朝美学"妙"的范畴孕育于其精神文化土壤之中，典型地体现了当时的玄学氛围和道释融合的文化特征。其孕育过程可简化为这样的演变程序：魏晋以降，儒学衰退，道学兴盛，释学煽扬。而释经的翻译又是以道学概念来进行的。当释学的某些范畴意义与道学相近时，翻译时便用道学概念来显示和固定，"妙"就是如此。佛学的经典就称为"妙典"，沈约《内典序》："是故曲辩情灵，栖心妙典。"佛家净土、极乐世界又被名为"妙土"。《佛说无量寿经》曰:"我当修行摄取佛国清净庄严无量妙土。"梁简文帝萧纲《神山寺碑》亦云:"自非庄严妙土,吉祥福地,何以标兹净域,置此伽蓝。"道之哲学与释之哲学在认知世界本体性时有共同之处,都认为对象本体是超时空的非实体存在。"妙"是道、释二家哲学的最佳联结点,一旦融合为一个独立概念便闪烁着道光佛影。道家以为本体是"妙有",王弼《老子注》曰:"一,数之始而物之极也。谓之为妙有者,欲言有,不见其形,则非有,故谓之妙;欲言无,其物由之以生,则非无,故谓之有也。斯乃无中之有,谓之妙有也。"佛教大乘空宗亦认为无中之有为"妙有"。《业疏济缘记》曰:"是知妙有则一毫不立,真空则因果历然。"萧统《令旨解法身义》曰:"寄以名相,故说妙有,理绝名相,何妙何有?"从"妙"上可以充分看到中国本土文化融摄外来文化的功能。

"妙"在中国美学范畴史上的地位是在共时性和历时性结合的基础上形成的。"妙"的出现提高了六朝美学的品位。审美不再限于表层现象和感性外表,而是超越了形象,内涵趋于精深,富于精神深度和意味。"妙旨"这一概念的出现就是标志之一。《宋书·谢灵运传》曰:"妙达此旨,始可言文。"《梁书·沈约传》曰:"又撰四声谱……穷其妙旨,自谓入神之作。""妙旨"和"入神"相连,"神"是精神内涵,美的高层次素质,具有玄、佛意味,极大地提高了审美的品位。前引《世说新语·术解》中"闇解"与"神解"的根本差别正在这里。"闇解"是时人所共具的素质,"神解"则是高层次的素质。荀勖叹服阮咸的"神识",超神入化,识见不凡,又来自于其"妙赏"。于是"神解""神识""妙赏"便联结在一起了,审美出现了腾跳和超越。

审美范畴的历时性地位并不完全取决于它在后代以相同符号出现的频率,而在于范畴的内涵、意义的波及力和扩张性,它对审美心理结构的延续所发挥的作用。

佛雨道露的悟性思维给中国美学史影响甚巨。中国审美主体的审美心理结构增添了"悟性"一维。六朝是一个尚"悟"的时代,作为诗人的谢灵运在《答法勖问》中写道:"华民易于见理,难于受教,故闭其累学,而开其一极;夷人易于受教,难于见理,故闭其顿了,而开其渐悟。渐悟虽可至,昧顿了之实;一极虽知寄,绝累学之冀。良由华人悟理无渐,而诬道无学,夷人悟理有学,而诬道有渐。是故权实虽同,其用各异。昔向子期以儒、道为一,应吉甫谓孔、老可齐,皆欲窥宗,而况真实者乎……冬夏异姓,资春秋为始末,昼夜殊用,缘辰暮以往复……是故傍渐悟者,所以密造顿解。"汤用彤《汉魏两晋南北朝佛教史》认为:"谢氏自言其顿悟义乃折中孔、释二家。"六朝风度作为精神气质,其重要特征不在于外在的执麈击壶,而在于内在的悟性。《世说新语·言语》载:"谢仁祖年八岁,谢豫章将送客。尔时语已神悟,自参上流。诸人咸共叹之。"《世说新语·文学》注引《文字志》云,谢安"神情秀悟,善谈玄速"。《世说新语·纰漏》曰:"胡儿懊热,一月日闭斋不出。太傅虚托引已之过,以相开悟,可谓德教。"《世说新语·赏誉》载:"林公云:'王敬仁是超悟人。'""神悟""超悟"都是超逸绝伦的心理体验功能。"悟"成了六朝人的重要思维方式,可使人获得感念性启发。六朝诗中就多有描述,如谢灵运《酬从弟惠连》曰:"悟对无厌歌,聚散成分离。"谢惠连《泛湖归出楼中玩月》曰:"悟言不知罢,从夕至清朝。"

由"妙"这一美学总范畴在阐释和运用中所派生出的"悟入""微妙""象外"三个子范畴也沾溉着中国美学史。

悟入,亦即摒弃逻辑概念,主体直入"真如",即本体。六朝时僧肇的《般若无知论》说:"圣智幽微,深隐难测,无相无名,乃非言象之所得。"这一思维机制在唐代美学中也得到了广泛体现,刘禹锡《秋日过鸿举法师寺院便送归江陵并引》:"梵言沙门,犹华言去欲也。能离欲则方寸地虚,虚而万景入,入必有所泄,乃形乎词。"杜荀鹤《赠临上人》:"不计禅兼律,终须入悟门。"最基本的门径是"悟"。宋代,悟性思维更得到强调,直接运用于文学审美活动,成为文学美学范畴。魏庆之《诗人玉屑》云:"识文章者,当如禅家有悟门。"严羽更把"妙悟"铸为诗美学范畴,奉为诗道的不二法门。《沧浪诗话》明确认为:"大抵禅道惟在妙悟,诗道亦在妙悟。""惟悟乃为当行,乃为本色。"延及清代,则有王士禛"深契"严羽其说,亦尚"妙悟"。

微妙,在六朝表现为对精微妙理的审美追寻,在绘画美学尤为显著。唐代张彦远《历代名画记》对顾恺之画艺的评述,实际上表现了唐代审美理想对其之认同:"遍观众画,惟顾生画古贤,得其妙理,对之令人终日不倦,凝神遐想,妙悟自然,物我两忘,离形去智,身固可使如槁木,心固可使如死灰,不亦臻于妙理哉?所谓画之道也。顾生首创维摩诘像,有清羸示病之容,隐几忘言之状。陆(探微)与张(僧繇)均效之,终不及矣。"顾恺之的画作所以出神超化,陆、张终所不及,关键是"得其妙理""臻于妙理"。唐代吴融《禅月集序》说:"其语往往得景物于混茫自然之际,然其旨归,必合于道。"明代胡应麟《诗薮》曰:"言在带衽之间,奇出尘劫之表,用意警绝,谈理玄微,有鬼神不能思,造化不能秘者。"可见,"微妙"范畴论导发了中国美学更多的含蕴、更深的精义。

象外说,本释家言佛理,僧肇《答刘遗民书》:"至理虚玄,拟心已差,况乃有言,恐所示转远。庶通心君子,有以相期于文外耳。"萧齐谢赫运用于美学,将"象外"与"微妙"相关涉,认为只有取之象外,突破表象,才能得之微妙。萧梁钟嵘《诗品》说:"言在耳目之内,情寄八荒之表。""厥旨渊放,归趣难求。""象外"论对中国美学史影响极大,到晚唐司空图《与极浦书》提出"象外之象,景外之景",又经宋欧阳修《六一诗话》、姜夔《白石道人诗说》,元杨载《诗法家数》,明谢榛《四溟诗话》、陆时雍《诗镜总论》,清叶燮《原诗》,一直到晚清陈廷焯《白雨斋词话》"诗外有诗,方是好诗;词外有词,方是好词",成为一个稳定性较强的审美范畴观念系统。

妙道玄化,独发天机,"于天地之外,别构一种灵奇"[①],使审美趋于蹈虚揖影,超旷空灵,这便是六朝美学之"妙"对中国美学史的贡献。

---

① 方士庶:《天慵庵随笔》。

第十三章 "言意"

"言意"是六朝美学史中的另一重要范畴,它是哲学"言意"之辨在美学范畴上所结之果。

第一节 "言意"哲学渊源

这个问题涉及哲学上语言、思维、对象的重大问题。《周易·系辞》上写道:"圣人有以见天下之赜,而拟诸其形容,象其物宜,是故谓之象。""赜"者,幽深之所在。圣人探测"赜"之存在,所谓"探赜索隐,钩深致远"。但"赜"毕竟显得幽深难测,就要以"形容"来拟化,这就产生了"象"。"象"是感性的。《系辞》说:"夫《易》,彰往而察来,而微显阐幽……其称名也小,其取类也大,其旨远,其辞文,其言曲而中。"这番话强调了《易》的语言特征和功能,它的文辞高雅,含义深长,虽然曲尽其变却能切中对象,特别是它的语言概念形式,十分独特而又十分深隽。"其称名也小,其取类也大"即言概念范畴的形式虽小,但所概括和指称的意义却很大。

《易》的语言的这一功能和特征对于中国语言的某一方面起到了极大的规范作用。例如司马迁论屈赋就是根据这一点而来的。在语言的有效功能上,《易》做出了充分的论述;然而在另一方面,"言"却有许多无法可及的弱点或缺憾。《系辞》上云:

> 子曰:书不尽言,言不尽意。然则,圣人之意,其不可见乎?

> 子曰：圣人立象以尽意，设卦以尽情伪，系辞焉以尽其言，变而通之以尽利，鼓之舞之以尽神……是故形而上者谓之道，形而下者谓之器，化而裁之谓之变，推而行之谓之通，举而错之天下之民谓之事业。

"书不尽言，言不尽意"是一个极重要的命题。"象""卦""辞"都有各自的表达和再现功能，也都获得了自身所需要的表达和再现效果，但它们又都有与生俱来的不足与缺憾。"书不尽言，言不尽意"，即任何一种表达方式作为手段，都有不够完善之处，都无法穷尽其对象所包含的意义。可以说，作为玄学来源之一的易学对"言"与"意"之间的关系做了比较完整的论述。

作为玄学另一来源的庄学对"言""意"关系也做出了自身的论述，其着眼点也在于"言不尽意"。而庄学的另一个重要见解是"得意忘言"，《庄子·秋水》云：

> 可以言论者，物之粗也；可以意致者，物之精也。言之所不能论，意之所不能察致者，不期精粗焉。

"精粗者，期于有形者也。""精"或"粗"是两种基本的表现形态，然而，它们又都是"有形者"，以形象的具体状貌出现或呈示。不同的对象，有不同的把握手段，"可以言论者，物之粗也"；"可以意致者，物之精也"。"精""粗"不同，是可以把握和体察到的，"物之粗"通过"言论"，"物之精"借助"意致"。"精""粗"本身显示出差异，形态有别，但还是有特定的手段去把握和体察的，然而，"言之所不能论，意之所不能察致者，不期精粗焉"，这就是说，超越"精""粗"两种基本形态的，却是既不能以言论，又不可以意致的。它是什么呢？"道"。"道"是无法用语言加以演说、用文辞加以演绎的，具体有效的手段在它面前都失去了自己的功能。《秋水》曰：

> 书不过语，语有贵也。语之所贵者，意也。意有所随，意之所随者，不可以言传也。

庄子仍然围绕"语"与"意"的关系展开论述。"语之所贵者"是"意"，对象和手段仍然是明确的，但是有超越"意"的，"意有所随"。那个"意之所随者"，却是"不可以言传"的。这里关键的是"意之所随者"。为何？它就是"道"。这就是说，"道"是不可以用语言，也是无法用语言加以表现和传达的。因为在老庄看来，"道"是精神体，恍惚、缥缈、空灵。

"道"为何物？这是一个相当复杂、难以阐释的概念，它不可确定、不可捉摸而又包孕一切。老子道："视之不见名曰夷，听之不闻名曰希，搏之不得名曰微，此三者，不可致诘，故混而为一。其上不皦，其下不昧；绳绳兮不可名，复归于无物。是谓无状之状，无物之象，是谓惚恍。迎之不见其首，随之不见其后。执古之道，以御今之有。能知古始，是谓道纪。"①老子又说："孔德之容，惟道是从。道之为物，惟恍惟惚，惚兮恍兮，其中有象。恍兮惚兮，其中有物。窈兮冥兮，其中有精。其精甚真，其中有信。"②老子把"道"说得如此玄妙、神秘，正是为了说明"道"的无限性和"道"作为规律的变幻性。它视之不见、听之不闻、搏之不得，"大象无形"，笼罩一切却又无法领略，是感觉的对象却又是不能感觉的现象。

正因为"道"无限空灵，所以它"无为"，即无目的。《老子·一章》曰："道可道，非常道，名可名，非常名。"《老子·五十六章》又曰："知者不言，言者不知。"这是老子著名的"无名论"。一切可以用语言表述的、可道可名的东西都是僵直的，"常名""常道"是对于"可名""可道"者的一种超越。对老子的无名、无言论，不应做机械理解，认为他否定了语言本身和可称谓性质，如同白居易对《道德经》所讽刺的那样："言者不知知者默，此语吾闻于老君。若道老君是知者，缘何自著五千文。"应把老子之论看成是对有限性的超越。

在庄子看来，对于"道"来说，"言"显得微不足道："道不可闻，闻而非也；道不可见，见而非也；道不可言，言而非也……道不当名……道无问，问无应。"③"道"作为超越性的存在，实在无法用语言加以规定。它空灵缥缈，语言的概念符号无法表征，因而不能用现成的语言符号作为体认无限世界的依据。书不尽言，言不尽意，即使是经验也难以言传，古人书中所言，仅是"糟粕"而已，原因是古人精华之处也就是"不可传"部分，早已随着他们的肉体死亡而一并带走。现在通过书录言记的仅是可传部分，这"可传"的部分因为是以语言的表式加以固定和显示的，因而是"糟粕"。

---

① 老子：《老子·十四章》。
② 老子：《老子·二十一章》。
③ 庄子：《庄子·知北游》。

这就如同轮扁的斫轮经验"得之于手而应于心，口不能言"，无法传授给子孙一样。可见，书面和口头语言的限制性是显著的。因而《庄子》提出"得意而忘言"的主张，《外物》写道：

> 筌者所以在鱼，得鱼而忘筌，蹄者所以在兔，得兔而忘蹄；言者所以在意，得意而忘言。吾安得忘言之人而与之言哉！

到魏、晋、六朝，言意之辨被重新提起。其原因是什么呢？汤用彤说："详溯其源，则言意之辨实亦起于汉魏间之名学。""言意之辨盖起于识鉴。"①它在魏、晋、六朝最早的提出者是荀粲。《三国志·荀彧传》注引何劭《荀粲传》记道：

> 粲诸兄并以儒术论议，而粲独好言道，常以为子贡称夫子之言性与天道，不可得闻。然则六籍虽存，固圣人之糠秕。粲兄俣难曰："《易》亦云圣人立象以尽意，系辞焉以尽言，则微言胡为不可得而闻见哉？"粲答曰："盖理之微者，非物象之所举也。今称立象以尽意，此非通于意外者也，系辞焉以尽言，此非言乎系表者也。斯则象外之意，系表之言，固蕴而不出矣。"及当时能言者不能屈矣。

荀粲是玄言家，崇尚庄子学说，便自然引出了上面的"糟粕"之说。荀俣提出反驳："《易》亦云圣人立象以尽意，系辞焉以尽言，则微言胡为不可得而闻见哉？"这一言能尽意之主张为欧阳建的理论所依循。荀粲的"言不尽意"针对其兄荀俣之论，认为"理之微者"是难以用言辞表达的。可以言传的，是浅表现象，深层次的内容是无法传达的，所谓"象外之意，系表之言，固蕴而不出矣"。

当时人物识鉴风行，人的某些精神、外形现象及其内蕴确实难以用言辞表达，只能意会、领略，这是言意之辨发萌的原因。汤用彤《魏晋玄学论稿·言意之辨》云："言意之别，名家者流因识鉴人伦而加以援用，玄学中人则因精研本末体用而更有所悟。王弼为玄宗之始，深于体用之辨，故上采言不尽意之义，加以变通，而主得意忘言。"汤用彤还认为："言意之辨，不唯与玄理有关，而于名士之立身行事亦有影响。按玄者玄远，宅心玄远，则重神理，而遗形骸。神形分殊本玄学之立足点。学贵自然，行尚放达，一

---

① 汤用彤：《魏晋玄学论稿》，中华书局1962年版。

切学行，无不由此演出。""形骸粗迹，神之所寄。精神象外，抗志尘表。由重神之心，而持寄形之理，言意之辨，遂亦合于立身之道。"而西晋欧阳建写有《言尽意论》，不同意"言不尽意"论："夫天不言而四时行焉，圣人不言而鉴识存焉。形不待名而方圆已著，色不俟称而黑白以彰。然则名之于物，无施者也，言之于理，无为者也。而古今务于正名，圣贤不能去言，其故何也？诚以理得于心，非言不畅；物定于彼，非言不辩。言不畅志，则无以相接；名不辩物，则鉴识不显。鉴识显而名品殊，言称接而情志畅。原其所以，本其所由，非物有自然之名，理有必定之称也。欲辩其实，则殊其名；欲宣其志，则立其称。名逐物而迁，言因理而变，此犹声发响应，形存影附，不得相与为二矣。苟其不二，则言无不尽矣，吾故以为尽矣。"名和言是相对于物和理的，它们之间的关系犹如"形"与"影"之间的关系。"声发响应，形存影附，不得相与为二矣"，这里，欧阳建说明了先有物、理的存在，才会有名、言的出现，它们之间具备一致性。同时，随着"物""理"的变化，"名""言"也发生变化，所谓"名逐物而迁，言因理而变"，进一步说明了它们是如影随形的。言、名具有不可忽视的功能："古今务于正名，圣人不能去言。""言不畅志，则无以相接；名不辩物，则鉴识不显。鉴识显而名品殊，言称接而情志畅。"欧阳建正确认识到语言与对象之间的关系，但他由此做出推导，忽视语言和对象关系复杂的一面，忽视语言和对象之间尚有非对应性的一面，他认为，"名""言"与"物""理""苟其不二，则言无不尽矣，吾故以为尽矣"。言能尽意，这就使得他的论述流于机械论和简单化，无法说明言意之间的多重复杂关系。

在言意之辨的"言不尽意"总前提下，有王弼的"得意忘言"论和郭象的"寄言出意"论。对"得意忘言"，王弼《周易略例·明象》有详尽论述：

> 夫象者，出意者也。言者，明象者也。尽意莫若象，尽象莫若言。言生于象，故可寻言以观象。象生于意，故可寻象以观意。意以象尽，象以言著。故言者所以明象，得象而忘言；象者所以存意，得意而忘象。蹄者所以在兔，得兔而忘蹄；筌者所以在鱼，得鱼而忘筌也。然则言者象之蹄也，象者意之筌也。是故存言者，非得象者也；存象者，非得意者也。象生于意而存象焉，则所存者乃非其象也；言生于象而存言焉，则所存者乃非其言也。然则忘象者

乃得意者也，忘言者乃得象者也。得意在忘象，得象在忘言。故立象以尽意，而象可忘也。重画以尽情，而画可忘也。

所谓"象"，指的是《周易》中的爻象和卦象，是感性的存在，具有具象化的特点。所谓"言"，指的是释象的爻辞和卦辞。王弼看到了"象""言"的功能，它们都是之于"意"而言的："象者，出意者也。言者，明象者也。"它们又都是最佳的工具和手段，"尽意莫若象，尽象莫若言"。正因为对象和手段之间存在着这样的联系："言生于象""象生于意"，因此"可寻言以观象""可寻象以观意"。王弼对言、象、意之间的关系有着更深刻的理解，就功能而言："可寻言以观象""可寻象以观意"，但是就目的而言："存言者，非得象者也；存象者，非得意者也。"认识和领悟的对象是裹和在密密层层外衣的内核之中的。语言既是工具，又是限制；既是手段，又是障碍，那么，如何突破语言的有限限制，走向无限，获得无限之"意"呢？《庄子》提出"得意而忘言"的主张。王弼运用并发挥庄学的这一思想，"得鱼忘筌""得兔忘蹄"都是用以说明"得意忘言"工具和目的之关系的。"言"是获"意"的工具和方式，又是利用进而舍弃的对象。无"言"则无以得"意"，得"意"后（这种"得"靠领略和体验），就不能限制在"言"上，而应该"忘"。所谓"忘"，不能拘泥于字面含义的理解，而是说要突破"言"的限制。汤用彤《魏晋玄学论稿》说："王弼之说起于言不尽意义已流行之后。"这就是说，"得意忘言"论在总体上跟"言不尽意"论是一致的，它在语言哲学和玄学哲学以至美学哲学上都有着重要的意义。

郭象《庄子注》所提出的"寄言出意"论不及王弼"得意忘言"论的影响大和深刻，但也有其哲学价值。《山木注》云："夫庄子推平于天下，故每寄言以出意。""寄言出意"是庄子所用的论述方法，也是郭象所用之方法。既然是"寄言出意"，就可以用某一端点或某一具体的形象加以发挥，把"意"寄寓于具体的言、词之中，表达出来，它在实际上跟"得意忘言"说是相一致的。

第二节 "言意"美学表现

"言意"之辨极大地提高了六朝人的思辨水平，开拓了他们的心理视域，当然也就提高了他们的审美思维能力。

"言意"问题不仅仅是语言哲学上的思维和工具的关系问题，而且突破有限走向无限，突破具体走向抽象，突破概念走向意味，这些，又恰恰是审美中所要回答和解决的问题，是美学中的重要课题。它不是局限而是开拓着人们的审美思维，要求人们在审美创造活动中着眼于"意"的表达，这"意"即审美内核——意蕴、意味。在审美欣赏活动中不被具体的语言现象所迷惑，不被有限的形象所局限，而是直入底蕴，摆脱形式的有机体，去捕捉那无限的意味，登岸舍筏，得兔忘蹄，得鱼忘筌，得意忘言，这是审美创造和欣赏的正确之路。

六朝美学家充分看到了"言"与"意"之间的矛盾，并寻求解决的办法。陆机《文赋》云："恒患意不称物，文不逮意。"这正是前面所说的言、意、象三者关系问题，是作者在审美创作中常感困惑的。卢谌《赠刘琨诗》写道："是以仰惟先情，俯览今遇，感存念亡，触物眷念。《易》曰：'书不尽言，言不尽意。'然则书非尽言之器，言非尽意之具矣。况言有不得至于尽意，书有不得至于尽言邪，不胜猥懑，谨贡诗一篇。"言与意的矛盾表现为审美中的一种矛盾，表现为思维和语言符号之间的矛盾。这不是一般意义上的表达问题，《文心雕龙》描述道："方其搦翰，气倍辞前；暨乎篇成，半折心始。"这种矛盾在陶渊明《饮酒》诗中也得到了生动表达：

> 山气日夕佳，飞鸟相与还。此中有真意，欲辨已忘言。

诗人已经体悟出其中的"真意"，但要真正用语言表述、表达出来，则又显得语拙词穷。这是一种神秘主义的经验现象描述吗？不是。它说明了语言和思维的非重合性和非一致性。思维所指涉的范围和所表达的内容，远非语言所能涵盖和详尽、穷尽地表述、表达。这是一种理性省察和体认。六朝美学的言意之分是对无限美的清醒意识，只是它是体验式的、领略式的，是神思所得，心灵所得，而不需要或没有必要表述出来，即使表述出来，语言自身也显得笨拙。存在于观念世界中的意念，才是无限的，最有意味的。靠咀嚼、回味的意念，不经言及、道及，才能使心理世界得到最大满足。这正是六朝哲学、美学对中国哲学、美学心理特点的重要揭示。

孔子所说的"辞达而已矣"，从一般意义上也可以作如是体认。语言是人们体认世界并拥有世界的方式，进行思维并进而产生新的思维成果的工具、手段。语言和思维在众多方面有一致性和重合，但是，语言又是一种心理障碍，阻碍思维走入更大的世界。这就需要对语言进行超越，即所谓"得意忘言"。"言"所表达的意义是静止的，而"意"处动态。静止关系无法确证和规范动态的思维方式与进程，这样，语言就显得无能为力。对"言""意"关系的探究显示了人们克服限制，走向无限思维空间的要求。

陆机提出的解决方法和所要达到的境界是："其会意也尚巧，其遣言也贵妍。""巧""妍"的审美主张还带有那个时代崇尚华美的审美理想色彩，还不具有普遍性意义。同时，"言""意"矛盾的困惑还有其特殊性含义，因此，陆机所指示的途径还限于创作论，而不是审美论。

如前所说，刘勰看到了"言""意"的困惑现象。他认为："意翻空而易奇，言征实而难巧。"言词过于拘泥就难以巧妙，这正是语言的缺憾。如果言意融合，就会"密则无际"，没有阻隔；如果言意不合，就会"疏则千里"。刘勰更多着眼于以主体文化功能的提高来解决矛盾："积学以储宝，酌理以富才，研阅以穷照，驯致以怿辞。"跟陆机所开的方子有相似之处，只是他阐释得更完备罢了。可以说，把"言""意"矛盾引入文学的审美思考，看到文学美学的精微之处是刘勰的杰出之处，在这样的审美论基础上，刘勰提出了具有审美意味的"隐秀"论。"隐秀"论的提出，使哲学上的"言""意"渐渐导入审美。"隐秀"论的核心是，文学审美应该追寻和表现语言表层符号之外的意蕴。其表现方式不是直露的，而是暗示的。其暗示方式是借助于语言符号，并透过语言符号去揣摩、领略审美者所要表达的众多以至无限的主体意绪。这些意绪乃是非符号性的，审美者在创作中有意识地使之非符号化，让接受者去"破译"。这从审美和接受两个方面都留下了空间，给接受者按照自身的经验对之加以改造提供了便利。这就增加了审美的张力。刘勰说："隐也者，文外之重旨者也；秀也者，篇中之独拔者也。隐以复意为工，秀以卓绝为巧，斯乃旧章之懿绩，才情之嘉会也。夫隐之为体，义主文外，秘响傍通，伏采潜发，譬爻象之变互体，川渎之韫珠玉也。""深文隐蔚，余味曲包。"[①]刘勰还列"隐秀"专篇，表明对这一问题的重视。刘勰的说明把"意"规范为审美的"情"，所谓"隐"即词外、言外的"情"。这样，六朝哲学的

---

① 刘勰：《文心雕龙·隐秀》。

"言""意"之论便完成了向中国文学美学"情""词"之论的转化并趋于定型。

哲学上的"言""意",美学上的"情""词"的关系揭示,揭开了人们思维(包括艺术思维)和语言符号之间难以静态对应的限制问题以及超越的基本方法,因而它给艺术美学以深刻影响。艺术就其主体部分功能而言,是经验的表达。经验世界的多面性与丰富性,显露性与隐蔽性,思维内容的浅层次与深层次,以及确定性与不确定性的网状结构,使得凝固的符号化语言,只能表述部分内容而无法穷尽其全部。同时,飘忽万状的思维,刚欲触到,旋即变化。语言符号只能显示经验世界暂时凝结起来的部分思维成果,这是一种显而易见的局限。况且,语言只能表达一般的东西,而无法表达特殊的、个别的东西,语言只能传达人类的共同经验,而不能显示经验世界中的具体感觉内容。但语言不应桎梏艺术,不应奴役艺术。

上述的审美体认,显示出六朝美学的成熟和深刻。从刘勰对言意之间"疏则千里"悬隔的摆脱而提出的"隐秀"论,到钟嵘《诗品》"文已尽而意有余"之说,到唐代刘禹锡《董氏武陵集纪》提出"义得而言丧"的理论,到苏轼《既醉备五福论》"夫诗者,不可以言语求而得,必将深观其意"的提法,都是在美学上试图进行超越。唐代释皎然融会佛家意识,提出:

> 两重意已上,皆文外之旨。若遇高手如康乐公,览而察之,但见情性,不睹文字,盖诣道之极也。[①]

皎然的"但见情性,不睹文字",真正体现了经过佛学化的美学超越性。它摒弃了思维工具、语言符号,直接进入没有中介的感性世界。这种对表层语言符号的彻底否定,推向极端的超越论,长期影响着中国文学美学。元好问《杨叔能小亨集引》说:"情性之外,不知有文字。"刘熙载《艺概·诗概》云:"杜诗只'有''无'二字足以评之。'有'者,但见性情气骨也;'无'者,不见语言文字也。"

此外,"声无哀乐"也是魏、晋、六朝玄学中的重要课题,仍隶属"言不尽意"的总命题。嵇康《声无哀乐论》说:"和声无象,而哀心有主,夫以有主之哀心,因乎无象之和声,其所觉悟,惟哀而已。"

汤用彤《魏晋玄学论稿·言意之辨》说:"理论上言意之辨,大有助于

[①] 皎然:《重意诗例》。

实用上神形之别。"神形之别实际上包含着言意之辨的因子，对于对象的神的鉴赏，只可意会，难以言传；只能由主体加以领略，无法用语言给以全部限定。"得意忘言"在绘画上的提法则是"得神忘形"，在绘画的审美创作上是重神，不拘泥于形似，在绘画中的审美鉴赏上是领略神的机趣，而不为外在的形所阻隔。从审美合目的性考察，则是要求有更多、更丰富的内涵、意蕴。作品所提供的，不再是语言及其结构本身，而是意向性的意味。其意味具有超时空的永恒性。被"言"所限制的作品，只能是短暂的历史凝结物和感受的有限表达，只能是其自身，而不会是其他或更多。突破"言"的限制，出现超越的作品才有广泛审美效应和持久艺术魅力。因而"言""意"之论的哲学范畴被引入审美领域，便成为中国美学重要的审美创作原则和审美批评标准。司空图《诗品》的"不着一字，尽得风流"论，欧阳修《六一诗话》引梅尧臣之言"必能状难写之景如在目前，含不尽之意见于言外，然后为至矣"，严羽《沧浪诗话》所说的"不涉理路，不落言筌"，都是"言""意"哲学范畴在美学上的具体体现，以至在书法理论上张怀瓘《文字论》说"深知书者，惟观神彩，不见字形"，都是对"言""意"之论的审美发挥。

"言""意"的哲学体认，反映了六朝人哲学思维的发展，反映了六朝人思辨能力的提高，他们对语言的功能有了更为深刻、准确的体认。一方面语言要表述意味，这是它作为工具所要承担的职能，另一方面语言在表述意味方面又有局限，"言不尽意"是对此所做的理性概括。当人发现了某种现象并做出理性的概括描述，就体现了人的理性发展亦即人的发展。六朝人还发现了隐藏在"言"中的"意"的存在，认为人的哲学或审美体认不应满足于"言"的表象，而应探入"意"的底蕴。其方式又是什么呢？得意忘言。这是非常富于思辨色彩的方式，它为人类追寻最玄妙的精神意味打开了通道，它的范畴意义是超越有限，追寻无限。而"得"的方式不是认知，不是直寻，而是领悟，这又为审美直觉思维的发展打开了通道。总的来说。"言意"是六朝的重要审美范畴，也是中国美学的重要范畴，凝聚了中国美学的基本特征，同时又为之做出了新的规范。

第十四章 "丽"

六朝美学的外在形态是"丽",绮丽耀眼、光影满目。作为一个审美范畴,它既与前代相连,又有自身时代的特征。

第一节 "丽"的感性表征

美的外在形态是感性现象。中国美学在形成自身的特征时,往往注意其对接受对象的感染力,即用某种色彩、状貌来显示自己,进而确定自己的存在,所谓"擒表五色"是也。这就形成了中国美学的审美主体对感性状貌的特殊敏感和兴趣。兴趣表现为需求,即追寻观念和表象的美好,从而使美具备了感性特征。《楚辞·招魂》:"丽而不奇些。"王逸注:"丽,美好也;不奇,奇也。"《楚辞》博丽缤纷的感性外观正反映了屈子闪动明灭的多变型美感心态。而"丽"作为审美沉积体,又形成了中国美学史的感性原型积淀。刘勰《文心雕龙·辨骚》曾说道:"《骚经》《九章》,朗丽以哀志;《九歌》《九辩》,绮靡以伤情。""枚贾追风以入丽,马扬沿波而得奇,其衣被词人,非一代也。"对"丽"的兴趣和感性描述,体现了中国广义美感心态感觉的早熟。正是这种感觉和感性需要,使远古人很早就铸造出"丽"的概念符号。它的符号意义很容易让人联想到鲜明美好的特征和色调。早在《战国策·齐策》中就有一段记载:"宣王曰:'……且颜先生与寡人游,食必太牢,出必乘车,妻子衣服丽都。'"由于"丽"的符号意义极易唤起人们对美的色彩、状貌的感觉经验,因此,它过渡为审美范畴便顺理成章。美总要寻求感性存在，这是"丽"成为审美范畴的基本原因。于是，从先秦开始，"丽"广泛地运用于审美描述。宋玉《登徒子好色赋》："玉为人体貌闲丽。"明明可用其他语词形容的高楼，也偏偏要冠之以"丽"，名为"丽谯"。《庄子·徐无鬼》："君亦必无盛鹤列于丽谯之间，无徒骥于锱坛之宫。"唐颜师古《汉书》注："楼一名谯，故谓美丽之楼为丽谯。"这一现象恰恰说明了中国人对"丽"的感觉体认和对色的感知。民族的美感心态正在向感性直观移动和靠拢。

两汉曾经出现"丽"的膨胀时期。它有两个层面的内容：一是用"丽"来描述对象世界，成为感性的符号载体；一是用"丽"进行审美评价和判断，成为审美范畴。如司马相如《上林赋》："丽靡烂漫于前，靡曼美色于后。"张衡《西京赋》："攒珍宝之玩好，纷瑰丽以侈靡，临迥望之广场，程角抵之妙戏。""徒恨不能以靡丽为国华。"《汉书·扬雄传》："赋者，将以风也，必推类而言，极丽靡之辞，闳侈巨衍，竞于使人不能加也。"《汉书·王褒传》："辞赋大者与古诗同义，小者辩丽可喜。"等等。

汉代艺术审美实践中大量运用"丽"词来描述现象，艺术审美理论形成"丽"的审美范畴，都显示了审美的感性自觉，以获得悦乐心态和感觉经验的满足，这恰恰为六朝美学准备了条件，六朝绮丽美学有了其历史渊源和必然性。但同时，汉代已经出现了"丽"泛滥的失控现象，所以扬雄才会批评"丽以淫"，《汉书·扬雄传》云："恶丽靡而不近，斥芬芳而不御。"这种失控也惯性运行延伸到六朝，使其在承续汉"丽"后更加膨胀，直至泛滥为陈代的靡丽。

第二节 "丽"的特殊形态

在史的坐标上，六朝美学之"丽"既相承于又不同于两汉、西晋。汉代"丽"在对外部对象世界的描述上，是最大限量地征服和占有的心态反映，六朝"丽"则是对感官刺激的极度满足，特别是在陈代，成了美学世俗化的表征。这里有着美的延续和迁化，因而，对六朝"丽"应加以分解、综合和过程性的史的描述。

首先，是对理性形态的"丽"的范畴和感性形态的"丽"的现象的分解、综合。感性形态为理性形态奠定了经验现象基础,"丽"的审美范畴在六朝定型和凝化,发展了其在汉代的半独立性,具备了独立自洽性,离不开感性现象的大量出现。其次,"丽"在感性形态上有着永明体和宫体的分别,即形态上清丽和靡丽的分别。再次,"丽"的审美范畴确定经历了一个发展过程,过程则是史。建安美学时期,曹丕《典论·论文》明确提出:"诗赋欲丽。"对诗赋审美特征第一次以"丽"的范畴概念加以限制。这里不仅是对"诗"而言,亦是对"赋"而言。这样,"诗"应"丽",便规范了诗作为审美样式所应具的特征,摆脱了诗的传统的泛文化功能和经汉儒不断阐释强化的政教功能,使诗趋向于艺术的审美化。"丽"对于"赋"的意义更见显著。汉代对辞赋一方面目为雕虫小技,一方面又加以教化规范,王充《论衡》有"劝善惩恶"之说,发挥扬雄对辞赋"文丽而寡"的议论,贬抑辞赋至于极致:"文丽而务巨,言眇而趋深,然而不能处定是非,辩然否之实,虽文如锦绣,深如河汉,民不觉知是非之分,无益于弥为崇实之化。"虽然王充亦言"丽",但"丽"是其美学思想的否定对象,这是理性主义对感性主义的否定。然而,曹丕明确提出"诗赋欲丽"的命题,无疑是在诗美学、赋美学上对扬雄、王充的否定。否定之否定,标志着对美学感性特征的肯定和确认,使美在感性形态中存在,美作为独立体开始出现。美摆脱教化、讽谏的功能,显示自己的存在和地位,这是曹丕对美学的贡献所在。西晋陆机的《文赋》发展了曹丕的美学思想并加以具体化,如言"诗缘情而绮靡""或藻思绮合,清丽千眠。炳若缛绣,凄若繁弦。必所拟之不殊,乃闇合乎曩篇""游文章之林府,嘉丽藻之彬彬","丽"在形式美学上得到极大的强调和推崇,美具备了感性价值。这是美的自觉、独立的一个标志。

"丽"经过曹丕、陆机的阐释,确定为独立的审美范畴以后,在两晋、南朝经过掀波扬澜,加以丰富,渗透多个方面,使得范畴观念及其表现更完备和多样,主要表现为以下几种形式。

"丽"充分发挥其表现功能,增添美的感性色彩。如刘勰《文心雕龙·奏表》:"雅义以扇其风,清文以驰其丽。"《原道》:"妙极生知,睿哲惟宰。精理为文,秀气成采。鉴悬日月,辞富山海。""丽"的视觉感知功能最为显著,所谓"目辨五色"即是。因此,强调"丽"的视觉感知,更易于美感形式的传导。

强调人为加工，使"丽"斑斓万翠，强化美的效能。六朝美学铺锦列绣、雕绘满眼、光彩溢目，离不开审美主体的人工雕饰——从"丽"的审美范畴可以管窥六朝美学的总体形态特征。西晋后期葛洪《抱朴子》说："五味舛而并甘，众色乖而皆丽。""丽"以多样化的美的形式出现。"虽云色白，匪染弗丽；虽云味甘，匪和弗美。故瑶华不琢，则耀夜之景不发；丹青不治，则纯钩之劲不就。"只有经过雕饰，才能形成丽色重彩，增加美的感性浓度。这种美学思想是对"事事醇素"的背反，它在走向美的感性具体化方面，在获得美的形态、形式、色调感知方面，具有历史进化意义。延及东晋，郭璞发挥西晋陆机对"丽藻"的推尚，在《尔雅序》中说："英儒赡闻之士，洪笔丽藻之客。"刘勰《文心雕龙·诠赋》云，"蔚似雕画""铺采摛文""符采相胜，如组织之品朱紫，画绘之着玄黄"。萧梁时的萧纲极力贬抑谢灵运的自然天放，裴子野的质朴无文，在《与湘东王书》中云："谢客吐言天拔，出于自然，时有不拘，是其糟粕；裴氏乃是良史之才，了无篇什之美。是为学谢则不屈其精华，但得其冗长；师裴则蔑绝其所长，惟得其所短。谢故巧不可阶，裴亦质不宜慕。"理论范畴导向、人力加工规范使丽染文苑、色重词坛，竞一句之靡，争一字之华，繁词缛言，浮艳大张。一"丽"之斑，遂见六朝全豹。

　　"丽"的分类更细致，由类范畴派生出的子范畴趋于多样。子范畴的出现显示出六朝美学分辨能力的深微和对其具体属性体认水平的提高。子范畴之间互不类混，子范畴趋于多态化，使得每一范畴的内涵和性质均有具体的确定，它标志着六朝美学的精细化。例如：清丽。刘勰《文心雕龙·明诗》："若夫四言正体，则雅润为本；五言流调，则清丽居宗。"高丽。刘勰《文心雕龙》："繁华暐晔，则并七曜以高丽。"壮丽。刘勰述八体，其"壮丽者，高论宏裁，卓烁异采者也"。绮丽。刘勰《文心雕龙·情采》："庄周云：辩雕万物，谓藻饰也。韩非云：艳采辩说，谓绮丽也。绮丽以艳说，藻饰以辩雕，文辞之变，于斯极矣。""清""高""壮""绮"四"丽"，诚不以此为限，但它们都有各自的含义和称指目标，都有特定的具体品格。清丽，指气息，言其清新；高丽，指格调，言其高雅；壮丽，指气派，言其飞壮；绮丽，指色彩，言其繁艳。它们辨析于精微之间。当美学家不是大而化之地确定范畴，而是细微地辨识并铸合子范畴时，当混沌性范畴演化为精约性范畴时，六朝美学的历史进步便显示出来了。

"丽"成为文学的组合性构件。颜之推《颜氏家训》说:"文章当以理致为心肾,气调为筋骨,事义为皮肤,华丽为冠冕。"无论刘勰《文心雕龙》对"丽"的推崇,还是钟嵘《诗品序》所言"润之以丹彩",都没有漠视"丽"对于文学作品的组合作用,这种作用主要体现在形式美学上。

揭示"丽"与情性之关系。如上所论,六朝把"丽"还限制在形式美学范畴内,它与情性构成外观和内涵、形式和内容的关系,六朝美学家一般是把它们作为同一命题提出的。"丽"之根本在"情性",由"情性"导发出"丽"的外观感性形式。刘勰《文心雕龙·情采》说:"夫铅黛所以饰容,而盼倩生于淑姿;文采所以饰言,而辩丽本于情性。"《诠赋》言:"原夫登高之旨,盖睹物兴情。情以物兴,故义必明雅,物以情观,故词必巧丽。""情性"是根本,一旦"情性"具备了,词必巧丽,自然形成。这种内外因果关系的确定,无疑是对"情性"的强调,使"丽"的感性特征附着于"物性"之上了。

创作上掀波扬澜,与审美范畴的推导互相发明,使六朝美学的总体状貌、特征可一言以蔽之:"丽"。这是整个六朝美学氛围的产物,又反过来对其美学总量添斤加两,呈推助之势。且不说以瑰丽意象所写的《江赋》(郭璞撰)、以绮丽意象所写的《雪赋》(谢惠连撰)、以清丽意象所写的《月赋》(谢庄撰)、以壮丽意象所写的《登大雷岸与妹书》(鲍照撰),清词丽句,缤纷多姿,即以直接的"丽"语言符号出现的,亦所在甚多。早在魏代,曹植之文即以奇丽著称,曹丕之文以华丽获誉。曹植的《洛神赋》中可望不可即的原型意象取之于《诗经·蒹葭》。《诗》中"在水一方"的,称作"伊人",但在《洛神赋》中则名为"丽人":"俯则未察,仰以殊观,睹一丽人,于岩之畔。"这一微妙变化,不可小视,实昭示了魏代所出现的导向"丽"的美学史演变的蛛丝马迹。这一趋向确定后,遂不改大势,鲍照《芜城赋》云:"东都妙姬,南国丽人,蕙心纨质,玉貌绛唇。"《宋书·隐逸传论》云:"故知松山桂渚,非止素玩,碧涧清潭,翻成丽瞩。"萧统《夹钟二月》云:"花明丽月,光浮窦氏之机;鸟啭芳园,韵响王乔之管。"谢灵运诗亦以"丽"为其主格调,宋代《敖陶孙诗评》曾评之为:"如东海扬帆,风日流丽。"明代钟惺《古诗归》亦称:"灵运以丽情密藻,发其胸中奇秀……能丽能密。""丽"是六朝审美范畴、概念,又是审美风格、格调,它们互为前提,共同体现着一种美感心态。

"丽"成为六朝的审美鉴赏标准,由审美创作扩大到审美接受范围。如钟嵘《诗品》评《古诗》:"文温以丽,意悲而远。"评何晏等:"季鹰黄华之唱,正叔绿蘩之章,虽不具美,而文彩高丽,并得虬龙片甲,凤凰一毛。"评沈约:"虽文不至,其工丽亦一时之选也。见重闾里,诵咏成音。"在绘画美学鉴赏上,南朝姚最《续画品》说:"赋彩鲜丽。"

从上可见六朝美学"丽"的多种表现,其表现状态愈丰富,愈能说明六朝美学的感性形式是"丽"美学。

第三节 "丽"的美学历程

东汉扬雄《法言》曰:"诗人之赋丽以则,辞人之赋丽以淫。"两者的共同特点是"丽",其不同点,一者为"则",一者为"淫"。他并不否定"丽"的感性特征,但认为感性不能淹没理性,应沉淀理性。"则",据今人郭绍虞阐释为法则、法度,还可以具体化地阐释为理性规范——不管在形式美学机制上如何美化、"丽"化,都应理性规范,这是对诗人之赋与辞人之赋性质的界定。刘歆《七略》说:"大儒孙卿及楚臣屈原,离谗忧国,皆作赋以风,咸有恻隐古诗之义。"又说:"其后,宋玉、唐勒,汉兴,枚乘、司马相如,下及扬子云,竞为侈丽闳衍之词,没其风谕之义。"因此,所谓"则",就是符合理性规范,在"风谕"的规范之下。所谓"淫",就是形式漫溢于内容,冲破了理性教化规范,丧失了"风谕之义"。这一命题成了美学的理性和反理性的分界型提法,尽管都不否认感性("丽")。

这一命题亦延伸到了六朝。确实,"丽"是六朝美学的一个重要范畴,六朝美学形态中大量充塞着"丽"的现象。"丽"使得六朝美学感性化,但也往往使人用艳丽的感觉印象来体认六朝美学,遂对六朝美学评价不高。这诚然是"丽"走向极端化所带来的后果,但也离不开人们的先验感觉。其实,就"丽"而言,六朝美学并非全貌如此。

其一,在感性形态上,有永明体绮丽与宫体靡丽的区别。

其二,在理论形态上,有尚靡丽的唯感性主义美学与抑靡丽的理性主义美学的分别。

先谈第一个问题。永明体的成就不全在音韵学,也在于对诗美学清丽的格调的铸合。钟嵘《诗品》称永明体创始人沈约诗"工丽",陈祚明《采菽堂古诗选》云:"休文(沈约)诗体,全宗康乐;以命意为先,以炼气为主,辞随意运,态以气流,故华而不浮,隽而不靡。""骤而咏之,飒飒可爱;细而味之,悠悠不穷。以其薄响,校彼芜音;他人虽丽不华,休文虽淡有旨,故应高出时手,卓然大家。"而宫体诗则完全沦为寻求肉感刺激和官能满足的靡丽之文,使非理性的感性主义恶性泛滥。在六朝美学史的发展演进中,陈代宫体取代了梁代永明体;在六朝美学史的价值坐标上,永明体的清丽代表了向上一路,宫体的靡丽体现了向下一路。靡丽之风不仅漫溢于文学美学领地,而且泛滥于整个美学疆土,这是有着深刻社会、文化背景的现象。在频繁的事变、兵变、政变中,一切传统秩序包括美学秩序都已打乱,维系传统文化、美学的理性主义既已崩解,作为另一极的感性主义便借势而起。都市晕色笼罩朝野,光怪陆离足令人头晕目眩。新贵们一批批崛起,而新贵们大多是寒人,据《梁书·陈伯之传》所载,自齐明帝"建武以后,草泽底下,悉化成贵人"。他们在饿瘪了肚子后登台,便以强烈的饥饿感尽情贪食玉露琼浆、珍馐佳馔,想着法儿餍足人心。整个社会紫绿斑驳,"小怜玉体横陈夜",美学当然会得其风气了。

"玉树歌残王气终",六朝玉树琼枝在遍地兵燹中烟消火灭。当美学史延伸到唐代时,具有深邃眼光和深刻辨识力的唐代美学家在反思、审视六朝美学史时, 方面对永明体诗人谢朓、何逊、阴铿等的清丽表现出欣赏和汲纳的态度,另一方面则对宫体的靡丽深恶痛绝、尽情扫荡。

在美学理论上,一方面有萧纲等人对绮丽文学美学的鼓倡,另一方面则有以"则"对"丽"重新加以规范的现象出现。《梁书·王筠传》载:"筠又尝为诗呈(沈)约,即报书云:'览所示诗,实为丽则,声和被纸,光影盈字。'"刘勰《文心雕龙·物色》也说:"诗人丽则而约言。"这是直接借用了扬雄的提法。至于间接体现了这一美学原则的,则更多。如萧统《答湘东王求文集及诗苑英华书》:"夫文典则累野,丽亦伤浮。能丽而不浮,典而不野,文质彬彬,有君子之致。"刘勰《文心雕龙·宗经》:"文丽而不淫。"《明诗》:"古诗佳丽。""直而不野。"《通变》:"商周丽而雅。"《哀吊》:"奢体为辞,则虽丽不哀。"反复强调了感性美学中的理性调控和有意规范,感性不能突破理性的外壳。刘勰等人把这一点视为"大体",加以本体确认。

上述论述，有如下几点特征：从扬雄"丽则"到萧统"丽而不浮"再到刘勰"丽而不淫"，出现了一条美学范畴史线索，具有传统的理性主义审美品格，并且这条线索还在向后延续。即使是肉欲横陈露市、感性恣行无忌，理性主义也没有销声匿迹，这正符合中国文化、美学的总体特征，此为史的历时性。

理性主义美学诚然是在痛揭六朝舍本逐末的美学弊端，然而，细究起来，对于前代的魏晋美学亦不无纠偏之意。曹丕言"诗赋欲丽"，陆机说"诗缘情而绮靡"，但都没有具体规范。没有规范，就极易"走火"。刘勰等人在纠偏中提出了完整性命题。刘勰既不否认"丽"，又承认"则"，感性、理性相黏合，这正是刘勰的巧为调和之处，反映了他的美学的折中主义性质。

就共时性而言，刘勰等人将东汉的"丽""则"说搬到六朝，并非旧话重提、撷拾老调，而是有着实践动因的。近人黄侃《文心雕龙札记》就曾指出："舍人（刘勰，曾任东宫通事舍人）处齐梁之世，其时文体方趋于缛丽，以藻饰相高，文胜质衰，是以不得无救正之术。此篇（《情采》）旨归，即在挽尔日之颓风，令循其本。"可见，"丽""则"旧调重弹，乃为挽齐梁浮丽颓风，有着鲜明的实践美学色彩。刘勰等人亦提出了挽颓波之根本途径。刘勰《文心雕龙·情采》说："为情者要约而写真，为文者淫丽而烦滥。"以情立本，是纠偏之途路，这一美学思想无疑是先进的。

上述"丽"论对后代仍产生着影响，如唐代令狐德棻《周书·王褒庾信传》曰："和而能壮，丽而能典。"独孤及《唐故殿中侍御史赠考功郎中萧府君文章集录序》亦云："直而不野，丽而不艳。"从东汉至六朝至唐及唐后，这条美学范畴史线索赓续不绝，没有出现断层，其源盖出于中国美学之总体品性。

综合以上论述，"丽"这一范畴在六朝，不是一种丽色，而是两种丽色；不是一种调门，而是两种声音。感性和理性并存，共具一代，编织起复杂的现象光环。"丽"的范畴转化为一种现象，这种现象使得六朝美学史特别富于色彩。

第十五章 "气韵"

"气韵"是六朝美学的独特范畴,是中国美学主体性特征的重要标志。

第一节 "气韵"的形成

气韵作为一种独立的审美范畴,出现较晚,于六朝时期形成。然而,任何美学观念和范畴都有一个孕育过程,遂表现为历史动态运动。文化条件的赋予,与之相关的美学范畴、形态的影响,传统审美理想的积淀,是气韵美学范畴产生的因素。它先成活于绘画理论,进而植根于文学领域。

气韵之所以能够成为一种独立的美学范畴,是因为它反映了中国美学的根本属性:讲求主体内在的气质、动力。它不是在六朝凭空而降,乃是逐步演化过来的。气韵美学范畴的形成,颇能反映出中国美学史范畴的发展特点。尽管先秦庄、孟解释美的属性、本体各有所论,但都强调主体"气"的本体质和功能质。孟子有包含着主体体验的"养气"说,曹丕把哲学修养意识的"气"正式引入美学领域,提出清浊二气说,这又相承于传统哲学的阴阳二气论。王充《论衡·订鬼》曰:"夫人所以生者,阴阳气也。阴气主为骨肉,阳气主为精神。人之生也,阴阳气具,故骨肉坚,精气盛。精气为知,骨肉为强,故精神言谈,形体固守。骨肉精神,合错相持,故能常见而不灭亡也。"这是对人主体精神的体认,阴阳二气相错相生,构成主体精神的框架。从阴阳二气到清浊二气,体现了哲学范畴到审美范畴的主体精神的确定。"重气之旨"是曹丕的审美核心,不仅体现在其《典论·论文》,而且体现在其论文书信里,他第一次把哲学引入文学美学领域,确立了文学美学中一个极其重要的主体性审美范畴,即运用作家的个体精神来说明审美现象。曹丕以音乐为例,更见其论述特点。"魏文比篇章于音乐,盖有征矣。"①黄侃《文心雕龙札记》曰:"譬诸调钟张琴,其事匪易,而庸工奏乐,亦时有可取,究之不尽其术,则适然之美不足听也。"音乐是最能体现主体精神的门类艺术,最能体现审美的不可言传性和个体特征。体验音乐流动、飘忽的情绪,更需要发挥主体的心理功能。任何一种音乐都只能是个体意绪的表征,因而,它在说明美的独特性和美感体验的"气"难以延续方面,更具有说服力。曹丕以音乐为例所做的论证,正表现了对审美主体经验的体认。刘勰的"气"说是从具体作家的个体性出发加以概括,从贾谊、司马相如以来到魏晋时的作家分别说明了才性与审美风貌之间的联系。"触类以推,表里必符。岂非自然之恒资,才气之大略哉!"《文心雕龙·体性》又说:"才有庸隽,气有刚柔,学有浅深,习有雅郑,并情性所铄,陶染所凝。"比刘勰稍后一些的钟嵘亦持"气"论,评曹植:"骨气奇高,词采华茂,情兼雅怨,体被文质,粲溢今古,卓尔不群。"评刘桢:"仗气爱奇,动多振绝,真骨凌霜,高风跨俗。但气过其文,雕润恨少,然自陈思已下,桢称独步。"他的基本认识就是"气之动物,物之感人,故摇荡性情,形诸舞咏"②。六朝美学家对"气"的论述和重视,并把它从哲学本体论引入审美论,都显示出六朝美学进入主体性范畴的重大特点。这一审美论对后代影响甚大,唐代韩愈把"气"和美学风貌,特别是语言特点联系起来,这便有《答李翊书》有关气、言的论述:"气,水也;言,浮物也;水大而物之浮者小大毕浮。气之与言犹是也,气盛则言之短长与声之高下者皆宜。"气是浮载言的,气是最本质的,只要气盛、旺、贯通,言和声的表现和节奏可以随意而行,因为气是贯通于其中的。宋代苏辙《上枢密韩太尉书》说他经过深思,确认"文者,气之所形",重申了曹丕的观点,然而,他认为"文不可以学而能,气可以养而致",跟曹丕"虽在父兄不能以遗子弟"的见解不同。对于如何养气,苏辙以孟子为例,说明要重视内心修养,发挥主观修省功能,以司马迁为例,"行天下,周览四海名山大川,与燕、赵间豪俊交游,故其文疏荡,颇有奇气",即与经验实践结合养成奇气。清代桐城派刘

---

① 刘勰:《文心雕龙·总术》。
② 钟嵘:《诗品》。

大櫆《论文偶记》认为："神气者，文之最精处也；音节者，文之稍粗处也；字句者，文之最粗处也。余谓论文而至于字句，则文之能事尽矣。盖音节者，神气之迹也；字句者，音节之矩也。神气不可见，于音节见之；音节无可准，以字句准之。"曾国藩进一步加以发挥："雄奇以行气为上，选句次之，造字又次之。""是文章之雄奇，其精处在行气，其粗处全在造句选字。"①又说："为文全在气盛。"②可见，从曹丕到清代就气说有一条联系贯通着的线索。清人刘熙载《艺概·文概》对此就有发现："自《典论·论文》以及韩、柳，俱重一气字。"曹丕的气说是文章学的，钟嵘的气说是诗学的。把气说引入文学、文章学领域，不像在孟子、王充那里是一个哲学本体性范畴，而是一个文学范畴，曹丕有首创之功。而刘勰、钟嵘（尤其是后者）的贡献是把气说导入审美学。

韵与气密切相关，韵是表现于内部的风度、韵味、情调等。它具有音乐性的感觉特征，有一种富于节奏感的律吕。它使得对象本身更具有气质和内涵，更有动人的、迷人的魅力。气充韵满，互为联结，形成一个独特而又完整的美学范畴。谢赫的贡献是确立了"气韵"在绘画审美学第一位的地位："气韵，生动是也。"他在具体品评中多处涉及此。如评卫协："六法之中，迨为兼善。虽不说备形妙颇得壮气。"评毛惠远："力遒韵雅，超迈绝伦。"等等。萧子显《南齐书·文学》则以最简捷的范畴概念形式把"气韵"引入文学美学："文章者，盖情性之风标，神明之律吕也。蕴思含毫，游心内运，放言落纸，气韵天成，莫不禀以生灵，迁乎爱嗜，机见殊门，赏悟纷杂。"这是六朝美学史上极有深度的审美论。这一审美论的最基本特征是主体论和生命哲学论。这是完全从审美主体出发去说明、阐解文学审美生成过程的。文学是作家主体"性情""神明"的表征，也就是作家才性、情趣、气质的表征。这种表征包含着生命的自然发动和自然显现。而这种表征又不是一般的，而是富于音乐性的表征，所谓"律吕"是也。"气韵"作为文学的一种内在素质和特征的显示，它在最基本点上是自然而然的，也就是"天成"的。确立了这样的审美前提，文学作家在审美过程中"蕴思含毫，游心内运"，既进行深长的构思，又充分发挥审美思维的想象力，"游心"万方，一旦物态化即"放言落纸"，就必然是"气韵天成"，"莫不禀以生

---

① 曾国藩：《家训》（咸丰十四年正月初四日），见《曾文正公全集》。
② 曾国藩：《日记》（辛亥七月），见《曾文正公全集》。

灵,迁乎爱嗜,机见殊门,赏悟纷杂"。萧子显的"气韵"论对六朝的这一审美范畴做了最具有本体性的论述,其基本含义是作家生命、主体意识的审美表现及其功能。

第二节 "气韵"作为美学范畴

"气韵"是由其他美学范畴引发并逐渐独立成体的,其中最重要的美学范畴是"形神"。庄子认为,无言之象、无形之画、无音之乐,意念中的图景才是最美的。对庄子思想的修正、发展有《淮南子》中《泰族训》的说法:"太上养神,其次养形。"神为首,形次之,便有后来的艺术、文学理论的形神兼备又以神为主的命题。值得重视的是,《淮南子》把庄子美学思想运用于审美批评了,《说山训》曰:"画西施之面,美而不可说;规孟贲之目,大而不可畏:君形者亡焉。""君形者"就是"神"。《淮南子》还触及作家之"神"对创作的作用,《览冥训》借一段故事说明之:

昔雍门子以哭见于孟尝君,已而陈辞通意,抚心发声,孟尝君为之增欷鸣咽,流涕狼戾不可止,精神形于内而外谕哀于人心,此不传之道。俗人不得其君形者而效其容,必为人笑。

"精神形于内"的提法可谓抓到症结——审美效应产生于主体的精神,是主体精神的外化表征。

以上是从中国美学史长河中考察"气韵"美学范畴的形成与演变。接下来,我们要从社会实践美学的视角说明"气韵"美学范畴何以在六朝得以形成。

气韵本是从魏晋人物品藻而来,魏晋风度在实质上就是魏晋气韵。气韵是人的内心生活和内在精神,是中国名士精神的独特概括。魏晋人物风度所体现出来的内蕴性、超脱感、潇洒感,用"气韵"的范畴概念来概括,是最恰当不过的了,较之"形神"范畴更能体现特征。汤用彤说得好:"汉人朴茂,晋人超脱。朴茂者尚实际,故汉代观人之方,根本为相法,由外貌差别推知其体内五行之不同。汉末魏初犹颇存此风(如刘劭《人物志》),其后识鉴乃渐重神气,而入于虚无难言之域。""汉代相人以筋骨,魏晋识鉴在神明。"①魏晋的人物品藻走向人物的内心世界，历史的逻辑和人的逻辑在这里出现了交合点。这是伴随着哲学思潮而来的审美变迁，传统的哲学思维机制被打破，新的哲学机制即魏晋玄学产生，促进了人自我体认的发展和深化。经过历史的孕育和儒、道、释互渗所形成的魏晋意识终于建立，在审美意识上的体现更为敏感、突出。庄子《逍遥游》所神往的"抟扶摇而上者九万里"挣脱羁绊束缚的自由思想更为魏晋人所崇尚，那种任情使气的名士出现了，整个魏晋时期的审美理想也就产生了根本变化。变化了的审美理想对于人的审美要求就是脱俗高雅的风姿神韵。那种狂放不羁的举止，率性而为的行为，已成为人们所追求和欣赏的目标、对象。那种以女性美来要求须眉男子外貌的审美新标准也出现了。而外在美姿高标，则又成为人们内心超凡不俗的写照——求得内心和外形的偕傥风流，追寻手挥目送、"事外有远致"的哲学意味的美。先秦儒家所提倡的"服有常色、貌有常则、言有常度、行有常式"的君子风度被一切无常、无形的魏晋风度所取代。小说中大量出现用自然美描述人体美的情景，诸如："时人目王右军，飘若游云，矫若惊龙。""时人目夏侯太初，朗朗如日月之入怀。""裴令公有俊容仪……见者曰：'见裴叔则，如玉山上行，光映照人。'"这些实际上说的是人的气场。当时人对于人的行为的描述，也受到这种审美理想的支配。《世说新语·任诞》以欣赏笔调描述刘伶放浪形骸的行为正是表现人物气韵的独特方式，其审美见解诚如嵇康《养生论》所说，"精神之于形骸，犹国之有君也……是以君子知形恃神以立，神须形以存"。以智慧和忧伤为内涵的魏晋气韵充分体现了那一时代的人格理想和审美理想，显示出气韵的高度自由感。因此，在《世说新语》中大量出现风姿、风韵、风气、风仪、风情、风量等概念范畴，来显示人物最主要的精神。《言语》篇有"拔俗之韵""天韵"，《言语》《赏誉》《雅量》篇有"风韵"，《识鉴》篇有"雅正之韵"，《雅量》篇有"思韵"，《品藻》篇有"高韵"，《贤媛》篇有"性韵"，《任诞》篇有"风气韵度"，《宋书·王敬传》有"神韵"，《晋书·王坦之传》有"体韵"，《宋书·谢方明传》有"雅韵"，《南齐书·周颙传》有"清韵"，《南史·刘祥传》有"情韵"，《晋书·庾敳传》有"远韵"，《宋书·谢灵运传》有"高韵"，《南史·嗣衡

---

① 汤用彤：《汤用彤学术论文集》，中华书局1983年版。

阳王钧传》有"素韵",《晋书·曹毗传》有"玄韵"。"气""韵"以如此高的频率出现在魏、晋、六朝的人物品藻之中,成为完整的范畴,就呼之而出了。东晋顾恺之的绘画理论明确提出"以形写神",他的理论建筑在这样一个基点上,即以其形似求其神似。这在形神论和气韵美学中处于中介地位,起到了过渡性作用。他认为传神要通过眼睛来实现;另一方面,他又认为神借助于形表现出来,因而对形的要求几乎是苛刻的,不允许有丝毫走形。这跟庄子的理论、跟后代宋朝苏轼的"略形取神"论差别甚大。萧齐谢赫首提"气韵"绘画论,与此相关的,还有"风范气韵""神韵气力"等。"气韵"范畴既与"神似"范畴有联系,又不完全等同,更有美学意味。它在美学渊源上更接近于本体论的元气论。然而,谢赫气韵论和绘画的审美实践又是割裂的,其绘画成果缺少的恰恰是生动的气韵。姚最《续画品》认为谢赫的绘画"写貌人物……意在切似……至于气韵精灵,未穷生动之致;笔路纤弱,不副壮雅之怀"。由此可以看出,"气韵"美学范畴是从形神范畴中孕育而孵化形成的独立美学范畴。

第三节 "气韵"美学范畴的美学史影响

"气韵"美学范畴是从魏晋人物品藻中孕育出来的,尽管它的实践美学色彩很浓,但是集中体现了中国美学的基本特征,因而能够产生深远影响。

自南朝以后,美学界对"气韵"美学竞相阐发。唐代张彦远说:"气韵不周,空陈形似;笔力未遒,空善赋彩,谓非妙也。"[1]元代汪珂玉的《跋六法英华册》论述很充分:"谢赫论画有六法,而首贵气韵生动。盖骨法用笔,非气韵不灵;应物象形,非气韵不宣;随类赋彩,非气韵不妙;经营位置,非气韵不真;传移模写,非气韵不化。"把气韵美学范畴的主体性特征进一步完善和具体化了。气韵在唐和唐以后进一步渗透到文学领域,成为文学的审美范畴。杜甫诗中屡次提到"神"和"元气淋漓"。中唐白居易倡"粹灵之气"说:"天地间有粹灵气焉,万类皆得之,而人居多,就人中,文人得之又居多。盖是气,凝为性,发为志,散为文。"[2]殷璠《河岳英灵

---

[1] 张彦远:《历代名画记》。
[2] 白居易:《故京兆元少尹文集序》。

集》说:"文有神来,气来,情来。"这仍是围绕"气韵"范畴展开的。司空图《诗品·形容》提出"离形得似",孙联奎《诗品臆说》曰:"形容处断不可使粪土木形骸。《卫风》之咏硕人也,曰'手如柔荑'云云,犹是以物比物,未见其神。至曰'巧笑倩兮,美目盼兮',则传神写照,正在阿堵,直把个绝世美人,活活的请出来在书本上滉漾。千载而下,犹如亲其笑貌。此可谓离形得似者矣。"这是对司空图"离形得似"论的具体化。孙联奎还是从人物形象描述求得神似入手的,严羽《沧浪诗话》讲"入神"则扩而大之,触及抒情性诗歌作品,使命题含义具备了"气韵"审美价值,是流转在诗歌底层的淋漓意绪。他说:"诗之极致有一,曰入神。诗而入神,至矣,尽矣,蔑以加矣!惟李、杜得之,他人得之盖寡也。"苏轼《书黄子思诗集后》曾用"气韵"范畴解读李、杜和唐代诗歌现象:"李、杜之后,诗人继作,虽间有远韵,而才不逮意,独韦应物、柳宗元发纤秾于简古、寄至味于淡泊,非余子所及也。"宋代范温《潜溪诗眼》说:"韵者,美之极。"明代陆时雍《诗镜总论》更为明确地论述到"气韵":"有韵则生,无韵则死;有韵则雅,无韵则俗;有韵则响,无韵则沉;有韵则远,无韵则局。物色在于点染,意态在于转折,情事在于犹夷,风致在于绰约,语气在于吞吐,体势在于游行,此则韵之所由生矣。"自此"气韵"又成为文学美学家的审美理想和审美评价标准。陆时雍还认为"阴(铿)、何(逊)气韵相邻"。他对一些实际诗例加以评价,并归结到"气韵"之下:"'相去日以远,衣带日以缓',其韵古。'携手上河梁,游子暮何之',其韵悠。'高台多悲风,朝日照北林',其韵亮……'扣枻新秋月,临流别友生',其韵清……'天际识归舟,云中辨江树',其韵远。"他从总体上认为"凡情无奇而自佳,景不丽而自妙者,韵使之也"。可见,"气韵"是一种本乎自然的素质,不加修饰,纯粹由其本身具备和显示出来,具有本色特征。王世贞诗画论集《艺苑卮言》说:"人物以形模为先,气韵超乎其表,山水以气韵为主,形模寓乎其中,乃为合作。若形似无生气,神彩至脱格,皆病也。"清代王士禛提出"神韵"说,他在《池北偶谈》云:"神韵二字,予向论诗,首为学人拈出。"其实,他的"神韵"说正是一脉相承于"气韵"美学范畴。

六朝所诞生的"气韵"美学范畴,标志着中国美学史的成熟,审美与主体的关系通过范畴美学得到了确定,而更注重于主体功能的发挥和表现。

这一范畴作为美学命题的确立，在中国美学史上产生了极大影响，审美越来越向主体性接近和靠拢，打破了客观规定性。沈括《梦溪笔谈》曾引谢赫的"气韵"论，说明审美的主体性特征，他写道："书画之妙，当以神会，难可以形器求也。世之观画者，多能指摘其间形象、位置、彩色瑕疵而已；至于奥理冥造者，罕见其人。如彦远《画评》言王维画物，多不问四时，如画花往往以桃、杏、芙蓉、莲花同画一景。予家所藏摩诘画《袁安卧雪图》，有雪中芭蕉，此乃得心应手，意到便成，故造理入神，迥得天意，此难可与俗人论也。谢赫云：'卫协之画，虽不该备形妙，而有气韵，凌跨群雄，旷代绝笔。'又欧文忠《盘车图》诗云：'古画画意不画形，梅诗咏物无隐情。忘形得意知者寡，不若见诗如见画。'此真为识画也。"从主体的"气韵"出发，就能打破物理的时空自然特征，从而使审美获得更多更大的自由。总之，六朝"气韵"美学范畴的诞生标志着中国主体性美学的诞生，它对中国美学史的贡献也就在于促进了主体美学、生命美学的巨大发展。

第五编

门类美学

第十六章 绘画美学

第一节 六朝绘画美学与前代之关系

六朝的绘画美学无论是创作形态的作品，还是理论形态的著述，都在中国绘画史上占有重要的地位。中国绘画的理论、技法均由六朝奠定了美学和美学史地位。概乎言之，六朝绘画起始于佛教画，发展为世俗画，形成于人物画，产生了山水画；在美学标准上由形似渐入神似，反映了整个六朝的总体美学要求和审美理想。

东吴时期的曹不兴已经显示了很高的才华和才能。《历代名画记》、朱景玄《唐朝名画录》曾记曹不兴于赤乌元年（238）作青溪赤龙画，孙皓作赞，后宋文帝用之祈雨显圣灵。他的绘画有几大特点：一是追求形似，具有高度逼真感，据《历代名画记》所记，孙权曾叫他"画屏风，误落笔点素，因就成蝇状，权疑其真，以手弹之"；二是讲求临摹，曹不兴曾临摹天竺国的佛像；三是形似和临摹都重视比例和尺度。《太平广记》卷二一〇引《尚书故实》记曹不兴曾经用"五十尺绢画一像，心敏手疾，须臾立成，头面手足，胸臆肩背，无遗失尺度"。曹不兴作为六朝吴代的画家，在审美的艺术实践及经验上给后代以深刻影响，东晋、南朝的人物画审美与之有着明显联系。虽然其间经过了具有中原文化色彩的西晋，但艺术美学的联系却不因朝代的更迭而中断。曹不兴的弟子张墨、卫协在绘画上均享有盛名，《抱朴子》称他们二人为画圣。值得注意的是顾恺之、谢赫对他们的评价。《画品》把张墨、卫协与曹不兴作品同列为上品，说张墨画"风范气候，极妙参神，但取精灵，遗其骨法"，评价卫协画"古画皆略，至协始精。六法颇为兼善。虽不该备形似，而妙有气韵。凌跨群雄，旷代绝笔"。这是具有史的色彩的评价。他认为，卫协画具有"凌跨群雄，旷代绝笔"的划时代意义和超越前人的价值，"古画皆略，至协始精"。在卫协之前的绘画还属于粗放、简略型的，到卫协就变成精致、精约型的了，中国绘画美学史出现了一个重要转折点，整个中国画风、绘画美学出现重大变化。这一变化经过衣冠渡江的南下文化带到了东晋，进而传播到南朝，为东晋、南朝绘画美学做了准备。谢赫是以六法作为审美标准的，六法是一个完整的结体，既重气韵，又重骨法。谢赫欣赏的卫、张富于气韵，只是稍欠骨法，而气韵生动恰恰是六朝绘画美学所需要的。

而谢赫评卫协所言从"略"到"精"是汉代到两晋的重大转折。今人邓以蛰在《画理探微》中对汉代、两晋的绘画美学风格、特征做了这样的比较：

> 吾人观汉代动物，无分玉琢金铸、石雕土范、彩画金错，其生动之致几于神化，逸荡风流，后世永不能超过也。汉代艺术，其形之方式惟在生动耳！生动以外，汉人未到。故其禽兽人物，动作之态虽能刻画入微，但多以周旋揖让，射御驰驱之状出之，盖不能于动作之外有所捉摹耳！又其篇幅结构，徒以事物排列堆砌，不能成一个体，虽画亦若文字之记载然。观于石刻中每群人物，注以名位，水陆飞动，杂于一幅，可知也。汉以后乃渐趋纯净，虽曰佛教输入，于庄静华严之风不无有助，但人物至六朝，由"生动"入于"神"，亦自然之发展也。神者，乃人物内性之描摹，不加注名而自得之者也。如写班姬，不借班姬外表之动作以象征其人，或注其名位，以助了解。画若入神，则班姬神致充足，无须假借。汉代人物毋宁只状动作而非状人。如画老子与孔子，不在老子与孔子其人，而在其一时间之动作。汉画人物虽静犹动，六朝之人物虽动亦静，此最显著之区别。盖汉取生动，六朝取神耳。

虽然汉代绘画的题材仍然在延伸，但是绘画美学的内在格调和气韵却有所变化，绝少祯祥瑞气。汉魏绘画美学功利主义色彩较浓，最典型的是曹魏时曹植《画赞并序》云："观画者见三皇五帝，莫不仰戴；见三季暴主，莫不悲惋；见篡臣贼嗣，莫不切齿；见高节妙士，莫不忘食；见忠节死难，莫不抗首；见放臣斥子，莫不叹息；见淫夫妒妇，莫不侧目；见令妃顺后，莫不嘉贵。是知存乎鉴者,图画也。"这就明确地提到"图画"是用以"鉴"的,有着鲜明的功利目的。虽然曹植也谈到"图画"所引起的情感作用,但其落脚点则是伦理效应。然而,在东晋、南朝的绘画美学理论中却绝少这种论述,它们所涉及的都是具体的审美创造和鉴赏中的问题,属于具体的艺术论,这是汉魏及于两晋南朝的重要变化。而西晋画风又对东晋、南朝产生了深刻影响。这就是魏、晋、六朝绘画美学之脉流。整个六朝诞生了四大画家:东吴曹不兴,东晋顾恺之,刘宋陆探微,萧梁张僧繇。而萧齐谢赫《画品》,收画家二十七人,陈代姚最《续画品》收二十人,唐代张彦远《历代名画记》所收南朝画家计七十七人,其中刘宋二十八人,萧齐二十八人,萧梁二十人,陈代一人。另外,六朝还诞生了绘画美学家。这就出现了中国绘画美学史上的灿烂期。

第二节 顾恺之的画论与绘画

顾恺之,字长康,小字虎头,晋陵无锡(今江苏无锡)人。其父顾悦之,官至尚书右丞。顾恺之与当时的权臣名将桓温等过从甚密,《世说新语》多有记载。《世说新语》注引宋明帝《文章志》说:"恺之为桓温参军,甚被亲昵。"即甚得倚重。桓温常邀顾恺之纵谈书画,桓死后,顾"拜宣武(桓温)墓",作诗云:"山崩溟海竭,鱼鸟将何依。"山崩海竭,鱼鸟无所凭依了,顾恺之与桓温之关系,顾对桓之情感,可见一斑。人问之曰:"卿凭重桓乃尔。哭之状其可见乎?"顾恺之回答说:"鼻如广莫长风,眼如悬河决溜。或曰,声如震雷破山,泪如倾河注海。"这种夸张性的比喻,倒表现了顾恺之的痛哭之状和情感之深。

顾恺之为殷仲堪参军,"亦深被眷接"[①],曾为殷画像。他与桓玄(即桓温之少子)亦有过从,他曾精选一橱画,加封后寄存于桓玄那里,桓玄从橱背后把画盗走,而封条未动,又把橱还给顾恺之,顾悠然笑曰:"妙画通灵,变化而去,亦犹人之登仙也。"

《晋书》本传说顾恺之有"三绝":画绝、文绝、痴绝。痴绝,是指性

---

① 房玄龄等:《晋书·顾恺之传》。

格而言，指顾恺之的智慧、憨厚，上举顾恺之笑答桓玄盗画一事即其例。顾恺之的痴绝是有遗传基因的，其父顾悦之与东晋简文帝"同岁，而头早白，帝问其故。悦之对曰：'松柏之姿，经霜益茂；蒲柳常质，望秋先零。'帝悦"。就顾恺之本人而言，《建康实录》曾载其几件事：

> 尝好食甘蔗，每食，自尾至末。或问其故。曰："渐入嘉境。"
>
> 曾为殷仲堪镇南府参军，将下都，给布帆，至破冢，遇风船破。遗仲堪书曰："地名破冢，真从破冢中出。行人平安，布帆无恙。"
>
> 为人好隐，桓玄尝以柳叶遗之曰："此蝉所翳叶也，取以自蔽，人不见己。"恺之深信。及玄造之，将叶鄣身，玄就溺之，恺之大喜，以玄实不见己也。

就因为这些原因，顾恺之被人称为"三绝"。

《画断》曾对东晋、南朝三大画家的成就做过这样的比较："象人之美，张得其肉，陆得其骨，顾得其神，神妙无方，以顾为最。"恺之居于第一位。谢安击节赞赏："有苍生以来，未之有也。"[①]宋徽宗时所编《宣和画谱》对顾恺之的绘画评价亦无以复加："天才杰出，独立无偶，妙造精微，虽荀、卫、曹、张，未足以方驾也。"他为瓦官寺维摩诘像点睛事已成绘画佳话，他的绘画审美水平就在点睛上，就在对眼睛的理解和处理上。《世说新语·巧艺》载，顾恺之"画人，或数年不点目精。人问其故，顾曰：'四体妍蚩，本无关于妙处；传神写照，正在阿堵中。'"他的画善于表现和传达对象的内在精神和韵味，《世说新语·巧艺》载顾恺之把谢鲲放在岩石里画其像，"人问其所以，顾曰，谢云'一丘一壑，自谓过之'。此子宜置丘壑中"，以此表现对象寄情山水丘壑之精神。他的绘画既重写实性品格，又不是原样不差地实绘，他寻求艺术化或审美化的写实。

顾恺之画工精绝，因为他不是一名纯粹的画匠，而是一名有着深湛文化涵养的绘画美学家、文学家，深厚的文化素质滋养着他的画美学。《世说新语·言语》载：

> 桓征西治江陵城甚丽，会宾僚出江津望之，云："若能目此城者，有赏。"顾长康时为客在坐，目曰："遥望层城，丹楼如霞。"桓即赏以二婢。

[①] 房玄龄等：《晋书·顾恺之传》。

> 顾长康从会稽还，人问山川之美。顾云："千岩竞秀，万壑争流。草木蒙笼其上，若云兴霞蔚。"

这是用以说明六朝自然山水意识的典型材料，然而也适足表现顾恺之的自然山水审美观和他对自然山水的审美敏感。他写有《神情诗》："春水满四泽，夏云多奇峰。秋月扬明辉，冬岭秀寒松。"这是对四季景象的优美描述。《世说新语》根据顾恺之《拜宣武墓》诗，认为"固知其能诗也"。《晋书·顾恺之传》云恺之"为吟咏，自谓得先贤风度"。钟嵘《诗品序》认为"长康能以二韵答四首之美……文虽不多，气调警拔"。可见其美学素养和文学素养甚深。

《世说新语》载，"桓温云，顾长康体中痴黠各半"，他的性格既痴且黠，他的黠表现为智慧、聪明和诙谐，《晋书》本传说："恺之好谐谑，人多爱狎之。"他是一位有着个性气质，又有着六朝名士风度的画家。顾恺之写有《筝赋》："其器也，则端方修直，天隆地平，华文素质，烂蔚波成。君子喜其斌丽，知音伟其含清。馨虚中以扬德，正律度而仪形。良工加妙，轻缛璘彬；玄漆缄响，庆云披身。"可见他音乐素养亦颇高。

顾恺之的《洛神赋图》，现藏故宫博物院，是据曹植著名的《洛神赋》所作，为顾恺之绘画之精品。曹植此赋是否别含象征内容，那是作者和文学鉴赏家的事情。作为画家，顾恺之所注重的是此赋的文本意象，他把它视为一种爱情生活，在对原赋充分理解、体验和艺术化想象的基础上，把赋中所描述的意象充分画面化和审美化。画卷展现了赋所描述的全过程：从洛水之边，"睹一丽人，于岩之畔"，到最后洛神远去，"于是背下陵高，足往神留，遗情想像，顾望怀愁"，"揽骓辔以抗策，怅盘桓而不能去"。画家根据这一题材的神话化特征，加以进一步的具象化和想象化，描述了洛神驾龙舆而腾空的情景。赋中"体迅飞凫，飘忽若神。陵波微步，罗袜生尘。动无常则，若危若安。进止难期，若往若还。转眄流精，光润玉颜。含辞未吐，气若幽兰"是最为动人的描述，也成为全轴画最有魅力之所在。画作传达了原赋的精神，又不是简单的演绎，而是有着画家自身的艺术审美体验，是画家诗意化的再创造和再描绘。正因为顾恺之特别善于描绘人物的神志情态，又善于进行装饰性很强的渲染，以形成艺术的美学氛围，才使得《洛神赋图》成为中古绘画美学史上之杰构。

后代对顾恺之的绘画审美成就做出了很高的评价，如汤垕《画鉴》写道:"顾恺之画如春蚕吐丝,初见甚平易,且形似时或有失;细视之,六法兼备,有不可以语言文字形容者。曾见《初平起石图》《夏禹治水图》《洛神赋》《小身天王》,其笔意如春云浮空,流水行地,皆出自然。傅染人物容貌,以浓色微加点缀,不求晕饰。"《历代名画记》称赞道:"顾恺之之迹,紧劲联绵,循环超忽,调格逸易,风趋电疾,意存笔先,画尽意在,所以全神气也。"

顾恺之的绘画美学成就和他的这些成就之所以能获得后代的盛誉,正是导因于他的美学思想。《世说新语·巧艺》载:"顾长康画裴叔则,颊上益三毛,人问其故,顾曰:'裴楷隽朗有识具,正此是其识具。'看画者寻之,定觉益三毛如有神明,殊胜未安时。"为了增添人物的"神明",不惜改变形象的本体形态,这是顾恺之重神似的美学思想体现。

《晋书·顾恺之传》载:"恺之每重嵇康四言诗,因为之图,恒云:'手挥五弦易,目送归鸿难。'""手挥五弦,目送归鸿"是嵇康《兄秀才公穆入军赠诗十九首》中的名句,顾恺之对这两句的理解、分析是前易后难,即动作描述易,而目送归鸿的神情描述难。他对难易的比较确定,正体现了他重神韵的美学思想。

重神明、神韵是六朝普遍的审美理想。而六朝人所理解的神明,其外在表现形态是眼睛,须发等等不"关于神明"。《世说新语·贤媛》记:"王尚书惠尝看王右军夫人,问:'眼耳未觉恶不?'答曰:'发白齿落,属乎形骸;至于眼耳,关于神明,那可便与人隔?'"《世说新语·排调》亦记:"王子猷诣谢万,林公先在坐,瞻瞩甚高。王曰:'若林公须发并全,神情当复胜此不?'谢曰:'唇齿相须,不可以偏亡。须发何关于神明!'林公意甚恶,曰:'七尺之躯,今日委君二贤。'"这样,人五官中的眼睛便成为"神明"的集中表现,绘画中便有画眼睛的著名美学命题。这一命题正是由顾恺之提出,并以其人物画而展现的。《太平御览》卷七〇二和七五〇曾引《俗说》云顾虎头为人画扇,作嵇、阮,而都不点睛,曰:"点睛便欲语。"画眼睛在人物画中之地位被强调得十分突出。

顾恺之还提出了"晤对通神"论,《历代名画记》记顾恺之所论云:

> 人有长短,今既定远近以瞩其对,则不可改易阔促,错置高下也。凡生人亡有手揖眼视而前亡所对者,以形写神而空其实对,荃生之用乖,传神之趋失矣。空其实对则大失,对而不正则小失,不

  可不察也。一象之明昧，不若晤对之通神也。

所谓"晤对通神"就是绘画不要过多地注意人物本身的明暗色调，而应该重视所画的对象与环境的关系，使人物能与周围环境发生交流和沟通，强调的是"以形写神"，是形象的"传神"——主体和客体、形象和环境之间处在"晤对"状态之中，充分体现形象的内在精神。然而，顾恺之也没有轻视"形"在绘画中的作用，例如他评点《小列女》云："作女子尤丽衣髻，俯仰中，一点一画皆相与成其艳姿，且尊卑贵贱之形，觉然易了。"在绘画艺术描述中，一点一画都要有助于表现人物的"艳姿"。正是在表现"形"的生动性上，他批评《周本纪》，尽管"重迭弥纶有骨法"，整个画面完整，艺术有骨法，但"人形不如《小列女》"。

  顾恺之在"形"论上的最大贡献是对形的精确化而又微妙性的要求，这一审美要求进一步所形成的审美标准体现并代表了六朝精致化的审美理想。例如，他评点《北风诗》一画道："美丽之形，尺寸之制，阴阳之数，纤妙之迹，世所并贵。""阴阳之数，纤妙之迹"，正是人们所看重和欣赏的。《历代名画记》曾记有顾恺之的另一论述："写自颈以上，宁迟而不隽，不使远而有失。其于诸像，则像各异迹，皆令新迹弥旧本。若长短、刚软、深浅、广狭与点睛之节，上下、大小、浓薄，有一毫小失，则神气与之俱变矣。"这为绘画的造型艺术审美提出了严格甚至是苛刻的要求和规定。可见，顾恺之所要求的是以精确之形传对象灵动之神。例如他评点《醉客》："作人形，骨成，而制衣服幔之，亦以助醉神耳。"衣服之形传送人物之神，这幅画成为体现他美学思想的适例。反之，他批评《小列女》："面如银，刻削为容仪，不尽生气。又插置丈夫支体，不以自然。"缺乏生气亦即缺乏神，同时又不够自然生动。

  顾恺之的传神论在后代的影响甚大。《历代名画记》着意提醒人们要注意顾恺之画的神，不要拘泥于画面的表层。"顾公运思精微，襟灵莫测，虽寄迹翰墨，其神气飘然在烟霄之上，不可以图画间求。"宋代苏轼《传神记》写道："凡人意思各有所在，或在眉目，或在鼻口，虎头云：'颊上加三毛，觉精采殊胜。'则此人意思盖在须颊间也。优孟学孙叔敖抵掌谈笑，至使人谓死者复生，此岂举体皆似，亦得其意思所在而已。使画者悟此理，则人人可以为顾、陆。"

  顾恺之的绘画论还有著名的"迁想妙得"说，他认为，画人物最难，其次是山水，再次是狗马。台榭是一定的形器，它"难成而易好"，不需要"迁想妙得"。人物画的创作水平是无法估量的，即使是巧于计算的人也难于品定。而人物画最需要"迁想妙得"，所谓"迁想"就是艺术想象，"妙得"就是艺术思维突然所获之"妙"。作为一个美学命题，它精彩地说明了创作中思维心态的特征，是对陆机《文赋》所阐发的艺术思维想象活动"耽思傍讯，精骛八极，心游万仞""笼天地于形内，挫万物于笔端"的发展。"妙"是"众妙之门"的"妙"，是六朝人对美学本体特征的一种体认和确定。"迁想"与"妙得"之间又存在着某种联系。"妙得"即获得美学的本体性体认，这又是依靠"迁想"艺术思维功能的发挥来实现的。因此，"迁想妙得"就不是艺术构思材料通过艺术想象所连缀获取的方式、形式，而是艺术审美活动中获得本体特征和内蕴的思维方式、形式。这样，它就不属于一般的创作论而属于审美论了。"迁想"在本体意义上是指艺术家在审美活动中突破有限的对象实体进行自由舒展的想象性活动，它具有最大最充分的自由性，没有拘泥，这才会有顾恺之给裴叔则颊上添了三毛的故事。《晋书·裴楷传》记，裴叔则"风神高迈，容仪俊爽，博涉群书，特精理义，时人谓之玉人"。基于此，顾恺之才会发此奇想，"迁想"其颊上有"三毛"，从而得其"玉人"之妙。

玄学的精神特征是突破有形、有名、有限而走向无形、无名、无限。这使得玄学中人往往精神、意识高度自由，无所拘制，这便奠定了"迁想妙得""以形写神"的玄学哲学基础。顾恺之的画论代表东晋玄学在绘画美学理论上的最高水平，他的绘画成果又代表了东晋绘画审美的最高成就，而他自身绘画审美创作的最大成就在线条上。他改变了前代的线条对象规定性，而以主体性作为线条选择和运用的依据。《历代名画记》说他的线条"紧劲联绵"，就是说顾恺之用笔充分地发挥线条流利绵延不绝的优点，出现紧劲的笔墨特征。这种线条运用方法确实是"有苍生以来，未之有也"，所取得的线条艺术审美成就也是空前的。

总的来说，顾恺之的画论和绘画艺术都是那个时代艺术精神的产物，代表了它的最高水平。

第三节　宗炳的山水画

宗炳，字少文，南阳涅阳（今河南镇平）人，生于东晋孝武帝宁康三年（375），卒于宋文帝元嘉二十年（443），《宋书》有传。其祖父宗承，曾任宜都太守；父宗繇之，曾任湘乡令；母师氏"聪辩有学义，教授诸子"。

宗炳一生的特征表现为隐逸风调，先有"刺史殷仲堪、桓玄并辟主簿，举秀才，不就"；后有晋武帝"辟炳为主簿，不起"。问他是什么缘故，回答说："栖丘饮谷，三十余年。"忘情于世事俗情，则会另外寻求人生和生活道路，"妙善琴书，精于言理，每游山水，往辄忘归"，这条人生道路就其内涵而言是审美道路，含有很浓的美学色彩。宗炳对山水有着深深的兴趣，这对他撰写《画山水序》有很大的作用。他还曾经"下入庐山，就释慧远考寻文义"，与当时的庐山高僧慧远有过从，其《明佛论》曾有揭示："昔远和尚澄业庐山，余往憩五旬。高洁贞厉，理学精妙，固远流也。其师安法师，灵德自奇，微遇比丘，并含清真，皆其相与素洽乎道，而后孤立于山。是以神明之化，邃于岩林，骤与余言于崖树涧壑之间，暧然乎有自言表而肃人者。凡若斯论，亦和尚据经之旨云尔！"他接受佛教思想是十分自然的，这对于了解宗炳之全人至关重要，《宋书·宗炳传》言其"精于言理"，显然是指玄学而言，这从《宋书·张敷传》中的一段记载可以看出：

性整贵，风韵端雅，好玄言，善属文。初，父邵使与南阳宗少文谈系象，往复数番，少文每欲屈，握麈尾叹曰："吾道东矣。"于是名价日重。

这比较清楚地显现出了宗炳的人生及其意识。其一是隐逸意识。除了前面所引的拒征史实外，《宋书》本传还提供了他下列的事实："（宋武帝）辟太尉掾，皆不起。""宋受禅，征为太子舍人，元嘉初，又征通直郎；东宫建，征为太子中舍人，庶子，并不应……衡阳王义季在荆州，亲至炳室，与之欢宴，命为咨议参军，不起。"其二是佛家意识。其三是玄学意识。这三种意识是互通而不是互斥的。同时，他又有"居丧过礼"的伦理道德和对情的钟爱。其妻殁，"炳哀之过甚"。而且他像六朝时的许多艺术家那样，具有多方面的才情和才能。

宗炳兼擅山水画和人物画，《历代名画记》曾记他有多种画传世："《嵇中散白画》《孔子弟子像》《狮子击象图》《颍川先贤图》《永嘉邑屋图》《周礼图》《惠持师像》并传于代也。"六朝时人物画已经成熟，山水画尚在发萌，宗炳的山水画揭开了六朝的山水画序幕，他的《画山水序》是中国绘画史上第一部山水画论，具有很高的美学价值。其序的主要内容是：

> 圣人含道应物，贤者澄怀味象。至于山水，质有而趣灵，是以轩辕、尧、孔、广成、大𬴂、许由、孤竹之流，必有崆峒、具茨、藐姑、箕首、大蒙之游焉，又称仁智之乐焉。夫圣人以神法道而贤者通，山水以形媚道而仁者乐，不亦几乎？余眷恋庐、衡，契阔荆、巫，不知老之将至。愧不能凝气怡身，伤跕石门之流，于是画象布色，构兹云岭。
>
> 夫理绝于中古之上者，可意求于千载之下；旨征于言象之外者，可心取于书策之内。况乎身所盘桓，目所绸缪，以形写形，以色貌色也。且夫昆仑山之大，旷子之小，迫目以寸，则其形莫睹；迥以数里，则可围于寸眸；诚由去之稍阔，则其见弥小。今张绡素以远映，则昆、阆之形可围于方寸之内。竖划三寸，当千仞之高；横墨数尺，体百里之迥。是以观画图者，徒患类之不巧，不以制小而累其似，此自然之势。如是，则嵩、华之秀，玄牝之灵，皆可得之于一图矣。
>
> 夫以应目会心为理者，类之成巧，则目亦同应，心亦俱会，应会感神，神超理得，虽复虚求幽岩，何以加焉？又神本亡端，栖形感类，理入影迹，诚能妙写，亦诚尽矣。于是闲居理气，拂觞鸣琴，披图幽对，坐究四荒，不违天励之丛，独应无人之野。峰岫峣巍，云林森渺，圣贤映于绝代，万趣融其神思。余复何为哉？畅神而已，神之所畅，孰有先焉？

内容甚为丰富、深刻，其美学基本要点是：

澄怀味象。这不仅是中国绘画美学，而且是中国美学的重要命题，具有很浓的道家美学思想色彩。所谓"澄怀"，就是心灵净化、胸怀澄明。《老子·十章》曰："涤除玄鉴，能无疵乎？"人的心灵、胸次经过洗涤、过滤、净化以后达到完全超越物欲的境地，便一片空明。这是审美所必须具备的心境和心态，也是老庄所要求的观物心境和心态在美学上的体现。在老庄看来，要把握对象之本体，直入对象世界，其主体则应"坐忘",入于"无己""无功""无名"之境。《老子·十六章》写道:"致虚极,守静笃。万物并作,吾以观复。"这是主体进入观照阶段的必备心理。所谓"味象",就是玩味、体味、寻味宇宙万象的形态及其所包孕的意味、意义、意蕴。宗炳把对"象"的观照、体察用"味"来表述,是对观照所做的最佳概念表述,体现了六朝美学运用体味方式的观念特点,这正体现并影响着中国美学最根本的观念特点。而"澄怀"与"味象"之间的关系表现为前者是后者的心理前提和条件,只有澄怀,抱着虚静、坐忘的心态才能"味象","味象"则是"澄怀"的目的。

宗炳所做的上述论述,最终是用以说明山水自然的。"至于山水,质有而趣灵","质有"是指形态,是含有某种质的存在;"趣灵"就内蕴而言,导向灵机玄妙,这便确定了自然山水的基本性质和属性。他举出实例,轩辕、尧、孔等人有山水之游,获得过仁智之乐。所谓仁智之乐,语源《论语》:"智者乐水,仁者乐山。"仁者智者,分别从山水中获得适合于自己的对象化特征。于是便出现了一个具有两重关系的论述:"圣人以神法道"与"山水以形媚道"。"圣人以神法道"和"圣人含道应物"之"道"都是指佛老合一的那个"道",而山水作为"质有而趣灵"的存在"以形媚道",以外在之形媚惑内在之道。这就从哲学美学的高度揭示了山水和"道"、客体和主体之间的深刻关系,在总的意识范畴上是六朝"以玄对山水"的意识体现。山水是主体澄怀味象之对象,也是主体之"道"的负载对象,于是,山水便进入主体的审美范围。这里,宗炳从极高的审美品位上规范了山水审美的根本属性,从而为当时山水画的兴起做了理论准备,促进了山水画这一后起的画种在六朝的发展。

正因为怀着澄怀味象的目的,宗炳进行着他的山水画创作:"余眷恋庐、衡,契阔荆、巫,不知老之将至。愧不能凝气怡身,伤跕石门之流,于是画象布色,构兹云岭。"他深深地热爱和眷恋着山山水水,"不知老之将至",但心有余而力不足,无法做山水之远游,"于是画象布色,构兹云岭",山水画便成为山水之志、山水审美意识的替代与满足手段、载体。这和《宋书》本传所记出于同一机杼:

> 好山水,爱远游,西陟荆、巫,南登衡岳,因而结宇衡山,欲怀尚平之志。有疾还江陵,叹曰:"老疾俱至,名山恐难遍睹,惟

当澄怀观道，卧以游之。"凡所游履，皆图之于室，谓人曰："抚琴动操，欲令众山皆响。"

宗炳所说的"澄怀观道""澄怀味象"，以及"卧游"（心游、神游）的独特方式、抚琴震山等都有着极高的审美趣味，最具审美情调。这种"游"才是真正的山水之游。

宗炳说："夫理绝于中古之上者，可意求于千载之下；旨征于言象之外者，可心取于书策之内。况乎身所盘桓，目所绸缪，以形写形，以色貌色也。"对于古代已经湮没之理论，可在千载之下以意求之，从书典之中可以寻觅超越于言象的微旨妙义。至于自然山水，则是主体亲身游历过的，又是主体亲目所观赏到的，它具备着"形"和"色"，因此画家完全可以以艺术的线条图形去表现对象——山水之形，即"以形写形"；以艺术的色彩去绘描对象——山水之色，即"以色貌色"。这阐述的绘画艺术中的写实品格问题，即以感性的图形和色彩去表现对象本身所存在的图形和色彩。然而，宗炳又没有停留在感性的现象层面论述上，他的理论触须深入一个深度层次上："夫以应目会心为理者，类之成巧，则目亦同应，心亦俱会。应会感神，神超理得，虽复虚求幽岩，何以加焉？又神本亡端，栖形感类，理入影迹，诚能妙写，亦诚尽矣。""应目会心""应会感神"是最得美学神髓的命题。诚然，美的对象应之于目，给人以视觉官能感受，但美感更重要、更主要的是心感，是心灵的感受，会心领略，"应会感神"。绘画者于山水画中所表现的，不仅是"形"和"色"，而且是"神"，这是审美活动中最主要的对象性内容。虽然"神本亡端"，神本来是飘忽微茫的，空灵虚幻的，前无端后无尾的，但主体在对象身上所要表现和寄寓的恰恰就是这些无端无迹之神，只有这样才能增加对象的美学神韵。这是对绘画艺术的美学属性最基本、最根本的确定：绘画美学既是有形的、感性的，又是无形的、空灵的。因而对于绘画的艺术欣赏，其完备的图式是："应目"即视觉感应和"会心"即心灵契合的结合。这是对中国绘画美学的第一次深刻而正确的论述。

竖划三寸，当千仞之高。这是就绘画的审美艺术概括方式和传达手段而言的，在解决了绘画美学根本属性的基础上提出了其根本特征的问题。宗炳说道，昆仑山何其大也，而人的眼瞳却何其小，如果在近距离内观照，则没有办法看到山的形状；如果在数里外去观照，则会映入眼眸之中。"今张绡素以远映,则昆、阆之形可围于方寸之内",由此,宗炳提出了艺术体现中一个十分重要的命题:"竖划三寸,当千仞之高;横墨数尺,体百里之迥。是以观画图者,徒患类之不巧,不以制小而累其似,此自然之势。"这个命题的内涵就是艺术概括,包含着深刻的艺术审美辩证法原理:以小见大。任何艺术都无法原样地描述对象,绘昆仑之大,则无昆仑之大的绢素,这便给艺术绘画提出缩龙成寸的要求,在"三寸""数尺"上描绘对象的巨硕无朋。最值得注意的是"当""体",不是原样缩小的实录,而是近似表达和体现,"不以制小而累其似",是表现手段和感觉经验的基本接近,从而从总的形态和基本精神上表现对象。"当""体"包含着艺术是表现这一基本意义,如果能这样认识进而表现绘画艺术的特征,则"嵩、华之秀,玄牝之灵,皆可得之于一图矣",山山水水、造化自然,都成之于画图之中了。

畅神。这讲的是绘画的美学欣赏问题。"闲居理气,拂觞鸣琴,披图幽对,坐究四荒",审美欣赏和审美创作一样,同样需要"澄怀""闲居理气",处于一种特定的心理状态和精神氛围中。只有这样,才能进入审美欣赏的对象世界。这时的山水画意象,"峰岫峣嶷,云林森渺,圣贤映于绝代,万趣融其神思",内蕴着神采,也就是美的精神。由此可见,艺术及艺术欣赏的目的是什么呢?宗炳确定为"畅神而已"——精神上得到满足、舒畅,获得美的感觉享受,这就是山水画艺术欣赏的最终目的,也是其效应。这样也就把山水画的艺术功能和艺术效应从功利主义和宗教神学中解脱出来,走向主体自身。这是宗炳《画山水序》的美学史意义。

第四节　陆探微、张僧繇及其他南朝画家

陆探微,刘宋时吴人,是东晋、南朝三大画家之一,在人物肖像画的成就方面,《画断》曾说"陆得其骨神"。谢赫的《画品》把陆探微的画列为上品。陆探微的画风关键在"骨"上。张怀瓘《历代名画记引》对陆探微的绘画成就做了这样的评述:"参灵酌妙,动与神会,笔迹劲利,如锥刀焉。秀骨清像,似觉生动,令人懔懔,若对神明。"陆探微人物画的最大特点是"秀骨清像",形象虽瘦削但十分清癯、秀气,这正体现并代表了六朝时的绘画审美理想和整个时代的审美理想。人们称"陆得其骨",正是说陆画表

现了秀骨之审美特征。同时，陆探微的笔法有其自身的特点，"劲利如锥刀"，又如《历代名画记》所说，有"一笔画"之称，线条"连绵不断"。陆探微之后，其子陆绥、陆弘肃及传人顾宝光、袁倩、袁质、江僧宝等，亦都有较高成就，得陆门真传。

张僧繇，萧梁时吴人，天监中直秘阁知画事，又曾任右军将军、吴兴太守，梁武帝累命其作寺院壁画。《历代名画记》载："武帝崇饰佛寺，多命僧繇画之，时诸王在外，武帝思之，遣僧繇乘传写貌，对之如面也。"姚最《续画品》称张僧繇"善画塔庙，超越群工。朝衣野服，今古不失，奇形异貌，殊方夷夏，实参其妙"。他在绘画美学上的最大成就是突破传统，吸受西域晕染法，创立了凹凸画法，这是具有划时代意义的巨大贡献。正因为如此，唐代李嗣真《续画品录》称赞道："至于张公，骨气奇伟，师模宏远。岂惟六法精备，实亦万类皆妙。"关于张僧繇的绘画有许多美妙的传说，例如，他为安乐寺画四条龙而不点睛，在别人一再要求下，他方肯点睛，刚给二龙点上，便有雷电轰鸣，破壁而去，另二龙因未点睛，故尚留之壁上，这是形容张画的点睛传神之力。又传说，润州兴国寺有梁上鸠鸽粪着佛头，张僧繇东壁画一鹰，西壁画一鹞，鸠鸽疑为真，遂不敢再来。这些传言都说明张画的造化之功。但张僧繇是一位不依恃才华而勤奋不勉的画家，《续画品录》称他"俾昼作夜，未曾倦怠……手不释笔，但数纪之内，无须臾之闲"。张僧繇用的是疏体画法，突破了顾、陆的密体画法。顾、陆笔墨线条连绵不断，而张只施笔一二便像貌皆出，"笔才一二，而像已应焉"。"离披点画，时见缺落，此虽笔不周而意周也"，其"点、曳、斫、拂，依卫夫人《笔阵图》。一点一画，别是一巧，钩戟利剑森森然"①。不求线条的周全细密，而是求其气韵流走，笔虽不周而意周，笔虽不到而意到，突破线条的形式制约，在气韵贯通中弥补线条之不足，唤起人们的经验感受，表现出流动的韵致。这是张僧繇的创造，其独特的审美趣味刷新了六朝、中古绘画美学史。

南朝的其他著名画家，还有顾景秀，刘宋时人。据《建康实录》载：

> 初，孝武赐戴蝉雀扇，善画人顾景秀所画。时吴郡陆探微、顾彦先皆能画，叹其巧绝。戴因王晏献之，上令晏厚酬其意。

顾景秀的蝉雀画成就很高，连名重一时的画坛巨擘陆探微也"叹其巧绝"。

---

① 张彦远：《历代名画记》。

南朝时仕女画也颇盛行，有刘瑱、沈粲、解倩、江僧宝等专事此类画的画家。另有善画马的画家毛惠远。

特别应当提出的是帝王画家——梁元帝萧绎。他"聪悟俊朗，天才英发"，"性爱书籍"，因"眇目"——瞎了一只眼，故"多不自执卷，置读书左右，番次上直，昼夜为常，略无休已，虽睡，卷犹不释。五人各伺一更，恒致达晓。常眠熟大鼾，左右有睡，读失次第，或偷卷度纸。帝必惊觉，更令追读，加以榎楚"。如此读书，可谓超常刻苦，但治国之略却不善，他自己也坦然承认："我韬于文士，愧于武夫。"[1]侯景谋臣王伟就很瞧不起萧绎，说："项羽重瞳，尚有乌江之败，湘东（萧绎曾封为湘东王）一目，宁为四海所归？"[2]他擅长绘画，在《谢上画蒙敕褒赏启》中言自己"簿领余暇，窃爱丹青"。姚最《续画品》评价他"天挺命世，幼禀生知，学穷姓表，心师造化，非复景行所能希涉。画有六法，真仙为难。王于像人，特尽神妙，心敏手运，不加点治。斯乃听讼部领之隙，文谈众艺之余，时复遇物援毫，造次惊绝，足使荀、卫阁笔，袁、陆韬翰"，不免有媚言溢美之处，但也描述了一个基本轮廓，提供了他的绘画成就在于"像人"的消息。其人物画有为各国朝贡者所绘之《职贡图》，其序云："尼丘乃圣，犹有图人之法；晋帝君临，实闻乐贤之象。甘泉写阏氏之形，后宫玩单于之图。"而他绘《职贡图》的目的是"如有来朝京辇，不涉汉南，别加访采，以广闻见"。从萧绎所写《谢上画蒙敕褒赏启》《谢东宫赉陆探微画启》《谢敕送齐王瑞像还启》等"启"文来看，当时武帝、东宫时有名画赏赠。在绘画理论方面，署萧绎名之《山水松竹格》说："设奇巧之体势，写山水之纵横，或格高而思逸，信笔妙而墨精。"并为山水画法做了若干规定："云中树石宜先点，石上枝柯末后成。高岭最嫌林刻石，远山大忌学图经。"但《四库全书总目提要》认为，此文不类六朝人语，系伪托之作。

第五节　王微的《叙画》

王微，刘宋人，《宋书》有传，称其"少好学，无不通览，善属文，

---

[1] 李延寿：《南史·梁本纪》。
[2] 李延寿：《南史·王伟传》。

能书画,兼解音律、医方、阴阳术数"。屡有征辟,却"素无宦情,称疾不就"。可见,王微是淡于名利的人,在淡泊无争的状况中生活,《宋书》本传曾记其"常住门屋一间,寻书玩古,如此者十余年"。他亦是玄学一路中人,在《报何偃书》中自谦"吾真庸性人耳,自然志操不倍王(戎)、乐(广)"。

王微在文学上多有成就,钟嵘《诗品》录其《杂诗》:"思妇临高台,长想凭华轩。弄弦不成曲,哀歌送苦言。箕帚留江介,良人处雁门。讵忆无衣苦,但知狐白温。日暗牛羊下,野雀满空园。孟冬寒风起,东壁正中昏。朱火独照人,抱景自愁怨。谁知心曲乱,所思不可论。"并列其为中品,与谢瞻、谢混、袁淑、王僧达诗同属一品。王微自己曾在《与从弟僧绰书》中表述了自己的文学见解:"文词不怨思抑扬,则流澹无味。文好古,贵能连类可悲,一往视之,如似多意。"

王微又是一位山水画家,他在给何偃的信中谈到自己画山水之爱好:"性知画绘,盖亦鸣鹄识夜之机,盘纡纠纷,或记心目,故兼山水之爱,一往迹求,皆仿像也。"谢赫《画品》把王微和史道硕同列,认为在师承关系上,他们"并师荀、卫",均师承荀勖、卫协,但又"各体善能",各有自己所擅,"王得其细,史传似真"。王的画风细腻深密,与文风之"密而无裁"相一致,反映出王微在文学艺术上所共尚的艺术风格和品性。他的文学艺术素养和绘画艺术实践为作《叙画》打下了雄厚的基础。《叙画》云:

辱颜光禄书,以图画非止艺,行成当与易象同体。而工篆隶者,自以书巧为高。欲其并辩藻绘,核其攸同。

夫言绘画者,竟求容势而已。且古人之作画也,非以案城域,辩方州,标镇阜,划浸流,本乎形者融灵,而动者变心。止灵亡见,故所托不动;目有所极,故所见不周。于是乎以一管之笔,拟太虚之体;以判躯之状,画寸眸之明。曲以为嵩高,趣以为方丈。以叐之画,齐乎太华。枉之点,表夫隆准。眉额颊辅,若晏笑兮。孤岩郁秀,若吐云兮。横变纵化,故动生焉。前矩后方出焉,然后宫观舟车,器以类聚,犬马禽鱼,物以状分,此画之致也。

望秋云,神飞扬;临春风,思浩荡。虽有金石之乐,珪璋之琛,岂能仿佛之哉!披图按牒,效异山海。绿林扬风,白水激涧。呜呼!岂独运诸指掌,亦以明神降之,此画之情也。

王微《叙画》的内涵是"画之致"和"画之情",即绘画的审美技术传达手段和审美主体的情感表现。他界定了山水画的根本属性是审美,而不是应用,明确说到山水画"非以案城域,辩方州,标镇阜,划浸流",即不是舆地图,而是一种艺术品,具有审美功能,在根本上是"本乎形者融灵,而动者变心"的,它在有形画体内隐含着"灵",这个"灵"就是审美主体的灵性。而"止灵亡见,故所托不动",如果形中无灵,则内在无灵动之美,无生机可言。对于人来说,"目有所极",视觉范围和视觉功能都有一定的限制和局限,因而"所见不周"。为了弥补自然视觉之不足,便有了绘画,有了山水画,"一管之笔,拟太虚之体",一杆画笔描绘出内蕴着太虚灵机的山水;"以判躯之状,画寸眸之明",以画面上之有形山水,表现出目之所及之明,即神。这样,山水就不是自然性质的,而带有主体性能了,山水画完全不是地理图经,而是主体灵性的负载体,因而"披图按牒,效异山海"。可见,王微认为山水画是美的存在,是美的观念的存在,这是一种摆脱了实用性的全新的山水绘画观念。

王微还论述了"画之情"。他说:"望秋云,神飞扬;临春风,思浩荡。""绿林扬风,白水激涧。"这些都能激发起人的主体情绪,形成情绪激荡和思潮飞扬,其美感效应远远超过了"金石之乐",超过了音乐。这完全是以情感来审美的命题,因而它在说明山水画区别于地理图经的基础上又讲了一步,上升到情感经验层面,山水画所展现的主体世界就是情感世界。

王微的上述论述有着很高的美学史价值。这些论述第一次从美学的视域确定了山水画的根本属性和特征,而且在整个山水审美史上也有着重要的地位,即把"以玄对山水"推进到"以情对山水"。简洁地说,以玄对山水就是以玄学意识观照山水,把山水视为玄意的体现;以情对山水,则以情感观照山水,在山水自然上倾注和移入主体情感。以情对山水是审美意义上的命题,王微论述的价值就在于把对山水的体认从玄学推进到美学,从此,不仅中国山水画美学史,而且整个中国山水审美史也开始形成了。

第六节 谢赫的"六法"

谢赫,萧齐时人,生卒年不详,六朝时著名画家、画论家。谢赫有丰富的人物画实践，姚最《续画品》称其"写貌人物，不俟对看，所须一览，便工操笔……目想毫发皆无遗失。丽服靓妆，随时变改；直眉曲鬓，与世争新"。他著有《画品》（又名《古画品》或《古画品录》），是中国最早的绘画理论与批评著作。他的批评识见独到，理论上的"六法"论更为深邃：

> 夫画品者，盖众画之优劣也。图绘者，莫不明劝戒，著升沉，千载寂寥，披图可鉴。虽画有六法，罕能尽该，而自古及今，各善一节。六法者何？一、气韵，生动是也；二、骨法，用笔是也；三、应物，象形是也；四、随类，赋彩是也；五、经营，位置是也；六、传移，模写是也。惟陆探微、卫协备该之矣。然迹有巧拙，艺无古今，谨依远近，随其品第，裁成序引。故此所述，不广其源，但溥出自神仙，莫之闻见也。

这是根据今人钱锺书所添标点引录的，对此，钱锺书在《管锥编》有详述：

> 唐张彦远《历代名画记》卷一漫引"谢赫"云："一曰气韵生动，二曰骨法用笔，三曰应物象形，四曰随类赋彩，五曰经营位置，六曰传模移写"，遂复流传不改。名家专著，破句相循，游戏之作，若明周宪王《诚斋乐府·乔断鬼》中徐行讲"画有六法、三品、六要"，沿误更不待言。脱如彦远所读，每"法"胥以四字俪属而成一词，则"是也"岂须六见乎？只在"传移模写"下一之已足矣。文理不通，固无止境，当有人以为四字一词、未妨各系"是也"，然观谢赫词致，尚不至荒谬乃尔也。且一、三、四、五，六诸"法"尚可牵合四字，二之"骨法用笔"四字截搭，则如老米煮饭，捏不成团。盖"气韵""骨法""随类""传移"四者皆颇费解，"应物""经营"二者易解而苦浮泛，故一一以浅近切事之词释之。各系"是也"，犹曰："'气韵'即是生动，'骨法'即是用笔，'应物'即是象形"等耳。

"六法"是一个完整的绘画美学体系，涉及绘画美学中创作、鉴赏的审美精神、情趣、技法、传达等一系列问题。虽然谢赫画论还未脱"明劝戒，著升沉"的功利主义色彩，但在对绘画的内在特征阐释和揭示上，却是审美化的，具体如下。

气韵，生动是也。 "六法"中"气韵"是首先提出的，也是首要的，它是绘画中之精神和灵魂所在。气韵即是生动，是贯串于绘画形象整体中的周流圆活的精神，如同水银泻地般地渗透到艺术各细胞中。

元气论是中国古典哲学的宇宙论、认识论、主体论。王充《论衡·无形》写道："人禀元气于天，各受寿夭之命，以立长短之形。"《订鬼》曰："夫人之所以生也者，阴阳气也。"汉代用"气"来说明一切现象的本体论，在六朝被引用来说明艺术的本体特征和属性，如谢赫在《画品》中的一系列评点。评顾骏之："神韵气力，不逮前贤，精谨微细，有过往哲。"评晋明帝："虽略于形色，颇得神气。"评丁光："非不精谨，乏于生气。"这就可以看出，所谓"气"是渗透于艺术现象、绘画作品中的主体精神，同时又是通过艺术现象、绘画作品的表层蒸腾出来的，诚如钱锺书在《管锥编》所说：

> 综会诸说，刊华落实，则是：画之写景物，不尚工细，诗之道情事，不贵详尽，皆须留有余地，耐人玩味，俾由其所写之景物而冥观未写之景物，据其所道之情事而默识未道之情事。取之象外，得于言表，"韵"之谓也。曰"取之象外"，曰"略于形色"，曰"隐"，曰"含蓄"，曰"景外之景"，曰"余音异味"，说竖说横，百虑一致。明初沈颢《画麈》倡"禅与画俱有南北宗"之论，"创作《十笔图》"，惟鹜"高简"，芟繁密以求深永，"味外取味"，其于谢赫不啻严羽之于司空图矣。宋人言"诗禅"，明人言"画禅"，课虚叩寂，张皇幽眇……苟去其缘饰，则"神韵"不外乎情事有不落言诠者，景物有不着痕迹者，只隐约于纸上，俾揣摩于心中。以不画出、不说出示画不出、说不出，犹"禅"之有"机"而待"参"然。故取象如遥眺而非逼视，用笔宁疏略而毋细密……殆类西方十七世纪谈艺盛称之"不可名言"矣。

"气韵"即生动、富于生命的活力和动力，因而"气韵"就体现了中国美学作为生命美学的最根本性特征。

骨法，用笔是也。这是指笔墨的运用及其所表现出来的感受。"骨"是六朝时一个特定的艺术、美学范畴。文学美学中有刘勰著名的"风骨"说。书法美学论羊欣《采古来能书人名》、王僧虔《论书》、庾肩吾《书品》等亦论及此。在画论中也常用此美学范畴，顾恺之《论画》认为《周本纪》"有骨法"，《伏羲·神农》"有奇骨而兼美好"，《醉客》"多有骨俱"。谢赫《画品》品评张墨、荀勖"遗其骨法"，品评江僧宝"用笔骨梗,甚有师法"等,这就是说,用笔要有骨法,要有内在的骨力,亦即有力度。在风格比较孱弱而轻盈的六朝,文学上的"风骨"论和绘画上的"骨法"论,起到了振起流俗的作用。

应物,象形是也。所谓"应物"就是主体对物象的感应,这和宗炳《画山水序》所说的"应物会心""含道应物"是同一个意思。刘勰《文心雕龙·明诗》曰:"应物斯感。"《章表》曰:"应物制巧。"钟嵘《诗品序》云:"物之感人。"都充分表现了六朝时人对物感式审美论的重视。这一审美论在六朝的成熟和理论定型化,在各种艺术审美领域都得到充分发育的状况,把中国美学的主体客体关系论——感应论推进到一个新的区段和层面。而"应物"就是"象形",感应物象是为塑造形象,这就确定了艺术的审美目的是在艺术家的笔下产生生动的艺术形象。

随类,赋采是也。绘画应根据不同的类型、对象,也就是不同的审美对象,敷施色彩。中国画原本只重线条的节奏、运动形式,随着外来画风的传入,六朝时开始重视色彩在绘画中的运用。同时,随着六朝时感性主义美学的兴起,色彩美感进一步被确立,并最后发展为后代的没骨画法——完全取消了线条,全部以色彩涂饰的绘画作法。

经营,位置是也。这是就画面的结构、位置而言的。绘画美学重视艺术的布局安排,即主宾、虚实、呼应、藏露、疏密、大小、远近、纵横、开合等等。张彦远认为,这是"画之总要",清代邹一桂认为以六法而言,"当以经营为第一"[①]。总言之,经营法论,不仅对绘画理论,而且对绘画艺术实践起到了深刻的影响作用。

传移,模写是也。这是就画家艺术素养基础的实践培育而言的。画家的艺术素养及其操作手段不是凭空而得,乃是在继承、吸受前人或他人艺术经验和手段的基础上加以创造所形成的。当然,继承、摹写有得其形或神之别,唐志契《绘事微言·仿旧》认为:"画家传摹移写……此法遂为画家捷径。盖临摹最易,神气难传。师其意而不师其迹,乃真临摹也。"

"六法"可谓中国绘画美学中最具系统之论,对中国绘画美学中的本体、技法等一系列问题做了最为简明的论述,而"六法"内部又具有严密的整体逻辑性。"气韵"是主体内在精神表现,"骨法"指线条,"随类"指

---

① 邹一桂:《小山画谱》。

色彩，"应物"是主体、线条、色彩的最终体现者——形象、"象形"。把这一切表现出来，展示在画布上，则需要"经营"。作为主体素质的培育，又需要"传移""模写"。谢赫"六法"论言虽简而意很赅，包括了绘画艺术所应涉及的一切方面，可说是绘画艺术美学之全、之纲，是六朝绘画美学经验的第一次完整总结。由于它从总纲上涵括了绘画的审美理想和审美传达手段，包容面广，论述深，遂在绘画美学史上有着很大的影响，北宋时郭若虚的《图画见闻志》称"六法精论，万古不移"，对其甚为推崇。

第七节　姚最的《续画品》

姚最，生卒年不详，吴兴（今在浙江省境内）人，所撰《续画品》成书于梁代。他的书题用《续画品》，显然与谢赫的《画品》有相承关系，但在某些评价和思想方面与谢赫又有相左之处。姚最品评了二十多位画家，虽对谢赫关于顾恺之画作的评价甚不同意，但《续画品》仍是继《画品》之后，六朝绘画美学理论中的又一重要著述。

姚最首先谈到了当时绘画艺术美学的状况。"夫丹青妙极，未易言尽，虽质沿古意，而文变今情。立万象于胸怀，传千祀于毫翰。故九楼之上，备表仙灵；四门之傭，广图贤圣。云阁兴拜伏之感，掖庭致聘远之别。凡斯缅邈，厥迹难详。今之存者，或其人冥灭，自非渊识博见，孰究精粗；摈落蹄筌，方穷至理。但事有否泰，人经盛衰。或弱龄而价重，或壮齿而声迟。故前后相形，优劣舛错。"品评本身就是审美，它不是一件容易做到的事情，品评主体难以一下子直入或穷尽对象的本体或全部内容，这就是所谓的"丹青妙极"，绘画有着深妙的意味，却"未易言尽"，不是能够用言语全部表述和表达的。其原因就在于"虽质沿古意"，有继承连续性，但"文变今情"，有其现实的变化状况，难以穷究"精粗""至理"。他特别举顾恺之作为例证，一方面表达了他对顾画之推崇，一方面又表述了绘画品评的艰难以及如何进行品评：

　　至如长康之美，擅高往策，矫然独步，终始无双。有若神明，非庸识所能效；如负日月，岂末学所能窥？荀、卫、曹、张，方之蔑矣；分庭抗礼，未见其人。谢、陆声过于实，良可于邑。列于下

> 品，尤所未安。斯乃情有抑扬，画无善恶。曲高和寡，非直名讴；泣血谬题，宁止良璞！将恐畴访理绝，永成沦丧；聊举一隅，庶同三益。

对顾恺之画的不同看法是，谢赫认为其"迹不迨意，声过其实"，而姚最认为，"矫然独步，终始无双"，估价判然有别，在他看来，乃是因为"情有抑扬"，品评主体的审美意识和偏好有所不同。

姚最认为，绘画是一门精致的艺术："调墨染翰，志存精谨。"绘画需要有严谨的画风和艺术精神，还需要亲身观察和体验对象，"岂可曾未涉川，讵云越海；俄观鱼鳖，谓察蛟龙"，并强调要直接接触对象，而不是浅尝辄止，如果违背了这些艺术精神，就"未足与言画矣"。

姚最还就"文士"与"巧夫"（画家）之关系，发表了如下的见解：

> 陈思王云：传出文士，图生巧夫。性尚分流，事难兼善。蹑方趾之迹易，不知圆行之步难；遇象谷之风翔，莫测吕梁之水蹈。虽欲游刃，理解终迷；空慕落尘，未全识曲。若永寻《河书》，则图在书前；取譬《连山》，则言由象著。今莫不贵斯鸟迹而贱彼龙文。消长相倾，有自来矣。故倕断其指，巧不可为。杖策坐忘，既惭经国；据梧丧偶，宁足命家！若恶居下流，自可焚笔；若冥心用舍，幸从所好。戏陈鄙见，非谓毁誉，千室难诬，伫闻多识。

"传出文士，图生巧夫"指出不同的专业分工，形成不同的载体，"文士"产生"传"，即文章，"巧夫"即画家产生"图"。"性尚分流，事难兼善"，绘画和文章难以得兼。从史的历程上考察，"图在书前"，而"言由象著"，言由具体的图象而显著。在最初，"言""图"是紧密结合在一起的，但在六朝则出现"消长"："今莫不贵斯鸟迹而贱彼龙文。"绘画的地位明显上升，这一定程度上显示了当时绘画在整个艺术领域的状况。

姚最还说道："顷来容服，一月三改，首尾未周，俄成古拙。"这段论述非常值得重视，它揭示了六朝绘画领域以至整个时代美学状况迅速变化的情形：一切刚刚开始便告结束，来不及沉淀旋即消逝。当时画坛繁华竞逐，感性主义色彩特征尤为显著，浓抹重饰，姚最评谢赫就曾写道："点刷研精，意在切似。"评嵇宝钧、聂松："赋彩鲜丽，观者悦情。"评沈粲："笔迹调媚，专工绮罗。"这些都相当真实地展现了六朝绘画的感性美学现象。

第八节　六朝绘画美学的影响

由陆探微所首创的"一笔画"法,发展成为后代画坛的简洁绘画法。张僧繇的凹凸晕染画法,被隋代尉迟跋质那父子、唐代吴道子所继承、运用。宗炳所提出的艺术概括原理和谢赫画学原理也都在中国绘画史上有着了不起的贡献。此外,六朝绘画美学还有诸多方面对后代有深刻影响,现论述如下。

六朝绘画的传神论被唐代张彦远所继承,他通过对古今画的对比,指出"今之画"最为缺少的是"神":"古之画,或能移其形似,而尚其骨气,以形似之外求其画,此难可与俗人道也。今之画纵得形似,而气韵不生,以气韵求其画,则形似在其间矣。"他说:"至于鬼神人物,有生动之可状,须神韵而后全,若气韵不周,空陈形似,笔力未遒,空善赋彩,谓非妙也。"宋代袁文《瓮牖闲评》写道:"作画形易而神难。形者,其形体也;神者,其神采也。凡人之形体,学画者往往皆能,至于神采,自非胸中过人,有不能为者。"苏轼著名的《传神记》详论道:

> 顾虎头云:"传神写影,都在阿堵中。"其次在颧颊,吾尝于灯下顾自见颊影,使人就壁模之,不作眉目,见者皆失笑,知其为吾也。目与颧颊似,余无不似者,眉与鼻口,可以增减取似也。传神与相一道,欲得其人之天,法当于众中阴察之。今乃使人具衣冠坐,注视一物,彼方敛容自持,岂复见其天乎?凡人意思各有所在,或在眉目,或在鼻口,虎头云,"颊上加三毛觉精采殊胜",则此人意思,盖在须颊间也。……吾尝见僧维真画曾鲁公,初不甚似,一日往见公,归而喜甚,曰:"吾得之矣。"乃与眉后加三纹,隐约可见,作俯首仰视,眉扬而颊蹙者,遂大似。南都程怀立,众称其能,于传吾神,大得其全。怀立举止如诸生,萧然有意于笔墨之外者也,故以吾所闻助发云。

这是六朝传神论以来,对此所做的最为完备、最为深刻的论述。顾恺之有"颊上三毛",苏轼有"眉后三纹"——原先逼真地描画人物对象却"初不甚似","眉后加三纹","遂大似"。这是寻求神似的又一典型例证,在史的线索上使得六朝的传神论得以传布下去。到了南宋,陈郁《藏一话腴·论写心》进一步深化了传神论,认为写神必须写心。他说道:"写照非画科比，盖写形不难，写心惟难。""写其形必传其神，传其神必写其心。"明代董其昌《跋画》云："画皮画骨难画神。"清代王概等《芥子园画谱三集卷二·画翎毛浅说》进一步发展了六朝的传神点睛论："更有点睛法，尤能传其神。饮者如欲下，食者如欲争，怒者如欲斗，喜者如欲鸣。双栖与上下，须得顾盼情，亦如人写肖，全在点双睛。"可以说，由六朝所形成的传神论，从根本上揭示了中国绘画美学的特征：主体所描述的应是对象之神，而主体自身所传导的也是内在之神——主体精神。

自从六朝确定了"经营"的作用和功能以后，后代愈益表现出对它的理解和重视，有一些绘画美学理论家甚至把它视为"六法"之第一。如何"经营"呢？宋代李成在《山水诀》中说："先立宾主之位，次定远近之形，然后穿凿景物，摆布高低。"相传为唐代王维《山水论》所提出的"意在笔先"的命题，深化了"经营"作为审美传达的思想内涵。北宋韩拙《山水纯全集》进一步说道："凡未操笔，当凝神著思，豫在目前，所以意在笔先，然后以格法推之，可谓得之于心，应之于手也。"清代郑绩《梦幻居画学简明·论意》又深化了"意在笔先"在"经营"中的具体意义："作画须先立意，若先不能立意，而遽然下笔，则胸无主宰，手心相错，断无足取。"清代王原祁《雨窗漫笔》写道："意在笔先为画中要诀。作画于搦管时须要安闲恬适，扫尽俗肠，默对素幅，凝神静气，看高下，审左右，幅内幅外，来路去路，胸有成竹；然后濡毫吮墨，先定气势，次分间架，次布疏密，次别浓淡，转换敲击，东呼西应，自然水到渠成，天然凑拍，其为淋漓尽致，无疑矣。"清代王昱《东庄论画》也写道："作画先定位置，次讲笔墨，何谓位置？阴阳向背，纵横起伏，开合锁结，回抱勾托，连接映带，须跌宕欹侧，舒卷自如。"总之，"经营"涉及审美的艺术构思、意象的塑造，涉及整体位置与具体布局，包含着统观全幅与具体而微的艺术处理，其中的虚实、浓淡、主次、藏露等等，都是中国绘画美学独有的艺术辩证法，从理论上概括了中国绘画艺术所特有的运动感、节奏感与美的韵律。

六朝"随类，赋彩是也"论同样给后代以深刻影响，唐五代后梁荆浩《笔法记》说："随类赋彩，自古有能，如水晕墨章，兴我唐代。"色彩画兴于六朝，大盛于唐代。至于六朝绘画美学理论中对于具体笔墨、技法的论述，亦给了后代以深刻的启迪。

特别要提出的是六朝创造了中国绘画美学的理论形式——品评。

谢赫《画品》与当时的《诗品》《书品》一样，都反映了六朝一种新的美学理论形式的出现，进而展现了中国美学理论思维机制的特有表现形式。它的影响不在一般的审美传达和手法，而在思维形式，且它虽然在前后代之间贯串使用，但具体内容却有所变化。谢赫把三国以来的二十七位画家分成六品，加以品评，其方式与钟嵘的《诗品》相类，反映了当时的形式共同性。后来，姚最鉴于谢赫品评有不准确处（最典型的是对顾恺之），他的《续画品》便有所改变，只评画家之成就而不上下分品第，这无疑避开了一个难点，在品评时较为主动。到清代有《二十四画品》，为黄钺效晚唐司空图《二十四诗品》而作，又有潘曾莹《红雪山房画品》，虽然也名为"品"，但所品的是绘画的多种艺术才能和风格。

总之，六朝绘画的画风、画貌、画论，在中国绘画美学史上具有划时代意义，形成了具有新体系的格局。它虽没有宋元明清的枝头繁闹，但是绽开嫩芽柔朵的第一枝。

第十七章　书法美学

六朝是中国书法美学的辉煌时期，诞生了像"二王"这样最杰出的书法家，其书法审美实践成就和美学理论，居于中国书法美学史的高峰地带，对后代的书法艺术实践和美学理论，产生了巨大的影响。

第一节　书家群体

六朝有星光灿烂的书家群体活跃于当时的书坛，他们接受了后汉以来的书法传统，又有自己的创造，因而在谈论六朝书法家前，不能不提到后汉以降几位著名的书法大家。

蔡邕，字伯喈，后汉大名士，兼擅篆隶，长于八分，创造出了飞白。八分即汉隶，清代翁方纲曾说道："八分之义，八，别也，言其字左右分别，若相背然。"

值得重视的是东汉时的草书家。杜度的草书，有"神妙"之誉。学杜度书之崔瑗有"草贤"之称。张芝虽学书杜度，却远为过之。他字伯英，创真草，又名"今草"，世人称其为"草圣"。《晋书·卫恒传》引《四体书势》记道："弘农张伯英者，因而转精其巧。凡家之衣帛，必先书而后练之。临池学书，池水尽墨。下笔必为楷则，常曰：'匆匆不暇草书。'寸纸不见遗，至今世犹宝其书。"张怀瓘的《书断》曾对张芝所创"今草"做了这样的评价："然伯英学崔杜之法，温故知新，因而变之，以成今草，转精其妙。字之体势，一笔而成，偶有不连而血脉不断。及其连者，气候通而隔行。惟王子敬明其深旨，故行首之字，往往继前行之末，世称'一笔书'者，起自张伯英，即此也……伯英虽始草创，遂造其极。"《书断》还评价张芝"尤善章草书，出诸杜度，崔瑗云：龙骧豹变，青出于蓝。又创为今草，天纵尤异，率意超旷，无惜是非。若清涧长源，流而无限，萦回崖谷，任于造化。至于蛟虎骇兽、奔腾拏攫之势，心手随变，窈冥而不知其所如，是谓大节也已。精熟神妙，冠绝今古，则百世不易之法式"。"其章草《金人铭》，可谓精熟至极；其草书《急就章》，字皆一笔而成，合于自然，可谓变化至极。"

另外还有刘德升，字君嗣，后汉颍川（今河南禹州）人，创行书，《书断》称其为"行书之祖"，"风流婉约，独步当时"。萧梁庾肩吾《书品》说："德升之妙，钟（繇）胡（昭）各采其美。"他的行书影响了晋代"二王"，而三国时魏之钟繇则是其入室弟子。钟繇（151—230），字元常，魏人，官太傅，时人称为钟太傅，诸般书体无所不精，尤擅楷、隶、行。张怀瓘《书断》称颂钟繇"真书绝世，刚柔备焉，点画之间，多有异趣，可谓幽深无际，古雅有余，秦汉以来，一人而已"。他在汉字的定型化方面所做的努力具有奠基作用，对王羲之的书法影响颇大。其时书界尚有胡昭，《书断》称"胡肥钟瘦"，但"昭用笔肥重，不若繇之瘦劲，故昭卒于无闻，而繇独得以行书显"。与钟繇齐名者还有卫觊，传说魏初的两块名碑《上尊号碑》《受禅碑》分别为钟、卫所写。六朝之一的东吴有书法家皇象，师杜度，善章草，书有《天发神谶碑》，名传一时。

整个汉、魏、六朝基本上是钟、张、"二王"称雄书坛。唐代孙过庭《书谱》写道："自古之善书者，汉、魏有钟、张之绝，晋末称二王之妙。"一代名士王导，书甚有楷法，师学钟、卫，永嘉丧乱后，犹怀钟繇《宣示帖》衣带过江，于是钟繇墨迹笔法流传到江南，沾溉王氏及其他诸家书法。

汉魏时期在书法背景上，隶、草、行、楷均已具备：蔡邕的隶法，张芝的草书，刘德升的行书，钟繇的楷书，给六朝的书法发展提供了基础。

六朝书法传播中继承性特别是家传、私传、亲传的性质显著，如王羲之师法卫夫人，王羲之传王献之诸兄弟，王僧虔乃王羲之的四世族孙。王导至王珣，三世善书。在家族、亲族和师徒相授的书法文化氛围内，书法艺术得到传播。

西晋的书法家有索靖（239—303），字幼安，敦煌（今在甘肃省境内）人，张芝姊之孙，善章草，传张芝之草法，学韦诞而峻险过之。《书断》评其书法"有若山形中裂，水势悬流，雪岭孤松，冰河危石，其坚劲则古今不逮"。

卫瓘（220—291），字伯玉，河东安邑（今山西夏县北）人，西晋司空。与索靖并学张芝，被时人称为草书"二妙"。其族孙女卫铄（272—349），字茂漪，东晋初汝阴太守李矩之妻，世称卫夫人。师法钟繇，又启蒙王羲之，所著《笔阵图》甚为著名。

东晋、南朝的书法家如群星丽空，其最明丽的星是"二王"，其最显著的特点是从帝王到士大夫名流皆有一批书家。现据《建康实录》《南史》等书的记载，列述于下。

东晋首有王、谢、郗、庾四名门出书家，此外，帝王家有元帝、明帝、成帝、康帝、哀帝、简文帝、孝武帝、安僖王皇后（王献之之女，《书断》云："后王献之女，亦善书。"）、武陵威王晞，现分述如下。

王氏一脉。包括王导，王恬（《宣和书谱》曰："恬善隶书，于草尤妙。"）、王洽（《书断》云："洽书兼诸法，于草尤工，落简挥毫，有郢匠成风之势，虽卓然孤秀，未至运用无方。"）、王劭、王荟、王珣、王珉（其《行书状》称："邈乎嵩岱之峻极，烂若列宿之丽天。伟字挺特，奇书秀出。扬波骋艺，余好宏逸。虎踞凤跱，龙伸蠖屈。资胡氏之壮杰，兼钟公之精密。总二妙之所长，尽众美乎文质。详览字体，寻究笔迹。粲乎伟乎！如圭如璧。宛若蟠螭之仰势，翼若翔鸾之舒翮。或乃飞笔放体，雨下风驰。绮靡婉娩，纵横流离。"）、王敦（《宣和书谱》曰："敦初以工书得传之学，笔势雄健。"）、王廙（庾肩吾《书品》曰："王廙为右军之师。"）。还有王羲之之子玄之、凝之、徽之、操之、焕之、献之均善书，名重一时。另有王濛（《建康实录》载其"善隶书"）等。

谢氏一脉。包括谢安（《书断》云："安学草正于右军，尤善行书。"）、谢尚、谢万（《宣和书谱》曰："万作书自得家学，清润遒劲，风度不凡，于行草甚长。"）、谢藻等。

郗氏一脉。包括郗鉴（《书断》云："太尉草书卓绝，古而且劲。"《宣和书谱》曰："鉴作草字，下笔而刚决不滞，挥翰而厚实深沉，等渔父之乘流鼓楫。"）、郗愔（《书断》云："愔善众书，虽齐名庾翼，不可同年，其法遵于卫氏。尤长于章草，浓纤得中，意态无穷，筋骨亦胜，若鸿鹄奋六翮，飘然游乎太虚。"）、郗超等。

庾氏一脉。包括庾亮（《述书赋》曰："强首慢转，逸足难追。翰断蓬征，拖蔓葛垂。任纵盘薄，是称元规。"）、庾翼（《书断》曰："翼善草隶书，名亚右军，殊为世重。"）等。

南朝承东晋书风，帝王直至士夫，均有不少书家。刘宋时有武帝、文帝（《南史》云其"善隶书"）、孝武帝、明帝、南平王、海陵王等。其余有谢灵运（《书后品》曰："康乐往往惊道。"《书断》云："模宪小王，真草俱美，若石蕴千年之色，松标百尺之柯，虽不逮师，吸风吐云，簸荡山岳，其亦庶几。"《述书赋》云："灵运秀骨，快利不拘，威仪或摈，犹飞湍激石，电注雷迅。"）、羊欣（《书品》云："羊欣早随子敬，最得王体。"《书断》云："羊欣师资大令，时多众贤，非无云尘之远，若亲承妙旨，入于室者，惟独此公，械若严霜之材，婉如流风之雪。惊禽走兽，络绎飞驰，可谓王之荩臣，朝之元老。时人云：买王得羊，不失所望。今大令书中风神怯而瘦者，往往是羊也。"《宋书·羊欣传》言羊欣："美言笑，善容止。泛览经籍，尤长隶书。"）。此外还有萧思话（《南史》言其"颇工隶书"。《述书赋》云："思话绵密，缓步娉婷。任情工隶，师羊过青。似凫鸥雁鹜，游戏沙汀。"《书评》认为："萧思话书，走笔连绵，字势屈强，若龙跳天门，虎卧凤阙。"）、薄绍之（《书断》云薄书："风格秀异，若干将出匣，光芒射人。"），时有薄绍之与羊欣齐名为"羊薄"之说。当时书家齐名的还有不少，显示出书坛争奇斗艳的景象。择其要者，刘宋时，书法有四大家，即羊欣的真书，孔琳之的草书，萧思话的行书，范晔的篆书。

萧齐时有齐高帝（《南史》载其"博涉经史，善属文，工草隶书"）、齐废帝鬱林王刘昭业（《南史》载其"好隶书"）等。还有谢朓（《南史》载其"善隶书"）、王远（《南史》云其"工草隶"）等。其时最著名的是王僧虔，《南史》记曰："僧虔弱冠，雅善隶书，宋文帝见其书素扇，叹曰：'非惟迹逾子敬，方当器雅过之。'""孝武欲擅书名，僧虔不敢显迹，大明世常用掘笔书，以此见容。""泰始中，为吴兴太守。始王献之善书，为吴兴郡，及僧虔工书，又为郡，论者称之。"《南史·王僧虔传》中有一段记载很有意思：

（齐）高帝素善书，笃好不已，与僧虔赌书毕，谓曰："谁为第一？"对曰："臣书第一，陛下亦第一。"

帝笑曰："卿可谓善自为谋。"或云帝问："我书何如卿？"

答曰："臣正书第一，草书第二；陛下草书第二，而正书第三。臣无第三，陛下无第一。"帝大笑曰："卿善为辞，然天下有道，丘不与易也。"

王僧虔书迹有《王琰帖》等。《书断》云："祖述小王，尤尚古且有丰厚淳朴，稍乏妍华。若溪涧含冰，岗峦被雪，虽极清肃，而寡于风味。"《述书赋》曰："僧虔密致丰富，得能失刚。鼓怒骏爽，阻负任强。然而神高气全，耿介锋芒。发卷伸纸，满目辉光。才行兼而双绝，名实副而特彰。如运筹决胜，威震殊方。"梁武帝评道："僧虔书如王谢家子弟，纵复不端正，奕奕皆有一种风流气骨。"

萧梁时有萧子云，齐豫章王嶷第九子，著《晋书》，官至国子祭酒，故称"萧祭酒"，兼擅草、行、小篆，创小篆飞白，少学王献之，中年以后师钟元常。梁武帝称其书："笔力劲骏，心手相应，巧逾杜度，美过崔实，当与元常并驱争先。"①《南史·萧子云传》曾记有这样一件事，萧子云出任东阳太守时，百济国派人来求书法，正巧"子云为郡，维舟将发"，"使人于渚次候之，望船三十许步，行拜行前。子云遣问之，答曰：'侍中尺牍之美，远流海外，今日所求，惟在名迹。'子云乃为停船三日，书三十纸与之，获金货数百万"。

陈代释智永，王羲之七世孙，山阴（今浙江绍兴）永欣寺僧，人称"永禅师"。《法书要录》引唐徐浩《论书》云，智永尝"登楼不下，四十余年"，潜心于书法，"终著能名"。《太平广记》卷二七〇云智永"学书有秃头笔十瓮，每瓮皆数石"，埋废笔头处名"退笔冢"，"人来觅书并题额者如市，所居户限为穿穴，乃用铁叶裹之，人谓之铁门限"。手书真草《千字文》八百余本，分送江南寺院。宋代苏东坡对智永书法极为赞赏："骨气深隐，体兼众妙。精能之至，反造疏淡，如观陶彭泽诗，初若散缓不收，反复不一，乃识奇趣。"

---

① 姚思廉：《梁书·萧子云传》。

六朝时书法家群体的特点是：数量多、品位高，开书法新风。这批书法家往往齐名者多，如"二王""羊薄"等。

第二节　王羲之、王献之

书以晋人为最工，"二王"又为晋之最，康有为《广艺舟双楫》说道："书以晋人为最工，盖姿制散逸，谈锋要妙，风流相扇，其俗然也。夷考其时，去汉不远，中郎（蔡邕）、太傅（钟繇）笔迹多传。《阁帖》王、谢、桓、郗及诸帝书，虽多赝杂，然当时文采，固自异人。盖隶、楷之新变，分、草之初发，适当其会；加以崇尚清虚，雅工笔札，故冠绝后古，无与抗行。"晋人尤以"二王"最得中国书法美学之风韵，而最能体现这种风韵的书法是行草。那么，晋代何以风行行草，行草又何以成为晋人风韵的体现？这个互为因果的问题，今人宗白华《论〈世说新语〉和晋人的美》做了精辟的回答：

> 晋人风神潇洒，不滞于物，这优美的自由的心灵找到一种最适宜于表现他自己的艺术，这就是书法中的行草。行草艺术纯系一片神机，无法而有法，全在于下笔时点画自如，一点一拂皆有情趣，从头至尾，一气呵成，如天马行空，游行自在。又如庖丁之中肯綮，神行于虚。这种超妙的艺术，只有晋人萧散超脱的心灵，才能心手相应，登峰造极。魏晋书法的特色，是能尽各字的真态。"钟繇每点多异，羲之万字不同。""晋人结字用理，用理则从心所欲不逾矩。"唐张怀瓘《书议》评王献之书云："子敬之法，非草非行，流便于行草；又处于其间，无藉因循，宁拘制则，挺然秀出、务于简易。情驰神纵，超逸优游，临事制宜，从意适便。有若风行雨散，润色开花，笔法体势之中，最为风流者也！逸少秉真行之要，子敬执行草之权，父之灵和，子之神俊，皆古今之独绝也。"他这一段话不但传出行草艺术的真精神，且将晋人这自由潇洒的艺术人格形容尽致。中国独有的美术书法——这书法也是中国绘画艺术的灵魂——是从晋人的风韵中产生的。魏晋的玄学使晋人得到空前绝后的精神解放，晋人的书法是这自由的精神人格最

具体最适当的艺术表现。这抽象的音乐似的艺术才能表达出晋人的空灵的玄学精神和个性主义的自我价值。欧阳修云:"余尝喜览魏晋以来笔墨遗迹,而想前人之高致也!所谓法帖者,其事率皆吊哀候病,叙睽离,通讯问,施于家人朋友之间,不过数行而已。盖其初非用意,而逸笔余兴,淋漓挥洒,或妍或丑,百态横生,披卷发函,烂然在目,使骤见惊绝,徐而视之,其意态如无穷尽,使后世得之,以为奇玩,而想见其为人也!"个性价值之发现,是"世说新语时代"的最大贡献,而晋人的书法是这个性主义的代表艺术。

到了隋唐,晋人书艺中的"神理"凝成了"法",于是"智永精熟过人,惜无奇态矣"。

晋人风韵来之于玄风掀扬之精神氛围,而风韵最具象最集中之表现是书法,晋人书法备一时之盛:"书以晋人之最工,亦以晋人为最盛。晋之书,亦犹唐之诗、宋之词、元之曲,皆所谓一时之尚也。夷考其故,盖有三焉,一则时接汉魏,诸体悉备,无烦极虑,便可兼通,择要而从,尤易专擅,不独为之华藻也。又从而绣其鞶蜕,济成厥美,亦固其所。一则隶奇草圣,笔迹多传,服拟有资,师承匪远,酌其余烈,自得新裁,挹彼遗规,成吾楷则,信埏埴之罔穷,斯挥运之入化,虽曰前修已妙,转觉后出弥妍。一则俗好清谈,风流相扇,志轻轩冕,情骛皋壤,机务不以经心,翰墨于是假手,或品极于峰杪,或赏析于毫芒,至乃父子争胜,兄弟竞爽,殚精以赴,疲神靡辞。以此为书,宜其冠绝后古,莫与抗行矣。"①

被誉为"书圣"的王羲之,字逸少,琅邪临沂人,东晋名相王导之侄,官至右军将军,人称王右军。又为名书家王廙之侄,书法受其影响。其父王旷自羲之幼时起即授笔法。王羲之早年曾受业于名书家卫夫人,后北游见李斯《峄山碑》、蔡邕的三体《石经》、张芝之弟张昶的《华岳碑》及王导所藏钟繇《宣示表》真迹,遂不拘一家之法,广采博纳。而且王羲之十分刻苦勤奋,他曾写道:"张芝临池学书,池水尽黑。使人耽之若是,未必后之也。"而他的刻苦勤奋和创造性实践使得其书法成就登峰造极,获"书圣"之称,他自己则"每自称我书比钟繇,当抗行;比张芝草,犹当雁行也"。他处于不断精进状态中,在王谢、庾、郗四大家中,

---

① 马宗霍:《书林藻鉴》。

超过了后三家。"羲之书，初不胜庾翼、郗愔，及暮年方妙。尝以草书答庾亮，而翼深叹服，因与羲之书云：'吾昔有伯英章草十纸，过江颠狈，遂乃亡失，忽见足下答家兄书，焕若神明，顿还旧观。'"在庾翼看来，羲之是继张芝之后的又一大书家。

在王羲之的书法生涯中有许多动人的逸事佳话，如书法换白鹅事。王羲之在山阴村上见一道士养了一群鹅，他希望得到这群鹅，道士提出以王所书《黄庭经》作为交换条件，结果双方各得其所。直到唐代，李白尚有诗句"山阴道上如相见，应写黄庭换白鹅"。还有一事，羲之曾在一老妪所卖六角竹扇上题字，说，你只说是王右军所写，每把扇一百文，结果人们争相购买。

王羲之书法的最大贡献是开一代书风。钟、张完成隶入楷的重大转折和过渡，但隶之痕迹仍未洗净。而羲之摆脱陈法，真、草、行别开生面，让人耳目一新。王僧虔在论述王羲之的贡献时说，王羲之的书法"俱变古形"，如果不是这样的话，"至今犹法钟、张"，难脱钟、张之窠臼。人们也对王羲之书法做了这样的评价："右军书成而汉魏西晋之风尽，右军固新奇可喜，而古法之废，实自右军始。"这就是他巨大的开拓创新之功和历史性贡献。

羲之书法之所以翩若惊鸿、矫若游龙，从根本而言，乃是"书，心画也"理论命题的体现。羲之之思想情调具有很浓的玄学意味，他《兰亭集序》的内容就有玄学味，而他的行为方式又典型地体现了玄学家放言无碍、放浪不羁的特征，例如他"坦腹东床"的著名故实：

> 郗太傅在京口，遣门生与王丞相书求女婿。丞相语郗信："君往东厢，任意选之。"门生归，白郗曰："王家诸郎，亦皆可嘉，闻来觅婿，咸自矜持，惟有一郎在东床上，坦腹卧，如不闻。"郗公云："正此好！"访之，乃是逸少，因嫁女与焉。①

飘逸放浪的情怀形之于书艺，当然会天鹤飘逸，夭矫多姿。清代刘熙载《艺概·书概》写道：

> 羲之之器量，见于郗公求婿时，东床坦腹，独若不闻，宜其书之静而多妙也；经纶见于规谢公以虚谈废务，浮文妨要，宜其书之

---

① 刘义庆：《世说新语·雅量》。

实而求是也。

王羲之书法艺术品中最有影响的是《兰亭集序》。羊欣《笔阵图》云："羲之年三十三,书《兰亭》。"何延之《兰亭始末记》曰："《兰亭》者,晋右将军会稽内史琅邪王羲之字逸少所书之诗序也。右军蝉联美胄,萧散名贤,雅好山水,尤善草隶。以晋穆帝永和九年暮春三月三日宦游山阴……修祓禊之礼,挥毫制序,兴乐而书,用蚕茧纸,鼠须笔,遒媚劲健,绝代更无。凡二十八行,三百二十四字,字有重者,皆构别体。就中之字最多,随二十许字,变转悉异,遂无同者,其时殆有神助。""他日更书数十百本,终无及者",说明是在特定精神状态下所书,具有特殊的精神意味。因为唐太宗的痴爱,《兰亭集序》的身价更高,太宗御撰《羲之传》云："善隶书,为古今之冠。"神龙年间,他曾命供奉拓书人赵模、韩道政、冯承素、诸葛贞等人,各拓若干本,赐予皇太子诸王近臣。后太宗死去,《兰亭集序》真迹也被带进了陵墓。由上观之,王羲之书法美学的成就是在稳定的王体风格下极尽变化之能事,全序所书二十个"之"、七个"不"字,无一相同,体现了王羲之力戒"状如算子""一字万同"的书法思想,因而《兰亭集序》成为后代书法的范本,唐僧怀仁集王羲之书《圣教序》,得唐太宗恩准,成为行书的最高范本。

王羲之的书法审美特征得到了后代人的交口称誉。梁武帝云："右军书字势雄强,如龙跳天门,虎卧凤阙,故历代宝之,永以为训。"唐太宗云："详察古今研精篆素,尽善尽美,其惟王逸少乎,观其点曳之工,裁成之妙,烟霏露结,状若断而还连,凤翥龙蟠,势如斜而反直,玩之不觉为倦,览之莫识其端,心慕手追,此人而已,其余区区之类,何足论哉!"张怀瓘《书断》云："右军开凿通津,神模天巧,故能增损古法,裁成今体,进退宪章,耀文含质,推方履度,动必中庸,英气绝伦,妙节孤峙……然剖析张公之草,而浓纤折衷,乃愧其精熟,损益钟君之隶,虽运用增华,而古雅不逮。至研精体势,则无所不工,所谓冰寒于水,亦犹雅颂得所,钟鼓云乎。"刘熙载《艺概·书概》云："右军书以二语评之,曰:'力屈万夫,韵高千古。'"初唐书法基本宗晋尚王,武后也曾向王方庆索过羲之遗迹。在这股风气风染下,后代学晋,总是先学唐,因唐为晋之影子。

人们往往以王羲之行书为其最高成就,而他尚有草书,最著名的是《丧乱帖》。这帖草书体现了王羲之书法审美的根本特征。起首"羲之顿首,丧乱之极，先墓再离荼毒"几字尚属平和。继之，沸涌之情激荡，行书之法顿无，代之以飞动飘逸之草书："追惟酷甚，号慕摧绝。""痛贯心肝"以下更是飞草连天，如龙蛇腾越，怫郁的情绪难以抑制，充溢、磅礴于字里行间，进而又通过那龙腾虎跃的字迹和线条透现出来。这帖字的气韵，是王羲之内心气韵的动态体现、显示和物化。梁武帝萧衍认为，王字"字势雄强"，就是说在一片气韵中有着一身雄强的风骨。

王献之（344—386），字子敬，羲之第七子，官中书令，后人称之为"王大令"。与其父齐名，被称为"二王"。《书议》曾对王氏父子书法做过这样的比较分析："逸少秉真行之要，子敬执行草之权，父之灵和，子之神俊，皆古今之独绝也。"献之书法源于乃父，又有拓新。《晋书》别传说："献之幼学父书，次习于张，后改变制度，别创其法，率尔师心，冥合天矩。至于行草兴合，若孤峰四绝，迥出天外，其峭峻不可量也。"草书可谓风流书体，最得晋人神韵，而最终形成此书体者是王献之。《晋书》本传说"献之工草书"，其成就正在此。《述书赋》写道："创草破正，雍容文经，踊跃武定，态遗妍而多状，势由己而靡罄，天假神凭，造化莫竞，象贤虽乏乎百中，偏悟何惭乎一圣。"创"破体"正是献之之功。献之之书法有进取之象，贯串着不拘成法的创新精神，据《书议》载，献之十五六岁时曾对父亲羲之说："古之章草，未能宏逸。顿异真体，合穷伪略之理，极草纵之致，不若藁、行之间。干往法固殊，大人宜改体。且法既不定，事贵通变，然古法亦局而执。"《法书要录》载张怀瓘对献之的评价是"行草之外，更开一门"，也就是别有贡献、开拓、创造。张怀瓘又具体说道："夫行书非草非真，离方遁圆，在乎季孟之间。兼真者谓之真行，带草者谓之行草。子敬之法，非草非行，流便于草，开张于行，草又处其中间。无藉因循，宁拘制则，挺然秀出，务于简易。情驰神纵，超逸优游，临事制宜，从意适便……笔法体势之中，最为风流者也。""最为风流"是最恰当的评价。

献之是在变其父书体中创新，获得艺术美学生命的。《文章志》写道："献之变右军法为今体，字画秀媚妙绝时伦。"《书断》云："观其行草之会，则神勇盖世，况之于父，犹拟抗行，比之钟张，虽勃敌仍有擒盖之势。"包世臣曾概括"二王"的书风特征并分别做了探源，指出："右军真行笔法，皆出汉分，深入中郎；大令行草法，导源秦篆，妙接丞相。"刘熙载《艺概·书概》认为"大令擅奇","尤在草",又认为"右军草入能品,而大令草入神品",但他们都具有集大成的成就,《书断》说:"元常工于隶书,伯英精于草体,彼之二美,而羲之、献之兼之。"

王献之的草书继承东汉,又下启唐代,是中国草书美学继往开来之关键人物。为何献之草书最为风流?这仍然要从扬雄"书,心画也"和刘熙载《艺概·书概》所说的"书,如也,如其学,如其才,如其志,总之曰如其人而已"的总命题出发加以解释。《世说新语》载王献之"闻顾辟疆有名园,先不相识,乘平肩舆径入,时辟强方集宾友,献之游历,傍若无人,辟强勃然数之曰:'傲主人,非礼也;以贵骄士,非道也。失是二者,不足齿之伧耳。'便驱出门,献之傲如也,不以介意焉",这可以说是他名士风度的体现。他与爱妾桃叶的风流佳话至今仍在传送,《建康实录》综合多种记载,写道:

  (献之)少有盛名,而高迈不羁,虽闲居终日,容止不怠,风流为一时之冠。尝共兄徽之、操之诣谢安,二兄多言俗事,献之惟寒暄而已。既出,客问安王氏弟兄优劣,安曰:"少者佳。"客问其故,安曰:"吉人之辞寡,躁人之辞多,故知之。"每与徽之同在一室,忽火发,徽之走出,不遑取履。献之神色恬然,徐呼左右扶出。夜卧斋中,而有偷人入室,盗物都尽。献之徐曰:"青毡是我家旧物,可特置之。"群偷惊走。

  少工草隶书,并丹青。七八岁时学书,父密从后掣其笔不得,叹曰:"此儿后当复有大名。"尝书壁为方丈字,羲之甚以为能,时观者日数百人。桓温曾使书扇,笔误落,因画作乌驳牸牛,特妙。

王献之是以六朝风流名士的姿态、心态、情调来作书的,因此,书迹成为心迹的体现,这是他草书风流的内在原因。谢安曾问过王献之:"君书何以家公?"答曰:"固当不如。"安曰:"外论不尔。"答曰:"人那得知。"王献之反复表示书法不如"家公",但谢安说"外论不尔",外界的评论不是如此,这中间涉及许多文化、美学上的问题。从王羲之父子生活的那个时代开始,对王氏父子书法高下的争议就一直存在,例如有人"以为羲之草隶,江左、中朝,莫有及者。献之骨力,远不及父,而颇有媚趣。桓玄雅爱其父子书，各为一帙，置左右以玩之"①。既是王献之的亲传弟子又是外甥的羊欣是"大令书"的最早批评者。他在《笔阵图》中说："献之善隶藁，骨势不及父，而媚趣过之。"王僧虔沿袭了羊欣之见，也说："献之远不及父，而媚趣过之。"梁武帝萧衍亦取"子敬不及逸少"论。唐太宗扬羲之于天，抑献之于地，说："献之虽有父风，殊非新巧，观其字势，疏瘦如隆冬之枯树；览其笔踪，拘束若严家之饿隶。其枯树也，虽槎枿而无屈伸；其饿隶也，则羁羸而不放纵，兼斯二者，固翰墨之病欤。"他们大都以羲之为范本和参照系，忽视了献之书法美学的创造性特点，即更富于气韵和流动美，有气之运动、旋舞、流行，所以黄庭坚《山谷题跋》的比较评价还是相当恰当的："以右军父子草书比之文章，右军似左氏，大令似庄周也。"

第三节　书法美学论

一个非常有意思的现象出现在后汉到东晋的书法美学史上，晋代虞喜《志林》曾载，钟繇向韦诞索求蔡邕的《笔法》而不得，以致吐血，曹操给以"五灵丹"，幸免于难。后《笔法》随韦诞殉葬，钟繇不惜当盗墓贼得到《笔法》。然后，历史又出现了一个绝妙的讽刺，有人为得钟繇的《笔势论》，在钟氏死后也将其墓盗了。王羲之《题卫夫人笔阵图后》写道："晋太康中，有人于许下破钟繇墓，遂得《笔势论》，翼乃读之，依此法学，名遂大振。"这个事件颇有典型意义地说明了当时人对书法论的重视，而这又正是书法美学走向成熟的重要标志。

中国书法学源远流长，秦有丞相李斯《论用笔》，西汉有萧何《论书势》，东汉有赵壹《非草书》，还有蔡邕《笔论》、《九势》（系伪托之作），崔瑗《草书势》。《草书势》对草书的特征做了这样的阐述："方不中矩，圆不副规，抑左扬右，望之若敧，竦企鸟跱，志在飞移，狡兽暴骇，将奔未驰。"这是对草书特征最早、最生动的描述。西晋成公绥《隶书体》是对隶书特征最早、最生动的描述："灿若天文之布曜，蔚若锦绣之有章。""或若虬龙盘游，蜿蜒轩翥，鸾凤翱翔，矫翼欲去，或若鸷鸟将击，

---

① 房玄龄：《晋书·王献之传》。

并体抑怒,良马腾骧,奔放向路。"西晋还有卫恒《四体书势》,索靖《草书状》。东晋卫夫人《笔阵图》说:"下笔点墨,画芟波屈曲,皆须尽一身之力而送之。"一点一画,都应倾注全部心力去写,这样,书法才有内在的力和风骨。因此,她认为:"善笔力者多骨,不善笔力者多肉。多骨微肉者谓之筋书,多肉微骨者谓之墨猪。多力丰筋者圣,无力无筋者病。"可见,卫夫人在书法美学上是崇尚骨力的,她反复说明和强调的是内在的骨力也就是笔力。在分析"意"与"笔"也就是主体与工具的关系时,她指出"有心急而执笔缓者,有心缓而执笔急者"等多种情况,"执笔近而不能紧者,心手不齐""意后笔前",必然失败;如果"执笔远而急""意前笔后",就会取得成功。这是"意在笔先"的书法美学命题,主体的意念、运思先于工具,体现了主体的能动作用和功能。可以说,卫夫人的"书道"论就是主体意念和书法工具的绝妙融合:"结构圆备如篆法,飘飏洒落如章草,凶险可畏如八分,窈窕出入如飞白,耿介特立如鹤头,郁拔纵横如古隶。然心存委曲,每为一字,各象其形,斯造妙矣,书道毕矣。"

卫夫人曾经在一封信中提到并赞许了她的弟子:"卫有一弟子王逸少,甚能学卫真书,咄咄逼人,笔势洞精,字体遒媚。"羲之初学卫夫人书,而卫又是学钟繇的,因此也是在这封信中,卫夫人说道:"随世所学,规摹钟繇,遂历多载。"说明王羲之书法也承继于钟繇。陶弘景给梁武帝的书信也曾谈到王羲之学钟繇事:"伏览前文,用意虽止于二六,而规矩必周。后字不出二百,亦褒贬大备。一言以蔽,便书情顿极,使元常老骨,更蒙荣造。子敬懦肌不沉泉夜,逸少得进退其间,则玉科显然可观。"但羲之书法得钟繇之法又出之,广采博收,既含魏、晋、六朝之风度,又不张牙舞爪,锋芒过盛,放荡不羁,而是有着儒雅风范,彬彬大备。同时,王羲之在书法理论方面也有自己的见解,他在《题卫夫人笔阵图后》写道:

> 夫纸者,阵也;笔者,刀矟也;墨者,鍪甲也;水砚者,城池也;心意者,将军也;本领者,副将也;结构者,谋略也;飏笔者,吉凶也;出入者,号令也;屈折者,杀戮也。夫欲书者先干研墨,凝神静思,预想字形大小,偃仰平直,振动令筋脉相连,意在笔前,然后作字。若平直相似,狀如算子,上下方整,前后齐平,便不是书,但得其点画尔。

他把书法全面地比喻为战争布阵,涵括了所有部分,颇为新颖。他的论述中有几个显著的内容。一是"意在笔前"。这句话是继承卫夫人的说法,但王羲之有进一步的阐解。他把主体之意,亦即"心意"比拟为整个笔阵中之"将军",居于统领、指挥一切的地位上,突出了"意"的作用。如何运思"意",他又做了详细说明:"凝神静思","预想字形大小,偃仰平直,振动令筋脉相连",对字形及其内部结构进行完整考虑和运筹——把艺术品的一切都设想在物化之前,充分地意态化,这是中国艺术包括书法艺术美学的重要特点。在对字的结构要求方面,王羲之特别反对板滞,主张要有灵动波俏美:"若平直相似,状如算子,上下方整,前后齐平,便不是书,但得其点画耳。"方方整整,平平直直,虽是字,但如同"算子",只是点画而已,最终还"不是书"。可见,王羲之对"书"是有特定的审美要求。关于这一点,《晋王右军自论书》中还有一段话值得注意:

> 须得书意,转深点画之间皆有意。自有言所不尽、得其妙者,事事皆然。

这里仍然强调书法的点画之间都应有"意",但其论述有所深化,涉及"言不尽意"这个玄学哲学中的重要问题。书法的点画之间存在着言所难尽或无法表达的"意",这样来规定书法的哲学美学特征便深化了它的内涵。

王羲之书法美学论的又一重要内容是对草书的论述,他认为"草书"跟"真书""行书"各有不同,它"又有别法":"须缓前急后,字体形势,状等龙蛇,相钩连不断。仍须棱侧起复,用笔亦不得使齐平,大小一等。每作一字,须有点处,且作余字,总竟然后安点,其点须空中遥掷笔作之,其草书亦复需篆势、八分古隶相杂,亦不得急,令墨不入纸,若急作,意思浅薄而笔即直过。惟有章草及章程行押等不用此势,但用击石波而已。其击石波者,缺波也;又八分更有一波,谓之隼尾波,即钟公《泰山铭》及《魏文帝受禅碑》中已有此体。夫书先须引八分、章草入隶字中,发人意气。若直取俗字,不能先发。"王羲之规定了草书"钩连不断"的特点,这是对草书特点、笔法的根本揭示。从美学的视角看,草书的"字体形势,状等龙蛇",具有流动美。同时,王羲之也强调了草书的内在书法基础。康有为《广艺舟双楫》说:"晋魏人笔意之高,盖在本师之伟杰。逸少曰:'夫书先须引八分、章草入隶字中,发人意气……'逸少所得,其奇变可想。"

进入南朝后,著名的书法美学论者有宋、齐时的王僧虔,他同时也是书法家,其《书赋》云:

> 情凭虚而测有，思沿想而图空。心经于则，目像其容，手以心麾，毫以手从，风摇挺气，妍嬿深功。尔其隶明敏蜿蠖，绚茵趋将，摛文箧缛，托韵笙簧，仪春等爱，丽景依光，沉若云郁，轻若蝉扬。稠必昂萃，约实箕张，垂端整曲，裁邪制方。或具美于片巧，或双竞于两伤，形绵靡而多态，气陵厉其如芒。故其委貌也必妍，献体也贵壮，迹乘规而骋势，志循检而怀放。

这是具有相当美学深度的书法理论文字，王僧虔把对文学和艺术美学的理解运用于书法，指出其基本性质是"情凭虚而测有，思沿想而图空"，这便把书法也纳入艺术创造的总框架中，认为应无中生有，凭虚测有。在书法创作过程中，"心经于则，目像其容"，心灵遵守着艺术的审美法则，眼中则浮现出某种具象的形体，这时，心、手、笔三者之间就出现了互相联系和对应的关系。心驱使着手，手又驱使着笔，这是对书法艺术创造过程所做的完整的论述，而总体信息的发出者是"心"，这就突出了主体在书法审美实践中的地位和作用。通过如此互相对应的艺术创造，其成果就会"妍嬿深功"，既有深湛的功力又有极其鲜妍的美感色彩。王僧虔对书法艺术美的形态也做了生动的描述：它的美态"沉若云郁，轻若蝉扬"，凝重而飞扬，它"托韵笙簧"，富于音乐的韵味，这是对书法艺术美的一个重大规定。关于书法艺术形态的审美标准，同时，王僧虔写道："其委貌也必妍，献体也贵壮。"既是鲜妍美丽的，又是书体遒壮的。王僧虔的书法美学要求有秩序的生动，有规范的自由："迹乘规而骋势，志循检而怀放"，具有较浓的儒道互融色彩。王僧虔还写有《笔意赞》，文中有云：

> 书之妙道，神彩为上，形质次之，兼之者方可绍于古人。以斯言之，岂易多得。必使心忘于笔，手忘于书，心手遗情，书笔相忘，是谓求之不得，考之即彰。

王僧虔的这段论述有两点值得注意。一是形神论。他明确地把"神彩"摆在首要位置上，"形质次之"，这是六朝经过充分发展的形神论在书法学上的具体运用。二是"心手遗情"。在《书赋》中，王僧虔提出的是"手以心麾，毫以手从"的互应论，在书法创作中，一切都处于心手相应、手笔相应的从心所欲境地中。而他在这里提出"心忘于笔，手忘于书，心手遗情，书笔相忘"，就从更深的层面上探讨了书法创造过程中的心理哲学问题。在书法创作中只有忘记了创作者本身及其使用的工具，才能处于忘身、忘我之境界,进而进入一派大圆智境,这是书法艺术创作中最高的境界,也是审美境界。可以说,王僧虔深化了六朝的书法美学理论。

六朝时,与文学上的《诗品》、绘画上的《画品》出现一样,书法上出现了《书品》一类品评形式。刘宋时羊欣有《采古来能书人名》,采李斯、赵高至康昕、张弘计六十九名书法家,并加以点评。点评文字言简意赅,切中肯綮。如:"王羲之,晋右将军,会稽内史,博精群法,特善草隶。羊欣云:'古今莫二。'"

王僧虔也采用了品点的形式对诸多书家进行评价,如:"谢静、谢敷,并善写经,亦入能境。居钟索之美,迈古流今,是以征南还有所得。""辱告,并五纸,举体精隽灵奥,执玩反复,不能释手。虽太傅之婉媚玩好,领军之静逸答绪,方之蔑如也。昔杜度杀字甚安,而笔体微瘦;崔瑗笔势甚快,而结字小疏:君处二者之间,亦犹仲尼方于季孟也。"王僧虔的书法美学品点有一定的理论主题。如天然与功力:"宋文帝书,自谓不减王子敬。时议者云天然胜羊欣,功夫不及欣。""孔琳之书,天然绝逸,极有笔力规矩。"如骨力与媚态:"郗超草书,亚于二王。紧媚过于父,骨力不及也。""萧思话,全法羊欣,风流趣好,殆当不减,而笔力恨弱。""谢综书,其舅云,紧洁生起,实为得赏,至不重羊欣,欣亦惮之。书法有力,恨少媚好。"

齐梁时有袁昂《古今书评》,作于梁普通四年(523),奉梁武帝敕品古今书家二十五人,运用并发展了魏晋以来人物品藻的形式,具有《世说新语》品评人物的格调。《世说新语》是品评人物,而《古今书评》则是品评书家,它善于借用自然风光景象为喻,如"崔子玉书如危峰阻日,孤松一枝,有绝望之意"。如果说王僧虔的"托韵笙簧"说,是用音乐说明书法的韵味,那么袁昂的品评如"皇象书如歌声绕梁,琴人舍徽"就是以音乐做比拟来形容对象的书法艺术魅力。袁昂品评虽出之以比喻,但审美评判的倾向却不含糊,如评张芝、王羲之,则语语含褒,"张伯英书如汉武帝爱道,凭虚欲仙""王右军书如谢家子弟,纵复不端正者,爽爽有一种风气"。而对羊欣等人的评品则词蕴贬义,如"羊欣书如大家婢为夫人,虽处其位,而举止羞涩,终不似真""徐淮南书如南冈士大夫,徒好尚风范,终不免寒乞"。这种比喻的形式增加了品评的感性特征和形象感。

萧梁时萧衍书论主要有《论萧子云书》《观钟繇书法十二意》《草书

状》《答陶弘景书》等,他是梁代有成就的书法美学家,发展了齐代王僧虔的书法美学思想,品、论兼备,其书法美学思想主要有如下内容、特点。

一是有独特鉴赏眼光和品评识见。萧衍认为,钟繇书法超过王羲之,《观钟繇书法》曰:"子敬不迨逸少,逸少不迨元常(钟繇)。学子敬者,如画虎也;学元常者,比画龙也。"书家历来以钟、王齐名,"二王"比肩,而在六朝,献之地位又在羲之上。如《南史·刘休传》云:"元嘉中羊欣重王子敬正隶书,世共宗之,右军之体微轻,不复见贵。"但萧衍却将钟繇、羲之、献之分为三个层级,依序排次,钟居首层,献之和钟繇有虎、龙之分。萧衍的这一排列,推钟繇为出类拔萃,在梁代书界产生了较大影响。陶弘景《与梁武帝启》云:"使元常老骨,更蒙荣造,子敬懦肌,不沉泉夜,惟逸少得进退其间。"当时书界"皆尚子敬书","海内非惟不复知有元常,于逸少亦然",若非武帝"圣证品析",那么"爱附近习之风,永遂沦迷矣"。萧子云《答敕论书》说得更明显了,他检讨过去"不能拔赏,随世所贵,规摹子敬",在看了武帝敕旨论书之后,才"始变子敬,全范元常"。萧衍之谈,成一家言,却非随意发论,其鉴别能力甚高,绝非一般平庸之辈可以伦比。他能精微地辨别真本与摹本,《答陶弘景书》说:"钟书乃有一卷,传以为真,意谓悉是摹学,多不足论。有两三行许,似摹微得钟体。"他还从源流上推导出"逸少学钟的可知"。"品"来之于主体之"识",而"识"的鉴定、判别之力又来之于主体之"慧见"——文化素养来之于他占有大量书法作品,反复研习、摩挲、品鉴所养成的"识赏"能力。人们不应因萧衍一生佞佛,嫉忌成性,失察侯景招致萧梁覆亡,就抹杀他的文化、美学素质。

二是萧衍书法美学思想的倾向是"骨力"。《答陶弘景书》批评"太师箴小复方媚,笔力过嫩,书体乖异","嫩"则无"骨力"可言。崇尚笔力正是魏晋书法美学思想的进一步体现。

三是萧衍书法评论的文体风格具有魏晋以来由人物品藻扩散开来的美学形象性、具象化的特征。萧衍品评语言本体取譬拈喻,具有形象美感和感性色彩,例如其《草书状》:

> 体有疏密,意有倜傥,或有飞走流注之势,惊疏峭绝之气,滔滔闲雅之容,卓荦调宕之志。百体千形,而呈其巧,岂可一概而论哉!皆古英儒之撮拨,岂群小皂吏所能为。因为之状曰:疾若惊

> 蛇之失道，迟若绿水之徘徊。缓则鸦行，急则鹊厉，抽如雉啄，点如兔掷，乍驻乍引，任意所为，或粗或细，随态运奇，云集水散，风回电驰。及其成也，粗而有筋，似蒲萄之蔓延，女萝之繁萦，泽蛇之相绞，山熊之对争。若举翅而不飞，欲走而还停，状云山之有玄玉，河汉之有列星。厥体难穷，其类多容，婀娜如削弱柳，竦拔如袅长松。婆娑而飞舞凤，宛转而起蟠龙，纵横如结，缠绵如绳，流离似绣，磊落如陵，炜炜晔晔，奕奕翩翩，或卧而似倒，或立而似颠，斜而复止，断而还连，若白水之游群鱼，丛林之挂腾猿。状众兽之逸原陆，飞鸟之戏晴天。象乌云之罩恒岳，紫雾之出衡山。巉岩若岭，脉脉如泉，文不谢于波澜，义不愧于深渊，传志意于君子，报款曲于人闲。盖略言其梗概，未足称其要妙焉。

这是六朝书法美学中相当精美的文字，瑰丽的文采、飞动的文势、层出叠现的比喻，把草书之状描绘得词尽意满、五色纷披，不仅可以让人通过如此多彩的感性描述，具象化地感受到、领略到草书美的性质、状态，而且提供了可以直接欣赏的图像、画面，具有二度鉴赏功能。

四是做出了"浓纤有方，肥瘦相和，骨力相称"的中和型审美规范。萧衍《答陶弘景书》曰：

> 夫运笔邪则无芒角，执手宽则书缓弱，点撇短则法拥肿，点撇长则法离澌，画促则字横，画疏则形慢，拘则乏势，放又少则，纯骨无媚，纯肉无力，少墨浮涩，多墨笨钝，比并皆然，任意所之，自然之理也。若抑扬得所，趣舍无违，值笔连断，触势峰郁，扬波折节，中规合矩，分间下注，浓纤有方，肥瘦相和，骨力相称，婉婉暧暧，视之不足，棱棱凛凛，常有生气，适眼合心，便为甲科。

萧衍书法美学的核心是"中规合矩"，属于规范性美学思想范畴，导趋为中和、谐调的审美境界。用笔、行墨、间架、结构无不如此。"邪""宽"之于笔势，"短""长"之于笔法，"促""疏"之于笔形，"少""多"之于墨迹，都是从对立两端中提出问题，两端各不可偏废和走向极限，笔腕、运气均作适度调控。他发展了魏晋书法美学"骨""肉"范畴思想，"肉"丰则有"媚"态，"骨"劲则富"力"度，"媚"是书品的外在感性表征，"力"是显示内在气韵的基础上提出"纯骨无媚，纯肉无力"，否定极端化趋向，导入中间点：肌丰骨健，则表现力强。他的总体规范要求是："抑扬得所，趣舍无违。"这种书法美学思想的形态和性质便是中和，既体现了中国文化、美学的基本属性，又具有六朝美学的具体色彩，这种中和特征具体表现为以下几点。其一，跟同时代沈约"五色相宣，八音协畅"的声律美学思想，刘勰"六义"的文学美学思想相一致，寻求、确定美学的新规范和秩序。其二，他认为书法美学的内在意韵应"常有生气"，这正是魏晋"气"美学在六朝的进一步运用。其三，他认为书法美应令人"视之不足""适眼合心"，应满足人们的视觉官能，"适眼"是感官的主体与对象和谐所引起的审美舒适感，"合心"属于主体心灵与对象契合的美感心态，融洽整化，表里俱彻。这首先由书品的"中规合矩"所规定，而"适眼合心"的调适愉悦感又跟六朝美学重视官能感受的思想密切相关。要达到如此的书法美学境界和审美效应，萧衍提出的途径是："习""积"。古今能成大书家者，"终归是习"，"程邈所以能变众体，为之习也；张芝所以能善书工，学之积也"，"既旧既积，方可以肆其谈"，这为达到书法艺术审美境界指示了门径。

此外，萧衍所列钟繇书法十二意"平（谓横也）、直（谓纵也）、均（谓闲也）、密（谓际也）、锋（谓端也）、力（谓体也）、轻（谓屈也）、决（谓牵制也）、补（谓不足也）、损（谓有余也）、巧（谓布置也）、称（谓大小也）"，又为书法艺术提供了具体的范式。

五是提出书随时变的书法美学史思想。萧衍《观钟繇书法十二意》指出：

> 字外之奇，文所不书。世之学者宗二王，元常逸迹，曾不睥睨。羲之有过人之论，后生遂尔雷同。元常谓之古肥，子敬谓之今瘦，今古既殊，肥瘦颇反。如自省览，有异众说。张芝、钟繇，巧趣精细，殆同机神，肥瘦古今，岂易致意，真迹虽少，可得而推。逸少至学钟书，势巧形密，及其独运，意疏字缓，譬犹楚音昔夏，不能无楚，过言不悒，未为笃论。

书体之肥瘦，作为形态美学，并非古今一势，殆无变更。"肥瘦古今"，随代而变，总体文化、美学思想具有时代阶段特征，某种美学精神氛围制约着、规范着某种审美形态，因此审美形态总是乘时而起，又因时而变。"今古既殊"，文化、审美条件和需求不同，书法审美形态也便"肥瘦颇反"，既不能以今趋古，亦不可以古律今。萧衍的这一美学思想颇具通达史感，强调了变化、更易，体现了齐梁美学寻求变易的历史趋向。

总之，萧衍的书法美学思想所表现出的多层面内容和多层级内涵，相当丰富、完备而又深刻。

萧梁时庾肩吾（487—551），字子慎，南阳新野人，宫体诗派的重要成员，著名文学家、辞赋家庾信之父，与王室关系密切，著《书品》，与钟嵘《诗品》、谢赫《画品》，成为齐梁美学世界中品评形式鼎之三足。他完全采用了"九品论人"的人物品评形式，把从汉到齐梁时的一百二十多名书家分为九等，总体上分为上、中、下三品，每品中又分上、中、下三等。列张芝、钟繇、王羲之等为"上之上"品，崔瑗、杜度、师宜官、张昶、王献之为"上之中"品，索靖、梁鹄等人为"上之下"品，其后依次分类分品，皆先列其名，再作论品。庾肩吾的划品显示了品评的审美标准，其论更有审美的识见，例如他对书法的美态写道：

> 或横牵竖掣，或浓点轻拂，或将放而更留，或因挑而还置。敏思藏于胸中，巧意发于毫铦。詹尹端策，故以迷其变化；英韵倾耳，无以察其音声。殆善射之不注，妙斫轮之不传。是以鹰爪舍利，出彼兔毫；龙管润霜，游兹蚕尾。学者鲜能具体，窥者罕得其门。若探妙测深，尽形得势，烟华落纸将动，风彩带字欲飞，疑神化之所为，非人世之所学。

这是对书法艺术特别是草书艺术所做的富于美学色调的描述。"或将放而更留，或因挑而还置"，这种处于两极波动性的状态是何等生动！"烟华落纸将动，风彩带字欲飞"，这又是多么动人的书法美形态！特别是"英韵倾耳，无以察其音"，把书法艺术的灵动、缥缈、韵致比喻为音乐，其"无以察其音声"的玄妙，是运用老庄、玄学美学思想对书法艺术的细腻微茫的体验。

庾肩吾品评书法的上下优劣，仍然重视"天然"与"工夫"的结合，和前述王僧虔的书法美学思想是一致的，例如他对同列"上之上"品的张芝、钟繇、王羲之三人所做的比较分析：

> 张工夫第一，天然次之，衣帛先书，称为"草圣"。钟天然第一，工夫次之。妙尽许昌之碑，穷极邺下之牍。王工夫不及张，天然过之。天然不及钟，工夫过之。

重视禀赋在艺术审美中的作用，是六朝美学对人作为主体因素功能特征的一种发现，对这一点，刘勰等人有相似的美学见解。另一方面，庾肩吾又提倡"工夫"，这又和刘勰等人重才学的思想相一致。

庾肩吾的书法美学思想是比较开放的，吸受了齐梁间的美学风气，重艺术美学的变化和感性色彩的显示，前者如品阮研："阮研居今观古，尽窥众妙之门。虽复师王祖钟，终成别构一体。"后者如品阳经等"十五人，虽未穷字奥，书尚文情。披其丛薄，非无香草；视其涯岸，皆有润珠。故遗斯纸，以为世玩"。

第四节　南北朝书法分股与合流

南北朝书法有异，东晋不准立碑，南朝亦如此，故帖多，而北朝则以碑铭见长，因此，时人有北碑南帖之说。南方书法宗"二王"，北方则宗钟繇、卫瓘。钟、卫二法分别通过卢谌、崔悦传播下去，而卢氏和崔氏一脉都分别是以父子相传来延续的，他们是北朝最有成就和名气的书家。

由于北朝受到崔、卢两家的影响，也就是说北方还是宗法钟繇和卫瓘，因此北方的书法，既没有汉碑那样古涩的味道，也没有南方"二王"那样流风回雪的情韵，但却能保持一种古雅而端庄的独特风格。对于北方的书法风格，敦煌发现的写经真迹是最好的见证。从西晋永嘉二年（308）所写的《波罗蜜经》真迹之中，可以看到晋人的书法还非常显著地受到汉代木简字体的影响，结体端庄，笔法古茂。到了十六国时期，如前秦甘露元年（359）所写的《譬喻经》，西凉建初七年（411）所写的《妙法莲华经》，和北凉沮渠氏承平十五年（457）所写的《佛说菩萨藏经》，都继承并发展了汉魏书法这一系统的风格，大都微参隶法，结体朴茂。北朝的写经真迹，在十六国的书法基础上更有所发展，参以隶法的成分日益冲淡了，而笔法在茂密之中又宕以逸气，如北魏正始二年（505）所写的《大般涅槃经》，永平三年（510）所写的《大智度论》，延昌元年（512）所写的《摩诃衍经》《华严经》等，大都结体庄茂，笔力骏劲，均达到较高的艺术水平。进入北朝后期，从西魏大统十四年（548）所写的《大般涅槃经》和北周建德二年（573）所写的《大般涅槃经》两种真迹来看，这时的书法又渐渐向工整秾丽的方向发展，已经到南北朝书法风格融合的前夜了。北朝的志铭,除了张猛龙、张黑女等著名墓志以外,北魏嫔嫱诸志中,如王普贤墓志、司马显姿墓志、冯迎男墓志,元氏宗室诸志中,如元珍、元天穆、元引、元继、元维、元固、元桢、元智妻姬氏等墓志,群臣中如上谷寇氏诸志以及吐谷浑玑墓志、郭显墓志、王诵墓志、苟景墓志、邢峦妻元纯陀墓志,莫不骨力雄劲,结体古雅,而又不乏媚趣。后代的碑志是无法和它们相颉颃的。

帖行于纸,因工具、条件的特点,适合于写行、草书;碑刻于石,因工具条件的规范制约,只能用楷、隶书。这样,因工具特点的不同便产生了不同的书体风格,前者流丽,后者凝重。康有为《广艺舟双楫·备魏》称赞这些碑字"若游群玉之山,若行山阴之道。凡后世所有之体格无不备,凡后世所有之意态,亦无不备矣"。同时,康有为还把魏碑总结为十美、十三宗。所谓十美,就是魏碑的十种审美形态。一曰魄力雄强,二曰气象浑穆,三曰笔法跳越,四曰点画峻厚,五曰意态奇逸,六曰精神飞动,七曰兴趣酣足,八曰骨法洞达,九曰结构天成,十曰血肉丰美。所谓十三宗,宗者,某种书法美学形态的最典范源头和体现,又分为宗上三、宗中四、宗下六。

北碑古拙,南帖流便,形成不同的区域体书法美学风格。但是,南帖北传,南方书家北游也带来了南北书法的交流、交融。北齐颜之推的《颜氏家训》写道:"梁氏秘阁散逸以来,尝见二王真草及陶隐居(陶弘景)、阮交州(阮研)、萧祭酒(萧子云)诸书。"这是南方书法传入北地的重要记载。《周书·赵文深传》写道:"文深少学楷隶……雅有钟、王之则,笔势可观。当时碑榜,惟文深冀儁而已……及平江陵之后,王褒入关,贵游等翕然并学褒书。文深之书,遂被遐弃。文深惭恨,形于言色。后知好尚难反,亦改习褒书,然竟无所成,转被讥议,谓之学步邯郸焉。至于碑榜,余人犹莫之逮,王褒亦每推先之……世宗令至江陵书《景福寺碑》,汉南人士,亦以为工。"这里记载了南方书艺因王褒入关所带来的冲击与影响,促进了南北书法的交融贯通。到了隋代,国家一统,书风亦为之一统,融南北朝书艺之长,因而隋书"内承周、齐峻整之绪,外收梁、陈绵丽之风,故简要清通,汇成一局……荟萃六朝之美,成其风会……大开唐风"[①]。是的,距离那个辉煌的唐书时代确实为期不远了。

---

① 康有为:《广艺舟双楫·取隋》。

第十八章　乐舞美学

中国乐舞艺术传统深厚，傅毅《舞赋》曾描述道："闻歌以咏言，舞以尽意。是以论其诗不如听其声，听其声不如察其形。激楚结风，阳阿之舞；材人之穷观，天下之至妙。"六朝是中国乐舞美学发展史上的一个重要时期，《南史·循吏列传》描述宋文帝年间的乐舞云："凡百户之乡、有市之邑，歌谣舞蹈，触处成群。"描述齐武帝萧赜永明年间的乐舞云："都邑之盛，士女昌逸，歌声舞节，袨服华妆，桃花渌水之间，秋月春风之下，无往非适。"这种全民皆习乐舞的状况在中国舞蹈史上尚属罕见，它那在"桃花渌水"掩映下"袨服华妆"的色调及其华艳状态是南方所特有的，可见六朝乐舞的兴盛跟南方社会进步和经济发展密切相关，例如《隋书·地理志》写道："川泽沃衍，有海陆之饶，珍异所聚，故商贾并凑。""俗少争讼，而尚歌舞。"《宋书》卷六五《刘道产传》写道："百姓乐业，民户丰赡，由此有《襄阳乐歌》。"因而，六朝乐舞主要集中在建康、江陵一带，江南的地方乐舞成为六朝乐舞的主要形态和主要格局，然而，衣冠渡江也带来了中原文化、美学，包括乐舞美学，在文化交流的总背景下，乐舞也出现了相融状态。这是六朝乐舞美学的基本特点，不同于汉代乐舞和后来的隋唐乐舞。

第一节　六朝乐舞美学的演变

东吴黄龙二年（230）二月，"将军卫温、诸葛直下海求亶、夷二洲，得夷洲数千人而还"[1]，夷洲即台湾，这次行动遂使吴文化加入了来自台湾高山族文化的成分，因此吴国乐舞此后便既含有辟在蛮荒、未加开发的原始乐舞的朴野因素，又具有南国轻歌曼舞的柔媚特征，其所诞生的白凫鸠舞为其舞蹈艺术的标本，并成为南朝舞蹈的雏形。《宋书·乐志》曾有一段记载，可以看到吴代的乐舞状况：

> 何承天曰："世咸传吴朝无雅乐。案孙皓迎父丧明陵，惟云倡伎昼夜不息，则无金石登哥可知矣。"承天曰："或云今之《神弦》，孙氏以为宗庙登哥也。"史臣案：陆机《孙权诔》"《肆夏》在庙，《云翘》承□"，机不容虚设此言。又：韦昭孙休世《上鼓吹铙哥十二曲表》曰："当付乐官善哥者习哥。"然则吴朝非无乐官，善哥者乃能以哥辞被丝管，宁容止以《神弦》为庙乐而已乎？

乐舞从其功能上说，是为现时利益集团的需要所服务的。在吴代的乐舞史上，有一个重要事件，就是"韦昭制曲"：

> 是时吴亦使韦昭制十二曲名，以述功德受命。改《朱鹭》为《炎精缺》，言汉室衰，孙坚奋迅猛志，念在匡救，王迹始乎此也。改《思悲翁》为《汉之季》，言坚悼汉之微，痛董卓之乱，兴兵奋击，功盖海内也。改《艾如张》为《摅武师》，言权卒父之业而征伐也。改《上之回》为《乌林》，言魏武既破荆州，顺流东下，欲来争锋，权命将周瑜逆击之于乌林而破走也。改《雍离》为《秋风》，言权悦以使人，人忘其死也。改《战城南》为《克皖城》，言魏武志图并兼，而权亲征，破之于皖也。改《巫山高》为《关背德》，言蜀将关羽背弃吴德，权引师浮江而擒之也。改《上陵曲》为《通荆州》，言权与蜀交好齐盟，中有关羽自失之愆，终复初好也。改《将进酒》为《章洪德》，言权章其大德，而远方来附也。改《有所思》为《顺历数》，言权顺箓图之符，而建大号也。改《芳树》为《承天命》，言其时主圣德践位，道化至盛也。改《上邪曲》为《玄化》，言其时主修文武，则天而行，仁泽流洽，天下喜乐也。其余亦用旧名不改。

---

[1] 许嵩：《建康实录》。

这十二支曲是吴代建国史的写照和记录，举凡吴代在新创、兴盛过程中所发生的重要事件都在曲子中得到了反映和体现，这正继承了中国音乐"声音之道，与政通矣"的现实性、致用性文化、美学品格。然而像吴代这样，把重要事件一一表现在音乐作品中，并标明相应的曲名，在中国音乐史上尚不多见，它有着"述功德受命"的功利主义倾向，又有着极强的写实性。

吴代的音乐已经显示出兴盛气象，这从《三国志》的一则记载可见一斑。《三国志》卷四九记曰："燮兄弟并为列郡，雄长一州，偏在万里，威尊无上，出入鸣钟磬，备具威仪，笳箫鼓吹，车骑满道。"当时音乐界诞生的重要人物就是雄姿英发、决胜千里的周瑜。《吴书·周瑜传》云："吾虽不及夔、旷，闻弦赏音，足知雅曲也。"这并非过实之言，周瑜确有精深的音乐造诣和灵敏的音乐听觉："瑜少精意于音乐，虽三爵之后，其有阙误，瑜必知之，知之必顾。故时人谣曰：'曲有误，周郎顾。'"

在舞蹈习俗上，吴代继承了后汉，又对东晋、南朝发生影响，具有一定的中介作用。例如以舞相属。以舞相属，犹今之交谊舞，《宋书·乐志》曾解释何为以舞相属："所属者代起舞，犹若饮酒以杯相属也。"一般都在酒宴场合，酒酣必自起舞。此种风气在汉代颇盛，《后汉书·蔡邕传》曾经记载过王智与蔡邕间因之所起的纠纷：

邕自徙及归，凡九月焉。将就还路，五原太守王智饯之，酒酣，智起舞属邕，邕不为报。智者，中常侍王甫弟也。素贵骄，惭于宾客，诟邕曰："徙敢轻我！"邕拂衣而去。智衔之，密告邕怨于囚放，谤讪朝廷，内宠恶之。邕虑卒不免，乃亡命江海，远迹吴会。往来依太山羊氏，积十二年，在吴。

"以舞相属"虽是一般的人际交往活动，但在特定的场合和环境中却有着不寻常的作用，它有两个重要的构成因素：一是被邀者应起舞相报，二是应舞得转起来。缺一，则是对邀请者的不恭、不敬。王智乃宦官，又依仗着其兄的权势，骄横跋扈。蔡邕蔑视王智，便不愿起舞，使得王智勃然大怒，破口大骂：竟敢轻视我！并诬陷密告，欲置蔡邕于死地，蔡邕只得"亡命江海，远迹吴会"。吴代也发生了同样的事件，《三国志》卷八转引《吴书》中有一段记载：

（吴之张磐）常以舞属（陶）谦，谦不为起。固强之，及舞又不转。磐曰："不当转邪？"曰："不可转，转则胜人。"由是不乐，卒以构隙。

陶谦在张磐的强邀下，勉强起舞，舞起来以后却不肯旋转。"舞又不转"跟不起舞的性质一样，都是对对方的不恭敬。二人由此而"构隙"，造成不和，从此，张磐处处想诬陷陶谦，但"谦在官清白，无以纠举"，但后来"祠灵星有赢钱五百"，张磐"欲以赃之"，陶谦不得不"委官而去"。这些都说明，六朝乐舞在吴代已初具规模，而东晋、南朝乐舞在此基础上有了新的发展。

当王濬的浩荡楼船开进建业城外，"一片降幡出石头"，晋琅邪王司马伷率领诸路军马进入都城，屯集太初宫，总收吴国之"国籍府库，总领州郡、户口人吏、兵粮舟楫"，亦包括"音乐采妓"①。南方的乐舞到了中原，丰富了中原的乐舞文化。但是，仅过了三十余年，西晋爆发了永嘉之乱，乐舞随之受到破坏。《晋书·乐志》写道："永嘉之乱，伶官既减，曲台宣榭，咸变污莱。虽复象舞歌工，自胡归晋。至于孤竹之管，云和之瑟，空桑之琴，泗滨之磬，其能备者，百不一焉。"于是历史在这里出现了一个回旋，本来是南方乐舞到中原，但这时，已经具有了南方因子的中原乐舞又反被南渡之士带到江南：

永嘉之乱，五都沦覆。遗声旧制，散落江左。宋梁之间，南朝文物，号为最盛，人谣国俗，亦世有新声。②

西晋乐舞一部分沦没于永嘉之乱，《晋书·律历》写道："永嘉之乱，中朝典章，咸没于石勒。及元帝南迁，皇度草昧，礼容乐器，扫地皆尽，虽稍加采掇，而多所沦胥，终于恭、安，竟不能备。"另一部分则被传带到江南，这给东晋时人提出了恢复和兴盛乐舞特别是雅乐的任务。

《汉书》卷五三《河间献王传》曰："武帝时，献王来朝，献雅乐。"但到晋代，雅乐几乎丧尽，这是由汉末大乱所造成的雅乐艺术断层，《宋书·乐志》云："汉末大乱，众乐沦缺。魏武平荆州，获杜夔，善八音，尝为汉雅乐郎，尤悉乐事，于是以为军谋祭酒，使创定雅乐。时又有邓静、尹商，善训雅乐，歌师尹胡能哥宗庙郊祀之曲，舞师冯肃、服养晓知先代诸舞，夔悉总领之。远考经籍，近采故事，魏复先代古乐，自夔始也。而左延年等，妙善郑声，惟夔好古存正焉。"但杜夔手中所掌握

① 许嵩：《建康实录》。
② 刘昫等：《旧唐书·音乐志》。

的雅乐数量有限，只有《鹿鸣》等四篇而已。"太和末，又失其三"，"左延年所得，惟《鹿鸣》一笙"，到晋代，这仅存的"《鹿鸣》一篇，又无传矣"。于是，修雅乐便由东晋人来完成。

永嘉之乱中，成批的乐官和大量乐器都毁于刘聪、石勒之手，东晋初年竟然出现了对音韵曲折的旧乐"无识者"的场面。当时因为没有雅乐的乐器和乐工，便裁减了太乐令和鼓吹令，这以后虽然也得到了不少雅乐，但食举之乐还是不具备。太宁末年（326），东晋明帝司马绍又令阮孚等人增加其内容。咸和年间（326—334），东晋成帝司马衍重新设置太乐官，集中散失的乐工和乐曲，但是还没有金石之乐。庾亮为荆州刺史，与谢尚共同修复雅乐，但没有完成，庾亮就死了。等到前燕慕容俊平定冉闵，兵戈之间，邺下乐人有不少人南来。永和十一年（355），谢尚镇守寿阳，召集乐人，使太乐得到充实，还制造了石磬，雅乐才逐渐具备。前秦王猛平定邺城，慕容俊所收集的音乐进入西北地区，太元年间（376—396），王猛击破苻坚，俘获其乐工杨蜀等人，这批人熟悉过去的音乐，从此全套的雅乐才得以齐备。曹毗、王珣等人增造宗庙歌诗，但是郊祀天地还是不用音乐。

东晋时乐舞美学的重要走向是纳入雅化轨道，这也是东晋时乐舞美学的重要内容和特点。东晋成帝咸康七年（341），身为散骑侍郎的顾臻上表说："圣王制乐，赞扬治道，养以仁义，防其邪淫。上享宗庙，下训黎民，体五行之正音，协八风以陶气。以宫声正方而好义，角声坚齐而率礼，弦哥钟鼓金石之作备矣。故通神至化，有率舞之感，移风改俗，致和乐之极。末世之伎，设礼外之观，逆行连倒，头足入筥之属，皮肤外剥，肝心内摧。敦彼行苇，犹谓勿践，矧伊生民，而不恻怆。加以四海朝觐，言观帝庭，耳聆雅颂之声，目睹威仪之序，足以蹋天，头以履地，反两仪之顺，伤彝伦之大。方今夷狄对岸，外御为急，兵食七升，忘身赴难，过泰之戏，日禀五斗。方扫神州，经略中甸，若此之事，不可示远。宜下太常，纂备雅乐，箫韶九成，惟新于盛运；功德颂声，永著于来叶。此乃《诗》所以'燕及皇天，克昌厥后'者也。杂伎而伤人者，皆宜除之。流简俭之德，迈康哉之咏，清风既行，民应如草，此之谓也。"[①]这一建议充满着正统主义色彩，遂得到采纳，于是除《高絙》《紫鹿》《跂行》《鳖食》及《齐王卷衣》

---

① 沈约：《宋书·乐志》。

《笮儿》等乐。东晋兴雅乐而废淫声，一旦出现淫声，便被指斥，《晋书》卷八四《王恭传》载道："道子尝集朝士，置酒于东府，尚书令谢石因醉为委巷之歌。恭正色曰：'居端右之重，集藩王之第，而肆淫声，欲令群下何所取则？'"由此可见，东晋对于音乐的雅化与正统化要求之严格。这样，经过永嘉之乱被打乱了的音乐秩序被重新建立起来，并对以后的南朝音乐发生了影响。

东晋时有所谓"三绝"，《晋书》云：

> 山松少有才名，博学有文章，著《后汉书》百篇。衿情秀远，善音乐。旧歌有《行路难》曲，辞颇疏质，山松好之，乃文其辞句，婉其节制，每因酣醉纵歌之，听者莫不流涕。初，羊昙善唱乐，桓伊能挽歌，及山松《行路难》继之。时人谓之"三绝"。时张湛好于斋前种松柏，而山松每出游，好令左右作挽歌，人谓"湛屋下陈尸，山松道上行殡"。

东晋时还有所谓"文康乐"。庾亮为明穆皇后之兄，据《晋书》本传，他死后谥文康，《渊鉴类函·乐部》云："礼毕者，本自晋太尉庾亮家，亮卒及伎追思亮，因假其面，执翳以舞，象其容，取谥以号之，谓文康乐，每奏九部乐终，则陈之，故以礼毕为名其曲。"文康乐的影响甚远，一直及于隋唐。

东晋出现了一批能歌善舞者，他们都是上流社会中人，例如谢安。《晋书·王湛传》曾载，"谢安爱好声律"，及登台辅，即使在丧葬期内仍不停女乐，王坦之极力劝阻他，谢安写信对王坦之说：我所要求的声音，只要合于我的情感心绪就行了，这没有什么不可以的，我只是随便娱乐一下罢了。谢安我行我素，对广大士人影响很大，遂逐渐形成了风俗。又如谢尚，据《晋书·谢尚传》，谢尚字仁祖，豫章太守谢鲲之子，"善音乐，博综众艺"。当他继承其父的咸亭侯爵位，第一次到丞相王导的府上去拜见，正巧碰上王导在大会宾客，王导对谢尚说："听说你能跳《鸲鹆舞》，在座的各位都想看看，可以吗？"谢尚说："行。""便着衣帻而舞"，王导叫在座的人"抚掌击节"，而谢尚"俯仰在中，傍若无人"。永和年间，谢尚被任命为尚书仆射，不久升为镇西将军，镇守寿阳，"于是采拾乐人，并制石磬，以备太乐"，"江表有钟石之乐，自尚始也"。谢尚成为东晋、南朝金石钟磬雅乐的创始人，这在东晋乐舞史上是一个重要的史实。

当时深通乐舞的，有王敦，《晋书·王敦传》写道："自言知击鼓，因振袖扬枹，音节谐韵，神气自得，傍若无人，举坐叹其雄爽。"有成公绥，他"雅好音律，尝当暑承风而啸，泠然成曲，因为《啸赋》"①，赋中写道："发妙声于丹唇，激哀音于皓齿。响抑扬而潜转，气冲郁而熛起。协黄宫于清角，杂商羽于流征。飘浮云于泰清，集长风于万里。曲既终而响绝，遗余玩而未已。"②这是借助于风声，通过啸吟而形成的曲调，在六朝音乐史上是独具一格的。还有戴逵父子，戴逵能鼓琴，工书画，常以琴书自娱获得享受，然而他又自持操守，"性不乐当世"，拒绝为太宰晞鼓琴。其子戴颙亦善于鼓琴，"凡诸音律，皆能挥手"，他与兄戴勃，一同"受琴于父，父没，所传之声，不忍复奏，各造新弄，勃五部，颙十五部。颙又制长弄一部，并传于世"。他们同样继承了父亲的气节操守，"中书令王绥常携宾客造之，勃等方进豆粥，绥曰：'闻卿善琴，试欲一听。'不答，绥恨而去"。《宋书》亦载：

> 衡阳王义季镇京口，长史张邵与颙姻通，迎来止黄鹄山。山北有竹林精舍，林涧甚美，颙憩于此涧，义季亟从之游，颙服其野服，不改常度。为义季鼓琴，并新声变曲，其三调《游弦》《广陵》《止息》之流，皆与世异。太祖每欲见之，尝谓黄门侍郎张敷曰："吾东巡之日，当宴戴公山也。"以其好音，长给正声伎一部。颙合《何尝》《白鹄》二声，以为一调，号为清旷。

这段记载中值得注意的是《广陵散》。从三国时孙该的《琵琶赋》可知，它当时已成为一支曲终有乱的大型完整的乐曲，赋中曾有言："每至曲终歌阕，乱以众契，上下奔骛，鹿奋猛厉，波腾雨注，飙飞电逝。"到嵇康临刑东市时，曾慨然长叹曰："《广陵散》于今绝矣！"但是《广陵散》并没有绝音，从上述记载中可以看出，晋宋之际的戴颙就能奏《广陵散》。再从刘宋时谢灵运《道路忆山中》的诗句"恻恻《广陵散》"，可知刘宋时尚有其曲在传播，而其乐曲基调是凄恻抑郁的。

晋代的乐舞有特殊的功能表现，史书中多有记载，现择其要点分列如下。

一是乐能退敌。如《晋书》卷六二《刘琨传》载曰：

> 在晋阳，尝为胡骑所围数重，城中窘迫无计，琨乃乘月登楼

---
① 房玄龄等：《晋书·成公绥传》。
② 房玄龄等：《晋书·成公绥传》。

清啸，贼闻之皆凄然长叹，中夜奏胡笳，贼又流涕歔欷，有怀土之切。向晓复吹之，贼并弃围而走。

又如《晋书·刘琨传》所载：

曾避乱坞壁，贾胡百数欲害之，畴无惧色，援笳而吹之，为《出塞》《入塞》之声，以动其游客之思。于是群胡皆垂泣而去之。

这倒很有点楚汉相争中四面楚歌的味道："夜闻汉军四面皆楚歌，项王乃大惊，曰：'汉皆已得楚乎？是何楚人之多也！'"[①]从另一方面又可以说，这些是汉代以后体现音乐特殊功能的重要记载。

二是音乐有讽喻功能。《晋书·桓宣传》载道：

时谢安女婿王国宝专利无检行，安恶其为人，每抑制之。及孝武末年，嗜酒好内，而会稽王道子昏醟尤甚，惟狎昵谄邪，于是国宝谗谀之计稍行于主相之间。而好利险诐之徒，以安功名盛极而构会之，嫌隙遂成。帝召伊饮宴，安侍坐。帝命伊吹笛，伊神色无迕，即吹为一弄，乃放笛云："臣于筝分乃不及笛，然自足以韵合歌管，请以筝歌，并请一吹笛人。"帝善其调达，乃敕御妓奏笛。伊又云："御府人于臣必自不合，臣有一奴，善相便串。"帝弥赏其放率，乃许召之。奴既吹笛。伊便抚筝而歌《怨诗》曰："为君既不易，为臣良独难。忠信事不显，乃有见疑患。周旦佐文、武，《金縢》功不刊。推心辅王政，二叔反流言。"声节慷慨，俯仰可观。安泣下沾衿，乃越席而就之，捋其须曰："使君于此不凡！"帝甚有愧色。

中国艺术美学中最早体现讽喻劝诫功能的是音乐，从而形成了它的致用性文化、美学传统。延续到东晋，桓伊在音乐中规诫东晋孝武帝司马曜就是一个突出的例子，这则音乐史实不是简单地陈述一个事件，而是富于情节地进行了描述，显得生动有致，富于感动人的力量。它完整地体现了音乐在政治生活中的作用过程，从而也在一个侧面表现了东晋时代音乐与社会、现实、政治的关系。同时，东晋乐舞的美学情调也较多地体现了东晋风流的特点。

刘宋进一步继承了前代正统美学观念，规范了音乐的雅化趋向。武帝刘裕即位后，崔祖思曾向武帝启陈政事，从总结历史经验入手，"历观帝

---

① 司马迁：《史记·项羽本纪》。

王，未尝不以约素兴侈丽亡也"，特别谈到裁减乐工事并以前汉为例，"前汉编户千万，太乐伶官方八百二十九人，孔光等奏罢不合经法者四百四十一人，正乐定员惟置三百八十八人"，刘宋当时户口没有超过百万，"而太乐雅郑，元徽时校试千有余人，后堂杂伎不在其数，糜费力役，伤败风俗。今欲拨邪归道，莫若罢杂伎，王庭惟置钟簨羽戚登歌而已"①。崔祖思所说的裁减乐工事是一项紧缩性措施，是为抑制音乐的蔓延发展，特别是俗乐的泛滥，所谓"糜费力役，伤败风俗"即指俗乐。与此同时，则开始制定有关的雅乐："乃定郊禋宗庙及三朝之乐，以武舞为《大壮舞》，取《易》云'大者壮也'，正大而天地之情可见也。以文舞为《大观舞》，取《易》云'大观在上'，观天之神道而四时不忒也。国乐以'雅'为称，取《诗序》云：'言天下之事，形四方之风，谓之雅。雅者，正也。'"②这样，刘宋时代经过缜密的规划、制作，形成了以雅乐为主导的音乐局面，东晋以来的音乐主体出现延伸现象。

刘宋时家乐盛行，《宋书·杜骥传》载杜骥"家累千金，女伎数十人，丝竹昼夜不绝"。刘宋时还出现了乐舞相合的格局，例如《南史·谢裕传》载，刘宋孝武帝时的谢孺子，"多艺能，尤善声律"，车骑将军王彧是谢孺子的表兄弟，"尝与孺子宴桐台，孺子吹笙，彧自起舞"。

刘宋时出现过帝王通过诬陷手段明目张胆地掠夺大臣爱伎的丑闻，据《南史》卷二五《到㧑传》记，"㧑资籍豪富，厚自奉养，供一身一月十万，宅宇山池，伎妾姿艺，皆穷上品。才调流赡，善纳交游。爱伎陈玉珠，明帝遣求不与，逼夺之，㧑颇怨，帝令有司诬奏，将杀之。㧑入狱，数宿须鬓皆白，免死，系尚方。"如果说西晋舞伎绿珠是政治倾轧的牺牲品，那么宋明帝此举就是杀人夺伎了，在六朝史上实属罕见。

刘宋时也诞生了不少善音乐的人物，如张永、张瑰父子。《南史·张瑰传》说张永"晓音律"，同时，还记载了这样一段史实：

宋孝武问永以太极殿前钟声嘶，永答"钟有铜滓"。乃扣钟求其处，凿而去之，声遂清越。

从这里可以看出张永"音乐的耳朵"是何等灵敏细腻，也可以看出刘宋时音乐人才的素质之高。张永的儿子张瑰到老还嗜好音律。刘宋建武末年，张瑰

---

① 李延寿：《南史·崔祖思传》。
② 魏徵等：《隋书·音乐志》。

屡次请求告老还乡，获准后"优游自乐"。有人讥议张瑰年老衰弱了还蓄养乐伎，张瑰说："我少好音律，老而方解，平生嗜欲，无复一存，惟未能遣此处耳。"他晚年的唯一嗜好并伴以终生的是音乐，音乐已成为他的生命，可见他对音乐的感情是何等深笃。又如宗炳，《宋书》本传说他"妙善琴书"，"古有《金石弄》，为诸桓所重，桓氏亡，其声遂绝，惟炳传焉。太祖遣乐师杨观就炳受之"。又如萧思话，他"善弹琴""解音律"，宋文帝在送给他一张桑弓的同时又送他一张琴，亲手写信说："前得此琴，云是旧物，亦有名京邑，今以相借，因是戴颙意于弹抚，响韵殊胜，直尔嘉也。"① 刘宋时的何承天善弹筝，宋文帝刘义隆曾赏赐给他"银装筝一面"②。刘宋颇为知名的范晔亦"晓音律"，他"善弹琵琶，能为新声"，能弹出新的曲调。他的架子很大，"上欲闻之"，屡次给他暗示，但他"伪若不晓"，假装不知，"终不肯为上弹"。直到有一回，皇上喝酒喝到兴头上，对范晔说："我欲歌，卿可弹。"范晔才答应弹琵琶。可是，当皇上唱完了歌，范晔亦停止了弹奏。范晔被抄家时，从他家抄出的乐器，十分"珍丽"。

萧齐时代仍然进一步重视和强调乐舞的劝谕功能，例如齐明帝萧鸾猜疑王敬则有图谋之心，王敬则之世子仲雄鼓起蔡邕的焦尾琴，作《懊侬曲》歌曰："常叹负情侬，郎今果行许。"又曰："君行不净心，那得恶人题。"

刘宋、萧齐之际的王僧虔在六朝乐舞史上具有重要地位，他是维护音乐典雅正统地位、推促其进一步向雅化方向发展的人物。《南史》卷二二《王僧虔传》说他"雅好文史，解音律"。他鉴于"朝廷礼乐，多违正典，人间竞造新声"，便"上表请正声乐"。表的内容，收录在《宋书·音乐志》中，表中说："风、雅之作，由来尚矣。大者系乎兴衰，其次者著于率舞。在于心而木石感，铿锵奏而国俗移。"鉴于音乐如此之作用、功能，他认为："音不妄启，曲岂徒奏。"他极力认同音乐的伦理观念、等级观念和正统观念，所谓"钟悬之器，以雅为用，凯容之制，八佾为体"，所谓"士有等差，无故不可以去礼；乐有攸序，长幼不可以共闻"，这些都包含着复古主义的因子。他指斥当时的音乐现状，"自顷家竞新哇，人尚谣俗，务在噍危，不顾律纪，流宕无涯，未知所极，排斥典正，崇长烦淫"，对这种现状深恶而痛绝之，将之描述得触目惊心，"喧丑之制，日盛于廛里；风味之

---

① 沈约：《宋书·萧思话传》。
② 沈约：《宋书·何承天传》。

韵，独尽于衣冠"。他提出了回挽颓风的办法："宜命典司，务勤课习，缉理旧声，迭相开晓，凡所遗漏，悉使补拾。曲全者禄厚，艺敏者位优，利以动之，则人思自劝，风以靡之，可不训自革，反本还源，庶可跂踵。"当时正是齐高帝萧道成辅政，"乃使侍中萧惠基调正清商音律"，具体落实了王僧虔的建议。那么萧惠基又是何许人也？据《南齐书》卷四六本传载："自宋大明以来，声技所尚多郑卫淫俗，雅乐正声，鲜有好者。惠基解音律，尤好魏三祖曲及相和歌，每奏，辄赏悦不能已。"

萧齐时的乐舞有两件事值得单独提起。一是通过音乐弹琴来取用人才。《南史》卷四三《齐高帝诸子》曾载：

> 江夏王锋字宣颖，高帝第十二子也……好琴书，盖亦天性。尝觐武帝，赐以宝装琴，仍于御前鼓之，大见赏。帝谓鄱阳王锵曰："阇梨琴亦是柳令之流亚。其既事事有意，吾欲试以临人。"锵曰："昔邹忌鼓琴，威王委以国政。"

从邹忌在齐威王面前弹琴而获信用的史实中获得借鉴，齐武帝萧赜亦通过萧锵弹琴，继而委之以政事。二是随着佛教音乐的盛行，音乐从中汲取养分，促成更新和发展。例如竟陵王萧子良"招致名僧，讲论佛法，造经呗新声"[①]，王融造《法乐》十二曲。这些都是萧齐音乐史上的重要内容，不仅对音乐美学，而且对唐宋声律美学产生了重大影响。

延及梁代，据《隋书·音乐志》："梁氏之初，乐缘齐旧。"梁代延续了萧齐的音乐，然而又根据社会、文化、美学条件形成了自身特点。梁代帝王通晓音律，《隋书·音乐志》载梁武帝"即位之后，更造新声，帝自为之词三曲，又令沈约为三曲，以被弦管"。"梁武帝本自诸生，博通前载，未及下车，意先风雅，爰诏凡百，各陈所闻。帝又自纠擿前违，裁成一代。"萧衍善钟律，曾著《琴要》一文，还常用乐曲和乐伎班子赏赐臣下，"普通末，武帝自算择后宫吴声、西曲女妓各一部，并华少，赉勉，因此颇好声酒"[②]。身为尚书仆射的沈约建议"撰为乐书，以起千载绝文，以定大梁之乐"[③]，萧衍承统后即下令制定郊庙乐辞和访百寮古乐。这是他确立统治新秩序和建立典章礼乐的需要，跟他废尊老子、改崇释氏具有同等性质。

---

① 萧子显：《南齐书·武十七王》。
② 李延寿：《南史·徐勉传》。
③ 魏徵：《隋书·音乐志》。

《隋书·音乐志》载:"武帝思弘古乐,天监元年,遂下诏访百寮。"其诏书的具体内容是:"夫声音之道,与政通矣。所以移风易俗,明贵辨贱,而韶护之称空传,咸英之实靡托。"①起始一句话原封不动地照搬了先秦《乐记》:"声音之道,与政通矣。"《乐记》的审美观念是:"乐者,通伦理者也。"萧衍的乐论正渊源于这一伦理型审美论。中国古代文艺中乐的地位、功能特殊,"礼乐刑政,其极一也",是不可分割的统一体,"礼以导其志,乐以和其声,政以一其行,刑以防其奸"②,几者地位同等,功能发挥各有不同,而乐甚至成为统治兴衰的标志,所谓"治世之音安以乐,其政和;乱世之音怨以怒,其政乖;亡国之音哀以思,其民困"。萧衍同样认为以乐来"移风易俗",可以形成有补于社会统治秩序的精神氛围,可以"明贵辨贱",建立符合等级名分的纲常制度。萧衍登极伊始,便迫不及待地访古乐、建典乐,乃是针对魏晋以来"礼崩乐坏"的状况,《访百寮古乐诏》曰:"魏晋以来,陵替滋甚,遂使雅郑混淆,钟石斯谬。天人缺九变之节,朝宴失四悬之仪,历年永久,将堕于地。"他以整顿礼乐混乱现状为己任,通过对古典主义音乐的寻访、整理、弘扬来达到建立新礼乐的社会目的,他袒露了对现状寤寐忧叹的焦虑心理:"朕昧旦坐朝,思求厥旨,而旧事匪存,未获釐正,寤寐有怀,所为叹息。"萧衍制定的梁王朝所需的礼乐、乐辞两方面是配套的:一方面,"思弘古乐",以定乐制;另一方面,又对乐辞加以明确规定,《敕萧子云撰定郊庙乐辞》说:"郊庙歌辞,应须典诰大语,不得杂用子史文章浅言。"即使是他的近臣沈约所撰之乐辞,因不符合这种规范,他也毫不留情面地指斥其"亦多舛谬"。乐辞排除子史文章,只能用典诰大语,就完全沦为理性主义审美论了,我们如果勾连上《乐记》,就可以描述出萧衍所受传统理性主义美学影响的轨迹。《乐记》云:"是故先王之制礼乐也,非以极口腹耳目之欲也,将以教平民好恶,而反人道之正也。"完全排除了乐满足耳目之需的感性功能,审美目的是纯理性的、致用性的,这便在美学史上产生了历时性遗传,萧衍之论正是其积淀再现。再联系萧衍《敕答陆倕》"所制石阙铭,辞义典雅,足为佳作"的评价,其审美观念的大致轮廓便勾勒出来了:以复古为指归,以传统理性主义美学为内涵,以典雅为特征。三者又有内在联系,内涵决定了以访古、仿古、复古为

---

① 魏徵:《隋书·音乐志》。
② 刘德:《乐记》。

途径，以典雅格调为表现特征。

萧梁时佛教音乐盛行，这也与帝王有关。"（梁武）帝既笃敬佛法，所制《善哉》《大乐》《大欢》《天道》《仙道》《神王》《龙王》《灭过恶》《除爱水》《断苦轮》等十篇，名为正乐，皆述佛法，又有法乐童子伎，童子倚歌梵呗，设无遮大会则为之。"①

萧梁时的音乐人物有柳恽。天监元年，他"与仆射沈约等共定新律"，"既善琴，尝以今声转弃古法，乃著《清调论》，具有条流"，在更新音乐演奏手法、制定音律上做出了突出的贡献。

萧梁时的乐舞享受者以羊侃为最，他的乐舞消费具有豪奢的特征，《南史》《梁书》的两段描述可资证明：

> 大同中，魏使阳斐与侃在北尝同学，有诏命侃延斐同宴。宾客三百余人，食器皆金玉杂宝，奏三部女乐。至夕，侍婢百余人俱执金花烛。②

> 初赴衡州，于两艒艒起三间通梁水斋，饰以珠玉，加之锦缋，盛设帷屏，陈列女乐，乘潮解缆，临波置酒，缘塘傍水，观者填咽。③

羊侃本人"善音律，自造《采莲》《棹歌》两曲，甚有新致"。他所蓄养的乐舞艺人可以说代表了六朝乐舞的最高水平："有弹筝人陆太喜，着鹿角爪长七寸"，"舞人张净琬，腰围一尺六寸，时人咸推能掌上舞"。相传汉代著名舞人赵飞燕"身轻若燕，能作掌上舞"，"掌上舞"即是形容舞姿轻灵、轻盈无比。张净琬像赵飞燕那样作掌上舞，正反映了当时舞蹈水平之高超。"又有孙荆玉，能反腰帖地，衔得席上玉簪。敕赉歌人王娥儿，东宫亦赉歌者屈偶之，并妙尽奇曲，一时无对"，无论是家蓄之舞伎，还是皇帝、太子所赐之歌伎，都是舞姿绝伦、歌喉婉转，世罕其匹的。

陈代在乐舞方面继承宋、齐、梁三代，《隋书·音乐志》曰："陈初，武帝诏求宋、齐故事。太常卿周弘让奏曰：'齐氏承宋……'是时并用梁乐。""至太建元年，定三朝之乐，采梁故事。""其鼓吹杂伎，取晋、宋之旧，微更附益。"但"及后主嗣位"，陈代乐舞进入露骨的感性化时期。陈后主"耽荒于酒，视朝之外，多在宴筵。尤重声乐，遣宫女习北方箫鼓，

---

① 魏徵：《隋书·音乐志》。
② 李延寿：《南史·羊侃传》。
③ 姚思廉：《梁书·羊侃传》。

谓之《代北》,酒酣则奏之"①。又据《陈书·后主沈皇后传》云:"后主每引宾客对贵妃等游宴,则使诸贵人及女学士与狎客共赋新诗,互相赠答,采其尤艳丽者以为曲词,被以新声,选宫女有容色者以千百数,令习而哥之,分部迭进,持以相乐。其曲有《玉树后庭花》《临春乐》等。大指所归皆美张贵妃、孔贵嫔之容色也。其略曰:'璧月夜夜满,琼树朝朝新。'"而深得后主宠幸的张贵妃"假鬼道以惑后主","置淫祀于宫中,聚诸女巫使之鼓舞"②。

总体上说,六朝乐舞美学呈稳定性发展之趋势。由于六朝作为一个历史区段所包含的朝代较多,而每一朝开国伊始大都在治理国政时面临着整治乐舞的任务,如宋、齐、梁等,其时的主旋律总是正统主义的,以恢复雅乐为目标,也必然伴随有复古主义思潮。然而,乐舞的表现形式和功能不是单一的,它还需要有多种门类和样式品种,当雅乐用于郊庙朝飨时,杂舞则用于宴会或其他场合。乐舞本身就是感性主义的要求,随着六朝露骨官能感受的膨胀和发展,乐舞愈益成为侈欲的满足对象,就使其愈益向官感刺激的方向发展,其代表性人物有萧梁的羊侃、陈代的陈后主。六朝出现了一大批音乐人才,素养甚高,他们大都属于士大夫阶层。其实早在魏、晋之世,就已出现一批善弄乐声、乐器者。《宋书·音乐志》写道:"魏、晋之世,有孙氏善弘旧曲,宋识善击节倡和,陈左善清哥,列和善吹笛,郝索善弹筝,朱生善琵琶,尤发新声。傅玄著书曰:'人若饮所闻而忽所见,不亦惑乎!设此六人生于上世,越古今而无俦,何但夔、牙同契哉!'"而六朝时善弄乐器者倒并非专业人员,他们居于上层社会,玩音乐是其余事,但总体素质很好,因而在六朝音乐界地位很高。善弹琵琶者有刘宋范晔,南齐褚渊、沈文季,兼擅筝笛者有东晋桓伊、谢尚,善弄筝者有刘宋何承天、辛宣仲、张玮,善弹琴者有萧思话、宗炳等。而六朝善歌者有南齐朱顾仙、朱子尚,梁代吴安泰、韩法秀,宫人王金珠"善歌吴声西曲,又制《江南歌》,当时妙绝"③,他们带来了六朝音乐的繁华景象。

---

① 魏徵:《隋书·音乐志》。
② 李延寿:《南史·后妃传》。
③ 杜佑:《通典·乐典》。

第二节　六朝乐舞美学形态

六朝比较完整地体现了乐舞之生成原因。其一是流传所致。《宋书·音乐志》写道："筑城相杵者，出自梁孝王。孝王筑睢阳城，方十二里，造倡声，以小鼓为节，筑者下杵以和之。后世谓此声为《睢阳曲》，至今传之。"其二是感物致赋。《宋书·谢灵运传》写道："卷《叩弦》之逸曲，感《江南》之哀叹。秦筝倡而溯游往，《唐上》奏而旧爱还。"这是用传统的物感式美学原理即物授心感的美学原理来说明和解释音乐的形成原因。其三是诏令而赋，这带有指令性的因素。《宋书·谢庄传》载："时河南献舞马，诏群臣为赋。""又使庄作《舞马歌》，令乐府歌之。"这在六朝是比较普遍的现象。其四是缘事而作，具有较强的实践性原因和事实依据。《梁书·杨华传》关涉北魏、萧梁的杨华南投事就是如此："杨华，武都仇池人也。父大眼，为魏名将。华少有勇力，容貌雄伟，魏胡太后逼通之，华惧及祸，乃率其部曲来降。胡太后追思之不能已，为作《杨白华》歌辞，使宫人昼夜连臂蹋足歌之。辞甚凄惋焉。"这种实践性又与政事相联结，政事之显劣均在音乐上反映出来，因而这种现实感、实践性在六朝音乐史上表现得亦相当鲜明，如《襄阳乐歌》之于刘道产。《南史》卷一七《刘道产传》云："（刘道产）后为雍州刺史、领宁蛮校尉，加都督，兼襄阳太守。善于临职，在雍部政绩尤著，蛮夷前后不受化者皆顺服，百姓乐业，由此有《襄阳乐歌》，自道产始也。"又如《柳四郎歌》之于柳敬礼。《南史》卷三八《柳元景传》载："敬礼，少以勇烈闻，粗暴无行检，恒略卖人，为百姓所苦，故襄阳有《柳四郎歌》。"以上几个方面从不同的视角对六朝乐舞美学做出了发生学上的重要说明。

所谓六朝乐舞实为江南乐舞，即吴歌西曲也，又名为"江南吴歌，荆楚西声"，流行于东晋之后。据《隋书·音乐志》，吴歌"其始皆徒歌，既而被之管弦"，可见它开始时流传于民间，是下层人民的口头作品，后来"被之管弦"，有了伴奏音乐，当然也经过了加工和制作。它是在西东晋历史转折出现断层带时，加以补缺的，不过它的滑利音调也是其受到欢迎的原因之一。据《晋书·音乐志》记，吴歌杂曲在"东晋以来，稍有增广"，包括《子夜歌》《凤将雏歌》《前溪歌》《阿子》及《欢闻歌》《团扇歌》《懊侬歌》《长史变》等，其乐器，据《古今乐录》云"旧器有篪、箜篌、琵琶，今有笙、筝"。

所谓西曲，据《乐府诗集》云，"出于荆、郢、樊、邓之间，而其声节送和与吴歌亦异，故□其方俗谓之西曲"。《古今乐录》载，西曲歌有三十四曲，其中《石城乐》等十六曲并舞曲、舞歌均存。今按《石城乐》《乌夜啼》《莫愁乐》《估客乐》《襄阳乐》《三洲》《襄阳蹋铜蹄》《采桑度》《江陵乐》《青骢白马》《共戏乐》《安东平》《那呵滩》《孟珠》《翳乐》《寿阳乐》等，均系队舞，至梁代减为每队八人。当时的荆、襄、樊，以及江陵都是商业都市，是仅次于建康的长江经济文化区域。西曲与吴歌分居长江中下游，成为六朝的两大乐舞主调，其影响甚大，已渗透进皇宫之中，梁武帝萧衍亲自赏赐给徐勉的就是"吴声""西曲"女伎各一部。《世说新语·言语》载："桓玄问羊孚：'何以共重吴声？'羊曰：'当以其妖而浮。'"吴声轻盈佻达的感性特征正是它具有渗透力之原因所在。

吴歌、西曲又都归入清商乐。清商乐是六朝最为广泛的乐舞总名，既包括音乐又包括舞蹈，故中原旧曲及江南吴歌、荆楚四声，统称清商。其名由来已久，《韩非子·十过》曰："师涓鼓究之。平公问师旷曰：'此所谓何声也？'师旷曰：'此所谓清商也。'"贾谊《惜誓》云："二子拥瑟而调均兮，余因称乎清商。"张衡《西京赋》也描述了清商乐的歌舞情景："历掖庭，适欢馆，捐衰色，从嬿婉。促中堂之狭坐，羽觞行而无算。秘舞更奏，妙材骋伎，妖蛊艳夫夏姬，美声畅于虞氏。始徐进而羸形，似不任乎罗绮。嚼清商而却转，增婵娟以此豢。"延及魏晋，清商乐状貌从刘宋时王僧虔所上的音乐表可充分看出来："今之清商，实由铜雀，魏氏三祖，风流可怀，京洛相高，江左弥重。"这是相当重要的揭示。所谓魏氏三祖指曹操、曹丕、曹睿，清商乐实出自铜雀乐，它由魏氏三祖肇始，经京（魏）洛（晋）的推助，到江左（南朝）更为人所推重。《三国志·魏书·武帝纪》裴松之注《曹瞒传》曰："太祖为人佻易无威重，好音乐，倡优在侧，常以日达夕。"他临死前还念念不忘这生前繁华风流，企图将之带到那边世界继续享受，因而令歌舞艺伎"每月旦，十五日，自朝至午，辄向帐中作伎乐"。曹操还善作歌词，被之管弦，皆成乐章，其著名的《短歌行》至少到刘宋尚流行。魏文帝曹丕还建有专门的"清商署"。

清商乐所包括的内容十分丰富，它基本上沿着廊庙之乐和燕宴之乐两个方向发展，前者较正规，后者较宽松。前者如《鞞舞》。所谓鞞舞乃执鞞鼓（有柄之小鼓）而舞，汉代运用于宴会，傅毅、张衡所赋《舞赋》，皆记其事。有时亦用扇助舞，称《扇舞》，刘宋时称《鞞扇舞》。曹植《鞞舞诗序》云："故汉灵帝西园鼓吹有李坚者，能鞞舞，遭世荒乱，坚播越关西，随将军段煨。先帝闻其旧伎，下书召坚。坚年逾七十，中间废而不为，又古曲甚多谬误，异代之文，未必相袭，故依前曲作新歌五篇。"这种舞蹈原来有十六个人，桓玄将要篡位时，将之改为满八行八列六十四人（八佾），用的是周礼所规定的天子用乐人数，南朝亦相沿袭，鞞舞是六朝中规模较大的群体舞，各代皆尚，刘宋明帝刘彧亲制《鞞舞》词，孝武帝刘骏时"以鞞、拂杂舞，合之钟石，施于殿庭"[①]。

清商乐用于燕宴上的乐舞名目较多，主要有以下几种。

杯盘舞，又名七盘舞，它沿袭于汉，又加以改进和发展。它在西晋以前有盘无杯，以独舞与群舞构成。《晋书·音乐志》写道："务手以接杯盘反覆之。此则汉世惟有盘舞，而晋加之以杯反覆之。"盘中加杯，翩翩起舞，须何等熟练！盘之数目大致为七只，《宋书·音乐志》写道："张衡《舞赋》云：'历七盘而纵蹑。'王粲《七释》云：'七盘陈于广庭。'……鲍照云：'七盘起长袖。'皆以七盘为舞也。"《旧唐书·音乐志》记曰："乐府诗云'妍袖陵七盘'，言舞用盘七枚也。"杯盘舞的舞蹈动作及其组配来自汉代，先是一段独舞，傅毅《舞赋》写道：

> 于是蹑节鼓陈，舒意自广。游心无垠，远思长想。其始兴也，若俯若仰，若来若往，雍容惆怅，不可为象。其少进也，若翔若行，若竦若倾，兀动赴度，指顾应声。罗衣从风，长袖交横，骆驿飞散，飒擖合并，鶣鷅燕居，拉沓鹄惊，绰约闲靡，机迅体轻。资绝伦之妙态，怀悫素之洁清。修仪操以显志兮，独驰思乎杳冥。在山峨峨，在水汤汤，与志迁化，容不虚生。明诗表指，喟息激昂，气若浮云，志若秋霜。观者增叹，诸工莫当。

然后是一段群舞，《舞赋》亦有详记，曰：

> 于是合场递进，按次而俟。埒材角妙，夸容乃理，轶态横出，瑰姿谲起。眄般鼓则腾清眸，吐哇咬则发皓齿。摘齐行列，经营切似。仿佛神动，回翔竦峙。击不致策，蹈不顿趾，翼尔悠往，暗复

---

① 沈约：《宋书·乐志》。

辍已。及至回身还入，追于急节。浮腾累跪，跗蹋摩跌。纤形赴远，漼似摧折。纤縠蛾飞，纷猋若绝。超逾鸟集，纵驰殟殁。蝼蛇姌袅，云转飘忽。体如游龙，袖如素蜺。黎收而拜，曲度究毕。迁延微笑，退复次列。观者称丽，莫不怡悦。

从这些描述中可以看出，杯盘舞的舞蹈动作优美，舞蹈语言丰富。

巾舞，又名公莫舞，具有歌舞性质，取材于楚汉相争中的鸿门宴故事。据《宋书·乐志》云，因鸿门宴上"项庄舞剑，项伯以袖隔之"，遂有舞时"盖像项伯衣袖之遗式"。此舞舞者在梁代由十六人减为八人，舞者的装饰十分华丽，《旧唐书·音乐志》记道，舞者穿"碧轻纱衣，裙襦大袖，画云凤之状，漆鬟髻，饰以金铜杂花，状如雀钗、锦履。舞容闲婉，曲有姿态"。此舞一直延续到唐代，李贺写有《公莫舞歌》，其序云："公莫舞歌者，咏项伯翼蔽刘沛公也。会中壮士，灼灼于人，故无复书，且南北乐府率有歌引。贺陋诸家，今重作公莫舞歌云。"其诗写道："方花古础排九楹，刺豹淋血盛银罂。华筵鼓吹无桐竹，长刀直立割鸣筝。横楣粗锦生红纬，日炙锦嫣王未醉。腰下三看宝玦光，项庄掉剑栏前起。材官小臣公莫舞，座上真人赤龙子。芒砀云瑞抱天回，咸阳王气清如水。铁枢铁楗重束关，大旗五丈撞双环。汉王今日须秦印，绝脰刳肠臣不论。"

拂舞。此舞最初产于孙吴时，舞者执拂（即麈尾），因得名。《宋书·乐志》言："江左初又有拂舞，旧云拂舞吴舞，检其哥，非吴词也。皆陈于殿庭。扬泓拂舞序曰：自到江南见白符舞，或言白凫鸠舞，云有此来数十年，察其词旨，乃是吴人患孙皓虐政，思属晋也。"

鸲鹆舞。鸲鹆即八哥儿，《建康实录》所载谢尚为王导跳的就是鸲鹆舞。

乐舞中最著名的是白纻舞。《晋书·乐志》云："白纻舞辞有巾、袍之言，纻本吴地所出，宜是吴舞。"此舞是长袖舞，汤惠休《白纻歌》有句云"长袖拂面心自煎"。由青年美女担任舞者，但也有姣好娈童少年相伴，如鲍照《白纻辞》所写，"洛阳少童邯郸女"。从《晋白纻舞歌诗》歌词中可以看出，白纻舞服质料品级极高，"质如轻云色如银"，像轻云卷舒，其色如银，这为舞蹈增添了表演效果，像满树梨花飘舞。舞伎们身上佩戴着装饰品，"垂珰散珮盈玉除""簪金藉绮升曲筵"，甚至连舞鞋都缀有珍珠："珠履飒沓纨袖飞。"白纻舞彻底离开了江南的泥土，走进了铺满氍毹的华筵玉堂，就像鲍照《代白纻舞歌词》所写的："桂宫柏寝拟天居，朱爵文窗韬绮疏。象床瑶席镇犀渠，雕屏合匝组帷舒。"它翩跹在"卷幌结帷罗玉筵"[1]上，在"列坐华筵纷羽爵"的灯红酒绿中，"歌舞及时酒常酹"[2]。同时，从下列诗句中可以看出它是夜宴不可缺的活动："兰膏明烛承夜晖"[3]"夜长酒多乐未央"[4]"时久玩夜明星稀""清曲未终月将落"[5]，沈约还专门写有《夜白纻》云："夜长未央歌白纻。"

白纻舞是有音乐伴奏的："秦筝赵瑟挟笙竽""催弦急管为君舞""齐讴秦吹卢女弦"[6]"回眸转袖暗催弦"[7]。它歌舞并重："朱唇动，素腕举"[8]"歌舞并妙会人情"[9]，歌声十分动听，"声发金石媚笙簧""清歌流响绕凤梁"[10]。它由独舞、群舞组合而成，其独舞如萧衍《白纻辞》所写："纤腰袅袅不任衣，娇怨独立特为谁。"其群舞则如张率《白纻歌》所写："俱动齐息不相违。"舞袖生动地表现出舞蹈的形态："舞袖逶迤鸾照日。"[11]而舞者的神态楚楚动人，"如矜若思凝且翔""转盼遗精艳辉光"[12]"含笑一转私自怜"[13]，动作婀娜多姿，"将转未转恒如疑"[14]。

可以说，从六朝人所写的为数众多的白纻舞词中，可以复现《白纻舞》的舞蹈动作及其表现情景：舞伎打扮得"芳姿艳态妖且妍"，"蹑珠履，步琼筵"，"轻身起舞红烛前"[15]，"依弦度曲婉盈盈"[16]。这时的音乐发挥着特殊效能，调动起舞伎的感觉，使其迅速投入舞蹈世界之中，身体仿佛轻盈

---

① 鲍照：《白纻歌》。
② 张率：《白纻歌》。
③ 鲍照：《代白纻舞歌词》。
④ 鲍照：《代白纻曲》。
⑤ 张率：《白纻歌》。
⑥ 鲍照：《代白纻曲》。
⑦ 杨衡：《白纻辞》。
⑧ 鲍照：《代白纻曲》。
⑨ 张率：《白纻歌》。
⑩ 无名氏：《白纻舞歌诗》。
⑪ 汤惠休：《白纻歌》。
⑫ 无名氏：《白纻舞歌诗》。
⑬ 萧衍：《白纻辞》。
⑭ 汤惠休：《白纻歌》。
⑮ 杨衡：《白纻辞》。
⑯ 张率：《白纻歌》。

欲举,"歌儿流唱声欲清,舞女趁节体自轻","妙声屡唱轻体飞"①。他们应和着音乐的节奏、节律、节拍,或舞步缓慢,清歌徐舞,或急速旋转,"催弦急管为君舞",令人目眩。

在描述白纻舞的文学作品中,刘宋南平王刘铄的《白纻曲》,无名氏的《白纻舞歌诗》对白纻舞的舞蹈动作、情态、神志等做了尽情尽致的描述:

仙仙徐动何盈盈,玉腕俱凝若云行。佳人举袖辉青蛾,掺掺擥手映鲜罗。状似明月泛云河,体如轻风动流波。

高举两手白鹄翔,轻躯徐起何洋洋。凝停善睐容仪光,宛若龙转乍低昂。随世而变诚无方,如推若引留且行……

双袂齐举鸾凤翔,罗裾飘飘昭仪光。趋步生姿进流芳,鸣弦清歌及三阳……

一开始起步时,双手高举,宽袖自然滑落,出现凝脂般的玉腕,像白鹄飞翔。舞步徐动,"轻躯徐起",舞姿飞动,宛若游龙,时低时昂、乍停乍翔。舞者眼神善凝视,又能顾盼,显得容光焕发。其步伐如推若引,似留且行,又显得仪态万方。他们形象如明月光泻,体态似轻风流动,优美动人,由于舞蹈动作复杂多变,舞蹈量大,因而常常粉汗溢出,"流津染面散芳菲"②。

《白纻舞》也是大型组舞,沈约曾奉命造《四时白纻歌》,分春夏秋冬四季来描述:

春白纻

兰叶参差桃半红,飞芳舞縠戏春风。如娇如怨状不同,含笑流眄满堂中。翡翠群飞飞不息,愿在云间长比翼。佩服瑶草驻容色,舞日尧年欢无极。

夏白纻

朱光灼烁照佳人,合情送意遥相亲。嫣然一转乱心神,非子之故欲谁因。(后四句与《春白纻》同,此首以下略)

秋白纻

白露欲凝草已黄,金管玉柱响洞房。双心一影俱回翔,吐情寄君君莫忘。

---

① 张率:《白纻歌》。
② 张率:《白纻歌》。

冬白纻

寒闺昼寝罗幌垂，婉容丽色心相知。双去双还誓不移，长袖拂面为君施。

作为六朝的重点舞蹈，《白纻舞》对后代影响颇大，这从唐人韵同题诗中可以看出。

六朝的舞蹈来源有三个方面：一是前代传留下来的，如鞞舞、巾舞；一是在前代基础上加以更新、发展的，如白纻舞，汉魏舞蹈重手、袖功能，六朝经加工遂成新的舞蹈形式，建构成完整的舞蹈语言；一是前代所未有六朝首创的，如手执拂尘而舞的拂舞、模拟鸲鹆而舞的鸲鹆舞。

就总体形态而言，六朝舞蹈有汉族舞，有胡舞即少数民族舞蹈，有宫廷舞、燕乐舞、宗教舞等。就宗教舞而言，《白纻舞》词中有"清歌徐舞降祇神"句，可见其初是宗教舞蹈。《晋书·夏统传》曾载女巫章丹、陈珠二人的一段巫觋舞，颇有特色。女巫章丹、陈珠"并有国色，庄服甚丽，善歌舞，又能隐形匿影"，她们于"甲夜之初，撞钟击鼓，间以丝竹"，"拔刀破舌，吞刀吐火，云雾杳冥，流光电发"，然后在"中庭轻步回舞，灵谈鬼笑，飞触挑盘，酬酢翩翻"。整个舞蹈过程神秘诡谲、奇离斑驳。总的来说，六朝乐舞性质在总体范围内不超越功利主义要求，如《南齐书·乐志》云："舞曲，皆古辞雅音，称述功德，宴享所奏。"

除以上乐舞外，六朝还有百戏，又称"散乐"，它虽属于杂技范畴，但有很多的歌舞因素。百戏在汉代已盛行，《宋书·乐志》载："后汉正月旦，天子临德阳殿受朝贺，舍利从西方来，戏于殿前，激水化成比目鱼，跳跃潄水，作雾翳日；毕，又化成黄龙，长八九丈，出水游戏，炫耀日光。"张衡《西京赋》曾写道："华岳峨峨，冈峦参差；神木灵草，朱实离离。总会仙倡，戏豹舞罴；白虎鼓瑟，苍龙吹篪。女娥坐而长歌，声清畅而蜲蛇；洪涯立而指麾，被毛羽而襳襹。度曲未终，云起雪飞；初若飘飘，后遂霏霏，复陆重阁，转石成雷；霹雳激而增响，磅礚象乎天威。"这大型歌舞场面浩阔而斑驳陆离，在模拟的巍峨华岳上，冈峦参差，布满了神木灵草，由演员装扮成的豹在戏耍，罴在起舞，白虎在鼓瑟，苍龙在吹篪。女英、娥皇二神女坐着长歌，声调清畅而婉转；洪崖则站着指挥，身披羽毛衣。一曲未终，忽然云起雪飞，开始时雪花飘飘，后来霏霏而起，然后又转成雷声隆隆，霹雳骤响，整个场面令人震撼。

另外还有绳伎,这已发展为比较规范的杂伎了。《宋书·乐志》写道,绳伎表演时"以两大丝绳系两柱头,相去数丈,两倡女对舞,行于绳上,相逢切肩而不倾"。萧梁时将此叫作《青丝幢伎》,演员手中增添了一柄伞,因之又叫作《一伞花幢伎》。六朝时,上述杂伎乐舞得到继承和发展,《宋书·乐志》写道:"魏晋讫江左,犹有《夏育扛鼎》《巨象行乳》《神龟抃舞》《背负灵岳》《桂树白雪》《画地成川》之乐焉。"由于杂伎散戏表演时有一定的危险性,常发生伤人事故,为此,晋成帝咸康七年(341),散骑侍郎顾臻上表说:"杂伎而伤人者,皆宜除之。"于是废除了一些散乐节目,但后来又恢复了。《南齐书·乐志》对南朝的散乐杂伎做了详细记载:

> 角抵、像形、杂伎,历代相承有也。其增损源起,事不可详,大略汉世张衡《西京赋》是其始也。魏世则事见陈思王乐府《宴乐篇》,晋世则见傅玄《元正篇》《朝会赋》。江左咸康中,罢"紫鹿""跂行""鳖食""笮鼠""齐王卷衣""绝倒""五案"等伎,中朝所无,见《起居注》,并莫知所由也。太元中,苻坚败后,得关中"䈬橦胡伎",进太乐,今或有存亡,案此则可知矣。

> 永明六年,赤城山云雾开朗。见石桥瀑布,从来所罕睹也。山道士朱僧标以闻,上遣主书董仲民案视,以为神瑞。太乐令郑义泰案孙兴公赋造"天台山伎",作莓苔、石桥、道士扪翠屏之状,寻又省焉。

有趣的是,萧齐东昏侯萧宝卷就深谙杂伎,《南史》卷五《齐本纪》记道:

> (萧宝卷)能担幢,初学担幢,每倾倒在幢杪者,必致踠伤。
> 其后,白虎幢七丈五尺,齿上担之,折齿不倦。担幢诸校具服饰,皆自制之,缀以金华玉镜众宝。

萧宝卷所表演的就是齐梁时代的白虎幢伎,能担起七丈五尺高的白虎幢,功力之不凡则不言而喻了。

此外,六朝还有其他多种乐舞,如:

《团扇歌》。据《晋书·乐志》载,晋代中书令王珉与嫂婢有情,嫂搥挞婢过苦,而婢平日善于唱歌,王珉喜欢拿白团扇,故制作此歌。

《丁督护歌》。《宋书·乐志》曰:"督护哥者,彭城内史徐逵之为鲁轨所杀,宋高祖使府内直督护丁旿收敛殡埋之。逵之妻,高祖长女也。呼旿至阁下,自问敛送之事,每问,辄叹息曰:'丁督护!'其声哀切。后人因其声,广其曲焉。"《唐书·乐志》曰:"丁督护,晋、宋间曲也。"六朝时有刘宋孝武帝刘骏的《丁督护歌六首》。

《碣石调幽兰》,又名《幽兰琴曲》。对于此曲,今人夏野的《中国古代音乐史简编》、吴钊等编著的《中国音乐史略》论之甚确。此谱是萧梁时琴家丘明所传,据谱前小序,可知丘明"会稽人也,梁末隐于九嶷山。妙绝楚调,于《幽兰》一曲尤特精绝……隋开皇十年于丹阳县卒,年九十七"。《幽兰》是目前仅见的一首用文字记述弹琴手法的琴曲,《幽兰琴曲》古琴"减字谱"尚未发明之前的一种原始记谱方法,因而具有重要的历史意义。它是借深山幽谷的兰花来抒发文人隐士的清高思想,音调清丽沉郁,有时还带点激动情绪,确实有郁郁不得志之意。全曲共四拍(四段),第一拍是乐曲的引起部分,其余三拍是乐曲的主体,看来是属于艳与曲组成的小型曲式。全曲通过第二拍出现的泛音主题的呈示、对比、再现,成功地抒写了哀婉抑郁的情怀。此曲具有较浓的吴楚歌调风味,在两晋南北朝广为流传,文人雅士多有提及,如西晋陆机《日出东南隅行》:"悲歌吐清音,雅舞播《幽兰》。"刘宋谢惠连《雪赋》:"楚谣以《幽兰》俪曲。"北魏鹿悆《讽真定公诗二首》:"援琴起何调,《幽兰》与《白雪》。"萧梁柳恽《捣衣诗》:"促柱奏《幽兰》。"

鼓吹。这是用于凯旋时演奏的军乐。《宋书·乐志》和《晋书·谢尚传》都分别记载了庾翼赌送鼓吹给谢尚事:"时安西将军庾翼镇武昌,尚数诣翼咨谋军事。尝与翼共射,翼曰:'卿若破的,当以鼓吹相赏。'尚应声中之,翼即以其副鼓吹给之。"不过《宋书·乐志》认为,这样做,"今则甚重矣"。鼓吹的规格很高,代表了一种等级和规定。《宋书·张兴世传》中曾载,张兴世的父亲张仲子有一次对张兴世说:"我虽然是乡巴佬,但喜欢听鼓吹,你就送一部给我,让我在种田时吹奏。"张兴世一向谨慎小心怕犯法,就向他父亲解释说:"这是天子的鼓吹,乡巴佬用不得。"有时皇上可以将之作为恩宠赐给重臣,但使用范围有规定,不能乱来,否则会被士大夫所讪笑。例如胡僧祐把"以所加鼓吹恒置斋中,对之自娱",有人说:"此是羽仪。"是用于仪仗卤簿的,"公名望隆重,不宜若此",胡僧祐回答说:"我性爱之,恒须见耳。""出游亦以自随,人士笑之。"[1]

《宋书·乐志》就金、石、土、革、丝、木、匏、竹八大类分别介绍了各所属乐器的名称及其特征等,十分齐备。

由上可以看出,六朝时的乐舞已形成了完备的格局,门类齐全,在中国乐舞史上具有承前启后的重要地位。

第三节 六朝乐舞审美格调

六朝乐舞之审美格调首先体现了审美主体的情调、风度,即体现了六朝风流气度。那时候,音乐已成为时尚和名士的生活内容。《南齐书·柳世隆传》载道:

> 世隆少立功名,晚专以谈义自业,善弹琴……常自云马稍第一,清谈第二,弹琴第三。在朝不干世务,垂帘鼓琴,风韵清远,甚获世誉。

可以清楚地看出,六朝名士把清谈和弹琴组合在一起,构成了一种生活的必备内容。"在朝不干世务",远离喧嚣的朝市,"垂帘鼓琴,风韵清远",形成精神的自洽性享受和满足。于是弹琴便和清谈一样,成为名士风度的显示。

谢安"期功之惨,不废妓乐",正是名士风流的表现,他所说"仆所求者声,谓称情义,无所不可为",只要自我心声得到满足就够了,已进入审美境域。名重一时的谢尚在宴会厅内"着衣帻而舞","俯仰在中,傍若无人",同样是一种名士风度。也正因为如此,在齐豫章王的宴会上,尽管沈文季大喊"不能作伎儿",但是褚渊仍然弹奏乐器,"颜色无异,曲终而止"[2]。可见,正始名士不巴结权贵、敢于违命忤令的特征在六朝与弹琴鼓瑟之音乐联系在一起了,这才有人们对《南齐书·王秀之传》所载"竟陵王子良闻僧祐善弹琴,于座取琴进之,不肯从命"的赞赏。

乐舞本身是一种审美行为,内含着支配审美行为的审美主体的气质、素养,同时,审美主体又通过乐舞来表现自身的意义和价值,内在的情调和气

---

[1] 李延寿:《南史·胡僧祐传》。
[2] 李延寿:《南齐书·沈文季传》。

度、韵致。《世说新语·任诞》载：

> 王子猷出都，尚在渚下，旧闻桓子野善吹笛，而不相识，遇桓于岸上过，王在船中，客有识之者云："是桓子野。"王便令人与相闻云："闻君善吹笛，诚为我一奏。"桓时已贵显，素闻王名，即便回下车，踞胡床为作三调，弄毕，便上车去，客主不交一言。

六朝人对凄清悲歌、挽歌有着特殊的灵敏和审美感受力。仅《世说新语·任诞》篇就有多处记载：

> 桓子野每闻清歌，辄唤奈何。谢公闻之，曰："子野可谓一往有深情。"张湛好于斋前种松柏，时袁山松出游，每好令左右作挽歌。

> 张麟酒后挽歌甚凄苦，桓车骑曰："卿非田横门人，何乃顿尔至极。"

但也有因好听挽歌捅出大娄子的，如范晔。《建康实录》载，范晔在王太妃丧葬期间，"与司徒属王深及弟广夜中酣饮"，"开北牖听挽歌"，终至闹出大事，他后来被"弃市"与此不无关系。

六朝时人们也喜欢制作挽歌、悲歌。《晋书·五行中》载："海西公时，庾晞四、五年中喜为挽歌，自摇大铃为唱，使左右齐和。又宴会辄令倡伎作新安人歌舞离别之辞，其声悲切。"他们对挽歌、悲歌有着特殊的心理体验，《南史》卷三一《张裕传》载："稷字公乔……长兄瑀善弹筝。稷以刘氏先执此伎，闻瑀为清调，便悲感顿绝，遂终身不听之。"这种体验甚至表现为汤惠休《白纻歌》所说的那样，"琴瑟未调心已悲"。

六朝时的悲乐、哀乐是一个独特的审美概念。悲、哀并不完全等同于伤心流涕、痛不欲生的情绪表现，它包含有感人、动人之意，如《南史》卷三八《柳元景传》载："（柳）恽惊其哀韵，乃制为雅音。"这里所谓哀韵即美妙动人的旋律。又如《隋书·音乐志》："祯明初，后主作新歌，词甚哀怨。令后宫美人习而歌之。"这里的"哀"则为感人之意。悲、哀，非谓如怨如慕如泣如诉，而谓声"和"音"好"，这充分反映了六朝人对音乐体验能力的进步。

六朝时的音乐审美水平发展到了一个很高的层面上，这表现在音乐的意识净化功能上。《宋书·萧思话传》载，萧思话"尝从太祖（宋文帝刘义隆）登钟山北岭，中道有盘石清泉，上使于石上弹琴，因赐银钟酒，谓曰：'相赏有松石间意。'"在琴瑟声中，油然而有出世之意，这是音乐所引发

出来的。《南史》卷一八《褚裕之传》记曰:

> 尝聚袁粲舍,初秋凉夕,风月甚美,彦回援琴奏《别鹄》之曲,宫商既调,风神谐畅。王彧、谢庄并在粲坐,抚节而叹曰:"以无累之神,合有道之器,宫商暂离,不可得已。"

这段音乐欣赏描述极有美学色彩:以超脱的精神,迎合有道的器具——琴,音乐之声的一时遇合,不可再得。这种对音乐的美学理解很有老庄哲学深度,这是在玄学理论、精神普遍高涨的六朝所获得的美学成果。

《宋书》本传载范晔曾这样表述对音乐的理解:

> 吾于音乐,听功不及自挥,但所精非雅声,为可恨。然至于一绝处,亦复何异耶?其中体趣,言之不尽,弦外之意,虚响之音,不知所从而来。虽少许处,而旨态无极。亦尝以授人,士庶中未有一毫似者。此永不传矣。

他所提出的音乐旨趣、意味"言之不尽,弦外之意,虚响之音,不知所从而来",即使"少许处,而旨态无极"的见解,又正是哲学玄学言意之辨孕育的结果,对音乐特性做了富于美学意味的表述。这是对音乐的美学本体性解阐,已经超越有限而进入难以言征的无限境域中去了。

美的本质是情感,把审美上升到情感,形成一往情深的内涵,美就得到高层次的表达,产生出打动人心的美学效果。六朝人对审美情感功能、特点的认识正是通过音乐这一独特视角来表现的。音乐是主体情感表达的工具、手段,又是与对象联结、沟通的纽带,音乐已进入审美领域。《建康实录》载:

> (王徽之)自黄门侍郎弃官东归,与(王)献之俱病笃。时术人云:"人命应终,而有生人乐代者,则死者可生矣。"徽之谓术人曰:"吾才位不如弟,请以余年代之。"术人曰:"代死者,以己年有余,得以足亡者尔。今君与弟算俱尽,何可代也!"未几,献之卒,徽之哭恸,既而上灵床,取献之遗琴弹之,久而不调,叹曰:"呜呼!子敬,人琴俱亡!"因倾绝。卧疾月余而卒。

情感的表达是何等强烈、深挚、动人,徽之通过鼓琴这样的手段形成了情感的有效寄托和表达,千载之下仍令人动容。

在音乐思想和理论方面,六朝亦有建树。关于音乐的形成,六朝基本上沿用前代之论,但也有自己的表述,如《宋书·乐志》写道:"民之生,莫有知其始也。含灵抱智,以生天地之间。夫喜、怒、哀、乐之情,好得、恶失之性，不学而能，不知所以然而然者也。怒则争斗，喜则咏哥。夫哥者，固乐之始也。咏哥不足，乃手之舞之，足之蹈之，然则舞又哥之次也。咏哥舞蹈，所以宣其喜心。喜而无节，则流淫莫反，故圣人以五声和其性，以八音节其流，而谓之乐，故能移风易俗，平心正体焉。"

六朝审美理想有了新进步。其一，审美理想有新奇主张。《晋书·顾恺之传》载："恺之博学有才气，尝为《筝赋》，成，谓人曰：'吾赋之比嵇康琴，不赏者必以后出相遗，深识者亦当以高奇见贵。'"其二，审美理想的自然旨趣。桓温问道："听伎乐，丝不如竹，竹不如肉，是什么缘故呢？"孟嘉回答说："这是逐渐接近自然的缘故。"这一自然性音乐美学思想对后代的影响颇大。

第四节　六朝乐舞的诗赋表征

这里所说的诗赋描述不是指乐舞歌辞，而是运用诗赋这些具体的文学手段、媒介，从多种侧面对乐舞进行艺术化的描述。这种描述对于史的意义上的乐舞流传具有重要意义。古代并不具备现代的记谱手段和舞蹈动作的记录方式，那些曾经风靡一时的乐舞何以能够传布下去呢？只能靠文字的记载了。诗赋对于乐舞，最初的目的并不是记录，而是咏唱，但在咏唱过程中，写实性的记录便与之俱生，因而它是人们了解六朝乐舞状况、面貌、特征的重要通道。

六朝诗赋中有许多乐器咏。如陆瑜《琴赋》，顾野王《笙赋》，梁简文帝《赋乐器名得箜篌诗》，伏滔《长笛赋》，陈代周弘让《赋得长笛吐清气诗》，顾野王、顾恺之、梁简文帝《筝赋》等。这些咏乐器的诗赋主要有以下功能。

第一，通过咏乐器，进行人物间的感情传递和交流。如《南史》卷五二《萧范传》记，梁宗室萧范偶得齐竟陵王世子之琵琶，"嗟人往物存，揽笔为咏，以示湘东王。王吟咏其辞，作《琵琶赋》和之"。这不是咏琵琶本身，而是通过咏故人琵琶，达到追思怀念之目的。

第二，通过一系列艺术画面的模拟性描述，表现乐音的感人。如陈代周弘让《赋得长笛吐清气诗》："商声传后出，龙吟郁前吐。情断山阳舍，气咽平阳坞。胡骑争北归，偏知别乡苦。羁旅情易分，零泪交如雨。"

第三，描述乐舞相合的过程。如梁简文帝《赋乐器名得箜篌诗》："捩迟初挑吹，弄急时催舞。钏响逐弦鸣，衫回半障柱。"

第四，对乐器性质、功能、特征进行描述。如陈代陆瑜《琴赋》：

> 龙门琦树，上笼云雾，根带千仞之溪，叶泫三危之露。忽纷糅而交下，终摧残而莫顾。逢蔡子之见矜，识奇响于余烟。飞青雀兮歌绮殿，引黄鹤兮惨离筵。吟高松兮落春叶，断轻丝兮改夏弦。欢曲举而情踊跃，引调奏而涕流涟。亦有辞乡去国，对此悲年。

陈傅縡《笛赋》：

> 贞筠翠节，冒霜停雪。江潭荐竿，巴人所截。五音是备，六孔斯设。殊响抑扬，似出平阳。曲凝高殿，声幽洞房。既逐舞而回袖，亦将歌而绕梁。忽从弄而危短，乍调吹而柔长。于是时也，赵瑟辍讴，齐竽息唱。见象筵之悦耳，听清笛之寥亮。

东晋伏滔写有《长笛赋》并序，其序云：

> 余同僚桓子野，有故长笛，传之耆老，云蔡邕之所作也。初邕避难江南，宿于柯亭。柯亭之馆，以竹为椽。邕仰而眄之曰："良竹也。"取以为笛，奇声独绝，历代传之，以至于今。

梁简文帝萧纲的《筝赋》写得极美，墨色幽丽，铺陈制作筝的材料来源，筝曲动听，拨人心弦：

> 江南之竹，弄玉有鸣凤之箫焉；洞阴之石，范女有游仙之磬焉。若夫排云入汉之美，含商触徵之奇。罢雍祠之丽响，绝汉殿之容仪。别有泗滨之梓，笋干孤峙，负阴拂日，停雪栖霜，嶔崟崒崿，玄岭相望。寄丹崖而茂采，依青壁而怀芳。奔电砀突而弥固，严风掎拔而无伤。途畏峰涩，人群罕至，乃命夔班，剪而成器，隆杀得宜，修短合思。矩制端平，雕镂绮媚。既而春桑已舒，暄风晻暖，丹荑成叶，翠阴如黛，佳人采撷，动容生态。值使君而有辞，逢秋胡而不对。里间既返，伏食蚕饥，五色之縿虽乱，八熟之绪方治。异东垂之野茧，非山经之沤丝。于是制弦拟月，设柱方时，若夫铿锵奏曲，温润初鸣。或徘徊而蕴藉，或慷慨而逢迎。若将连而类绝，乍欲缓而频惊。陆离抑按，磊落纵横，奇调间发，美态孤生。若将往而自返，似欲息而复征。声习习而流韵，时怦怦而

不宁。如浮波之远鹜，若丽树之争荣。譬云龙之无蒂，如笙凤之有情。学离鹍之弄响，拟翔鸳之妙声。朱弦在手，击重还轻。尔其曲也，雅俗兼施，谐云门与四变，杂六列与咸池。王赞既工，阮赋亦奇。曹后听之而欢宴，谢相闻之而涕垂。至若登山望别之心，临流送归之目。陇叶夜黄，关云晓伏，睹独雁之寒飞，望交河之水缩。听鸣筝之弄响，闻兹弦之一弹。足使游客恋国，壮士冲冠。若夫楚王怡荡，杨生娱志，小国寡民，督邮无事，乃有燕余丽妾，方桃譬李。本住南城，经移北里。纳千金之重聘，擅专房之宴私。方美珥而不减，拟甘橘而无嗤。闻削成于斜领，照玉致于铅脂。度玲珑之曲阁，出翡翠之香帷。腕凝纱薄，珮重行迟。尔乃促筵命妓，衔觞置酒，耳热眼花之娱，千金万年之寿。白日蹉跎，时淹乐久，玩飞花之度窗，看春风之入柳。命丽人于玉席，陈宝器于纨罗，抚鸣筝而动曲，譬轻薄之经过。黛眉如扫，曼睇成波，情长响怨，意满声多。奏相思而不见，吟夜月而怨歌。笑素弹之未工，疑秦宫之讵和。若夫钓竿复发，蛱蝶初挥，动玉匣之余怨，鸣阳鸟之始飞。逐东趋于郑女，和西舞于荆妃。足使长廊之瓦虚坠，梁上之尘染衣。鲟鱼游而不没，白鹤至而忘归。于是乎余音未尽，新弄萦缠，参差容与，顾慕流连。落横钗于袖下，敛垂衫于膝前。乍含猜而移柱，或斜倚而续弦。照琼环而俯捻，度玉爪而徐牵。见微颦之有趣，看巧笑之多妍。抗长吟之靡曼，杂新歌之可怜。歌曰：年年花色好，足侍爱君傍。影人着衣镜，裙含辟恶香。鸳鸯七十二，乱舞未成行。故乃宋伟绿珠之好声，文君慎女之清角。上掩面而不前，言韬辉而耻学。实独立之丽人，乃入神之佳乐。

这篇一千多字的长赋，文采焕烂，妙喻如珠，铺张扬厉，成为六朝中写乐器、写乐音最为动人的赋体文字。

六朝的诗赋从不同视角描述了乐舞状貌，成为其缤纷多姿的艺术记录，亦为唐人的乐舞诗开了先河。六朝诗赋描述了歌舞表演的优美环境、场景等。如萧纲《和林下妓应令诗》：

炎光向夕敛，促宴临前池。泉将影相得，花与面相宜。簏声如鸟哢，舞袂写凤枝。欢乐不知醉，千秋长若斯。

这是在园林水池边举行的宴会上表演的歌舞。再如萧绎《又和林下作妓应令诗》：

> 日斜下北阁，高宴出南荣。歌清随涧响，舞影向池生。轻花乱粉色，风筱杂弦声。独念阳台下，愿待洛川生。

又如庾肩吾《咏舞曲应令诗》：

> 歌声临画阁，舞袖出芳林。石城定若远，前溪应几深。

从这些诗中可以看出，宴会都开在晚间，其地点或是在前池边，或是在北阁上，或是在画阁内，泉与影相得，花与面相映，歌声盘旋宛转在画阁之上，随着涧水流淌，"舞袖出芳林"，舞影掩映在池水边上。这些舞伎倡女都是年轻貌美者："倡女多艳色，入选尽华年。举腕嫌衫重，回腰觉态妍。情绕阳春吹，影逐相思弦。履度开裙褶，鬟转匝花钿。所愁余曲罢，为欲在君前。"①

从六朝诗赋可以看出，其时是歌舞相合、乐舞并重的。萧纲《夜听妓诗》云："何如明月夜，流风拂舞腰。朱唇随吹尽，玉钏逐弦摇。"舞伎的玉钏随着弦歌的起伏而摇摆，这正是歌舞相生的情景。这种情景在王训《应令咏舞诗》中亦有描述："新妆本绝世，妙舞亦如仙。倾腰逐韵管，敛色听张弦。袖轻风易入，钗重步难前。笑态千金动，衣香十里传。将持比飞燕，定当谁可怜。"

这些诗赋中所描述的舞姿、舞态楚楚动人，谢朓《夜听妓诗》云："情多舞态迟，意倾歌弄缓。"何等娇媚！何逊《咏舞妓诗》云："管清罗荐合，弦惊雪袖迟。逐唱回纤手，听曲动蛾眉。凝情盼堕珥，微睇托含辞。日暮留嘉客，相看爱此时。"舞姿回应歌声，声声曲调首先令蛾眉起反应，而一切又都聚合在"凝情""微睇"的情态之中，这种神态描述是乐舞诗之最迷人处。又如刘孝绰《同武陵王看妓诗》："燕姬奏妙舞，郑女发清歌。回羞出曼脸，送态表颦蛾。"何敬容《咏舞诗》："因风且一顾，扬袂隐双蛾。曲终情未已，含睇目增波。"江洪《咏舞女诗》："腰纤蔑楚媛，体轻非赵姬。映襟阗宝粟，缘肘挂珠丝。发袖已成态，动足复含姿。斜睛若不盻，娇转复迟疑。"舞蹈的优美就凝结在这惟妙惟肖的神情传送之中了。

六朝诗赋有时描述独舞的媚态，如萧纲《咏独舞诗》："因羞强正钗，顾影时回袂。"有时又记录下特定的舞蹈动作，如大垂手、小垂手之类，萧纲《赋乐府得大垂手》写道："垂手忽迢迢，飞燕掌中娇。罗衣恣风引，轻带任情摇。讵似长沙地，促舞不回腰。"《小垂手》写道："舞女出西秦，

---

① 刘遵：《应令咏舞诗》。

蹑影舞阳春。且复小垂手，广袖拂红尘。折腰应两笛，顿足转双巾。蛾眉与曼脸，见此空愁人。"所谓大垂手、小垂手，据《乐府诗集》七六《杂曲歌辞·大垂手》说："《乐府解题》曰：'大垂手、小垂手，皆言舞而垂其手也。'"唐朝诗人白居易《霓裳羽衣舞歌》有句："小垂手后柳无力。"宋代诗人苏轼《戏赠》云："小楼依旧斜阳里，不见楼中垂手人。"元代关汉卿《一枝花套·不伏老》云："我也会唱鹧鸪，舞垂手。"可见，六朝诗赋中这种舞蹈动作给了后代很大影响。

六朝诗赋也描述了舞伎们忘情、身心投入的情景。萧纲《咏舞诗》云："娇情因曲动，弱步逐风吹。悬钗随舞落，飞袖拂鬟垂。"在急速旋转的舞步中，头上戴的钗子也掉落下来了。

除了前述所引作品外，六朝还有大量诗赋表现了其时乐舞并重的情况以及舞伎的神态、动作相得益彰的美态，例如：

　　回履裾香散，飘衫钿响传。低钗依促管，曼睇入繁弦。①
　　转袖随歌发，顿履赴弦余。度行过接手，回身乍敛裾。②
　　依歌移弱步，傍烛艳新妆。徐来翻应节，乱去反成行。③
　　可怜称二八，逐节似飞鸿。悬胜河阳伎，暗与淮南同。入行看履进，转面望鬟空。腕动茗华玉，衫随如意风。上客何须起，啼乌曲未终。④

这样协调、有机的结合产生了静的造型、动的婀娜的舞蹈美态，让人沉醉。甚至有的诗赋中还称舞女舞技之精湛超过汉代赵飞燕，提升了美的高度：

　　红颜自燕赵，妙妓迈阳阿。就行齐逐唱，赴节暗相和。折腰送余曲，敛袖待新歌。鬘容生翠羽，曼睇出横波。虽称赵飞燕，比此讵成多。⑤

对于前述六朝乐舞中特定的"悲""哀"，诗赋亦有反映。宋孝武帝刘骏《夜听妓诗》云："寒夜起声管，促席引灵寄。深心属悲弦，远情逐流吹。"鲍照《夜听妓诗》云："夜来坐几时，银河倾露落。澄沧入闺景，葳

---

① 刘孝仪：《和咏舞诗》。
② 刘孝仪：《又和咏舞诗》。
③ 刘孝仪：《舞就行诗》。
④ 萧纲：《咏舞诗二首》。
⑤ 杨瞰：《咏舞诗》。

蕤被园蘦。丝管感暮情，哀音绕梁作。"何逊《离夜听琴诗》亦云："别离既有绪，琴瑟反成悲。美人多怨态，亦复惨长眉。"

六朝赋更发挥文体的功能，铺张蹈厉，发露尽致，将六朝乐舞盛况描述了出来，如萧纲《舞赋》云："酌蒲桃，坐柘观，命妙舞，征清弹，屮发初笄。参差俱集，信身轻而钗重，亦腰羸而带急，响玉砌而迟前，度金扉而斜入，似断霞之昭彩，若飞燕之相及。既相看而绵视，亦含姿而俱立。于是徐鸣娇节，薄动轻金，奏巴渝之丽曲，唱碣石之清音。扇才移而动步，鞞轻宣而逐吟。尔乃优游容豫，顾眄徘徊，强纤颜而未笑，乍杂怨而成猜。或低昂而失侣，乃归飞而相拊；或前异而始同，乍初离而后赴。不迟不疾，若轻若重，眄鼓微吟，回巾自拥，发乱难持，簪低易捧，牵福恃恩，怀娇知宠。"又有顾野王《舞影赋》写道：

> 耀金波兮绣户，列银烛兮兰房。出妙舞于仙殿，倡雅韵于清商。顿珠履于琼簟，影娇态于雕梁。图长袖于粉壁，写纤腰于华堂。萦纤双转，芬馥一房，类只鸾于合镜，似双鸳之共翔。愁冬宵之尚短，欣此乐之方长。

两赋对舞态、舞姿、舞影做了淋漓尽致的描述。它们不是对舞蹈的分节动作做分解性说明，而是进行艺术的描画，是用艺术审美的视界来观察，用艺术审美的触觉捕捉对象的情态，取之于微妙之间，从某一临界点切入进而进入对象世界，加以审美性的艺术表达。如"强纤颜而未笑，乍杂怨而成猜。或低昂而失侣，乃归飞而相拊；或前异而始同，乍初离而后赴。不迟不疾，若轻若重"，都是艺术描述中的传神之笔。

以文学样式对乐舞进行描述，是六朝完善化了的艺术表现，扩大了文学的传达范围与功能。这种文学样式是对乐舞进行审美，进而以文学的语言符号加以固定化的特殊品类。它沾溉唐宋，始有杜甫、白居易、李贺等诗人的乐舞诗；它成为一种特殊的载体，这才使得千载之上的乐舞在并不具备现代传媒工具的条件下，能够流布下去，产生艺术品类的传递和美的延续。

第五节　南北朝乐舞之比较及影响

《旧唐书·音乐志》曰："陈、梁旧乐，杂用吴、楚之音，周、齐旧乐，多涉胡戎之伎。"南北朝长期对峙，各自处在一个特定的文化、地理环境之中，因而有自己的音乐舞蹈及其风貌、特征。对于北朝乐舞，《隋书》载之甚详，其总的估价是："胡戎歌非汉魏遗曲，故其乐器声调，悉与书史不同。"这里所说的胡戎歌主要有以下几种。

第一，《西凉乐》。"起苻氏之末，吕光、沮渠蒙逊等，据有凉州，变龟兹声为之，号为秦汉伎。魏太武既平河西得之，谓之《西凉乐》。至魏、周之际，遂谓之《国伎》。"它是改造了《龟兹乐》并经过加工以后所形成的。

第二，《龟兹乐》。"起自吕光灭龟兹，因得其声。吕氏亡，其乐分散，后魏平中原，复获之。其声后多变易。"此乐对隋唐音乐影响甚大，为隋炀帝所特赏。《龟兹乐》的乐工均着"皂丝布头巾，绯丝布袍，锦袖，绯布裤"，足蹬乌皮靴以舞之。

第三，《天竺》。"起自张重华据有凉州，重四译来贡男伎，《天竺》即其乐焉。"

第四，《康国》。"起自周武帝娉北狄为后，得其所获西戎伎，因其声。"

除以上几种外，还有《疏勒》《安国》《高丽》等，"并起自后魏平冯氏及通西域，因得其伎"。

北方音乐主要有三个来源，一是本土有的，一是从外域传入的，一是来自南方的，如《礼毕》就来自东晋太尉庾亮家。北朝舞蹈最著名的是《兰陵王入阵曲》，又名《代面》《大面》。《北齐书》卷一一《文襄六王传》载道："芒山之败，长恭为中军，率五百骑再入周军，遂至金墉之下，被围甚急，城上人弗识，长恭免胄示之面，乃下弩手救之，于是大捷。武士共歌谣之，为《兰陵王入阵曲》是也。"《旧唐书·音乐志》载，此舞"出于北齐。北齐兰陵王长恭，才武而面美，常着假面以对敌。尝击周师金墉城下，勇冠三军，齐人壮之，为此舞以效其指麾击刺之容，谓之《兰陵王入阵曲》"。

南北朝均兴百戏，《隋书·音乐志》载：

> 明帝武成二年正月朔旦，会群臣于紫极殿，始用百戏。武帝保定元年，诏罢之。及宣帝即位，而广召杂伎，增修百戏。鱼龙漫衍之伎，常陈殿前，累日继夜，不知休息。好令城市少年有容貌者，妇人服而歌舞相随，引入后庭，与宫人观听。戏乐过度，游幸无节焉。

《魏书·乐志》亦载：

> 六年冬，诏太乐、总章、鼓吹增修杂伎，造五兵、角抵、麒

麟、凤凰、仙人、长蛇、白象、白虎及诸畏兽、鱼龙、辟邪、鹿马仙车、高𦈢百尺、长趫、缘橦、跳丸、五案以备百戏。大飨设之于殿庭，如汉、晋之旧也。太宗初，又增修之，撰合大曲，更为钟鼓之节。

《隋书·音乐志》一段记载则更为充分：

始齐武平中，有鱼龙烂漫、俳优、朱儒、山车、巨象、拔井、种瓜、杀马、剥驴等，奇怪异端，百有余物，名为百戏。周时，郑译有宠于宣帝，奏征齐散乐人，并会京师为之。盖秦角抵之流者也。

这些杂伎名目在南朝是很少见到的，比如，在北京颇受欢迎的角抵，即两力士间的角斗在南方就被取消了。

北方还有独特的踏歌舞。《隋书·五行志》载："周宣帝与宫人夜中连臂踏蹀而歌曰：'自知身命促，把烛夜行游。'"其实，连臂踏歌舞早在汉代就有。《西京杂记》曾记汉宫中宫女们于"十月十五日，共入灵女庙，以豚黍乐神，吹笛击筑，歌《上灵》之曲；既而相与连臂，踏地为节，歌《赤凤凰来》"。史载北朝连臂踏歌事甚多。如《北史》卷四八《尔朱荣传》有载：

荣虽威名大振，而举止轻脱，正以驰射为伎艺，每入朝见，更无所为，惟戏上下马。于西林园宴射，恒请皇后出观，并召王公妃主，共在一堂。每见天子射中，辄自起舞叫，将相卿士，悉皆盘旋，乃至妃主妇人，亦不免随之举袂。及酒酣耳热，必自匡坐唱虏歌，为《树梨》《普梨》之曲。见临淮王或从容闲雅，爱尚风素，固令为敕勒舞。日暮罢归，便与左右连手踏地，唱《回波乐》而出。

北方乐舞一般比较悲壮慷慨，南方乐舞则或轻盈舒卷，或悲怨哀婉。《北史》卷三一《高乾传》载："及荣死，乃驰赴洛阳。庄帝见之大喜，以乾兼侍中，加抚军将军、金紫光禄大夫，镇河北。又以弟昂为通直散骑常侍、平北将军。令俱归，招集乡间，为表里形援。帝亲送于河桥上，举酒指水曰：'卿兄弟冀部豪杰，能令士卒致死。京城倘有变，可为朕河上一扬尘。'乾垂涕受诏，昂援剑起舞，誓以死继之。"这很有荆轲易水慷慨高歌的情味。

北方歌舞场面大，专业性舞伎之外的人员大都可以参与其中，带有很强的集体舞性质；南方则是在画阁雕楼之中歌舞婆娑，还有独舞的形式出现。《北史》卷一三《后妃》上载："太后曾与孝文幸灵泉池，宴群臣及藩国使人、诸方渠帅，各令为其方舞。孝文上寿，太后欣然作歌，帝亦和歌，遂命群臣各言其志，于是和歌者九十人。"太后先唱，皇帝"和歌"，继而群臣九十人一齐参加大合唱，这种场面在南朝是见不到的。南朝各代建国伊始便整顿乐舞，将其纳入正统化轨道，对粗犷放浪、不合礼规之乐舞则不予欣赏，最突出的例证是萧齐时王敬则跳拍张舞，所谓拍张舞就是裸露上身跳拍胸舞。《南史》卷二二《王昙首传》载："帝幸乐游宴集，谓俭曰：'卿好音乐，孰与朕同？'俭曰：'沐浴唐风，事兼比屋，亦既在齐，不知肉味。'帝称善。后幸华林宴集，使各效伎艺。褚彦回弹琵琶，王僧虔、柳世隆弹琴，沈文季歌《子夜来》，张敬儿舞……王敬则脱朝服袒，以绛纠髻，奋臂拍张，叫动左右。上不悦曰；'岂闻三公如此。'"

就整体而言，南北朝的乐舞区别显著，但也并不一概而论，南方亦有粗犷型的，如上引王敬则跳拍胸舞。北方同样有萧散雅致、书卷气浓的，如《北史》卷三五《郑述祖传》载："郑能鼓琴，自造《龙吟十弄》，云尝梦人弹琴，寤而写得，当时以为绝妙。所在好为山池，松竹交植，盛肴馔以待宾客，将迎不倦。"这很有南方士人的情调。尽管南北朝乐舞多有差异，但有一个非常显著的共同特点，这就是欣赏、吸受、汲纳胡伎、胡乐，即少数民族乐舞因素。这是南北朝乐舞的重大走向，促进了各民族间乐舞的交流，呈现出雅乐、俗乐、胡乐三家并陈，驳杂多姿的格局，这是南北朝乐舞最有色彩之所在。同时，南北交流、各族交流使中国乐舞史上第一个大循环时期出现了。

先说北朝胡伎的情况，《隋书·音乐志》载：

> 杂乐有西凉鞞舞、清乐、龟兹等。然吹笛、弹琵琶、五弦及歌舞之伎，自文襄以来，皆所爱好。至河清以后，传习尤盛。后主惟赏胡戎乐，耽爱无已。于是繁手淫声，争新哀怨。故曹妙达、安未弱、安马驹之徒，至有封王开府者，遂服簪缨而为伶人之事。后主亦自能度曲，亲执乐器，悦玩无倦，倚弦而歌。别采新声，为《无愁曲》，音韵窈窕，极于哀思，使胡儿阉官之辈，齐唱和之，曲终乐阕，莫不殒涕。虽行幸道路，或时马上奏之，乐往哀来，竟以亡国。

再看南朝，史料更为丰富。《南史》卷一三《宋宗室及诸王》载，宋孝武帝鉴于南郡王刘义谋反是"强盛"之故，便"欲削王侯"，其所订的削藩二十四条中有："胡伎不得彩衣，舞伎正冬着袿衣，不得妆面。"由此可以看出胡伎在刘宋的状况。《宋书·音乐志》载，刘宋明帝时"有西、伧、羌、胡诸杂舞"。《南史》卷五《齐本纪》载齐废帝鬱林王尚胡伎："及武帝梓宫下渚，帝于端门内奉辞，辒辌车未出端门，便称疾还内。裁入阁，即于内奏胡伎，鞞铎之声，震响内外。"《南齐书·高帝纪》载，齐高帝萧道成即位前"与左右作羌胡伎为乐"。《南史》卷五《齐本纪》载，东昏侯萧宝卷于永元三年（501）二月壬午日"始内横吹五部于殿内，昼夜奏之"，"合夕，便击金鼓吹角，令左右数百人叫，杂以羌胡横吹诸伎"。又"从万春门由东宫以东至郊外数十里，皆空家尽室，巷陌悬幔为高障，置人防守谓之屏除。高障之内，设部伍羽仪，复有数部，皆奏'鼓吹''羌胡伎''鼓角横吹'……是夜，帝在含德殿，吹笙歌作《女儿子》"。梁元帝萧绎《夕出通波阁下观妓诗》云：

> 娥眉渐成光，燕姬戏小堂。胡舞开春阁，铃盘出步廊。起龙调节奏，却凤点笙簧。树交临舞席，荷生夹妓航。竹密无分影，花疏有异香。举杯聊转笑，欢兹乐未央。

《南史》卷六六《章昭达传》载，陈代章昭达"每饮会，必盛设女伎杂乐，备羌胡之声，音律姿容，并一时之妙，虽临敌弗之废也"。总的说来，习胡伎促进了各民族间的乐舞交流，增强了乐舞佻达风味和阳刚之气，也显示出南北朝时期的社会开放性质。

六朝在中国乐舞史上是一个重要时期，给了隋唐乐舞以深刻影响，隋代散乐百戏就是在六朝基础上发展起来的。《隋书·音乐志》写道：

> 大业二年，突厥染干来朝，炀帝欲夸之，总追四方散乐，大集东都。初于芳华苑积翠池侧，帝帷宫女观之。有舍利先来，戏于场内，须臾跳跃，激水满衢，鼋鼍龟鳖，水人虫鱼，遍覆于地。又有大鲸鱼，喷雾翳日，倏忽化成黄龙，长七八丈，耸跃而出，名曰《黄龙变》。又以绳系两柱，相去十丈，遣二倡女，对舞绳上，相逢切肩而过，歌舞不辍。又为夏育扛鼎，取车轮石臼大瓮器等，各于掌上而跳弄之。并二人戴竿，其上有舞，忽然腾透而换易之。又有神鳌负山，幻人吐火，千变万化，旷古莫俦。染干大骇之。自是皆于太常教习。每岁正月，万国来朝，留至十五日，于端门外，建

国门内,绵亘八里,列为戏场。百官起棚夹路,从昏达旦,以纵观之,至晦而罢。伎人皆衣锦绣缯彩。其歌舞者,多为妇人服,鸣环珮,饰以花毦者,殆三万人。初课京兆、河南制此衣服,而两京缯锦,为之中虚。三年,驾幸榆林,突厥启民,朝于行宫,帝又设以示之。六年,诸夷大献方物。突厥启民以下,皆国主亲来朝贺。乃于天津街盛陈百戏,自海内凡有奇伎,无不总萃。崇侈器玩,盛饰衣服,皆用珠翠金银,锦罽絺绣。其营费巨亿万。关西以安德王雄总之,东都以齐王暕总之,金石匏革之声,闻数十里外。弹弦摩管以上,一万八千人。大列炬火,光烛天地,百戏之盛,振古无比。自是每年以为常焉。

南朝盛行的清商乐在隋代亦流行。开皇二年(582),原北齐黄门侍郎颜之推向隋文帝建议,沿用梁代雅乐,但遭断然否决。隋文帝说:"梁乐亡国之音,奈何遣我用邪?"但他对清商乐却颇为欣赏,听到平陈后所获之清商乐,"善其节奏,曰:'此华夏正声也。昔因永嘉,流于江外,我受天明命,今复会同。虽赏逐时迁,而古致犹在。可以此为本,微更损益,去其哀怨,考而补之。以新定律吕,更造乐器。'"①对于六朝传沿下来的鞞舞、拂舞等,隋文帝提出如下的处理办法:"其声音节奏及舞,悉宜依旧。惟舞人不须捉鞞拂等。"《白纻舞》在隋唐亦盛行,隋炀帝作有《四时白纻歌》:"洛阳城边朝日晖,天渊池前春燕归。含露桃花开未飞,临风杨柳自依依。小苑花红洛水绿,清歌宛转繁弦促。长袖逶迤动珠玉,千年万岁阳春曲。"

唐代对于清商乐也有明显的继承和发展。《旧唐书·音乐志》描述其时之清商乐云:"舞容闲婉,曲有姿态。""既怨且思矣,而从容雅缓,犹有古士君子之遗风。他乐则莫与为比。""辞典而音雅。"唐人亦写有相当多的《白纻舞》歌或舞辞。如李白《白纻辞》:"扬眉转袖若雪飞,倾城独立世所希。"崔国辅《白纻辞》:"洛阳梨花落如霰,河阳桃叶生复齐。坐恐玉楼春欲尽,红锦粉絮裹妆啼。董贤女弟在椒风,窈窕繁华贵后宫。璧带金釭皆翡翠,一朝零落变成空。"王建《白纻歌》有"新缝白纻舞衣成""后廷歌声更窈窕"句。元稹《冬白纻歌》:"吴宫夜长宫漏款,帝幕四垂灯焰暖。西施自舞王自管,雪纻翻翻鹤翎散,促节牵繁舞腰懒。"

---

① 魏徵:《隋书·音乐志》。

胡伎、胡舞大量涌入南朝，而南朝人以开放之雅量、汲纳之态度广收博取，使其从民间直入宫廷。宫苑之间回旋、婆娑着胡乐、胡舞。到唐时，盛唐气象辉映着胡家之气魄，长安城内胡乐声声、胡舞翩翩，出现了《胡施舞》《胡腾舞》等。唐人之气度诚然有其共时性之时代条件，然而从历时性上看，则不能忘却那个倡其先声的六朝。

第十九章　雕刻美学

六朝雕刻在中国雕刻史上有着独到的地位，它既继承了汉代的雕刻艺术，又有自身独特的无可替代的创造，处于一个重要的转型期。它基本存在于地表和地宫两大空间，表现为皇家和民间两大系统，其美学形态特征和风格也烙有这一转型期的印记。

第一节　六朝雕刻基本状况

六朝雕刻集中在陵墓石刻上，其区域又集中在南京、丹阳。南京是六代建都之地，因而石刻颇多。而丹阳，古名曲阿，又名兰陵，为齐、梁二代帝室故地，齐、梁二代帝王死后多归葬于兹，因此留有陵墓及其陵墓神道石刻。据有关文物单位统计，此处已发现三十余处陵墓石刻，有宋武帝刘裕初宁陵石刻，齐宣帝萧承之永安陵石刻，齐高帝萧道成泰安陵石刻，齐景帝萧道生修安陵石刻，齐武帝萧赜景安陵石刻，齐明帝萧鸾兴安陵石刻，梁文帝萧顺之建陵石刻，梁武帝萧衍修陵石刻，梁简文帝庄陵石刻，陈武帝陈霸先万安陵石刻，陈文帝陈茜永宁陵石刻。另外还有梁代宗室之陵墓石刻以及陵口陵墓石刻、水经山村陵墓石刻、金家村陵墓石刻、吴家村失名陵墓石刻、烂石弄陵墓石刻等。

据有关学者统计，陵墓石刻基本由六件三种所构成：帝陵石兽（天禄、麒麟）一对，左为天禄，右为麒麟，神道石柱一对，石碑一对；王公墓为石狮一对，神道石柱一对，石碑一对。构件相同，所不同者帝陵用天禄、麒麟，王公墓用狮子。体现六朝雕刻及其美学风格的主要是石兽，但墓中随葬物品如石刻小兽（晋恭帝墓室中即有一些制作精巧的石刻小兽）不在论例。

"陵前石刻以梁文帝萧顺之建陵保存最多，计四种八件，即：石兽一对，神道石柱一对，石碑一对，以及在石兽和神道石柱之间残存的方形石础一对，石础上的结构已失，现已无从知道原来石刻的模样。而大多数帝王陵前的石刻，一般仅存石兽一对，少数只有石兽一件。这些陵前原来也都应该有神道石柱和石碑，可惜在漫长的岁月中已散失或损毁……王公贵族墓共十八处，墓前的石刻，以梁安成康王萧秀墓保存最全，计有八件三种，为：石狮一对，神道石柱一对，石碑二对。其他各墓的石刻也都已不全，或存石狮及神道石柱，或存石狮及石碑，以至仅存神道石柱一件。"[①]

六朝墓地石雕损毁严重，其历经千年，风雨日月侵蚀，是自然原因，但也有深重的历史人为因素。例如王颁掘陈武帝陈霸先万安陵。《南史·王僧辩传》载，萧梁时侯景之乱中，陈霸先与征东将军王僧辩共同勤王，攻入建康，平定侯景之乱，封长城县侯。后王僧辩降北齐，陈霸先袭杀王僧辩。尔后陈霸先成为陈代开国之君，至陈亡后，王僧辩之子王颁"密召父在时士卒，得千余人，对之涕泣。其间壮士或问曰：'郎君雠耻已雪，而悲哀不止者，将不为霸先早死，不得手刃之邪？请发其丘陇，斫榇焚骨，亦可申孝心矣。'颁顿颡陈谢，额尽流血，答曰：'其为坟茔甚大，恐一宵发掘，不及其尸，更至明朝，事乃彰露。'诸人请具锹锸。于是夜发其陵，剖棺，见陈武帝须皆不落，其本皆出自骨中。颁遂焚骨取灰，投水饮之"。这种血腥的复仇行为令人毛骨悚然，在中国历史上实属罕见，同时也使得陵墓之中石雕尽毁。

第二节 雕刻艺术的审美特征

六朝雕刻艺术有着独特的审美特征和历史美学印记，体现了继汉、变汉而影响唐宋的转型期特征。这种特征既表现为雕刻的内容，又表现为雕刻的艺术审美格调，还表现为神异与世俗同在、古拙与精巧并存。在历史的时代

---

① 姚迁、古兵：《六朝艺术》，文物出版社1981年版。

序次上，六朝承续汉魏，而当美学成为氛围和精神影响时代生活和艺术领域后，并不会因时代的隔离而有泾渭之分，它沉淀在人们的思维深处，形成审美习惯和审美方式，其稳定性和延续性成为维持美学传统的纽带，其韧性比起物质形态来要更为强劲。这样，六朝就自然地继承了汉代以祯祥神瑞为主体的雕刻内容，汉代的祯祥意识在六朝得到充分发挥。对于汉代祯祥意识，班固《两都赋序》曾写到其形成的原因和在当时的表现："大汉初定，日不暇给。至于武宣之世，乃崇礼官，考文章，内设金马石渠之署，外兴乐府协律之事，以兴废继绝，润色鸿业。是以众庶悦豫，福应尤盛。《白麟》《赤雁》《芝房》《宝鼎》之歌，荐于郊庙，神雀、五凤、甘露、黄龙之瑞，以为年纪。"王延寿《鲁灵光殿赋》所写鲁灵光殿中的景象就是这种意识的写照："上纪开辟，遂古之初，五龙比翼，人皇九头，伏羲鳞身，女娲蛇躯，鸿荒朴略，厥状睢盱，焕炳可观。黄帝唐虞，轩冕以庸，衣裳有殊，下及三后，媱妃乱主，忠臣孝子，烈士贞女，贤愚成败，靡不载叙。"祯祥吉瑞意识是天人合一乃至天人感应总体意识的体现，它没有远古图腾所表现出来的远古神话思维特点，它也不是原始神话对天、对不可知的自然、对不能认知之物产生的膜拜心理，它已使天人合一、神异贤士杂粹于一室之中，它已使这种合一产生出一个神奇驳杂的神人合一世界。表现这种意识的壁画、雕刻（一些砖画最终表现为雕刻）所描述和呈现的是一个几乎包罗万象从而万象纷呈的世界。对这样一个世界的描述和呈现，体现了汉代人纷杂型的艺术思维，同时也反过来进一步哺育了汉代人的艺术思维。在这样的艺术思维总体势中才会有汉赋这样的文体，才会有赋家那磅礴的才情、缤纷的想象，才能"苞括宇宙，总揽人物"，使神异古怪倾盆而下。

气势是汉代艺术美学的基本特征，这是征服和占有外部世界的信念的表示，是确证大汉帝国的地位的显示，它既是胸怀，苞括宇宙的宏放，又是征服与占有世界时所需要的速度，那马踏飞燕的铜铸就把速度艺术化、审美化，把抽象的观念具象化地表现出来了。那时所有的塑型都是跃跃欲试、腾腾欲飞的，富于一种动感——人在对象身上寄托了自己的理想、愿望、情感，所有的塑型都体现了那个时代所向披靡的精神，这是汉代艺术美学的基调。这种以气势胜的汉代艺术审美特征又表现为力度，富于内在的力量和由内向外腾跳的冲发力，因而外化出的形象往往使人惊叹不已。

与此相关的汉代石雕审美艺术特征是古拙，古朴而笨拙，最典型的便是霍去病墓前石雕。线条那么简单，没有过多的雕饰，显得生硬、笨拙，甚至不像艺术品。它用夸张的手法，用匈奴被踩于马下的造型来显示力的强度，这种直愣愣的简单粗糙，似不像审美，然而恰恰构成了特有的审美，它是汉代才会有的审美理想所孕育的审美形态。

中国雕刻美学史有三个典型期：一是汉代，一是六朝，一是宋代。每一时代在总体审美理想的光照和影响下，其不同品类的艺术总体格调会比较一致，如同宋雕、宋词格调一样，汉雕、汉赋亦是如此。宋代艺术细致、轻巧，如同宋词一般。在河南巩义的宋陵上，那些人臣、骏马的雕刻，细致、柔和，没有神异古怪的神话形象，一切都是现实化的，静立静侍，艺术审美手段圆熟精纯，汉雕难能望其项背，但它在静穆柔和中缺少汉雕的气势和力的韵律。间乎汉、宋两种典型雕刻审美艺术的是六朝雕刻。它既有汉雕之特征又兼备宋雕之特征，这再次确证了六朝艺术包括雕刻属于转型期的特征——既然是转型期，就既有兼具特征，又有自身所独有的特征。

皇家陵墓雕刻中的石兽都是由双角天禄和独角麒麟所构成，王公们墓前雕刻的是石狮，不同的地位就有不同的动物形象，这些动物形象多为想象虚拟的，现实性品格较少。即使是石狮，也并非生活中原有动物的照直摹写，而是经过了想象的加工历程，多了双翼。既现实化又非现实化，有意识地把现实化的对象加以非现实化，增添了对象的神异色彩。砖画砖雕中也存在着这种现象，南阳汉代砖雕就多有青龙、白虎、朱雀、玄武等神异形象。汉代帛画和艺术、文学所描绘的也是这些。而东晋隆安二年（398）的一些砖画砖雕就明显地继承了汉代的相类艺术。这些砖画砖雕现有五十多幅，一砖呈一种高浮雕画像，有青龙、白虎、朱雀、玄武等，有鸟身兽头像、人身兽头像、兽头吞蛇像，有人面兽首动物身像。它们比起汉代来，神异形象更为丰富和丰满。

在六朝石雕砖刻艺术世界中，出现了神异和世俗并存的现象体，这是打破神异形象一统的举措，反映了其走向现实的过程。例如南京西善桥等处的砖刻中既有羽人戏龙、羽人戏虎，又有竹林七贤。而且它们在分布上也体现了神异与世俗并存性特征，西壁是羽人戏龙、羽人戏虎，东壁是天人，南壁北壁则是竹林七贤。

六朝石雕砖刻有着十分显著、鲜明的审美特征。就陵墓或墓地前的石兽而言，都是庞然巨物、硕大无朋，一个个瞠目张口，挺胸昂首，肌丰体满，往往舌伸颇长，或四足平垂，或前后左右脚作跨步状，沉稳而矫健，气势似静而动，威武雄壮，极富动感。其动态均呈昂首振鬣状，比汉雕质感更为显著，胸宽腰耸，有的四足垂地，五爪平放，有的则五爪上张，势极獠戾，有的足下尚攫取小兽，更见凶猛之势。它们均是由整块的巨型石所雕琢而成，可以让人充分发挥整体构思能力和雕刻技巧。它们虽比汉雕体型更大，但雕刻生动流畅或有过之，整体具有雄浑美、动态美。

六朝石雕的布局富于对称美。"南朝陵墓石刻在布局方面十分重视对称，这不仅表现为每一种石刻必须左右成对地相向排列，而且石兽的体态动势和神道柱石额的文字，也都是对称的。例如陵墓左侧的石兽，如果其动势是头向右扭，左足在前，尾向左旋的话，那么右侧的石兽，必是头向左扭，右足向前，尾向右旋，使之达到对称的效果。石额的文字更是力求对称，如左侧石额的文字为正书顺读，右侧文字则为反书逆读或正书逆读。讲求形式的对称，是南朝陵墓石刻在布局上的突出特点。"[①]就某一具体的石兽造型而言，前有蔓草般的长须，后有曳地的长尾，昂首嘶啸长空，为不致头重脚轻，往往尾粗盘于地上，显得匀称协调。

六朝石雕富于装饰美感。石兽颔下浓密、状如蔓草般的秀长胡须一直挂到胸前，就是一种装饰。由于它们不是现实中所存在的动物，而是神兽，因此，可以尽由雕刻者去想象，从而也就为装饰美提供了基础。雕刻者尽量发挥，想象缤纷，把游鱼飞禽的形象移植到石兽身上，尽量使其非现实化和神异化。它们是地上之兽，却长有双翼，似能腾飞。双翼翼面大都前饰以鳞羽，后又作山鸡之长翎，通身常作卷曲之云朵，使其在雄健威武中透出妩媚。陈文帝陈蒨永宁陵前的天禄和麒麟就是其中的代表，两兽通体雄壮威武，五爪上张，似欲腾举，势极凶狠，在庞大中有些狰狞美。两翼向后，但微有上翘，似欲腾飞，羽翼雕琢极为舒展，似云朵漫溢，隐含着以祥云显示祥瑞的审美意图。长须如瀑布直泻胸前。四足落地，作奔走之状，上腿下肢通过富于弧度的雕刻，显出极强的质感。这样，整个形象构造就极富于装饰美感。

六朝石雕的所有造型都显得凝重厚实，但不像汉雕那样板滞，而是富于流动感，如梁临川靖惠王萧宏墓石狮尾端茸毛氄氄，仿佛可以触摸，其细微

---

① 姚迁、古兵：《六朝艺术》，文物出版社1981年版。

的雕刻功力令人叹服。个别细件十分精致，显然是经过精工细作所成，例如陵口南朝失名墓之石兽，两翼秀美，翼面鳞形如颗颗珠玑，十分精巧，彻底摆脱了汉代石雕的古拙。有时在大石兽下再雕一小石兽，如梁鄱阳忠烈王萧恢墓东石狮腹下小石狮，憨态可掬，讨人喜欢。这些都显示了六朝趋于精致型的总体文化、审美特征。

关于神道石柱，我们以梁安成康王萧秀墓石刻为例，其底为双螭（没有角的龙）座，双螭相向盘旋，张牙咧嘴，爪牙栩栩如生。柱顶为纹路镌刻显著的圆盖形，上有一小石兽，仰天长吼，矫健而可爱。有花纹的圆盖顶像缀满云朵似的，质感颇强。石柱上方有一长方形柱额，文字为反书，柱额以一浮露的石雕承之，再用绳状纹与交龙纹承之，起到烘托作用，既雄浑又劲拔，给人以强烈的节奏感。

六朝石碑在雕琢美学上也极有成就。南京甘家巷的梁始兴王萧憺墓碑呈龟形，圆状首，碑顶二龙蟠交，碑额有圆孔，题额"梁故侍中司徒骠骑将军始兴忠武王之碑"，碑文为工稳劲健之楷书。龟趺体身庞大，四足匍匐，头部前伸，两眼突出，特别显著。又如梁临川靖惠王萧宏墓石碑侧面浮雕刻有朱雀等神异动物，刀法英锐，刻形细致生动，而且以神异动物为主体的其他雕刻起到了烘衬和丰富的作用，装饰性艺术美感极为突出。

六朝石刻的最大发展是出现了形体塑造飘逸美。比如丹阳胡桥宝山南朝墓中东壁三仙人，通过飘动的衣衫表现仙人的腾飞，线条极其流畅、柔和、飘逸、轻盈，天风朗朗、羽裳翩翩的飞天形象刻画得极为灵动。

从六朝石刻中可以看出当时文化、美学合流的情形。皇家陵墓的神兽翼翅上，有的装饰螺髻，有的是玑珠，有的呈现卷舒之秋云，这些图饰都不是中国民族传统艺术中的，而是来自于异域之佛教。又如南京铁心桥王家洼砖墓中的浅浮雕有大量的莲花图案，人首鸟身、朱雀等中国传统的神异形象与莲花共集一墓，作为装饰图案同时存在。这都是当时本土外域文化、美学交融的例证。

概言之，六朝石雕具有丰富鲜明的审美特征，它成为六朝艺术美学最集中的反映，富于六朝的时代美感，在苍烟落日、霜晨月夕中诉说着一个时代的历史和美。

第三节　人物砖刻的世俗情味

在六朝的雕刻艺术长廊中有一帧艺术珍品——人物砖刻《竹林七贤与荣启期》。20世纪60年代，考古学家在江苏境内的六朝帝王陵墓发现了三幅同题人物青砖模刻画，分别刻于南京西善桥太岗寺墓、丹阳胡桥宝山墓、丹阳建山金王陈墓。其中以西善桥的一幅保存最完好，艺术审美价值也最高，其主体人物是著名的竹林七贤，南壁布四人，依次为嵇康、阮籍、山涛、王戎。北壁布四人，依次为向秀、刘伶、阮咸、荣启期。荣启期系春秋名士，与七贤所处时代了不相属，把他们罗于一幅，乃是从思想渊源及其承续上考虑的，即他们均为隐士，精神相通。画像均为浅性浮雕，整幅完整，有立体感，但不过分凸出。

砖刻人物共处一幅，又自成世界，用树木隔开，树木起到了隔离、烘托、陪衬和装饰的作用。七人姿态有共同性，均是席地而坐，处于自由休闲状态中，但也有个别性。雕刻者及其脚本作者对人物性格把握得至为准确，每个人物各尽其态，又各尽其致。嵇康作抚琴态，头发束髻，一臂和双腿裸露，前胸袒，没有焚香抚琴的庄重和肃穆，也不是正襟危坐，十分安闲自如。头颅微抬，似进入逍遥境界，神态于安闲中略带傲岸之气。手指动作刻画特别细致传神，而挺直的鼻梁、高挑的双眉、微翘的八字须，都增添了刻画的表现力。阮籍与嵇康略呈对称之势，面部丰满，一臂袒。他手臂倚地，支撑全躯，手指修长，作兰花指状，一手执酒器，作饮酒状，一足赤裸，腿平放，一腿曲起，全身向后微倾，充分透现出其内在的精神状态。山涛神情安详、悠然自得，一腿曲弓，一手挽起曲腿，一手端酒器。王戎头仰，一手倚一小箱，一腿赤裸弓起，另一腿翘起，脚掌向上，特别传神，完全符合史书之描述。向秀靠树而坐，头倾斜，明显地倚在树上，满面沉思而略带忧伤，两目紧闭，双眉下垂，额上刻一小弧，增添了忧伤情态。刘伶嗜酒神态活灵活现。阮咸弹阮，头微微低垂，仿佛在侧耳细听，沉浸于音乐旋律之中。

这幅大型组合砖刻，构图统一，人物情态神志各异，惟妙惟肖，又互相衬托、呼应。以七人的手指状态为例，有垂着的，有翘着的，有兰花指状的，各不相同，但组合起来，整体感很强，与六朝时的人物画一样达到了当时审美的最高水平。可以说，这幅砖刻的制作者对竹林七贤每个人的精神气质、性格特点至为了解，在此基础上，先在底本上把画面分割开，浅浅地刻在砖模上，再用模子制成砖块，每块砖编上次序，然后依次拼接，制作工艺水平高度成熟。整个砖刻的线条、笔法、刀法流畅又坚挺，紧凑又活跃，代表了六朝雕刻艺术的高端水平。这组砖刻，完全以现实为对象，人物具有现实品格，不异于常人。所有描刻采用现实性的笔法和刀法，其烘托、映衬的形象也一概没有神异化的色调和情状，生活感特别显著，表现出了当时玄言清谈的哲学精神和六朝提倡以形写神的美学理论，具有鲜明的时代特征。它代表了六朝艺术走向生活的一种趋向。

陵墓巨雕的珍奇异怪与竹林七贤砖刻在六朝奇特地组合在一起，既有神异性，又有现实性，较之汉代，其现实性品格、品位显得更为突出，这正是六朝作为美学交替、更迭、转型期的特征显示。既然现实性的人物雕刻已经出现，它就有了自己存在进而发展的基础，也就可能与神异雕刻艺术美学争胜夺势，此长彼消。这种并存性是六朝美学的基调，也构成了六朝美学所特有的斑斓驳杂的色调，这也是它"变汉"的最显著标志。

六朝时的雕刻艺术总体粗犷，局部秀美；总体厚重，局部精致；总体浓郁，局部明快。无汉之粗拙，而有汉之艺术精神。线条、笔法、刀法都有属于自己时代才有的东西。它的艺术表现对象既融道儒，又不废释佛，这又是六朝美学融合性的一个重要侧影。

第二十章　园林美学

研究六朝的江南园林美学史，需在以下层面上进行：园林演变的发展轨迹，这是史的回述；园林文化—审美意识的揭示，这是最基本因素的描述；园林景观及其内部结构、特征，这是总体和微部现象呈现。总之，意识和客观实体相结合，才是对六朝园林的最佳把握视角——无论是意识还是实体形态，都是一定时空的产物，具有史的意义。

第一节　六朝园林文化—审美心理

园林建造的终极目的是供人游赏，它是精神满足对象。而它真正成为主体的精神对象，完成这一审美观念的确立，则是在六朝。把六朝园林的发展历程视为一部史，再从分类上考察，则私家园林由东晋奠定基础；佛家园林以梁代最盛；皇家园林有两个阶段最值得注意，一是刘宋，一是萧梁——刘宋是开拓期，萧梁是鼎盛期。侯景之乱后，园林毁圮，到陈代才重又修建、扩大。

首先来看萧齐一代的园林建造情况。萧齐永明元年（483）所筑娄湖苑，一直到陈代还存在。江总曾作《秋日侍宴娄湖苑应诏诗》："玉轴昆池浪，金舟太液张。虹旗照岛屿，凤盖绕林塘。野静重阴阔，淮秋水气凉。雾开楼阙近，日迥烟波长。"此外，永明五年（487），"冬十月，初起新林苑"①。还有青溪宫,《南史》卷五《齐本纪》载道:"武帝又于青溪立宫,号曰旧宫。"文惠太子"开拓玄圃园与台城北堑",建博望苑。但到齐明帝时,情况不同了,他大行俭朴,不尚豪奢,遏制园林建造,"罢武帝所起新林苑,以地还百姓。废文惠太子所起东田,斥卖之"②。建武二年(495)冬十月,又"诏罢东田,毁兴光楼"。到齐明帝驾崩,东昏侯萧宝卷继统,又大反其父之道而行之,变本加厉建造园林,造成齐代园林史否定之否定。总的来说,整个齐代的园林发展呈马鞍型,其发展状况跟几个帝王个人的好恶、意趣有密切的关系,起落的幅度较大,时纵时敛,而且随着帝王更迭的频繁,这种起伏度表现得更为明显。而像齐明帝萧鸾那样遏制园林发展,将园林地退耕还于百姓的,在中国帝王中尚属少见,构成了六朝乃至中国园林史上的独特现象。

在史家看来,六朝园林建造尤以萧梁一代为盛。萧衍在位时间相对较长,国力较为繁盛,政局较为稳定,其间,他除继承并扩修了前代的华林园、乐游苑、玄圃、芳乐苑等园林外,还营建有江潭苑,亦名王游苑。据《建康实录》记载,萧梁大同九年(543),"置江潭苑,去县二十里"。天监四年(505)二月,萧衍又"立建兴苑于秣陵建兴里"③,纪少瑜《游建兴苑》云:"丹陵抱天邑,紫渊更上林。"这是一座像汉代上林苑的皇家园苑,园苑内"银台悬百仞,玉树起千寻。水流冠盖影,风扬歌吹音",游览的艳妇冶女如织,乃至"踟蹰怜拾翠,顾步惜遗簪"。梁代皇家园林的情景还可从《南史·柳恽传》中见出一斑。传中记有柳恽奉和梁武帝的《登景阳楼篇》:"太液沧波起,长杨高树秋。"其描述宫苑中之景色时说,"深见赏美,当时咸共称传"。

梁宗室的藩邸私家园林,在六朝各代中也是最豪华的,有的足以与皇家园林相比拟,如临川王萧宏"纵恣不悛,奢侈过度,修第拟于帝宫"④。西丰县侯萧正德"聚蓄米粟,宅内五十间室,并以为仓。自征虏亭至于方山,悉略为墅"⑤。《南史·梁宗室》又记,南平元襄王萧伟,"齐世青溪宫改

---

① 李延寿:《南史·齐本纪》。
② 李延寿:《南史·齐本纪》。
③ 姚思廉:《梁书·武帝本纪》。
④ 李延寿:《南史》卷五一。
⑤ 李延寿:《南史·萧正德传》。

为芳林苑。天监初，赐伟为第。又加穿筑，果木珍奇，穷极凋靡，有侔造化。立游客省，寒暑得宜，冬有笼炉，夏设饮扇，每与宾客游其中，命从事中郎萧子范为之记。梁藩邸之盛无过焉"。萧伟之子萧恭"广营第宅，重斋步阁，模写宫殿。尤好宾友，酣宴终辰，坐客满筵，言谈不倦"[1]。侯景作乱时，就曾据此声讨道："试观今日国家池苑，王公第宅，僧尼寺塔，及在位庶僚，姬姜百室，仆从数千，不耕不织，锦衣玉食，不夺百姓，从何得之！"[2]

六朝园林在构筑观念上的重大进步是充分利用自然景观，又重视人力加工、营建。在六朝园林史料中经常出现"经始""穿筑""修理"等字眼，都标志着园林中加工因素的增加。例如，《南史·萧嶷传》："自以地位隆重，深怀退素，北宅旧有园田之美，乃盛修理之。"《南史·孙场传》："家庭穿筑，极林泉之致"。《宋书·少帝本纪》："穿池筑观。"

中国色彩的园林文化—审美心理在六朝才真正形成，汉魏及以前的园林心理还不是标准意义上的审美心理。可以这样说，六朝人最先在众多领域中真正寻找到和确定了中国艺术审美心理，把园林划为艺术审美的一个门类，由园林而及于中国艺术、中国美学。从另一个倒置了的关系视角来说，六朝人在形成了整体上的中国艺术、中国美学心理以后，才会形成门类之一的园林审美心理。从园林的窗口，人们窥见到六朝审美主体纷错万象的心态宇宙。美的觉醒和自觉首先反映在心态上，就园林而言，它具体表现为以何种心理、何种感受来领略园林之美、建造园林：建园人怀着一颗平和、虚静之心，恬然怡然，欣然悠然，冥视六合，身内与身外汇融一体，视园林为心灵的寄托之所、心志的栖憩之地，以及艺术欣赏的对象。园林不是家藏的暴露，而是情怀所寓示的对象存在，不是物质的需要，而是精神的安顿，是精神的家园。它虽独立于园主身外，却潜藏于其身内——这种态度才是审美的态度。以这样的审美态度、心理、审美观照方式营建园林，才使得园林美学思想在六朝真正纳入中国美学的总框架中。而这种态度的形成与老庄思想相关，老庄思想风行，归返自然，与焉逍遥，影响了六朝的总体精神氛围。比如陶潜就受老庄思想浸染，"久在樊笼里，复得返自然"，他回归的是自然田园。而六朝一些士人则是返回山林，营建园林，安息沉机，如孙绰，他居

---

[1] 姚思廉：《梁书·萧恭传》。
[2] 司马光：《资治通鉴》卷一六一。

会稽十余年，乃作《遂初赋》，序云："余少慕老庄之道，仰其风流久矣，却感于陵贤妻之言，怅然悟之，乃经始东山，建五亩之宅，带长阜，倚茂林。"六朝人还把悠游园林和读老庄连成一个生活整体，如《南史·张讥传》载："所居宅，营山池，植花果，讲周易、老、庄。"游园成为践行老庄悠游天下六合的一种方式。此种美学精神遂使得中国园林美学至于六朝而生一变——新质态变化，正如梁代徐勉的《为书诫子崧》云：

> 中年聊于东田闲营小园者，非在播艺，以要利人，正欲穿池种树，少寄情赏。又以郊际闲旷，终可为宅。倘获悬车致事，实欲歌哭于斯……吾经始历年，粗已成立。桃李茂密，桐竹成阴，塍陌交通，渠畎相属，华楼迥榭，颇有临眺之美。孤峰丛薄，不无纠纷之兴。渎中并饶菰蒋，湖里殊富芰荷。虽云人外，城阙密迩。韦生欲之，亦雅有情趣……忆谢灵运《山家诗》云："中为天地物，今成鄙夫有。"吾此园有之二十载矣，今为天地物。物之与我，相校几何哉……或复冬日之阳，夏日之阴，良辰美景，文案间隙，负杖蹑屦，逍遥陋馆，临池观鱼，披林听鸟，浊酒一杯，弹琴一曲，求数刻之暂乐，庶居常以待终，不宜复劳家闲细务。

这是相当典型的园居审美心理。"求数刻之暂乐""居常以待终"正是中国人的人生安栖意识，遂成为审美意识。而六朝园居审美心态结构又包含着已经风行的隐逸心理因子，著名的如陶潜有句"结庐在人境，而无车马喧"，梁代刘峻《始居山营室诗》写道："自昔厌喧嚣，执志好栖息。啸歌弃城市，归来事耕织。凿户窥嶕峣，开轩望崒崟。激水檐前溜，修竹堂阴植。香风鸣紫莺，高梧巢绿翼。泉脉洞杳杳，流波下不极。仿佛玉山隈，想象瑶池侧。"厌倦名利场，遂萌生归园田居的心态，士人们在官场和园林间选择，确定了人生价值取向："带长阜，倚茂林，孰与坐华幕、击钟鼓者同年而语其乐哉！"[①]这是中国士人普遍的隐逸道路，所谓"朱门何足荣，未若托蓬莱"即指此。隐居，则筑乡间园林别墅，所谓"凿户""开轩"是也。

六朝园林审美心理还与当时的名士心态相关。此时的名士风度跟正始、竹林名士有所不同，任情率意，放达自旷。其外在表现不在扪虱而谈，口吐玄言，纵酒使气，甚或糟蹋身体，作践生命，而更趋向于个人心灵的整修、

---

① 孙绰：《遂初赋序》。

陶冶、沉醉，于是构筑园林和悠游园林这一外在空间遂成为内在空间的外化形式。《南史·袁粲传》中的一段记载很有代表性。袁粲"负才尚气，爱好虚远，虽位任隆重，不以事务经怀"，这是名士气质。他的具体生活方式是"独步园林，诗酒自适"，跟谢安一类富贵型名士还有所区别，不是"每游赏必以妓女从"，播红弄绿，浩浩荡荡，而是独步自适，形成个体自洽。袁粲"家居负郭，每杖策逍遥，当其意得，悠然忘返"，不为物累，任其意遣，可谓园林游览中的逍遥游，散淡、自如、疏放，以意觅景，凭心游园，意有所得，悠然忘归，这一名士气把六朝名士风度推到一个新的层次上。请看袁粲的这一具体行为方式：

> 郡南一家颇有竹石，粲率尔步往，亦不通主人，直造竹所，啸咏自得。主人出，语笑款然，俄而车骑羽仪并至门，方知是袁尹。又尝步屧白杨郊野间，道遇一士大夫，便呼与酣饮，明日此人谓被知顾，到门求进。粲曰："昨饮酒无偶，聊相邀耳。"竟不与相见。尝作五言诗，言"访迹虽中宇，循寄乃沧州"。盖其志也。

六朝园林审美心理的进化，还在于天人合一化生出园人合一，彼之境域化为此之心域，身心和外物相协交感。园林不仅成为人的居住处所，而且成为人心灵的一种沉浸对象。幽谷林泉、美兰佳蕙、林箐青苔、流觞曲水、暮蝉衰草、寒涧树杪，都与身心交感、交融、化一，成为诗意化的栖居。虚怀以顺有，游外以弘内，沉机以悠息，游园人处于潇洒从容、悠闲玩味、细啜慢品的状态之中，其情调是六朝园林审美情调，也是六朝整体审美情调，对中后期中国美学情调产生了深刻影响。这里择举两个典型例证，其一是《世说新语·言语》所载：

> 司马太傅斋中夜坐，于时天月明净，都无纤翳。太傅叹以为佳。谢景重在坐，答曰："意谓乃不如微云点缀。"太傅因戏谢曰："卿居心不净，乃复强欲滓秽太清邪？"

如果进行美学评述，则很有意思。谢景重是从美的形态上着眼的，月华倾泻，明镜悬空，一无纤云，过于净洁，若点缀一片微云，景象风貌会别有一番风味。月空微云，从对美的景象的观赏来看，谢景重是有审美眼光的。但司马太傅则着眼于内外的化一、融合无间，心澄则月明，月明乃心澄的对象化，这是一种真正的心灵陶冶态度，而不是谢景重对景象的观赏态度。心如纤埃皆无的止水月光，司马太傅审美视域是对象和心态的完全同一，他对谢的调侃基于审美关系上的体认：一者为观赏，一者为澄怀；一者立足于客体之于主体，一者侧重在主体之于对象。既然是从不同的视角着眼，就难分轩轾，不宜以某一方作为坐标，对另一方做出评判，但他们的说法分别体现了六朝在美学形态设置和审美意味上的要求与特征。

其二是《南史·昭明太子传》中的一段记述：

> 性爱山水，于玄圃穿筑，更立亭馆，与朝士名素者游其中。尝泛舟后池，番禺侯轨盛称此中宜奏女乐。太子不答，咏左思《招隐》诗云："何必丝与竹，山水有清音。"轨惭而止。

玄圃乃齐梁时皇家园林，昭明太子"泛舟后池"正是一种园林游览方式。萧轨认为"宜奏女乐"，很有点富贵气和俗气，审美趣味低下、平庸。而昭明太子咏左思《招隐》诗句"何必丝与竹，山水有清音"以自适，唯求在园林山水中获得陶冶，形成和萧轨审美趣味的优劣、高下之分。素处以默，这是在恬适、放逸中获得自洽性满足的美感心态。著名的《文选》编选工作放在玄圃内进行，不是偶然的。

六朝时期的园林审美意识动因，还反映在当时被羁留北地而对江南园林一往情深的庾信《小园赋》中："若夫一枝之上，巢父得安巢之所；一壶之中，壶公有容身之地。况乎管宁藜床，虽穿而可坐；嵇康锻灶，既暖而堪眠。岂必连闼洞房，南阳樊重之第；绿墀青琐，西汉王根之宅。余有数亩敝庐，寂寞人外，聊以拟伏腊，聊以避风霜。虽复晏婴近市，不求朝夕之利；潘岳面城，且适闲居之乐。"不津津于名利之欲，心灵寄托、沉浸于园林小天地，却又化生为宇宙大天地、人生大宇宙。于是：

> 简文入华林园，顾谓左右曰："会心处不必在远，翳然林水，便自有濠濮间想也。觉鸟兽禽鱼，自来亲人。"①

不必到深山幽谷、丛莽大川、飞瀑激湍中去安置心灵，"会心处"便在这眼前柳暗花明、林木蓊郁、鸥闲鹤静的园林之中。园林是分割的自然空间，自营的自然空间，是自然空间的替代物，在这里，自然人化，天地并与，神明并与，心入园林，心园化一，一切澄明，这就是六朝园林审美心理，是成熟的中国美感心态。

《晋书·郭文传》中有一段记载很有典型性：

---

① 刘义庆：《世说新语·言语》。

> 文少爱山水，尚嘉遁……王导闻其名，遣人迎之，文不肯就船车，荷担徒行。既至，导置之西园。园中果木成林，又有鸟兽麋鹿，因以居文焉。

显赫一时的名相王导真正能挽留住一代名士郭文的，不是衣锦冠带，不是紫居金宅，而是果木成林、鸟兽成群的园林。这集中反映了六朝人对于园林的体认水平和心理要求，园林完全成了人们精神寄托和生活之所——友麋鹿而融身心。这也是老庄思想所化合的自然回归意识，园林成为自然山水的因借形式，人们通过园林获得回归自然的身心满足，这是六朝园林文化—审美意识的真正内涵。

六朝不仅是建园的文化—审美意识的形成期，而且也是游园的文化—审美意识的形成期。这时期的游园更富于情调和萧散意味，也更有一种六朝风度。如湛方生《游园咏》所写："谅兹境之可怀，究川阜之奇势。水穷清以澈鉴，山邻而无际。乘初霁之新景，登北馆以悠瞩。对荆门之孤阜，傍鱼阳之秀岳。乘夕阳而含咏，杖轻策以行游。袭秋兰之流芬，幕长猗之森修。任缓步以升降，历丘墟而回周。""杖轻策以行游"，这样游园显得多么轻松；"任缓步以升降"，随地形之高低而步履升降，任意上下，又是何等从容自如。可见，其游园的行为方式包含着浓厚的六朝文化—审美风味。

这是在当时精神文化氛围中孕生而出的审美观念。"性爱山水"的普遍性审美文化意识萌生并发展后，促进了园林审美观念的形成和发展。在纵的中国园林美学史上，六朝的园林审美观念从建园与游园两方面构成了完整的机制，实现了对前代的重大突破。

第二节　六朝园林三大系统

中国园林的三大系统及其形成的历史序次是皇家园林、私家园林、佛家园林。它们汇聚到六朝并定型，犹之于三江汇入沧溟：皇家园林历史较早，秦汉已有而盛于六朝；私家园林萌于东汉，成于魏、西晋，大盛于六朝；佛家园林成于六朝。

六朝皇家园林最著名的是华林园。据《舆地志》载，该园经历了这样的演变过程：它是吴时旧宫苑，晋孝武帝筑立宫室，还筑有景阳山、武壮山，凿天渊池，造景阳楼。景阳山作为园林景点，十分壮美。任昉《奉和登景阳山》诗写道："南望铜驼街，北走长楸垮。别涧宛沧溟，疏山驾瀛碣。奔鲸吐华浪，司南动轻枻。日下重门照，云开九华澈。"至宋孝武大明中，改名为景云楼，又造琴室，东有双树连理，遂名为连玉堂，复造灵曜前后殿，又造芳香堂、日则台。元嘉年间，筑蔬圃，又筑景阳东岭，设射棚，造光华殿、玄风光殿、醴泉堂、花萼池，造一柱台、层城观、兴光殿及朝日明月楼，其阶道绕楼九转。陈代永定中，再造听讼殿，天嘉三年（562）又造临政殿。陈亡后，遂废毁。对此园六代均以"华林园"称名，萧梁时裴子野的《游华林园赋》是其详细写照。

著名的皇家园林还有青溪宫，萧齐时，"改青溪宫为华林苑"，故地在今秦淮河畔。此外还有芳林苑。据《古今图书集成·考工典》，芳林苑"一名桃花园，本齐高帝旧宅，在府城之东，秦淮大路北"。《建康实录》云："初，世祖宴芳林园禊饮，令融为《曲水诗序》，举世称之。"又云："湘宫寺门前巷东出度溪，东有桃花园，是齐太祖旧宅，即位后，修为园，亦名芳林园。王元长《曲水诗序》云'载怀平圃，乃眷芳林'，即此园也。"

乐游苑亦是六朝时皇家园林，据《舆地志》，乐游苑在晋代为药园，其地旧是晋北郊，宋元嘉中移郊坛出外，以其地为北苑，更造楼观，于险峻之覆舟山，筑堤壅水，号曰后湖。真山北临湖水，登山可眺湖光水色。覆舟山上原有道观真武观，山上大设亭观，山北有冰井，为孝武帝藏冰之所。宋孝武大明中造正阳、林光殿于内。梁侯景之乱时，该园焚毁略尽。陈天嘉六年（565）重加修葺，太建七年（575）于其苑内龙舟山建甘露寺，陈亡遂废。该苑之结构、状貌与华林园相当。此外，还有萧齐时，豫章王"于邸起土山，列种桐竹，号为桐山"[①]。齐东昏侯时，"苑中作土山，筑渠立堰"。

萧梁时代皇家园林之貌可从当时的君臣诗中充分看出来。简文帝萧纲有《三日侍皇太子曲水宴诗》《九日侍皇太子乐游苑诗》《上巳侍宴林光殿曲水诗》《玄圃寒夕诗》《玄圃纳凉诗》等。梁元帝萧绎有《游后园诗》《晚景游后园诗》等。梁武帝萧衍有《首夏泛天池诗》，柳恽则写有《从武帝登景阳楼诗》。任昉有《九日侍宴乐游苑》，丘迟亦有同题诗。另外还有沈约《三日侍凤光殿曲水宴应制诗》《三日侍林光殿曲水宴应制诗》《侍宴乐游

---

① 李延寿：《南史·萧晔传》。

苑饯吕僧珍应诏诗》，刘苞《九日侍宴乐游苑正阳堂诗》，何逊《九日侍宴乐游苑为西封侯作》，王僧孺《侍宴景阳楼诗》，刘孝绰《三日侍华光殿曲水宴诗》《三日安成王曲水宴诗》，等等。当时，皇上赐宴或皇室成行大都在宫苑园林中，且必有文士侍坐作诗。这些诗便成为今天复现当时皇家园林的文献资料，从中可以窥见其名目及状貌，例如江总《赋得一日成三赋应令诗》云："副君睿赏遒，清夜北园游。下笔成三赋，传觞对九秋。飞文绮縠采，落纸波涛流。树密寒蝉响，檐暗雀声愁。绿潋明层殿，青山照近楼。"从此诗中，可以看出层殿近楼、绿水青山相映的皇家园林情景，写实意味颇重，对于了解六朝园林弥足珍贵。

南京玄武湖在吴代就已是皇家园林丛体了。据《建康实录》，吴后主孙皓"起新宫于太初之东，制造尤广，二千石以下皆自入山督摄伐木，又攘诸营地，大开苑囿，起土山作楼观，加饰珠玉，制以奇石，左弯崎，右临硎。又开城北渠，引后湖水激流入宫内，巡绕宫殿，穷极伎巧，功费万倍"。又据《舆地志》："太祖凿城北沟，北接玄武湖，后主所引湖内水。"晋元帝时创为北湖，《建康实录》曰：太兴三年（320），"创北湖，筑长堤，以壅北山之水，东自覆舟山西，西至宣武城"。刘宋时，孝武帝刘骏自比汉武帝刘彻，模仿汉武帝时洛阳有昆明湖，遂改玄武湖为昆明湖。据《南史·何尚之传》，宋文帝元嘉二十三年（446），筑北堤，立玄武湖于乐游苑之北。湖中亭台四所，后传言黑龙见于湖侧，春秋使道士祠之。曾改名"习武湖"，训练水师。梁代沈约《登覆舟山诗》云："南瞻储胥馆，北眺昆明池。"昆明池即玄武湖。又于湖侧凿大洞，通水入华林园天渊池，引殿内诸沟经太极殿，自东西掖门下注城南堑，流水萦绕回转，不舍昼夜。

汉代建造皇家园林，所耗钱财人力巨大，即使不属于皇家园林系统的私园亦如此，反映出园林是园主的消费对象而不是怡情对象的总体观念。例如后汉梁冀私园，其规模气派不亚于皇家，所谓"多拓林苑，禁同王家"即是，为建造此园，"发属县卒徒，缮修楼观，数年乃成。移檄所在，调发生菟，刻其毛以为识，人有犯者，罪至刑死。尝有西域贾胡，不知禁忌，误杀一兔，转相告言，坐死者十余人。冀二弟尝私遣人出猎上党，冀闻而捕其宾客，一时杀三十余人，无生还者"。六朝时也是如此。刘宋元嘉二十二年（445），宋文帝造华林园，"并盛暑役人"，何尚之固谏，文帝不纳，竟说：" 小人常日曝背，此不足为劳。"①结果弄得"役重人怨"。六朝皇家园林耗资甚巨，《晋书·简文三子》曾载，嬖人赵牙为司马道子"开东第，筑山穿池，列树竹木，动用巨万"，"帝尝幸其宅"，也惊其过靡，谓道子曰："府内有山，因得游瞩，甚善也。然修饰太过，非示天下以俭。"司马道子"无以对，唯唯而已，左右侍臣莫敢有言"。帝还宫后，司马道子对赵牙说，皇上如果知道园中山是"板筑所作"，一定会处死你。赵牙回答说，有你在，我能被杀头吗？于是"营造弥甚"。《南史·文惠太子长懋》亦载，文惠皇太子长懋"性颇奢丽，宫内殿堂，皆雕饰精绮，过于上宫。开拓玄圃园与台城北堑等，其中起出土山池阁楼观塔宇，穷奇极丽，费以千万。多聚异石，妙极山水"。他担心皇上在"宫中望见，乃旁列修竹，外施高鄣。造游墙数百间，施诸机巧，宜须鄣蔽，须臾成立"。如果要加以"毁撤"，便"应手迁徙"。园林宫殿内"制珍玩之物，织孔雀毛为裘，光采金翠，过于雉头远矣"。这一切还未能让他餍足，又"以晋明帝为太子时立西池，乃启武帝引前例，求于东田起小苑，上许之"。贪得无厌的心理造成了无节制的侵吞和占有行为，发展为取之尽锱铢、用之如泥沙的野蛮掠夺和尽情挥霍。齐明帝时筑芳乐苑，"多聚金宝，至是金以为泥，不足周用，令富室卖金，不问多少，限以贱价，又不还直"②。

六朝皇家园林在总格调上遵循着中国传统的宗法伦理要求。晋代江逌《谏凿北池表》曾写道："立宫馆，设苑囿，所以弘于皇之尊，彰临下之义，前圣创其礼，后代遵其矩。"所以，皇家园林总有着一定的宗法性规范，形成特定的模式形态。阴阳五行的风水探测观念，又给皇家园林染上了神秘色彩，其构筑都透发着天子之气："永明元年，望气者云：新林、娄湖、东府西有王气。正月甲子，筑青溪旧宫，作新娄湖苑以厌之。"③

皇家园林豪侈巨丽形态有着深刻的原因，《南史·王俭传》载："初，宋明帝紫极殿珠帘绮柱，饰以金玉，江左所未有，高帝欲以其材起宣阳门……上答曰：'吾欲后世无以加也。'"这一思想直接来之于西汉初年的统治思想：

萧丞相营作未央宫，立东阙、北阙、前殿、武库、太仓。高

---

① 李延寿：《南史·何尚之传》。
② 李延寿：《南史·齐东昏侯本纪》。
③ 李延寿：《南史·齐武帝本纪》。

祖还，见宫阙壮甚，怒谓萧何曰："天下匈匈，苦战数岁，成败未可知，是何治宫室过度也。"萧何曰："天下方未定，故可因遂就宫室。且夫天子以四海为家，非壮丽无以重威，且无令后世有以加也。"高祖乃悦。①

最终打动汉高祖刘邦的，不是别的，而是天子意识。"非壮丽无以重威"，以壮丽的皇家宫室来显示和满足帝王的无上感和权势欲。"无令后世有以加也"，空前绝后，是帝王才有的一种峰巅意识和极端意识。《西京杂记》记述了未央宫的情况："汉高帝七年，萧相国营未央宫。因龙首山制前殿，建北阙。未央宫周回二十二里九十五步五尺，街道周回七十里。台殿四十三，其三十二在外，其十一在后。宫池十三，山六，池一，山一，亦在后。宫门闼凡九十五。"上引《南史》就直接引用了萧何的话，从而也形成了一条连接和继承的线索。正始玄学家何晏的《景福殿赋》可以说是从美学角度对刘邦、萧何思想的发挥："不壮不丽，不足以一民而重威灵；不饬不美，不足以训后而永厥成……文以朱绿，饰以碧丹。点以银黄，烁以琅玕。光明熠爚，文彩璘斑。清风萃而成响，朝日曜而增鲜。"

六朝帝王及其子弟作为个体的情调、趣味，又不尽一致，甚至反差巨大。有些帝王及其子弟的审美意味很浓，如昭明太子萧统，有些则十分平庸低劣，有些甚至是反美学的。如齐东昏侯造芳乐苑，"山石皆涂以彩色"，破坏了山石本来的自然色泽，其趣味俗不可耐。"跨池水立紫阁诸楼，壁上画男女私亵之像"，其荒淫简直是对园林美学的亵渎。他由反美学走向反自然规律，"当暑种树，朝种夕死，死而复种，率无一生"，于是，灾难性的掠夺便出现了："征求人家，望树便取，毁彻墙屋，以移置之。大树合抱，亦皆移掘，插叶系华，取玩俄顷。刬取细草，来植阶庭，烈日之中，至便焦燥，纷纭往还，无复已极。"②

那么，他们的游园方式又是怎样的呢？这里有三个奇例。一是东晋司马道子，"使宫人为酒肆沽卖于水侧，与亲昵乘船就之饮宴，以为笑乐"③。一是刘宋时少帝刘义符，"于华林园为列肆，亲自酤卖"④。一是齐东昏侯

---

① 司马迁：《史记·高祖本纪》。
② 李延寿：《南史·齐东昏侯本纪》。
③ 房玄龄：《晋书·简文三子》。
④ 沈约：《宋书·少帝本纪》。

萧宝卷：

> 于苑中立店肆，模大市，日游市中，杂所货物，与宫人阉竖共为裨贩。以潘妃为市令，自为市吏录事，将斗者就潘妃罚之。帝小有得失，潘则与杖，乃敕虎贲威仪不得进大荆子，阁内不得进实中获……每游走，潘氏乘小舆，宫人皆露裠，着绿丝屩，帝自戎服骑马从后。又开渠立埭，躬自引路，埭上设店，坐而屠肉。于时百姓歌云："阅武堂，种杨柳，至尊屠肉，潘妃酤酒。"①

皇家园林游园方式上的市井化倾向，是庸俗化心理的典型体现，它在北朝也有同样反映，《北史·齐本纪》载："又于华林园立贫穷村舍，帝自弊衣为乞食儿。又为穷儿之市，躬自交易。"这种世俗化的极端，是寻求动物性满足。《南史》卷二载刘宋前废帝刘子业"好游华林园竹林堂，使妇人倮身相逐，有一妇人不从命，斩之。经少时，夜梦游后堂，有一女子骂曰：'帝悖虐不道，明年不及熟矣。'帝怒，于宫中求得似所梦者一人戮之。其夕复梦所戮女骂曰：'汝枉杀我，已诉上帝。'"

幸而，在六朝帝王及其子弟中仍有一些人表现出园林建筑和游园方式的审美趣味——清幽、明净、典雅，这是士大夫情调影响的结果，从君臣们的诗歌中可以看出来。如萧纲《拟落日窗中坐诗》："游鱼动池叶，舞鹤散阶尘。"《晚日后堂诗》："幔阴通碧砌，日影度城隅。岸柳垂长叶，窗桃落细跗。花留蛱蝶粉，行翳蜻蜓珠。"梁代纪少瑜《游建兴苑》："丹陵抱天邑，紫渊更上林。银台悬百仞，玉树起千寻。水流冠盖影，风扬歌吹音。"梁刘孝绰《侍宴诗》："兹堂乃峭崤，伏槛临曲池。树中望流水，竹里见攒枝。栏高景难蔽，岫隐云易垂。"萧子显《春别诗》："幽宫积草自芳菲，黄鸟芳树情相依。争风竞日常闻响，重花叠叶不通飞。"刘孝绰《侍宴集贤堂应令》："北阁时见启，西园又已辟。""返景入池林，余光映泉石"。这些诗句都描绘出了当时园林的景致。

人们又可从梁简文帝萧纲、梁元帝萧绎所写的同题《采莲赋》，看到当时皇家园林游园的具体情景。赋虽写江南采莲，实写皇家园林后苑中游园、画舫泛波的景象。萧纲《采莲赋》写道：

> 望江南兮清且空，对荷花兮丹复红。卧莲叶而覆水，乱高房而

---

① 李延寿：《南史·齐东昏侯本纪》。

出丛。楚王暇日之欢,丽人妖艳之质。且弃垂钓之鱼,未论芳萍之实。唯欲回渡轻船,共采新莲,傍斜山而屡转,垂横流而不前。于是素腕举,红袖长,回巧笑,堕明珰。荷稠刺密,亟牵衣而绾裳;人喧水溅,惜亏朱而坏妆。物色虽晚,徘徊未反。畏风多而榜危,惊舟移而花远。

萧绎《采莲赋》写道:

紫茎兮文波,红莲兮芰荷。绿房兮翠盖,素实兮黄螺。于时妖童媛女,荡舟心许。鷁首徐回,兼传羽杯。棹将移而藻挂,船欲动而萍开。尔其纤腰束素,迁延顾步。夏始春余,叶嫩花初,恐沾裳而浅笑,畏倾船而敛裾。故以水溅兰桡,芦侵罗袴,菊泽未反,梧台迥见。荇湿沾衫,菱长绕钏,泛柏舟而容与,歌采莲于枉渚。

从两赋中可以看出,这是一种以采莲形式出现的游园活动,湖心荡舟,容与徘徊,有鷁首船头的画舫徐徐游荡,画船上频递羽杯饮酒,而妖童艳女,频抬素手,在湖中采莲,彩袖飘动,笑语荡漾。

皇家园林的规模、结构、功能在六朝都得到充分的发挥,具有独立的体系性。皇家园林的构筑具有前后代的相承性,于两汉是继承,于隋代是影响。隋炀帝建西苑,即其一例。《资治通鉴·隋纪四》载:"筑西苑,周二百里。其内为海,周十余里,为蓬莱、方丈、瀛洲诸山,高出水百余尺,台观殿阁,罗络山上,向背如神。北有龙鳞渠,萦纡注海内……宫树秋冬凋落,则剪彩为华叶,缀于枝条,色渝则易以新者,常如阳春,沼内亦剪彩为荷芰菱芡。"其规模和豪奢状跟六朝相去无几。

就道观园林而言,中国道教的发生机制和自然山林有不解之缘,因而园林亦出现山林化倾向。道教和道家不能重合,但道教奉道家创始人老聃为始祖,可以看出两者的内在联系线索。老子哲学是对人类进化的反拨,寻求归返原始自然,所谓返朴归真是也,这样便给道教指示了一条创发之路,那深山洞穴是其发生之地,因而中国道教都创始于深山古岭之中,如北魏寇谦之新天师道之于嵩山,北朝楼观道之于终南山,南朝陶弘景茅山道之于茅山。这样,道教便具有山林化特点,道观园林亦便取山林为址。

六朝佛寺园林布局完整、精巧,既有宗教活动的佛殿,又有"积石种树为山"的园林。庾肩吾的《咏同泰寺浮图诗》写道:"望园临奈苑,王城对邺宫。还从飞阁内,遥见崛山中。天衣疑拂石,凤翅欲凌空。云薨犹带雨,莲井不生桐。盘承云表露,铃摇天上风。月出琛含采,天晴幡带虹。周星疑更落,汉梦似今通。我后情初照,不与伊川同。方应捧马出,永得离尘蒙。"萧纲亦有《望同泰寺浮图诗》:"遥看官佛图,带壁复垂珠。烛银逾汉汝,宝铎迈昆吾。日起光芒散,风吟宫徵殊。"六朝佛寺园林借助于园林的结构来构置,有的是在前代苑囿的基础上改建或扩建的,如萧梁时的法王寺;有的还在寺院园林旁建造起世俗园林,如萧梁大同九年(543)在法王寺侧"起王游苑,尚书令沈约为寺碑文";有的寺院十分壮观,如萧梁时建涅槃寺,寺立于山峰上,其"峰顶又有翠微寺,天晴日暖,望见广陵城在目前,水陆之远,盖二百里"①。

六朝佛寺园林因其本源上的两大因素,便规定了其两个特点。其一,中国佛教来自于印度。佛寺的语源是"伽蓝",《僧史略》云:"僧伽蓝者译为众园,谓众人所居,在乎园圃、生殖之所。佛弟子则生殖道芽圣果也。"北魏杨衒之就写有著名的《洛阳伽蓝记》。这样,佛寺在一开始就跟园林关系密切。其二,六朝寺院多采舍宅为寺的方式,如南京栖霞寺,为明僧绍所舍。又据《塔寺记》:"宋元嘉二年……以王坦之祠堂地与比丘尼业首为精舍。十五年,潘淑仪施西营地以足之起殿。"而寺院的整体结构系统一般由宗教活动中心与周围自然景观两大板块所构成,它实际是私宅园林经过改装后的园林形态。

六朝时,一方面,都市佛寺园林甚多,如萧梁时建康城有大小佛寺五百余所,这与北朝佛寺园林多有相近,又恰与道观园林的山林化相悖反;另一方面,南方的佛寺又开始向深山幽谷迁徙——非城居化的寺院择点往往都在深山幽谷之中。中国佛教有出世解脱观,形成静穆安谧的独特精神氛围,而深山幽谷正吻合于这种精神氛围。因此,六朝寺院在择点时对自然山林考虑较多,使自然山林与寺院建筑组成了一个整体——寺院园林。如梁天监中,武帝与宝公游宝林山,见林峦殊胜,命建精蓝,时至今日,禅林古刹中一些千年古树犹峥嵘不凡、虬枝婆娑,就是一个明证。六朝禅林一般以佛塔为主体,以中国民间建筑为参照系,形成"庭院深深深几许"的层递渐进式院落结构。园林星罗棋布而构筑精致,明瓦黄墙,浮图参差,《塔寺记》云,刘

---

① 许嵩:《建康实录》卷一七。

宋时青园寺"有七佛殿二间，泥素精绝，后代希有及者"。院中多植苍松、翠柏、银杏等多年生乔木。幽谷深山，古木成林，艳花较少，以显示释家静默的精神特点和幽居方式，正如萧纲《往虎窟山寺诗》所写："峻岭半藏天，古树无枝叶。"

其时，寺院本身的特征如梁刘孝绰《东林寺诗》所写："月殿耀朱幡，风轮和宝铎。朝猿响甍栋，夜水声帷箔。"而寺院和周围自然山水景观相结合所构成的园林丛体，在梵宇佛宫的掩映下，景象更为不同，如萧衍《游钟山大爱敬寺诗》所写："面势周大地，萦带极长川。棱层叠嶂远，迤逦磴道悬。朝日照花林，光风起香山。飞鸟发差池，出云去连绵。落英分绮色，坠露散珠圆。当道兰藿靡，临阶竹便娟。幽谷响嘤嘤，石濑鸣溅溅。萝短未中揽，葛嫩不任牵。攀缘傍玉涧，褰陟度金泉。长途弘翠微，香楼间紫烟。"写出了大爱敬寺之园林景象。

佛寺园林不同于私家园林之萧然，也不同于皇家园林之壮丽，而是具有佛家庄严、清净和园林幽深、幽丽之双重构合特征。萧统《开善寺法会诗》形象地从动态位移中由远及近地描述了这座佛寺园林的景象："栖乌犹未翔，命驾出山庄。诘屈登马岭，回互入羊肠。稍看原蔼蔼，渐见岫苍苍。落星埋远树，新雾起朝阳。阴池宿早雁，寒风催夜霜。兹地信闲寂，清旷惟道场。玉树琉璃水，羽帐郁金床。紫柱珊瑚地，神幢明月珰。牵萝下石磴，攀桂陟松梁。涧斜日欲隐，烟生楼半藏。"六朝佛寺园林的合目的性是构筑一个宗教信仰的实体，遂以佛家教义为建园之依据，出现了净土园林，如萧统《开善寺法会诗》云："尘根久未洗，希沾垂露光。"萧统《同泰僧正讲寺》云："暂使尘劳轻。"《钟山解讲诗》云："非曰乐逸游，意欲识箕颖。"可见其建园和游园意图十分明确。依此，佛寺园林的构筑也就合规律性，从而在佛释教义上出现合目的性和合规律性的统一。人们可以从六朝诗文中看到其时佛寺园林的具体景象以及合目的、合规律相统一的构筑意图，比如萧纲《往虎窟山寺诗》写道："尘中喧虑积，物外众情捐"，又写道："分花出黄鸟，挂石下新泉。蓊郁均双树，清虚类八禅。"《游光宅寺诗应令诗》云："陪游入旧丰，云气郁青葱。紫陌垂青柳，轻槐拂慧风。八泉光绮树，四柱暖临空。翠网随烟碧，丹花共日红。方欣大云溥，慈波流净宫。"

六朝的佛家园林也具有自身独立的结构形态。在南北园林系统中，它与北方的洛阳佛寺园林相映生辉。然而，它在南方园林丛体中又有自己的位置,它使风景化佛寺作为园林形态在南国独树一帜,开发了这一地区的自然风景生态,成为中国园林体系中鼎之一足。

六朝时江左顾辟疆营园林首开私家园林其例,《世说新语·简傲》载,"王子敬自会稽经吴,闻顾辟疆有名园",遂访之。当时会稽是私家园林集中之地,而南京钟山脚下东田亦为私家园林的会集之所(当然也有部分皇家园林),如沈约"立宅东田,瞩望东皋,尝为《郊居赋》以序其事"①。谢朓有一首著名的《游东田诗》,其中写道:"寻云陟累榭,随山望菌阁",顺着山势和行云,登上层层台榭,望见檐似菌形的楼阁;"远树暖阡阡,生烟纷漠漠",远树一片茂密,浸染在漠漠烟气之中;"鱼戏新荷动,鸟散余花落"是名句,将景象状态刻画入微。这样的东田园林确实幽美,令人赏心悦目,以至于游园归来后,"不对芳春酒",不愿喝春酒,却"还望青山郭",依恋着那青山绿郭。这东田美景就是一杯酒,使诗人都醉了。六朝建私家园林的人以谢安为显,《晋书》本传言,"营墅,楼馆林竹甚盛"。私家园林活动又以东晋兰亭禊会为最,透发出六朝园林美学的名士气和书卷气。

私家园林也有两种倾向。一种倾向是豪华型,为富贵的士族大姓或贵族公卿所建造,如《南史》所载,吴兴武康人茹法亮"广开宅宇,杉斋光丽,与延昌殿相垺"。延昌殿乃齐武帝之殿,可见其富丽已追步皇室宫殿。"宅后为鱼池钓台,土山楼馆,长廊将一里,竹林花药之美,公家苑囿所不能及",连公家苑囿都不可比及了。茹法亮权倾朝野,势焰熏天,常令太尉王俭自叹:"我虽有大位,权寄岂及茹公。"因此,他的私家园林才会令"公家苑囿所不能及"。

豪华是一种占有心理意识的表现和显示,其目的还是享乐。萧梁时萧恭对居藩时的梁元帝萧绎说的一番话,非常露骨地表达了这种建园的心理动因。当时,萧绎欲将来有大作为,"颇事声誉,勤心著述,卮酒未尝妄进",但萧恭劝说道,著书立说,"劳神苦思",大可不必。"千秋万岁,谁传此者",还不如"临清风,对朗月,登山泛水,肆意酣歌"②。这不就是以建园游园、享受占有来餍足人心吗?

另一种倾向是萧散型。园林自然淡泊,少有加工,不尚豪丽,是园主的

---

① 李延寿:《南史·沈约传》。
② 李延寿:《南史·萧恭传》。

移情之所，开中国晚期园林史上文人化园林之先河，例如《宋书·戴颙传》所载，戴颙"乃出居吴下，吴下士人共为筑室，聚石引水，植林开涧，少时繁密，有若自然"，充分利用自然，最终使园林回归自然，获得原初自然生态质。这又可具体分为几种类型。一类是栖息型，即作为生活和精神的栖息之所，如《宋书·刘勔传》云："勔经始钟岭之南，以为栖息。聚石蓄水，仿佛丘中，朝士雅素者，多往游之。"一类是观赏型，即作为游赏登临之所，如《宋书·王敬弘传》："所居舍亭山，林涧环周，备登临之美，时人谓之王东山。"一类是隐逸型，如《刘慧斐传》载："尝还都，途经寻阳，游于匡山，遇处士张孝秀，相得甚欢，遂有终焉之志。因不仕，居东林寺。又于山北构园一所，号曰离垢园，时人仍谓为离垢先生。"

六朝园林功能比较完备。它是游山览水的替代，可免登山涉水即所谓步涉之劳，却能于方寸之地领略到湖光山色，得"临眺之美"；它是生活的一种方式，是心灵的寄托和安栖，"以娱休沐，用托性灵"，物质和精神功能兼具。在这一点上，南北方园林有近似之处。

皇家、佛家、私家三种园林的构筑常常存在着因借的现象。将私家园林加以改造，便成了寺观园林。皇家园林经过赐予的转换形式，便成为私家园林。如《南史·南平元襄王伟传》载曰："齐世，青溪宫改为芳林苑。"到天监初年，赐给南平元襄王萧伟，萧伟"又加穿筑，果木珍奇，穷极凋靡，有侔造化"。而私家园林经过改造、扩修，也可成为皇家园林，如吴的太初宫就是在长沙王孙策故府基础上建造起来的。私家园林又有向释家借鉴之处，如谢灵运《山居赋》云："面南岭，建经台，倚北阜，筑讲堂，倚危峰，立禅室，临浚流，列僧房。"

在纵向系统上，六朝皇家园林格局基本延续前代，这是因为帝王的餍足和占有意识一脉相传，他们以各种物质手段，包括建造园林来显示和表明帝王气派。佛家园林系南北朝时之首创，为中国寺院园林结构奠定了基础，此后之寺院园林未出此范围。私家园林的变化较大，改变了前代园林的形态甚至结构，走向士大夫化，书卷气浓。这是因为其时的士大夫社会心态和艺术心态发生了变异。因此，三大园林系统表现为三种历史形态——延续、首创、变异，这三种形态无疑使六朝园林在中国园林史上的地位得到大幅度上升。

在横向系统上，六朝江南皇家、佛家、私家三大园林系统与北方园林系统呈现出不同的风格、特色。北朝皇家园林较粗放、阔大，南朝皇家园林则宏丽、精致。北方寺观园林青台紫阁，流香吐馥，香火气浓，南方寺观园林秀丽清幽，出世味重。北地私家园林大多凭空而筑，南方私家园林则善借自然条件，傍山依峰，临渊引流。南北并峙互辉，使得六朝园林蔚为大观。

第三节　六朝园林景观结构

六朝园林的内部景观颇为考究，并非随意为之，其统筹构思反映了建园意识的整体性和缜密度。例如谢灵运《山居赋》所记，在地理位置上："左湖右江，往渚还汀。"有远景有近景，近景分东西南北，近东接上田等地，近南"会以双流，萦以三洲"，近西有山峦诸座，近北则结湖通沼。远东眺天台诸山，远西见栖鸡诸峰，远南绿岭葱葱，远北长江浩浩，"巨海延纳"。在园居内"阡陌纵横，塍埒交经"，造一小湖"邻于其隈"。园中"植物既载，动类亦繁"，动植物齐备，水草纵横，竹林参差，鱼游鸟翔。"山上则猿獑狸玃"，"山下则熊罴豺虎"。建有南北二馆，南山为开创卜居之处。从江楼步行，跨越田野，或升或降，约三里许。途中所见，乔木茂竹，横波疏石，侧道飞流，以为寓目之美观。及至所居之处，自西山开道，迄于东山，有二里多路。南边全是层峦叠峰，云烟霄路。入谷有三处通道，沿路进去，竹径通幽。东南傍山渠，辗转幽美，路北东西路，因山为障，正北狭窄处，践湖为池，南山相对，皆为崖岩。东北有石壑，下有清川如镜。西岩带林，在岩林中构筑屋宇，水流石阶，开窗对山，仰眺层峰，俯瞰深渊。去岩半岭，又建一楼，还顾西馆。沿着山崖，一片茂密竹林。该园林构筑十分严谨、齐整、丰富且有变化，有中国古典园林中景观丰赡所形成的景象丰满感，又经过匠心安排，具有鲜明节奏感，充满着借创、调节、收舒、宽密、行栖等多种辩证因素。后代的许多山居园林、别墅园林，内部景观都没有如此丰富和变化多样。

六朝园林利用自然现成景观加以发挥，往往依山构筑，引水入园，如祖鸿勋《与阳休之书》所写："即石成基，凭林起栋。"六朝人妥善而精到地处理了利用和发挥这对关系。利用，是主体意识的确证，是对自然对象的选择，而发挥，更标明了主体意识功能。六朝园林美学中有一个最常见的术语是"经始山川"，充分显示了这一主体性特点。谢灵运建山居园林便是典型,《山居赋》详细介绍了其过程:先是"爱初经略,杖策孤征。入涧水涉,登岭山行。陵顶不息,穷泉不停。栉风沐雨,犯露乘星",怀着极大的热情,不避辛劳地勘测和寻觅,"剪榛开径,寻石觅崖",终于选中了一个"四山周回,双流逶迤"之上好去处。在此基础上,利用自然,再加以改造、发挥、经营,"导渠引流",或用借景,"罗层崖于户里",或作移景,"列镜澜于窗前"。而这一切又都立足于园主的主体意识,如"立禅室"与谢灵运的佛教意识相关。他"谢丽塔于郊郭",不建华丽之塔;"殊世间于城傍",让自己的园林区别于城市园林,有山居特点;最终"欣见素以抱朴",合于主体返朴归真的审美意识。

六朝皇家园林的择点充分利用了建康城内山水兼备的特点:水有玄武湖、秦淮河、燕雀湖等,山有覆舟山、幕府山、鸡笼山等。而皇家园林多在这些山水旁或其中。

六朝私家园林的择点方式不同于后代。后来的园林多是城市山林,在城市的坊间巷旁建筑园林。六朝私家园林往往远离都市,在风光幽丽之处,具有乡间园林特点。《南史》卷七六载,隐士马枢厌恶鄱阳王为其所构筑的别墅园林"崇丽",乃于竹林间自营宫宅。这正吻合或体现了中国的隐逸意识,从而定型为园林择点意识。在具体择点时,充分利用江南山明水秀的自然条件,依山者,如谢灵运的山居,"栋宇居山曰山居";傍水者,如徐湛之在扬州,运用"城北有陂泽,水物丰盛"的条件,加以修整。在择点过程中,园主的主体选择意识值得重视,谢灵运《山居赋》说:"非龟非筮。"不是根据阴阳五行的非自然因素来进行,而是"择良选奇",立足于自然山水本身,选择优美自然风光来营建园林,所谓"选自然之神丽",来"尽高栖之意得",以满足园主的意趣。这一择点意识,充分体现了六朝人摆脱超自然性,走向自然本身的文化意识,其美学之品位甚高。

六朝园林择点中还有一个世所罕见、后无嗣继的绝招:于船上营建园林。据《建康实录》,陈代兵部尚书孙玚"合十余船为一大舫,于中立池亭,植芰荷,良辰美景,宾僚毕集,泛长江置渌酒,亦一代之胜赏"。三国曹操赤壁舟船互连,使不习水战之北兵如履平地,用于打仗;而六朝舟船相接,则在船上构筑园林,匪夷所思。

山,是作为园林中的基本景观存在的。当时南北均有的华林园内,又都有景阳山。对南朝华林园的景阳山描述已付阙如,但从《水经注》对洛阳华林园景阳山的描述中，约略可以看到南方景阳山的风貌："岩嶂峻险，云台风观，缨峦带阜。游观者升降阿阁，出入虹陛，望之状凫没鸾举矣。其中引水飞皋，倾澜瀑布，或柱渚声溜，潺潺不断。竹柏荫于层台，绣薄丛于泉侧，微飙暂拂，则芳溢于六空，实为神居矣。"在南方园林中，常常自起土山来构筑景观，如《建康实录》载，吴后主"起土山作楼观"，这是因为土山容易改造和重新塑造，特别易于栽种花木。园林中的山又以小山为主，梁庾信《枯树赋》之"小山则丛桂留人"正与当时的小园特征相吻合，反映出了六朝园林的格调。

石在中国园林中一向受重视。石有表征性，以土中置立石笋表峭峰拔地，包含着艺术的特殊表征性质；石又具有独立的观赏功能，江南园林对石的重视程度很高。晚明园林美学史上出现了石的"透""漏""瘦""皱"等审美标准，但其实，这一中国特色的园林美学思想在六朝就已得到充分体现，《南史·到溉传》中梁武帝与近臣到溉赌园中一块石头的例子，便是最好的说明：

> 溉第居近淮水，斋前山池有奇礓石，长一丈六尺，帝戏与赌之，并《礼记》一部，溉并输焉。未进，帝谓朱异曰："卿谓到溉所输可以送未？"敛板对曰："臣既事君，安敢失礼。"帝大笑，其见亲爱如此。石既迎置华林园宴殿前。移石之日，都下倾城纵观，所谓到公石也。

此外，刘宋时徐湛之在扬州平山堂下建有风亭、月观、吹台、琴室，《南史·朱异传》记，朱氏园林"自潮沟列宅至青溪，其中有台池玩好"，这些都说明了六朝人对石的利用和重视。

据《南史》，南朝于玄武湖北建上林苑的时间为宋孝武帝大明三年（459），其范围较大，西北接蠡湖，东连钟山，把大壮观山也包括在内，借用西汉上林苑之名，为皇家狩猎之地。园林中的动物主要是通过移畜放养来点缀和活跃园林景观，正如梁代何逊《主人池前鹤诗》所写："本自乘轩者，为君阶下禽。"这两句显然是就移放而言的。

六朝园林的动物畜养有两大特点：一是四时季节不间断地有动物的身影，二是不同的动物种类形态错杂一园。六朝园林中最多的动物是鹤，它具有传统的文化含义。陈代江洪《和新浦侯咏鹤诗》有"闲园有孤鹤"句，"闲园"显然指园林，鹤在悠闲的园林中特立孤站，"摧藏信可怜。宁望春皋下，刷羽玩花钿。何时秋海上，照影弄长川"。陈代阴铿《咏鹤》亦写道："依池屡独舞，对影或孤鸣。乍动轩墀步，时转入琴声。"园林中安放动物可以增添声色之美，如梁代何逊《主人池前鹤》所写："摧藏多好貌，清唳有奇音。""貌"指色，"音"言声，倩影婆娑，清音嘹唳，可谓兼声兼色。

有些动物不是人工放养，乃是自然而来，或是因园林招引而来的，如梁简文帝《咏蛱蝶诗》："空园暮烟起，逍遥独未归。翠鬣藏高柳，红莲拂水衣。复此从风蝶，双双花上飞。"张正见《赋得秋蝉喝柳应衡阳王教诗》："秋雁写遥天，园柳集惊蝉。竞噪长枝里，争飞落木前。"

难能可贵的是，六朝人已懂得保护园林景区的动物自然资源。谢灵运《山居赋》写道："缗纶不投，罝罗不披。磻弋靡用，蹄筌谁施。"所谓"缗""纶""罝""罗""磻""弋""蹄""筌"，据其自注，"八种皆是鱼猎之具。自少不杀，至乎白首，故在山中，而此欢永废"。这种思想根源于《庄子》，所谓"虎狼仁兽，岂不父子相亲"是也。这样，园居生活中就形成了人类与动物之间的相亲相和关系，如《南史·何胤传》载，何胤在武丘山时，"常禁杀，有虞人逐鹿，鹿迳来趋胤，伏而不动。又有异鸟如鹤红色，集讲堂，驯狎如家禽"。

植物是园林的主要景观，中国园林首先重视的是具有传统人文色彩的植物类，如竹、梅、荷、柳等，现分述如下。

竹。据《建康实录》："时吴中有一家种好竹，徽之使出造竹下讽啸，不顾主人，将出，主人将闭门，徽之以此赏之，尽欢而去。"《世说新语·任诞》："王子猷尝暂寄人空宅住，便令种竹。或问：'暂住何烦尔？'王啸咏良久，直指竹曰：'何可一日无此君？'"这是六朝园林对人文化植物重视的典型例证。此外还有谢朓《咏竹诗》："窗前一丛竹，青翠独言奇。南条交北叶，新笋杂故枝。月光疏已密，风来起复垂。"沈约《咏檐前竹诗》："萌开箨已垂，结叶始成枝。繁荫上蓊茸，促节下离离。风动露滴沥，月照影参差。"陈代江洪《和新浦侯斋前竹》："本生出高岭，移赏入庭蹊。"这"移赏"二字不正表明园林景观的移植性能吗？何逊《望廨前水竹诗》："萧萧丛竹映，淡淡平湖净。""竹林七贤"以来，竹被赋予了强烈的文化色彩，成为士大夫人格的外在对象化形式，园林主人对竹的酷爱，反映了这一心态。《南史·庾诜传》云庾诜"性托夷简,特爱林泉,十亩之宅,山池居半。蔬食弊衣,不修产业。遇火,止出书数簏坐于池上,有为火来者,答云'唯恐损竹'"。其爱竹如此,有鲜明的文化心理原因。

梅。何逊《扬法洪曹梅花盛开》借梁孝王兔园之名,咏扬州园林之梅:"兔园标物序,惊时最是梅。衔霜当路发,映雪拟寒开。枝横却月观,花绕凌风台。"张正见《赋得梅林轻雨应教诗》亦有"梅树耿长虹,芳林散轻雨"句。

荷。沈约《咏新荷应诏诗》:"勿言草卉贱,幸宅天池中。微根才出浪,短干未摇风",显示出"新荷"之"新"的特点。江淹《莲华赋》序云:"余有莲华一池。"可见园林中已筑有独立的景点荷花池,主人对此"爱之如金"。江洪《咏荷》云:"泽陂有微草,能花复能实。……移居玉池上,托根庶非失。"这显然是指荷移生园林玉池的意象。

柳。沈约《玩庭柳诗》云:"轻阴拂建章,夹道连未央。因风结复解,沾露柔且长。"吴均《咏柳诗》云:"秋霜常振叶,春露讵濡根。朝作离蝉宇,暮成宿鸟园。"当时,人们还从外地移柳到江南园林中,如《南史·张绪传》云:"刘悛之为益州,献蜀柳数株,枝条甚长,状若丝缕。时旧宫芳林苑始成,武帝以植于太昌灵和殿前,常赏玩咨嗟。"

建筑在六朝园林中愈来愈受到重视,它是园主生活或憩息的空间,也是园主的欣赏对象,对园林起到装点作用,并对园景空间进行分割,是园林的重要组成部分。建筑包括宫、殿、楼、堂、馆、亭、台、阁、厅、斋、轩、榭、廊等等,如吴大帝时有落星楼,"《图经》云,在县东北临沂县前……山上置三层楼,楼高,故以此为名。左太冲《吴都赋》云'飨戎旅乎落星之楼'是也"。

南朝的梁代建筑值得一提。《宫苑》云:"梁武帝于景阳山东岭起通天观,观前起重阁,阁上曰重云殿,下曰光严殿。殿当街起二楼,左曰朝日,右曰夕月。阶道绕楼九转,极其巧丽。"这是一个很有规模又很有层次的皇家宫廷系列建筑结构:通天观拔地参天,作为主体建筑,居最高位;在通天观前建重阁,阁的位置有层次,上为重云殿,下为光严殿;殿当街又有两个辅助性的建筑楼群,左边是朝日楼,右边是夕月楼。整个建筑有"阶道绕楼九转",楼之巍峨可见,进而更可见其殿宇之状貌了。

东晋、南朝建筑中最著名的是齐东昏侯时的"三殿",陈后主时的

"三阁"。

据《南史·齐东昏侯本纪》载,齐永元三年(501),火烧璇仪、曜灵等十余殿及柏寝,北至华林园,西至秘阁,三千余间宫室尽皆化为灰烬。从这场火灾中可以看出萧齐宫室之壮。此后,东昏侯大起诸殿,有芳乐、芳德、仙华、大兴、含德、清曜、安寿等殿。又另外为潘妃建造神仙、永寿、玉寿三殿,极其富丽堂皇:"皆匝饰以金璧。其玉寿中作飞仙帐,四面绣绮,窗间尽画神仙。又作七贤,皆以美女侍侧。"为附庸风雅,画了竹林七贤的图像,却又画有美女侍侧,显得不伦不类。所有涂饰皆显得粗劣、平庸,以金银耀眼为尚:"凿金银为书字,灵兽、神禽、风云、华炬,为之玩饰。"建筑"橡桷之端,悉垂铃佩",金光闪耀。江左旧物中有稀世之"古玉律数枚,悉裁以钿笛"。为了装饰潘妃的宫殿,"庄严寺有玉九子铃,外国寺佛面有光相,禅灵寺塔诸宝珥",全部剥取过来。萧宝卷"性急暴,所作便欲速成","造殿未施梁桷,便于地画之",他要求"唯须宏丽",满足了感官欲望,则别无他求,"不知精密,酷不别画,但取绚曜而已,故诸匠赖此得不用情"。又凿金为莲花,贴在地上,叫潘妃走在上面,称之为"步步生莲华也"。晚唐李商隐对此屡屡加以嘲讽:"谁言琼树朝朝见,不及金莲步步来。""永寿兵来夜不扃,金莲无复印中庭。梁台歌管三更罢,犹自风摇九子铃。"墙壁上涂满了麝香,"锦幔珠帘,穷极绮丽"。那些工匠,从早到晚忙个不停,还不能赶上所要求的速度,便想尽办法来敷衍塞责,"剔取诸寺佛刹殿藻井、仙人、骑兽以充足之。武帝兴光楼上施青漆,世人谓之'青楼'。帝曰:'武帝不巧,何不纯用琉璃。'潘氏服御,极选珍宝,主衣库旧物,不复周用,贵市人间金银宝物,价皆数倍,虎珀钏一只,直百七十万。都下酒租,皆折输金,以供杂用。犹不能足,下扬、南徐二州桥桁塘埭丁计功为直,敛取见钱,供太乐主衣杂费。由是所在塘渎,悉皆塈废。又订出雄雉头、鹤氅、白鹭缞,百品千条,无复穷已。亲幸小人,因缘为奸,科一输十。又各就州县未为人输,准取见值,不为输送。守宰惧威,口不得道,须物之处,以复重求。如此相仍,前后不息,百姓困尽,号泣道路。少府太官,凡诸市买,事皆急速,催求相系。吏司奔驰,遇便虏夺,市廛离散,商旅靡依。"可见其奢华程度。

据《南史·张贵妃传》,陈后主建造有临春、结绮、望仙三阁:

> 至德二年,乃于光昭殿前起临春、结绮、望仙三阁,高数十

> 丈，并数十间。其窗牖、壁带、悬楣、栏槛之类，皆以沉檀香为之，又饰以金玉，间以珠翠，外施珠帘。内有宝床宝帐，其服玩之属，瑰丽皆近古未有。每微风暂至，香闻数里，朝日初照，光映后庭。其下积石为山，引水为池，植以奇树，杂以花药，后主自居临春阁，张贵妃居结绮阁，龚、孔二贵嫔居望仙阁，并复道交相往来。

陈后主本人的诗《上巳玄圃宣猷堂禊饮同共八韵》也写到了"绮殿三春晚"。三阁建造得极尽富丽，而三阁内的活动充满着色情肉欲：陈后主置张贵妃于膝上共批奏章，狎客江总醉后被恩允宫中留宿，《玉树后庭花》的靡靡之音中是肉欲横陈。中唐刘禹锡《台城》写道："台城六代竞豪华，结绮临春事最奢。万户千门成野草，只缘一曲后庭花。"李商隐《陈后宫》写道："玄武开新苑，龙舟宴幸频。渚莲参法驾，沙鸟犯勾陈。寿献金茎露，歌翻玉树尘。夜来江令醉，别诏宿临春。"这些皆是对三阁之豪华的描写。

除了临春、结绮、望仙三座著名殿阁外，从陈后主留下的诗篇中，我们还可以看到陈代尚有如下宫殿：丽晖殿、宣猷堂、乐修殿、文思殿、光壁殿等，江总诗中还记有临芳殿、瑶泉殿等。此外，梁元帝萧绎在湘东王封邑的江陵建有湘东苑，据《太平御览》卷一九六《苑囿》所记：

> 湘东王于子城中穿池构山，长数百丈，植莲蒲，缘岸杂以奇木。其上有通波阁，跨水为之。南有芙蓉堂，东有禊饮堂，堂后有隐士亭，亭北有正武堂，堂前有射堋、马埒。其西有乡射堂，堂置行堋，可得移动。东南有连理堂，堂前棕生连理。太清初，生比柯连理，当时以为湘东践祚之瑞。北有映月亭、修竹堂、临水斋。斋前有高山，山有石洞，潜行宛委二百余步。山上有阳云楼，楼极高峻，远近皆见。北有临风亭、明月楼。

从这段记载中可以看出，湘东苑有多重亭榭楼阁：通波阁、芙蓉堂、禊饮堂、隐士亭、正武堂、乡射堂、映月亭、修竹堂、临水斋、阳云楼、临风亭、明月楼等，参差巍峨。从这些亭斋楼馆的名称也可以看出它们的功能作用，也能依稀仿佛地看出园林的风貌。通波阁，跨水而过，是凌波而建的，这是利用水的自然条件所建造的楼阁，水对阁起到烘映作用，而阁又对水起到点染作用。而最高处是阳云楼，它利用山势高峻的地理优势特点，使得"远近皆见"，更可登高赏景，萧绎就写有《咏阳云楼檐柳诗》。禊饮堂是禊饮之所，还设有隐士亭作为点缀。映月亭，水映月光；修竹堂，秀竹萧萧；临水斋，濒临水域；临风亭，有八面来风。整个园苑结构俨然，景色秀美，让人陶醉。

当时的皇家园林建筑主要依靠玄武湖北、东、南三面水的条件和鸡笼山等山的条件，历经几代帝王的经营，在格局上已与后汉、西晋相侔。京城中自建康宫过朱雀门、朱雀航立中轴线。宋孝武帝大明五年（461），"闰月丙申，初立驰道，自阊阖门至于朱雀门，又自承明门至于玄武湖"[①]。宋前废帝景和元年（465），"复立南北二驰道"，使得整个建康城呈方正形。

从刘宋何尚之的《华林清暑殿赋》，可以看出六朝皇家园林的内部景观及其构筑状况："逞绵亘之虹梁，列雕刻之华榱。网户翠钱，青轩丹墀。若乃奥室曲房，深沉冥密。始如易循，终焉难悉。动微物而风生，践椒涂而芳溢。触遇成宴，暂游累日。却倚危石，前临浚谷。终始萧森，激清引浊。涌泉灌于阶圯，远风生于槛曲。暑虽殷而不炎，气方清而含育。哀鹤唳暮，悲猿啼晓。灵芝被崖，仙华覆沼。"从刘宋江夏王刘义恭的《登景阳楼诗》，又可以看出园林建筑内部的构成及其与周围景点、景观的关系。就内部陈设而言，"丹墀设金屏，瑶榭陈玉床"。园内虽然四季分明，却保持着恒温："温宫冬开燠，清殿夏含霜。"它还融合了周围的诸种景色、景观，"象阙对驰道，飞帘瞩方塘。邸寺送晖曜，槐柳自成行。通川溢轻舻，长街盈方箱"，形成了完整不可分的园林系统。

六朝园林景象多与游人相结合，如梁代萧子显《咏苑中游人诗》："二月春心动，游望桃花初。回身隐日扇，却步敛风裾。"描述了一幅游园图。只有真正有人游，园林才算是发挥了作用和功能。

如前所述，各种园林景象发挥着各自的功能，然而，园林景观和园林在艺术上的综合审美效应却不是单个景象单位所能发挥的，因此，它要求园林把地表景点、动物、植物等按照一定的构思要求，组合构成统一型景观体。例如陈代阮卓《赋得莲下游鱼诗》把荷莲（植物）、游鱼（动物）组合成一个画面加以描述，形成了园林中某一综合性景观："春色映澄陂，涵泳且相随。未上龙门路，聊戏芙蓉池。触浪莲香动，乘流叶影披。"又如何逊《望廨前水竹诗》，就是从对园林中水、竹、云、光等景象的有机配置中再现整体园林景观的："萧萧丛竹映，淡淡平湖净"，前言竹，后述水，相对

[①] 李延寿：《南史·宋本纪》。

独立；然后呈现倒影："叶倒涟漪文，水漾檀栾影"，把园林中水、竹组配起来，巧妙地联系了湖、岸两种景点。竹叶倒映在碧波涟漪的湖水中，随着水波荡漾，竹影摇动不息，形成了一种新的景象，倒影是特殊的变形化了的景象，借助于水波纹的媒介作用形成独特的形态。它既不是岸边景的再现，也不是水流本身，而是经过新变化后所产生的。恍惚、朦胧、模糊，非此非彼，又似此似彼，更富于美感。关于倒影，萧纲写有《水中楼影》诗，"水底罘罳出"，水底出现宫门交疏透孔的屏风；"萍间反宇浮"，进一步写水中楼影；"风生色不坏"，一阵风吹来，水中倒影斑驳陆离，但是风过之后，"浪去影恒留"，水中倒影仍然保留着原先的样子。这里所写的倒影，出神入化，生动有致。可见，六朝园林临水种柳、靠池植竹、湖边造楼，借以形成倒影景观，是有审美眼光的。

六朝人已深知借景一法，即凿窗牖以借园外景色，达到丰富景致之目的。谢朓还因为开了一个北窗而专门写有《新治北窗和何从事诗》："辟牖期清旷，开帘候风景。泱泱日照溪，团团云去岭。岩峣兰橑峻，骈阗石路整。池北树如浮，竹外山犹影。"用窗户借得的景致何等美丽而丰富！

还要提到的是《苑城记》中对东晋孝武帝时新宫室内植物栽种布局的记载：

> 城外堑内并种橘树，其宫墙内则种石榴，其殿庭及三台三省悉列种槐树，其宫南夹路出朱雀门，悉垂杨与槐也。

树木品种的选择、安排、栽植、排列是经过了缜密的构思、设计、筹划的。橘树、石榴、槐树、垂杨，各宜其地，又相互辉映，很有规律性，形成了完备的整体。当时有的园林宫墙外还筑有竹篱，《南史·王俭传》记道："宋世，宫门外六门城设竹篱。"

整体性景观在统一构思中寻求多样化的布局安排，因而六朝园林常常是一池一景、一山一景，景景相连。单式景无法形成园林，复式景、组合景才是园林的结构形态。例如梁代江淹《池上酬刘记室诗》所描述的，先有"紫荷渐曲池"：荷叶、曲池；继之"皋兰复径路"：兰草、径路；然后相继有"葱蒨亘华堂""菡萏杂绮树""水馆次文羽""山叶下暝露"，兰、树、荷、池、华堂、水馆，渐次出现，组成整幅图像、景观。统一体的园林，其结构是有秩序、规则，又是富有节奏的，有很浓的形式美学因素。

德国美学家黑格尔早就发现了中国园林构成的这一整体性特点："它

把凡是自然风景中能令人心旷神怡的东西集中在一起，形成一个整体，例如岩石和它的生糙自然的体积，山谷、树木、草坪、蜿蜒的小溪，堤岸上气氛活跃的大河流，平静的湖边长着花木，一泻直下的瀑布之类。中国的园林艺术早就这样把整片自然风景包括湖、岛、河、假山、远景等都纳到园子里。"[1]江总《永阳王斋后山亭铭》就是对园林总体特征的描述："丛台造日，淄馆连云。锦墙列绩，绣地成文。吾王卓尔，逸趣不群。梅梁蕙阁，桂栋兰枌。竹深盖雨，石暗迎曛。激流疑疏，构峰似削。苔滑危磴，藤攀耸萼。树影摇窗，池光动幕。月澄遥淑，风清近墼。雪岸难消，花园易落。高桐百尺，垂杨五株。开荣九畹，结秀三珠。山条紫的，水叶红须。抽芳绕溜，接翠分衢。亭欢旅鹤，浦噪惊凫。前列牧马，后招郁伯。讽诵楚诗，精微沛易。丛桂留赏，散金匪惜。不羡雎阳，还蚩碣石。驰声终古，服义无斁。"

组合系统中一个最重要的特征是人文因素的增加，其形式不是游园作诗，如前引的众多园林诗和应诏应酬诗，而是在园林门楣题额和直接题刻诗文，这给人为施工布局的园林增添了人文色彩和书卷气。据《南史·王筠传》，沈约"于郊居宅阁斋，请筠为草木十咏书之壁，皆直写文辞，不加篇题。约谓人曰：'此诗指物程形，无假题署。'"又据《南史·何思澄传》，何作《游庐山诗》，沈约称之，"因命工书人题此诗于壁"。这种传统一直延伸到明清二代，如《红楼梦》中便记有"大观园试才题对额"，又曾写道："偌大景致，偌干亭榭，无字标题，也觉寥落无趣。任有花柳山水，也断不能生色。"可见，题署在中国园林中占有十分重要的地位，可提示园景，点铁成金，增添人文色彩，是对园林特征和美学风貌的最好说明，犹如文章之题目，它的原初形成期正在六朝。不过，中国园林题词末流则是附庸风雅，散发着冬烘和酸腐气，殊乏文雅味。

第四节 六朝园林审美特征

六朝园林的审美特征是显著、突出的，具体而言，有以下几个方面。

---

[1] 黑格尔：《美学》（第三卷），商务印书馆2011年版。

第一，具有表征性。六朝园林追求表征性，以湖沼、土山、石笋等象征自然山山水水，写实但不过于逼真，强调写意表现功能，因而富于诗情画意。它充分发挥了园林美学的艺术概括性，改变了汉代照搬性园林观念，为中后期园林史奠定了以个别显示一般，局部表征整体的园林审美概括性原则，正如明代文震亨《长物志》说的："一勺则江湖万里"。

第二，六朝园林美学精神在园林和园主的主客体双向互动和结合中显示出来，因而它不是孤零零的客体景观，而是有着主体意识。

第三，六朝园林具有历史具体特征。衣冠渡江伊始，东晋人还沉浸在所谓的亡国之恨中，因此，主体借游林园而生悲怆之情。这种悲怆情调亦影响了园林氛围。等到偏安日久，从祖逖到庾亮、庾翼、殷浩，直到桓温，屡屡北伐而屡屡失败，于是，恢复意识淡化，苟安之风日长。分江而治、退保长江的思想出现了。当进取意识消泯，人们沉湎于玄学的宇宙意识中，这才会有王羲之做主角的兰亭禊会。

第四，六朝园林具有回归自然特征。六朝园林搬用自然，又接近自然，《南史·谢举传》记曰："举宅内山斋，舍以为寺，泉石之美，殆若自然。"在回归自然中，受庄老思想的影响，逐步形成了六朝人的疏放情调，这种情调是独鹤与飞，清净无碍，其行为方式如《南史·何点传》所述："清言赋咏，优游自得"。最终则出现无园林与游人之限的消融境界："心悠悠以孤上，身飘飘而将逝，杳然不复自知在天地间矣。"[①]

第五，六朝园林哺育了六朝人的时空审美意识。园林的空间组合是指形成一个流动的空间节奏。流动是中国美学之根本特征，园林美学最终也体现了这一特征，它变凝固呆板为流动变幻，根据这一流动美学思想要求，化实为虚，化大为小，化整为零，进而又通过巧妙的空间串接组合，形成山重水沓、柳暗花明的流动空间。这是一个新的艺术空间、审美空间，不断引导游人追寻新鲜的美的境界。

第六，六朝美学作为感性主义美学给予人最突出的感觉是其色彩感，王融就曾写有《四色咏》："赤如城霞起，青如松雾澈。黑如幽都云，白如瑶池雪。"

第七，六朝园林在美学上的最大成就是形成了声、光、色配合、融洽

---

① 祖鸿勋：《与阳休之书》。

的园林美学。光影变幻,草木摇曳,百虫幽鸣形成了中国园林美的丰富和多彩,把中国园林美学推进到一个新的层次和阶段上,即感性主义美学的阶段和层次。它改变了前代园林特别是汉代园林比较板涩的状况,它灵动、变幻,善于采光——采自然之光,通过景物和景点的布局、组合,在景物的变化多端中,形成光影的变幻莫测。梁元帝萧绎《晚景游后园诗》:"日移花色异。"随着阳光的移动,后园中花的颜色也出现变异——花色本身是固定的,但因为阳光的移动,而变得不固定。纪少瑜《游建兴苑诗》:"日落庭光转,方幰屡移阴。"张正见《初春赋得池应教诗》:"春光落云叶,花影发晴枝。"陈后主《被禊泛舟春日玄圃各赋七韵诗》:"日里丝光动,水中花色沉。"都展示出了园林光影变幻的景象。

声、色兼备,既赋予人们以听觉感受,又赋予人们以视觉感受。如沈约《宿东园诗》:"野径既盘纡,荒阡亦交互。槿篱疏复密,荆扉新且故。树顶鸣风飙,草根积霜露。惊麏去不息,征鸟时还顾。茅栋啸愁鸱,平冈走寒兔。夕阴带层阜,长烟引轻素。"视、听感受同时得到了满足。造园和园林内部结构的设置都有一个稳定的着眼点,即人的感受的满足,这就进入了审美层次。而从上引沈约的诗中还可以看出,园林建构进入审美后,又保留着自然形态本身的特征,一切都酷肖于自然,征鸟飞集,愁鸱长啸,寒兔奔逸,都具有自然本身的状态和生机。

声、光、色,构成六朝园林美学的三维机制,它拓宽了园林的表现领域和对于人审美的文化功能,在更大程度上和在更多方面满足了人们的审美文化需要。这样,它便推进了中国园林史的发展,使得中国园林向声、光、色的三维组合方向进化,园林美强烈的感性特征由此奠定了下来。

第五节　南北园林异同

园林在南北朝都极兴盛,北朝之状不减南朝,《北史·河南王孝瑜传》曾生动地描述了北朝园林的兴盛状况:"初,文襄于邺东起山池游观,时俗眩之,孝瑜遂于第作水堂龙舟,植幡矟于舟上,数集诸弟,宴射为乐。武成幸其第,见而悦之,故盛兴后园之玩。于是贵贱慕敩,处处营造。"

南朝园林特别是皇家园林受北方园林影响很深,衣冠渡江把北方园林的特点带到南方,使南方园林在某些方面具有北方园林的色彩,这是南北文化交流的一个例证。但南方园林不是原样照搬北方,而是结合了南方的自然特点加以构筑,塞北秋风骏马,杏花春雨江南,南北区域的明显差异——品格、风貌、景象在园林上也反映了出来,或者说园林最容易体现出这一差异。

在园林建筑及其构造方面,南北有异,北方壮丽,南方秀美。以南北均有的皇家园林华林园为例,它们在功能上有许多相近之处,例如在园林中禊宴,"魏静帝宴齐文襄于华林园,孝友因醉自誉"[1]。又如在园中习武,"初,孝武在洛,于华林园戏射,以银酒卮容二升许,悬于百步外,命善射者十余人共射,中者即以赐之。顺发矢即中,帝大悦,并赏金帛。顺仍于箭孔处铸一银童,足踏金莲,手持划炙,遂勒背上,序其射工"[2]。然而,在建筑、规模等方面,它们却有许多相异之处。北方的华林园金碧辉煌,《三国志·高堂隆传》载:"增崇宫殿,雕饰观阁,凿太行之石英,采谷城之文石,起景阳山于芳林之园,建昭阳殿于太极之北。铸作黄龙凤凰奇伟之兽,饰金墉、陵云台、陵霄阙。"北方皇家园林工程浩大,色彩辉煌、壮丽,人为因素较重,其水池多是开凿而得,其游园功能诸如水转百戏等,都相承于后汉。而南方建康的华林园在总面积上不及北方华林园。但它充分依赖自然条件,例如引玄武湖之水入园,形成园中之池。它重视园林绿化,绿化品种也与北方不同,特别显著的是用石榴,吴时曾于建康城南苑城之外专辟土地,广种石榴。孙权偕宠妃潘夫人游于石榴林中,倾动一时。《苑城记》也载晋皇家园林中广种石榴。石榴花开之时如晋代殷允《石榴赋》所写:"焕若瑶英之攒钟璘,粲若灵蚌之含珠珰。"又如萧悫《奉和初秋西园应教诗》所描述的,"榴艳百枝然",花开如焰燃烧,人面榴花相映生辉,别是一番景象。梁元帝萧绎也写有《咏石榴诗》:"涂林未应发,春暮转相催。然灯疑夜火,连珠胜早梅。西域移根至,南方酿酒来。叶翠如新剪,花红似故裁。还忆河阳县,映水珊瑚开。"此外,南方气候潮湿,适宜树木生长,因此,东晋简文帝对华林园的描述首先就是翳然林木的葱茏环境。这座南方的皇家园林在一开始就表现出形似自然、较少雕琢气的特征。它具有自然山水本身的原初特质,朴野、真切,才能使贵为天子的简文帝"便有濠、濮闲

---

[1] 李延寿:《北史·拓跋孝友传》。
[2] 李延寿:《北史·拓跋顺传》。

趣"。它的自然原始也招来了鸟兽禽鱼，构成和游人的亲和关系，"鱼鸟自来亲人"。它自然资质显著，在一定程度和范围内保持了古朴的形态，《南史·豫章文献王嶷》言皇家园林"东宫玄圃，乃有柏屋，制甚古拙"，其格局和格调在北方皇家园林中较少见到，但北方皇家园林的硕大、宏巨也给了后代以深刻的影响。一种北方气派形成和凝冻起来，产生出遗传基因，让后代皇家园林不断仿效。

南北私家园林所显示的差异也在规模和色彩上。《洛阳伽蓝记》写了当时洛阳一处私家园林的景况：

> 敬义里南有昭德里。里内有尚书仆射游肇、御史中尉李彪、七兵尚书崔休、幽州刺史常景、司农张伦等五宅。彪、景出自儒生，居室俭素。惟伦最为豪侈，斋宇光丽，服玩精奇，车马出入，逾于邦君。园林山池之美，诸王莫及。伦造景阳山，有若自然。其中重岩复岭，嵚崟相属，深溪洞壑，逦迤连接。高林巨树，足使日月蔽亏；悬葛垂萝，能令风烟出入。崎岖石路，似壅而通；峥嵘涧道，盘纡复直。

金碧辉煌，十足的富贵气象。这种园林纯粹是地位的物化显示，是摆富、斗富、逐富的工具。章武王元融看到河间王元琛包括园林在内的豪富状，"不觉生疾，还家卧三日不起"。比富风气的煽扬，只能使园林繁华竞逐，愈演愈烈。

南方私家园林的萧散，是北方园林所不具的。它规模小巧，公开称自己的园林是小园，如《南史》卷六〇中徐勉就曾说过"于东田开营小园"。园主把园林作为"情赏"寄寓对象，以托性灵。会稽孔珪起造园林，公开对王侯说过，你们"处朱门，游紫闼"，岂能与我这位"山人"趣味相同！南方园林跟隐逸行为、情趣联系紧密，不少园林置于深山古岭之中，是隐士们的寓庐。这样，南方的这批园林文化气息较浓，隐逸味较重。粉墙、灰瓦，精巧雅致，素净明快，依附于小桥流水旁，竹林摇曳，有一点乡村味。北方树少，气候干燥，风沙多，色彩浓烈才起眼；南方温润，绿色多，千里莺啼绿映红，色彩宜乎素淡，这正与南方人的情调襟怀相吻合。吴均就曾表示他"素重幽居"，不追逐五彩斑斓、金光耀眼，当然与北方私家园林不同。

南北佛家园林有相同也有相异处。南北朝中国佛教的极盛时期，南朝佛寺梵宇被潇潇春雨所笼罩，北方佛寺则"金刹与灵台比高，讲殿共阿房等壮"①。北方佛寺园林足以与阿房宫等量齐观，这种气派、规模在南方佛寺园林中也较为少见。总的来说，北方佛寺园林和整个北方园林格局、格调一致。恢宏壮丽，是皇家园林的寺院化，《洛阳伽蓝记》所记景明寺就是突出一例：

> 景明寺，宣武皇帝所立也。景明年中立，因以为名。在宣阳门外一里御道东。其寺东西南北，方五百步。前望嵩山少室，却负帝城，青林垂影，绿水为文，形胜之地，爽垲独美……堂光观盛，一千余间，复殿重房，交疏对溜，青台紫阁，浮道相通。虽外有四时，而内无寒暑。房檐之外，皆是山池。松竹兰芷，垂列阶墀，含风团露，流香吐馥。至正光年中，太后始造七层浮图一所，去地百仞。是以邢子才碑文云"俯闻激电，旁属奔星"是也。妆饰华丽，侔于永宁。金盘宝铎，焕烂霞表。寺有三池，萑蒲菱藕，水物生焉。或黄甲紫鳞，出没于蘩藻；或青凫白雁，沉浮于绿水。碾硙舂簸，皆用水功。伽蓝之妙，最为称首。

南方佛寺园林带有清净幽深色调，如梁代王台卿《奉和往虎窟山寺诗》所写："飞梁通涧道，架宇接山基。丛花临迥砌，分流绕曲墀。谁言非胜境，云山独在兹。"从这类佛寺园林中所获得的不是满眼五彩斑斓，目不暇接，而是"萧散趣无穷"。此外，就梁武帝所立寺院而言，如长干寺、法王寺、永建寺、佛窟寺、光宅寺等，大都在城郊，这也和北方寺院有所区别。

南方寺观园林素净风格是有历史传统的。《世说新语·栖逸》就曾载："康僧渊在豫章，去郭数十里立精舍，旁连岭，带长川，芳林列于轩庭，清流激于堂宇。"《高僧传·慧远传》言："远创造精舍，洞尽山美，却负香炉之峰，傍带瀑布之壑。仍石垒基，即松栽构，清泉环阶，白云满室。"《建康实录》言同泰寺"禅窟禅房，山林之内，东西般若，台各三层，筑山构陇，亘在西北，起殿在其中。东南有璇玑殿，殿外积石种树为山，有盖天仪，激水随滴而转"。

南北朝时南北两方园林之异同，丰富着中国园林的内涵，并扩大了其外延，影响着后代的园林格局、格调。一直到清代，北方园林仍保持着六朝以来的规模、风味，而南方园林则从另一种传统上一脉相承。中国园林南北之

---

① 杨衒之：《洛阳伽蓝记》。

差异是从六朝开始的,因为在六朝以前还只有北方园林系统,而无南方园林系统。自六朝以后,南北二家各成系统,愈向后发展,其差异性愈明显,并具备了各自的品格,因此,南北园林各有一个独立系统。

南北朝时南北园林的差异性来之于南北的地理文化环境。《洛阳伽蓝记》中北朝杨元慎对南方地理文化做了这样的描述:"江左假息,僻居一隅。地多湿垫,攒育虫蚁,疆土瘴疠,蛙龟共穴,人鸟同群。短发之君,无杼首之貌;文身之民,禀蕞陋之质。浮于三江,棹于五湖,礼乐所不沾,宪章弗能革……住居建康,小作冠帽,短制衣裳。自呼阿侬,语则阿傍。菰稗为饭,茗饮作浆,呷啜莼羹,唼嗍蟹黄,手把豆蔻,口嚼槟榔……网鱼漉鳖,在河之洲。咀嚼菱藕,捃拾鸡头,蛙羹蚌臛,以为膳羞。布袍芒履,倒骑水牛,沅、湘、江、汉,鼓棹遨游。随波溯浪,噉喁沉浮,白伫起舞,扬波发讴……"杨元慎的这些话显然包含着对南方人的轻蔑之意,但是不失为对南方地理文化环境、习俗、风情的一种描述。不同的文化环境、民情风俗、生活习惯、生活行为方式孕育出不同的审美文化意识,当然包括园林文化意识和审美意识,从而形成了南北园林的差异。

第二十一章 青瓷、陶俑美学

六朝时期青瓷、陶俑美学也取得了突出的成就。青瓷器物的形象基本来自日常形象,因此多为日用品,陶俑大多是人物。两者的制作对象和制作方式均有很大差异,但却有一个共同的所在——塑,是经过塑造而成的。因此就可以把它们组合在一起加以论说。

第一节 六朝青瓷概述

中国早在三千多年前就有了高钙质的以青釉面貌出现的青瓷,以后,青瓷在工艺制作和审美水平上继续发展,到六朝出现重大转折,在工艺制作、造型、釉饰等方面开创了中国瓷史的新局面。

南北长期分裂,北方战乱频仍,但南方相对平稳,衣冠渡江使南方人口增长,加之社会安定,经济发展,为瓷器制造业创造了整体环境。瓷业遍布国中,有越窑、均山窑、德清窑、婺州窑、瓯窑等,并为隋唐瓷业打下了雄厚的基础。总体而言,瓷业在江浙地区居多,另外还有闽、湘、川一线,以当时的六朝都城建康为最大的集散地,因此建康郊外陵墓中的随葬品所见丰富,而常用的随葬品中青瓷数量最多,品类也最多。

北朝的白瓷制作居于领先地位,青瓷类则受到南朝的影响,同时也受到西域文化的影响,诸如忍冬纹饰等多有出现。青瓷在初期以实用器物居多,多为壶、罐、盆、碗、盘、耳杯、水注、唾壶、灯具、虎子等日用器物,这些都承自汉代。例如其青瓷双耳罐,此罐是东吴凤凰元年(272)的器物,

1962年在江苏溧阳东王公社永和大队出土。罐器的肩部竖起双耳,互为对称,呈半环状,便于用绳子穿系和拎提。这个青瓷双耳罐完全体现了六朝早期青瓷的实用性质。还有当时的扁壶,虽然有方圆之分,造型有异,但腹部呈扁形,两边有穿孔,十分便于携带,也是这时期青瓷实用性的表征。

六朝青瓷和两汉的铜器、陶器、漆器有千丝万缕的联系,胎记的痕迹很重,在造型和装饰方面受其影响很深,但也有了自己的发展。比如东吴虽然受汉代影响,重视实用性,但在器型和釉色方面均超过了汉时水平,门类齐备,釉色纯正,造型精致,工艺精湛,兼备日常性和观赏性、实用性和审美性。并且六朝青瓷不是独立体、孤状物,而是有象征的意义,崇尚吉祥,有时甚至用谐音讨口彩,跟思想史的演变有关系。例如东吴以降多取动物祥瑞者如蟾蜍为器物形体,蟾蜍可借代指称月亮,文学作品中多有出现。萧统《锦带书》:"皎洁轻水,对蟾光而写镜。"李中《送黄秀才》:"蟾宫须展志,渔艇莫牵心。"方干《中秋月》:"良宵烟霭外,三五玉蟾秋。"这种传统的象征性在青瓷中反映了出来,例如出土的东吴青瓷蟾蜍水盂,肩部和腹部堆贴蟾蜍的头、四肢,背上开一口,呈圆形。整个器物刻画精工,既有实用价值,又把蟾蜍的形体和特征,表现具足。又例如东吴凤凰二年(273)的青瓷蟾蜍水注,此器物于1955年在南京光华门外赵土岗墓地出土,浅灰色胎,淡绿釉,有细纹路片。肩部和腹部也堆贴蟾蜍的头、四肢,眼睛鼓起,作游泳状。背部隆起,有一直筒为注水口。

羊也体现了六朝时的动物崇拜。"羊"通"祥",古代器物铭文中"吉祥"多是"吉羊",如汉《元嘉刀铭》:"宜侯王,大吉羊。"羊车,是六朝宫中辇车。《晋书·胡贵嫔传》:"(晋武帝)常乘羊车,恣其所之。"羊的器型在六朝青瓷中出现的频率颇高,例如青瓷羊烛台,1958年在南京市清凉山出土,羊身肥硕,四蹄收缩,作伏状,嘴张、睁目、竖耳,体态稳重健壮,羊毛披散,腹有双翼,写实与想象兼备,带有从两汉而来的痕迹。东晋羊头壶,出土于浙江绍兴,造型敦厚,但饰品羊头优美,双眼突出,颔下一撮羊须,画龙点睛。

海上佛教之路带来六朝青瓷审美物象和风格的变化。梁启超在《中国佛教研究史》中指出,佛教传入东土不在陆地,而在海上,此论振聋发聩。他说:"举而要之,则佛教之来,非由陆而海","两汉时中印交通皆在海上,其与南方之关系,盖可思也"。那么,六朝正处于临海地理位置,自然也就得佛教风气之先。在思想史上，南朝佛教已大行天下，所谓"南朝四百八十寺"正是其写照。因此，佛教中常见的莲花形象进入青瓷器物，也就顺理成章。最常见的是莲瓣纹，例如，南朝的莲花尊。它体高量大，在六朝青瓷出土器物中是罕见的，整个结构呈椭圆形，腹围宽大，底座平稳，从头到脚，遍布纹饰，全是佛教的莲瓣纹、忍冬纹、菩提纹，还有飞天纹，密密层层，且层次分明，互相陪衬。整体纹饰适中，比例协调，与器型相得益彰，富于视觉的冲击力。

另外，青瓷灶于1962年在江苏溧阳东王公社永和大队出土，是东吴凤凰元年（272）的随葬品。青瓷灶俗称鬼灶，专供亡者阴间使用，船形，有大门、火眼、烟囱、炊具等。此类殉葬品，统称"明器"，谐音"冥器"。《礼记·檀弓》下："其曰明器，神明之也。途车刍灵，自古有之，明器之道也。"其载孔子言曰："之死而致死之，不仁而不可为也。之死而致生之，不知而不可为也。是故，竹不成用，瓦不成味，木不成斫，琴瑟张而不平，竽笙备而不和，有钟磬而无簨虡，其曰明器，神明之也。"随葬品中的明器，如堆塑罐，其形象更为繁富、多样，有楼台、宫阙、飞鸟，还有人物，天上人间诸景皆备，集于一身，这就极大地丰富了青瓷的表现内容，增加了审美的容量和趣味。堆塑罐中最常见的是魂瓶。魂瓶是死去的主人在那个世界所使用或享受的，因此，人们把阳间诸物，缩龙成寸，集中起来，甚至演艺百戏都有，以放到墓穴给死人服务，生怕墓主人寂寞。因而魂瓶纹饰繁富却不杂乱，配置得有条不紊。例如东吴青瓷魂瓶，顶层有楼阁，楼高竟有三层，顶尖塑一飞鸟，四围中央各塑一佛像。罐身刻有纹饰，多是凤凰、麒麟、仙人、飞羊等，精而不粗，繁而不乱。

第二节 六朝青瓷美学表征

六朝青瓷在造型方面远超前代，不是简单的几何图形，而是既有动物，又有植物，或是动植物的组合，例如卧羊壶、鸟形壶、鸡首壶、鹰形壶、兽形樽、蛙形水注等等。虽然有神异的形象出现，但经过改造，已不再像商周青铜器饕餮纹那样狰狞恐怖。即使是镇兽神，也不是面目可憎，而是有一种趣味存在。例如1976年江苏宜兴周墓墩出土的青瓷神兽尊，堆塑一奇形怪兽，无法具体言指，但眼须毕肖，口中含珠，气息不给人以压抑之感。又如南朝青瓷狮形烛台，1974年在浙江绍兴黄瓜山出土，为一卧伏猛狮，龇牙咧嘴，侧头斜顾，但不令人惊恐，且它须毛绵绵，容态雄伟，尾巴高翘，平添造型的趣味感。

六朝青瓷脱略了汉瓷的古拙粗糙，但保留着原先的浑成，添加了江南水文化的灵动。造型憨态可掬，又有一点活泼，特别讨喜。这是地理文化所孕生的现象。

西晋是青瓷制作的转折时期，并在南朝加以发展。其器型基本一致，但形态、形体却有重要变化，这个变化和时代的变化同步。其总的审美趋势是向颀长的方向发展，人物形象缩身了，整个图案线条改变了平直的样态，而发展为流动的波形线。我们试比较一下不同时期的盘口壶。东吴时期的盘口壶，整个呈胖墩型，肥硕感强。青瓷鹰首盘口壶，为西晋时代产品，器型明显变化，堆塑装饰以鹰为主题，壶肩堆塑鹰首，形象逼真，壶下部堆塑鹰爪，壶腹刻画鹰羽纹，别具一格。这就足以看出，西晋在青瓷转折时期的作用和地位。到东晋时期的鸡首盘口壶，堆塑鸡首鸡尾，鸡眼特别传神，壶颈刻有弦道纹，壶身刻画莲瓣纹。南朝时期的六系盘口壶于1975年在浙江绍兴五香山墓室出土。此壶颈、腹俱长，所谓六系，即有六个系孔处，考虑细密，制作有凹凸图形，经涂釉烧制，所呈现的立体感十分显著。从上述比较中，可以看出壶的形体由胖到瘦，由敦厚到修长，这和整个六朝时代的审美趋势密切相关。

装饰性加强是六朝青瓷审美的走向，愈到六朝后期，装饰美感愈加突出和显著。装饰的主要方法是堆塑，即加大、加多内容的包含量，青瓷谷仓罐就是这样。还有的是纹饰增多，且种类繁杂，诸如弦纹、水波纹、菱形纹、蕉叶纹、忍冬纹等等。纹饰的采集对象显而易见，带有江南水乡特色，前述的莲瓣纹则和思想史上佛教的传入有很大关系。总的来说，纹饰既贴近日常生活，又有美感特征。其装饰范围，一种是在边缘，或在器皿的边缘，或在器皿的四围；一种是在器物的腹部；一种是周身皆是，一切根据视觉感受的需要而定。这些来自生活实感的图案、图形、线条又是经过提炼、加工和制作的，具有概括性、抽象性的特征，规则图形凝重，波形线活泼灵动。其总体审美特征是律动，轻盈流走，有节奏美感。

青瓷的装饰图案有朱雀、辟邪、仙佛、莲花、忍冬、连珠纹、菱格纹、波浪纹等。这些图案有些是从汉代继承下来的，有些则是六朝才有的，如莲花纹、忍冬纹。这些纹饰的最大特点是规则而灵动、对称而活跃，很有韵律感，这正体现了六朝的艺术精神。据《中国工艺美术史》所论："莲花的形象，也因时间先后而有不同变化，早期花瓣瘦长，瓣端较尖；晚期花瓣肥硕，端尖翘起。在瓷器上，早期多用刻画，晚期多用浅浮雕手法。"莲花纹、忍冬纹与朱雀、辟邪等装饰图案的出现，标志着六朝的审美理想还处在彼此交替消长的时期，一方面动物纹饰仍存在，但不占主导地位，另一方面植物纹饰开始兴盛，这是一个重要讯息：一种新的审美对象开始出现，植物类形象成为人们的审美装饰品，并呈取代动物类形象之趋势，从而为隋唐的植物纹饰做了准备。

六朝还有一个独特的器物——香熏，这完全是审美的生活化、时代性的表征。六朝贵族男性特别是年轻男性都有熏香的癖好，如《颜氏家训·勉学篇》所言，"熏衣剃面，傅粉施朱"。《晋书》《世说新语》对此也多有记载，并把容颜姣好的年轻男人称为"玉人"，如《晋书·卫玠传》："总角，乘羊车入市，见者皆以为玉人。"《世说新语·容止》："魏明帝使后弟毛曾与夏侯玄共坐，时人谓蒹葭倚玉树。"谢惠连《雪赋》："燎熏炉兮炳明烛，酌桂酒兮扬清曲。"特别有意思的是，香熏只是出土于两晋的墓葬之中，其他朝代的墓葬中则根本没有。现代的考古人员，完全可以根据出土的香熏器物直接判断墓葬的朝代，香熏成为权威参照系，烙上了最鲜明的时代印记。就器物本身而言，香熏，顾名思义，应有香气透溢，因此，镂断雕空，就是题中应有之义。但这种镂雕不是随意为之，而是有通盘构思和布局，有圆形，有菱形，有三角形，有锯齿形等等，或互相搭配，或上下参差，或左右间隔，具有审美的观赏性。

第三节　六朝陶俑美学

在奴隶制社会，奴隶主死后，用奴隶活人殉葬。但是，活人杀殉，对于需要大量劳动力的其他奴隶主不划算，因此改为以俑代替活人，或木制，或陶制，其在东周时期大量出现，至两汉、魏、晋、六朝、唐代仍然盛行。宋代以后，由于纸冥器开始流行，陪葬的俑器就很少见到了。俑有男女奴仆、仪仗队伍或厌胜（古代方士用以做诅咒的用品），附有甲马、牛车、家畜等物。六朝时期的美学特征是"以形写神，形神兼备"，不像宋元时期是略形取神，这在陶制人俑上也留下了鲜明的印记。六朝陶制人俑美学昭示了汉魏六朝以及唐的美学史历程，其史的意义是突出的：较之两汉古简拙朴的陶俑，六朝陶俑的转折痕迹明显——两汉时期的陶俑有些简单，线条粗糙，六朝的陶俑线条感突出，重视笔法，修长而圆劲，这显然受到了书法美学的影响。

六朝陶制人俑的逼真感较强，较为生动。例如1974年南京甘家巷东吴墓出土的陶制女俑灯盏两尊，一尊灯盏正形，一尊灯盏倾斜，这就改变了以往单一、单调的造型。在人体造型上，男俑大多面容清癯娟美，脸长而俊，颈长而细，腰收束，褒衣宽带，轻松随意。衣宽体瘦，这正是六朝的人体美学标准。女俑面部稍腴，削肩细腰，一袭长裙，大多面带微笑。

六朝时的服饰美学中，男冠有小冠、笼冠、幞头、帽等，有的男式服装还受到北方胡服的影响；女子发髻大多盘成两边下垂的样子，款式多样，这些在六朝陶俑上都有所反映。六朝时的陶俑有单个俑，有群体俑。单个俑以出土的南朝陶高髻女俑为代表，群体俑以东晋陶牛车及陶俑群为代表。这些陶俑成为佐证和研究六朝风俗美学、人体美学、服饰美学不可多得的实证材料。以南朝陶高髻女俑为例，其右衽宽袖，长衣裙，双手交叠于腹前。这尊陶俑最大的特色是高耸的发髻，整个发髻占全俑的比例较高，呈山字形，笔直挺立，有一种抢入眼帘的冲击力。发是真发，还是假发，碍难考证。但据史料载，当时妇女以高髻为时尚，高髻是"盛饰"的标准，对于这一点，这尊女俑就是实证。此外，这尊陶俑最为精彩的是，裙不掩足，微现鞋头，倘露之过多，则欠想象力；倘全不露出，则索然寡味，妙就妙在，仅露一点，则趣味盎然。

陶俑以人为主，但也有其他物件，如东吴陶鸽，全身涂黄色，翅和尾羽刻画花纹，虽寥寥几刀，但力度很足，羽翼丰满，急待飞翔，整个造型稳健、圆硕，形态宛然，细致逼真，以形传神。

六朝陶俑美学，在中国美学史上的地位和其他门类美学相当。它承前启后，改变了汉的简单粗放，逐步走向精致；作为美学准备和储蓄，为唐代精彩纷呈的陶塑铺垫了基础。

第二十二章　文学美学（社会文化环境）

六朝文学是中国文学史的重要时期，实现了从经学到美学的重大转型。六朝文学崇个性，思想有亮点，性格有棱角；重情感，邈远而深情；尚审美，有华美的形式，愉悦的节律。六朝文学虽然是继汉末建安、晋初太康的又一个繁荣期，但在内涵和审美深度上远超前两个时期。六朝文学审美出现重大转型，有深广普遍的崇文风气、广泛的文学社交社团活动和独特的文学教育。

六朝群星闪耀，文学作品争吐光辉，出现了第一位山水诗人谢灵运，第一位田园诗人陶渊明，第一部文学选集《文选》，第一部诗美学著作《诗品》，第一部大型文学美学论著《文心雕龙》，等等。可谓文学盛世景象。

第一节　崇文的社会风气

钟嵘在《诗品序》中写道："今之士俗，斯风炽矣。裁能胜衣，甫就小学，必甘心而驰骛焉。"从中可以看出当时所形成的崇尚文学的社会风气，形成了有利于文学走向自觉的良好社会氛围，西晋左思的《三都赋》使得"洛阳为之纸贵"就是其端倪，东晋、南朝亦时有类似现象出现。据《陈书·徐陵传》记载，陵"文颇变旧体，缉裁巧密，多有新意。每一文出手，好事者已传写成诵，遂被之华夷，家藏其本"。社会上形成了一种普遍风尚，即《南史·王承传》所云："时膏腴贵游，咸以文学相尚。"这是六朝文学繁荣和发展的社会基础。这种风尚的形成，与六朝帝王及王室成员对文学的崇尚与提倡关系密切。例如《晋书·简文帝纪》就说，简文帝司马昱"留心典籍，不以居处为意，凝尘满席，湛如也"。

再看刘宋。刘勰《文心雕龙·时序》云："自宋武爱文，文帝彬雅，秉文之德。孝武多才，英采云构。自明帝以下，文理替矣。"王室成员也是如此，如临川王刘义庆既好文义，又喜招文士，其集众门客所撰《世说新语》之事已广为人知。

《南齐书·高帝纪》称齐高帝萧道成"博涉经史，善属文"。《南齐书·苏侃传》载："是时……新失淮北，始遣上北戍，不满千人，每岁秋冬间，边淮骚动，恒恐虏至。上广遣侦候，安集荒余，又营缮城府。上在兵中久，见疑于时，乃作《塞客吟》以喻志。"其时，文惠太子、竟陵王、隋王等均招集文士，相与为文学之事。《梁书·武帝纪上》云："竟陵王子良开西邸，招文学，高祖（萧衍）与沈约、谢朓、王融、萧琛、范云、任昉、陆倕等并游焉，号曰八友。"而昭明太子萧统招集文士，终成《文选》鸿篇巨制。在这种风气下，朝廷大臣自然多为善文之士。《梁书·何敬容传》就说："自晋、宋以来，宰相皆文义自逸。"

即使被废黜、被推翻的帝王中亦不乏有文学审美素养的。如陈后主叔宝，能诗善制曲，是一名有才华的末代昏君。《陈书·文学传序》有言："后主嗣业，雅尚文词，傍求学艺，焕乎俱集。每臣下表疏及献上赋颂者，躬自省览，其有辞工，则神笔赏激，加其爵位，是以缙绅之徒，咸知自励矣。若名位文学晃著者，别以功迹论。"可见其善文且尚文。

此外，史籍中还有不少君臣间诗歌活动的记载。例如，《宋书·沈庆之传》："上（宋孝武帝）尝欢饮，普令群臣赋诗，庆之手不知书，眼不识字，上逼令作诗，庆之曰：'臣不知书，请口授师伯。'上即令颜师伯执笔，庆之口授之曰：'微命值多幸，得逢时运昌。朽老筋力尽，徒步还南岗。辞荣此圣世，何愧张子房。'上甚悦，众坐称其辞意之美。"《南史·曹景宗传》记载："景宗振旅凯入，（梁武）帝于华光殿宴饮连句，令左仆射沈约赋韵。景宗不得韵，意色不平，启求赋诗。帝曰：'卿伎能甚多，人才英拔，何必止在一诗。'景宗已醉，求作不已，诏令约赋韵。时韵已尽，唯余竞病二字。景宗便操笔，斯须而成，其辞曰：'去时儿女悲，归来笳鼓竞。借问行路人。何如霍去病。'帝叹不已，约及朝贤惊嗟竟日，诏令上左史。"

其时，国家设立专门机构，把文学设为专门一科。《宋书·雷次宗传》载，宋文帝元嘉十五年（438），立儒学、玄学、史学、文学四馆。刘宋时范晔著《后汉书》，始立文苑传，其后梁萧子显著《南齐书》从之，后世遂沿为体式。沈约著《宋书》虽无专传，但所撰《谢灵运传论》洋洋洒洒，简直是一部文学小史。这种总体文化语境中还诞生了大型的文学选本——萧统主编的《文选》，从此，文学的选学成为一门显学。此后还有徐陵编撰的《玉台新咏》。不过，六朝门阀士族制度又极大地制约着文化的发展，文学只是士族的享受品和专利品。王瑶在《中古文学史论》中就指出："文人学士的社会地位，只决定于他的官爵，而并不一定在于他所构诗文的优劣高下。"鲍照就是一个明显的例证：鲍照出身寒微，所以不论他的诗写得多么高明，沈约撰《宋书》也根本不考虑为其立传，而《宋书》又不开列《文苑传》或《文学传》，使得鲍照的事迹只能在刘道规传后附上寥寥的几行。由此可见六朝文学的贵族化性质。

第二节　文学社交社团活动

六朝时期有着丰富多彩的文学社交社团活动。这些活动大体上可分为两类：一类是家族内部的交游活动，一类是有组织、有审美倾向的社会性的文学社团活动。

先来看第一类文学社交社团活动。具有浓厚家族色彩的文学交游活动，最著名的是东晋时的"乌衣之游"。所谓乌衣之游，就是都城建康乌衣巷谢氏家族的文学游赏活动，据《宋书》卷五八《谢弘微传》记载：

（谢）混风格高峻，少所交纳，唯与族子灵运、瞻、曜、弘微并以文义赏会。尝共宴处，居在乌衣巷，故谓之乌衣之游。混五言诗所云"昔为乌衣游，戚戚皆亲侄"者也。其外虽复高流时誉，莫敢造门。

谢混为谢安之孙、谢琰之子、谢玄之侄，有着十分显赫的家世背景和勋功。在这些亲族的侄儿面前，他年长一些，声望最高，因此起到长辈、导师的双重作用。《宋书·谢弘微传》接着具体叙述了乌衣之游的情形：

瞻等才辞辩富，弘微每以约言服之，混特所敬贵，号曰微子。

> 谓瞻等曰："汝诸人虽才义丰辨，未必皆惬众心；至于领会机赏，言约理要，故当与我共推微子。"常云："阿远刚躁负气；阿客博而无检；曜恃才而持操不笃；晦自知而纳善不周，设复功济三才，终亦以此为恨；至如微子，吾无间然。"又云："微子异不伤物，同不害正，若年迨六十，必至公辅。"尝因酣宴之余，为韵语以奖劝灵运、瞻等曰："康乐诞通度，实有名家韵，若加绳染功，剖莹乃琼瑾。宣明体远识，颖达且沉俊，若能去方执，穆穆三才顺。阿多标独解，弱冠纂华胤，质胜诚无文，其尚又能峻。通远怀清悟，采采摽兰讯，直缨鲜不踬，抑用解偏吝。微子基微尚，无倦由慕蔺，勿轻一篑少，进往将千仞。数子勉之哉，风流由尔振，如不犯所知，此外无所慎。"灵运等并有诚厉之言，唯弘微独尽褒美。
>
> 曜，弘微兄，多，其小字也。远即瞻字。灵运小名客儿。

游赏活动中还有不少趣事，为时人津津乐道。例如在参加活动的人中，谢混仪容美好，有所谓"谢混风华，江左第一"之说，而谢瞻也在伯仲间，故二人同行时，被人称为"两玉人"。又如谢瞻作《喜霁》诗，谢灵运书写，谢混吟诵，一时被称为"三绝"。

对于这段"乌衣之游"，谢灵运每一忆及，辄动情不已。他在《答中书诗》中写道："伊昔昆弟，敦好闾里。我暨我友，均尚同耻。仰仪前修，绸缪儒史。亦有暇日，啸歌宴喜。"家族的文学游赏活动给他的影响深远。正是这样的文化背景和生活环境，才培育了谢灵运的文化素养，为日后走出乌衣，走上自然山水做了准备。于是，从"乌衣之游"到"山泽之游"形成了一条联系线索，《宋书》卷六七《谢灵运传》记载：

> 灵运既东还，与族弟惠连、东海何长瑜、颍川荀雍、泰山羊璿之，以文章赏会，共为山泽之游，时人谓之四友。

谢灵运早年丧父，"从叔混特知受之"，而谢灵运也没有辜负谢混的厚望，"风流"果真由他振作起来。他的山水诗青出于蓝而胜于蓝，成为中国中古文学的一个重大收获。

作为晋、宋之际的文坛领袖，谢混不但有培植"芝兰玉树"之功，更有扭转时代风气、革新文学之绩。《宋书·谢灵运传论》特别提出："（殷）仲文始革孙、许之风，叔源大变太元之气。"谢混所写《游西池》被认为开风气之先，是改变玄言诗风、报告山水诗风的东风第一枝，诗云：

> 悟彼蟋蟀唱，信此劳者歌。有来岂不疾，良游常蹉跎。逍遥越城肆，愿言屡经过。迴阡被陵阙，高台眺飞霞。惠风荡繁囿，白云屯曾阿。景昃鸣禽集，水木湛清华。褰裳顺兰沚，徙倚引芳柯。美人愆岁月，迟暮独如何。无为牵所思，南荣戒其多。

谢灵运《登池上楼》诗中的名句"池塘生春草，园柳变鸣禽"，显然脱胎自"景昃鸣禽集，水木湛清华"，而《入彭蠡湖口》诗中的"岩高白云屯"，几乎全用"白云屯曾阿"句，可见其受谢混影响之深。

六朝文学社交社团活动的最典型样态是著名的兰亭诗会，上溯到西晋则是金谷诗会。从金谷诗会到兰亭诗会，既体现了文学社交社团活动的延续现象，又展现了审美情味、格调上的变异情形。

先谈金谷诗会。金谷，也称金谷涧，在今河南洛阳西北，有水流经，称金谷水。晋太康（280—289）中，巨富石崇筑园于此，世称金谷园，一时成为名流荟萃之地。南朝梁代何逊《车中见新林分别甚盛》诗云："金谷宾游盛，青门冠盖多。"关于这次集会据石崇《金谷诗序》云，参与者有三十人，不可谓不盛。且"各赋诗，以叙中怀，或不能者，罚酒三斗"，这种逞才斗酒的文人作风，影响深远。唐代大诗人李白有《春夜宴诸从弟桃李园序》一文，记其于春夜与诸从弟聚集桃李园中饮酒赋诗、高谈阔论，亦云："如诗不成，罚依金谷酒数。"就是说按当年金谷诗会的先例，罚酒三斗。

石崇在《思归引》诗序中写道："余少有大志，夸迈流俗。弱冠登朝，历位二十五年，年五十以事去官。晚节更乐放逸，笃好林薮，遂肥遁于河阳别业。"为什么呢？"困于人间烦黩，常思归而咏叹。"石崇在《金谷诗序》中更明确地说："感性命之不永，惧凋落之无期。"原来，石崇之所以好林薮，思归隐，是惧怕生命、富贵、豪华不常，为了寻求慰藉，遂筑金谷园，在优游、嬉戏中自我陶醉地打发剩余的光阴。所以，他的金谷园中应有尽有：

> 有别庐在河南县界金谷涧中，去城十里，或高或下，有清泉、茂林、众果、竹柏、药草之属。金田十顷，羊二百口，鸡猪鹅鸭之类，莫不毕备，又有水碓、鱼池、土窟。其为娱目欢心之物备矣。

潘岳《金谷集作诗》云："春荣谁不慕，岁寒良独希"，纵有嘉乐悠扬，也是"箫管清且悲"，何不如"饮至临华沼"，"但诉杯行迟"。这为石崇序的思想含义下了注脚。金谷园"冠绝时辈"的建筑陈设，"昼夜游宴"的纵乐方式，都使人们想起他与贵戚王恺、羊琇之徒以奢靡相尚的故事。

再说兰亭诗会。对兰亭诗会描述得最美、最有玄言意味的就是王羲之那篇脍炙人口的《兰亭集序》：

> 永和九年，岁在癸丑，暮春之初，会于会稽山阴之兰亭，修禊事也。群贤毕至，少长咸集。此地有崇山峻岭，茂林修竹，又有清流激湍，映带左右，引以为流觞曲水，列坐其次。虽无丝竹管弦之盛，一觞一咏，亦足以畅叙幽情。
>
> 是日也，天朗气清，惠风和畅。仰观宇宙之大，俯察品类之盛，所以游目骋怀，足以极视听之娱，信可乐也。
>
> 夫人之相与，俯仰一世。或取诸怀抱，晤言一室之内；或因寄所托，放浪形骸之外。虽趣舍万殊，静躁不同，当其欣于所遇，暂得于己，快然自足，曾不知老之将至。及其所之既倦，情随事迁，感慨系之矣。向之所欣，俯仰之间，已为陈迹，犹不能不以之兴怀，况修短随化，终期于尽，古人云："死生亦大矣。"岂不痛哉！
>
> 每览昔人兴感之由，若合一契，未尝不临文嗟悼，不能喻之于怀。固知一死生为虚诞，齐彭殇为妄作。后之视今，亦犹今之视昔，悲夫！故列叙时人，录其所述。虽世殊事异，所以兴怀，其致一也。后之览者，亦将有感于斯文。

兰亭之会正式进入六朝，时在东晋穆帝永和九年（353）三月上旬的巳日（魏以后规定为三月三日），临水行祭，以祓除不祥，谓之"修禊"。会稽，其地相当于今浙江省北部和江苏省东南部，山阴即今浙江省绍兴县。兰亭，在今绍兴市西南二十七里，地名兰渚，亭在渚上。《水经注》卷四〇注曰："浙江又东与兰溪合，湖南有天柱山，湖口有亭，号曰兰亭，亦曰兰上里，太守王羲之、谢安兄弟数往造焉。吴郡太守谢勖，封兰亭侯，盖取此亭以为封号也。太守王廙之移亭在水中。晋司空何无忌之临郡也，起亭于山椒，极高尽眺矣。"兰亭，是名士聚会之所在。这次活动名为"修禊"，其内涵实际上远远超过其本体意义，消除了原有的宗教神秘色彩，提升为雅致的文化行为和文学社交社团活动。

如果将兰亭集会与金谷诗会做一番比较，就会发现其有两个大的异同点。傍水赋诗，不成者，罚酒三斗，兰亭集会在游园方式、文化行为上，显然相承于金谷诗会，连罚酒的数量都相承于此。据《会稽志》卷一〇引《天章碑》："诗不成，罚酒三巨觥。"王羲之为其序能与石崇序相比并而感到荣幸，绝非偶然。《晋书·王羲之传》云："或以潘岳《金谷诗序》方其文，羲之比于石崇，闻而甚喜。"至于异处，金谷有富贵气，而兰亭的文化味浓。羲之以能与石崇序相比并而欣喜荣幸，其实，王序远胜于石序了。苏轼曾经对二序做过比较、分析、评判，认为"兰亭之会或以比金谷，而以逸少比季伦，逸少闻之甚喜。金谷之会，皆望尘之友也。季伦之于逸少，如鸥鸢之于鸿鹄"①。苏轼的评判是以人格为坐标系统的。因参与金谷之会的都是献媚的"望尘之友"，人格卑下，所以，石崇之于逸少犹如翻飞在草丛中的鸥鸢之于直搏云天之鸿鹄。然而，只有用文化哲学的观念，才能揭出问题之真谛所在——两序的差异在文化哲学内涵上，反映出在东晋玄学之风煽扬下一批名士所受的影响，同时也可以看出，东晋玄学在说明和解释宇宙、人生、时空时更有思想深度。王序不像石序那样感性地体验人生，而是理性地揭示哲理意味。这种哲理意味在深悟人生后才有可能产生。《晋书·王羲之传》记曰："（羲之）初渡浙江，便有终焉之志。会稽有佳山水，名士多居之，谢安未仕时亦居焉。孙绰、李充、许询、支遁等皆以文义冠世，并筑室东土，与羲之同好。"这种"终焉之志"就是与自然山水的消融之志。当主体不是外在于自然山水，而是内化于、消解于对象自然后才能感应到内蕴的哲理意味。这也就是孙绰的《兰亭诗序》与王序意蕴相近的原因。孙序写道：

> 古人以水喻性，有旨哉斯谈。非以停之则清，混之则浊耶？情因所习而迁移，物触所遇而兴感，故振辔于朝市，则充屈之心生；闲步于林野，则寥落之志兴。仰瞻羲唐，邈然远矣；近咏台阁，顾深增怀。聊于暧昧之中，思萦拂之道，屡借山水，以化其郁结。永一日之足，当百年之溢。以暮春之始，禊于南涧之滨。高岭千寻，长湖万顷，隆屈澄汪之势，可为壮矣。乃席芳草，镜清流，览卉木，观鱼鸟，具物同荣，资生咸畅。于是和以醇醪，齐以达观，决然兀矣，焉复觉鹏鷃之二物哉！耀灵纵辔，急景西迈，乐与时会，悲亦系之，往复推移，新故相换，今日之迹，明复陈矣。原诗人之致兴，谅歌咏之有由。

---

① 苏轼：《右军斫脍图》。

王、孙二序在总体思想格调和倾向上多有相合之处。孙序表达了物感式理论，这是中国人对于艺术思维感觉论的最通常表述，所谓"情因所习而迁移，物触所遇而兴感"，于是，不同的环境中不同的感受便产生："振辔于朝市，则充屈之心生；闲步于林野，则寥落之志兴。"孙序写道："耀灵纵辔，急景西迈，乐与时会，悲亦系之，往复推移，新故相换，今日之迹，明复陈矣。"从时序变迁中敏锐感觉到生命的短促，萌发出苍凉的生命、生存意识而"悲亦系之"，这正是漫溢于魏晋南北朝思想界的悲剧意识。而转移或消融这种悲怆感的门径是什么呢？序中写道："屡借山水，以化其郁结"，通过自然山水景观来达到化解郁结情怀的目的。这是非常典型的情感替代论。

兰亭之会充分反映出游园者的情绪、情调，这正是中国人与自然山水关系的生动体现。例如徐丰之："清响拟丝竹，班荆对绮疏。零觞飞曲津，欢然朱颜舒。"王蕴之："散豁情志畅，尘缨忽已捐。"王玄之："消散肆情志，酣畅豁滞忧。"曹茂之："时来谁不怀，寄散山林间。"袁峤之："激水流芳醪，豁尔累心散。"王肃之："嘉会欣时游，豁尔畅心神。"

王羲之存《兰亭诗二首》，其中一首写道："三春启群品，寄畅在所因。仰望碧天际，俯瞰绿水滨。寥阒无涯观，寓目理自陈。大矣造化功，万殊莫不均。群籁虽参差，适我无非亲。"这最后两句具有很浓的中国文化、哲学色彩。造化万端虽参差不等，碧天绿水虽广无涯际，但都迎适着主体——"我"，一切都为主体所设置、安排，这样便确立了审美的主体观照点。客体为"适我"而存在，于是，客体自然山水景观便跟主体"我"建构成亲和关系，所谓"适我无非亲"是也。这正体现了中国的自然与主体之关系是天人合一，相融相洽而非相仇相敌的。

又如孙绰《兰亭诗二首》："春咏登台，亦有临流。怀彼伐木，宿此良俦。修竹荫沼，旋濑萦丘。穿池激湍，连滥觞舟。""流风拂枉渚，停云荫九皋。莺语吟修竹，游鳞戏澜涛。携笔落云藻，微言剖纤毫。时珍岂不甘，忘味在闻韶。"谢安《兰亭诗二首》："伊昔先子，有怀春游。契兹言执，寄傲林丘。森森连岭，茫茫原畴。迥霄垂雾，凝泉散流。""相与欣佳节，率尔同褰裳。薄云罗阳景，微风翼轻航。醇醪陶丹府，兀若游羲唐。万殊混一理，安复觉彭殇。"孙统《兰亭诗》之一："地主观山水，仰寻幽人踪。回沼激中逵，疏竹间修桐。因流转轻觞，冷风飘落松。时禽吟长涧,万籁吹连峰。"孙嗣《兰亭诗》:"望岩怀逸许,临流想奇庄。谁云真风绝,千载挹余芳。"郗昙《兰亭诗》:"温风起东谷,和气振柔条。端坐兴远想,薄言游近郊。"庾蕴《兰亭诗》:"仰想虚舟说,俯叹世上宾。朝荣虽云乐,夕弊理自因。"桓伟《兰亭诗》:"主人虽无怀,应物贵有尚。宣尼邀沂津,萧然心神王。数子各言志,曾生发清唱。今我欣斯游,愠情亦暂畅。"不再一一罗列了,这些诗的共同特点在于:其一,富于色彩感地描述了兰亭的自然山水景观,如"松竹挺岩崖,幽涧激清流""丹崖耸立,葩藻映林。绿水扬波,载浮载沉"等等,均十分清新幽丽。其二,表述了寄志山水进而获得超越的情怀,如"散怀山水,萧然忘羁"。其三,生发出玄学思想。如谢安"万殊混一理,安复觉彭殇",这和王序"固知一死生为虚诞,齐彭殇为妄作"的思想是一致的。又如叟友《兰亭诗》:"驰心域表,寥寥远迈。理感则一,冥然斯会。"形成了前记山水,后述乡思的诗歌模式。

自兰亭诗会后,六朝的文学聚会活动迭出。例如刘义庆与袁淑、陆展、何长瑜、鲍照等人时为相聚,"并为辞章之美"。由齐竟陵王萧子良所网罗,以沈约为代表的"竟陵八友",是一个文学家、诗人群体,又是一个文人学术团体,因此又称为西邸文人集团。对此,可谓史不绝书。《南齐书·何昌寓传》:"永明元年,竟陵王子良表置友、学官,以昌寓为竟陵王文学。"《梁书·王亮传》:"齐竟陵王子良开西邸,延才俊以为士林馆,使工图画其像,亮亦预焉。"《梁书·宗夬传》:"齐司徒竟陵王集学士于西邸,并见图画,夬亦预焉。"唐封演《封氏闻见记》也写道:时干融、刘绘、范云之徒,皆称才子,慕而扇之,由是远近文学转相祖述,而声韵之道大行。"他们开展了一系列颇有生气的文学活动。《南史》卷五九曾载:"竟陵王子良尝夜集学士,刻烛为诗,四韵者则刻一寸,以此为率。文琰曰:'顿烧一寸烛而成四韵诗,何难之有?'乃与令楷、江洪等共打铜钵立韵,响灭则诗成,皆可观览。"可见,凡有所长者,均被竟陵王所尽行网罗,推助了整个六朝文学的发展。

总体而言,六朝时期的文学社交社团活动,有这样几个特点:一是具有家族性、亲族性特征,其最先者是谢氏乌衣之游。二是某些文学社团跟政治有一定的联系,最典型的是竟陵八友。士族文学集团总是游走在政治和文学之间。三是带来了文学和美学的繁荣。据《隋书·经籍志》记载,琅邪王氏二十人有文集，陈郡谢氏十二人有文集。真正是人人怀荆川之玉，家家抱龙蛇之珠，一派繁荣兴旺景象。《梁书·刘孝绰传》言"孝绰兄弟及群从诸子侄，当时有七十人，并能属文，近古未之有也"。

第三节　文学教育

　　六朝时期的文学教育经历了从家庭、家族教育到政府教育和社会教育的历程。宋文帝元嘉十五年立文学馆，宋明帝泰始六年在总明观设文学部，文学教育和管理已走向官方化，社会的教育体制发生重大变革，促进了文学教育事业的发展，具有规模效应和深远影响，有力推进了文学事业进程。而较早推动六朝文学教育事业发展的，则是王、谢等南渡世家大族，例如谢氏家族的乌衣之游。

　　乌衣之游的文学活动，有着鲜明的六朝世家大族的文化色彩。为了维持家族体系、繁荣家族文化、延续家族历史，六朝门阀士族经常举行各种游赏活动，营造良好的文化环境，培育家族文化传人。《世说新语·言语》载："谢太傅问诸子侄：'子弟亦何预人事，而正欲使其佳？'诸人莫有言者。车骑答曰：'譬如芝兰玉树，欲使其生于阶庭耳。'"这里所谓"生于阶庭"，就是指要让子弟生长在一个良好的家庭文化环境中，这是谢氏第一代家族核心人物的殷切期望。《世说新语·德行》记载："谢公夫人教儿，问太傅：'那得初不见君教儿？'答曰：'我常自教儿。'"可见当时对子女教育的重视。而在当时人们看来，文学活动无疑是实现此种愿望的便宜途径，谢安率先践行。《雅量》记"谢太傅盘桓东山时"，"安元居会稽，与支道林、王羲之、许询共游处，出则渔弋山水，入则谈说属文，未尝有处世意也"。

　　《世说新语》中有不少关于谢氏家族文化、文学教育的记载。如《言语》篇记载：

　　　　谢太傅寒雪日内集，与儿女讲论文义，俄而雪骤，公欣然曰："白雪纷纷何所似？"兄子胡儿曰："撒盐空中差可拟。"兄女曰："未若柳絮因风起。"公大笑乐。即公大兄无奕女，左将军王凝之妻也。

这便是后人津津乐道的东晋才女谢道韫的故事。她的成功是用形象化的文学语言来表述下雪这一自然现象，和以盐做比喻，自有雅俗高低之分，这才令谢安"大笑乐"，暗示了一个文学的审美信息。

又如《文学》篇有云：

> 谢公因子弟集聚，问："《毛诗》何句最佳？"遏称曰："昔我往矣，杨柳依依。今我来思，雨雪霏霏。"公曰："訏谟定命，远犹辰告。"谓此句偏有雅人深致。

谢安在子弟面前称赏"訏谟定命，远犹辰告"二句，这不是单纯的文学鉴赏问题。"訏谟"二句，出自《诗经·大雅·抑》第二章："无竞维人，四方其训之。有觉德行，四国顺之。訏谟定命，远犹辰告；敬慎威仪，维民之则。"朱熹《诗集传》云："言天地之性人为贵，故能尽人道，则四方皆以为训。有觉德行，则四国皆顺从之。故必大其谟，定其命，远图时告，敬其威仪，然后可以为天下法也。"文中"雅人深致"的含义很深，就是要有远略深义，是一个关系人生宏旨的问题，这说明谢安看得更深更远。

经过长期的日常文学熏陶和教育，谢氏家族出现了一批批文学新星。《宋书·谢瞻传》云："年六岁，能属文，为《紫石英赞》《果然诗》，当时才士，莫不叹异。"《宋书·谢灵运传》云："灵运少好学，博览群书，文章之美，江左莫逮。"《宋书·谢庄传》云："年七岁，能属文，通《论语》。"《南齐书·谢朓传》云："朓少好学，有美名，文章清丽。"《梁书·谢举传》云："幼好学，能清言，与览齐名。举年十四，尝赠沈约五言诗，为约称赏。"可以看出，谢氏子孙在文学上的共同特点是少年早熟，才华横溢，聪明过人。他们的早慧是文化素质遗传和早期教育的体现。

当然，由于六朝时期士族享有社会政治特权，掌握话语权，他们的文学教育也存在着贵族化的倾向。

第二十三章 文学美学（发展历程）

第一节 东吴文学

东吴总体无文学，一是处于战争状态，二是吴国君主文化、文学修养不高，无怪乎曹丕当面嘲笑吴国使臣赵咨道："吴主颇知学乎？"这位文质彬彬的魏国之君显然瞧不起那位只知武功的吴王孙权。南宋词人辛弃疾《南乡子》词中所说的"生子当如孙仲谋"，是指武，而非指文。

东吴文化、艺术、文学的落后状况是在跟魏国的比较中表现出来的，但其实，它尚有一些文艺人才，例如风流倜傥、羽扇纶巾的周瑜。今人徐公持编著的《魏晋文学史》对吴国文学做了这样的评价："总体冷寂之中，亦有少数文士，出于一己爱好，发挥自身才力，从事文学创作，产生若干诗赋文章，为吴国文学点缀设采。主委作者有张纮、胡综、戴良、韦昭、华覈、薛综、薛莹、杨泉等。其中戴良、杨泉二人，文学贡献较大，尤应予注意。"可见，东吴文学的总状况是：大体无成，略有杰才，未现规模。

第二节 东晋文学

东晋文学之规模、堂庑、气象远逊西晋，这跟其偏安江左的格局庶几相关。东晋文学风格相殊于西晋，显得清和平淡，但它有高于自己时代的出类拔萃的文学现象，诸如盛极一时、形成中国诗歌新品的玄言诗，杰出的田园诗人陶渊明，志人、志怪小说的兴起。

陶渊明诗被重视起于唐宋（尤在宋），而在东晋，士族、贵族文学居于主导地位，陶诗不受重视，又加之陶渊明僻在浔阳乡下，当然就谈不上影响了。

小说中有志人小说《语林》。《世说新语》注引《续晋阳秋》曰："晋隆和中，河东裴启撰汉魏以来迄于今时言语应对之可称者，谓之《语林》，时人多好其事，文遂流行。"从"文遂流行"的描述中可见其在当时的影响。志怪小说则有干宝的《搜神记》，《晋书》本传记干宝"撰集古今神祇灵异人物变化，名为《搜神记》，凡三十卷"。

东晋文学最值得注意的是玄言诗及其盛衰历程。八王之乱，五马之奔，东晋朝廷建都建康，取得了安身立命之所，也带来了西晋之玄风。这使得晋代玄风没有出现断层，直接延续于东晋。西晋、东晋在社会风习上有其一致之处，从根本而言，是渡江所带来的，从总体上改变了建安以来的文学之风。对东晋文学，各家纷纷做出了评述。

沈约《宋书·谢灵运传论》说：

> 有晋中兴，玄风独振，为学穷于柱下，博物止乎七篇，驰骋文辞，义单乎此。自建武暨乎义熙，历载将百，虽缀响联辞，波属云委，莫不寄言上德，托意玄珠，道丽之辞，无闻焉尔。仲文始革孙、许之风，叔源大变太元之气。

这里的叔源即谢混，所谓"太元之气"则指玄言之风。檀道鸾曾描述玄言诗兴衰阶段：始于王弼、何晏，中经东晋郭璞、许询、孙绰推上高峰，而谢混为此画上句号，也改变了东晋文风。

刘勰《文心雕龙·时序》写道：

> 元皇中兴，披文建学，刘习礼吏而宠荣，景纯文敏而优擢。逮明帝秉哲，雅好文会，升储御极，孳孳讲艺，练情于诰策，振采于辞赋，庾以笔才逾亲，温以文思益厚，揄扬风流，亦彼时之汉武也。及成康促龄，穆哀短祚，简文勃兴，渊乎清峻，微言精理，函满玄席，淡思浓采，时洒文囿。至孝武不嗣，安恭已矣。其文史则有袁殷之曹，孙干之辈，虽才或浅深，珪璋足用。自中朝贵玄，江左称盛，因谈余气，流成文体。是以世极迍邅，而辞意夷泰，诗必柱下之旨归，赋乃漆园之义疏。

萧子显《南齐书·贾渊传》说：

>江左风味，盛道家之言，郭璞举其灵变，许询极其名理，仲文玄气，犹不尽除，谢混情新，得名未盛。颜、谢并起，乃各擅奇，休、鲍后出，咸亦标世。

以上论述，在基本见解上是一致的，他们概括了东晋文学的演变过程，实质上就是玄言诗由盛及衰的过程，是解读东晋文学的钥匙。东晋文学的集中体现是玄言诗，玄言诗在东晋是高峰亦是终结，终结者为殷仲文、谢混，尤以后者最为显著。谢混率领诸子侄们议文论诗，成一时之盛，对族子们进而对当时诗坛产生了重大影响。他的创新和诗风转捩贡献是结束玄言诗，走向山水诗。胡应麟《诗薮》说："叔源'景昃鸣禽夕，水木湛清华'，几与'池塘生春草''清晖能娱人'竞爽。"钟嵘《诗品》称谢混等人"务其清浅，殊得风流媚趣"。所惜他们才力苦弱，因此难以力挽诗风颓势。

第三节 刘宋文学

刘宋文学是六朝文学的重要时期，也是一个重大转折时期。它是古诗之终点、律诗之始点，形成了体制的重大改变。清代沈德潜的《说诗晬语》说："诗至于宋，性情渐隐，声色大开，诗运一转关也。康乐神工默运，明运廉俊无前，允称二妙。延年声价虽高，雕镂太高，不无沉闷。要其厚重处，古意犹存。"沈德潜关于刘宋诗风的见解着眼于声色之开，明确地认为刘宋是"诗运一转关"，这一发现至为重要，触及了六朝诗歌以至文学史的发展状况。

刘宋是六朝经济在调整恢复中走向繁荣发展的重要时期，而宋文帝在位期间成为刘宋的鼎盛时期，《南史·循吏传序》称宋文帝时期"家给人足"，"凡百户之乡，有市之邑，歌谣舞蹈，触处成群，盖宋世之极盛也"。宋文帝元嘉三十年间（424—453），不仅经济繁庶，而且文化、文学发展，别立文学馆，产生了元嘉文学三大家：谢灵运、颜延之、鲍照。宋明帝虽然阴险狠毒，但他注意提高文学的地位，泰始六年（470）立总明观，分儒、道、文、史、阴阳五部。裴子野《雕虫论》就曾写道："宋明帝博好文章，才思朗捷，常读书奏，号称七行俱下。每有祯祥，及幸宴集，辄陈诗展义，且以命朝臣。其戎士武夫，则托请不暇，固于课限，或买以应诏焉。

于是天下向风，人自藻饰，雕虫之艺，盛于时矣。"《文心雕龙·时序》写道："自宋武爱文……尔其缙绅之林，霞蔚而飙起。王袁联宗以龙章，颜谢重叶以风采。何范张沈之徒，亦不可胜也。"刘宋的文学思潮及其风习出现变化。

刘宋时的谢灵运、颜延之、鲍照三大家撑起了文学天地。钟嵘《诗品序》云："元嘉中，有谢灵运，才高词盛，富艳难踪，固已含跨刘郭，凌轹潘左。故知陈思为建安之杰，公干、仲宣为辅。陆机为太康之英，安仁景阳为辅。谢客为元嘉之雄，颜延年为辅。斯皆五言之冠冕，文词之命世也。"谢灵运在元嘉文学的首席地位，犹如建安之曹植、太康之陆机；颜延年则是仅次于谢灵运的元嘉文人；至于鲍照，明人陆时雍《诗镜总论》对其有高度评价，认为其"材力标举，凌厉当年，如五丁凿山，开人世之所未有"。

刘宋文学实现了山水诗的最终形成，山水诗成为独立的体式和描述方式，完成了诗歌由玄言化向审美化的根本转化，出现了"清水芙蓉"和"错彩镂金"相并存的艺术风格，"声色大开"体现了文学的"声色"也就是感性特征在刘宋时代被重视，成为该时代文学的根本特征。

谢灵运的诗作在当时形成了特有的体式，被称为"谢灵运体""谢康乐体"，可见其稳定和成熟。他的诗作在社会上产生了轰动效应，在唐代的影响也很大，唐代最著名的诗人李白、杜甫，都对谢灵运赞赏备至。李白《酬殷明佐见赠五云裘歌》云："顿惊谢康乐，诗兴生我衣。"谢诗成为他诗兴的启发点。杜甫则企盼着"思如陶谢手"[1]。宋代严羽则在《沧浪诗话》中说："谢灵运之诗，无一篇不佳。"

范晔的历史散文上承《史记》《汉书》，谢惠连、谢庄赋文则下启唐人。颜延之、傅亮具廊庙之风，谢灵运诗风在本体上仍属士族大家，有贵族风味，鲍照则反映了寒族士子的要求，其风味属于下层寒士。"诗至明远，已发露无余，李、杜、元、白皆从此出"[2]，是有深刻原因的。总的来说，刘宋在六朝文学史上的作用是改变东晋玄风，开一代新风，虽未能完成，但昭示了方向，使得萧齐文学家们在此基础上去实现风气转变。

---

[1] 杜甫：《江上值水如海势聊短述》。
[2] 何焯：《义门读书记》。

第四节 萧齐文学

萧齐的社会、经济继续得到发展,《南齐书·良政传序》描述道:"永明之世,十许年中,百姓无鸡鸣犬吠之警,都邑之盛,士女富逸,歌声舞节,袨服华妆,桃花绿水之间,秋月春风之下,盖以百数。"刘勰在《文心雕龙·时序》中对萧齐时代的文化盛况做了热情洋溢的描述和肯定:

> 暨皇齐驭宝,运集休明。太祖以圣武膺箓,高祖以睿文纂业,文帝以贰离含章,中宗以上哲兴运,并文明自天,缉遐景祚。今圣历方兴,文思光被;海岳降神,才英秀发。驭飞龙于天衢,驾骐骥于万里。经典礼章,跨周轹汉,唐虞之文,其鼎盛乎!

对本朝文业之赞,或有过溢之处,但萧齐特别是永明时代出现另一个文学繁荣期,却是不争的事实。这一繁荣景象的出现跟萧齐时代几代帝王的崇文有关。《南齐书》将萧齐文学划分三派,具体指出谢灵运、颜延之、鲍照元嘉三大家,并指出他们各自的优点和缺点,萧齐文学正是在此基础上发展和规避,从而形成新的文学形态和形式。

竟陵八友的出现,永明体的产生,都是萧齐文学的重要体现。永明声律的发现和规范,是对中国声律学的重大整合,开唐人律诗之先河。

萧齐文学另一个需要提起的重要内容是市井化文学的出现。雅声衰落郑声兴,已成为不可抗拒的社会、文化现象。裴子野《宋略》言整个社会情景云:"王侯将相,歌伎填室;鸿商富贾,舞女成群。竞相夸大,互有争夺",这是从传统、典正的观点所做的评价,却透出当时的社会文化状况。

风气渐变,并及文林。郭茂倩《乐府诗集》卷六一论《杂曲歌辞》:"自晋迁江左,下逮隋唐,德泽寝微,风化不竞,去圣逾远,繁音日滋,艳曲兴于南朝,胡音生于北俗,哀淫靡曼之辞,迭作并起,流而忘反,以至陵夷。原其所由,盖不能制雅乐以相变,大抵多溺于郑卫,由是新声炽而雅音废矣。"这一文学风习的出现从根本上改变了萧齐乃至六朝的文学风习,是其走向平民化、浮靡化的必然过程。正因为有了这样的社会、文化基础,才会出现后来的宫体诗。

第五节　萧梁文学

萧梁时代把六朝文学进一步推进，成为一个文学鼎盛时期。《梁书·武帝纪》说："自江左以来，年逾二百，文物之盛，独美于兹。"《南史·文学传序》写道：

> 自中原沸腾，五马南渡，缀文之士，无乏于时。降及梁朝，其流弥盛。盖由时主儒雅，笃好文章，故才秀之士，焕乎俱集。于时武帝每所临幸，辄命群臣赋诗，其文之善者赐以金帛。是以缙绅之士，咸知自励。

萧梁文学理论的成就最高，产生了跨齐梁的刘勰的《文心雕龙》、钟嵘的《诗品》。同时产生了一批诗文作家，产生了《文选》这样的稀世之著。

《文选》是我国第一部文学选集，卷帙浩繁，收录广泛。它是六朝文学摆脱东汉经学走向独立的重要显示和重要标志，从文学结集的角度体现了六朝文学的自觉。它开创了"选学"的新阶段，从此，一门独立的"选学"出现了。

《文选》的主编者是昭明太子萧统，因此《文选》又名《昭明文选》。《梁书》《南史》《隋书》《旧唐书》《新唐书》等史书均有所记。此外参加选编工作的还有刘勰、刘孝绰等多人。

《文选》共三十卷，选录先秦至萧梁时的作家一百三十人，七百多篇作品。它以文体作为分类依据，共分三十七体，包括赋、诗、骚、诏、令、教、策文、笺、奏记、书、檄、对问、设论、颂、赞、箴、铭、诔、哀、碑文、墓志、行状、吊文、祭文等，是一个涉及各类文体的集成体，可谓一网打尽。各类文体作品之排列，又以时代为序次，有着严密的体例安排。就文体学而言，《文体》也有重大贡献。曹丕提出四体，陆机提出八体，《文选》则提出三十七体，尽管尚有琐细的弱点，但细密的分类体现了文体观念的深入，也反映了文体辨析水平的提高。总的来说，《文选》体现了六朝特别是齐梁时代精神产品细密化的趋势，这是六朝文化、文学的一个重要特点。

《文选》因为有如此众多的作家、作品，如此细密的文体分类，展现了其文化的存量大，同时，又因为体现了萧统独特的选编思想，故文化涵量也高。其选录标准，集中体现为萧统《文选序》所说的："若其赞论之综缉辞采，序述之错比文华。事出于沉思，义归乎翰藻，故与夫篇什，杂而集之。"这一选录标准的确立为解阐《文选》提供了门径。清人阮元《书昭明太子文选序后》说道："昭明所选，名之曰'文'，盖必文而后选也，非文则不选也。经也，子也，史也，皆不可专名之为文也。故《昭明文选序》后三段特明其不选之故。必沉思翰藻，始名之为文，始以入选也。"这就是说，要能入"文选"，始应有"文"，而"文"则为"沉思翰藻"，"沉思"是指作者有深切的感受、深长的思索，不是浮略表层，因而有着深刻的文化内涵；"翰藻"则是指文采、色彩，它体现了六朝文学的时代要求和审美标准。有些似乎令人不可思议的作品未能入选，其原因可以从此找出。更重要的是按照这个标准，《文选》选录了大量重要的作品，包括精品力作，视域既广且宽，为后人研究从先秦到齐梁的漫长文学史提供了大量丰富的作品，而且反映了这一文学史的发展过程，成为权威性的资料。范文澜在《中国通史》第二册中说："《文选》取文，上起周代，下迄梁朝。七八百年间各种重要文体和它们的变化，大致具备，固然好的文章未必全得入选，但入选的文章却都经过严格的衡量，可以说，萧统以前，文章的英华，基本上总结在《文选》一书里。"

《文选》在文献学、文体学、文学史等方面都具有极高的地位。中国文化史上就某一部书的研究而形成一门学问的，最早的是"文选学"，这足以体现其价值和地位了。

第六节　陈代文学

近人刘师培在《中国中古文学史》中对陈代文学有很高的评价，他说："陈代开国之初，承梁季之乱，文学渐衰，然世祖以来，渐崇文学。后主在东宫，汲引文士，如恐不及，及践帝位，尤尚文章，故后妃宗室，莫不竞为文词。又开国功臣如侯安都、孙玚、徐敬成，均结纳文士。而李爽之流，以文会友，极一时之选。故文学复昌，迄于亡国。"陈后主是宫廷文学的代表领袖，他把宫体文学、浮艳诗风推向了顶峰，《南史·陈本纪下》写道：

> 后主愈骄，不虞外难，荒于酒色，不恤政事，左右嬖佞珥貂者五十人，妇人美貌丽服巧态以从者千余人。常使张贵妃、孔贵人

等八人夹坐，江总、孔范等十人预宴，号曰"狎客"。先令八妇人
襞采笺，制五言诗，十客一时继和，迟则罚酒。君臣酣饮，从夕达
旦，以此为常。

宫廷中形成了一个文学圈子，产生了《玉树后庭花》《临春乐》等，把文学的感性特征推至极致。《陈书·徐伯阳传》描述了陈代文学的盛况："太建初，中记室李爽、记室张正见、左民郎贺彻、学士阮卓、黄门郎萧诠、三公郎王由礼、处士马枢、记室祖孙登、比部贺循、长史刘删等为文会之友，后有蔡凝、刘助、陈暄、孔范亦预焉，皆一时之士也。游宴赋诗，勒成卷轴，伯阳为其集序，盛传于世。"但是，盛中隐含着衰。《南史·文学传序》认为："至有陈受命，运接乱离，虽加奖励，而向时之风流息矣……岂金陵之数将终三百年乎？不然，何至是也！"陈代因为短命而亡，却又盛行文艺，遂形成了亡国之君多文艺的结论。历史的事实确是如此，如陈后主，如李后主，如宋徽宗，但历史的运行规律却并非如此。

陈代以及梁代有一股未被靡靡之风所浸染的诗风，或者说它与梁陈诗风并存着。它形成了六朝阴柔纤细的诗歌形态，未被宫体所淹没，进而发展了六朝诗的精致化、阴柔化形态，从而最具有风格化特征。它最终体现为六朝人的文化、审美心理结构，晶莹圆润，细腻敏感，并沉淀到唐宋人中去了。但它那过于精致、纤巧的特征又限制着诗的潜能的更大发挥，因而缺乏更多的意味和内涵。这一切都在为即将到来的新变准备着条件。

"三百年间同晓梦，钟山何处有龙盘？"人们总是迷惑地看着走马灯似更迭，却又创造出灿烂文明、文化、文学的六朝。六朝将尽，新代将至，人们以各种方式预感着新时代的到来，不管它是自然节候的，还是社会历史的。王衡《宿郊外晓作诗》云："残星落檐外，余月罢窗东。"晓星已现，余月落窗，晨曦、旭日即将来临。薛道衡《岁穷应教诗》写道："故年随夜尽，初春逐晓生。"六朝作为先声和准备，它所提供的是"残星""余月"，它呈现于前，于是便有那霞铺东天、灿烂辉煌的新时代的到来。

第二十四章 文学美学（诗歌门类）

第一节 郭璞

横跨两代的诗人郭璞体现了魏晋时代人的素质的重要特征：知识渊厚、识见高远；既好古文奇字，又懂阴阳卜筮；还注释过《尔雅》《山海经》《楚辞》等。郭璞是随晋室南渡的作家，对于西晋灭亡有切肤之痛，后因反对王敦谋反，被杀，年仅四十九岁。郭璞诗传二十二首，其中十四首为游仙诗，其诗美成就亦在游仙诗域。深厚的知识素养为郭璞游仙诗的审美创作提供了坚实而宽泛的文化基础，而他独特的经历又左右了游仙诗的审美目的性趋向。

一、游仙诗的基本现象

游仙诗的基本品格是源于现实而又超越现实，其审美创作的动因有两大分支。一大分支是对现实的腾飞，以到达仙都神域，使人的生命得以永存。《文选》李善注云："滓秽尘网，锱铢缨绂，餐霞倒景，饵玉玄都。"这类游仙诗构想虚幻空间是为着求得人的有限生命得以突破，至于无限。这是生命的替代方式，也是生命的延续方式，有着鲜明的生命文化意识。例如《远游》："贵真人之休德兮，美往世之登仙。与化去而不见兮，名声著而日延。……仍羽人于丹丘兮，留不死之旧乡。"以诗的形式对中国文化普遍的生命主题做艺术表现和揭示。生命意识是人的主体意识和理性意识，是返身自认的产物，因而成为人的一种企求。汉乐府《长歌行》云："仙人骑白鹿，发短耳何长，导我上太华，揽芝获赤幢。来到主人门，奉药一玉箱。主人服此药，身体日康强，发白复更黑，延年寿命长。"生命由人世进入仙界，便得以永存。这一分支是游仙诗的基本形态，也是本体形态，所谓的"列仙之趣"，属于纯游仙之作。另一分支则是"坎壈咏怀"，人生的坎坷经历通过游仙方式获得抒泄，是一种借替形式。郭璞游仙诗属于此一分支。钟嵘《诗品》云："晋弘农太守郭璞，宪章潘岳，文体相辉，彪炳可玩。始变永嘉平淡之体，故称中兴第一。翰林以为诗首。但游仙之作，词多慷慨，乖远玄宗。其云'奈何虎豹姿'，又云'戢翼栖榛梗'，乃是坎壈咏怀，非列仙之趣也。"陈祚明《采菽堂古诗选》明确认为，郭璞"《游仙》之作，明属寄托之词"。何焯《义门读书记》也认为，郭璞游仙诗"盖自伤坎壈，不成匡济，寓旨怀生，用以写郁"，通过游仙来寄托自身的情志和愿望，抒泄内心的郁闷。他的游仙诗有着比较强烈的现实动因，不同于规范意义上的游仙诗，不是把赤松子、王乔等作为直接的咏歌对象，而是从现实到游仙，例如："时变感人思，已秋复愿夏""遐邈冥茫中，俯视令人哀""朱门何足荣，未若托蓬莱""啸傲遗世罗，纵情在独往""清源无增澜，安得运吞舟。珪璋虽特达，明月难暗投"等。

郭璞作为西晋灭亡的亲历者，深怀悲痛和忧虑，从他的四言诗《答贾九州愁诗》可以看出他忧世的思想心态："顾瞻中宇，一朝分崩。天纲既紊，浮鲵横腾"，天崩地坼的中原局势深深地压抑着诗人的心灵。他怀着收复中原的中兴愿望，翘首西望，神情激荡，"运首北眷，邈哉华恒。虽欲凌霄，矫翮靡登。俯惧潜机，仰虑飞罾。惟其崄哀，艰辛备曾。庶晞河清，混焉未澄"。然而，独臂难撑大厦，无法挽狂澜于既倒，面对现实状况，他陷入无可奈何之中，发出无能为力的慨叹，"未若遗荣，闷情丘壑。逍遥永年，抽簪收发"。不满、愤慨、悲哀构成郭璞情感的三弦曲。郭璞由此升腾起游仙之想。郭璞游仙诗的隐逸情调较浓，仙域实际上成为隐居的替代境界。这就赋予了游仙诗以独特的内涵，为后代的游仙诗创造了某种形态机制。例如他的《游仙诗》（其一）：

> 京华游侠窟，山林隐遁栖。朱门何足荣，未若托蓬莱。临源挹清波，陵冈掇丹荑。灵溪可潜盘，安事登云梯。漆园有傲吏，莱氏有逸妻。进则保龙见，退为触藩羝。高蹈风尘外，长揖谢夷齐。

"京华"与"山林"对举，指出它们分别为游侠与隐士所居之地，何绰评点《文选》指出："以京华山林并起，见仙即是山林客，非迂怪之谈也。"

诗人明确否定了朱门的豪华与富贵，表示不如托身于蓬莱之间。隐居生活是散淡而自在的，可以到水源处饮清波，又可以到山冈上采食赤芝草。在诗中，诗人借"灵溪"之地名来暗示隐居之地，李善《文选》注引《荆州记》云："大城西九里有灵溪水。"既然灵溪可以隐居，那又何必登天问仙呢？这就揭示出郭璞游仙诗的本体性内涵。他称颂漆园傲吏庄子、老莱之妻不为荣利所动，正如《晋书》本传所云："璞……乃著《客傲》。其辞曰：'……若乃庄周偃蹇于漆园，老莱婆娑于林窟……吾不能几韵于数贤，故寂然玩此员策与智骨。'""进则保龙见"，所谓"龙见"，据《易·乾卦》云："九二，见龙在田，利见大人。"王弼注："出潜离隐故曰见龙，处于地上故曰在田。德施周普，居中不偏，虽非君位，君之德之。""退为触蕃羝"，据《易·大壮》云："上穴，羝羊触藩，不能退，不能遂，无攸利，艰则吉。"诗人表示要"高蹈风尘外"，即要比孤竹君二子伯夷、叔齐走得更远，隐遁得更深。

郭璞的游仙诗并不显得轻松而飘逸，常怀为世所遗而自己终不得不遗世以寻求精神栖居的失落情绪和感伤主义情调，例如《游仙诗》（其五）：

逸翮思拂霄，迅足羡远游。清源无增澜，安得运吞舟？珪璋虽特达，明月难暗投。潜颍怨青阳，陵苕哀素秋。悲来恻丹心，零泪缘缨流。

双翅轻逸意欲腾飞云霄，双脚迅疾希望远游他方，然而清水源中若无层层波澜，又怎能运载起吞鱼之舟？常怀明珠暗投之悲慨和哀怨之气，悲哀袭来，内心不免恻恻，眼泪沿缨而下。全诗表达的是传统的士不遇感，沉重而伤情。

郭璞游仙诗的审美动因又源于时间流逝意识，这是更深沉的生命意识。郭璞和魏、晋、六朝时的其他诗人一样体认到自身自然生命的有限，他们不寄托于死后灵魂再度重现，而是寄托于此身生命的延续，于是他们的游仙诗便跨越了现实生命的限制，无限地增加生命的刻度和年轮。这是游仙诗的重要主题，如郭璞《游仙诗》（其四）写道：

六龙安可顿？运流有代谢。时变感人思，已秋复愿夏。淮海变微禽，吾生独不化。虽欲腾丹溪，云螭非我驾。愧无鲁阳德，回日向三舍。临川哀年迈，抚心独悲吒。

全诗充满对时光流逝的无奈感，"虽欲腾丹溪"，却"云螭非我驾"，他深愧自己没有鲁阳挥戈驱日之本领，六龙驾日无法停顿。"运流有代谢"，时光流逝有既定方向，但诗人企图倒转过来："已秋复愿夏。"时光倒流，这是不可能的，于是"时变感人思"。而渐近年衰，他不禁黯然神伤："临川哀年迈，抚心独悲吒。"

对世事的愤懑、士不遇的失落、时间意识构成郭璞的情感发因。在魏、晋、六朝，这些情感内容有较为一致之处，但情感流向不同，或如阮籍发为咏怀诗，或如左思发为咏史诗，而郭璞则发为游仙诗，例如他的《游仙诗》（其二）写道：

> 青溪千余仞，中有一道士。云生梁栋间，风出窗户里。借问此何谁？云是鬼谷子。翘迹企颍阳，临河思洗耳。阊阖西南来，潜波涣鳞起。灵妃顾我笑，粲然启玉齿。蹇修时不存，要之将谁使？

诗人所言青溪，指青溪山。郭璞曾任临沮（今湖北远安）县令，青溪山在临沮境内。《荆州记》曾对青溪的山水做过这样的描述："稠木旁出，凌空交合，危楼倾崖，恒有落势。""山东有泉，泉侧有道士精舍。"在这样依山傍水的精舍里，居住着谁呢？"云是鬼谷子"。相传战国时豪士王诩，隐于鬼谷，名鬼谷子。鬼谷子居住的精舍十分漂亮："云生梁栋间，风出窗户里。"白云从梁栋间飘飞出，风声从窗户里传出。诗人由青溪之水联想到唐尧时高士许由临流洗耳的故事，怀追步许由之意。随后，阊阖之风从西南而来，水面泛起鱼鳞般水纹，"灵妃顾我笑，粲然启玉齿"，那个被屈原《离骚》所歌咏、被曹植《洛神赋》所赞美的灵妃出现了，她启开玉齿对着诗人粲然一笑，诗人不禁为之动情，但虽然诗人亦有意，却无人作伐，终觉渺茫，"蹇修时不存，要之将谁使？"

郭璞的诗还表现出对神都仙界中奇草灵液的执意寻求，如《游仙诗》（其七）曰：

> 晦朔如循环，月盈已复魄。蓐收清西陆，朱羲将由白。寒露拂陵苕，女萝辞松柏。蕣荣不终朝，蜉蝣岂见夕？圆丘有奇草，钟山出灵液。王孙列八珍，安期炼五石。长揖当涂人，去来山林客。

企求奇草仙液，正反映了游仙诗的重要主题——延年益寿，从而也就反映了魏晋时人炼丹服食的现实要求。

二、游仙诗的审美特征

郭璞所置身的文学审美环境正是玄言诗处于高峰的时期，就郭璞的游仙诗而言，其思想内核，部分来自玄学，《世说新语·文学》就注引檀道鸾《续晋阳秋》言其"会合道家之言而韵之"。玄言诗的基本特征是议论淹没了抒情，抽象取代了具象，而郭璞以游仙诗别开一路。钟嵘《诗品》称郭璞"游仙之作，词多慷慨"，"始变永嘉平淡之体，故称中兴第一"。刘勰《文心雕龙·才略》说："景纯艳逸，足冠中兴，《郊赋》既穆穆以大观，仙诗亦飘飘而凌云矣。"这正是对郭璞游仙诗审美特征和美学史地位的恰当评价。

我们首先把握的是郭璞作为审美个体的素质，《世说新语·文学》载道：

> 郭景纯诗云："林无静树，川无停流。"阮孚云："泓峥萧瑟，实不可言，每读此文，辄觉神超形越。"

郭璞的这两句诗从哲理上体认，表现了动的哲学，"林无静树，川无停流"，一切都处于运动和变化的状态之中，这是对物的本体状况的正确说明，所用的是动的观念而非静止的观念。这一哲学观点是杰出的，而他并没有出之以抽象的哲学语言，乃是进行几乎是审美化的描述，展现内含哲理的动人景象，产生了强烈的审美效应："每读此文，辄觉神超形越"，精神和形体出现超越，腾入审美意味之中，由此可以看出郭璞的美学素质。陈沆《诗比兴笺》云："景纯《游仙》，振响两晋"，可见郭璞的游仙诗有着显著的韵文学史地位。

郭璞游仙诗表现出鲜明的抒情性特征，而非流于理智化的语言表达，钟嵘言其"词多慷慨"，正是揭示其诗的抒情意味，即此一端，就可称之为"中兴第一"。由于其审美发因是"坎壈咏怀"，饱含自身的不遇经历而发为诗唱，故咏怀抑扬多情，例如："时变感人思，已秋复愿夏""遐邈冥茫中，俯视令人哀""潜颖怨青阳，陵苕哀素秋。悲来恻丹心，零泪缘缨流"等。这些诗句充溢着"感""思""哀""怨""悲""恻""泪"等动人心境的词眼，显示出诗的抒情氛围。

郭璞诗中，审美的形象描述显然迥异于玄言诗的理念表现，所构合的是一个形象隽永而缤纷多姿的世界，这一审美特征是因其历史具体环境而获得相应地位的。本来，形象的具体性是美学的基本特征也是外观特征，但当时的文学整体处在玄学氛围内，在"平典似道德经"，重视语言的理化表达而忽视具象艺术描述的诗学环境中，只有郭璞内含玄学意味的游仙诗充分地描述和塑造了形象世界，其历史地位也就因此奠定了。《游仙诗》（其三）写道：

> 翡翠戏兰苕，容色更相鲜。绿萝结高林，蒙茏盖一山。中有冥寂士，静啸抚清弦。放情凌霄外，嚼蕊挹飞泉。赤松临上游，驾鸿乘紫烟。左挹浮丘袖，右拍洪崖肩。借问蜉蝣辈，宁知龟鹤年。

这可以说是诗画相配、人景相生的形象境域，将游仙世界描述得如此艳丽："翡翠戏兰苕，容色更相鲜"，鲜艳而富于色彩感。而仙界神域里绿色的萝蔓攀缘在高树上，那"蒙茏盖一山"的朦胧意象正有那仙域的氛围。诗人所写的仙界高人的形象也至为生动，静静啸傲，抚弄清弦，寄情于云外，嚼花蕊饮清泉，驾飞鸿乘紫蹈烟游，通身仙气又神力无边，"左挹浮丘袖，右拍洪崖肩"，形象硕大无朋。这首诗充分显示了郭璞游仙诗具形象感、画面感的审美特征。

郭璞游仙诗还创造了虚无缥缈的艺术世界和逸气四溢的艺术氛围。人神相合、飞升天际，游仙诗的思维是以打破现实、人间与非人间的界限为前提的，这样，其所创造的艺术世界就飘忽不定，增添了诱惑人心的审美力量，诱发人们精神升腾和陶醉神往，具有心理牵引力和暗示性。郭璞《游仙诗》成功地完成了这一审美任务，例如他的《游仙诗》（其六）：

> 杂县寓鲁门，风暖将为灾。吞舟涌海底，高浪驾蓬莱。神仙排云出，但见金银台。陵阳挹丹溜，容成挥玉杯。姮娥扬妙音，洪崖领其颐。升降随长烟，飘飘戏九垓。奇龄迈五龙，千岁方婴孩。燕昭无灵气，汉武非仙才。

在海浪排涌的蓬莱仙境中，神仙们纷纷排云而出。金银台一起呈现，金光银彩，熠熠生辉。那上界的仙人"陵阳挹丹溜，容成挥玉杯"，嫦娥扬起她那美妙的歌喉，洪崖入神地颔首称道。长烟舒卷或升或降，轻悠悠地飘浮在九天之上。神仙们的寿命极长，千岁还仅能称为婴孩。诗人描述了一个充满仙气的世界。郭璞还在《游仙诗》（其九）中写道：

> 采药游名山，将以救年颓。呼吸玉滋液，妙气盈胸怀。登仙抚龙驷，迅驾乘奔雷。鳞裳逐电曜，云盖随风回。手顿羲和辔，足蹈阊阖开。东海犹蹄涔，昆仑蝼蚁堆。遐邈冥茫中，俯视令人哀。

这首诗描述的登仙域之情景极为舒展而开阔，想象力极为丰富。全诗的艺术逻辑十分显豁：采药为登仙之发因，登仙过程中驾着龙车，乘着奔雷，"鳞裳逐电曜，云盖随风回"，在天宇中任意驰骋，从而也幻化出多种多样的空中奇景，"手顿羲和辔，足蹈阊阖开"，十分动人。最后，诗人登临仙界俯视人寰，看到昆仑仅如蝼蚁之堆，又看到蝼蚁堆中出没的蜉蝣，不禁心情悲哀。整首诗以动人的描述为主体，结之以动情的抒发，"词多慷慨"，想象性和抒情性兼具，有很高的审美价值和内蕴的审美含义。

郭璞才高学博，通卜筮之学，为他的艺术审美思维提供了厚博的经验现象和驰骋想象的空间。他又深怀着坎壈经历，借游仙以咏怀，由此便规范了他游仙诗的抒情性特点。他的游仙诗是在仙界中获得心灵的安放和舒展，故寓坎壈咏怀于列仙之趣中，创造了游仙诗的另一种形态。刘熙载《艺概·诗概》曰："嵇叔夜、郭景纯皆亮节之士，虽《秋胡行》贵玄默之致，《游仙诗》假栖遁之言，而激烈悲愤，自在言外，乃知识曲宜听其真也。"这就使郭璞的游仙诗有了更多的审美内涵。刘勰把郭璞游仙诗的审美特征概括为"艳逸"二字，极为准确鲜明："艳"是色彩斑斓、形象陆离，"逸"是旨趣高远、与众不同。郭璞正是把两者融合在一起，整合为统一的审美特征。

何焯《义门读书记》认为："景纯游仙，当与屈子《远游》同旨。"郭璞游仙诗上承屈骚，下启李白。陈绎曾《诗谱》写道："郭璞构思险怪而造语精圆，三谢皆出于此，杜、李精奇处皆取此。"太白游仙境域的描述就得力于郭璞，以至某些意象都来自于郭璞的游仙诗，例如李白《梦游天姥吟留别》中的"青冥浩荡不见底，日月照耀金银台。霓为衣兮风为马，云之君兮纷纷而来下。虎鼓瑟兮鸾回车，仙之人兮列如麻"。因此可见，郭璞游仙诗总的史学地位就是：振响两晋，泽披盛唐。

第二节　陶渊明

陶渊明诗的审美水平无疑代表了东晋以至整个六朝的最高水平，在中国诗美学史上也只有少数几名诗人能与之并肩站在第一排。

陶渊明无疑是最能感应东晋以至六朝时代审美理想的诗人。他既目瞩着世事，却又远离于世事；他既有同时代人的审美意识，却又超越了他们；他既受到玄学的影响，却又摆脱了玄言诗的简单机制；他代表了东晋的诗审美学，却又昭示着整个中国诗审美的方向。

一、一个重要的审美现象

萧统在萧梁时代的美学氛围和环境中能作《陶渊明传》实属不易,从中可以看出他的审美眼光。萧统所作传中记载和描述了陶渊明的一些生活细节,使传主更富于感性色彩特征:

> 江州刺史王弘欲识之,不能致也。渊明尝往庐山,弘命渊明故人庞通之赍酒具于半道栗里之间邀之。渊明有脚疾,使一门生、二儿舁篮舆,既至,欣然便共饮酌。俄顷弘至,亦无迕也。先是颜延之为刘柳后军功曹,在浔阳与渊明情款,后为始安郡,经过浔阳,日造渊明饮焉,每往必酣饮致醉。弘欲邀延之坐,弥日不得。延之临去,留二万钱与渊明,渊明悉遣送酒家,稍就取酒。尝九月九日出宅边菊丛中坐,久之,满手把菊,忽值弘送酒至,即便就酌,醉而归。渊明不解音律,而蓄无弦琴一张,每酒适,辄抚弄以寄其意。贵贱造之者,有酒辄设。渊明若先醉,便语客:"我醉欲眠,卿可去。"其真率如此。郡将常候之,值其酿熟,取头上葛巾漉酒,漉毕,还复著之。

这是把握和理解陶渊明生活情趣、审美情调的最重要的材料。可以看出,他的嗜酒,正构成魏晋风度的生活内容之一;他真率,没有矫饰,没有造作,如果饮酒先醉,就对来人下逐客令:"我醉欲眠,卿可去。"陶渊明明明不解音律,却蓄有无弦琴一张,每喝酒到适意时,"辄抚弄以寄其意",这是一种很独特的生活行为,然而恰恰是审美行为:弹无弦琴,以自娱自适。何以能于"无弦"中听有声呢?关键不是审美工具和手段本身,而是主体的观念和审美意识。对于真正的审美者来说,最重要的也正是这一点。

元人李治《敬斋古今黈》说:"陶渊明读书不求甚解,又蓄素琴一张,弦索不具,曰:'但得琴中趣,何劳弦上声。'此二事正是此老得处,俗子不知,便谓渊明真不著意,此亦何足与语。不求解,则如勿读;不用声,则如勿蓄。盖不求甚解者,谓得意忘言,不若老生腐儒为章句细碎耳。'何劳弦上声'者,谓当时弦索偶不具,因之以为得趣,则初不在声,亦如孔子论乐于钟鼓之外耳。今观其平生诗文概可见矣。《答庞参军》云:'衡门之下,有琴有书,载弹载咏,爰得我娱。岂无他好,乐是幽居。'《归去来辞》云:'悦亲戚之情话,乐琴书以消忧。'《与子俨等疏》云:'少学琴书，偶爱闲静，开卷有得，便欣然忘食。'使果不求深解，不取弦上之声，则何为载弹载咏以自娱耶？何为乐以消其忧耶？何为自少学之，以至于欣然而忘食耶？痴人前不得说梦，若俗子辈，又乌知此老之所自得者哉！"

而陶渊明又何以会有如此匪夷所思的审美行为呢？是玄学精神的哺育。玄学的主题是"无"，王弼注《老子·四十章》云："天下之物，皆以有为生。有之所始，以无为本。将欲全有，必反于无也。"以无为本，无中生有，遂于无弦中听出有音，这才是得玄学之精髓。一般的玄学家或玄言诗人，或是言玄理，如王羲之《兰亭诗》："悠悠大象运，轮转无停际。陶化非吾匠，去来非吾制。宗统竟安在？即顺理自泰。有心未能悟，适足缠利害。未若任所遇，逍遥良辰会。"或是写景、抒情、言理组成三段式，遂形成固定模式，如孙绰《秋日》："萧瑟仲秋月，飙戾风云高。山居感时变，远客兴长谣。疏林积凉风，虚岫结凝霄。湛露洒庭林，密叶辞荣条。抚茵悲先落，攀松羡后凋。垂纶在林野，交情远市朝。淡然古怀心，濠上岂伊遥？"陶渊明不是浅表地借景兴端，表述某种玄理，而是将其化为一种观照事物的思维方式和审美方式，可以说，他化解了玄机。而且，他的诗中即使有玄言，也不是纯粹的哲理语言的移植或是浮表的玄言罗织，乃是经过自身的凝结与提炼所成的一种独特化的认知结晶，例如《饮酒二十首》之五中的"此中有真意，欲辨已忘言"，对言意这一六朝哲学中的重要问题做了富于深度的概括，把哲思融化为了诗意。

由此可以看出，玄学之于陶渊明是内在的，已化为玄机、玄意、玄理。蓄无弦琴的特殊行为方式作为一种审美现象，标志着陶渊明已登上了六朝玄言审美的高峰，并且摆脱了东晋时期一般玄言诗的弱点。

二、委运任化的审美态度

东晋时代玄佛的合一，改变并重新塑造出人们的审美态度，这就是静的体态与动的心态的结合——平静的外表下有着活跃的想象和灵机。僧肇《肇论》云："夫至人虚心冥照，理无不统。怀六合于胸中而灵鉴有余，镜万有于方寸而其神常虚。至能拔玄根于未始，即群动以静心，恬然渊默，妙契自然。"玄学之"静"与佛学之"寂"铸合为一种审美心理结构，它表现为不沾滞于物，而委运任化，超越有限，走向无限；审美主体与对象客体之间不存在阻碍，而是融为一片，和谐地汇合在一起，并获得新的生机与生命。

支遁就曾经这样描述道:"识清体顺,而不对于物;玄道冲济,与神情同任。"①在这样的精神氛围内,一种最符合中国人审美心态的观照方式诞生了。早在竹林玄学中,嵇康就写道:"目送归鸿,手挥五弦。俯仰自得,游心太玄。"②东晋时,王羲之说道:"争先非吾事,静照在忘求。"③王徽之《兰亭诗》写道:"散怀山水,萧然忘羁。"在对象中解脱了自身的一切羁绊,真正形成了跟对象的融洽与和谐。这些诗人,其审美心态还只是表现在对心态本身的体认上,而陶渊明则以具体的诗歌作品实现了这种心态表征,《读山海经》写道:

> 孟夏草木长,绕屋树扶疏。众鸟欣有托,吾亦爱吾庐。既耕亦已种,时还读我书。穷巷隔深辙,颇回故人车。欢然酌春酒,摘我园中蔬。微雨从东来,好风与之俱。泛览周王传,流观山海图。俯仰终宇宙,不乐复何如。

俯仰之间而得以遍游大千宇宙,这正是中国人所独有的宇宙观照意识。他是在一个自足的环境中获得身心愉畅的,"穷巷隔深辙,颇回故人车",所谓"深辙",就是与达官贵人间的深深间距,"穷巷"隔开了达官贵人,那些过去的老朋友也回车而去了,在这样一个与俗世隔绝、与老友疏远的环境之中,诗人身心得到极大满足。在夏天,草木生长繁茂,树林枝叶扶疏环绕着屋舍。群鸟有依托之所,诗人也深深喜爱着自己的草庐。虽然这是简陋的田居生活,但诗人的生活内容却十分丰富:"既耕亦已种,时还读我书。"物质和精神均得到满足。而且,摘取园中的蔬菜做下酒菜,"欢然酌春酒",何等舒适、惬意!他在大自然的好风雨中陶醉,所谓"微雨从东来,好风与之俱"。这是第一次由陶渊明通过诗的文学审美形式所表述出来的消融意识,委运任化,冥合化一,也是一种对自然对象所必具的审美态度。诗人不是作为客,而是作为主来看待大千世界,他与自然外物之间没有任何阻隔与黏滞,他已化为自然的分子和生机。这种生活境界、人生境界就是审美境界,这种审美境界不是任何人都能达到的,其前提是保持着与世俗利益的审美距离,没有功名利禄欲望,不为物累,不拘于物,随其自然,不为出处劳形,不因否泰忧心,顺应自然发展,这才是潇洒自由的真人生境界。这种人

---

① 慧皎:《高僧传·支遁传》。
② 嵇康:《赠秀才入军》。
③ 王羲之:《答许询诗》。

生境界在两晋诗人中除陶渊明外，无一人能够达到，因此也就无法达到这种审美境界。

三、生命美学意识的又一形式

生命意识是东汉以来的时代主题，是人自身理性认知萌发后所发生的，这一主题可以说为全社会的人所感应到并被人以不同的形式去表现。一种是刻石勒铭，撰文作论，记录生命的成就，以获得延缓自然生命的目的，使自然生命臻于不朽，这就是所谓的立铭、立言。例如曹丕《典论·论文》所说的文章"不朽之盛事"，"年寿有时而尽，荣乐止乎其身，二者必至之常期，未若文章之无穷"。《晋书·杜预传》云："预好为后世名，常言'高岸为谷，深谷为陵'，刻石为二碑，纪其勋绩，一沉万山之下，一立岘山之上，曰：'焉知此后不为陵谷乎！'"一种是对生命表现出极其敏锐的忧虑感，其代表是阮籍，他的八十二首大型五言组诗《咏怀》可以说是生命意识的集中体现："一身不自保，何况恋妻子""娱乐未终极，白日忽蹉跎""岂惜终憔悴，咏言著斯章""一日复一夕，一夕复一朝。颜色改平常，精神自损消。胸中怀汤火，变化故相招。万事无穷极，知谋苦不饶。但恐须臾间，魂气随风飘。终身履薄冰，谁知我心焦"，这种一夕数惊、欢无常在的恐惧感和忧伤感，正是魏晋悲惨世界才会发生的，其情感形式又正成为生命意识的美感形式。还有一种以陶渊明为代表，他的生命意识感的产生来自于三个方面。

第一个方面，他到中年以后常常回忆起自己的少年大志，壮志的少年心态与无成的中年现实之间出现反差，引起他的许多伤感。例如《饮酒二十首》（其四）云："少年罕人事，游好在六经。行行向不惑，淹留遂无成。竟抱固穷节，饥寒饱所更。敝庐交悲风，荒草没前庭。披褐守长夜，晨鸡不肯鸣。孟公不在兹，终以翳吾情。"《杂诗十二首》（其五）云："忆我少壮时，无乐自欣豫。猛志逸四海，骞翮思远翥。荏苒岁月颓，此心稍已去。值欢无复娱，每每多忧虑"，甚至"念此使人惧"。这是有志难骋所产生的生命忧伤感。

第二个方面来自于历史永存，大浪淘沙而人生短促的苍凉意识。这就是桓谭《新论·琴道》中所写的："高台既已倾，曲池又已平，坟墓生荆棘，狐兔穴其中。游儿牧竖，踯躅其足而歌其上，行人见之凄怆，曰：'孟尝君之尊贵，亦犹是乎！'"陶渊明的《归园田居五首》（其四）写道："久去山泽游，浪莽林野娱。试携子侄辈，披榛步荒墟。徘徊丘垄间，依依昔人居。井灶有遗处，桑竹残朽株。借问采薪者，此人皆焉如？薪者向我言，死没无复余。一世异朝市，此语真不虚。"历史的遗墟留给诗人的是那沉重的历史伤感和空无意识："人生似幻化，终当归空无。"

第三个方面是诗人对时间有着高度的敏感。《杂诗十二首》（其二）云："风来入房户，夜中枕席冷。"这是十分平常的气候现象，但对时间保持着高度敏感的诗人却"气变悟时易"，从气候变化中感悟到时间季节的变易，一个"悟"字正表明诗人之感觉所在。由于感觉敏锐而又深隽，他竟然"不眠知夕永"，"念此怀悲凄，终晓不能静"。

这三个方面在当时的诗人身上往往不能同时具备，但陶渊明却能兼得，这充分体现了陶渊明生命意识的丰富，更重要的是，陶渊明表现出了对生命的超越意识。这是一种对生命高度理性和清醒的意识，其被祁宽称为"辞情俱达，尤为精丽"①的《挽歌诗》写道：

  荒草何茫茫，白杨亦萧萧。严霜九月中，送我出远郊。四面无人居，高坟正嶕峣。马为仰天鸣，风为自萧条。幽室一已闭，千年不复朝。千年不复朝，贤达无奈何。向来相送人，各自还其家。亲戚或余悲，他人亦已歌。死去何所道，托体同山阿。

死了，形灭而神亦灭，"托体同山阿"，不过是寄身于山陇罢了，心志何其洒脱。又如其《形赠神》，先言对死亡的感伤："天地长不没，山川无改时。草木得常理，霜露荣悴之。谓人最灵智，独复不如兹。适见在世中，奄去靡归期。奚觉无一人，亲识岂相思？但余平生物，举目情凄洏。我无腾化术，必尔不复疑。愿君取吾言，得酒莫苟辞。"《影答形》云："身没名亦尽，念之五情热。立善有遗爱，胡可不自竭。酒云能消忧，方此讵不劣！"这些都没有形成生死上的真正解脱和超越。于是，《神释》道：

  三皇大圣人，今复在何处？彭祖寿永年，欲留不得住。老少同一死，贤愚无复数。日醉或能忘，将非促龄具？立善常所欣，谁当为汝誉？甚念伤吾生，正宜委运去。纵浪大化中，不喜亦不惧。应尽便须尽，无复独多虑。

---

① 李公焕：《笺注陶渊明集》。

死亡是"纵浪"于"大化"之中，是与"大化"冥化为一，是一种回归，因而他"不喜亦不惧"，从容赴死，淡定为之，何等超脱，这是对生死这一生命哲学中最根本问题的彻底参透。他的《五月旦作和戴主簿》亦写道："既来孰不去，人理固有终。居常待其尽，曲肱岂伤冲。迁化或夷险，肆志无窊隆。即事如已高，何必升华嵩。"

这里要提到的是陶渊明的饮酒。萧统《陶渊明集序》说，陶渊明的诗，篇篇都有酒，"吾观其意不在酒，亦寄酒为迹者也"。有时他饮酒抚琴，"清琴横床，浊酒半壶"①。有时他饮得颇为欢然，"或有数斗酒，闲饮自欢然"②。有时他在酒中陶醉，"挥兹一觞，陶然自乐"。有时他饮得孤独，《饮酒序》云："余闲居寡欢，兼比夜已长，偶有名酒，无夕不饮，顾影独尽。""欲言无予和，挥杯劝孤影。"③有时饮得忘乎所以，没有伦序，"父老杂乱言，觞酌失行次"④。有时又对生前未能饮足充满遗憾，"千秋万岁后，谁知荣与辱？但恨在世时，饮酒不得足"⑤。更重要的是，饮酒成了陶渊明生命意识的表现方式，他把酒命名为"忘忧物"，《饮酒二十首》（其七）云："泛此忘忧物，远我遗世情。"《己酉岁九月九日》中写道："浊酒且自陶。"在酒中获得心灵陶醉。酒能使抑郁的心情得到抒泄，能够"忘彼千载忧"。尽管阮籍也嗜于酒、醉于酒，但那是他逃避政治戕害的一种生存方式，沉醉六十日是为了拒绝与司马氏联姻，其醉酒是巨大的痛苦、悲愤，而陶渊明的醉于酒，是了悟人生、参透生命的一种意识显示。

四、田园诗美的开拓者

《诗经》中的一些篇什，东汉仲长统"使居有良田广宅，背山临流"，张衡《归田赋》"于是仲春令月，时和气清，原隰郁茂，百草滋荣。王雎鼓翼，鸧鹒哀鸣，交颈颉颃，关关嘤嘤。于焉逍遥，聊以娱情"，开中国田园文学之先河，而陶渊明彻底实现了田园生活的审美化。在六朝诗美学史上，陶渊明的贡献是把审美目光投向田园，谢灵运的贡献则是把目光投向山水，

---

① 陶渊明：《时运》。
② 陶渊明：《答庞参军》。
③ 陶渊明：《杂诗十二首》（其二）。
④ 陶渊明：《饮酒二十首》（其十四）。
⑤ 陶渊明：《拟挽歌辞三首》（一）。

推促了山水文学的审美化。他们的审美视域或感觉有较一致之处,但对象不同,因此审美的最终晶化物也就不同,一者为田园诗,一者为山水诗。其生活领域,一者为"归园田居",以田园为对象,一者为"始宁山墅"。

生活玉成了陶渊明,玉成了他的审美成就,这位靖节先生出任彭泽县令仅八十余天便因不愿"为五斗米折腰"而"归园田居"。他过着"夏日长抱饥,寒夜无被眠。造夕思鸡鸣,及晨愿乌迁"的生活,却因之成了田园诗美之宗。他有着"朝为灌园,夕偃蓬庐"的生存环境,《时运》及序对此做了审美性的动人描述。其序云:"时运,游暮春也。春服既成,景物斯和,偶影独游,欣慨交心。"这是对《论语》中所记孔子与弟子郊游的效仿。"迈迈时运,穆穆良朝",时光缓缓推移,春光温润和煦。"袭我春服,薄言东郊",着春服,游于郊野。"山涤余霭,宇暖微霄。有风自南,翼彼新苗",山峰上的余霭消失了,天宇间飘荡着轻轻的浮云,阵阵南风吹来,新苗起波像鸟的翅膀一样,"洋洋平泽,乃漱乃濯",在浩浩的水流中,任其漱濯。"邈邈遐景",动人的远景激荡着人们的欣悦情感,也吸引着人们的视线。"人亦有言,称心易足。挥兹一觞,陶然自乐",人们在酒意陶醉中,自得其乐。除序以外,他还写道:"延目中流,悠想清沂。童冠齐业,闲咏以归。我爱其静,寤寐交挥。但恨殊世,邈不可追。斯晨斯夕,言息其庐。花药分列,竹林翳如。清琴横床,浊酒半壶。黄唐莫逮,慨独在余。"足见其生活之悠闲。

在这样的生态环境中,陶渊明的心态彻底放松了,轻松了,是那样地舒坦、舒展,正如《庚戌岁九月中于西田获早稻》中写的:"四体诚乃疲,庶无异患干。盥濯息檐下,斗酒散襟颜。"这种心态正是审美心态。明人黄文焕《陶诗析义》认为这首诗是"看破世界之言,非阅世忧患后,不知此语之确。耕即有患馁而已,无意外之异也"。诗人寻求自身的心理抚慰,因而超然事外,心境处于审美状态中。

陶渊明有著名的《归园田居》组诗五首,是他田园诗美的代表作。他谈到了自己的少年个性,"少无适俗韵,性本爱丘山",本来就有着热爱田园山林自然的本性。但这种少年个性被社会扭曲了,"误落尘网中,一去三十年"。终于,他从尘网中挣脱出来,如同"羁鸟恋旧林,池鱼思故渊"一样回到大自然中。"开荒南野际,守拙归园田",他描述了动人的田园风光,透现出闲散恬适的心态。他有"方宅十余亩,草屋八九间。榆柳荫后檐,桃李罗堂前",榆树柳木栽植在屋后,浓荫如盖,郁郁葱葱;桃花李花盛开在屋前,灿如明霞。抬眼望去,"暧暧远人村,依依墟里烟",远村暮霭,袅袅炊烟,是一幅田家薄暮图。"狗吠深巷中,鸡鸣桑树颠",诚然表现了农家特有的景象,更体现了审美主体那种闲适的心理。宋代张戒就曾说:"渊明'狗吠深巷中,鸡鸣桑树颠',本以言郊居闲适之趣,非以咏田园。"它确实以富于生气和闲适的景象描述,反映了诗人归返自然后的心理状态,最后两句"久在樊笼里,复得返自然"便做了揭示。《归田园居》(其二)云:"野外罕人事,穷巷寡轮鞅。"诗人与外界处于一种隔离的状态,"白日掩荆扉,虚室绝尘想"。但是,他又并非与世隔绝,"时复墟里人,披草共来往",他们之间的共同话题是:"相见无杂言,但道桑麻长。"他们对农事表现出了深切的关注:"常恐霜霰至,零落同草莽。"可以看出诗人的田园生活状态。这组诗的"其三"更负盛名:"种豆南山下,草盛豆苗稀。晨兴理荒秽,带月荷锄归。道狭草木长,夕露沾我衣。衣沾不足惜,但使愿无违。"那"带月荷锄归",那"夕露沾我衣",是何等富于田园生活情趣!诗人辛劳耕作,露水沾衣也在所不惜,"但使愿无违",只要能够称了原先归园田居的心愿就行了。《饮酒二十首》(其五)又云:"结庐在人境,而无车马喧。问君何能尔?心远地自偏。采菊东篱下,悠然见南山。山气日夕佳,飞鸟相与还。此中有真意,欲辨已忘言。"《癸卯岁始春怀古田舍》亦云:"平畴交远风,良苗亦怀新。"诗人在这里寻找到了自己一生的真正归宿,因而对田园充满温馨感和归宿感,表现得悠然恬然,"采菊东篱下,悠然见南山"的行为就反映出其内心的悠闲状态。这种心态是农耕文明中生活节奏的反映,也是田园诗中所存在的审美心理节奏的反映。与之同时,这些诗所描述的田园风光的画面感很丰富,能调动起人们对田园生活的优美情感体验,而这又首先是由审美主体(诗人)所体验而得的。宋人苏轼《题渊明诗》认为:"非古之耦耕植杖者,不能道此语;非余之世农,亦不能识此语之妙也。"这就是说,陶渊明是以深切的体验来感受乡间田园风光的,因此从田园风光中感受到了特有的乐趣和愉悦情调,例如《诸人共游周家墓柏下》云:"今日天气佳,清吹与鸣弹。感彼柏下人,安得不为欢。清歌散新声,绿酒开芳颜。未知明日事,余襟良已殚。"他也感受到了田居中人与人之间关系的淳厚和温暖,如《移居二首》(其二)云:"春秋多佳日,登高赋新诗。过门更相呼,有酒斟酌之。农务各自归,闲暇辄相思。相思则披衣,言笑无厌时。"《饮酒二十首》(其九):"清晨闻叩门,倒裳往自开。问子为谁欤,田父有好怀。壶浆远见候,疑我与时乖。"这种人际关系的和谐正体现了心态的和谐。

有时,陶渊明诗中也表现和流露出茕茕子立的孤独感,如《饮酒序》写道:"余闲居寡欢,兼比夜已长,偶有名酒,无夕不饮,顾影独尽。"又如《时运序》写道:"偶影独游。"这种孤独感显现了陶渊明的部分情感世界,表现了他内心的痛楚,从而也就完整地描述出了他的自我形象。在田园生活中,陶渊明完成了从孤独到超脱的心理历程。《和郭主簿二首》(其一)写道:"蔼蔼堂前林,中夏贮清阴。凯风因时来,回飙开我襟。息交游闲业,卧起弄书琴。园蔬有余滋,旧谷犹储今。营己良有极,过足非所钦。春秫作美酒,酒熟吾自斟。弱子戏我侧,学语未成音。此事真复乐,聊用忘华簪。遥遥望白云,怀古一何深。"在树林的掩映下,生活一派宁静而有生机,自耕自足,自酿自饮,读书弄琴,看稚子咿呀学语,又充满着天伦之乐,诗人的心灵处于完全和谐自由的状态之中。

田园诗发萌于《诗经》,有《七月》《芣苢》,但那是集体群居生活的审美写照,陶渊明所开创的是个体的田园生活审美之路,因而也就更体现了审美的根本方式和根本特征,因为审美最终是以个体为圆心的。陶渊明作为田园诗美的开拓者,不仅按照生活的原有状貌、形态、节奏描述了田园风光,而且第一次表现出个体的田园园居心态和审美心态,他对于对象有着深切的体验,有着极强的切实感受,如同梁启超《陶渊明之文艺及品格》所说:"《归园田居》只是把他的实历感写出来,便成为最亲切有味之文"。陶渊明对田园风光、生活的感受及其感受能力是为别的田园诗派诗人所不可企及的,宋人许顗《彦周诗话》云:"陶彭泽诗,颜、谢、潘、陆皆不及者,以其平昔所行之事赋之于诗,无一点愧辞,所以能尔。"同时,他是借助田园诗来表现自我的,正如《元遗山诗集笺注》所说,"此翁岂作诗,直写胸中天",这正是陶诗的地位和贡献。

五、在平淡风格美中的深刻意味

古今论陶,均在一个"淡"字上,元好问《论诗三十首》(其四)论陶渊明诗"一语天然万古新,豪华落尽见真淳",确为的论。宋代叶梦得《玉涧杂书》写道:"陶渊明直是倾倒所有,借书于手,初不自知为语言文字也,此其所以不可及。"他是把自己内心所体验到的事象或感受,倾其所有,尽性发露,而不是用语言文字来表达的,这就使得他所描述和表达的获得了像生活本身那样的天然本色和性质,例如"有客赏我趣,每每顾林园""方宅十余亩,草屋八九间""暧暧远人村,依依墟里烟"等。他的这些描述,带有原生形态。在艺术创造过程中,陶渊明并不排斥审美的加工,只是他加工得没有任何痕迹罢了。惠洪《冷斋夜话》认为,陶渊明能达到这种境界是因为"大率才高意远,则所寓得其妙,造语精到之至,遂能如此,似大匠运斤,不见斧凿之痕"。明人王世贞《艺苑卮言》卷二说:"渊明托旨冲淡,其造语有极工者,乃大入思来,琢之使无痕迹耳。"这是大诗人的艺匠,给人以浑然不觉之感。

然而,陶诗在平淡风格美中有着深刻的意味,苏轼认为:"渊明作诗不多,然其诗质而实绮,癯而实腴。"①"初视若散缓,熟视有奇趣。"②陶渊明《移居二首》(其一):"昔欲居南村,非为卜其宅。闻多素心人,乐与数晨夕。怀此颇有年,今日从兹役。敝庐何必广,取足蔽床席。邻曲时时来,抗言谈在昔。奇文共欣赏,疑义相与析。"这首诗只是描述了移居南村及其与邻里交往的寻常情景,但其中汩汩流淌着多深多浓的人情!正因为陶诗意味淡而实浓,因此历代诗论家认为,读懂陶诗需有两个基本条件:一是要有一定的人生况味和生活阅历,黄庭坚《跋渊明诗卷》说:"血气方刚时读此诗,如嚼枯木。及绵历世事,知决定无所用智。"一是反复咀嚼,领会其中的蕴意。清人伍涵芬《读书乐趣》写道:"陶渊明诗语淡而味腴,和粹之气,悠然流露,最耐玩味……人初读,不觉其奇,渐咏则味渐出。"

陶渊明在诗美创造中善于将自己的情志对象化,如《和郭主簿二首》(其二)中的松、菊:"芳菊开林耀,青松冠岩列。怀此贞秀姿,卓为霜下杰。"以及《咏贫士》中的孤云、飞鸟,都有情感的移入,陈伟勋《酌雅诗话》说:"其寓情于菊者,正韩魏公所云晚节黄花之意。"

陶渊明在感应对象世界时有着细腻的审美感觉,《癸卯岁十二月中作与从弟敬远》描述雪景云:"倾耳无希声,在目皓已洁。"何等细微而传神,他不是平淡无奇地照搬生活中的所有物象,而是充分地发挥和运用了他那灵敏的审美感觉器官。

---

① 苏轼:《与苏辙书》。
② 胡仔:《苕溪渔隐丛话》前集卷四。

王国维《人间词话》曾以陶渊明的诗为例说明他自己的美学思想:"有有我之境,有无我之境……'采菊东篱下,悠然见南山''寒波淡淡起,白鸟悠悠下',无我之境也。有我之境,以我观物,故物皆著我之色彩;无我之境,以物观物,故不知何者为我,何者为物。古人为词,写有我之境者为多,然未始不能写无我之境,此在豪杰之士能自树立耳。"陶诗成为王氏阐释"无我之境"的典型材料,说明了陶诗极高的美学成就。

陶渊明《饮酒二十首》(其五)云:"心远地自偏。"心志高远,自然会远离嚣闹的俗世,寄身于偏远的地带,这是对他何以"归园田居"所做出的说明。同时,这句诗也可以用来说明他的审美:由于心高,他便与俗世产生了审美距离,这种距离是远距离,而这正是他的诗取得极高美学成就的本体性原因。

陶诗洗净西晋诗风之绮丽,摒却愤世之激越,脱尽玄言之窠臼,具有诗史转型地位,实现了真正意义上的文学审美。沈德潜《说诗晬语》言唐人王、孟、储、韦、柳"皆学陶焉而得其性",宋及宋后之苏轼等人受泽更深,陶渊明在中国美学史上的形象是愈来愈凸现起来的,这个过程正好反映了中国人对文学审美本体属性愈来愈深入的过程。

第三节 谢灵运

一、一位有着多方面才能和素质的悲剧性诗人

刘宋元嘉十年(433),一代奇才谢灵运在四十九岁的盛年被诬谋反罪而弃市广州。他临刑前作绝笔诗云:"龚胜无余生,李业有终尽。嵇公理既迫,霍生命亦殒。凄凄凌霜叶,网网冲风菌。邂逅竟几何,修短非所愍。送心自觉前,斯痛久已忍。恨我君子志,不获岩上泯。"这位谢家为防难养而送至钱塘(今浙江杭州)杜明师馆中寄养的"客儿",终难以寿考而死于非命,而他被杀的原因有多种。

一是卷入最高政治集团的斗争。谢灵运先是追随刘毅,"毅伏诛,高祖版为太尉参军,入为秘书丞"(本节引文除注明出处的外,均引自《宋书·谢灵运传》)。他给从弟谢瞻的《答中书诗》八章中表述了内在心态,

诗中写道:"聚散无期,乖仳易端。之子名扬,鄙夫忝官。素质成漆,巾褐惧兰。迁流推薄,云胡不叹。""嗟兹飘转,随流如萍。台岳崇观,僚士惟明。琐琐下陪,从公于征。溯江践汉,自徐徂荆。""契阔北京,劬劳西鄂。守官末局,年月已永。孰是疲劣,逢此多眚。厚颜既积,在志莫省。""在昔先师,任诚师天。刻意岂高,江海非闲。守道顺性,乐兹丘园。偕友之唱,敬悦在篇。霜露荏苒,日月如捐。相望式遄,言归言旋。"其中,老庄思想占据上风,退隐意识抬头,他希望在今后"守道顺性,乐兹丘园"。但后来他又上了"贼船",进入宋武帝刘裕次子刘义真的政治小圈子。刘义真其人志大才疏,颇有野心,"聪明爱文义,而轻动无德业。与陈郡谢灵运、琅邪颜延之、慧琳道人并周旋异常,云得志之日,以灵运、延之为宰相,慧琳为西豫州都督"[1],为未来的篡位活动预先封官许愿,但未及付诸实行,这个政治小团体就被拆散了,谢灵运被贬为永嘉太守。《宋书》本传记道:"少帝即位,权在大臣,灵运构扇异同,非毁执政。司徒徐羡之等患之,出为永嘉太守。"

二是恃才傲物,浮躁轻妄。谢灵运既无曾叔祖父谢安的从容名相风度,又无祖父谢玄的名将才能。他在始宁山墅并不安守本分,他要临海太守王琇"更进,琇不肯,灵运赠琇诗曰:'邦君难地险,旅客易山行。'""在会稽亦多徒众,惊动县邑。"他瞧不起事佛精恳的太守孟𫖮,曾当面奚落道:"得道应须慧业文人,升天当在灵运前,成佛必在灵运后。"尖酸刻薄,致使孟𫖮"深恨此言",与其结怨甚深。他要扩张回踵湖为田,宋文帝业已批准"令州郡履行",但孟𫖮"坚执不与"。谢灵运"又求始宁岯崲湖为田",𫖮又固执不给。两求皆不得,谢灵运"言论毁伤之,与𫖮遂构雠隙"。孟𫖮抓住"灵运横恣,百姓惊扰"的把柄,开始发难,"表其异志,发兵自防,露板上言",欲置之于死地。谢灵运"驰出京都,诣阙上表",宋文帝"知其见诬",没有治罪,也没有让他再回始宁,而是派为临川内史。但谢灵运没有吸取以前的教训,"在郡游牧,不异永嘉,为有司所纠",当他被逮捕时,又"兴兵叛逸",作反诗云:"韩亡子房奋,秦帝鲁连耻。本自江海人,忠义感君子。"后来,他被"追讨擒之",论刑当斩,"上爱其才,欲免官而已",但"彭城王义康坚执谓不宜恕",与帝达成妥

---

[1] 沈约:《宋书·刘义真传》。

协,将其发配广州。就是在他颇受文帝礼遇时,也表现出不自量力的自负,《宋书》本传言,谢灵运"自以名辈,才能应参时政",而"文帝唯以文义见接,每侍上宴,谈赏而已。王昙道、王华、殷景仁等,名位素不逾之,并见任遇",他为此而心怀不满,但他的功劳和政治才能以及跟宋文帝的亲密程度是无法跟王、殷等人相比并的,在宋文帝眼中,他充其量不过是文学侍从而已。

三是两朝更迭,谢灵运成了牺牲品。宋代晋,谢灵运便成了"旧时王谢堂前燕",乌衣巷的遗少。刘宋王朝建立后对前朝勋旧加以贬抑,他作为东晋名将、位封为公的谢玄后代便首当其冲,降而为侯,而他的心理还依旧沉沦在旧时的风光中,《赠从弟弘元时为中军功曹住京》就是这种心理的写照:"于穆冠族,肇自有姜。峻极诞灵,伊源降祥。贻厥不已,历代流光。迈矣夫子,允迪清芳。"但是,"君子之泽,五世而斩",他还死抱住过去的老皇历,以为还将有新的发扬,这就未免不识时务了。谢灵运对于新朝颇为奉承,在刘裕尚是宋公时,就已经把他捧为天子了,不能不说有"提前量",《九日从宋公戏马台集送孔令诗》就是明证:"季秋边朔苦,旅雁违霜雪。凄凄阻卉腓,皎皎寒潭絜。良辰感圣心,云旗兴暮节。鸣葭戾朱宫,兰卮献时哲。饯宴光有孚,和乐隆所缺。在宥天下理,吹万群方悦。归客遂海隅,脱冠谢朝列。弭棹薄枉渚,指景待乐阕。河流有急澜,浮骖无缓辙。岂伊川途念,宿心愧将别。彼美丘园道,喟焉伤薄劣。"他如此提前阿谀未来新朝的主子,却没有得到相应的报偿,反而在后代落下骂名,清人潘德舆《养一斋诗话》愤然怒斥道:"裕未即真,而瞻诗云:'圣心眷佳节。'灵运诗云:'良辰感圣心。'何其无耻而无忌也!"

这一切综合起来,谢灵运成为刘宋王朝的俎上肉便必定无疑了。这样,也就使得谢灵运的情绪处于躁乱、怫郁、激愤的状态,这无疑影响了他的审美活动和审美情绪。既然仕进受阻、进身乏路,新主子始终不赏脸,他便转而走向玄、佛、山水,这是他的生活之路必然走向审美之路的原因。《宋书》本传中的一段话揭示出了其中的因果关系:"(灵运)出守既不得志,遂肆意游遨,遍历诸县,动逾旬朔……所至辄为诗咏,以致其意焉。"这是谢灵运美学成就形成的总体社会实践原因。

就谢灵运的个体素质而言,他"幼便颖悟,玄甚异之,谓亲知曰:'我乃生瑍,瑍那得生灵运!'灵运少好学,博览群书,文章之美,江左莫逮"。虽然他早年丧父,但"从叔混特知爱之"。谢混所写《游西池》诗,被认为是开风气之先,改变玄言诗风、首倡山水诗风之作;谢混与族子们组织"乌衣之游",这些都给谢灵运日后的山水游赏以深刻影响。

谢灵运具有多方面的才华,他是园林美学家,又是史学家,"撰《晋书》,粗立条流";他擅长写文,赋、诔、铭、赞,样样皆精,一篇《山居赋》辞采飞扬;作为思想家,他写有《辨宗论》;作为翻译家,他翻译过佛典;而"灵运诗书皆兼独绝,每文竟,手自写之,文帝称为二宝"。可以说,他是一位文、史、哲、美皆通的全才。"根之茂者其实遂,膏之沃者其光晔"①,以渊深的学识文化素养为根基,谢灵运的美学趣味与众不同,有自己独到的审美情调、趋向。陈祚明《采菽堂古诗选》认为,谢灵运山水诗的美学成就在于:"善游者以游为学可也。""(谢)康乐情深于山水,故山游之作弥佳,他或不逮。抑亦登览所及,吞纳众奇,故诗愈工乎?龙门足迹遍天下,乃能作《史记》。子瞻海外之文益奇。"由此他才提出前面所说的结论。

总之,谢灵运是以深厚的学养和美学素质跃身刘宋和六朝诗坛,去创造动人的诗美的。

二、谢灵运山水诗的美学成就及其史的地位

谢灵运所置身的刘宋处于诗美学转型期中,处于诗的样式、体制由古体向律体转变的时期,其特征是逐渐摆脱玄言体,声色大开,走向诗的审美独立机制。明人陆时雍认为:"诗至于宋,古之终而律之始也。体制一变,便觉声色俱开。谢康乐鬼斧默运,其梓庆之鐻乎。颜延年代大匠斫而伤其手也。寸草茎能争三春色秀,乃知天然之趣远矣。"②谢灵运就是在这样的诗美学背景下参与了当时诗美的创造,并丰富了它的表现内容。

谢灵运的诗在当时就已倾动一时,颇有影响,其诗美的成就表现为审美主体深微的审美敏感,例如其著名的《登池上楼》所写:

> 潜虬媚幽姿,飞鸿响远音。薄霄愧云浮,栖川怍渊沉。进德智所拙,退耕力不任。徇禄及穷海,卧疴对空林。衾枕昧节候,褰开暂窥临。倾耳聆波澜,举目眺岖嵚。初景革绪风,新阳改故阴。池

---

① 韩愈:《答李翊书》。
② 陆时雍:《诗镜总论》。

塘生春草，园柳变鸣禽。祁祁伤豳歌，萋萋感楚吟。索居易永久，离群难处心。持操岂独古，无闷征在今。

此诗作于景平元年（423）初春，诗中最称名、流布最广的是"池塘生春草，园柳变鸣禽"两句。对这两句，谢灵运曾做过解释，《诗品》引《谢氏家录》云："康乐每对惠连，辄得佳语，后在永嘉西堂，思诗竟日不就。寤寐间，忽见惠连，即成'池塘生春草'。故尝云：'此语有神助，非吾语也。'"谢灵运把这两句所得，归结于"神助"，按照现代科学观念，就是灵感思维突然爆发，思维所得在梦境中产生，这确实表现了审美中的思维现象，但谢灵运也正因为这两句诗而获罪，成为中国文字狱的典型例证。《吟窗杂录》云："康乐坐此诗得罪。'池塘'二句，因托阿连梦中授此语。客有请于舒王曰：不知此诗何以得名于后世，何以得罪于当时……王诵其略曰：池塘者，泉川潴溉之地，今曰生春草，是王泽竭也。《豳风》所记，一虫鸣则一候变。今曰'变鸣禽'者，候将变也。由舒王此言观之，则于鸣禽之句下即接'祁祁'句，是叹周公之不作也。'萋萋'句以庄舄自喻，谓外补远郡无异羁囚也。"如此释诗，把诗视为政治的演绎图像，是彻底的反美学。好在，正确理解谢灵运此诗的也大有人在，何焯《义门读书记》写道，谢灵运"《登池上楼》，只似自写怀抱，然刊置别处不得，循讽再四，乃觉巧不可阶。……池塘一联，惊心节物，乃尔清绮，惟病起即目，故千载常新"。《石林诗话》云："世多不解此语为工，盖欲以奇求之耳。此语之工，正在无所用意，猝然与景相遇，借以成章，不假绳削，故非常情所能到。"这是谢灵运审美创作思维之审美敏感的生动体现，全诗的一切感觉都是在他久病初起后产生的。倚楼独望时，想到深波中小龙活跃的身姿，听到天空中鸿雁远去的叫声，想到《易经》里的潜龙、隐士、飞鸿、仕宦，想到《易·乾》语"君子进德修业，欲及时也"。面对现状，诗人觉得既有愧于浮云的鹤雁，又有愧于深渊的小龙，进仕无智，退隐乏力，处于矛盾的心态之中。他被贬到这僻远的海边，对着一片空索的枯林养病；因卧病在床，对季节的变化就不甚明了。姑且拉开帷帘看看吧，一幅早春景象扑面而来：新春的阳光驱除了冬末的寒风，温煦的春色改变了旧年的萧条。"池塘生春草，园柳变鸣禽"，池塘边上生长出茸茸春草，园林的柳枝上鸟儿已经出现。这楼上眺望所见，这"生"，这"变"，正显示了诗人所感受到的早春，也正显示了诗人"心"与外"景"相遇时那猝然而生的审美敏感和微微的审美喜悦。两句诗在后代获得了极高的声誉，元好问《论诗三十首》（其二十九）说："池塘春草谢家春，万古千秋五字新。"

极貌追新，这是宋初诗风，谢灵运的诗就代表了这一诗风。例如《入彭蠡湖口》：

> 客游倦水宿，风潮难具论：洲岛骤回合，圻岸屡崩奔。乘月听哀狖，浥露馥芳荪。春晚绿野秀，岩高白云屯。千念集日夜，万感盈朝昏。攀崖照石镜，牵叶入松门。三江事多往，九派理空存。灵物吝珍怪，异人秘精魂。金膏灭明光，水碧辍流温。徒作《千里曲》，弦绝念弥敦。

谢灵运善于对某一审美对象辗转描述，扣合某一审美空间盘旋用笔，充分利用五言诗还没有像唐代那样经过规范还比较自由的样式特点，发挥尽致。《入彭蠡湖口》就是如此。开篇就以主体感受牢笼，"风潮难具论"统摄之后景象，一幅江行图和江涛景便展现出来。急浪猛推，撞上洲岛后分两边急奔而过，旋即又汇合在一起，惊涛冲岸，屡屡逆折回荡，卷入江心。这是江涛怒拍景，随后由动入静、壮而及柔，踏着月色听着清猿的鸣喊，沾露的芳草吐出馥郁的香气。再然后又展现出春晚野秀，绿色怡人，山岩高峙，白云盘绕的幽丽景象。诗人还点示了"客"入彭蠡湖后的行踪："攀崖照石镜，牵叶入松门。"描景如此，抒感亦如此："千念集日夜，万感盈朝昏"，正是呼应并延宕首句"客游倦水宿"的"倦"，曲终"徒作千里曲，弦绝念弥敦"也仍然落脚在惆怅的心绪之上。王夫之《古诗评选》曾说谢灵运取景"击目经心，丝分缕合"，陈祚明《采菽堂古诗选》则认为此诗"达情务尽，钩深索隐，穷态极妍"。

谢灵运有着极高的审美捕捉能力和对这些形象进行语言表述的才能，其物象追求"极"，辞采追求"新"。例如《过白岸亭》："拂衣遵沙垣，缓步入蓬屋。近涧涓密石，远山映疏木。空翠难强名，渔钓易为曲。援萝聆青崖，春心自相属。交交止栩黄，呦呦食萍鹿。伤彼人百哀，嘉尔承筐乐。荣悴迭去来，穷通成休戚。未若长疏散，万事恒抱朴。"从这首诗可以看出，谢灵运的诗歌结构往往是三段式的，由事入手，经过写景，结于说理。在写景和说理层面上，它不同于玄言诗的是，它的景物已经具备了比较独立的品格和地位，而玄言诗是以玄对山水，山水是玄意的对象化；说理也不同于玄言诗意到即止，而是辗转生发。谢灵运山水诗中的景象是密集的，多视角的,例如《过白岸亭》中有"近涧",有"远山",有"密石",有"疏木"。《游南亭》中有"径",有"池",有"泽兰",有"芙蓉"。《登江中孤屿》有"乱流",有"孤屿"。《石壁精舍还湖中作》中有"芰荷",有"蒲稗",有"南径",有"东扉"。这些景象密生丛现,如钟嵘《诗品》所言,"络绎奔会",而谢灵运善于把这些景象加以恰当的组合,采用对称方式展现:"近涧涓密石,远山映疏木。""泽兰渐被径,芙蓉始发池。""乱流趋正绝,孤屿媚中川。""芰荷迭映蔚,蒲稗相因依。""披拂趋南径,愉悦偃东扉。"其对称方式的使用为近体的对偶开了先河,同时,对称句式有助于组合形成密集型结构,这样也就形成了谢诗"极貌以写物"的审美特征。而在文辞的运用上,谢灵运又是"穷力而追新"的,以《入彭蠡湖口》中的两句诗为例,即能看出其特点所在:"春晚绿野秀,岩高白云屯",无论是用词的色彩、特征,意象的构合、配置,视角方位的调配、运用,都是颇费运思的。王世贞《艺苑卮言》说:"谢灵运天质奇丽,运思精凿,虽体格创变,是潘、陆之余法也。其雅缛乃过之。'清晖能娱人,游子憺忘归'宁在'池塘春草'下耶?'挂席拾海月',事俚而语雅;'天鸡弄和风',景近而趣遥。"这样也就形成总体审美特征:"谢康乐如东海扬帆,风和流丽。"①

在诗的内部肌理上,谢诗又有错落宛折、富于艺术表现的特点,例如《从斤竹涧越岭溪行》:"猿鸣诚知曙,谷幽光未显。岩下云方合,花上露犹泫。"诗人先缓缓摇曳着出游前的景象,猿鸣晨光,东方欲晓,深谷幽涧,尚未放亮,山石下云气缭绕,花上露珠似泪珠欲滴未滴。然后才进入正式的游览描述:"逶迤傍隈隩,迢递陟陉岘。过涧既厉急,登栈亦陵缅。川渚屡径复,乘流玩回转。"时而攀行在陡峭的山岩上,时而又蹚过急流的涧溪,时而又登上了栈道。然后写到山中溪水的幽美:"蘋萍泛沈绿,菰蒲冒清浅。"接着再写山中野炊:"企石挹飞泉,攀林摘叶卷。"由野炊中的山泉山珍,诗人自然引发出奉献这些东西的人:"想见山阿人,薜萝若在眼。"然后触景生感,联想到自己的身世,并在"一悟得所遣"的排解中得到解脱。全诗意象密密匝匝,构成密度甚大的意象群,肌理细微,难以行针走线,从而构成繁复的审美特征。钟嵘《诗品》为谢灵运繁复的审美特征加

---

① 敖陶孙:《臞翁诗评》。

以辩解:"嵘谓若人兴多才高,寓目辄书,内无乏思,外无遗物,其繁富,宜哉!"

谢灵运的诗足证其作为审美主体的视听审美器官的灵敏。钟嵘《诗品》认为谢灵运"才高词盛,富艳难踪",明代焦竑《题谢康乐集后》认为谢灵运"弃淳白之用,而骋丹腹之奇",都说明谢灵运的山水诗重声色,色富彩艳,声感鲜明。《岁暮》中"明月照积雪",其色明快,为视觉所得;"朔风劲且哀",又为听觉所得。视听觉在俯仰之间发挥,则出现不同的意象世界,如《于南山往北山经湖中瞻眺》云:"俯视乔木杪,仰聆大壑灇。石横水分流,林密蹊绝踪。""乔木杪"是"俯"而"视"得,"大壑灇"则为"仰"而"聆"到。

谢灵运诗的色彩感鲜明而丰富,"野旷沙岸净,天高秋月明"①,明净素洁;"白云抱幽石,绿筱媚清涟"②,白绿相映生色。同时,谢灵运诗还注重色彩于鲜丽中的比照与调和,如《从游京口北固应诏诗》:"远岩映兰薄,白日丽江皋。原隰荑绿柳,墟囿散江桃。"《于南山往北山经湖中瞻眺》:"初篁苞绿箨,新蒲含紫茸。海鸥戏春岸,天鸡弄和风。"绿柳和红桃,绿箨和紫茸,配色何等鲜艳而和谐。谢灵运的审美听觉器官也十分灵便,《登石门最高顶》云:"活活夕流驶,噭噭夜猿啼。"有水流声,复有猿啼声。而灵敏的听觉得到的感受正如《石门岩上宿》所云:"异音同至听,殊响俱清越。"由于诗人的视听感灵敏、细腻,其诗歌的意象就兼声兼色,如:"析析就衰林,皎皎明秋月。"③又如《七里濑》:"石浅水潺湲,日落山照曜。"再如《石门新营所住四面高山回溪石濑茂林修竹》:"崖倾光难留,林深响易奔。"这又体现了诗人精微细腻的审美经验感觉。

汤惠休曰:"谢诗如芙蓉出水。"谢灵运的诗表现出天然姿质的美,正如沈德潜《古诗源》说谢灵运的诗美风格虽"经营惨淡,钩深索隐,而一归自然",著名的"池塘生春草"句、"明月照积雪"句等,都是对自然对象的真切描述和绘写。

谢灵运开拓了山水诗写实的审美之路,他的这类诗在严格意义上说,是旅游山水诗,是在行游中所见和所感受、体验到的山水自然与山水自然审美

---

① 谢灵运:《初去郡》。
② 谢灵运:《过始宁墅》。
③ 谢灵运:《邻里相送至方山》。

意识的凝结。"淡潋结寒姿,团栾润霜质。涧委水屡迷,林迥岩愈密"①,其诗中山光水色、朝霞夕霏,都颇有自然原生态的实感,如钟嵘《诗品》所言,"多非补假,皆由直寻",来之于直接的生活体验和感受。这种写实品格也规范了中国山水诗的基本品格。在谢灵运诗中,审美主体的观察很细致,如《石门新营新住四面高山回溪石濑茂林修竹》句:"俯濯石下潭,仰看条上猿。早闻夕飙急,晚见朝日暾。"《游南亭》句:"密林含余清,远峰隐半规。"《过白岸亭》句:"近涧涓密石,远山映疏木。"《登江中孤屿》句:"云日相辉映,空水共澄新。"《石壁精舍还湖中作》句:"出谷日尚早,入舟阳已微。林壑敛暝色,云霞收夕霏。"《石门岩上宿》句:"鸟鸣识夜栖,木落知风发。"等等,"名章迥句,处处间起。丽典新声,络绎奔会。譬犹青松之拔灌木,白玉之映尘沙"②。

白居易《读谢灵运诗》写道:

> 吾闻达士道,穷通顺冥数。通乃朝廷来,穷即江湖去。谢公才廓落,与世不相遇。壮志郁不用,须有所泄处。泄为山水诗,逸韵谐奇趣。大必笼天海,细不遗草树。岂惟玩景物,亦欲摅心素。往往即事中,未能忘兴谕。因知康乐作,不独在章句。

白诗正确揭示了谢灵运山水诗的审美动因,他提出一个普遍的审美命题:"壮志郁不用,须有所泄处。"而"谢公才廓落,与世不相遇",他的郁闷向何处发泄呢?"泄为山水诗,逸韵谐奇趣。"白居易指出谢灵运山水诗的审美特征是:"大必笼天海,细不遗草树。"真个宏微毕现。谢氏山水诗包含着内在的精神,因此白居易特别提醒人们注意其山水诗"岂惟玩景物",诗人"亦欲摅心素",是要表达自己内心情愫的。这是从审美发生和审美表达的层面上对谢氏山水诗形成和特征所做的深刻揭示和描述。杜甫《岳麓山道林二寺行》写道:"久为谢客寻幽惯,细学周颙免兴孤。一重一掩吾肺腑,山鸟山花吾友于。"杜甫看到谢灵运被重掩的肺腑,这是对谢氏山水诗的精当把握。

三、陶谢比较

杜甫《江上值水如海势聊短述》曾说:"焉得思如陶谢手,令渠述作与

---

① 谢灵运:《登永嘉绿嶂山诗》。
② 钟嵘:《诗品》。

同游。"陆游《读陶渊明诗》："陶谢文章造化侔，诗成能使鬼神愁。"陶谢被视为六朝诗空中的双子星座，一个为田园诗宗，一个为山水诗祖。而田园诗和山水诗在审美对象的大范畴上又是一致的，都是自然，沈德潜《古诗源》写道："陶诗合下自然，不可及处，在真在厚。谢诗追琢而返于自然，不可及处，在新在俊。千古并称，厥有由夫。"陶在"真""厚"，谢在"新""俊"，故能并称，雄峙千古诗域。

陶风淡，淡得浑若不似诗，而是对象自身，他的诗是"闲雨纷微微"[①]的境界；谢诗体格繁富，且追寻一种清的意趣，例如《石壁精舍还湖中作》所描述的："昏旦变气候，山水含清晖。清晖能娱人，游子憺忘归。"

刘熙载《艺概·诗概》说："康乐诗较颜为放手，较陶为刻意。"谢灵运的文学审美思路比起颜延之来更为"放手"、开阔，较之陶渊明来则显得"刻意"，乃有心为诗。

一个是淡墨写意，一个是浓彩工笔，谢诗和陶诗显示出六朝的两种诗美境界与格调。《扪虱诗话》认为陶诗如"梅花"，幽香沁肺，不绝如缕；谢诗像"海棠"，满枝斗艳，繁富花俏。

严羽《沧浪诗话》认为："汉魏古诗，气象混沌，难以句摘。"汉魏诗具有完整性、浑成性，陶渊明就是这种美学气象的代表。而谢灵运的诗往往由三段所构成，诗的内部接榫痕印尚重。《沧浪诗话》又认为："谢所以不及陶者，康乐之诗精工，渊明之诗质而自然耳。"

陶谢社会心态、审美心态不同，陶身归田园且心归田园，"心处闲逸，情真景真，意真事真"，"天然无斧凿痕迹"。谢虽浪迹山水，而心存世事，他是"不遇"，迭遭蹭蹬而心怀抑郁，借纵意山水加以导泄。

陶谢各领田园、山水诗美之风骚。但后代山水诗文大家虽尊谢为祖，但意韵、境界、格调或有过之，青蓝虽承，但青胜蓝；而后代田园诗文却鲜有超过陶者，宋代范成大诗虽气象万千，但其内在的深刻意味却远逊于陶。徐骏《诗文轨范》写道："后世独称陶、韦、柳为一家，殆论其形，而未论其神者也。"此论甚确。

陶谢虽均以自然为对象，但审美态度有所不同。谢灵运兴师动众，伐木开径，弄得所经地域不得安宁，以致太守"惊骇"，疑为"山贼"，这

[①] 陶渊明：《和胡西曹示顾贼曹》。

种方式和所表现出来的心态还不是纯粹的审美，没有进入与对象山水的消融境界，可以发现山水的美质、美态，但尚有疏隔，尚是对自然山水的占有，是借山水以抒幽郁。而陶渊明则是"纵浪大化中，不喜亦不惧"，"俯仰终宇宙，不乐复如何"，他所置身的自然生活、生存环境，是人所共见、共知的平淡无奇的田园风光，是"平畴交远风"，是"绕屋树扶疏"，既无壁立千尺的雄奇，又无郁郁苍苍的壮美，但诗人就以它为审美对象，从中发现了美。"结庐在人境，而无车马喧"，既不远涉太华，又不心游仙都，他置身于"人境"去寻求没有喧嚣的环境，是寻求心灵的安顿、栖息、消融，完全投入于对象，消解其中，无有痕印，与自然真正打成了一片，这是最高层次的审美和审美心态，谢则不及。

第四节　颜延之

在六朝，元嘉诗坛的双雄是谢灵运与颜延之，至于陶谢并称，乃是后代之论。钟嵘《诗品》说："谢客为元嘉之雄，颜延年为辅。"沈约在《宋书·谢灵运传》中也说："爰逮宋氏，颜谢腾声。"又说："灵运之兴会标举，延年之体裁明密，并方轨前秀，垂范后昆。"但是，他们并没有能共同"垂范后昆"，一旦死去，也就诗随人去。这是六朝美学史上颇有意味的现象。

一、颜诗概貌

"铺锦列绣，亦雕绘满眼"已成为对颜延之诗的总体结论，但这一结论并不能涵盖颜诗的全部内容。总的来说，颜诗共有三类。

一类是雕绘之作。这类诗作并非一无是处，钟嵘《诗品》指出颜诗"尚巧似。体裁绮密，情喻渊深。动无虚散，一句一字，皆致意焉。又喜用古事，弥见拘束，虽乖秀逸，是经纶文雅才。雅才减若人，则蹈于困踬矣"，这是比较公允的结论。这类诗语言精美华丽，雕章琢句，寻觅典故，喜好用事，因而虽然用力甚深，但意象晦涩，远欠明朗，我们试比较颜延之与王僧达之间的赠答诗，就可看出这个特点。颜延之的《赠王太常僧达诗》写道：

玉水记方流，璇源载圆折。蓄宝每希声，虽秘犹彰彻。聆龙瞭九渊，闻凤窥丹穴。历听岂多士，岿然觏时哲。舒文广国华，敷言远朝列。德辉灼邦懋，芳风被乡耋。侧同幽人居，郊扉常昼闭。林间时晏开，巫回长者辙。庭昏见野阴，山明望松雪。静惟浃群化，徂生入穷节。豫往诚欢歇，悲来非乐阕。属美谢繁翰，遥怀具短札。

再看王僧达的《答颜延年诗》：

长卿冠华阳，仲连擅海阴。跬璋既文府，精理亦道心。君子耸高驾，尘轨实为林。崇情符远迹，清气溢素襟。结游略年义，笃顾弃浮沉。寒荣共偃曝，春醑时献斟。聿来岁序喧，轻云出东岑。麦垄多秀色，杨园流好音。欢此乘日暇，忽忘逝景侵。幽衷何用慰，翰墨久谣吟。栖凤难为条，淑贶非所临。诵以永周旋，匪以代兼金。

从直观印象和接受感受上看，王之答诗何等明快，意象何等鲜明，但颜之赠诗却显得意象晦涩，字锻句斟，色彩晦暗，影响了表述的明快性和读者阅读阐释的接受效果。所以，何焯《义门读书记》说："颜延年《赠王太常》，方流、圆折、九泉、丹穴、国华、朝列、邦懋、乡耋，拉杂而至，亦复何趣。"

六朝山水、旅游诗，已经表现出意象的具体特征和状貌，但同以此为对象的颜诗却非如此，如《始安郡还都与张湘州登巴陵城楼作诗》："江汉分楚望，衡巫奠南服。三湘沦洞庭，七泽蔼荆牧。经涂延旧轨，登闉访川陆。水国周地险，河山信重复。却倚云梦林，前瞻京台囿。清雾霁岳阳，曾晖薄澜澳。凄矣自远风，伤哉千里目。"即使是挽歌，也缺少通常的抒情性质和感人意味，如《挽歌》："令龟告明兆，撒奠在方昏。戒徒赴幽壑，祖驾出高门。行行去城邑，遥遥首丘园。息镳竟平壑，税驾列岩根。"颜延之的诗引经据典、穷雕深琢，显示出一种经典意味和廊庙气息，《为皇太子侍宴饯衡阳南平二王应诏诗》《车驾幸京口三月三日侍游曲阿后湖作》把其诗的廊庙气推向了顶峰。总的来说，颜延之诗古典气重，以雕琢和用事来显示典雅凝重；他极力走古典化和雅化的道路，又极力抵制"委巷中歌谣"①的六朝诗美的俗化倾向，结果反伤自然。从这个层面上，我们才能真正理解颜诗"雕绘满眼"的产生原因。

一类是悲咽之作。颜诗中亦有一些气韵悲咽深长、一唱三叹的作品，如《北使洛诗》，《宋书》本传云：颜延之"为豫章公世子中军行参军。义

---

① 李延寿：《南史·颜延之传》。

熙十二年,高祖北伐,有宋公之授,府遣一使庆殊命,参起居,延之与同府王参军俱奉使至洛阳,道中作诗二首,文辞藻丽,为谢晦、傅亮所赏",其《北使洛诗》云:

> 改服饬徒旅,首路跼险艰。振楫发吴洲,秣马陵楚山。途出梁宋郊,道由周郑间。前登阳城路,日夕望三川。在昔辍期运,经始阔圣贤。伊瀍绝津济,台馆无尺椽。宫陛多巢穴,城阙生云烟。王猷升八表,嗟行方暮年。阴风振凉野,飞云瞀穷天。临途未及引,置酒惨无言。隐悯徒御悲,威迟良马烦。游役去芳时,归来屡徂愆。蓬心既已矣,飞薄殊亦然。

这首诗描述洛阳城中的景象,颇为萧条荒索,令人生黍离之悲。其中"伊瀍绝津济,台馆无尺椽。宫陛多巢穴,城阙生云烟",向为人所称道,诗人的悲咽之气寓于意象的描述之中。此诗可与傅亮于义熙十二年(416)所作的《为宋公至洛阳谒五陵表》相参看,都是在荒芜寥落的意象中潜运着麦黍之思,情绪深长。此外,颜延之又有《还至梁城作诗》:

> 眇默轨路长,憔悴征戍勤。昔迈先祖师,今来后归军。振策眷东路,倾侧不及群。息徒顾将夕,极望梁陈分。故国多乔木,空城凝寒云。丘垅填郛郭,铭志灭无文。木石扃幽闼,黍苗延高坟。惟彼雍门子,吁嗟孟尝君。愚贱同埋灭,尊贵谁独闻。曷为久游客,忧念坐自殷。

对中原经战乱所造成的残破情景描绘如画,且灌注着诗人的一腔忧情悲思。颜延之的这一类诗,意、象双生,文字也不古奥渊深,较少雕琢,而且其中内蕴着诗人的情感。

一类是寄慨之篇,如《五君咏》《秋胡行》等。《五君咏》是借咏竹林七贤之阮籍、嵇康、刘伶、阮咸、向秀来抒发诗人胸中的块垒和愤郁。这组诗的创作有其背景,《宋书·颜延之传》说:"延之好酒疏诞,不能斟酌当世,见刘湛、殷景仁专当要任,意有不平,常云:'天下之务,当与天下共之,岂一人之智所能独了!'辞甚激扬,每犯权要。谓湛曰:'吾名器不升,当由作卿家吏。'湛深恨焉,言于彭城王义康,出为永嘉太守。延之甚怨愤,乃作《五君咏》以述竹林七贤……盖自序也。"《五君咏》之《阮步兵》写道:

> 阮公虽沦迹,识密鉴亦洞。沉醉似埋照,寓辞类托讽。长啸若

怀人，越礼自惊众。物故不可论，途穷能无恸。

这首诗表现出颜延之对阮籍的深刻理解：阮籍虽然隐名遁迹，但其识鉴细密深刻。他的沉醉不醒是为着隐饰锋芒，韬光养晦，所写的诗如《咏怀》组诗，用意很深。阮籍善啸，《世说新语·栖逸》言其"啸闻数百步"，另外还有许多惊世骇俗的越礼行为。他看到世事之不可论，常常途穷而返，悲恸不已。这首诗对阮籍醉酒、作诗、长啸、越礼等几个侧面的描述，勾画出阮籍的全人，也寄托了诗人的情志。

《嵇中散》写道：

中散不偶世，本自餐霞人。形解验默仙，吐论知凝神。立俗迕流议，寻山洽隐沦。鸾翮有时铩，龙性谁能驯。

嵇康与世相迕，难以偶合。他本来就是方外之人，从他在《养生论》中所表达的议论来看，他确是深知凝神养生之道。他与俗世相迕，常发不苟合之议，但与山中隐士十分融洽。鸾的翅膀或可遭残，但"龙性"不可驯服。诗人用此表述嵇康之被杀，赞赏了嵇康桀骜不驯的性格。

《刘参军》写道："刘伶善闭关，怀情灭闻见。鼓钟不足欢，荣色岂能眩。韬精日沉饮，谁知非荒宴。颂酒虽短章，深衷自此见。"刘伶一生沉醉于酒但不荒于酒，不是荒废世事的人，他著有《酒德颂》，用以表达自己的内心情感。颜诗云"韬精日沉饮"，即说明饮酒是刘伶韬光养晦的特殊手段。

《阮始平》云："仲容青云器，实禀生民秀。达音何用深，识微在金奏。郭奕已心醉，山公非虚觏。屡荐不入官，一麾乃出守。"此诗云阮咸虽有青云之才器，但始终未得器重，屡被举荐仍无法得到任用。

《向常侍》写道："向秀甘淡薄，深心托毫素。探道好渊玄，观书鄙章句。交吕既鸿轩，攀嵇亦凤举。流连河里游，恻怆山阳赋。"向秀甘于淡泊自守，寄心玄学，作《庄子》注，名动一时。他与吕安、嵇康过从甚密。《文选》注引《向秀别传》云："秀常与嵇康偶锻于洛邑，与吕子灌园于山阳。"嵇、吕死后，向秀入洛途经山阳，凄怆满怀而作《思旧赋》。

刘熙载《艺概·诗概》说："左太冲《咏史》似论体，颜延年《五君咏》似传体。"颜延年一君一咏，每咏似成一小传。"传"中所记事实，所咏情节，实际上有着诗人的选择——价值标准选择和审美标准选择。沈约说颜延之《五君咏》"盖自序"，颇有识见。

《文选》李善注引颜延之曰:"阮籍在晋文代常虑祸患,故发此咏(《咏怀诗》)。""嗣宗身仕乱朝,常恐罹谤遇祸,因兹发咏,故每有忧生之嗟。虽志在刺讥,而又多隐避。"这是对阮籍的深刻认识和理解,颜延之的《阮步兵》诗就包含着这些理解和体认。他说阮籍有"越礼"行为,其实他自己就"不护细行",也像嵇康那样龙性难驯,尚书左丞荀赤松就曾指责他"交游阓茸,沈迷曲蘖,横兴讥谤,诋毁朝士",有"愤薄之性""强梁之心""肆骂上席""骄放不节",这恰恰说明他的个性与嵇康是一致的。他也像刘伶那样好于酒、醉于酒,"遇知旧辄据鞍索酒,得酒必颓然自得"。《宋书》本传载,当时人就已把他和阮咸相提并论,"时尚书令傅亮自以文义之美,一时莫及,延之负其才辞,不为之下,亮甚疾焉。庐陵王义真颇好辞义,待接甚厚,徐羡之等疑延之为同异,意甚不悦。少帝即位,以为正员郎,兼中书,寻徙员外常侍,出为始安太守。领军将军谢晦谓延之曰:'昔荀勖忌阮咸,斥为始平郡,今卿又为始安,可谓二始。'"向秀自"甘淡薄",颜延之"居身清约,不营财利";向秀是玄言家,颜延之亦是玄学中人,很有魏、晋、六朝名士的疏放情调和风度。《南齐书·张岱传》记张镜"少与光禄大夫颜延之邻居,颜谈议饮酒,喧呼不绝,而镜静翳无言声。后延之于篱边闻其与客语,取胡床坐听,辞义清玄,延之心服,谓宾客曰:'彼有人焉。'由此不复酬叫"。这些众多的相似之处,说明颜延之是以自身的身世之感作为价值标准和审美标准来选择进而同化对象,最终实现对象化的。因此,《五君咏》是审美对象化的适例。

二、颜诗命运探源

颜延之诗的命运是身前名噪而身后寂寞。其原因何在呢?鲍照、汤惠休关于颜、谢诗歌美学风格的比较,可谓一言定终身,而且一言传千古。《南史·颜延之传》载:"延之尝问鲍照己与灵运优劣,照曰:'谢五言如初发芙蓉,自然可爱;君诗如铺锦列绣,亦雕绘满眼。'"《诗品》载:"汤惠休曰:'谢诗如芙蓉出水,颜如错采镂金。'颜终身病之。"可见,颜对这一比较性评价十分恼恨,这不能不说有文人相轻的因素在作祟。颜延之瞧不起汤惠休诗,《南史·颜延之传》载:"延之每薄汤惠休诗,谓人曰:'惠休制作,委巷中歌谣耳,方当误后生。'"两人于是相互攻讦。早在魏代,曹丕就在《典论·论文》中说过:"文人相轻,自古而然。"到六朝,这种风气仍未消歇,例如颜、汤之争就反映出了当时的诗坛状况,谢诗并非全是"芙蓉出水",颜诗也并非皆为"错采镂金",但一旦以偏概全,带着主观情感色彩去贬抑,便形成了抑颜扬谢的倾斜格局,一直影响着千百年来人们的视域。

撇开人际关系的因素来考察颜、汤之争,其实际上反映了雅文学美学和俗文学美学的论争。这与萧纲、裴子野之争在美学思想范畴上是一致的,反映出六朝美学思想还没有定于一尊的状况。陆机诗多用对偶,而其用事之繁、之多,实始于颜延之,这是文学审美的典雅性显示,其诗可以说是学问诗,属于雅文化范畴。而颜延之之所以轻薄汤惠休,是因为"惠休制作,委巷中歌谣耳",系通俗化之一路。在六朝,雅美学与俗美学,"用事"与"直寻"同时存在,钟嵘《诗品》不主张用事,他主张"自然英旨""吟咏情性",又直接批评颜延之"喜用古事,弥见拘束"。诚然,钟嵘在理论上呼吁"自然"美学,反对"用事"是正确的,反映了他理论识见的杰出,但他并没有形成一定的美学气候,不足以规范当时的美学趋向。而且他虽然在理论上主张"自然英旨",但是最能代表"自然"审美特征的陶渊明却没有引起他足够的重视,仍然把陶列入"中品",跟与之审美趋向相颉颃的颜延之紧挨在一起,颇耐人寻味。当时的学风是既提倡清通,又主张玄博,史学特别发达,最著名的有范晔的《后汉书》,该书体大思精,是史学、文学、美学史上的精品,一直为人所赞赏。此外,刘宋时裴松之为《三国志》作注,网罗繁富,宋文帝称赞道:"此为不朽矣。"①萧齐时臧荣绪撰《晋书》,成为唐修《晋书》之蓝本。萧梁时沈约撰《宋书》一百一十卷,萧子显撰《南齐书》五十九卷……修史之风大盛,助长了"用事"之气。社会以见识之广博,知识之富有为优,由此出现独特的"隶事",《南史·王摛传》云:"尚书令王俭尝集才学之士,总校虚实,类物隶之,谓之隶事,自此始也。"在这种学术风气中,颜延之用事繁复的诗歌,当然被时人所赏,其"辞采"和"文章之美,冠绝当时"便是很自然的了。但是,文学的审美价值不是固定不变的,它处在动态之中。到了后代,人们的审美趣味出现变化,回过头来再看颜延之,就觉得颜诗中只有《秋胡行》《五君咏》是不错

---

① 沈约:《宋书·裴松之传》。

的，其余的雕琢之章统统应该摒弃，这就是颜延之身后牢落、寂寞的原因。

钟惺《古诗归》言："《秋胡诗》《五君咏》，倩真高逸，似别出一手"；叶矫然《龙性堂诗话》认为："《秋胡行》《五君咏》不减芙蓉出水"。后代之所以欣赏这两组诗，认为它们"别出一手"，疑其简直不是出自颜延之的手笔，上文分析《五君咏》时说明了其中的原因。至于《秋胡行》，诗共九章，写秋胡新婚不久，即"脱巾千里外，结绶登王畿"，去寻求功名。他在游宦途中，顶风寒，犯霜露，原隰一派悲索，高树时卷大风，地上野兽奔走，天上惊鸟纵横，使他受尽磨难。而秋胡妻在良人去后，独守空房，备尝相思之苦，好不容易盼到良人归来，谁知秋胡已心有旁骛。秋胡妻深叹"君子失明义，谁与偕没齿"，无人与己厮守终生，因而"愧彼《行露》诗，甘之长川汜"，甘愿投身于滚滚长川之中，与秋胡彻底决断。这组诗，景切、情深、意浓，在颜诗和六朝诗中都是难得的。诗人继承了汉代以来的爱情婚姻主题，可又有新的创造；诗人接受了《古诗十九首》以来的悲剧性美学精神，可又有新的运用。诗有一定的情节，并有景象的动人描述，诗人模拟男女主人公的口吻，于叙事中有抒情，事、情、景三者密合无间，尤以情感打动人和浸润人心，这显然是用审美的心态、方式、手法来写的。于是，它便成为上乘的审美艺术品，完全不同于那些用事之作和雕琢之篇，把它跟颜延之的其他诗混在一起，当然会使人感到似"别出一手"。

第五节　鲍照

元嘉三大诗人中，尤以鲍照具有审美主体的个性色彩，清代刘熙载《艺概·诗概》对其做出了极高评价："慷慨任气，磊落使才，在当时不可无一，不能有二。"其文学作品在六朝诗坛上显示出了独特的美学风貌。

一、从《南史》所载，识得鲍照全人

《南史》中鲍照无专传，只是附在临川烈武王刘道规传之后，现录于下：

鲍照字明远，东海人，文辞赡逸。尝为古乐府，文甚遒丽。元嘉中，河济俱清，当时以为美瑞。照为《河清颂》，其序甚工。照始尝谒义庆未见知，欲贡诗言志，人止之曰："卿位尚卑，不可

轻忤大王。"照勃然曰："千载上有英才异士沉没而不闻者，安可数哉！大丈夫岂可遂蕴智能，使兰艾不辨，终日碌碌，与燕雀相随乎！"于是奏诗，义庆奇之。赐帛二十匹，寻擢为国侍郎，甚见知赏。迁秣陵令。文帝以为中书舍人。上好为文章，自谓人莫能及，照悟其旨，为文章多鄙言累句。咸谓照才尽，实不然也。临海王子顼为荆州，照为前军参军，掌书记之任。子顼败，为乱兵所杀。

《南史》撰述者对鲍照所施笔墨够吝啬的了，但从这段记载中仍可以看出：鲍照的诗歌文辞赡逸，最擅长古乐府，文甚遒丽。他虽出身寒人，但有着强烈的功名欲望，遂以自己所特有的手段即文学才华作为进身阶梯："贡诗言志。"果然获得嘉赏，不久擢升为"国侍郎""迁秣陵令"，文帝时"以为中书舍人"。中书舍人是寒门所据之机要，掌管奏章和发布诏令，握有实权。寒人何以会担任如此重要的职位呢？清人赵翼说："至宋齐梁陈诸君，则无论贤否，皆威福自己，不肯假权于大臣。而其时高门大族，门户已成，令仆三司，可安流平进，不屑竭智尽心，以邀恩宠。且风流相尚，罕以物务关怀，人主遂不能借以集事。于是，不得不用寒人。人寒则希荣切，而宣力勤，便于驱策，不觉倚之为心膂。"①但寒人虽掌机要，却常被门阀世家所瞧不起，称之为"恩幸"。而《南史·恩幸传》在评述这些"恩幸"时唯独对鲍照任中书舍人所做的解释与别人有所不同，"序论"云："于时舍人之任，位居九品，江左置通事郎，管司诏诰，其后郎还为侍郎，而舍人亦称通事。元帝用琅邪刘超，以谨慎居职。宋文世，秋当、周纠并出寒门。孝武以来，士庶杂选，如东海鲍照以才学知名，又用鲁郡巢尚之、江夏王义恭以为非选。帝遣尚之送《尚书》四十余牒，宣敕论辩，义恭乃叹曰：'人主诚知人。'及明帝世，胡母颢、阮佃夫之徒，专为佞幸矣。"寒人所出任的中书舍人中确有一些是炙手可热、利禄熏心之徒，但鲍照任中书舍人是"以才学知名"，不同于那些佞幸之徒。鲍照能以一介寒士当上中书舍人，应该说是到达寒人的最高地位了，但他又何以会有那么多牢骚和愤懑不平呢？其症结不在地位，而在于他对士庶不平等的痛苦与不平衡感。鲍照有着高远的雄心大志和建功立业的欲望："大丈夫岂可遂蕴智能，使兰艾不辨，终日碌碌，与燕雀相随乎！"为了达到目的，鲍照也是不择手段的。前述的上奏诗而得

---

① 赵翼：《廿二史札记》卷八。

刘义庆赏识是一例，还有一例是他不惜屈己损己，以迎合献媚：宋文帝"好为文章"，十分自负，"自谓人莫能及"，鲍照"悟其旨"，察言观色，心领神会，"为文章多鄙言累句"，借以突出和反衬宋文帝之才赡、才高，人们"咸谓照才尽，实不然也"。这种手段在南朝寒士文人中尚不多见，跟那些耿介隐逸之士相比不啻天壤！而鲍照的诗中亦不乏对刘氏王朝的阿谀奉承，《中兴歌十首》就是明证，他在诗中对当时的中兴局面表现出特有的兴奋和激动，尽情描述了中兴时代的动人景象："中兴太平运，化清四海乐。祥景照玉台，紫烟游凤阁。""碧楼含夜月，紫殿争朝光。彩墀散兰麝，风起自生芳。""九月秋水清，三月春花滋。千金逐良日，皆竞中兴时。"他反复强调，在中兴岁月里，可以抛却所有忧愁："既见中兴乐，莫持忧自煎。"对于每次的侍宴、召见，他都感激涕零，进而歌功颂德，《侍宴覆舟山二首》云："明辉烁神都""醴洽深恩遍""礼俗陶德声，昌会溢民讴"。他对刘氏宗室王也有恭维，比如，他在《蒜仙被始兴王命作》中说始兴王"王德爱文雅，飞翰洒鸣球"……可见，鲍照颇有媚俗之处。

把上述诸点综合起来，才能识得鲍照其人和全人，也才能识得鲍照诗美之全貌。

二、鲍照七言和杂言诗的主体气韵

鲍照诗的成就主要在乐府诗创作上，而乐府诗中最能代表鲍照审美个性和主体特征的是七言、杂言诗。《拟行路难》作为并非写于一时一地的组诗，成为鲍照主体气韵的集中显示，内含着他起伏不定、难以抑制的情感波涛，例如"其四"云：

泻水置平地，各自东西南北流。人生亦有命，安能行叹复坐愁。酌酒以自宽，举杯断绝歌路难。心非木石岂无感，吞声踯躅不敢言。

劈头就显得不同凡响，以流水泻地起兴，水向东西南北方向流淌，暗示人在等级门第森严的社会内南北东西各有不同。他无法解释这种不平等现象，只得把它归结为"人生亦有命"。既然如此，又何必"行叹复坐愁"呢！用酒来解脱自己吧，然而举起酒杯，却猛然"断绝歌路难"，那股冲泄的情绪得到了压抑。"心非木石岂无感"，人心不是木石，而是富有情感的。按照这两句诗的情感逻辑，下一句应该是感情的冲发和宣泄，但诗人的情绪却突然转折,跌入深渊,出现巨大顿挫,"吞声踯躅不敢言",慑于外部环境的巨大压力,欲说无言,欲申难诉,这使得诗人的胸中有着难言的痛楚和苦衷,整首诗呈露出诗人曲折的心肠和抑扬起伏难定的情感世界。再看"其六"云:

> 对案不能食,拔剑击柱长叹息。丈夫生世会几时,安能蹀躞垂羽翼。弃置罢官去,还家自休息。朝出与亲辞,暮还在亲侧。弄儿床前戏,看妇机中织。自古圣贤尽贫贱,何况我辈孤且直。

起句"对案不能食"的非常之举蕴含着非常之情绪,本来可以开怀畅饮和尽情食宴,现在却不能如此,显示出诗人内在的痛楚。"拔剑"的行为,"击柱"的动作,表现出他内心情绪的愤激,但暴涨的情绪眼看要沸腾起来,却突然出现抑制,转为"长叹息"的浩叹,这中间情绪的起落更迭有着巨大的变化。诗人有冲飞展翼的雄心,认为人生短暂,不能小步徘徊,垂翼苟且,但貌似高昂的决心背后隐藏着难以展飞的悲凉,于是有了一大顿挫:"弃置罢官去,还家自休息。"轻松的语气中包含着愤然而去的决绝。"朝出""暮还"生活的描述中,充溢着"弄儿床前戏,看妇机中织"的天伦之乐和盎然生趣,然而在悠然自得的情绪中又隐藏着诗人不得已的伤感,正如张荫嘉《古诗赏析》所说:"写出罢官归家,正多乐事,乃凭空想象,莫作赋景看。"隐藏的悲慨终于簇拥起来,形成有力的喷发,诗人扫视历史,获得了这样的认识:"自古圣贤尽贫贱"。这和《南史》所记鲍照云"千载上有英才异士沉没而不闻者,安可数哉!"同出一辙。接着,整个语势又出现重要转折,"何况我辈孤且直",更突出自己命运的悲怆和凄凉。

鲍照诗的审美有着鲜明的主体色彩,他是饱含自身的身世之感和不遇之慨来审美的,其情绪悲咽、怫郁,最终形成审美的内容。陆时雍《诗镜总论》说道:"当其得意时,直前挥霍,目无坚壁矣。骏马轻貂,雕弓短剑,秋风落日,驰骋平冈,可以想此君意气所在。"所谓"意气"就是诗人的主体气韵,其情绪蓄之既深,其发之必烈,具有极强的冲发性和爆发力,如骏马轻貂,雕弓短剑;如秋风落日,驰骋平冈;如"饥鹰独出,奇矫无前"①。又由于诗人的主体情绪怫郁满怀,因而常常表现出波荡不息的特征,既不愿老死蓬蒿、郁郁膹下,又难以展翅高远、翰飞戾天,情绪表达往

---

① 敖陶孙:《臞翁诗评》。

往一波三折，九曲回肠，貌似旷达，实为悲愤，眼看冲起，旋又抑住，时开时阖，时张时弛，时纵时敛，千回百转而又千姿百态。这些都是他情感的存在，也是他主体的存在，使其成为六朝诗人中最具有主体特征的，处处显示了主体在审美中的作用，主体是审美的出发点。鲍照的主体气韵发而为诗，就成为"气骨"，陈绎曾《诗谱》说："六朝文气衰缓，唯文越石、鲍明远有西汉气骨。李、杜筋取此。"他的胸中块垒不平，发而为诗，就形成了特有的波澜、节奏，犹似涌动的潮水，起伏的山峦，诚如沈德潜《古诗源》所说，鲍照诗"抗音吐怀，每成亮节。其高远处轶机、云，上追操、植"。以情感及其外化的节奏旋律来形成诗的审美特征的，在中国诗人中只有鲍照和李白等少数几人，而从美学史的角度来看，鲍照影响了李白。

鲍照属于主体性诗人，他的遭际和气质规范了他的主体性质及其表现特征。而他的主体情绪中既有拔剑击柱的冲动，又有旷达和解脱，例如其《拟行路难》（其十八）云：

> 诸君莫叹贫，富贵不由人。丈夫四十强而仕，余当二十弱冠辰。莫言草木委冬雪，会应苏息遇阳春。对酒叙长篇，穷途运命委皇天。但愿樽中九酝满，莫惜床头百个钱。直须优游卒一岁，何劳辛苦事百年。

他把一生的愁情愤绪都寄托于酒，以酒消愁，但愿杯中满，不惜手中钱，挥金如土，以酒陶醉。这种解脱性的生活态度和方式，使得其诗的情绪出现了旷达和放逸的特征，而这也传递给了李白。

寒门细族的"人微"身份与"才秀"气质，使得鲍照对于荣辱盛衰保持着主体的高度敏感，比如，他认为君恩宠爱是暂时的，《拟行路难》（其二）写道："洛阳名工铸为金博山，千斫复万镂，上刻秦女携手仙。承君清夜之欢娱，列置帷里明烛前。外发龙鳞之丹彩，内含麝芬之紫烟。如今君心一朝异，对此长叹终百年。""其十五"写道："君不见柏梁台，今日丘墟生草莱。君不见阿房宫，寒云泽雉栖其中。歌妓舞女今所在，高坟垒垒满山隅。"此外，鲍照的诗还以男欢女爱喻君臣关系，吸收了我国诗歌的传统表现手法，曲折含蓄地表达自己的不遇之感。从鲍照表情性的诗歌中，可以看出他始终处于抑郁、不平、抑制、自尊、自放而又自控的状态，这样，他在七言及杂言诗中的主体性质和特征就分外突出。

三、开边塞诗之美学新风

鲍照没有北方朔漠的军旅生涯，也没有边塞风光的亲身经验，但他却写出了动人的边塞诗，恍若亲见亲验过一般。显然，他借鉴了曹操的《苦寒行》、曹植的《白马篇》、陆机的《从军行》等诗，但更在于他有着出奇的审美想象力和体验能力，例如《代出自蓟北门行》写道：

羽檄起边亭，烽火入咸阳。征骑屯广武，分兵救朔方。严秋筋竿劲，虏阵精且强。天子按剑怒，使者遥相望。雁行缘石径，鱼贯度飞梁。箫鼓流汉思，旌甲被胡霜。疾风冲塞起，沙砾自飘扬。马毛缩如猬，角弓不可张。时危见臣节，世乱识忠良。投躯报明主，身死为国殇。

诗人在一开始就制造了边关告急的战斗氛围，语气急促中显示出军情的危急。诗人笔触时而伸向此方，征集骑兵驻扎在广武，分派军队营救朔方；时而又铺到彼方，正是劲秋时节，弓筋坚韧，敌阵精锐坚强。然后又写到此方，天子震怒，使者相望，一个接连一个，迎战敌人的景象，"雁行""鱼贯"有序，而"缘石径""度飞梁"又显得艰难。军中的悲咽箫鼓流溢出对汉土的依恋，旌旗和铠甲上结满了严霜。随后又写出气候变化所带来的战斗环境的酷烈，疾风席卷，沙砾到处飞扬，战马瑟瑟，颈毛如刺猬之毛，劲弓被霜击，难以开张。但是，将士们誓死报国，"时危见臣节，世乱识忠良。投躯报明主，身死为国殇"把全诗的情绪推上了高峰。这是雄浑、悲壮的边塞诗。同时，诗人对于边塞生活的想象性体验是多方面的，他的诗里还有那不堪负荷的景象，如《代苦热行》云：

赤阪横西阻，火山赫南威。身热头且痛，鸟坠魂未归。汤泉发云潭，焦烟起石圻。日月有恒昏，雨露未尝晞。丹蛇逾百尺，玄蜂盈十围。含沙射流影，吹蛊病行晖。瘴气昼熏体，菵露夜沾衣。饥猿莫下食，晨禽不敢飞。毒泾尚多死，渡泸宁具腓。生躯蹈死地，昌志登祸机。戈船荣既薄，伏波赏亦微。爵轻君尚惜，士重安可希。

全诗对酷烈战争的自然环境和恶劣情景做了令人毛骨悚然的描述，表现了边塞战争的残酷，字里行间充溢着诗人的愤斥之情。鲍照还有著名的《代东武吟》：

主人且勿喧，贱子歌一言。仆本寒乡士，出身蒙汉恩。始随张

> 校尉，召募到河源。后逐李轻车，追虏穷塞垣。密涂亘万里，宁岁犹七奔。肌力尽鞍甲，心思历凉温。将军既下世，部曲亦罕存。时事一朝异，孤绩谁复论。少壮辞家去，穷老还入门。腰镰刈葵藿，倚杖牧鸡豚。昔如鞲上鹰，今似槛中猿。徒结千载恨，空负百年怨。弃席思君幄，疲马恋君轩。愿垂晋主惠，不愧田子魂。

诗人借一名"少壮辞家去，穷老还入门"的老兵之口，描述了守边军士的不幸生活遭遇。过去像牧人臂上的雄鹰，现在则成为栏槛中的猿猴，充满怨恨和控诉之情。另有《拟行路难》（其十四）写道：

> 君不见少壮从军去，白首流离不得还。故乡窅窅日夜隔，音尘断绝阻河关。朔风萧条白云飞，胡笳哀急边气寒。听此愁人兮奈何，登山远望得留颜。将死胡马迹，宁见妻子难。男儿生世轗轲欲何道，绵忧摧抑起长叹。

这是元嘉诗坛及至整个六朝诗坛上少有的愤慨之音，它串联了刘琨的悲慨之声，并一直回荡在唐代边塞诗声中。可以说，鲍照开扩了元嘉诗坛的领地，为之吹进了一股强劲之风。他对边塞生活、风光的描述、体验，对边塞诗的规范，都有着不可忽视的开拓之功。而他常采用代言体的形式，也增加了诗的切实感，这种代言体形式又正反映了鲍照的生活体验和审美体验能力。

四、一个多样的情感世界

在六朝诗坛上，鲍照可说是才气横溢，情感丰富，他体验多种生活对象，并由此披沥出多样的情感波澜，开拓出众多的审美领域，概言之，可分为以下几类。

第一，离情类。《代东门行》展现的就是离情别绪，诗云：

> 伤禽恶弦惊，倦客恶离声。离声断客情，宾御皆涕零。涕零心断绝，将去复还诀。一息不相知，何况异乡别。遥遥征驾远，杳杳白日晚。居人掩闺卧，行子夜中饭。野风吹秋木，行子心肠断。食梅常苦酸，衣葛常苦寒。丝竹徒满坐，忧人不解颜。长歌欲自慰，弥起长恨端。

诗歌以"伤禽恶弦惊"喻"倦客恶离声"，以"食梅常苦酸，衣葛常苦寒"喻离别的辛酸、凄凉，把人类的离情别绪这一普遍的情感形态表现得楚楚动人、细腻入微。又把乐景反添忧愁的反常心态刻画得入木三分："丝竹徒满坐",徒然有满座的人,徒然有丝竹满耳,却"忧人不解颜",无法使忧人开颜欢笑。本来"长歌欲自慰",反而"弥起长恨端",更加增添了忧愁。

第二,闺怨类。例如《拟行路难》(其三)写道:

璇闺玉墀上椒阁,文窗绣户垂绮幕。中有一人字金兰,被服纤罗蕴芳藿。春燕差池风散梅,开帏对影弄禽爵。含歌揽涕恒抱怨,人生几时得为乐?宁作野中之双凫,不愿云间之别鹤。

椒阁绮幕的华丽环境,芳藿满身的华美服饰,与"含歌揽涕恒抱怨"形成鲜明的对比,益发显示出心灵的凄苦和对真正爱情生活的向往、追求。而有时,诗人诗中这种闺怨情绪表现得很愤激,如《拟行路难》(其九)先沉痛地回忆起当初男来求爱的誓言和决心,"锉檗染黄丝,黄丝历乱不可治。昔我与君始相值,尔时自谓可君意。结带与我言,死生好恶不相置",但笔锋一转,"今日见我颜色衰,意中索寞与先异"。面对这种状况,诗中的女子决绝地表示:"还君金钗玳瑁簪,不忍见之益愁思。"

第三,思乡类。如《拟行路难》(其十四)就披露了征人在边塞思乡难归的痛楚。思乡和闺怨是有联系的,两种情感产物有着同一发生源,例如《拟行路难》(其十二)写道:"今年阳初花满林,明年冬末雪盈岑。推移代谢纷交转,我君边戍独稽沉。执袂分别已三载,迩来寂淹无分音。胡悲惨惨遂成滴,暮思绕绕最伤心。膏沐芳余久不御,蓬首乱鬓不设簪。徒飞轻埃舞空帷,粉筐黛器靡复遗。自古留世苦不幸,心中惕惕恒怀悲。"而思乡和闺怨的情感主题又无不流转着沉郁悲慨的情绪,富于打动人心的美感力量,例如《拟行路难》(其十三)云:"春禽喈喈旦暮鸣,最伤君子忧思情。我初辞家从军侨,荣志溢气干云霄。流浪渐冉经三龄,忽有白发素髭生。今暮临水拔已尽,明日对镜复已盈。但恐羁死为鬼客,客思寄灭生空精。每怀旧乡野,念我旧人多悲声。忽见过客问何我,宁知我家在南城。答云我曾居君乡,知君游宦在此城。我行离邑已万里,今方羁役去远征。来时闻君妇,闺中孀居独宿有贞名。亦云悲朝泣闲房,又闻暮思泪沾裳。形容憔悴非昔悦,莲鬓衰颜不复妆。见此令人有余悲,当愿君怀不暂忘。"描述和渲染出了闺怨与乡思的互为感应以及它们在情感上的悲凄程度,这样,诗人也就发掘出了这类情感形态的表现及其存在形式,对唐及其以后同类诗的情感模式产生了深刻影响。

第四,送别类。例如《赠傅都曹别诗》:

> 轻鸿戏江潭，孤雁集洲沚。邂逅两相亲，缘念共无已。风雨好东西，一隔顿万里。追忆栖宿时，声容满心耳。落日川渚寒，愁云绕天起。短翮不能翔，徘徊烟雾里。

通篇以鸿雁为意象，比喻人的送别。前四句叙朋友之情笃，友人如轻鸿，自己如孤雁，彼此相亲，永志不动摇。中四句描述分别的情景，从此将风雨东西，相隔万里，时时追念对方的声容笑貌。后四句则预想到分别后的凄凉孤单，"落日川渚寒，愁云绕天起"，但自己虽思念至切，却因翮短力薄无法追飞万里，只能在烟霭雾气之中徘徊。

第五，咏史类。例如《咏史》：

> 五都矜财雄，三川养声利。百金不市死，明经有高位。京城十二衢，飞甍各鳞次。仕子彯华缨，游客竦轻辔。明星晨未晞，轩盖已云至。宾御纷飒沓，鞍马光照地。寒暑在一时，繁华及春媚。君平独寂寞，身世两相弃。

诗人借咏历史以表达现实的感受，笔重墨饱地描述京都之豪华，仕子游客们竞相追逐名利的景象。到末一句陡转，将其与穷居独处、自甘寂寞的严君平相对比，寄托了诗人的情志和愿望。刘履《选诗补注》认为："此篇本指时事，而托以咏史，故言汉时五都之地，皆尚富豪；三川之人，多好名利。或明经而出仕，或怀金而来游，莫不一时骈集于京城，而其服饰车徒之盛如此。譬则四时，寒暑各异，而今日繁华，正如春阳之明媚。当是时，惟君平之在成都，修身自保，不以富贵累其心，故独穷居寂寞，身既弃世而不仕，世亦弃君平而不任也。然此岂以明远退处既久，而因以自况欤？"总体而言，这种借咏史以申抒现实感受的形式具有承前启后的地位，即前承西晋之左思，后启唐代之李白等。

总的来说，鲍照的情感主调是郁郁不得志的牢骚、慨叹、感喟、愤激，但表达和寄寓方式各有不同。以《拟古》诗为例，或如"幽并重骑射，少年好驰逐"，塑造幽并少年形象，以寄托自己建功立业的理想、热情；或如"十五讽诗书，篇翰靡不通"，以直接抒发、倾吐的方式出现，从而呈现出多样化的情感世界。

五、雄健俊逸的美学风格

清人贺贻孙曾在《诗筏》中对元嘉三大诗人做了比较，认为"明远与颜、谢同时，而独能运灵腕，尽脱颜、谢板滞之习"，没有板滞，只有流畅雄放。宋人许顗《彦周诗话》认为鲍照诗的雄放"若决江河，诗中不可比拟，大似贾谊《过秦论》"。这种流走畅达之诗风得力于其充沛饱满之情感，表现为奇矫无前的气势，天风海雨，声声逼人，如《拟行路难》（其一）：

> 奉君金卮之美酒，玳瑁玉匣之雕琴。七彩芙蓉之羽帐，九华蒲萄之锦衾。红颜零落岁将暮，寒光宛转时欲沉。愿君裁悲且减思，听我抵节《行路吟》。不见柏梁铜雀上，宁闻古时清吹音。

张荫嘉曾说，此诗"以时光易逝，徒悲无益意反冒而起，且作劝人之言，不就己说，取经幻甚。前四劝人勿忧，先进以解忧之物也，突用四句平排而起，气达而词丽。……援古为证，妙在简峭"①，头四句连续出现四种华丽的意象，给人以审美的感官刺激力，同时也造成了一种流走的笔势。

鲍照在处理类型性情感时特别善于渲染和描述情感氛围，其诗作的情境感很鲜明，例如《拟古》（其七）：

> 河畔草未黄，胡雁已矫翼。秋蛩扶户吟，寒妇成夜织。去岁征人还，流传旧相识。闻君上陇时，东望久叹息。宿昔改衣带，朝旦异容色。念此忧如何，夜长愁更多。明镜尘匣中，瑶琴生网罗。

诗人对思妇之情及其与之相关景象的体验至为深切，于是，诗中出现了情景相生的美学境界，例如《发后渚诗》：

> 江上气早寒，仲秋始霜雪。从军乏衣粮，方冬与家别。萧条背乡心，凄怆清渚发。凉埃晦平皋，飞潮隐修樾。孤光独徘徊，空烟视升灭。途随前峰远，意逐后云结。华志分驰年，韶颜惨惊节。推琴三起叹，声为君断绝。

诗中那萧条荒索的景象与诗人凄怆的心境相交融。"途随前峰远"，看到前方的山峰，愈益感到路途的遥远；"意逐后云结"，看到后边的云彩，就更增添了思乡的情结，这可以说是情景相生、意境密合的妙句。

鲍照善于运用象征手法曲折表达内心的感受，例如《学刘公干体》："胡风吹朔雪，千里度龙山。集君瑶台上，飞舞两楹前。兹晨自为美，当避艳阳天。艳阳桃李节，皎洁不成妍。"刘履《选诗补注》说："此亦明远被

---

① 张玉穀：《古诗赏析》。

间见疏而作，乃借朔雪为喻。词虽简短，而托意微婉。盖其审时处顺，虽怨而益谦。然所谓艳阳与皎洁者，自当有辨。"又如《山行见孤桐诗》描述的桐，生于丛石之中，根孤地寒阴，上所靠石崖呈将崩之势，下所临洞壑，深不可测。它经夏雨冬泉、严霜寒风，已不堪打击，"未霜叶已肃，不风条自吟"，尽管如此，仍然"幸愿见雕斫，为君堂上琴"，这不正是作为寒族势孤力单士子的鲍照的自我写照吗？他尽管不堪打击，但仍希望一朝被赏爱，像孤桐一样，"为君堂上琴"，这不同样是鲍照自我心声的流露吗？

鲍照还善用典故，如同己出，如《拟古诗》（其三）中"石梁有余劲"用《阚子》所载，宋景公箭入石梁犹有后劲；"惊雀无全目"用《帝王世纪》所载，羿射雀目，以表现少年之臂力和射术，恰到好处。陈祚明《采菽堂古诗选》认为："如此使事，是以我运古者。"

鲍照亦是体物描象之高手。或写出深密状，如《登庐山诗二首》："悬装乱水区，薄旅次山楹"，说明诗人是在山途歇宿中写庐山的。"千岩盛阻积，万壑势回萦"，极言岩石之多，参差嶙峋，曲折环绕。诗人扣合"巃嵸"的高峻和"纷乱"的盛美，展开艺术的描写，"洞涧窥地脉"，指从山洞深涧看到了纵横交织的地下支脉，突出了庐山的险峻，而"耸树隐天经"的遮天蔽日，则表现出庐山的高伟。"松磴上迷密，云窦下纵横"，石级迷乱，松林茂密，成为庐山特点的写照。在拔地参天的高峰上，在茂密的丛林中，早晨有鹍鸡悲鸣，晚间有猿声长啼。"深崖伏化迹，穷岫阅长灵"，庐山不仅有古老的历史，而且笼罩着神秘的色彩和氛围。整首诗意象深邃密集，却有生趣。又如《从庾中郎游园山石室诗》，写出了景深林密之象："荒涂趣山楹，云崖隐虚室。冈涧纷萦抱，林障沓重密。"尽管"昏昏磴路深"，但深而不寂，"活活梁水疾"点活了意境，生机盎然。或写出明丽天然，例如《望孤石》："江南多暖谷，杂树茂寒峰。朱华抱白雪，阳条熙朔风。蚌节流绮藻，辉石乱烟虹。泄云去无极，驰波往不穷。啸歌清漏毕，徘徊朝景终。浮生会当几，欢酌忽盈衷。"江南带雪的冬景被描绘得明丽天然，令人心驰神往。或写出凄迷氛围，如《玩月城西门廨中》曰："始见西南楼，纤纤如玉钩。未映东北墀，娟娟似蛾眉。蛾眉蔽珠栊，玉钩隔琐窗。三五二八时，千里与君同。夜移衡汉落，徘徊入户中。归华先委露，别叶早辞风。客游厌苦辛，仕子倦飘尘。休澣自公日，宴慰及私辰。蜀琴抽白雪，郢曲发阳春。肴干酒未阕，金壶启夕沦。回轩驻轻盖，留酌待情人。"或写得格调清丽、音韵流宕，如《代春日行》："献岁发，吾将行。春山茂，春日明。园中鸟，多嘉声。梅始发，柳始青。泛舟舻，齐櫂惊。奏《采菱》，歌《鹿鸣》。微风起，波微生。弦亦发，酒亦倾。入莲池，折桂枝。芳袖动，芬叶披。两相思，两不知。"张玉穀《古诗赏析》说："前十六（句），半写春日陆游之乐，半写春日水游之乐，皆就男边说。'入莲'四句，则就女边说，亦兼水陆，却即夏秋写景。后二（句），总收，点醒出篇旨，声清何等骀宕。"诗写得跳荡活跃，描绘春景如画，活现青年男女在春天中嬉闹之景象。

鲍照善于进行空间审美，如《自砺山东望震泽》写道："烂漫潭洞波，合沓崿嶂云。涨岛远不测，冈涧近难分。"四句涉及四种不同的方位空间——下、上、远、近，巨笔纵览，出现四种不同景象，而又形成太湖烟波的整体画幅。他善于惟妙惟肖地传送出景象的声色，如《遇铜山掘黄精》："蹀蹀寒叶离，瀸瀸秋水积"，前写叶落，后写水滴。"松色随野深，月露依草白"，秋色秋景，至为逼真。他更善于传达出情思缕缕，如《日落望江赠荀丞诗》："旅人乏愉乐，薄暮增思深。日落岭云归，延颈望江阴。乱流灂大壑，长雾匝高林。林际无穷极，云边不可寻。惟见独飞鸟，千里一扬音。推其感物情，则知游子心。君居帝京内，高会日挥金。岂念慕群客，咨嗟恋景沉。"杜甫《春日忆李白》诗中赞赏"俊逸鲍参军"，而以上这些就构成了鲍照的"俊逸"风格，这正导源于他那"才秀"的基本审美素质。

第六节　谢朓

谢朓诗在其当代和后来均有很高的评价。梁武帝萧衍说："不读谢诗三日觉口臭"[①]；梁简文帝萧纲称谢朓"文章之冠冕，述作之楷模"[②]；沈约则称谢诗为"二百年来无此诗也"[③]。至于后代的评价就更多了，这使谢朓成为萧齐最具诗美特征的诗人。

---

① 李昉：《太平广记》卷一九八。
② 姚思廉：《梁书·庾肩吾传》。
③ 萧子显：《南齐书·谢朓传》。

一、清丽的诗美风貌

谢朓虽口讷，不善言辞，却写得一手好诗（他的草隶字也写得漂亮）。他认为："好诗圆美流转如弹丸。"他的诗也确实达到了这一审美境界：清新流丽。他的诗有四分之一产生于做宣城太守时，他离开京都的一路水程，他在宣城所见到的美丽山水胜景，为他的诗歌创作提供了极好的审美对象，例如《晚登三山还望京邑》：

> 灞涘望长安，河阳视京县。白日丽飞甍，参差皆可见。余霞散成绮，澄江静如练。喧鸟覆春洲，杂英满芳甸。去矣方滞淫，怀哉罢欢宴。佳期怅何许，泪下如流霰。有情知望乡，谁能鬒不变？

诗人在运笔时密切注意笔墨色彩的调配和渲染："白日丽飞甍"，阳光照射在翘起的屋脊上，明丽多彩，高低不等的屋宇依稀可见，此句渲染了京城屋宇在太阳光照下的色彩。然后，诗人的视线转向天宇，落到江上。"余霞散成绮，澄江静如练"，这是历代传诵的名句，唐代李白《金陵城西楼月下吟》"解道澄江静如练，令人长忆谢玄晖"，宋代王安石《桂枝香·金陵怀古》"千里澄江似练"都是化用了这个句子。晚霞扩散开来，像五色的彩缎，而清澈不动的江水静静地平铺在大地上，像一条白色的绸子，两个比喻极为精妙，色彩绮丽壮美。诗人写霞写江，多从色彩和状态上着墨，江景并非静景，"喧鸟"栖息在绿色的江洲上，声浪时时传送过来；各色各样芳香扑鼻的花朵布满了郊原，万紫千红，争奇斗艳，显示了画面的色彩美。可以看出，诗人在"还望"时，视点是不断变化的，形成了所谓的散点透视，时而屋宇，时而晚霞，时而江面，时而江洲，时而芳甸，但尽管变化不停，每句的描述中心都着力渲染色彩，丰富而不单调，是一种斑斓多姿的杂色美。而诗人之所以不断变换视点，又和他"还望京邑"，对京都繁华生活的依恋心情分不开。他想此一去宣城，不知何日才能回京，惆怅萦绕在心头，因而诗人写景就和当时当地的情绪联系在一起了。又如他的《之宣城郡出新林浦向板桥》写道：

> 江路西南永，归流东北骛。天际识归舟，云中辨江树。旅思倦摇摇，孤游昔已屡。既欢怀禄情，复协沧洲趣。嚣尘自兹隔，赏心于此遇。虽无玄豹姿，终隐南山雾。

清人王夫之在《古诗评选》中评述道："'天际识归舟，云间辨江树'，隐然一含情凝眺之人呼之欲出。从此写景，乃为活景。故人胸中无丘壑，眼底无性情，虽读尽天下书，不能道一句。"这两句诗生动微妙地描述了天际之明净、江面之浩渺，王夫之称赞此句是"活景"，是因为诗中有人的存在，有审美主体的存在。

谢朓作为审美主体所向往的审美趣味是清绮明丽。黄子云《野鸿诗的》说谢朓"句多清丽，韵亦悠扬，得于性情独深"，清丽源于"性情独深"正是说他独有的审美情趣。确实，谢朓诗中充满着明丽天然的境界和景象，例如《登山曲》："天明开秀崿，澜光媚碧堤。风荡飘莺乱，云行芳树低。"《游东田》中亦有"远树暧阡阡，生烟纷漠漠"之句。谢朓所追求的色彩不是大红大绿，而是清绮俊秀、滋润清新，带有沾满露珠的花卉的色泽和雨过之后青草的新鲜气息，这是他清丽明亮的审美趣味在对象身上进行选择的产物。然而，有的时候，谢朓的心态又有萧散的一面，其《始出尚书省诗》云："因此得萧散，垂竿深涧底。"由此，所感受的景物对象往往萧疏淡雅，别含一种色调和韵致，例如"寒城一以眺，平楚正苍然"[1]"苍翠望寒山，峥嵘瞰平陆"[2]，"寒城""寒山""苍然""苍翠"，整个意象萧索瘦瘠、疏淡苍茫，其审美境域在谢朓诗中、六朝诗中均别具一格，宋元山水画的意象就颇得其神韵。

谢朓善于在时间、空间审美中组合景象画面，例如《郡内高斋望答吕法曹》："窗中列远岫，庭际俯乔林。"窗棂中映入远处的山峰，"列"是平而远视；"俯"，即俯视。"日出众鸟散"，言日出时的空间景象；"山暝孤猿吟"，言薄暮时的空间景象。

在谢朓诗中可以看出，他有着细微尖新的审美感觉触须，善于捕捉微妙的对象世界，例如著名的《游东田》中的句子："鱼戏新荷动，鸟散余花落。"鱼儿在水中游嬉，触动了荷叶，异常清楚；鸟儿飞散，摇落枝头的花瓣，历历在目。"新荷动""余花落"的"动""落"把景物的状态刻画入微。其他如《赠王主簿诗二首》（其一）："蜻蛉草际飞，游蜂花上食。"《送江兵曹檀主簿朱孝廉还上国诗》："香风蕊上发，好鸟叶间鸣。"都表现出谢朓有敏锐的感知力。

沈德潜《古诗源》曰："玄晖灵心秀口，每诵名句，渊然泠然，觉笔

---

[1] 谢朓：《宣城郡内登望》。
[2] 谢朓：《冬日晚郡事隙》。

墨之中，笔墨之外，别有一段深情妙理。"谢朓确是锦心绣口，但也内含情致，例如《暂使下都夜发新林至京邑赠西府同僚》：

> 大江流日夜，客心悲未央。徒念关山近，终知返路长。秋河曙耿耿，寒渚夜苍苍。引领见京室，宫雉正相望。金波丽鳷鹊，玉绳低建章。驱车鼎门外，思见昭丘阳。驰晖不可接，何况隔两乡。风烟有鸟路，江汉限无梁。常恐鹰隼击，时菊委严霜。寄言蔚罗者，寥廓已高翔。

大江日夜不息地奔流，诗人悲怆的心情就如同这奔流的江水一样没有休止。在这首诗中，诗人那"常恐鹰隼击，时菊委严霜"的怵惕心理，那对西府幕僚眷眷不忘的心情正和"秋河曙耿耿，寒渚夜苍苍"的景象相交融。又如《秋夜》："秋夜促织鸣，南邻捣衣急。思君隔九重，夜夜空伫立。北窗轻幔垂，西户月光入。何知白露下，坐视阶前湿。谁能长分居，秋尽冬复及。"《铜雀悲》："落日高城上，余光入穗帷。寂寂深松晚，宁知琴瑟悲。"《王孙游》："绿草蔓如丝，杂树红英发。无论君不归，君归芳已歇。"这些都将诗人的内心巧妙地表达了出来。

谢朓诗具备了南方美学的特征、格调，轻盈、流丽、润畅。其景有小桥流水、杏花春雨、桃红柳绿的色调与状态；其情如涓涓细流、悠悠白云，款款而出，例如《同王主簿有所思》："佳期期未归，望望下鸣机。徘徊东陌上，月出行人稀。"又如《新亭渚别范零陵云》："洞庭张乐地，潇湘帝子游。云去苍梧野，水还江汉流。停骖我怅望，辍棹子夷犹。广平听方籍，茂陵将见求。心事俱已矣，江上徒离忧。"俱是情景交融的妙句。

钟嵘《诗品》评述谢朓诗云："一章之中，自有玉石。然奇章秀句，往往警遒……善自发诗端，而末篇多踬，此意锐而才弱也。"确实，谢朓诗往往表现为起句夺人，而渐渐力弱，笔力衰竭，终致虎头蛇尾，这都显示出谢朓的"才弱"。他所寻求的是奇章秀句，在这一点上，此"小谢"颇近彼"大谢"。六朝人远不像西汉人那样才猛，这正反映出一个时代审美素质的特征，例如谢朓《观朝雨》，起句"朔风吹飞雨，萧条江上来"便勾住了读者的审美注意力，可是，慢慢地笔力便不济了，难以挽起全篇之气势。

二、继往开来的诗美学史地位

历来，"大小谢"并提，而"小谢"在山水诗的审美创造上继承了"大谢"且有所发展，他彻底完成了山水诗的独立审美化历程，他的山水诗成为江南山水景观的对象化产物，具有南国的审美风貌、品位和格调。谢朓山水诗中的景象不如"大谢"那样具有峥嵘气派，但秀色可餐，江南山清水秀的特色分外显著，如《休沐重还丹阳道中》："薄旅第从告，思闲愿罢归。还卬歌赋似，休汝车骑非。灞池不可别，伊川难重违。汀葭稍靡靡，江茇复依依。田鹄远相叫，沙鸨忽争飞。云端楚山见，林表吴岫微。"江南山水淡墨画特征跃然纸面。

在美学风格上，谢朓诗明丽圆润犹如弹丸，没有了谢灵运尚存的生涩和板滞，他的萧散意韵亦为谢灵运所不及，从根本上体现并代表了六朝诗美学走向精致化、圆熟化的趋向。李白《宣州谢朓楼饯别校书叔云》写道："蓬莱文章建安骨，中间小谢又清发。"这两句诗除了点出"小谢"诗美的风格特征"清"以外，还揭示了它的美学史地位——"小谢"诗美亦带来了六朝诗美"清"的特征。

最值得注意的是，谢朓细腻深微的审美心灵和感觉，《移病还园示亲属诗》中有句："叶低知露密，崖断识云重。"审美观察力是何等具体入微和深切！其诗的"清"的特征中内蕴着一颗独特的审美机心。

严羽《沧浪诗话》说："谢朓之诗已有全篇似唐人者。"其实，这一论断倒置了因果关系，应该说谢朓影响和开启了唐人诗风。例如他的诗美风格、理想、情致，影响了李白；他的山水诗审美影响了王维、孟浩然等一代山水诗人。如《玉阶怨》："夕殿下珠帘，流萤飞复息。长夜缝罗衣，思君此何极！"如《高斋视事》："余雪映青山，寒雾开白日。暧暧江村见，离离海树出。"其诗的风味、韵致和格调，在唐人诗中亦能体认到。

在诗的形式美学上，五律、五绝经谢朓手制逐渐定型化。五律之例，如《咏蔷薇》《离夜》；五绝，如《同王主簿有所思》《王孙游》《玉阶怨》等，唐人玲珑剔透的五绝在这里出现了滥觞。

这样，谢朓便成为下启唐人的一位重要的六朝诗人。

第七节　沈约和永明体

建元四年（482），齐高帝萧道成病逝，萧赜即位为齐武帝，翌年改元永明。永明十一年间（483—493），萧齐的经济、社会均得到了较大发展，"永明"被作为盛世来歌颂，所谓"生逢永明乐，死日生之年"①。在文学方面，出现了足以与元嘉文学相媲美的盛况——永明体标志着文学新变的到来。创造永明体的是竟陵王萧子良所网罗，以沈约为代表的"竟陵八友"，又称为"西邸文人集团"，他们推助了整个六朝文学的发展。

要提到的是，这个文人群体还有着强烈的政治色彩。沈约曾因拥戴萧衍有功被封侯。王融曾力图在齐武帝病笃时"矫诏立子良"，并"处分以子良兵禁诸门"，但这场宫廷政变最终流产了，王融"知不遂，乃释服还省"，抱怨萧子良无能，"叹曰：'公误我。'"后来鬱林王把王融收入狱中准备杀害时，那个与王融"特相友好"的萧子良却见死不敢救，导致他仅二十七岁就成了政治格杀的牺牲品。

一、沈约诗美特色

沈约诗清丽俊秀，圆熟精纯，审美主体的艺术触须比较细微，其感受也表述得比较细致，例如其描述景象的《早发定山》：

> 夙龄爱远壑，晚莅见奇山。标峰彩虹外，置岭白云间。倾壁忽斜竖，绝顶复孤圆。归海流漫漫，出浦水溅溅。野棠开未落，山樱发欲然。忘归属兰杜，怀禄寄芳荃。眷言采三秀，徘徊望九仙。

全诗写山奇伟，写水激溅，写花秀丽，着色绚丽多姿。"标峰彩虹外，置岭白云间"，山峰突然地耸立在彩虹之外，穿破苍穹的山尖挺拔在白云之间。彩虹的七色、云朵的白色和苍郁的定山，互相映衬，形成彩虹映照着峰峦，白云旋绕着山巅的奇景，画面舒展多姿，意境开阔，又深蕴着秀丽之色。诗人写山势，"倾壁忽斜竖"，悬崖峭壁，忽然之间仿佛斜竖着，这就把悬崖的状态写得很有特点。但是，当诗人攀登到最高峰，所见景象又很不同，"绝顶复孤圆"，是另一种奇姿妙态。"斜竖"和"孤圆"，写出了定山山势两种不同而又相互陪衬的状态。诗人不仅画山，而且绘水，由"归海"，引入更广阔的意境，拓开了视野。只见水流归海，浩阔平稳，而"出浦水溅溅"，在江河的口岸又传出了溅溅的水流声，这就把山水的画面描绘得极有生气。在画山绘水之后，诗人又把视线拉到山间的野果山花上，"野棠开未落，山樱发欲然"，野棠花绽开怒放，还未凋

---

① 王融：《永明乐十首》（其十）。

落,显示出整个山景的生机蓬勃。"山樱发欲然"的精妙比喻,渲染了山樱火红的色彩,从而也就为整个山景做了点染。总的来说,这首诗生机盎然,五彩夺章,白色、火红,明丽天然,映带生辉。诗的音律节奏和谐,读之朗朗上口,舌端润畅,从而形成了清婉绮丽的美学风格,别有韵致。

从审美趣味上说,沈约趋于清丽,因此对于清丽的对象也就表现出了心契和投合,如《新安江至清浅深见底贻京邑游好诗》云:

> 眷言访舟客,兹川信可珍。洞澈随深浅,皎镜无冬春。千仞写乔树,百丈见游鳞。沧浪有时浊,清济涸无津。岂若乘斯去,俯映石磷磷。纷吾隔嚣滓,宁假濯衣巾。愿以潺湲水,沾君缨上尘。

新安江的清丽景象如画如绘,给人以清悦的审美感受。

沈约《八咏诗》是其清丽审美趣味的集中体现,如《登台望秋月》:"望秋月,秋月光如练。照曜三爵台,徘徊九华殿。九华玳瑁梁,华榱与璧珰。以兹雕丽色,持照明月光。凝华入黻帐……"《会圃临春风》:"临春风,春风起春树。游丝暖如烟,落花氛似雾。先泛六渊池,还过细柳枝。"《被褐守山东》:"守山东,山东万岭郁青葱。两溪共一泻,水洁望如空。岸侧青莎被,岩间丹桂丛。上瞻既隐轸,下睇亦溟濛。远林响咆兽,近树聒鸣虫。路出若溪右,涧吐金华东。万仞倒危石,百丈悬注淙。掣曳泻流电,奔飞似白虹。洞井含清气,漏穴吐飞风。玉窦膏滴沥,石乳室空笼。峭崿途弥险,崖岨步才通……"这一组诗清气扑人,令人心旷神怡。据《金华志》,"《八咏诗》,南齐隆昌元年太守沈约所作。题于玄畅楼,时号绝唱。后人因更玄畅楼为八咏楼",与岳阳之岳阳楼、南昌之滕王阁齐名。

沈约诗清而有韵,有时亦富情趣,如《石塘濑听猿》:"嗷嗷夜猿鸣,溶溶晨雾合。不知声远近,惟见山重沓。既欢东岭唱,复伫西岩答。"诗人扣合晨雾苍茫,山岳隐形而只闻猿声的独特景象展开描写,猿鸣东唱西答,在东岭西岩之间形成呼应,其声态生趣盎然。

沈约诗之清而含韵,表现为深沉的情感力量,例如《别范安成》:

> 生平少年日,分手易前期。及尔同衰暮,非复别离时。勿言一樽酒,明日难重持。梦中不识路,何以慰相思。

范安成即范岫,亦为齐文惠太子所赏识。全诗充满着老年离别的伤感情调。少年不识愁滋味,以为分手后再次相见当不难,现在彼此均已衰老,暮齿时是不宜再分离的。不要说这饯别酒算不得什么，要再次举杯是颇为不易的（此句化用苏武诗句"我有一樽酒，欲以赠远人"）。分别以后在梦境中都因不识道路而难以相见，何以能安慰相思之情呢？其离情别绪诚然缠绵悱恻，但内涵至为深厚笃挚。沈德潜《古诗源》评曰："一片真气流出，句句转，字字厚，去十九首不远。"

沈约有一组《怀旧诗》，共九首，痛悼王融、王谌、胡谐之等人，其中《伤谢朓》云：

> 吏部信才杰，文峰振奇响。调与金石谐，思逐风云上。岂言陵霜质，忽随人事往。尺璧尔何冤，一旦同丘壤。

高度评价了谢朓的辞采、文思和凌霜之质，并为其不幸遭遇深感不平：尺璧之才却埋于丘壤，何等惋惜！诗中有沈约的伤感，也有他的义愤和为谢朓屈死的鸣冤。可见，沈约虽然"政之得失，唯唯而已"[①]，八面玲珑，老于世故，但是在情感方面却有自己的鲜明态度，他依然保留着对故旧亲朋的深厚感情。

钟嵘《诗品》认为，沈约是"宪章鲍明远"，陈祚明《采菽堂古诗选》亦认为："休文诗体，全宗康乐。"在六朝诗美学史上，沈约有继承谢灵运和鲍照的一面，虽然如沈德潜《古诗源》所说，"性情声色俱逊一格"，但他发展了"清"这种由谢灵运、鲍照、谢朓等共同创造的美学风格。"清"是六朝诗美的时代风格。

沈约还具有六朝人审美刻画的另一个特点：细腻入微。从汉代的大而化之到六朝的细刻深掘，是美学思想的一个重要变迁，它是六朝人所共同创造的，沈约就参与了这一创造，如其《和刘雍州绘博山香炉诗》对博山炉的描述："范金诚可则，摛思必良工。凝芳自朱燎，先铸首山铜。瑰姿信岩崿，奇态实玲珑。峰磴互相拒，岩岫杳无穷。赤松游其上，敛足御轻鸿。蛟螭盘其下，骧首盼层穹。岭侧多奇树，或孤或复丛。岩间有佚女，垂袂似含风。翚飞若未已，虎视郁余雄。登山起重障，左右引丝桐。百和清夜吐，兰烟四面充。如彼崇朝气，触石绕华嵩。"层层写来，细微如丝，这又体现了六朝人写诗追求形似、逼真的审美理想。

钟嵘《诗品》认为沈约"不闲于经纶，而长于清怨"，《夜夜曲》这一

[①] 李延寿：《南史·沈约传》。

思妇诗就颇有清怨味，诗曰："河汉纵且横，北斗横复直。星汉空如此，宁知心有忆？孤灯暧不明，寒机晓犹织。零泪向谁道，鸡鸣徒叹息。"有时这种清怨味又具有历史伤感味。如《登北固楼诗》："六代旧山川，兴亡几百年。……夜月琉璃水，春风柳色天。伤时为怀古，垂泪国门前。"可见，沈约诗在清怨中富于情感和历史感。

二、永明体的贡献

永明体的首要贡献是建立诗美声律学。《南史·陆厥传》对永明体做了这样的解释："（永明）时盛为文章，吴兴沈约、陈郡谢朓、琅邪王融以气类相推毂，汝南周颙善识声韵。约等文皆用宫商，将平上去入四声，以此制韵，有平头、上尾、蜂腰、鹤膝。五字之中，音韵悉异，两句之内，角徵不同，不可增减，世呼为永明体。"沈约的《宋书·谢灵运传》写道：

> 夫五色相宣，八音协畅，由乎玄黄律吕，各适物宜。欲使宫羽相变，低昂互节，若前有浮声，则后须切响；一简之内，音韵尽殊，两句之中，轻重悉异。妙达此旨，始可言文。

沈约《答陆厥书》写道：

> 宫商之声有五，文字之别累万。以累万之繁，配五声之约，高下低昂，非思力所学，又非止若斯而已也。十字之文，颠倒相配，字不过十，巧历已不能尽，何况复过于此者乎？灵均以来，未经用之于怀抱，固无从得其仿佛矣。若斯之妙，而圣人不尚，何邪！此盖曲折声韵之巧，无当于训义，非圣哲立言之所急也。是以子云譬之雕虫篆刻，云"壮夫不为"。自古辞人，岂不知宫羽之殊、商徵之别？虽知五言之异，而其中参差变动，所昧实多，故鄙意所谓"此秘未睹"者也。以此而推，则知前世文士，便未悟此处。若以文章之音韵，同弦管之声曲，则美恶妍蚩，不得顿相乖反。譬犹子野操曲，安得忽有阐缓失调之声？以《洛神》比陈思他赋，有似异手之作。故知天机启则律吕自调，六情滞则音律顿舛也。

沈约撰《四声谱》，创声律论，《梁书·沈约传》云："又撰《四声谱》，以为在昔词人，累千载而不悟，而独得胸衿，穷其妙旨。"《梁书·庾肩吾传》说："齐永明中，文士王融、谢朓、沈约文章始用四声，以为新变，至是转拘声韵，弥尚丽靡，复逾于往时。"永明体的贡献就在于发现了中国声律的特点，并加以规范，形成了完整的声律美学理论，为近体诗打下了深厚的基础。这样，中国诗就不仅美观，而且美听，成为真正完整意义上的美文学。

永明体诗人创造了清婉幽丽的美学风格，"竟陵八友"中，除谢朓、沈约、萧衍外，王融、范云等亦有诗美成就。

《南史》本传载，永明九年，"芳林园禊宴，使融为《曲水诗序》，当时称之"，又称其"博涉有文才"。王融诗风仍属清丽之一路，如《别王丞僧孺诗》："首夏实清和，余春满郊甸。花树杂为锦，月池皎如练。"又如《临高台》："游人欲骋望，积步上高台。井莲当夏吐，窗桂逐秋开。花飞低不入，鸟散远时来。还看云栋影，含月共徘徊。"他的一些交际诗与唱和诗也传送出悠悠的情韵，如《寒晚敬和何徵君点诗》："疏酌候冬序，闲琴改秋律。如何将暮天，复值西归日。摇落迎轩牖，飞鸣乱绳茞。烟灌共深阴，风篁两萧瑟。虚堂无笑语，怀君首如疾。"《饯谢文学离夜诗》："所知共歌笑，谁忍别笑歌。离轩思黄鸟，分渚爱青莎。翻情结远旆，洒泪与行波。春江夜明月，还望情如何？"都清丽喜人，情致感人。

钟嵘《诗品》对范云评价甚高，认为其诗风"清便宛转，如流风回雪"，宛转绰约，婀娜多姿，不脱"清"的风味，如《赠张徐州谡》：

田家樵采去，薄暮方来归。还闻稚子说，有客款柴扉。傧从皆珠玳，裘马悉轻肥。轩盖照墟落，传瑞生光辉。疑是徐方牧，既是复疑非。思旧昔言有，此道今已微。物情弃疵贱，何独顾衡闱？恨不具鸡黍，得与故人挥。情怀徒草草，泪下空霏霏。寄书云间雁，为我西北飞。

诗人薄暮采樵归来，听稚子说，今天有客来访。接着，诗人渲染了来客的盛状，珠玳满眼，裘马轻肥，轩盖生辉。诗人以为是老友张谡，但想想又觉不是：友情在过去是存在的，但现在已经衰微了，张谡又怎么可能来光顾我这寒舍呢？但来客又恰恰是徐州牧张谡，诗人不禁又感激又内疚于未能杀鸡具酒款待友人，只得寄寓诗中，致谢致歉。这首诗步步变，层层变，确实"宛转"多姿，在"流"中"回"中显得分外摇曳。

范云的山水诗亦有清便之特征，如《之零陵郡次新亭》："江干远树浮，天末孤烟起。江天自如合，烟树还相似。沧流未可源，高飙去何已？"诗只写了四样景——江、天、烟、树，但诗人没有将其分割而是使其交融于一起，从不同视角描绘出长江的景色特点，构成了一幅长江绝色图。"江干远树浮"，镜头推向远方，江对岸的树木好像浮动在江水上，这展现出了江面之浩阔。"天末孤烟起"再次把境域拉远，诗人极目远望，一直看到天边孤烟。"江天自如合"，江天相融，水天一色。不仅于此，"烟树还相似"，远处的烟气和树林也融合起来，烟气笼罩着树林，树林浸沉在烟气之中。然而，这种组合又不是一层不变的，景物是在变化中展现的：第一句是江和树的组合，第二句是天和树的组合，第三句开始调整，变成江和天的组合，第四句变成烟和树的组合，四句诗涵括了眼前长江天地四方的诸般景物。诗人着墨于远景，遂使境界显得空阔；又由于诗人写出了江天相融、烟树相混的情景，因而境界就显得苍茫迷离，显示出长江浩渺的特征。诗人不断更换着审美视角，达到了对景物生动入微刻画的效果。又如诗人的《别诗》："洛阳城东西，长作经时别。昔去雪如花，今来花似雪。"诗人雪与花颠倒性比喻的审美思维巧思，展示出了冬去春来的季节转换过程。

"分弦饶苦音，别唱多凄曲。"①永明诗人重朋友之情，特别是离散之情，送别诗发育得相当成熟，这正反映了六朝人钟于情的审美素质特征。例如永明九年（491）谢朓去荆州，沈约、王融、范云、任昉、萧琛等均作有同题诗《饯谢文学》。另外，范云也曾赋有《送沈记室夜别诗》："桂水澄夜氛，楚山清晓云。秋风两乡怨，秋月千里分。寒枝宁共采，霜猿行独闻。扪萝忽遗我，折桂方思君。"以夜氛、晓云、秋月、寒枝、霜猿等景象创造了一种凄清的环境氛围，恰与审美主体送别友人凄幽的心情相契合。

永明体虽然仅存了短暂的十多年，但为黄钟大吕的唐音鸣奏了序曲，它所创造的美学风格，它对于中国诗声律美学的贡献是永存的。

第八节 萧氏父子

南朝梁武帝萧衍，其子昭明太子萧统、简文帝萧纲、元帝萧绎，合称"四萧"，在文学、美学上均富成就，实属罕见。父子四人构成一个文学群体，而在他们周围又各有一个文学群体，如所谓"东宫四友"，这种状况，

---

① 范云：《饯谢文学》。

亦属罕见。但他们中，除萧统因《文选》著称于世，文学史、美学史家给予了足够评价外，对其余人所施笔墨甚少，对梁武帝萧衍就更加冷落了，这反映了某种评判文学、美学的价值取向标准。但"四萧"是六朝齐梁时期文学、美学中的特殊现象，史家不应回避，或论有偏颇。

梁历五十余年（502—557），作为一个历史时期，同时又是一个文学、美学史时期，其体制开始承齐，"官班多同宋齐之旧"[①]，还允许被废齐帝"行齐正朔，郊祀天地；礼乐制度，皆用齐典"[②]，遂致齐梁文学、美学并称，总体特质不同于前代的东晋、刘宋，也稍异于后来的陈代。不过齐梁虽并称，却以梁为主，梁又以"四萧"为主，他们特殊的地位以及多方面的成就在梁代文坛举足轻重。

一、"四萧"的共同特点

第一，崇佛。据《梁书》载，萧统"崇信三宝，遍览众经。于宫中立慧义殿，专为法习之所。召名僧自立《二谛》《法身义》"。据《全梁文·悔高慢文》萧纲自述："弟子萧纲，又重至心，归依三宝。"三宝即佛、法、僧。萧纲《为诸寺檀越愿疏》云："菩萨戒弟子萧纲，归依十方尽虚空界一切诸佛，归依十方尽虚空界一切尊法，归依十方尽虚界一切圣僧。"萧绎"设法会，赦囚徒，振穷乏，退居栖心省"。至于那个被史书称为"菩萨皇帝"的萧衍，更是佞佛，把南朝佛教推向极巅。他四次舍身同泰寺为奴，每次由群臣以一亿万巨赀将其赎回。《旧唐书·萧瑀传》太宗诏："梁武穷心于释氏，简文锐意于法门。"父子同尚，共归释氏。

第二，事文。"四萧"都有较高的文学审美素养和气质，完全不同于宋、齐皇族中某些只知恣肆淫乐、胸无滴墨的"行尸走肉"。萧统说他自己"毂核坟史，渔猎词林"[③]。萧纲"幼而聪睿，六岁便能属文，武帝弗之信，于前面试，帝揽笔立成文，武帝叹曰：'常以东阿（曹植）为虚，今则信矣。'"萧绎"聪悟俊朗，天才英发出言为论，音响若钟。年五六岁，武帝尝问所读书，对曰：'能诵《曲礼》。'武帝使诵之，即诵上篇。左右莫不惊叹"，"及长好学，博极群书"。其《内典碑铭集林序》亦自言"幼

---

① 魏徵：《隋书·百官志》。
② 李延寿：《南史·梁本纪》。
③ 萧统：《答晋安王书》。

好雕虫，长而弥笃，游心释典，寓目词林"。这些素质为他们以后从事文学的审美活动提供了天赋智能条件。他们没有成为专一的纯文学家，乃是因为或是开国之君，或是皇室统绪。但他们在取得统治地位后，并没有放弃文学活动，反而利用既得的条件进行文学创作和理论活动。除赋文外，他们都有一定数量的诗歌作品，萧衍有八十多首，萧统有三十多首，萧纲有二百六十多首，萧绎有一百一十多首。他们又都参与或组织了一定的文学群体活动。萧衍早在未登皇位时，就网罗有"竟陵八友"等，及至继统登极后，又能进一步网罗和提擢文学之士，形成了"梁武帝雅好辞赋，时献文于南阙者相望焉"①的局面，史书对此多有具体记载，如"天监六年（袁）峻乃拟扬雄《官箴》奏之。……帝嘉焉，赐束帛，除员外郎，散骑侍郎"②。"梁天监初，（周兴嗣）奏《休平赋》，其文甚美，武帝嘉之，拜安成王国侍郎，直华林省。"③后嘱写《马赋》，以其为工，便又擢升。在周兴嗣患病时，武帝曾亲"抚其手"，嗟吁不止。再如临川靖惠王将吴均"称之于武帝，即日召入赋诗，悦焉。待诏著作，累迁奉朝请"④。武帝"闻其（任孝恭）有才学，召入西省撰史"⑤。这样，他周围便形成了一个文士群体。诚然，这与萧衍雅好辞章的趣尚所好相关，但作为一代开国之主，他这样做还有更深层原因。梁武帝受禅登位后发生了一件类似伯夷、叔齐不食周粟的事，齐之遗民颜见远不食"梁粟"，"发愤数日而卒"，武帝闻之，震动颇大，说："我自应天从人，何豫天下士大夫事？而颜见远乃至于此！"颜见远事件无疑是旧朝士子与新朝当政采取不合作态度的集中体现，因此，武帝用官禄提掖文人士子就有着改善这种关系的深刻意图。同时，武帝出身寒门，在门阀士族制十分苛刻、森严的六朝，即令成为九五之尊，他仍不无自卑地说："朕布衣。"⑥以布衣之身而至黄袍加身，为着形成和壮大自己统治的社会基础，便不能不起用和依靠寒门文士，使双方在情感和利益集团的一致性上更为接近。其《叙录寒儒诏》规定，只要"能通一经始末无倦者"，不管门第是否低微，概予擢用，因而以萧衍为中心的文士集团足可与魏之曹丕文士

---

① 李延寿：《南史·袁峻传》。
② 李延寿：《南史·袁峻传》。
③ 李延寿：《南史·周兴嗣传》。
④ 李延寿：《南史·吴均传》。
⑤ 李延寿：《南史·任孝恭传》。
⑥ 萧衍：《净业赋》。

集团相比并。再看，作为皇太子的萧统，他"引纳才学之士，赏爱无倦，恒自讨论坟籍，或与学士商榷古今，继以文章著述，率以为常。于时东宫有书几三万卷，名才并集，文学之盛，晋宋以来未之有也"①，盛况可谓空前，不仅超过东晋的兰亭禊会，而且超过萧齐的西邸，为他编纂大型文学总集《文选》提供了充足条件。例如，据《玉海》五四《中兴书目》所载，刘孝绰就曾参与了此项工作；《南史·刘勔传》也提供了部分讯息，"（刘孝绰）后为太子仆，掌东宫管记，时昭明太子好士爱文，孝绰与陈郡殷芸、吴郡陆倕、琅邪王筠、彭城到洽等同见礼。太子起乐贤堂，乃使先图孝绰。太子文章，群才咸欲撰录，太子独使孝绰集而序之"。萧统还极为欣赏当时的文学理论家、美学家刘勰，"昭明太子好文学深爱接之"②。萧纲亦与萧统有相近之处："弘纳文学之士，赏接无倦"③。由于帝王的倡导、煽扬，在梁代出现了以"四萧"为中心，"晋宋以来未之有也"的文学盛事。其中萧衍、萧统、萧纲以建康为活动场所，萧绎以江陵为活动基地，东西呼应，把六朝文学推向一个鼎盛区段。这种状况决定了梁代的文学、美学是宫廷文学、廊庙美学，并成为六朝文学、美学的高峰期之一。由于是宫廷文学、廊庙美学，其在内涵的深刻性上远逊东晋；同时，东晋玄远，玄风与文风交汇，梁代浮靡，佛风与文风交汇，美学精神迥不相侔。

萧衍活到八十六岁，在位四十八年，侯景之乱中饿死台城。萧统被立为皇太子后，一直未得亲政，又总处在怵惕心态中，病殁时，年仅三十一岁。萧纲是在萧衍饿死后被侯景立为傀儡皇帝的，至于萧绎则是在萧纲被侯景派人用土囊窒息致死后，于江陵称帝的，不久被西魏所害。统观萧统三兄弟一生，在政治上均无所作为，在萧衍统治下，作为太子或藩王，他们另寻发挥之路，在富于文学天赋的基础上，致力于文学和美学创造，正如萧统所言："与其饱食终日，宁游思于文林。"④把文学的审美活动视为生活的替代性需要。如果说萧衍是把文学作为"余事"，那么统、纲、绎三兄弟则基本是将其视同"正业"的。萧统的最大成就在"选学"上，评陶、论陶亦有独特贡献。六朝时人对陶渊明多有忽略，颜延之《陶征士诔》主要介绍陶之

---

① 李延寿：《南史·梁武帝诸子》。
② 姚思廉：《梁书·刘勰传》。
③ 姚思廉：《梁书·刘勰传》。
④ 萧统：《答湘东王求文集及诗苑英华书》。

乡间隐居生活。颜与陶曾经"接阎邻舍，宵盘昼憩"，过从甚密，理应对其文学成就了解甚深，但"诔"中除用"文取指达"尚有保留意味的四字外，点墨不施。沈约《宋书》将陶归入"隐逸"，不言文学。刘勰《文心雕龙》涉及自先秦以来众多作家，却于陶氏不置一喙。钟嵘《诗品》将陶列为中品。唯有萧统独具慧识，撰《陶渊明传》，为陶集作序，指涉文学。他不囿于俗见，不为陶氏诗酒现象所惑，而是透过现象，直入陶之心迹，审美穿透力不凡。他对陶渊明的文学成就给予了前所未有的评价："其文章不群，辞彩精拔，跌宕昭彰，独超众类，抑扬爽朗，莫之与京。"他将陶渊明的文学成就与其人格相连，最终归结为人格价值的审美和道德评价："横素波而傍流，干青云而直上。语时事则指而可想，论怀抱则旷而且真。加以贞志不休，安道苦节，不以躬耕为耻，不以无财为病。"萧统认为，达到如此的人生、美学境界，"自非大贤笃志，与道汙隆，孰能如此乎"，遂成评陶第一论。再看萧纲，即使在被侯景囚絷，"无复纸"的情况下，还书文于墙壁板障上，自序曰："有梁正士兰陵萧世讃，立身行道，终始若一；风雨如晦，鸡鸣不已。弗欺暗室，岂况三光？数至于此，命也如何！"留下文数百篇，《连珠》三首，诗四篇，绝句五篇。担负监管的侯景部将认为，诗文"辞切""凄怆"，便"即使刮去"。例如他的《被幽述志诗》云："恍惚烟霞散，飕飗松柏阴。幽山白杨古，野路黄尘深。终无千月命，安用九丹金。阙里长芜没，苍天空照心。"这是文人型亡国君的特殊绝命书，氛围的渲染、情景的描述，确是"辞切""凄凉"。至于萧绎，据《南史》载，被幽逼江陵时，求酒饮之，制诗四绝，"其一"曰："南风且绝唱，西陵最可悲。今日还蒿里，终非封禅时。""其二"曰："人生逢百六，天道异贞恒。何言异蝼蚁，一旦损鲲鹏。""其三"曰："松风侵晓哀，霜雰当夜来。寂寥千载后，谁畏轩辕台。""其四"曰："夜长无岁月，安知秋与春？原陵五树杏，空得动耕人。"穷途末路，凄凄惶惶，格调悲咽幽深。人们总是不惮其烦地援引南唐李后主的绝笔词，似乎忘却了早在其四个世纪前已有简文帝萧纲、元帝萧绎的苍凉遗诗了，这是应该在文学史上补上一笔的。

二、对"四萧"诗的正确估价

对"四萧"诗的评价，是一个复杂问题，对有关似成定论的说法不可不稍作辨析。

辨之一，萧纲、萧绎是淫靡诗的鼻祖，《北史·文苑传序》云，"简文、湘东启其淫放"。其实，始作俑者应是萧衍，其《子夜歌二首》（其二）："朝日照绮窗，光风动纨罗。巧笑蒨两犀，美目扬双蛾。"《子夜四时歌》："花坞蝶双飞，柳堤鸟百舌。不见佳人来，徒劳心断绝。""寒闺动黻帐，密筵重锦席。卖眼拂长袖，含笑留上客。"都算是这一类诗。萧统亦有《林下作妓诗》等。陆时雍《诗镜总论》云："梁人多妖艳之音，武帝启齿扬芬，其臭如幽兰之喷，诗中得此，亦所称绝代之佳人矣。"因此，清人刘师培《南北文学不同论》的论定"齐、梁以降，益尚艳辞，以情为里，以物为表，赋始于谢庄，诗昉于梁武"才是正确的。

辨之二，对"四萧"诗采取否定态度。一是对"四萧"写佛诗，不宜一概而论。萧衍有《游钟山大爱敬寺》《会三教》，萧统有《和武帝游钟山大爱敬寺》《开善寺法会》《同泰僧正讲》《钟山解讲》《东斋听讲》等。此类诗中有一部分几近玄言诗，拖曳一条佛义尾巴，或申述佛理，或进行非审美性的佛义演绎，诗的形式徒然成为一种载体，远不如玄言诗中之上乘者。但是，一旦写佛寺景观，则格调大变，清词丽句，络绎奔会，如萧统《和武帝游钟山大爱敬寺》："嘉木互纷纠，层峰郁蔽亏。丹藤绕垂干，绿竹荫清池。舒华匝长阪，好鸟鸣乔枝。霏霏度云动，靡靡祥风吹。谷虚流凤管，野绿映丹麾。"萧纲《望同泰寺浮图》"飞幡杂晚虹，画鸟狎晨凫"等，皆是佳句。二就软艳诗而言，亦有可读者。诚然，如萧纲《夜听妓》《咏内人昼眠》对淫姿媚态的描述，确实不堪卒读；包含于"夫婿恒相伴，莫误是倡家"中的意识，显然流于色情了；而他对于娈童所做的绘声绘色的描述："妙年同小史，姝貌比朝霞""嫩眼时含笑，玉手乍攀花。怀情非后钓，密爱似前车"，简直是性变态心理的反映。正如《诗镜总论》所谈到的阅读感受："简文诗多滞色腻情，读之如半醉憨情，怢怢欲倦。"元帝萧绎《夕出通波阁下观妓》中，"举杯聊转笑，欢兹乐未央"也是如此。《诗镜总论》亦言，"梁元学曲初成，遂自娇音满耳，含情一絮，蕊气扑人"。确实，"四萧"诗脂粉气浓烈，官能感的刺激力强烈，但统观"四萧"诗的全部篇什却并非完全如此。《诗镜总论》概括齐梁文学美学的总体特征是："齐梁带秀而香。""香"者，浓艳缛丽，脂繁香腻，官能刺激，真可谓"箭径酸风射眼，腻水染花腥"。徒然逞才炫华，卖弄文辞，滥施文藻，如萧绎《耕种令》："况三农务业，尚看夭桃敷水，四人有令，犹及落杏飞花……岂直燕垂寒谷，积黍自温。宁可堕此玄苗，坐餐红粒。不植莺颔，空候蝉鸣。"对此，南宋叶适《习学纪言序目》嘲笑道："帝之文章所以润色时务者如此，岂'载芟良耜'之变者耶？"

审美离不开感官功能，不能因"四萧"诗官能刺激太重，就否认感官在审美中的作用。感遇尔后才是心游，这种感官功能可于色欲而言，我们所需的是分辨。

"四萧"于诗的审美形式改造亦有贡献。萧纲七言诗步于圆熟境地，如《夜望单飞雁》："天霜河白夜星稀，一雁声嘶何处归。早知半路应相失，不如从来本独飞。"许学夷《诗源辨体》卷九评萧纲云："然五七言律绝之体于此而备，此古律兴衰之几也。"萧纲七言诗开唐人七绝之先河，为唐人近体诗的完全定型预设了基石。

此外，七言歌行于"四萧"更趋精致，把曹丕的七言歌行推入新境界——浑成。诚如《诗镜总论》所言："'东飞伯劳西飞燕'，《河中之水歌》亦古亦新，亦华亦素，此最艳词也。所难能者，在风格浑成，意象独出。"《河中之水歌》中"洛阳女儿名莫愁"已成诗中名句。萧纲有《东飞伯劳歌》云："翻阶蛱蝶恋花情，容华飞燕相逢迎。谁家总角歧路阴，裁红点翠愁人心。天窗绮井暖徘徊，珠帘玉箧明镜台。可怜年纪十三四，工歌巧舞入人意。白日西落杨柳垂，含情弄态两相知。"较之乃父，其词绮丽，其味清幽。萧纲《燕歌行》也意象流走，格调清秀。

"四萧"善学民歌，推进了诗歌的俗化和民歌的人文化。萧绎《金楼子·立言》："吟咏风谣。"萧子显《南齐书·文学传论》："杂以风谣。"萧纲《擢歌行》等，就浸润着吴歌西曲之声。"梁武《西洲曲》，绝似《子夜歌》，累叠而成，语语浑称，风格最老，拟《青青河畔草》亦然。"① 诗歌俗化的意义不仅在于使诗的风致有新变，而且在于汲取民歌养分所昭示的方向对唐人如刘禹锡等的启迪意义。"四萧"的捣衣诗、织妇诗、春恨诗（如萧绎《春别应令》："花朝月夜动春心，谁忍相思不相见？"）都相承于汉乐府，又为唐诗输送了情感主题。

总之，"四萧"诗，内涵泛露，意味欠隽，然感觉深细，捕捉敏锐，于自然景观，深足可赏。宫中饰物所述，帝王之俗和富贵气扑鼻，而户外

---

① 陆时雍：《诗镜总论》。

景致所绘，则文人风致和书卷味洋溢。帝王和文人的双重身份、人格，使其首先为帝王尊荣和玩习所拘约，但一旦还原为文人，便灵气才情透发。双重身份、两种人格，遂致"香""秀"互现，心理和外物的同化、对应方式不同，遂致情状殊异。

六朝时期，跟整个社会变化未定、王朝更迭如转蓬的社会势态相同步，文学、美学也未趋一致，充满着冲撞、矛盾、躁动，"四萧"亦如此，"香""秀"相杂，"灵""肉"难分。对其评价，在视域上应做总体扫描，在方法上，则应分解进行。这样，才能真正廓清"四萧"现象上的浓雾厚瘴，确定其应有之文学、美学史地位。

第九节　梁陈其他诗人

梁、陈二代香软绮艳之气浸淫诗坛，六朝所特有的金粉美学至此完全形成。但在一派香艳之风中却有一股清幽之气，那就是江淹、何逊、吴均、阴铿等人的诗作。

一、江淹

钟嵘《诗品》对江淹诗的总体评价是："诗休总杂，善于摹拟。"这在六朝诗中可谓自立旗帜。

《南史·江淹传》称其"晚节才思微退"，"时人谓之才尽"。江郎最终才尽，虽有多方面原因，却跟他孜孜于模仿有一定关系，因为模仿是遏制艺术审美创造力的。模仿是为着酷肖和接近那个已成为实体的对象，使自身的艺术审美思维围绕模仿对象旋转，艺术审美想象、灵智、创造性无法得到发挥。清人刘熙载《艺概·诗概》认为，江淹"虽长于杂拟，于古人苍壮之作亦能肖吻，究非其本色耳"，这倒是颇为公允的评价。然而，江淹的模仿之作作为仿制品，几能乱真，又确实表现出了他极高的才能。例如其《陶征君潜田居》云："种苗在东皋，苗生满阡陌。虽有荷锄倦，浊酒聊自适。日暮巾柴车，路暗光已夕。归人望烟火，稚子候檐隙。问君亦何为，百年会有役。但愿桑麻成，蚕月得纺绩。素心正如此，开径望三益。"此诗竟然能在深受陶诗影响的苏轼眼皮底下滑过去，可见其模拟之功了。

江淹的模拟之作有《杂体三十首》《学魏文帝》《效阮公》等。其中《杂体三十首》模拟了《古诗》、李陵、班婕妤、鲍照、汤惠休等三十家诗。其模仿的终极目的是复活被模仿对象的艺术，树立一种可以仿效的榜样和精神，《杂体三十首》序云："夫楚谣漠风，既非一骨，魏制晋造，固亦二体。譬犹蓝朱成彩，杂错之变无穷，宫角为音，靡曼之态不极。故蛾眉讵同貌，而俱动于魄，芳草宁共气，而皆悦于魂。不其然欤？至于世之诸贤，各滞所迷，莫不论甘而忌辛，好丹而非素，岂所谓通方广恕，好远兼爱者哉！乃致公干、仲宣之论，家有曲直，安仁、士衡之评，人立矫抗。况复殊于此者乎？贵远贱近，人之常情，重耳轻目，俗之恒蔽，是以邯郸托曲于李奇，士季假论于嗣宗。此其效也。然五言之兴，谅非复古。但关西邺下，既已罕同；河外江南，颇为异法。故女黄经纬之辨，金碧浮沈之殊，仆以为亦各具美兼善而已。今作三十首诗，学其文体，虽不足品藻渊流，庶亦无乖商榷云尔。"表达了江淹"具美兼善"的宏通的审美眼光和史的通达胸襟，亦是江淹作《杂体诗三十首》之导源。

江淹的拟古诗也并非全为仿拟，其中尚有审美主体的个体情绪借拟古表述出来。据《梁书·江淹传》，刘宋建平王刘景素欲谋政变，江淹虽谏而被拒，刘景素移镇京口时"与腹心日夜谋议，淹知祸机将发，乃赠诗十五首以讽焉"，"其一"写道：

岁暮怀感伤，中夕弄清琴。戾戾曙风急，团团明月阴。孤云出北山，宿鸟惊东林。谁谓人道广，忧慨自相寻。宁知霜雪后，独见松竹心。

此诗为仿阮籍之作。诗首"岁暮怀感伤，中夕弄清琴"跟阮籍《咏怀》中的"夜中不能寐，起坐弹鸣琴"诗意相类。同时，阮籍的诗作为特殊环境中的产物，往往表现得幽晦难明、意象闪烁，江淹的这些模仿诗虽然现实指向不同，但是在意象的塑造上却表现为阮籍的诗象特征，即把难明的意思寄寓并通过密密层层的意象表现出来，故而诗有深沉的力量。

由于江淹善于仿古，便不期然地受古风影响，诗韵显得峭拔，而无绮靡之态，如《渡泉峤出诸山之顶》："岑崟蔽日月，左右信艰哉。万壑共驰骛，百谷争往来。鹰隼既厉翼，蛟鱼亦曝鳃。崩壁迭枕卧，崿石屡盘回。伏波未能凿，楼船不敢开。百年积流水，千岁生青苔。行行讵半景，余马以长怀。南方天炎火，魂兮可归来。"意象峥嵘、苍劲。又如《游黄糵山》：

"长望竟何极，闽云连越边。南州饶奇怪，赤县多灵仙。金峰各亏日，铜石共临天。阳岫照鸾采，阴溪喷龙泉。残杌千代木，墙崒万古烟。禽鸣丹壁上，猿啸青崖间。秦皇慕隐沦，汉武愿长年。皆负雄豪威，弃剑为名山。况我葵藿志，松木横眼前。所若同远好，临风载悠然。"意象奇崛峭拔，亦有险怪之处。

在上述审美理想的支配下，江淹的山水诗摆脱了六朝诗纤丽的弱点，如《望荆山》：

> 奉义至江汉，始知楚塞长，南关绕桐柏，西岳出鲁阳。寒郊无留影，秋日悬清光。悲风挠重林，云霞肃川涨。岁晏君如何，零泪沾衣裳。玉柱空掩露，金樽坐含霜。一闻《苦寒》奏，再使《艳歌》伤。

整个山川风物气势雄壮，画面空阔，既有山川的地域特点，又有深秋的季节特点。"南关绕桐柏，西岳出鲁阳。"南关楚塞的古长城盘绕在桐柏山上，华山和鲁阳山紧密相连，"绕""出"把山与山叠映在同一幅画面上，更显出气势的雄伟，也反映出远望群山的视觉特点。中间四句，写深秋的悲凉，"寒郊无留影，秋日悬清光"，寒冷的郊野，草木摇落，繁茂的树影已经消失殆尽，孤高的秋日放射出清光。树林的光秃和秋日的清光，更显出深秋郊原的空旷，传送出清凉的气息。"悲风挠重林，云霞肃川涨"把深秋的景象描述更拓进一层，悲咽的寒风吹打着密密的层林，发出尖啸的呼声。"云霞肃川涨"，深秋时节，河水也收缩了，真是一派水瘦山寒的景象。诗人远望荆山，表现出了山川的粗放，冷寂旷远的画面为诗人抒发悲秋情怀奠定了有力的描写基础。

由上可见，模仿对于江淹的文学审美既有负面影响，也有正面影响。

二、何逊

何逊诗的美学风格具有阴柔特征。梁元帝萧绎认为："诗多而能者沈约，少而能者谢朓、何逊。"[1]何逊在当时就颇负盛名，而清人沈德潜《古诗源》认为，何逊诗"虽乏风骨，而情词宛转，浅语俱深"，何逊诗不以风骨劲健见长，表现出阴柔娟秀的特点，在永明体的基础上进一步影响着唐人，例如其《临行与故游夜别》写道：

---

[1] 李延寿：《南史·何逊传》。

>　　历稔共追随，一旦辞群匹。复如东注水，未有西归日。夜雨滴
> 空阶，晓灯暗离室。相悲各罢酒，何时同促膝？

多年相随，一朝离别，何等伤感。"复如东注水，未有西归日"，强调了这种离别的心理沉重感。夜雨滴落在空寂的台阶上，天已破晓，分手在即，写出了离别的惨淡氛围。曾有人评说，"夜雨十字，黯然销"，景象描述和氛围渲染，令人神伤。又如《相送》：

>　　客心已百念，孤游重千里。江暗雨欲来，浪白风初起。

江面暗淡，大雨欲来；白浪拍天，疾风骤起的景象是何等动人心魄，又深切地表现了客心缱绻、孤游惆怅的情感。

何逊的心态属于缠绵型，缠绵悱恻，宛转生态，细腻入微，多反映在他的送别诗中，如《与胡兴安夜别》：

>　　居人行转轼，客子暂维舟。念此一筵笑，分为两地愁。露湿寒
> 塘草，月映清淮流。方抱新离恨，独守故园秋。

露水沾湿了寒塘边的草木，月光投映于清淮之中。景象格调清丽幽雅，正吻合送别的心态。

何逊的审美格调显得细柔、悠然，因而在他的诗中，秀柔之句不时迸发出来，如《赠诸游旧》："岸花临水发，江燕绕樯飞。"《慈姥矶》："野岸平沙合，连山远雾浮。"《暮秋答朱记室》："寒潭见底清，风色极天净。"《酬范记室云》："风光蕊上轻，日色花中乱。"《夕望江桥示萧咨议杨建康江主簿》："风声动密竹，水影漾长桥。"何逊诗风格调清雅、气韵清微，是对小谢的继承，但更显得晶莹玉润，陈祚明《采菽堂古诗选》说，何逊"诗经营匠心，惟取神会。生乎骈丽之时，摆脱填缀之习；清机自引，天怀独流，状景必幽，吐情能尽。故应前服休文，后钦子美"。他那清幽秀气的诗风通入于近体诗中了。

三、吴均

吴均诗被独特地称为"吴均体"，《南史·吴均传》云："均文体清拔有古气，好事者或学之，谓为'吴均体'"。他写《齐春秋》秉笔直书，犯萧衍之忌，被萧衍责之为："吴均不均。"（另有"何逊不逊"说）吴均本为寒士，终生不得志，因此，心情抑郁，他的情感舒吐和倾泻方式不是直接表达，而是通过某种象征手法，借助特定的意象诸如宝剑、梧桐、梅花、松

树等体现出来。例如《赠王桂阳》:"松生数寸时,遂为草所没。未见笼云心,谁知负霜骨?弱干可摧残,纤茎易陵忽。何当数千尺,为君覆明月。"诗人显然是以松自况:松树初生之时,会被弱草所埋没,当高远的志向未显露时,谁能认出它的负霜风骨,一旦它拔地参天,也就能遮天蔽月。诗人亦如所写的松树那样,志向高远。其《宝剑诗》写道:"我有一宝剑,出自昆吾溪。照人如照水,切玉如切泥。锷边霜凛凛,匣上风凄凄。寄语张公子,何当来见携。"《共赋韵咏庭中桐》云:"龙门有奇价,自吾梧桐枝。华晖实掩映,细叶能披离。"《梅花诗》:"梅性本轻荡,世人相陵贱。故作负霜花,欲使绮罗见。但愿深相知,千摧非所恋。"都是以象征来表达自己情感的。

吴均的清拔诗美风格首先来之于他清远孤高峭拔的人格理想,《发湘州赠亲故别三首》(其一)写道:

相送出江浔,泪下沾衣襟。何用叙离别,临歧赠好音。敬通才如此,君山学复深。明哲遂无赏,文华空见沉。古来非一日,无事更劳心。

诗人说,东汉时名士冯敬通、桓君山不为世所遇,可见明哲无赏、文华埋没,古来如此,因此大可不必为之"劳心",显得清拔而通脱旷达。又如《答柳恽》诗云:

清晨发陇西,日暮飞狐谷。秋月照层岭,寒风扫高木。雾露夜侵衣,关山晓催轴。君去欲何之,参差间原陆。一见终无缘,怀悲空满目。

《南史·吴均传》云:"均尝不得意,赠恽诗而去。久之复来,恽遇之如故,弗之憾也。"这首《答柳恽》诗颇有苍劲清拔之古气:从"清晨"到"日暮"的时间,从"陇西"到"狐谷"的空间,一路晓行露宿的情景写得凄清苍凉,"秋月照层岭,寒风扫高木。雾露夜侵衣,关山晓催轴"。在靡靡之风的梁陈诗坛上,吴均体的苍然之气,为其吹进了一股苍劲之风。再如《发湘州赠亲故别》(其三):"君留朱门里,我至广江濆。城高望犹见,风多听不闻。流藻方绕绕,落叶尚纷纷。无由得共赏,山川间白云。"全诗气韵深长。

吴均的边塞行旅诗也体现了这一特点,如《胡无人行》:"剑头利如芒,恒持照眼光。铁骑追骁虏,金羁讨黠羌。高秋八九月,胡地早风霜。

男儿不惜死，破胆与君尝。"《边城将四首》（其一）："塞外何纷纷，胡骑欲成群。尔时始应募，来投霍冠军。刀含四尺影，剑抱七星文。袖间血洒地，车中旌拂云。轻躯如未殒，终当厚报君。"沈德潜《古诗源》说："诗至萧梁，君臣上下，惟以艳情为娱，失温柔敦厚之旨，汉魏遗轨，荡然扫地矣。"而吴均体的清拔古气是对"汉魏遗轨"的接轨。

吴均诗风归于"清"，如《同柳吴兴何山集送刘余杭》："轻云纫远岫，细雨沐山衣。"《忆费昶》："山没清波内，帆在浮云中。"时有清气徐徐扑面。著名的《山中杂诗三首》（其一）云：

  山际见来烟，竹中窥落日。鸟向檐上飞，云从窗里出。

沈德潜认为该诗"四句写景，自成一格"，它一句一景，四句组合又构成完整的景幅。山际烟气缭绕，透过竹林看到落日西沉。鸟儿在檐上翻飞，白云从窗里飘出，展示了山间居所特有的景象、闲悠宁静的氛围和作者的空间关系意识。

四、阴铿

阴铿和何逊诗美齐名，诗风均属阴柔型，而阴铿更滑利，陈祚明《采菽堂古诗选》认为，阴铿"诗声调既亮，无齐、梁晦涩之习，而琢句抽思，务极新隽；寻常景物，亦必摇曳出之，务使穷态极妍，不肯直率。此种清思，更能运以亮笔，一洗《玉台》之陋，顿开沈（佺期）、宋（之问）之风；且觉比《玉台》则特妍，较沈、宋则尤媚。六朝不沦于晚唐者，全赖有此大雅君子，振起而维挽之，宜乎太白仰赞，少陵推许，榛途之辟，此功不小也"。这是对阴铿诗美特征以及其对唐诗、中国诗美贡献准确而全面的估计。阴铿的律音已完全兆唐人之先声了。

阴铿诗属于清思之一路，清亮流丽，如春莺婉转，如《开善寺》云：

  鹫岭春光遍，王城野望通。登临情不极，萧散趣无穷。莺随入户树，花逐下山风。栋里归云白，窗外落晖红。古石何年卧，枯树几春空？淹留惜未及，幽桂在芳丛。

这首诗写钟山山顶的景色，格调清新自然，情趣盎然。洒遍春光的钟山，一片烂漫景象，远眺建康城，历历在目。"登临情不极，萧散趣无穷"，诗人用闲散的情趣来写山景，诸般景物便透现出诗情诗趣。春风吹动着屋外的树木，树枝婆娑着伸入窗户，飞翔在树枝间的黄莺也随之进入户内；花儿被春风吹落下山，好像在追逐下山的春风。白云悠悠，飘入栋梁之间，而窗外却是一派晚霞如火的景象。整首诗写室内，又写窗外，写天云，又绘晚霞，着白色，复染红色，景象内容丰富，色彩富于对比，显示出诗人的闲情雅致和空间美学趣味。沉醉在这样的景象中流连忘返，就自然会发出"淹留惜未及"的感叹了。

阴铿诗进一步发展了诗的审美功能，进一步走向境界化和画面化，如《五洲夜发》："夜江雾里阔，新月迥中明。溜船惟识火，惊凫但听声。劳者时歌榜，愁人数问更。"夜江雾气，新月透明，船中露光，惊凫发声，其景象充分境界化了。又如《渡青草湖》：

  洞庭春溜满，平湖锦帆张。沅水桃花色，湘流杜若香。穴去茅山近，江连巫峡长。带天澄迥碧，映日动浮光。行舟逗远树，渡鸟息危樯。滔滔不可测，一苇讵能航！

诗人一开始就描述了湖水大涨的壮美景象。浩渺的湖水涨平了湖岸，片片锦帆乘风疾驶。锦帆点缀湖水，湖水映衬锦帆，画面极富诗意。诗人在纵横描绘湖景之后，迅速张开想象的彩翼，勾连了沅江、湘江、茅山、巫峡等四处山水风光，青草湖的湖水呈现出沅江的桃花色，散发着湘江的杜若香，连接了茅山的仙洞，沟通了巫峡的山水，突破空间界限，显示了诗境的开阔。诗人所绘写的眼前景"带天澄迥碧，映日动浮光。行舟逗远树，渡鸟息危樯"，境界十分开阔，水天相接，浩渺迷茫，而且设色绚丽，水色的碧蓝映衬着阳光的璀璨。虽然诗人纵舟行驶，但仍感觉是远方的树木和行舟一样静立着，而飞渡湖水的群鸟，栖息在高高的桅杆上，点染了湖中的景色。诗人反用《诗经》中的句子进一步描写了滔滔湖水，广渺无边。在这首诗中，诗人围绕青草湖湖面开阔的特点，反复进行描述，无论是用现实景，还是用想象景，或者用主体感受来表达，都情尽意满地完成了这一审美任务，诚如上引的陈祚明之论："寻常景物，亦必摇曳出之，务使穷态极妍。"在表达内心情绪时，阴铿同样表现出高亮飘逸的特征，如《晚出新亭》："大江一浩荡，离悲足几重？湖落犹如盖，云昏不作峰。远戍唯闻鼓，寒山但见松。九十方称半，归途讵有踪？"

阴铿的送别诗则能婉转缠绵地表达自身的感受，例如《和傅郎岁暮还湘州》："苍茫岁欲暮，辛苦客方行。大江静犹浪，扁舟独且征。棠枯绛叶尽，芦冻白花轻。戍人寒不望，沙禽迥未惊。湘波各深浅，空轸念归情。"

诗人的情绪蕴含在这大江扁舟、叶脱花白的景象之中。又如《江津送刘光禄不及》：

> 依然临送渚，长望倚河津。鼓声随听绝，帆势与云邻。泊处空余鸟，离亭已散人。林寒正下叶，钓晚欲收纶。如何相背远，江汉与城闉。

诗人的情绪发生在送友人而未及赶上的时刻，这种遗憾心态被独特地铸合为诗人的美感心态。虽然友人已去，但诗人依旧站立江边，长久眺望，不思离去，直到船鼓声完全听不到，远帆消逝在云天之间，可见诗人对友人的情谊之深、之笃。"泊处空余鸟，离亭已散人"，傍晚时分，寒叶飘零，渔人收网归去，这种情景更加浓了诗人的情感度数。

阴铿诗还善于提炼佳句，以富于表现力的诗句去表现特定的景象和情绪，如《晚泊五洲》云："戍楼因崥险，村路入江穷。水随云度黑，山带日归红。"《和侯司空登楼望乡》："寒田获里静，野日烧中昏。"《经丰城剑池》："夹篆澄新渌，含风结细漪。"《昭君怨》："交河拥寒雾，陇首暗沙尘。惟有孤明月，犹能送远人。"

第二十五章　文学美学（辞赋散文门类）

第一节　东晋

一、郭璞

《晋书·郭璞传》云："璞著《江赋》，其辞甚伟，为世所称。"《文选》卷一二《江赋》李善注引《晋中兴书》曰："璞以中兴，王宅江外，乃著《江赋》，述川渎之美。"此赋中，郭璞借咏长江，以寄托中兴之志，但它作为完整的赋文学作品，却有独立的审美品格。赋文想象奇特、境界壮伟，乃是变革汉大赋和融会汉魏以来抒情小赋的成果。它既像大赋那样善于铺彩摘文、泼墨如云、气势磅礴、横生逸出，必欲穷尽物情物象而后止，但又有所收敛，不致无穷无尽，不能自休。它吸收小赋擅长绘物、抒情的长处，使二者融会贯通，遂构成了独特的美学机制。

赋文一开始就铺天盖地地写道：

> 咨五才之并用，实水德之灵长。惟岷山之导江，初发源乎滥觞。聿经始于洛沫，拢万川乎巴梁。冲巫峡以迅激，跻江津而起涨。极泓量而海运，状滔天以森茫。总括汉泗，兼包淮湘，并吞沅澧，汲引沮漳。源二分于崌崃，流九派乎浔阳。鼓洪涛于赤岸，沦余波乎柴桑。纲络群流，商榷涓绘，表神委于江都，混流宗而东会。注五湖以漫漭，灌三江而漰沛。

作者对长江做了全景式扫描，"呼吸万里，吐纳灵潮，自然往复，或夕或朝，激逸势以前驱，乃鼓怒而作涛"，视野极为开阔，对长江做了动态性描述，以囊括其气势、景象。然后又分别描述了长江具体的域段或门类之景象。"若乃巴东之峡,夏后疏凿,绝岸万丈,壁立霞驳",描述三峡惊波骇浪之状态与气势。作者极力铺陈长江中的种种生物,"鱼则江豚海狶","水物怪错,则有潜鹄鱼牛,虎蛟钩蛇",它有稀世珍奇,如"龙鲤一角,奇鸧九头,有鳖三足,有龟六眸",不仅如此,"其下则金矿丹砾","其羽族也,则有晨鹄天鸡"。作者还把审美的触角伸向长江两岸的湖泊,"其旁则有云梦雷池,彭蠡青草",展现出了新的描述空间。

《江赋》既有一气如注的滔滔气势,繁如星斗的景象罗列,使人动心骇目,应接不暇,又有细致的刻画,艺术节奏或张或弛,密度或严或疏,在声势浩大的描述之外,还有芦人舟子的平和景象。"若乃宇宙澄寂,八风不翔,舟子于是搦棹,涉人于是舣榜","于是芦人渔子,摈落江山,衣则羽褐,食惟蔬鲜"。这样,便在审美描述中调节了全赋的节奏,使其时而惊波万仞,时而渔歌悠扬,又间以沿江错杂的人文传说:"悍要离之图庆,在中流而推戈,悲灵均之任石,叹渔父之擢歌。想周穆之济师,驱八骏于鼋鼍,感交甫之丧佩,愍神使之婴罗。"使全赋的内容显得更为丰富多彩。并且,赋文不是一泻无余,而是时有回旋荡漾;既浩浩渺渺,又时有出色的细部描述,如:

凌波纵舵,电往杳溟。霏如晨霞孤征,眇若云翼绝岭,倏忽数
百,千里俄顷,飞廉无以睎其踪,渠黄不能企其景。

将轻舟在急流中疾驶的景象设以晨霞孤征、云翼绝岭为喻,极为生动形象。钱锺书《管锥编》对此描述深为识赏:"刻划物色,余最取'晨霞孤征'四字,以为可以适独坐而不徒惊四筵也。"总的来说,郭璞的《江赋》,显示出作者广博的才识、丰腴的才气。此赋似汉大赋,但不像汉大赋那样板涩、古重。汉大赋平行式的景象罗织较多,而《江赋》则注意穿插,错落有致。汉大赋结构比较平板,而《江赋》艺术节奏比较波俏,形成了特有的审美感。汉大赋的叙事性强,而《江赋》则间以抒情性,显然吸收了小赋的艺术审美功能。由此,《江赋》开辟了六朝赋文的新路。

二、王羲之、孙绰

王羲之文最为著名的就是那篇《兰亭集序》。文章的结构为两大块,前叙后论。前叙,乃叙兰亭禊会之情景,再现了兰亭周围环境的清幽色调和景象。后论,乃表述对于宇宙的见解,其核心是"固知一死生为虚诞,齐彭殇为妄作"。王羲之所述确有玄理意味,但又绝非虚妄空谈,他所表述的是切

近的宇宙观念和东晋时人的时空观念意识，这跟扪虱挥麈的玄言辨难不同。王羲之在总体上系玄学中人，"雅好服食养性"①，其坦腹东床等行为便是其名士风度的显示。但他的玄味不像正始，亦不像竹林；既非"师心"，亦无"使气"。他使玄言的表达更有现实感，并与他个人的感受、对世态的体认相关合起来了。此外，王羲之的《兰亭集序》还创造了序言的散文化路数，所有的描述和叙述性语言都十分质实、平和，这在整个六朝文学的散文化历程中有着十分重要的意义；它情理并茂，在申理时，伴有感伤情绪和伤逝之感，摆脱了纯粹的玄言体；它前为写景后为言理的板块式格局也给了后代的理趣散文以影响。

孙绰最著名的是《游天台山赋》。《晋书》本传载，此赋"初成，以示友人范荣期云：'卿试掷地，当作金石声也。'荣期曰：'恐此金石非中宫商。'然每至佳句辄云：'应是我辈语。'"其序云：

> 天台山者，盖山岳之神秀者也。涉海则有方丈、蓬莱，登陆则有四明、天台，皆玄圣之所游化，灵仙之所窟宅。夫其峻极之状，嘉祥之美，穷山海之瑰富，尽人神之壮丽矣。所以不列于五岳，阙载于常典者，岂不以所立冥奥，其路幽迥？或倒景于重溟，或匿峰于千岭；始经魑魅之途，卒践无人之境；举世罕能登陟，王者莫由禋祀，故事绝于常篇，名标于奇纪。然图像之兴，岂虚也哉？非夫遗世玩道、绝粒茹芝者，乌能轻举而宅之？非夫远寄冥搜，笃信通神者，何肯遥想而存之？余所以驰神运思，昼咏宵兴，俯仰之间，若已再升者也。方解缨络，永托兹岭。不任吟想之至，聊奋藻以散怀。

这段序文有描有议，有问有答，议论风生，有玄味但不卖弄玄言。赋文部分，首先描述天台山的地理位置、环境，接着写登山经过，后叙"迄于仙都"的神异景况，最后申说玄言，"浑万象以冥观，兀同体于自然"。

孙绰的这篇赋文在六朝山水美学史上有着不可低估的地位。作者对天台山做了动人的描叙，《世说新语·赏誉》载，孙绰曾指责他人"神情都不关山水，而能作文"，而他正表现出浓郁的山水自然意识。当然，在东晋，这种意识还没有上升到审美的层面，孙绰此赋尚属于以玄对山水的范畴，但孙绰的玄味既有消融于山水之一面，又有外离于山水之一面。清人刘熙载《艺

---

① 房玄龄：《晋书·王羲之传》。

概·赋概》曾写道:"以老庄释氏之旨入赋,固非古义,然亦有理趣、理障之不同。如孙兴公《游天台山赋》云'骋神变之挥霍,忽出有而入无'。此理趣也。至云:'悟遣有之不尽,觉涉无之有间,泯色空以合迹,忽即有而得玄。释二名之同出,消一无于三幡。'则落理障甚矣。"这种并存现象展示了以玄对山水中"理趣"将代替"理障",以审美对山水最终将完成这一山水文学发展进程中的一步。

三、陶渊明

陶潜文如其诗,亦如其人,平淡随和,自然质直,意味浓郁,其文风可谓洗汰整个文坛,入于新的境界。嵇康的清峻、阮籍的任气、潘岳的清绮、陆机的繁缛、孙绰的玄机、郭璞的奇伟,都被陶潜所弃脱,他创造了新的辞赋散文美。陶潜的辞赋散文多方面地表达了他的情趣、志向、理想,其审美格调代表了六朝的最高水平,超过了晋宋时的作家。

六朝美学的一个重要标志是回归自然,但有深有浅,甚或有真有假,而陶渊明是在对世俗营苟生活彻底厌倦时,是在对自然最深切的神往中,走向田园生活的。田园,而不是山林或山水,成为他审美理想的归宿。《朱子语类》说:"晋、宋间人物,虽曰尚清高,然个个要官职。这边一面清谈,那边一面招权纳货。渊明却真个是能不要此,其所以高于晋、宋人也。"陶渊明的《归去来兮辞序》写道:"余家贫,耕植不足以自给。幼稚盈室,瓶无储粟。生生所资,未见其术。亲故多劝余为长吏,脱然有怀,求之靡途。会有四方之事,诸侯以惠爱为德,家叔以余贫苦,遂见用为小邑。于时风波未静,心惮远役,彭泽去家百里,公田之利,足以为酒,故便求之。及少日,眷然有归欤之情。何则?质性自然,非矫厉所得,饥冻虽切,违己交病。尝从人事,皆口腹自役。于是怅然慷慨,深愧平生之志。犹望一稔,当敛裳宵逝。寻程氏妹丧于武昌,情在骏奔,自免去职。仲秋至冬,在官八十余日,因事顺心,命篇曰《归去来兮》。"这种坦直的心愿在文章一开始就以"归去来兮!田园将芜,胡不归"的感喟抒吐了出来。他尽情地描述着归家的欣愉:"舟遥遥以轻飏,风飘飘而吹衣。"以及心情的迫切:"问征夫以前路,恨晨光之熹微。"在园居生活中,他获得了最大的精神安慰和满足:"引壶觞以自酌,眄庭柯以怡颜。倚南窗以寄傲,审容膝之易安。园日涉以成趣,门虽设而常关。策扶老以流憩,时矫首而遐观。""悦亲戚之情话,乐琴书以消忧。"他表述了与自然同化的思想:"寓形宇内复几时,曷不委心任去留?""聊乘化以归尽,乐夫天命复奚疑?"

他对自我形象的描绘也显得坦率、自如,是一种彻底真实的自我塑造,完全吻合于本我,毫不掩饰、矫作、卖弄,如《五柳先生传》写道:

> 先生不知何许人也,亦不详其姓字,宅边有五柳树,因以为号焉。闲静少言,不慕荣利。好读书,不求甚解;每有会意,便欣然忘食。性嗜酒,家贫不能常得。亲旧知其如此,或置酒而招之。造饮辄尽,期在必醉,既醉而退,曾不吝情去留。环堵萧然,不蔽风日,短褐穿结,箪瓢屡空,晏如也。常著文章自娱,颇示己志。忘怀得失,以此自终。

他的人格塑造虽然是平淡的、质直的、自然的,但又绝非无所事事的,也绝不是心如枯井的,他有自己的喜好、情感和内在的个性。他谈到自己"性刚",遂"与物多忤"。他有自己的情趣:"少学琴书,偶爱闲静,开卷有得,便欣然忘食。见树木交阴,时鸟变声,亦复欢然有喜。常言五六月中,北窗下卧,遇凉风暂至,自谓是羲皇上人。"[①]散淡自如,与自然融化为一。其《自祭文》写道:"陶子将辞逆旅之馆,永归于本宅。"显示出旷达情怀。他不是泯灭了是非爱憎的方外之人,而是在平静中有着潜在的情感流转,例如其《感士不遇赋》序曰:

> 昔董仲舒作《士不遇赋》,司马子长又为之。余尝以三余之日,讲习之暇,读其文,慨然惆怅。夫履信思顺,生人之善行;抱朴守静,君子之笃素。自真风告逝,大伪斯兴,闾阎懈廉退之节,市朝驱易进之心。怀正志道之士,或潜玉于当年;洁己清操之人,或没世以徒勤。故夷皓有"安归"之叹,三闾发"已矣"之哀。悲夫!寓形百年,而瞬息已尽;立行之难,而一城莫赏。此古人所以染翰慷慨,屡伸而不能已者也。夫导达意气,其惟文乎?抚卷踌躇,遂感而赋之。

"感士不遇"是中国文学的传统主题,陶渊明所感应的时代气息是"真风告逝,大伪斯兴",他的内心充满着对这种社会风气的愤懑,因而其赋文流溢着愤世嫉俗的情绪。

---

① 陶渊明:《与子俨等疏》。

陶渊明《闲情赋》则体现了其感情世界的另一面，其赋写道：

> 激清音以感余，愿接膝以交言。欲自往以结誓，惧冒礼之为愆；待凤鸟以致辞，恐他人之我先。意惶惑而靡宁，魂须臾而九迁。愿在衣而为领，承华首之余芳；悲罗襟之宵离，怨秋夜之未央。愿在裳而为带，束窈窕之纤身；嗟温凉之异气，或脱故而服新。愿在发而为泽，刷玄鬓于颓肩；悲佳人之屡沐，从白水以枯煎。愿在眉而为黛，随瞻视以闲扬；悲脂粉之尚鲜，或取毁于华妆。愿在莞而为席，安弱体于三秋；悲文茵之代御，方经年而见求。愿在丝而为履，附素足以周旋；悲行止之有节，空委弃于床前。愿在昼而为影，常依形而西东；悲高树之多荫，慨有时而不同。愿在夜而为烛，照玉容于两楹；悲扶桑之舒光，奄灭景而藏明。愿在竹而为扇，含凄飙于柔握；悲白露之晨零，顾襟袖以缅邈。愿在木而为桐，作膝上之鸣琴；悲乐极以哀来，终推我而辍音。

赋文充满着对异性的爱慕之情，细致、周到，不惜为之提供一切，这种情感及其表达方式已经具有现代情爱色彩了。

陶渊明著名的《桃花源记》显示了其审美的丰富想象力，是他强烈的现实感受的一次腾飞，是他想象世界的一种寄托。这个无机诈的理想社会和他所置身的田园世界在总体上是近似的。事实上，这正是先秦儒家特别是孟子的庄园世界的具象化体现。陶渊明把这个世界说得那么逼真、美好，其社会理想蓝图正成为他审美理想对象化的写照："土地平旷，屋舍俨然，有良田美池桑竹之属；阡陌交通，鸡犬相闻。其中往来种作，男女衣着，悉如外人，黄发垂髫，并怡然自乐。"这个理想世界的内涵仍然是田园牧歌式的，恬淡、平和、舒坦，陶渊明以平和的审美心态发挥着审美想象，遂使《桃花源记》产生了独特的审美风貌。

第二节　刘宋

一、傅亮

刘勰《文心雕龙·诏策》对诏策所做的规定是："故授官选贤，则义炳重离之辉;优文封策,则气含风雨之润;敕戒恒诰,则笔吐星汉之华;治戎燮伐,则声有洊雷之威;眚灾肆赦,则文有春露之滋;明罚敕法,则辞有秋霜之烈:此诏策之大略也。"这只是就诏策的特点、文体的风格所做的规定,尚不涉及美学。如果从美学的视角来看,诏表则应凝重、雍容、静穆,内含情感。傅亮作为刘宋的重臣,是诏策的起草者之一,因此他的文笔颇有台阁体风格。例如其《为宋公至洛阳谒五陵表》,先是述西路进军之艰难困苦:"近振旅河湄,扬旌西迈,将届旧京,威怀司雍。河流遄疾,道阻且长。加以伊洛榛芜,津涂久废,伐木通径,淹引时月。""始以今月十二日,次故洛水浮桥。"后是描述洛阳的荒芜景象:"山川无改,城阙为墟,宫庙隳顿,钟簴空列,观宇之余,鞠为禾黍。廛里萧条,鸡犬罕音。"这些描述不仅有形象感,而且灌注着情感,因而有审美性。其情感、感受融注在萧条苍凉的景象描述中,凄然满怀,"感旧永怀,痛心在目","坟茔幽沦,百年荒翳。天衢开泰,情礼获申。故老掩涕,三军凄感。瞻拜之日,愤慨交集"。历史感和审美感获得了统一。

傅亮处于刘宋政治旋涡之中心,时怀怵惕心理。《南史》载:"(傅)亮之方贵,兄迪每深诫焉,而不能从。及见世路屯险,著论名曰《演慎》。及少帝失德,内怀忧惧。直宿禁中。睹夜蛾赴烛,作《感物赋》以寄意。初奉大驾,道路赋诗三首,其一篇有悔惧之辞。自知倾覆,求退无由,又作辛有、穆生、董仲道赞,称其见微之美云。"其中《感物赋》序云:

> 余以暮秋之月,述职内禁,夜清务隙,游目艺苑。于时风霜初戒,蛰类尚繁,飞蛾翔羽,翾翻满室。赴轩幌集明烛者,必以燋灭为度。虽则微物,矜怀者久之。退感庄生异鹊之事,与彼同迷,而忘反鉴之道。此先师所以鄙智及齐客所以难目论也。怅然有怀,感物兴思,遂赋之云尔。

此赋表达了傅亮的心态,指出其"感物兴思"的创作方式,即通过感物、咏物以寄托身居显位而如履薄冰的恐惧心理。

上述傅亮的社会心态和审美心态构成了刘宋时的独特心态形式,跟东晋时的社会心态和审美心态有所不同,因而具有典型性。

二、谢灵运

谢灵运《山居赋》犹如其山水诗一样开拓了刘宋赋文的新领域,这个领

域就是山水园林领域。《山居赋》其序云:

> 古巢居穴处曰岩栖,栋宇居山曰山居,在林野曰丘园,在郊郭曰城傍。四者不周,可以理推。言心也,黄屋实不殊于汾阳;即事也,山居良有异乎市廛。抱疾就闲,顺从性情,敢率所乐,而以作赋。扬子云云:"诗人之赋丽以则。"文体宜兼,以成其美。今所赋既非京都宫观游猎声色之盛,而叙山野草木水石谷稼之事。才乏昔人,心放俗外,咏于文则可勉而就之,求丽邈以远矣。览者废张左之艳辞,寻台皓之深意,去饰取素,傥值其心耳。意实言表,而书不尽,遗迹索意,托之有赏。

《山居赋》具有赋文的一般特征,铺张扬厉,刻露尽相,地理上的诸多方位,山水园林中的诸多景象,植物的门类、动物的门类,都细致地开列出来。它是一篇重要的山水园林赋文,谢灵运明确说这篇赋文"叙山野草木水石谷稼之事",不同于传统赋文描"京都宫观游猎声色之盛",因而是开拓新领域之作。同时,这篇赋也体现了谢灵运的才情。

三、颜延之

陶渊明生前萧条,他的理想在寂寞中燃烧,其人格、品行等亦很少为人所知和称道,唯有颜延之作《陶征士诔》,把自己与陶过从中对陶的了解、情感,一一表述于文字。《文心雕龙·诔碑》说:"诔者,累也。累其德行,旌之不朽也……论其人也,暧乎若可觌;道其哀也,凄焉如可伤。此其旨也。"写诔文具有旌扬的目的,追忆是其叙述方式,追思则是情感表达方式,又导入审美。颜延之的这篇诔蕴含着情感,因而具有审美特征。诔文前为散,后为赋。序文中有云:"有晋征士浔阳陶渊明,南岳之幽居者也。弱不好弄,长实素心,学非称师,文取指达,在众不失其寡,处言愈见其默。少而贫病,居无仆妾,井臼弗任,藜菽不给,母老子幼,就养勤匮。远惟田生致亲之议,追悟毛子捧檄之怀。初辞州府三命,后为彭泽令。道不偶物,弃官从好。遂乃解体世纷,结志区外,定迹深栖,于是乎远。灌畦鬻蔬,为供鱼菽之祭;织绚纬萧,以充粮粒之费。心好异书,性乐酒德。简弃烦促,就成省旷,殆所谓国爵屏贵,家人忘贫者欤?"这是对陶渊明生活、经历、个性的描述,是以作者对其深刻的了解和对其人格的深刻体认为基础的。诔文中还有一段叙写云:

> 赋辞归来，高蹈独善。亦既超旷，无适非心。汲流旧巘，葺宇家林。晨烟暮霭，春煦秋阴。陈书缀卷，置酒弦琴。

这段园居生活，描述得很有色彩和情调，是陶渊明归园田居的生活写照。

颜延之耿介傲岸，他为屈原写《为湘州祭屈原文》，为阮籍诗作注，为竹林七贤撰《五君咏》，都是他内心所乐意为之，所以他为陶渊明作《陶征士诔》，就是他内心理想、要求、情志对象化的需要，因而也就成为其审美对象化的表征。

四、谢惠连

谢灵运甚为欣赏他的族弟谢惠连，谢惠连才情颇高，他的《雪赋》"以高丽见奇"，审美特征显著。此赋先描述寒冷的天气："玄律穷，严气升，焦溪涸，汤谷凝，火井灭，温泉冰，沸潭无涌，炎风不兴，北户墐扉，裸壤垂缯。"继之写天色之阴霾："于是河海生云，朔漠飞沙，连氛累霭，掩日韬霞。"随后渐次写雪花散落之情景，其描述层次感十分鲜明，初始时，"霰淅沥而先集，雪纷糅而遂多"，终于纷纷扬扬，"其为状也，散漫交错，氛氲萧索，蔼蔼浮浮，瀌瀌奕奕，联翩飞洒，徘徊委积。始缘甍而冒栋，终开帘而入隙。初便娟于墀庑，末萦盈于帷席。既因方而为珪，亦遇圆而成璧"。雪花钻甍冒栋，掀帘入隙，无孔而不入，它使方形物成为珪状，圆形物成为璧状。"眄隰则万顷同缟，瞻山则千岩俱白"，台阁、道路、庭阶、树林，大地的一切全被白茫茫的积雪所覆盖，"台如重璧，逵似连璐，庭列瑶阶，林挺琼树"，足以使"皓鹤夺鲜，白鹇失素，纨袖惭冶，玉颜掩嫮"。当雪霁天晴，红日照耀时，景象更为妍丽："若乃积素未亏，白日朝鲜，烂兮若烛龙衔耀照昆山。尔其流滴垂冰，缘霤承隅，粲兮若冯夷剖蚌列明珠"。整篇赋文流丽鲜妍，文气盈溢，富于境界，有很高的审美品格。

五、谢庄

《六朝文絜笺注》评点者许梿把谢庄的《月赋》和谢惠连的《雪赋》联系起来评点道："此赋假陈王仲宣立局，与小谢《雪赋》同意。兹刻遗雪取月者，以雪描写著迹，月则意趣洒然。所谓写神则生，写貌则死。"

谢庄先铺设了中夜时分宁静而清幽的氛围："清兰路，肃桂苑，腾吹寒山，弭盖秋阪。临浚壑而怨遥，登崇岫而伤远。于时斜汉左界，北陆南躔。

白露暧空，素月流天。"其中特别精美的是对月夜景象的描述：

> 若夫气霁地表，云敛天末，洞庭始波，木叶微脱，菊散芳于山椒，雁流哀于江濑，升清质之悠悠，降澄辉之蔼蔼。列宿掩缛，长河韬映，柔祇雪凝，圆灵水镜，连观霜缟，周除冰净。

这是一个冰清玉洁的世界，被清丽柔美的月光所笼罩和浸染，一切都显得静谧、凄清，使人身心陶醉，灵魂升腾。而作者审美传达手段的高明之处在于写月夜之景却无一字着"月"，可谓不着一字，尽得风流，正如《六朝文絜笺注》评点的："数语无一字说月，却无一字非月。清空澈骨，穆然可怀。"

赏月的情景也体现了上述审美传达手段的特征，"乃厌晨欢，乐宵宴，收妙舞，弛清悬，去烛房，即月殿，芳酒登，鸣琴荐。若乃凉夜自凄，风篁成韵，亲懿莫从，羁孤递进。聆皋禽之夕闻，听朔管之秋引。于是弦桐练响，音容选和。徘徊《房露》，惆怅《阳阿》。声林虚籁，沦池灭波。情纡轸其何托，愬皓月而长歌"。亦不语涉一"月"字，但处处透现出月的清丽与素洁，也透现出赏月者的审美品位。

如果说谢惠连的《雪赋》是景理兼备，于状景描述中言理，谢庄的《月赋》就是情景交融。许梿评点"临浚壑而怨遥，登崇岫而伤远"，认为"怨遥伤远，一篇关目"；又在"若乃凉夜自凄，风篁成韵"上批点道："笔能赴情，自情生于文。正不必苦镂。而冲淡之味，耐人咀嚼。"可见其情与景融为一体带给人的感受之深。

全赋描述凄清之月色，怨慕之乐曲，抒露幽凄之伤情，几者高度结合，其审美格调和韵味给后来的写月赋文以深刻影响，谢赋中的"隔千里兮共明月"亦翻变为苏轼《水调歌头》中的"千里共婵娟"。

《月赋》与《雪赋》在体式上使六朝小赋趋于定型化：始为假设者的对话，继而转为优美的景象描述与涂绘，最后以诗歌作结。而歌、诗作结，又增添了赋文的诗化色彩，以《月赋》而言，诚如《六朝文絜笺注》许梿所说，"以二歌总结全局，与'怨遥伤远'相应，深情婉致，有味外味"。

六、鲍照

"人微才秀"的鲍照乃南朝骈赋巨擘，作有《芜城赋》《舞鹤赋》《登大雷岸与妹书》等传世名篇。

《芜城赋》约写于刘宋孝武帝刘骏大明三年（459）或四年（460）之

秋,其时鲍照在广陵(扬州)。在这座过去是历史名城而现今是芜城的扬州城内,鲍照不禁想到昔封于广陵的吴王刘濞和由此所掀起的吴楚七国之乱,想到现今经刘骏屠城后的荒凉景象:南朝宋刘劭杀其父文帝义隆,同为劭之兄弟的刘骏、刘诞共起兵讨平之。刘骏登基为孝武帝,刘诞改封竟陵王,任扬州刺史。后来刘义宣谋反,"势震天下",刘骏动摇,意欲让位,但"(刘)诞固执不可,曰:'奈何持此座与人。'"刘义宣叛反被平定后,刘诞功高震主,看不起刘骏,而刘骏"性多猜,颇相疑惮,而诞造立第舍,穷极工巧,园池之美,冠于一时。多聚材力之士实之。第内精甲利器,莫非上品。上意愈不平"。刘诞秣马厉兵,准备反叛,而刘骏早就意欲除之。大明三年(459)四月,刘诞反叛,刘骏派沈庆之率大军讨伐,破广陵,捕杀刘诞。刘骏"命城中无大小悉斩",沈庆之"执谏,自五尺以下全之,于是同党悉伏诛,城内女口为军赏","男丁"的人头聚于京城,名为"京观","死者尚数千人,每风晨雨夜有号哭之声"①。面对这一派荒索破败的芜城广陵景象,鲍照悲愤难言,假借五六百年前之事表达自己对现今的感受,沉郁顿挫。

作者先纵意描述广陵的地理形势,"迤逦平原,南驰苍梧、涨海,北走紫塞、雁门。柂以漕渠,轴以昆岗。重江复关之隩,四会五达之庄"。广陵扼南北交通之要冲,一马平川又兼有水路漕运。然后渲染了它全盛时期的状况:"当昔全盛之时,车挂辖,人驾肩,廛闬扑地,歌吹沸天。孳货盐田,铲利铜山。才力雄富,士马精妍。"吴王刘濞充分利用这一自然条件:"侈秦法,佚周令,划崇墉,刳浚洫,图修世以休命",广筑城池,深堑高墙,"格高五岳,袤广三坟,崒若断岸,矗似长云",其目的是"将万祀而一君",最终却"瓜剖而豆分",顷刻崩溃。然后,鲍照写出了一幅阴森恐怖的芜城图:

泽葵依井,荒葛胃涂。坛罗虺蜮,阶斗麇鼯。木魅山鬼,野鼠城狐。风嗥雨啸,昏见晨趋。饥鹰厉吻,寒鸱吓雏。伏暴藏虎,乳血餐肤。崩榛塞路,峥嵘古馗。白杨早落,塞草前衰。棱棱霜气,蔌蔌风威。孤蓬自振,惊沙坐飞。灌莽杳而无际,丛薄纷其相依。通池既已夷,峻隅又已颓。直视千里外,唯见起黄埃。

---

① 李延寿:《南史·宋宗室及诸王》。

狐鼠出没，荆榛遍地，孤蓬衰草，黄埃漫天，作者用最触目的意象构筑最恐怖的画面，如清人姚鼐所说："驱迈苍凉之气，惊心动魄之辞，皆赋家之绝境也。"[①]面对这一派景象，作者"凝思寂听，心伤已摧"，伤心至于极致。感情的投入，增添了赋文的审美感染力。然后，文章呈现出强烈的今昔对比：

> 若夫藻扃黼帐，歌堂舞阁之基，璇渊碧树，弋林钓渚之馆，吴、蔡、齐、秦之声，鱼龙爵马之玩，皆薰歇烬灭，光沉响绝。东都妙姬，南国佳人，蕙心纨质，玉貌绛唇，莫不埋魂幽石，委骨穷尘，岂忆同舆之愉乐，离宫之苦辛哉？

过去那歌台舞榭、彩门绣户、璇渊碧树、鱼龙爵马等声色之玩，尽皆化为乌有，委之尘土，今昔对比中逼发出了作者的历史伤感。

从此赋可以看出鲍照赋文的审美特征：用最鲜明的对比、最强烈的色彩以形成惊心动魄的美学效果。近代林纾就说，此赋"入手言广陵形胜及其繁盛，后乃写其凋敝衰飒之形，俯仰苍茫，满目悲凉之状溢于纸上，真足以惊心动魄矣"。而作者不是做现象的罗织性陈列和描述，而是于描叙中寄寓情感，一唱三叹，"前半言芜城昔日之盛，后半言芜城今日之衰，全在两两相形处生出感慨"。

鲍照还写有一些咏物小赋，如《舞鹤赋》。这类赋体式虽小，但终是赋，因而具有赋的一般审美特征，如"拟诸形容，则言务纤密"[②]。赋是形象以及形象组合的密集世界，在审美描述中，往往"言务纤密"，密不透风，《舞鹤赋》写鹤之歌舞声姿就是如此："唳清响于丹墀，舞飞容于金阁。始连轩以凤跄，终宛转而龙跃。踯躅徘徊，振迅腾摧。惊身蓬集，矫翅雪飞。离纲别赴，合绪相依。将兴中止，若往而归。飒沓矜顾，迁延迟暮。逸翮后尘，翱翥先路。指会规翔，临歧矩步。态有遗妍，貌无停趣。奔机逗节，角睐分形。长扬缓骛，并翼连声。轻迹凌乱，浮影交横。众变繁姿，参差洊密。烟交雾凝，若无毛质；风去雨还，不可谈悉。"笔触四伸，盘旋作势，充分发挥了赋体之长，达到了刻镂尽相之目的。

鲍照在"人微"与"才秀"间有着巨大的反差，终生抑郁不得志，故其志往往发而为诗、为文，并借助于具体的物象实现自身情志的对象化。白鹤

---

① 钱仲联：《鲍参军集注》。
② 刘勰：《文心雕龙·铨赋》。

自由舒展在自然天地间,"指蓬壶而翻翰,望昆阆而扬音。匝日域以回骛,穷天步而高寻。践神区其既远,积灵祀而方多。精含丹而星曜,顶凝紫而烟华。引员吭之纤婉,顿修趾之洪姱。叠霜毛而弄影,振玉羽而临霞。朝戏于芝田,夕饮乎瑶池",但是,一旦"去帝乡之岑寂,归人寰之喧卑",它就有身系罗网的痛苦,"岁峥嵘而愁暮,心惆怅而哀离。于是穷阴杀节,急景凋年,凉沙振野,箕风动天,严严苦雾,皎皎悲泉,冰塞长河,雪满群山。既而氛昏夜歇,景物澄廓,星翻汉回,晓月将落。感寒鸡之早晨,怜霜雁之违漠,临惊风之萧条,对流光之照灼",两种意象世界判若天渊。在强烈的对比中,鹤的人格形象得以凸现,而鹤正是作者的对象化体现,这种书法归结为赋的本体性特征:"铺采摛文,体物写志。"

今人钱锺书对鲍照《登大雷岸与妹书》评价甚高,认为它是"鲍文第一,即标为宋文第一,亦无不可也"①。《登大雷岸与妹书》是用书信体形式所画的山水巨轴,从不同的方位,四处伸展笔触,涵括了南、东、北、西的江上胜景,笔墨淋漓,情尽词满。"南则积山万状,争气负高,含霞饮景,参差代雄,凌跨长陇,前后相属,带天有匝,横地无穷。东则砥原远隰,亡端靡际。寒蓬夕卷,古树云平。旋风四起,思鸟群归。静听无闻,极视不见。北则陂池潜演,湖脉通连,苎蒿攸积,菰芦所繁。栖波之鸟,水化之虫,智吞愚,强捕小,号噪惊聒,纷牣其中。西则回江永指,长波天合,滔滔何穷,漫漫安竭?创古迄今,舳舻相接。"从四个不同方位的审美视野所观照的景象各有不同,驳杂纷呈,姿态万方,最为精彩夺目的是庐山风光:

> 西南望庐山,又特惊异。基压江潮,峰与辰汉连接。上常积云霞,雕锦缛。若华夕曜,岩泽气通,传明散彩,赫似绛天。左右青霭,表里紫霄。从岭而上,气尽金光,半山以下,纯为黛色。信可以神居帝郊,镇控湘汉者也。

这是着眼于光色的绝妙文字,"从岭而上,气尽金光,半山以下,纯为黛色",山岭上下,金光黛色,两相映衬比照,何等鲜明璀璨。

全文气势磅礴,审美视域开阔舒展,"其中腾波触天,高浪灌日,吞吐百川,泻泄万壑",威力无比,"碪石为之摧碎,硠岸为之齑落","回沫冠山,奔涛空谷",同时还囊括了江中的各种珍奇,例如

---

① 钱锺书:《管锥编》第四册,中华书局1979年版。

"江鹅、海鸭、鱼鲛、水虎之类,豚首、象鼻、芒须、针尾之族,石蟹、土蚌、燕箕、雀蛤之俦,折甲、曲牙、逆鳞、返舌之属"。此外,作者又写到江上的景象深深勾引起了自己内心的伤感情绪:"夕景欲沉,晓雾将合,孤鹤寒啸,游鸿远吟,樵苏一叹,舟子再泣,诚足悲忧,不可说也。"这样又使情景交相融会。《六朝文絜笺注》许梿评"惊涛骇浪,恍然在目"云,"烟云变灭,尽态极妍。即使李思训数月之功,亦恐画所难到",因而高度评价鲍照赋文云"明远骈体高标六代"。

鲍照小赋的感受性强,常与他那独有的身世感相联结,例如《瓜步山揭文》:

> 瓜步山者,亦江中眇小山也。徒以因迥为高,据绝作雄,而凌清瞰远,擅奇含秀,是亦居势使之然也。故才之多少不如势之多少远矣。仰望穹垂,俯视地域,涕澳江河,疣赘丘岳,虽奋风漂石,惊电剖山,地纶维陷,川斗毁宫,豪盈发虚,曾未注言。况乎沉河浮海之高,遗金堆璧之奇,四迁八聘之策,三黜五逐之疵,贩交买名之薄,吮痈舐痔之卑,安足议其是非!

含毫藏锋,又痛快淋漓,痛揭世之蝇营狗苟之辈,其心态完全是不得志之寒人文士心态,"才之多少不如势之多少远矣",饱含着强烈的身世之感。

七、范晔

中国优秀的历史著作可被视作优美的散文作品,司马迁《史记》已有先例。太史公沟通了史、文、美,写出了美的历史散文,使其文进入美文范畴。刘宋范晔的《后汉书》延续了这一历史美学的传统,辞采斐然,议论风生,词约意丰,是不可多得的文学、美学精品。

《后汉书》发挥了《史记》善于描述浩大而激烈的场面和在场面中刻画人物的方式,突破了历史著作仅仅著录事实的局限,着眼于人物描述,如卷一《光武帝纪》中的昆阳之战:

> 光武乃与敢死者三千人,从城西水上冲其中坚,寻、邑陈乱,乘锐崩之,遂杀王寻。城中亦鼓噪而出,中外合势,震呼动天地,莽兵大溃,走者相腾践,奔殪百余里间。会大雷风,屋瓦皆飞,雨下如注,滍川盛溢。虎豹皆股战,士卒争赴,溺死者以万数,水为

> 不流。王邑、严尤、陈茂轻骑乘死人度水逃去。尽获其军实、辎重、车甲、珍宝，不可胜算，举之连月不尽，或燔烧其余。

这番文字足以与《史记》"巨鹿之战"相媲美。又如卷九七《范滂传》中的母子诀别：

> 其母就与之诀，滂白母曰："仲博孝敬，足以供养。滂从龙舒君归黄泉，存亡各得其所。惟大人割不可忍之恩，勿增感戚。"母曰："汝今得与李、杜齐名，死亦何恨。既有令名，复求寿考，可兼得乎！"滂跪受教，再拜而辞。顾谓其子曰："吾欲使汝恶，则恶不可为；使汝为善，则我不为恶！"行路闻之，莫不流涕。

《后汉书》的序论亦文气充溢，文势摇曳，如卷一一三《逸民传》序论云：

> 是以尧称则天，不屈颍阳之高；武尽美矣，终全孤竹之洁。自兹以降，风流弥繁，长往之轨未殊，而感致之数匪一。或隐居以求其志，或回避以全其道，或静己以镇其躁，或去危以图其安，或垢俗以动其概，或疵物以激其清。然观其甘心畎亩之中，憔悴江海之上，岂必亲鱼鸟乐林草哉？亦云性分所至而已。故蒙耻之宾，屡黜不去其国，蹈海之节，千乘莫移其情，适使矫易去就，则不能相为矣。彼虽硁硁有类沽名者，然而蝉蜕嚣埃之中，自致寰区之外，异夫饰智巧之逐浮利者乎！

骈散结合，四六间用，实能鼓荡人心，其气势自不减贾谊《过秦论》。

《后汉书》的文笔时有彩藻，出现了审美的感觉形象，如卷一〇八《宦者传序》有言：

> 若夫高冠长剑，纡朱怀金者，布满宫闱；苴茅分虎，南面臣人者，盖以十数。府署第馆，棋列于都鄙；子弟支附，过半于州国。南金、和宝、冰纨、雾縠之积，盈仞珍藏；嫱媛、侍儿、歌童、舞女之玩，充备绮室。狗马饰雕文，土木被缇绣。皆剥割萌黎，竞恣奢欲。构害明贤，专树党类。其有更相援引，希附权强者，皆腐身熏子，以自衒达。同敝相济，故其徒有繁，败国蠹政之事，不可殚书。

范晔写"序"为"赞"，往往饱含情感，不仅对历史人物、对象进行价值评判，而且进行情感评价，如《耿恭传论》云：

> 余初读《苏武传》，感其茹毛穷海，不为大汉羞。后览耿恭

> 疏勒之事，喟然不觉涕之无从。嗟哉，义重于生，以至是乎！昔曹子抗质于柯盟，相如申威于河表，盖以决一旦之负，异乎百死之地也。以为二汉当疏高爵，宥十世。而苏君恩不及嗣，恭亦终填牢户。追诵龙蛇之章，以为叹息。

情感跌宕，摇撼心旌，人们仿佛能听到字里行间的叹息声。既富史思，又有藻翰，言辞铿锵，有金石之声，虽是史论，却得文学审美意味，为后世骈文所模仿学习。

中国文学以抒情胜，从而构成了中国文学的审美特色。中国历史著作从根本而言属于历史散文之范畴，范晔《后汉书》的序论在推理或言理中，以情感为煽扬，以情感的摇曳、跌宕作为序论的内在脉搏和原动力，这样，其文势便是情感之气势，其貌似言理之文字在情感的溶解下、在藻绘之浸染下遂成为散文美学。

第三节　齐梁陈

一、孔稚珪

孔稚珪的《北山移文》虽称"移文"，实为"赋文"，它以别致的拟人笔法，虚托山灵之口吻，嘲弄了"虽假容于江皋，乃缨情于好爵"的虚假隐士。六朝时身在江湖之远，心存魏阙之上的假隐逸之风大炽，《北山移文》的讽刺有着现实的审美目的。作者所采用的审美传达手段十分独特，以假托的形象，模拟的声态口吻，极尽讽刺之能事，并寄寓着鲜明的审美情感，这种审美情感以潜在的形式出现，显性体现则是山灵，具有寓言体特征。文中，"隐士"入山与出山的两种不同形象和态度构成了对称性的框架结构：

> 其始至也，将欲排巢父，拉许由，傲百氏，蔑王侯，风情张日，霜气横秋。或叹幽人长往，或怨王孙不游。谈空空于释部，核玄玄于道流。务光何足比，涓子不能俦。

这俨然是一副山居隐士的气派，但也含有某种装腔作势的意味，务光不能与之相比，涓子无法跟他匹敌。但是，一旦征聘诏书下来，这位隐逸之士的另一副面目便显露出来了：

> 及其鸣驺入谷，鹤书赴陇，形驰魄散，志变神动。尔乃眉轩席次，袂耸筵上，焚芰制而裂荷衣，抗尘容而走俗状。

两种判然有别的面目对比在审美上获得了尖刻讽诮的效应。

隐士出山，奔走钻营利禄，其状是"跨属城之雄，冠百里之首，张英风于海甸，驰妙誉于浙右"。隐士一去，北山荒落，"使我高霞孤映，明月独举，青松落阴，白云谁侣？磵石摧绝无与归，石径荒凉徒延伫"，"蕙帐空兮夜鹄怨，山人去兮晓猿惊"，可见其荒凉之至。

《北山移文》内蕴着审美主体的情感。在情感表达方式上，它独特地通过北山的山峦峰岳、一草一木表现出来，"于是南岳献嘲，北陇腾笑，列壑争讥，攒峰竦诮。慨游子之我欺，悲无人以赴吊。故其林惭无尽，涧愧不歇。秋桂遗风，春萝罢月"，充溢着蔑视、鄙薄和讥刺。这种审美情感在表达程度上，又体现为激烈和尖锐，当听说假隐士周子又将假道北山时，北山的所有神灵、精灵一起愤怒起来：

> 今又促装下邑，浪拽上京，虽情投于魏阙，或假步于山扃。岂可使芳杜厚颜，薜荔无耻，碧岭再辱，丹崖重滓，尘游躅于蕙路，污渌池以洗耳。宜扃岫幌，掩云关，敛轻雾，藏鸣湍，截来辕于谷口，杜妄辔于郊端。于是丛条瞋胆，叠颖怒魄，或飞柯以折轮，乍低枝而扫迹。

《北山移文》对审美情感的表达和处理采取了独特的方式，在六朝骈赋文学中别具一格，标志着六朝骈赋在审美样式上的圆熟精纯，成为六朝骈赋的范式。于光华《文选集评》引孙月峰评语云："六朝虽尚雕刻，然属对尚未尽工，下字尚未尽险，至此篇则无不入髓，句必净，字必巧，真可谓精绝之甚。此唐人所祖。"《六朝文絜笺注》许梿评道："此六朝中极雕绘之作。炼格炼词，语语精辟。其妙处尤在数虚字旋转得法，当与徐孝穆《玉台新咏序》并为唐人轨范。"宋代王安石亦"喜诵"此文中之"使我高霞孤映，明月独举，青松落阴，白云谁侣"，"以为奇绝"。

《北山移文》审美情感庄谐并重，既得骈之整饬，又用语峻洁，毫不板涩，代表了六朝骈赋的美学水平。

二、江淹

六朝咏物赋颇为盛行，如《鸳鸯赋》《水鸟赋》《烛赋》《桥赋》《竹赋》《舞鹤赋》《镜赋》《舞马赋》《筝赋》《南越木槿赋》《桐树赋》《枣赋》《雁赋》《野鹅赋》《赤鹦鹉赋》《青苔赋》《橘赋》《高松赋》《石赋》《蝉赋》等等，这类赋或为纯粹咏物，或为咏物写意，其描述都有具体的物象作为对象。而江淹别开一途，以人们的主体情绪为审美对象，这是六朝小赋的重大走向和发展，同时，也成为六朝人素质的一种体现——他们不仅发现对象外物，而且发现主体情感自身并将其作为审美的对象。因此，江淹的《恨赋》《别赋》在六朝赋美学史上有着独特的地位。

《恨赋》是由"试望平原，蔓草萦骨，拱木敛魂"而激发起"恨"的审美感受的。这种审美感受实际上是由宇宙无垠而人生有限的生命哲学所引发出来的。作者归纳不同类型人的情感特征并指出其内涵："自古皆有死"是"伏恨而死"的"恨"的含义。"秦帝按剑，诸侯西驰，削平天下，同文共规。华山为城，紫渊为池。雄图既溢，武力未毕，方架鼋鼍以为梁，巡海右以送日。一旦魂断，宫车晚出。"无论生前如何辉煌，却不免一死，致有抱恨终天。而那些后妃亦有恨憾之处："明妃去时，仰天太息，紫台稍远，关山无极。摇风忽起，白日西匿，陇雁少飞，代云寡色。望君王兮何期，终芜绝兮异域！"

《恨赋》在揭示"恨"的情绪感受时，特别富于感伤主义的色彩："孤臣危涕，孽子坠心，迁客海上，流戍陇阴。此人但闻悲风汩起，血下沾衿；亦复含酸茹叹，销落湮沉！"在描述那些贫士遭际和恨绪时，亦特别动人："敬通见抵，罢归田里，闭关却扫，塞门不仕。左对孺人，顾弄稚子，脱略公卿，跌宕文史。赍志没地，长怀无已。"而荒索苍凉的自然景象又烘染了恨憾情绪的凄凉悲怨，如："骑叠迹，车屯轨，黄尘匝地，歌吹四起。无不烟断火绝，闭骨泉里。""春草暮兮秋风惊，秋风罢兮春生。绮罗毕兮池馆尽，琴瑟灭兮丘垄平。"由此可见，《恨赋》对"恨"的描写是多么撼动人心。

《别赋》为《恨赋》的姐妹篇，但比《恨赋》更有情绪感染力和审美穿透力。江淹本为北方济阳考城（今河南兰考）人而流寓南方，他是怀着个人离乡别土的感受来表达别情离绪的内涵及其多种形式的。

赋文破题一句："黯然销魂者，惟别而已矣！"视别情为所有情感中最荡人心魄的情感，表明了作者对别情的体验之深。同时，江淹又对别情体验至细，所谓"别虽一绪，事乃万族"，他对别绪进行了细致的类型性分析。

行子离别是：

>　　行子肠断，百感凄恻。风萧萧而异响，云漫漫而奇色。舟凝滞于水滨，车逶迟于山侧，棹容与而讵前，马寒鸣而不息。掩金觞而谁御，横玉柱而沾轼。

居人离别是：

>　　居人愁卧，怳若有亡。日下壁而沉彩，月上轩而飞光。见红兰之受露，望青楸之离霜。巡曾楹而空掩，抚锦幕而虚凉。知离梦之踯躅，意别魂之飞扬。

行子与居人各有其情绪状态，又因"行"和"居"构成一对情感形式。

公卿间送别，如西晋石崇金谷之会，在富华景象"龙马银鞍，朱轩绣轴"中，难掩"造分手而衔涕，感寂寞而伤神"。侠士仗剑离别，颇为悲壮："金石震而色变，骨肉悲而心死。""割慈忍爱，离邦去里。沥泣共诀，抆血相视。"

从军之别显得惨恻："边郡未和，负羽从军。辽水无极，雁山参云。"老人送爱子出征，更为催人泪下："攀桃李兮不忍别，送爱子兮沾罗裙。"

去国之别显得决绝，此一去无有归期："一赴绝国，讵相见朝？视乔木兮故里，决北梁兮永辞。"因此，其情绪效应分外惨怛，"左右兮魂动，亲宾兮泪滋"。

至于夫妻离别则情意更为深长，赋云：

>　　君居淄右，妾家河阳。同琼佩之晨照，共金炉之夕香。君结绶兮千里，惜瑶草之徒芳。惭幽闺之琴瑟，晦高台之流黄。春宫閟此青苔色，秋帐含兹明月光，夏簟清兮昼不暮，冬釭凝兮夜何长！织锦曲兮泣已尽，回文诗兮影独伤。

可以说，赋文对每一类型的情感描述，都形成了特定的情感形态，淋漓尽致而又感慨万端。作者是以深切的体验，设身处地地描述这些情绪现象的，诚如《六朝文絜笺注》许梿所言："摹想尊酒泣别情状，百般呜咽，历历如绘。"

文学的审美力就在于其情感感染力和穿透力，《别赋》的情感形式丰富、多样，情感内涵深刻、隽永，作者特别善于移情，即借助自然物象的主体情绪来深化审美效应，例如：

>　　下有芍药之诗，佳人之歌，桑中卫女，上宫陈娥。春草碧色，春水渌波，送君南浦，伤如之何！至乃秋露如珠，秋月如珪，明月白露，光阴往来，与子之别，思心徘徊。

以春色秋景作用于人的感官所引起的感觉反应，来烘托人们的情感世界，使文章自然而深刻，情感表达感人至深。因此，《六朝文絜笺注》许梿给了江淹赋文以极高评价："极自然，极幽秀，有渊涵不尽之致，想是笔花入梦时也。"

三、刘峻

在阴柔美学之风盛行的六朝，刘峻的《广绝交论》不啻苍头突起，颇具魏晋风度。该文愤世嫉俗，痛揭、严斥社会势利之交的现象，具有较浓的现实美学品格。此文的发因有着具体的由头，曾有"任笔"之称的齐梁任昉，身前擢升多人，但死后，其孤贫儿子却无人给以接济，其子"西华，冬月着葛帔练裙，道逢平原刘孝标，泫然矜之……乃著《广绝交论》以讥其旧交"。而此文产生了深刻的社会反响，据《南史·任昉传》载："到溉见其论，抵几于地，终身恨之。"

《广绝交论》虽是一篇论文，但有审美价值，原因是内有情感和气势，不同于纯粹的理论阐发。文中列数五类之交，刻镂尽相，且饱含着主体情感评价，这五类之交具体如下。

一是"势交"："吐漱兴云雨，呼吸下霜露。九域耸其风尘，四海叠其熏灼，靡不望影星奔，籍响川骛。鸡人始唱，鹤盖成荫；高门旦开，流水接轸。皆愿摩顶至踵，隳胆抽肠；约同要离焚妻子，誓殉荆卿湛七族。"

二是"贿交"：指那些"穷巷之宾，绳枢之士，冀宵烛之末光，邀润屋之微泽"，"衔恩遇，进款诚，援青松以示心，指白水而旌信"。

三是"谈交"：指通过交谈而达到攀附之目的，这是魏、晋、六朝时清谈大盛的风气中一种特殊的巴结手段。

四是"穷交"：指困厄时可以同处忧患，但是一旦功成就反目成仇的交往。

五是"量交"：指结交时衡量对方对己是否有利，如无利，即便是颜回、董仲舒、司马相如这样的杰出人才也"视若游尘，遇同土梗，莫肯费其半菽，罕有落其一毛"，但是，只要有利可图，即使"匍匐逶迤，折支舐痔"也在所不惜。

"五交"生了"三衅"："败德殄义，禽兽相若""难固易携，雠讼所聚""名陷饕餮，贞介所羞"。

作者最终回归到任昉身前死后的现象上，任昉喜好奖掖后进，当时人趋之若鹜，其情景：

> 冠盖辐凑，衣裳云合；辎軿击轊，坐客恒满。蹈其阃阈，若升阙里之堂，入其隩隅，谓登龙门之陂。至于顾眄增其倍价，剪拂使其长鸣，彭组云台者摩肩，趋走丹墀者叠迹。莫不缔恩狎，结绸缪，想惠、庄之清尘，庶羊、左之徽烈。

但任昉死后，昔日的门庭若市景象变成门可罗雀："及瞑目东奥，归骸洛浦。缇帐犹悬，门罕渍酒之彦；坟未宿草，野绝动轮之宾。藐尔诸孤，朝不谋夕，流离大海之南，寄命瘴疠之地。自昔把臂之英，金兰之友，曾无羊舌下泣之仁，宁慕郈成分宅之德？"

气势和情感是最终使说理文导入美学的根本因素，《广绝交论》亦是如此。它在发挥魏晋现实性美学风格时，通过语言的有机性组织，形成咄咄逼人的气势，如天风海雨，如戟光闪烁。在气势中又夹杂着情感，"诚耻之也！诚畏之也！"犹如拍案而起，怒目戟指，极富情感的震慑力。

四、丘迟

丘迟的《与陈伯之书》是一封历来为人们所传诵的骈体书信，情理并茂，很有美学色彩。

文章先施扬笔，追述陈伯昔日之勇猛："将军勇冠三军，才为世出，弃燕雀之小志，慕鸿鹄以高翔。昔因机变化，遭遇明主，立功立事，开国称孤，朱轮华毂，拥旄万里，何其壮也！"再用抑笔，指责他今日之降敌："如何一旦为奔亡之虏，闻鸣镝而股战，对穹庐以屈膝，又何劣邪！"但又控制了分寸，认为他降魏乃有多重原因："寻君去就之际，非有他故，直以不能内审诸己，外受流言，沈迷猖獗，以至于此。"然后为其指明前程："迷途知返，往哲是与。"又说明梁朝君主宽大为怀，"屈法申恩，吞舟是漏"，对于投敌者仍然不咎既往，"松柏不剪，亲戚安居，高台未倾，爱妾尚在"。继之，分析当前形势和对方处境，"方当系颈蛮邸，悬首藁街"，"而将军鱼游于沸鼎之中，燕巢于飞幕之上"，岌岌乎可危，如不迷途知返，"不亦惑乎"！

随后，作者以诗一般的笔墨描写出江南三月的美景：

> 暮春三月，江南草长，杂花生树，群莺乱飞。

这是为人们所称颂不已的名句，作者的目的是用对自然景象的描绘，勾起对方的故土之思，这是绝妙的打动人心的手法："见故国之旗鼓，感平生于畴日，抚弦登陴，岂不怆恨！所以廉公之思赵将，吴子之泣西河，人之情也，将军独无情哉！"

在两军对垒中以审美情感注入劝降书，《与陈伯之书》是一个创造。它在情理相融中，把情感透进对方的心理世界，巧妙地用美的江南风光描述来负载情感，使之成为独特而又独立的美文。此信使陈伯之及其八千拥众降梁，其效应也反证出了它的审美感染力。

五、吴均、陶弘景

吴均、陶弘景写有一些书信小札，全以山水为对象，像是对他们所游历的山水的介绍，又像是山水长卷的解说词，美学价值极高。

吴均的《与朱元思书》清丽秀润。"风烟俱净"，天际高爽净洁，一尘不染；"天山共色"，蓝天青山，共取一色。作者"从流飘荡，任意东西"，任凭扁舟在江中漂浮游荡，身心处于逍遥状态中。在从富阳到桐庐的水程中，"水皆漂碧，千丈见底；游鱼细石，直视无碍"，江水十分秀美；而"夹峰高山，皆生寒树。负势竞上，互相轩邈。争高直指，千百成峰"，山峦奇秀。其间泉水淙淙，鸟鸣声声，起到点染作用："泉水激石，泠泠作响；好鸟相鸣，嘤嘤成韵。蝉则千转不穷，猿则百叫无绝。"山上树木成林，"横柯上蔽，在昼犹昏；疏条交映，有时见日"。整个书信小札呈现出的是清丽的画面。此外，吴均的《与施从事书》写道：

> 故障县东三十五里有青山，绝壁干天，孤峰入汉。绿嶂百重，青川万转。归飞之鸟，千翼竞来；企水之猿，百臂相接。秋露为霜，春萝被径。风雨如晦，鸡鸣不已。信足荡累颐物，悟里散赏。

展现出了山水名画的美的图景。

《南史·陶弘景传》称陶弘景"性爱山水，每经涧谷，必坐卧其间，吟咏盘桓，不能已已"，《答谢中书书》就是其山水意识的审美化体现：

> 山川之美，古来共谈。高峰入云，清流见底。两岸石壁，五色交辉。青林翠竹，四时俱备。晓雾将歇，猿鸟乱鸣；夕日欲颓，沉鳞竞跃。实是欲界之仙都，自康乐以来，未复有能与其奇者。

山水相映，五色交辉，既有斑驳的色彩，又有青林翠竹的清丽。清晨薄暮的景象各有不同,"晓雾将歇,猿鸟乱鸣;夕日欲颓,沉鳞竞跃",充满着生机和情趣。这样美的世界,仿佛超越了人世间,"实是欲界之仙都"。

吴均、陶弘景的山水书信小札,开辟了以独特的书信体来负载主体自然山水审美意识的途径。它们获得了对象与主体、景象和格调相统一的审美效果,虽属山水小品,却是审美精品。

六、徐陵

徐陵是陈代文士,《南史·徐陵传》载:"国家有大手笔,必命陵草之……每一文出,好事者已传写成诵,遂传于周、齐,家有其本。"

徐陵所写《在北齐与杨仆射书》情怀楚楚,哀婉动人。梁武帝太清三年(548),徐陵出使北魏,后侯景作乱,魏梁断交,徐陵被羁留,直至梁敬帝绍泰元年(555),才得以回到南方。他在被羁留北地时,写信给仆射杨遵彦,逐一驳斥羁留他的八条理由,说理透彻充畅,抒情沉痛凄越:

> 山梁饮啄,非有意于樊笼;江海飞浮,本无情于钟鼓。况吾等营魂已谢,余息空留。悲默为生,何能支久……岁月如流,平生几何!晨看旅雁,心赴江淮;昏望牵牛,情驰扬越。朝千悲而下泣,夜万绪以回肠。不自知其为生,不自知其为死也……若一理存焉,犹希矜眷。何故期令我等必死齐都,足赵魏之黄尘,加幽并之片骨。遂使东平拱树,长怀向汉之悲;西洛孤坟,恒表思乡之梦。千祈以屡,哽恸增深。

这样动人的抒情文字,具有强烈的美感力量。

更能反映徐陵和整个六朝感性主义美学风格的是《玉台新咏序》:

> 凌云概日,由余之所未窥;千门万户,张衡之所曾赋。周王璧台之上,汉帝金屋之中,玉树以珊瑚作枝,珠帘以玳瑁为柙,其中有丽人焉。其人也,五陵豪族,充选掖庭;四姓良家,驰名永巷。亦有颍川、新市,河间、观津,本号娇娥,曾名巧笑。楚王宫内,无不推其细腰;魏国佳人,俱言讶其纤手。阅《诗》敦《礼》,岂东邻之自媒;婉约风流,无异西施之被教。弟兄协律,自小学歌;少长河阳,由来能舞。琵琶新曲,无待石崇;箜篌杂引,非因曹植。传鼓瑟于杨家,得吹箫于秦女。至若宠闻长乐,陈后知而不平;画出天仙,阏氏览而遥妒。至如东邻巧笑,来侍寝于更衣;西

子微颦,将横陈于甲帐。陪游馺娑,骋纤腰于结风;长乐鸳鸯,奏新声于度曲。妆鸣蝉之薄鬓,照堕马之垂鬟。反插金钿,横抽宝树。南都石黛,最发双蛾;北地燕脂,偏开两靥。亦有岭上仙童,分丸魏帝;腰中宝凤,授历轩辕。金星与婺女争华,麝月共嫦娥竞爽。惊鸾冶袖,时飘韩掾之香;飞燕长裾,宜结陈王之佩。虽非图画,入甘泉而不分;言异神仙,戏阳台而无别。真可谓倾国倾城,无对无双者也……

徐陵此序,是一篇兼声兼色的感性主义靡丽文字,和宫体诗取同一格调。全序语言华美、整饬,技法圆熟,《六朝文絜笺注》许梿对此评价甚高:"骈语至徐、庾,五色相宣,八音迭奏,可谓六朝之渤澥,唐代之津梁。而是篇尤为声偶兼到之作。炼格炼词,绮绾绣错,几于赤城千里霞矣。"序文完全突破了论说性质,完全可以视作一篇辞赋美文。

第二十六章　文学美学（小说门类）

第一节　小说审美观念

六朝是中国小说的成型期，无论是小说创作形态，还是小说理论、观念都有属于自己时代的成果。

《庄子·外物》说："饰小说以干县令，其于大达亦远矣。"桓谭《新论》认为小说是"合丛残小语，近取譬喻，以作短书，治身治家，有可观之辞"。班固《汉书·艺文志》说："小说家者流，盖出于稗官，街谈巷语，道听途说者之所造也。"到了六朝，对小说观念的体认有进一步的发展，王微《报何偃书》曰："常从博士读小小章句，竟无可得，口吃不能剧读，遂绝意于寻求，至二十左右，方复就观小说。"丘巨源《与尚书令袁粲书》写道："议者必云笔记贱伎，非杀活所待，开劝小说，非否判所寄。然则先声后实，军国旧章，七德九功，将名当世。仰观天纬，则右将而左相；俯察人序，则西武而东文，固非胥祝之伦伍，巫匠之流匹矣。"可见，六朝时人仍将小说看成"贱伎"，没有重要突破，但对小说功能的认识则有所发展，将其与"军国旧章""七德九功""将名当世"等量齐观。六朝时出现了中国最早以"小说"名其书的萧梁的《小说》。刘知幾《史通·杂说》曰："刘敬叔《异苑》称，晋武库失火，汉高祖斩蛇剑穿屋而飞。其言不经，梁武帝令殷芸编为《小说》。"姚振宗《隋书经籍志考证》云："此殆是梁武常作通史时，凡不经之说为通史所不取者，皆令殷芸别集为《小说》。是《小说》因通史而作，犹通史之外乘。"

六朝小说有两大分支，一是志怪小说，一是志人小说，两大小说系统有着鲜明的时代色彩。志人小说有《世说新语》等；志怪小说有东晋葛洪《神仙传》十卷，干宝《搜神记》三十卷，戴祚《甄异传》三卷，托名陶渊明《搜神后记》十卷，宋刘敬叔《异苑》十卷，东阳无疑《齐谐记》七卷，萧齐王琰《冥祥记》十卷，萧梁吴均《续齐谐记》一卷，东晋王嘉《王子年拾遗记》十卷等。

志人小说《世说新语》是六朝名士和清谈风尚的记录。志怪小说反映了佛道二教风行，神怪意识盛行的状况，而这些小说是对神怪观念的验证。

中国小说从神话和传说中脱胎而出，神话和传说又被视为信史，这影响了六朝的小说观念，同时，六朝人的文学审美观侧重于征实，求实倾向较重，由此在逸事小说和志怪小说系列分别产生了不同的效应。逸事小说相当于纪实小说，志怪小说则被视作信史。总的来说，小说是稗史，可补正史之不足，刘勰《文心雕龙·谐隐》说："文辞之有谐隐，譬九流之有小说，盖稗官所采，以广视听。"把小说视为正史之余，认为可以征信，这是中国小说也是六朝小说观念的重要内容，例如萧梁时萧绮为《王子年拾遗记》作序道：

> 《拾遗记》者，晋陇西安阳人王嘉字子年所撰，凡十九卷二百二十篇，皆为残缺……文起羲炎以来，事讫西晋之末，五运因循，十有四代。王子年乃搜撰异同，而殊怪必举，纪事存朴，爱广尚奇，宪章稽古之文，绮综编杂之部，《山海经》所不载，夏鼎未之或存，乃集而记矣。辞趣过诞，音旨迂阔，推理陈迹，恨为繁冗，多涉祯祥之书，博采神仙之事，妙万物而为言，盖绝世而弘博矣。世德陵夷，文颇缺略，绮更删其繁紊，纪其实美；搜刊幽秘，掇采残落；言匪浮诡，事弗空诬；推详往迹，则影彻经史；考验真怪，则叶附图籍；若其道业远者，则辞省朴素；世德近者，则文存靡丽；编言贯物，使宛然成章……今搜检残遗，合为一部，凡一十卷，序而录焉。

这充分说明了小说对于真实性的要求和搜奇拾遗之功能。

这时的志怪小说是用以说明神鬼之真实存在的，干宝《搜神记》明确说到其写作目的是"明神道之不诬"。而六朝志怪小说所说的"虚"，也指的是虚妄与虚诞，而不是指艺术中的特有概念，由实入虚的"虚"。在整体艺术观念上，六朝志怪小说还没有进入审美层次，在总体上还处于朴野状态，只是某种故事的梗概显示，同时"纪事存朴"而已。而六朝文学美学上存在着另一种与之相悖反的现象，这就是辞赋散文尚丽，一些状物或抒情小品至为精美，圆熟精纯。这个反差现象恰恰证明六朝志怪小说还处在审美初级阶段。清拔而有古气，创造了"吴均体"的吴均却在小说《续齐谐记》中显得笔拙墨涩，远不如在驾驭散文的艺术审美样式时那样手笔伸畅，也说明了六朝志怪小说还不成熟的状况。

但是，审美因素毕竟开始萌发并生长了，干宝一方面说："虽考先志于载籍，收遗逸于当时，盖非一耳一目所亲闻睹也，亦安敢谓无失实者哉。"另一方面则又说："今之所集，设有承于前载者，则非余之罪也；若使采访近世之事，苟有虚错，愿与先贤前儒分其讥谤。"可见，六朝人已经开始懂得并运用审美的艺术加工、过滤与提炼。前引萧绮序明确讲到"删其繁紊，纪其实美；搜刊幽秘，捃采残落；言匪浮诡，事弗空诬"，他把原有的十九卷删压成十卷，显然经过了艺术的操作性加工。值得注意的是，萧绮序中所说的"纪其实美"的"实美"指以实有、实在、实事作为美的内涵，是六朝小说观念的内核。在审美的艺术加工过程中，"爱广""博采""妙万物"，指题材的广泛性，作者要善于吸收各种题材，以形成丰富的小说内容，使其显得"绝世而弘博"。而对小说所采撷到的题材，又要根据"真美"的审美标准"考验真怪"，加以辨析。然后根据不同的内容要求，或"辞省朴素"，或"文存靡丽"，对所描述的内容加以恰当的组合和配置，使之有序化或是情节化，"编言贯物，使宛然成章"。这是小说观念的审美进化。

胡应麟《少室山房笔丛》认为："凡变异之谈，盛于六朝，然多是传录舛讹，未必尽幻设语。"萧绮《王子年拾遗记》序亦提到"爱广尚奇"，可见"变异""尚奇"是六朝小说的一个重要审美趋向。干宝《进搜神记表》说道，他"撰记古今怪异非常之事"做到了"事事各异"。可见"变异""尚奇"形成了六朝志怪小说迷离纷披的格调，给后代小说的影响是巨大的。

六朝的小说观念受儒释道三教影响颇深，或者说六朝小说观念是在儒释道三教互补互融的基础上形成的。这样，六朝小说中就充斥着色空、报应、轮回等观念，遂成为六朝小说现象之一。这一现象沉淀颇深，后代之小说，无论是哪一方面的题材——志怪、神魔、传奇、言情，都有这一现象的影子。

第二节　志怪小说

鲁迅在《六朝时之志怪与志人》中说:"中国本来信鬼神的,而鬼神与人乃是隔离的,因欲人与鬼神交通,于是乎就有巫出来。巫到后来分为两派:一为方士;一仍为巫。巫多说鬼,方士多谈炼金及求仙,秦汉以来,其风日盛,到六朝并没有息,所以志怪之书特多。"这就勾画了六朝志怪小说的社会文化语境。

东晋葛洪《神仙传·麻姑》记道:

> 汉孝桓帝时,神仙王远,字方平,降于蔡经家……麻姑至矣……是好女子,年十八九许……坐定……麻姑自说云:"接待以来,已见东海三为桑田,向到蓬莱,水又浅于往者会时略半也。岂将复还为陵陆乎?"方平笑曰:"圣人皆言海中复扬尘也。"

这是极其著名的沧海桑田的典故,其审美文化意义在于揭示了历史和宇宙处于变动状态之中,亦包含着深刻的文化哲学含义。此则小说中的麻姑形象在后代的小说戏曲如《聊斋志异》《镜花缘》等中常常出现。

干宝《搜神记》中有些小说特别动人并富于色彩,例如《韩凭夫妇》:

> 宋康王舍人韩凭,娶妻何氏,美,康王夺之。凭怨,王囚之,论为城旦。妻密遗凭书,缪其辞曰:"其雨淫淫,河大水深,日出当心。"既而王得其书,以示左右。左右莫解其意。臣苏贺对曰:"'其雨淫淫',言愁且思也;'河大水深',不得往来也;'日出当心',心有死志也。"俄而凭乃自杀。其妻乃阴腐其衣。王与之登台,妻遂自投台,左右揽之,衣不中手而死。遗书于带曰:"王利其生,妾利其死。愿以尸骨,赐凭合葬。"王怒弗听,使里人埋之,冢相望也。王曰:"尔夫妇相爱不已,若能使冢合,则吾弗阻也。"宿昔之间,便有大梓木生于二冢之端,旬日而大盈抱,屈体相就,根交于下,枝错于上。又有鸳鸯,雌雄各一,恒栖树上,晨夕不去。交颈悲鸣,音声感人。宋人哀之,遂号其木曰相思树。相思之名,起于此也。南人谓此禽即韩凭夫妇之精魂。今睢阳有韩凭城,其歌谣至今犹存。

这则小说有着浓郁的审美理想色彩,是对于纯真爱情的美的称颂。基于这一审美理想,小说中的审美意象沉淀在后来的诗歌赋文中,成为咏唱的对象，例如《敦煌变文集》载有《韩朋赋》，唐代传说有韩朋鸟，韩朋即韩凭夫妇所化之鸟。李贺《恼公》诗云："绿树养韩冯。"李白《白头吟》："古来得意不相负，只今惟见青陵台。"

《搜神记》中的《三王墓》把传说中的干将莫邪铸剑故事加以完整化和情节化，亦即审美化，其文云：

> 楚干将莫邪为楚王作剑，三年乃成……剑有雌雄。……将雌剑往见楚王。……王怒，即杀之。莫邪子名赤，比后壮……日夜思欲报楚王。……王即购之千金。儿闻之亡去，入山行歌。客有逢者，谓："子年少，何哭之甚悲邪？"曰："吾干将莫邪子也。楚王杀吾父，吾欲报之。"客曰："闻王购子头千金，将子头与剑来，为子报之。"儿曰："幸甚！"即自刎……客持头往见楚王，王大喜。客曰："此乃勇士头也，当于汤镬煮之。"王如其言。煮头三日三夕不烂……客曰："此儿头不烂，愿王自往临视之，是必烂也。"王即临之。客以剑拟王，王头随堕汤中；客亦自拟己头，头复堕汤中。三者俱烂，不可识别，乃分其汤肉葬之，故通名三王墓。

这则小说有着比较完整的故事情节，并有人物之间的对话，有着悲壮的复仇主义精神，可见作者对人物倾注着强烈的审美情感。鲁迅根据这个志怪题材的故事，改写出了白话体的"故事新编"——《铸剑》。

《搜神记》中又有《紫玉》写道：

> 吴王夫差小女，名曰紫玉，年十八，才貌俱美。童子韩重，年十九，有道术。女悦之，私交信问，许为之妻。重学于齐鲁之间，临去，属其父母，使求婚。王怒，不与女。玉结气死，葬阊门之外。三年重归，诘其父母。父母曰："王大怒，玉结气死，已葬矣。"重哭泣哀恸，具牲币，往吊于墓前。玉魂从墓出，见重，流涕谓曰："昔尔行之后，令二亲从王相求，度必克从大愿，不图别后遭命奈何！"玉乃左顾宛颈而歌曰："南山有鸟，北山张罗。鸟既高飞，罗将奈何！意欲从君，谗言孔多。悲结生疾，没命黄垆。命之不造，冤如之何！""羽族之长，名为凤凰，一日失雄，三年感伤。虽有众鸟，不为匹双。故见鄙姿，逢君辉光。身远心近，何当暂忘！"歌毕，歔欷流涕。要重还家，重曰："死生异路，惧有尤愆不敢承命。"玉曰："死生异路，吾亦

449

知之,然今一别,永无后期,子将畏我为鬼而祸子乎?欲诚所奉,宁不相信!"重感其言,送之还家。玉与之饮宴,留三日三夜,尽夫妇之礼。临出,取径寸明珠以送重,曰:"既毁其名,又绝其愿,复何言哉!时节自爱。若至吾家,致敬大王。"重既出,遂诣王,自说其事。王大怒曰,"吾女既死,而重造讹言,以玷秽亡灵。此不过发冢取物,托以鬼神。"趣收重。重走脱,至玉墓所诉之。玉曰:"无忧,今归白王。"王妆梳,忽见玉,惊愕悲喜,问曰:"尔缘何生?"玉跪而言曰:"昔诸生韩重来求玉,大王不许,玉名毁义绝,自致身亡。重从远还,闻玉已死,故赍牲币诣冢吊唁。感其笃终,辄与相见,因以珠遗之。不为发冢,愿勿推治。"夫人闻之,出而抱之,玉如烟然。

这则故事颂扬了美丽的爱情和为爱情不惜牺牲一切的精神,情节生动而曲折,摇曳多姿,有着浓郁而凄婉的情感色彩,开唐人传奇之先河。

《搜神记》中的《李寄斩蛇》流传甚广,其在美学上的成就是注重于人物形象的塑造。其故事云:

东越闽中有庸岭,高数十里。其西北隙中有大蛇,长七八丈,大十余围。土俗常惧,东冶都尉及属城长吏多有死者。祭以牛羊,故不得祸。或与人梦,或下谕巫祝,欲得啖童女年十二三者。都尉令长,并共患之。然气厉不息。共请求人家生婢子,兼有罪家女养之。至八月朝祭,送蛇穴口,蛇出,吞啮之。累年如此,已有九女。

尔时预复募索,未得其女。将乐县李诞,家有六女无男。其小女名寄,应募欲行,父母不听。寄曰:"父母无相,惟生六女,无有一男,虽有如无。女无缇萦济父母之功,既不能供养,徒费衣食,生无所益,不如早死。卖寄之身,可得少钱,以供父母,岂不善耶?"父母慈怜,终不听去。

寄自潜行,不可禁止。寄乃告请好剑及咋蛇犬。至八月朝,便诣庙中坐,怀剑将犬。先将数石米糍,用蜜麨灌之,以置穴口。蛇便出,头大如囷,目如二尺镜。闻糍香气,先啖食之。寄便放犬,犬就啮咋,寄从后斫得数创。疮痛急,蛇因踊出,至庭而死。寄入视穴,得其九女髑髅,悉举出,咤言曰:"汝曹怯弱,为蛇所食,甚可哀愍!"于是寄女缓步而归。

另外，《列异传》中的《宋定伯》刻画人物形象也颇为生动。

六朝志怪小说的本体审美特征是它那固有的诡异奇谲色彩，如吴均《续齐谐记》中《阳羡笼鹅》的小说情节：

> 阳羡许彦于绥安山行，遇一书生，年十七八，卧路侧，云脚痛，求寄鹅笼中。彦以为戏言，书生便入笼，笼亦不更广，书生亦不更小，宛然与双鹅并坐，鹅亦不惊。彦负笼而去，都不觉重。前行息树下，书生乃出笼谓彦曰："欲为君薄设。"彦曰："善。"乃口中吐出一铜奁子，奁子中具诸肴馔，珍馐方丈……酒数行，谓彦曰："向将一妇人自随，今欲暂邀之。"彦曰："善。"又于口中吐一女子，年可十五六，衣服绮丽，容貌殊绝，共坐宴。俄而书生醉卧，此女谓彦曰："虽与书生结妻，而实怀怨，向亦窃得一男子同行，书生既眠，暂唤之，君幸勿言。"彦曰："善。"女子于口中吐出一男子，年可二十三四，亦颖悟可爱，乃与彦叙寒温。书生卧欲觉。女子吐一锦行障遮书生，书生乃留女子共卧。男子谓彦曰："此女虽有心，情亦不甚，向复窃得一女子同行。今欲暂见之，愿君勿泄。"彦曰："善。"男子又于口中吐一妇人，年可二十许，共酌戏谈甚久。闻书生动声，男子曰："二人眠已觉。"因取所吐女子，还纳口中。须臾，书生处女乃出，谓彦曰："书生欲起。"乃吞向男子，独对彦坐。然后书生起，谓彦曰："暂眠遂久，君独坐，当悒悒邪？日又晚，当与君别。"遂吞其女子，诸器皿悉纳口中，留大铜盘可广二尺余，与彦别曰："无以藉君，与君相忆也。"

由上可见，六朝志怪小说中已有人物刻画，有比较完整的情节，有主体的审美理想和情感渗透，有诡谲的故事等等，正如鲁迅《中国小说史略》所言："其文笔颇靡丽，而事皆诞谩无实。"这些都显示出志怪小说已有了初步的审美特征，它不仅给志怪小说本身的发展，而且给整个小说的发展，提供了审美基础。它作为审美因子沉积在中国小说的底层，得到了进一步发育。

鲁迅在《中国小说史略》中说，志怪小说中"文人之作，虽非如释道二家，意在自神其教，然亦非有意为小说，盖当时以为幽明虽殊途，而人鬼乃皆实有，故其叙述异事，与记载人间常事，自视固无诚妄之别矣"。因此，志怪小说中有瑰奇的想象，丰富了小说的美学色调，例如刘宋时刘敬叔《异苑》卷七写道：

> 晋温峤至牛渚矶，闻水底有音乐之声，水深不可测。传言下多怪物，乃燃犀角而照之。须臾见水族覆火，奇形异状，或乘马车，着赤衣帻。其夜，梦人谓曰："与君幽明道隔，何意相照邪？"峤甚恶之。未几卒。

"燃犀"遂成一典故，被赋予烛幽照隐、洞察细微的含义。

既然志怪小说的美学思想倾向受佛释思想影响，就常会有摆脱现实苦难，寻求自身解脱，甚至成仙的小说内容，正如鲁迅《中国小说的历史变迁》所说："还有一种助六朝志怪思想发达的，便是印度思想之输入。"例如萧齐时王琰《冥祥记》写道：

> 晋张崇，京兆杜陵人也。少奉法。晋太元中，苻坚既败，长安有百姓千余家，南走归晋。为镇戍所拘，谓为游寇。杀其男丁，虏其子女。崇与同等五人，手脚扭械，衔身掘坑，埋筑至腰，各相去二十步，明日将驰马射之，以为娱乐。崇虑望穷尽，惟洁心专念观世音。夜中，械忽自破，上得离身，因是便走，遂得免脱。

六朝志怪小说不是以编造光怪陆离的故事为能事，也不是没有审美倾向的，它歌颂美好，鞭挞黑暗，前者富于理想主义，后者具有现实主义的美学品格，例如托名陶渊明的《搜神后记》卷五《白水素女》写道：

> 晋安帝时，侯官人谢端，少丧父母，无有亲属，为邻人所养。年至十七八，恭谨自守，不履非法。始出居，未有妻。邻人共悯念之，规为娶妇，未得。
>
> 端夜卧早起，躬耕力作，不舍昼夜。后于邑下得一大螺，如三升壶，以为异物，取以归，贮瓮中。畜之数日。端每早至野还，见其户中有饭饮汤火，如有人为者。端谓邻人为之惠也。数日如此。便往谢邻人。邻人曰："吾初不为是，何见谢也？"端又以邻人不喻其意。然数尔如此。后更实问，邻人笑曰："卿已自娶妇，密著室中炊爨，而言吾为之炊耶？"端默然心疑，不知其故。
>
> 后以鸡鸣出去，平早潜归，于篱外窃窥其家中。见一少女，从瓮中出，至灶下燃火。端便入门，径至瓮所视螺，但见女。乃到灶下问之曰："新妇从何处来，而相为炊？"女大惶惑，欲还瓮中，不能得去。答曰："我天汉中白水素女也。天帝哀卿少孤，恭慎自

守,故使我权为守舍炊烹。十年之中,使卿居富得妇,自当还去。而卿无故窃相窥掩,吾形已见,不宜复留,当相委去。虽然,尔后自当少差,勤于田作,渔采治生。留此壳去,以贮米谷,常不可乏。"端请留,终不肯。时天忽风雨,翕然而去。

这则美丽的田螺女的故事母题,启发了以后同类小说的情节,例如唐代皇甫氏《原化记》之《吴堪》等,情节更为丰富,但这个母题的意义是广泛的,许多同类题材的小说均不脱这种模式。

萧梁萧绮录《王子年拾遗记》之《翔风》记曰:

> 石季伦爱婢名翔风,魏末于胡中得之。年始十岁,使房内养之,至十五,无有比其容貌,特以姿态见美。妙别玉声,巧观金色。石氏之富,方比王家,骄侈当世,珍宝奇异,视如瓦砾,积如粪土,皆殊方异国所得,莫有辨识其出处者。乃使翔风别其声色,悉知其处。言:"西方北方,玉声沉重而性温润,佩服者益人性灵;东方南方,玉声轻洁而性清凉,佩服者利人精神。"
>
> 石氏侍人,美艳者数千人,翔风最以文辞擅爱。石崇尝语之曰:"吾百年之后,当指白日,以汝为殉。"答曰:"生爱死离,不如无爱。妾得为殉,身其何朽!"于是弥见宠爱。
>
> 崇常择美容姿相类者十人,装饰衣服大小一等,使忽视不相分别,常侍于侧。使翔风调玉以付工人,为倒龙之佩,萦金为凤冠之钗;言刻玉为倒龙之势,铸金钗象凤凰之冠。结袖绕楹而舞,昼夜相接,谓之"恒舞"。欲有所召,不呼姓名,悉听佩声,视钗色:玉声轻者居前,金色艳者居后,以为行次而进也。使数十人各含异香,行而语笑,则口气从风而飚。又屑沉水之香,如尘末,布象床上,使所爱者践之。无迹者赐以真珠百琲;有迹者节其饮食,令身轻弱。故闺中相戏曰:"尔非细骨轻躯,那得百琲真珠?"
>
> 及翔风年三十,妙年者争嫉之。或者云:"胡女不可为群。"竞相排毁。石崇受谮润之言,即退翔风为房老,使主群少。乃怀怨怼而作五言诗曰:"春华谁不美,卒伤秋落时。突烟还自低,鄙退岂所期!桂芳徒自蠹,失爱在蛾眉。坐见芳时歇,憔悴空自嗤。"
>
> 石氏房中并歌此为乐曲,至晋末乃止。

石崇豪奢、斗富史有依据,本小说中对美婢翔风始宠终弃的情节凄婉地控诉了豪族大家的腐败,其现实主义的美学光彩分外显著,不能因"记怪"被淹没。

第三节 志人小说

六朝志人小说主要有葛洪《西京杂记》二卷,裴启《语林》十卷,郭澄之《郭子》三卷,刘义庆《世说新语》三卷,虞通之《妒记》三卷,沈约《俗说》三卷,殷芸《小说》十卷等。

六朝志人小说中唱主角的无疑是著名的《世说新语》。它是一部名士风度的艺术记录,成功地刻画了一系列栩栩如生的人物。明代胡应麟《少室山房笔丛》说:"读其语言,晋人面目气韵,恍惚生动,而简约玄淡,真致不穷。"鲁迅在《中国小说的历史变迁》中说,《世说新语》"差不多就可以看作一部名士的教科书"。陈寅恪在《陶渊明之思想与清谈之关系》中认为,《世说新语》是"清谈之全集"。

《世说新语》成为清谈的全部记录,让人们看到了清谈挥麈的具体情景,恍若图画一般,例如《文学》篇记:

> 孙安国往殷中军许共论,往反精苦,客主无间。左右进食,冷而复暖者数四。彼我奋掷麈尾,悉脱落满餐饭中,宾主遂至莫忘食。

魏晋风度的内涵是一个复杂的精神体,其一指超常的镇静和克制能力。《雅量》篇载:

> 豫章太守顾劭,是雍之子。邵在郡卒。雍盛集僚属自围棋,外启信至,而无儿书,虽神气不变,而心了其故,以爪掐掌,血流沾褥。宾客既散,方叹曰:"已无延陵之高,岂可有丧明之责!"

其二指舍生取义、顾全大局的美德,《德行》记:

> 华歆、王朗俱乘船避难,有一人欲依附,歆辄难之。朗曰:"幸尚宽,何为不可?"后贼追至,王欲舍所携人。歆曰:"本所以疑,正为此耳。既已纳其自托,宁可以急相弃邪?"遂携拯如初。

《识鉴》记:

> 郗超与谢玄不善。苻坚将问晋鼎,既已狼噬梁、岐,又虎视淮阴矣。于时朝议遣玄北讨,人间颇有异同之论。唯超曰:"是必

济事。吾昔尝与共在桓宣武府，见使才皆尽，虽屦屐之间，亦得其任。以此推之，容必能立勋。"元功既举，时人咸叹超之先觉，又重其不以爱憎匿善。

其三指"任诞"、荒谬行为。《伤逝》篇记："王仲宣好驴鸣。既葬，文帝临其丧，顾语同游曰：'王好驴鸣，可各作一声以送之。'赴客皆一作驴鸣。"又有《任诞》云：

> 刘伶常纵酒放达，或脱衣裸形在屋中，人见讥之，伶曰："我以天地为栋宇，屋室为裈衣，诸君何为入我裈中？"

《世说新语》记述了南北学说的差异，也就给玄学做了定位，例如《文学》所记：

> 褚季野语孙安国云："北人学问渊综广博。"孙答曰："南人学问清通简要。"支道林闻之，曰："圣贤固所忘言，自中人以还，北人看书如显处视月，南人学问如牖中窥日。"

《世说新语》还记录了对清谈的反思，有思想深度，例如：

> 桓公（温）入洛，过淮泗，践北境，与诸僚属登平乘楼，眺瞩中原，慨然曰："遂使神州陆沉，百年丘墟，王夷甫诸人不得不任其责！"袁虎率尔对曰："运自有废兴，岂必诸人之过？"桓公懔然作色，顾谓四坐曰："诸君颇闻刘景升否？有大牛重千斤，啖刍豆十倍于常牛，负重致远，曾不若一羸牸。魏武入荆州，烹以飨士卒，于时无不称快。"意以况袁。四坐既骇，袁亦失色。

《晋书·王导传》记庾冰言："玄象岂吾所测，正当勤尽人事耳。"可见清算玄言清谈在当时是十分了不起的，体现了先知先觉者的智慧。

《世说新语》表现出了现实的美学品格，鲁迅在《六朝小说和唐代传奇文有怎样的区别？》中指出：

> 武断的说起来，则六朝人小说，是没有记叙神仙或鬼怪的，所写的几乎都是人事；文笔是简洁的；材料是笑柄，谈资；但好像很排斥虚构，例如《世说新语》说裴启《语林》记谢安语不实，谢安一说，这书即大损声价云云，就是。

鲁迅的论述是以《世说新语》的记录为实证基础的，《轻诋》篇记：

> 庾道季（龢）诧谢公曰："裴郎（启）云：'谢安谓裴郎乃可不恶，何得为复饮酒！'裴郎又云：'谢安目支道林如九方皋之相

马,略其玄黄,取其俊逸。'"谢公云:"都无此二语,裴自为此辞耳。"庾意甚不以为好,因陈东亭《经酒垆下赋》。读毕,都不下赏裁,直云:"君乃复作裴氏学!"于此《语林》遂废。今时有者,皆是先写,无复谢语。

《世说新语》具有鲜明的审美评价立场和态度,《德行》载:

> 荀巨伯远看友人疾,值胡贼攻郡,友人语巨伯曰:"吾今死矣,子可去。"巨伯曰:"远来相视,子令吾去,败义以求生,岂荀巨伯所行邪!"贼既至,谓巨伯曰:"大军至,一郡尽空,汝何男子,而敢独止?"巨伯曰:"友人有疾,不忍委之,宁以我身代友人命。"贼相谓曰:"我辈无义之人,而入有义之国。"前班军而还,一郡并获全。

《方正》记:

> 王含作庐江郡,贪浊狼藉。王敦护其兄,故于众坐称:"家兄在郡定佳,庐江人士咸称之。"时何充为敦主簿,在坐,正色曰:"充即庐江人,所闻异于此。"敦默然。旁人为之反侧,充晏然神意自若。

《贤媛》记:

> 桓宣武平蜀,以李势妹为妾,甚有宠,常著斋后。主始不知,既闻,与数十婢拔白刃袭之。正值李梳头,发委藉地,肤色玉曜,不为动容,徐曰:"国破家亡,无心至此,今日若能见杀,乃是本怀。"主惭而退。

在尽情歌颂真、善、美的同时,《世说新语》也严厉鞭挞了假、丑、恶,例如《尤悔》记:

> 魏文帝忌弟任城王(曹彰)骁壮,因在下太后阁共围棋,并啖枣。文帝以毒置诸枣蒂中,自选可食者而进。王弗悟,遂杂进之。既中毒,太后索水救之,帝预敕左右毁瓶罐。太后徒跣趋井,无以汲,须臾遂卒。复欲害东阿(曹植),太后曰:"汝已杀我任城,不得复杀我东阿!"

《文学》中又论曹丕逼曹植七步为诗,"不成者行大法"。

《汰侈》篇记载了石崇与王恺斗富的情形:"石崇与王恺争豪,并穷绮丽以饰舆服。武帝,恺之甥也,每助恺。尝以一珊瑚树高二尺许赐恺,枝柯扶疏，世罕其比。恺以示崇。崇视讫，以铁如意击之，应手而碎。恺既惋惜，又以为疾己之宝，声色甚厉。崇曰：'不足限，今还卿。'乃命左右悉取珊瑚树，有三尺、四尺，条干绝世，光彩溢目者六七枚，如恺许比甚众。恺惘然自失。"

《汰侈》篇又载：

　　石崇每要客燕集，常令美人行酒；客饮酒不尽者，使黄门交斩美人。王丞相（王导）与大将军（王敦）尝共诣崇，丞相素不能饮，辄自勉强，至于沉醉。每至大将军，固不饮以观其变，已斩三人，颜色如故，尚不肯饮。丞相让之，大将军曰："自杀伊家人，何预卿事！"

鲁迅在《中国小说史略》中评价《世说新语》说："记言玄远冷隽，记行则高简瑰奇。"确实如此。

《世说新语》体现了以形写神的美学原则，《容止》载：

　　魏武将见匈奴使，自以形陋，不足雄远国，使崔季珪代，帝自捉刀立床头。既毕，令间谍问曰："魏王何如？"匈奴使答曰："魏王雅望非常，然床头捉刀人，此乃英雄也。"魏武闻之，追杀此使。

宋末刘辰翁评点《世说新语》，认为该书既有"外貌"刻画方面的显著特色，所写的人物又甚有"神情""意态"。它再现了当时名士宅心玄远、以清谈为务的情景。而它在人物刻画中最成功也最有审美性的是运用了人物品藻的审美方法，使对象特征和主体方法得到了统一。《世说新语》中的人物潇洒，其文风也潇洒。雪夜访戴，乘兴而来，兴尽而返，"忽忆戴安道，时戴在剡，即便夜乘小船就之"，何等急切！"经宿方至"，把晤在即，却突然文起波澜，"造门不前而返"，奇气横逸。

《世说新语》所着意表现的，是人物的气韵、风骨，《简傲》载，钟会访嵇康，"康方大树下锻，向子期为佐鼓排。康扬槌不辍，傍若无人，移时不交一言。钟起去。康曰：'何所闻而来，何所见而去？'钟曰：'闻所闻而来，见所见而去。'"这正是特有的魏晋风度的写照。

《世说新语》已初步具备了小说作法，例如用寥寥数言表现人物的性格特征，《识鉴》写道：

　　石勒不知书，使人读《汉书》，闻郦食其劝立六国后，刻印将授之，大惊曰："此法当失，云何得遂有天下？"至留侯谏，乃曰："赖有此耳！"

又如用某种特定的动作来表现人物的性格，《忿狷》记曰：

王蓝田性急，尝食鸡子，以箸刺之，不得，便大怒，举以掷地。鸡子于地圆转未止，仍下地以屐齿碾之，又不得，瞋甚，复于地取内口中，啮破即吐之。

连贯性的动作把人物急躁的性格表现得栩栩如生。《世说新语》中还有些篇章用简括的人物语言来传达神情心态，如《赏誉》载："何次道往丞相许，丞相以麈尾指坐，呼何共坐。曰：'来！来！此是君坐。'"言谈之间一股热络的氛围扑面而来。《雅量》记晋太元末，出现彗星，晋孝武帝"心甚恶之"，他"夜华林园中饮酒，举杯属星云：'长星劝尔一杯酒，自古何时有万岁天子？'"故作轻松超脱的语言披露了人物复杂的心态。

在小说审美活动的具体技法上，《世说新语》中有用对比手法的，如《德行》中所记管宁割席：

管宁、华歆共园中锄菜，见地有片金，管挥锄与瓦石不异，华捉而掷去之。又尝同席读书，有乘轩冕过门者，宁读如故，歆废书出看。宁割席分坐，曰："子非吾友也！"

智慧和深情是《世说新语》两大主题。智慧者，如《言语》篇记载："顾悦与简文同年，而发早白。简文曰：'卿何以先白？'对曰：'蒲柳之姿，望秋而落；松柏之质，经霜弥茂。'"深情者，如《言语》中著名的新亭对泣，充满了亡国之痛，又如《伤逝》中写道：

王濬冲为尚书令，着公服，乘轺车，经黄公酒垆下过，顾谓后车客："吾昔与嵇叔夜、阮嗣宗共酣饮于此垆，竹林之游，亦预其末。自嵇生夭、阮公亡以来，便为时所羁绁，今日视此虽近，邈若山河。"

充满了伤逝之感。而这种凄婉情调正是六朝人的精神和情感主题，可见《世说新语》充分发挥了中国文学抒情性的审美特征，使小说富于散文味道。

《世说新语》的语言表现力非常丰富，有些凝定为稳定性很强的成语、俗语，例如"东床快婿""枕流漱石""土木形骸""扪虱而谈""一往情深""覆巢之下无完卵"等。

《世说新语》是后代许多小说之蓝本，如唐代王方庆《续世说新语》、宋代王谠《唐语林》、明代何良俊《何氏语林》、清代王日卓《今世说》等。其中许多小说还成了后代戏曲题材，如元代关汉卿《玉镜台》、秦简夫《剪发待宾》、明代杨慎之《兰亭会》等，皆是以《世说新语》中的相关故事为蓝本的。此外，《世说新语》所运用的小说审美手法，也对中国小说美学例如唐传奇、宋元话本、《三国演义》等有很大影响。

葛洪的《西京杂记》中也有不少具有审美性的篇章，如著名的"昭君和番"，就是依据某些史料，加以繁衍、扩展以及艺术的虚构而成的：

> 元帝后宫既多，不得常见，乃使画工图形，案图召幸之。诸宫人皆赂画工，多者十万，少者亦不减五万。独王嫱不肯，遂不得见。匈奴入朝，求美人为阏氏。于是上案图，以昭君行。及去，召见，貌为后宫第一，善应对，举止闲雅。帝悔之，而名籍已定。帝重信于外国，故不复更人。乃穷案其事，画工皆弃市，籍其家资皆巨万。画工有杜陵毛延寿，为人形，丑好老少，必得其真；安陵陈敞，新丰刘白、龚宽，并工为牛马飞鸟众势，人形好丑，不逮延寿；下杜阳望亦善画，尤善布色；樊育亦善布色，同日弃市。京师画工于是差稀。

王昭君出塞及其不幸遭遇经过葛洪的描述而完整化，成为以后小说、戏曲、诗歌不断重复的题材。

《西京杂记》的一个重要特点是善于铺排、敷衍，对于史料能起染化作用，如"凿壁偷光"：

> 匡衡字稚圭，勤学而无烛，邻居有烛而不逮。衡乃穿壁引其光，以书映光而读之。邑人大姓文不识，家富多书，衡乃与其佣作而不求偿。主人怪，问衡。衡曰："愿得主人书遍读之。"主人感叹，资给以书。

较之《汉书》本传所载（仅"好学家贫，庸作以供资用"字样），有了情节和人物活动。这种衍化就是小说美学的强化。又如：

> 韩嫣好弹，常以金为丸，所失者日有十余。长安为之语曰："苦饥寒，逐金丸。"京师儿童每闻嫣出弹，辄随之，望丸之所落，辄拾焉。

这样典型性的情节，是对《汉书》的补充。

《西京杂记》充分发挥小说在繁衍故事上的审美优长，补史书之不足，例如其写司马相如与卓文君的故事：

> 司马相如初与卓文君还成都，居贫愁懑，以所着鹔鹴裘就市人阳昌贳酒，与文君为欢。既而文君抱颈而泣曰："我平生富足，今乃以衣裘贳酒！"遂相与谋，于成都卖酒。相如亲着犊鼻裈涤器，以耻王孙，王孙果以为病，乃厚给文君，文君遂为富人。文君姣好，眉色如望远山，脸际常若芙蓉，肌肤柔滑如脂。十七而寡，为人放诞风流，故悦长卿之才而越礼焉。长卿素有消渴疾，及还成都。悦文君之色，遂以发痼疾。乃作《美人赋》，欲以自刺，而终不能改，卒以此疾至死。文君为诔，传于世。

文体要素是文体独立化的基础，志人小说对人物、情节、细节、心理、情态等的描述、塑造，使得小说作为文体的诸要素得以齐备，并且形成了完整的小说肌体。近乎当今的微型小说，麻雀虽小，五脏俱全。它不仅成为笔记小说的范例，而且是中国小说的雏形。它是魏晋风度的审美产物，是人物品藻载体的主要形式。它不同于志怪小说之怪异，使得小说文体样式走入现实生活和人的世界，成为六朝哲学和美学的显著标志。它又发展了残丛小语的原初形态，并最终坐落在美学上，使人物形象、情节结构、主体情感等都成为具体的美感形式，并成为中国小说美学之滥觞。

第二十七章　文学美学（论说门类）

第一节　葛洪

葛洪（281—341），字稚川，自号抱朴子，丹阳句容（今江苏句容）人，由西晋入东晋，世代为官。少年失父，家贫，刻苦自读，披览百家，知识渊博，儒道兼通。曾参与对石冰的军事镇压活动，建有战功。年轻时曾学过炼丹术，听说交趾出丹，便在罗浮山炼丹。葛洪的著作非常丰富，多有遗佚，代表作为《抱朴子》内外篇。《抱朴子自叙》曾概述道："其内篇言神仙方药、鬼怪变化、养生延年、禳邪却祸之事，属道家；其外篇言人间得失、世事臧否，属儒家。"可见，它是儒道的结合体，内涵比较复杂，体现了六朝思想界的状况和特点。葛洪对美学理论亦有涉及，其学术理论思想受到了王充《论衡》的重大影响，对有些问题论述的出发点也来自于王充。这样，在思想史包括文学理论史上便有了一条联系着的线索，这条线索体现了六朝与汉代的思想包括美学思想的联结关系。具体而言，葛洪的美学理论思想主要表现为：

一是张扬子书，贬抑诗赋。这是葛洪思想上的重大褒贬倾向，体现了汉代以来的学术倾向。《抱朴子自叙》言道："洪年二十余，乃计作细碎小文，妨弃功日，未若立一家之言，乃草创子书。"子书与诗赋，他选择了前者。他的选择，根源于这样的认识。《百家》说："或诗赋琐碎之文，而忽子论深美之言，真伪颠倒，玉石混淆，同广乐于《桑间》，均龙章于素质，可悲可慨，岂一条哉！"《尚博》亦言道："或贵爱诗赋浅近之细文，忽薄深美富博之子书。"可见，葛洪对子书与诗赋的评价态度是十分鲜明的。在他看来，诗赋是"琐碎之文""浅近之细文"，而子书是"深美富博"之文，不可同日而语、相提并论，因而这些论述倾向体现了他对诗赋一类的文学性乃至审美性的轻视。这些论述发生在陆机《文赋》已对文学特征做了鲜明、新颖的划时代的论述之后，因而显得滞后，但这也体现了从王充到葛洪重视文学征实性、轻视审美性的一以贯之的认识。这种基本体认的偏颇又导发于葛洪对文学基本属性的认识。因此，与下面的认识又是相联系的。

二是持"贵于助教"的文学审美教化论。葛洪重子书，轻诗赋，正导发于其文学审美教化论，他有着实用性的文学审美教化目的。《百家》说："百家之言，虽不皆清翰锐藻、弘丽汪濊，然悉才士所寄心，一夫澄思也。""正经为道义之渊海，子书为增深之川流。"他所十分重视的是刺世、教化之功能。《辞义》明确地说："不能拯风俗之流遁、世途之凌夷，通疑者之路，赈贫者之乏，何异春华不为看粮之用、苣蒉不救冰寒之急？古诗刺过失，故有益而贵。今诗纯虚誉，故有损而贱也。"可见，他对"贵""贱"的评价标准是十分鲜明的。他所要弘扬的是《诗经》的刺世传统，对奇诡的《庄子》则深为不满，《应嘲》说："常恨庄生言行自伐，桎梏世业，身居漆园而多诞谈；好画鬼魅，憎图狗马，狭细忠贞，贬毁仁义。可谓雕虎画龙，难以征风云；空扳亿万，不能救无钱。孺子之竹马，不免于脚剥；土桦之盈案，无益于腹虚也。"他在《应嘲》中又说："夫制器者珍于周急而不以彩饰外形为善，立言者贵于助教而不以偶俗集誉为高。若徒阿顺谄谀、虚美隐恶，岂所匡失弼违、醒迷补过者乎？虑寡和而刻白雪之音，嫌难售而贱连城之价，余无取焉。非不能属华艳以取悦，非不知抗直言之多咎，然不忍违情曲笔、错滥真伪，欲令心口相契，顾不愧累，冀知音之在后也。"他的文学审美思想体现出了深刻的功利主义教化特征。文学审美应当有助于教化而鄙薄浮艳，有益于实用而脱化想象，葛洪这一文学审美思想实源于王充。王充持这一文学审美思想，从本体而言，有悖于文学的基本属性，不过它产生于虚妄之风大炽的汉代，犹可说也，但葛洪在六朝仍持这种说法，就显然有些落后，不可说也。因为时代语境变化了，文学的总体情况不同了，对文学审美属性的体认应当与时俱进。

从这样的总前提出发，葛洪重视文学审美活动中作家主体的德行。他在《循本》中说："德行文学者，君子之本也，莫或无本而能立焉。是以欲致其高，必丰其基；欲茂其末，必深其柢。"难能可贵的是，葛洪重视德，却没有在德文之间加以轻重衡量,褒贬优劣高下。他在《尚博》中说:"德行为有事,优劣易见;文章微妙,其体难识。夫易见者,粗也;难识者,精也。夫唯粗也,故铨衡有定焉;夫唯精也,故品藻难一焉。"尽管德文是本末之关系,但葛洪的论述却颇有分寸,给了其恰当的定位。《尚博》写道:"本不必皆珍,末不必悉薄,譬若锦绣之因素,地珠玉之居蜯石,云雨生之于肤寸,江河始于咫尺尔。则文章虽为德行之弟,未可呼为余事也。"这跟传统的重德轻文思想不同。在这一点上,葛洪有自己的见解和思想,他在重德的同时重文,从而体现了时代的进步和他所处文学自觉时代的特征。所以葛洪的文学审美思想在总体上既有传统的影响,又有时代的特点。

三是具有今胜于古的文学美学史发展观。葛洪认为,今胜于古,今超越于古。他不认为古不可超越、古是不可企及的。在他看来,一切都效法、模仿古,社会还有什么进步可言!这一思想体现了他的历史包括文学美学史观的进化性。他在《省烦》中说:"若谓古事终不可变,则棺椁不当代薪埋,衣裳不宜改裸袒矣。"这一认识根源于社会学,体现了当时的社会史论。《诘鲍》就系统论述道:

> 古者生无栋宇,死无殡葬,川无舟楫之器,陆无车马之用,吞啖毒烈,以至殒毙,疾无医术,枉死无限。后世圣人改而垂之,民到于今赖其厚惠,机巧之利,未易败矣。今使子居则反巢穴之陋,死则捐之中野,限水则泳之游之,山行则徒步负载,弃鼎铉而为生臊之食,废针石而任自然之病,裸以为饰,不用衣裳;逢女为偶,不假行媒,吾子亦将日不可也。

这种社会史观的内核是进化论。对此,他在《钧世》中又说:

> 且夫古者事事醇素,今则莫不雕饰。时移世改,理自然也。至于鬺锦丽而且坚,未可谓之减于蓑衣;辎軿妍而又牢,未可谓之不及椎车也……若舟车之代步涉,文墨之改结绳,诸后作而善于前事,其功业相次千万者,不可复缕举也。世人皆知之快于曩矣,何以独文章不及古邪?

因此,他执着地认为,今胜于古。《钧世》说:

> 贵远贱近,有自来矣。故新剑以诈刻加价,弊方以伪题见宝也。是以古书虽质朴而俗儒谓之堕于天也,今文虽金玉而常人同之瓦砾也。然古书者虽多未必尽美,要当以为学者之山渊,使属笔者

> 得采伐渔猎其中。然而譬如东瓯之木、长洲之林，梓豫虽多，而未可谓之为大厦之壮观、华屋之弘丽也。云梦之泽、孟渚之薮，鱼肉之虽饶而未可谓之为煎炖之盛膳、渝狄之嘉味也。今诗与古诗，俱有义理，而盈于差美，方之于士，并有德行，而一人偏长艺文，不可谓一例也。比之于女，俱体国色，而一人独闲百伎，不可混为无异也。

葛洪的美学思想是反对"贵远贱近"，在他看来，应当贵近贱远、今胜于古。从社会进化学的角度看，这无疑是进步的，同时也推助了文学美学在社会整体系统中的进化。

葛洪文学美学进化观的核心是形式进化观，这又是他文学美学理论的新奇之处。《钧世》明确说："今诗与古诗，俱有义理，而盈于差美。"美在差异，美也在进化，对此，《钧世》做了详尽的论述：

> 且夫《尚书》者，政事之集也。然未若近代之优文诏策军书奏议之清富赡丽也。《毛诗》者，华彩之辞也。然不及《上林》《羽猎》《二京》《三都》之汪濊博富也……若夫俱论宫室，而奚斯路寝之颂，何如王生之赋灵光乎？同说游猎，而《叔畋》《庐铃》之诗，何如相如之言上林乎？并美祭祀，而《清庙》《云汉》之辞，何如郭氏《南郊》之艳乎？等称征伐，而《出军》《六月》之作，何如陈琳《武军》之壮乎？则举条可以觉焉。近者夏侯湛、潘安仁并作《补亡诗》《白华》《由庚》《南陔》《华黍》之属，诸硕儒高才之赏文者，咸以古诗三百，未有足以偶二贤之所作也。

葛洪以文辞的华美作为尺度，来确定文学进步的标志。这一视角是独特的，也确实体现了文学美学史发展的实际情形。他的这一认知视角，为文学美学史提供了一个重要发展认识论。而他这一认知视角的确立，又染上了时代的色彩。文学愈来愈以审美性作为内涵和标识，是魏晋以来文学走向自觉的一个重要特征，注重文辞的华美，则是那个时代文学的审美要求，也成了葛洪文学美学认识的体现。陆机《文赋》对文学审美特征的根本确定，就是从文和采上进行的。也正是从这里出发，葛洪才会在《意林》中评价陆机之文，"犹玄圃积玉，无非夜光"，也才会对陆机予以高度赞赏："弘丽妍赡，英锐飘逸，亦一代之绝乎！"①这是一种共识的体现，也是文学美学见解相同的体现，从而又体现出葛洪对时代审美理想和见解的总体认同。虽说他在某些问题上有所滞后，但在总体上是追随了时代的脚步的，这还表现在以下三点上。

一点是重视文学作家主体的才情。这与曹丕、陆机的文学思想是一致的，《尚博》就写道：

> 若夫翰迹韵略之宏促，属辞比事之疏密，源流至到之修短，蕴藉汲引之深浅，其悬绝也，虽天外毫内不足以喻其辽邈；其相倾也，虽三光熠耀不足以方其巨细，龙渊铅铤未足譬其锐钝，鸿羽积金未足比其轻重。清浊参差，所禀有主，朗昧不同科，强弱各殊气。而俗士唯见能染毫画纸者，便概之一例。斯伯牙所以永思钟子，郢人所以格斤不运也。

另一点是风格多样化。葛洪对风格多样化的体认，来自对生活中口味多样化的体验。他主张文学应有多种风格，文学鉴赏应有多种爱好和趣味。他在《百家》中认为，对于"风格高严，重仞难尽"的作品，"偏嗜酸甜者莫能赏其味也，用思有限者不能辨其神也"，他在《辞义》中也说道：

> 五味舛而并甘，众色乖而皆丽。近人之情，爱同憎异，贵乎合己，贱于殊途。夫文章之体，尤难详赏，苟以入耳为佳，适心为快，鲜知忘味之九成，《雅》《颂》之风流也。所谓考盐梅之咸酸，不知大羹之不致；明飘飘之细巧，蔽于沉深之弘邃也。

口味多样化、风格多样化，是葛洪对文学欣赏和特质的正确体认。《辞义》说："文章丰赡，何必称善如一口乎？"这一审美认识是正确的、先进的。

第三点是主张文学美学创作的内容和形式统一与结合。《辞义》认为："繁华晔晔，则并七曜以高丽；沈微沦妙，则侪玄渊之无测。"这一互相统一的主张和见解也无疑是正确的。

葛洪是以思想家的眼光来看待文学的属性和特征的。在他所处的时代，文学现象、文学思想还多有矛盾之处；他作为思想家，杂糅儒道，也多有矛盾之处，但他已在总体上体认了文学的基本属性和特征，体现了文学发展的方向，因而在六朝文学美学理论史上有一席之地。

---

① 房玄龄：《晋书·陆机传》。

第二节 范晔

范晔（398—445），字蔚宗，南朝刘宋时顺阳（今河南淅川）人，家居山阴（今浙江绍兴），曾任彭城王刘义康冠军参军、尚书外兵郎，元嘉初任宣城太守，后迁左卫将军、太子詹事。元嘉二十二年（445）因牵涉孔熙先等谋迎立彭城王刘义康案，被宋文帝刘义隆所杀，年仅四十八岁。范晔采集《东观汉记》等著，加以增删，历时二十年撰《后汉书》传世。其人在《宋书》《南史》均有传。

《宋书》本传言其"长不满七尺，肥黑，秃眉须"，又述其"少好学，博涉经史，善为文章，能隶书，晓音律"，"性精微有思致，触类多善"。

范晔的贡献首在史学，《后汉书》有传八十卷，体大思精，备为详赡，论赞尤具卓识，独到深湛，思致精微。他于文学亦独有建树，首立《文苑传》于《后汉书》，成正史文人传记之先导，厥功斯伟，以后史书纷然效法，使文学一脉于史书占据一席之地，得以传续。

范晔善在文史合议中发论，其议论评述对象虽为史，但立足点则是文，所论即成文学之成就，例如《后汉书·班固传论》言道：

> 司马迁、班固父子，其言史官载籍之作，大义粲然著矣。议者咸称二子有良史之才。迁文直而事核，固文赡而事详。若固之序事，不激诡，不抑抗，赡而不秽，详而有体，使读之者亹亹而不厌，信哉其能成名也。彪、固讥迁，以为是非颇谬于圣人。然其议论常排死节，否正直，而不叙杀身成仁之为美，则轻仁义，贱守节愈矣。固伤迁博物洽闻，不能以智免极刑；然亦身陷大戮，智及之而不能守之。呜呼！古人所以致论于目睫也。

倘用现今的文化学观点加以解说，则这是一篇比较史学论，即马班史学异同论，识见至为犀利而公允。对于班固的观点，范晔既有同意的一面，复有相异的一面。同意的一面是"以为是非颇谬于圣人"；相异的一面是对"常排死节，否正直，而不叙杀身成仁之为美"的议论。在范晔看来，于"轻仁义，贱守节"方面，班固要更为厉害。班固《汉书·司马迁传赞》说道，"呜呼！以迁之博物洽闻而不能以智自全"，致"陷极刑"。而班固"亦身陷大戮，智及之而不能守之"，牵累于大将军窦宪之案而死于狱中，班固之于司马迁实是五十步笑百步，故范晔感慨言之道："古人所以致论于目睫也。"难免识见短浅。范晔称赏马班之共同点:"大义粲然""二子有良史之才"。复又指出二者之不同:"迁文直而事核,固文赡而事详。"此是确论。范晔于班固还申而论之:"若固之序事,不激诡,不抑抗,赡而不秽,详而有体,使读之者亹亹而不厌。"这些评述的立足点是文学性,马班史著各有其文学性质,特别是班文虽丰赡但不秽杂,虽翔实却有体式,完全符合规范,于是"使读之者亹亹而不厌",娓娓动听而能吸引人。这是从表述效应上着眼的,于前人史著,不惟评其史学价值,而且论其文学水准,这在中国史学史上独得先例。

范晔的《狱中与诸甥侄书》是其文学美学思想的集中表述,也是中古文学美学史的经典文献。文曰:

  吾狂衅覆灭,岂复可言?汝等皆当以罪人弃之。然平生行己在怀,犹应可寻。至于能不意中所解,汝等或不悉知。

  吾少懒学问,晚成人,年三十许,政始有向耳。自尔以来,转为心化,虽老将至者,亦当未已也。往往有微解,言乃不能自尽。为性不寻注书,心气恶,小苦思,便愦闷,口机又不调利,以此无谈功。至于所通解处,皆自得之于胸怀耳。文章转进,但才少思难,所以每于操笔,其所成篇,殆无全称者。

  常耻作文士。文患其事尽于形,情急于藻,义牵其旨,韵移其意。虽时有能者,大较多不免此累,政可类工巧图绘,竟无得也。常谓情志所托,故当以意为主,以文传意。以意为主,则其旨必见;以文传意,则其词不流。然后抽其芬芳,振其金石耳。此中情性旨趣,千条百品,屈曲有成理,自谓颇识其数。尝为人言,多不能赏,意或异故也。性别宫商,识清浊,斯自然也。观古今文人,多不全了此处;纵有会此者,不必从根本中来。言之皆有实证,非为空谈。年少中,谢庄最有其分。手笔差易,文不拘韵故也。吾思乃无定方,特能济难适轻重,所禀之分,犹当未尽。但多公家之言,少于事外远致,以此为恨。亦由无意于文名故也。

  本未关史书,政恒觉其不可解耳。既造《后汉》,转得统绪。详观古今著述及评论,殆少可意者。班氏最有高名。既任情无例,不可甲乙辨。后赞于理近无所得,唯志可推耳。博赡不可及之,整理未必愧也。吾杂传论,皆有精意深旨,既有裁味,故约其词句。

  至于《循吏》以下，及《六夷》诸序论，笔势纵放，实天下之奇作。其中合者，往往不减《过秦篇》。尝共比方班氏所作，非但不愧之而已。欲遍作诸志，《前汉》所有者悉令备。虽事不必多，且使见文得尽。又欲因事就卷内发论，以正一代得失，意复未果。赞自是吾文之杰思，殆无一字空设，奇变不穷，同合异体，乃自不知所以称之。此书行，故应有赏音者。纪、传例为举其大略耳，诸细意甚多。自古体大而思精，未有此也。恐世人不能尽之，多贵古贱今，所以称情狂言耳。

  吾于音乐，听功不及自挥。但所精非雅声，为可恨。然至于一绝处，亦复何异邪？其中体趣，言之不尽。弦外之意，虚响之音，不知所从而来。虽少许处，而旨态无极。亦尝以授人，士庶中未有一毫似者，此永不传矣！

  吾书虽小小有意，笔势不快。余竟不成就，每愧此名。

这可以说是范晔的绝命书，但他不是做身后交代，"分香卖履"，而是借此集中表述了自己一生的史学、文学思想，心态特别坦然，意态特别自若淡定，言当时文坛切中肯綮，说自身见解精当分明。而这所有论述均根源于自身丰厚的撰述和写作实践，因而是经验之谈、切中时弊之谈。"自谓颇识其数"，发论渊源有自，深有其据。所惋惜者"尝为人言，多不能赏"，知音者少，不能为人识赏，但这不能改变作者的执着，遂以书信方式于狱中临刑之前，致函诸甥侄以述其志，卒得流播。

  这封书信有三大内容最需注意，此也构成了范晔对中国文学美学史的最重要贡献。其一，以文意为主的美学思想。范晔明确认为，文"以意为主，以文传意"。纵观中国文学美学史，范晔之言为首论，此前未有如此直白之说，后有唐代接其嗣响，杜牧《答庄充书》说："凡为文以意为主。"遂成不刊之论，对中国文论史影响深巨。范晔"意"论的主命题又有相属的三个论支。一是在文、意关系上，意为主，文居从属地位，其功能是"以文传意"。这样，"以意为主，则其旨必见；传意，则其词不流"，便理顺了意与文之间的主从关系，摆正了二者的位置，成为对文学创作审美特质的正确说明。在此基础上，"抽其芬芳，振其金石"，这里的"芬芳"指辞采，"金石"指音律，这又成为对文学创作审美过程的完整说明。江左文坛形式主义美学风扬，颠倒文学创作之审美程序，进而消泯了文学创作之审美特质，范晔之论实有正本清源、归根返正之功。在另一方面，范晔并不轻视文辞，其所撰《后汉书·文苑传赞》言道："情志既动，篇辞为贵。"体现了他重视辞采之意，只是他不满于形式主义美学的意文倒置、首文次意，才对此予以澄清和拨反。倘以现今的审美发生学来解说，范晔在《狱中与诸甥侄书》中言"情志所托"之"托"，在《后汉书·文苑传赞》言"情志既动"之"动"，正是说审美之源为情志，因其寄托和发动，始有文章、辞采，这又从文学的审美形成上揭示了"以意为主，以文传意"论的正确性。二是意以情志为内涵。前言范晔认为"以意为主"是"情志所托"正说明了这一点。这一内涵之确定，在文学美学理论史上有方轨前秀、垂范后昆、相承相续之地位。前承西晋陆机《文赋》"诗缘情而绮靡"论，后接齐梁时诸贤之说。沈约《宋书·谢灵运传论》云："民禀天地之灵，含五常之德，刚柔迭用，喜愠分情。夫志动于中，则歌咏外发。六义所因，四始攸系；升降讴谣，纷披风什。"萧绎《金楼子·立意》云："吟咏风谣，流连哀思者谓之文。""文者，维须绮縠纷披，宫徵靡曼，唇吻遒会，情灵摇荡。"在文学情志美学史论上，范晔正处于转捩点。三是言不尽意论。《狱中与诸甥侄书》说："至于所通解处，皆自得之于胸怀耳。文章转进，但才少思难，所以每于操笔，其所成篇，殆无全称者。"此乃饱含个人创作甘苦感受而对言意困惑所做的表述，在学理内脉上与魏晋时王弼与欧阳建言意之辨相连，复与文学审美论相关合。其前有陆机《文赋》曰："恒患意不称物，文不逮意。"李周翰《文赋注》曰："体属于物，患意不似物，文出于意，患词不及意。盖非知之为难，能为者实难。"后有刘勰《文心雕龙·神思》曰："方其搦翰，气倍辞前；暨乎篇成，半折心始。何则？意翻空而易奇，言征实而难巧也。"范文澜《文心雕龙·神思注》曰："言语为表彰思想之要具，学者之恒言也。然其所以表彰思想者，果能毫发无遗憾乎？则虽知言善思者，必又苦其不能也。思想上精密足以区别，而言语有不足相应者；思想上有精密之区别，言语且有不存者。无论何种言语，其代表思想，虽有程度之差，而缺憾则一也。据此，知言语不能完全表彰思想，而为言语符号之文字，因形体声音之有限，与文法惯习之拘牵，亦不能与言语相合而无间。故思想发为言语，已经一层障碍，由言语而著竹帛，又受一次朘剥，则文字与思想之间，固有不可免之差殊存矣。"这是对言与意、语词与思想关系之精当表述。中古之后如唐之刘禹锡、宋之黄庭坚等人，对言意之见解，均延续陆、范、刘三者。而范晔之论并非只对《易·系辞》言不尽意论之简单诠释和转移于文学审美论之运用，乃是针砭当时文场之弊端状况："常耻作文士。文患其事尽于形，情急于藻，义牵其旨，韵移其意。"这种情形在文士中"大较多不免此累"，成为文坛通病。范晔受当时哲学论辩之影响，转用言不尽意之哲思，力矫其弊，正有现实之规箴用意，遂为文学审美特质之确立奠定了基础。

其二，文笔界说的杰思精论。文笔之争乃南朝文界之重大论争，意义至为显然，使文学从汉时文笔相混或杂文学中剥离开来，进而独立成体，具备自家素质，即审美素质。这是六朝文学走向自觉的重大标识。而文学成为独立的审美样式是六朝文学审美实践日趋丰富成熟之大势。《南史·颜延之传》："（宋文）帝尝问以诸子才能，延之曰：'竣得臣笔，测得臣文。'"文笔相分，乃有区别。《宋书·颜延之传》亦有相类记载："勑召延之，示以檄文，问曰：'此笔谁所造？'延之曰：'竣之笔也。'又问：'何以知之？'延之曰：'竣笔体，臣不容不识。'"颜延之何以识之，则语焉不详。真正从学理层面分解文笔之别，滥觞于范晔。钟嵘《诗品序》引王融之言曰："宫商与二仪俱生，自古词人不知之……唯见范晔、谢庄颇识之耳。"始于范晔、谢庄识之（谢庄惜无论著存世，仅有赋文创作以为见证），而范晔识见出于何处？正在《狱中与诸甥侄书》中："手笔差易，文不拘韵故也。"仅一句便将文笔之差异揭明，其差异在韵，即有韵为文，无韵为笔。于是"公家之言"，即公文一类文书，便"少于事外远致"。范晔此论后，有刘勰承响，其《文心雕龙·总术》曰："今之常言，有文有笔，以为无韵者笔也，有韵者文也。"

范晔以韵作文笔之界分，渊源于其精晓声律、音乐。《狱中与诸甥侄书》说道："性别宫商，识清浊，斯自然也。"他惋惜"古今文人，多不全了此处"，对此无全面了解；"纵有会此者"，亦往往没有"从根本中来"。这席话为萧齐陆厥《与沈约书》所引，而他的这番言论"非为空谈"，而是"言之皆有实证"，他认为"年少中，谢庄最有其分"。范文澜《文心雕龙·声律注》对此有评述，曰："观蔚宗（范晔）此辞，似调声之术，已得于胸怀，特深自秘异，未肯告人。左碍而寻右，末滞而讨前，既所谓济艰难，适轻重矣。谢庄深明声律，故其所作《赤鹦鹉赋》，为后世律赋之祖。"《南史·谢庄传》记道:"王玄谟问庄:'何者为双声?何者为叠韵?'答曰:'玄护'为双声,'碻磝'为叠韵。"可知谢庄通习声律,亦可见范晔以谢庄为例,有"实证"基础。于是,范以论,谢以文,共导文学声律美学之源。

范晔于《狱中与诸甥侄书》又言道:"吾于音乐,听功不及自挥。但所精非雅声,为可恨。然至于一绝处,亦复何异邪?其中体趣,言之不尽。弦外之意,虚响之音,不知所从而来。虽少许处,而旨态无极。"通宫商,明音律,音乐之功底便成声律美学之基石,此乃自然之理。萧齐沈约、王融、谢朓等人创永明体,立四声八病声律美学之说,促声韵学之发展和近体诗、格律体之形成,振响文苑美学界,实中国文学美学史之大事。但文界史域均称沈约等人之功,殊不知早有范晔倡声于前。倘若范晔不是英年遭戮,他可能会早于永明而建声律美学,他在书信中无限感慨:"亦尝以授人,士庶中未有一毫似者,此永不传矣!"真有嵇康"广陵散于今绝矣"之浩叹,此实为中国声律美学史之千古遗恨!

其三,文采斐然的史著撰述。范晔《狱中与诸甥侄书》对自己殚精竭虑所撰《后汉书》有一席自我评价之言,这番言论雄视古人,睥睨今人,自视极高,古今未见第二。其心理动因不外乎两点:一是自言"狂衅覆灭",临终当应有所交代,就刑将即,当可直言,胸中有言,一吐为快,并无遮拦顾忌。二是"本未关史书,政恒觉其不可解耳","恐世人不能尽之,多贵古贱今,所以称情狂言耳",死期已届,担心身后不被理解,便于生前畅露心志。这是自我评价,述志表白,更重要的是所做自我评估,恰如其分,与其所著史书相合,狂而不颠,正所谓如人饮水,冷暖自知。范晔站在一个极高的视点上审视古往今来之史著,俯仰自如,举重若轻。他底气十足,可评说他人,定位自身,认为"详观古今著述及评论,殆少可意者"。他在体例、传论、赞言三方面立论申论,认为体例上,"自古体大而思精,未有此也"。他反复就班固《汉书》与己之《后汉书》做出比较,以确定自身之特点:"班氏最有高名。既任情无例,不可甲乙辨。后赞于理近无所得,唯志可推耳。博赡不可及之,整理未必愧也。"他认为,自己的"杂传论,皆有精意深旨,既有裁味,故约其词句"。他自我估价道,"《循吏》以下,及《六夷》诸序论,笔势纵放,实天下之奇作。其中合者,往往不减《过秦篇》",因而他"尝共比方班氏所作,非但不愧之而已"。对于"赞",范晔更自我称扬道,"自是吾文之杰思,殆无一字空设,奇变不穷,同合异体,乃自不知所以称之"。今人对照《后汉书》,即可"实证"范晔所说并非虚言,其书议论风生,词约意丰,辞采缤纷,正有其所言"情志"在、"文意"在,于文学审美上成就极高。

范晔学殖渊厚,素养深广,精思敏锐,尚含一分狂气(范晔自己在《狱中与诸甥侄书》中曾两次言狂:"吾狂衅""称情狂言"),遂敢为人先,首言文意为主,首分文笔界限,首以文学审美之法撰写史之传论赞词,开后世之先河。其发论与撰述珠联璧合,史思与文情桴鼓相应,实见出史书评价不虚,个人言盛非夸,范晔于中国史学—美学之贡献甚大。

第三节　刘勰

一、六朝文化与《文心雕龙》

刘勰历时多年,完成了中国文学理论史上空前的皇皇巨著《文心雕龙》,不仅在于其规模,而且还在于其覆盖面、论述的深度和文化含量。刘勰生活在中国文化的又一个高峰期和辉煌期六朝,没有六朝文化就不可能有刘勰,也就不可能产生代表六朝文化、精神、智慧最高水平的《文心雕龙》。《文心雕龙》为刘勰所孕生,又成为其表征,而其文化接受和感应当然会有自身的特质。

在金粉六朝,奢靡之风大炽,而刘勰这位学富五车的青年学者却因丧父家贫,无法婚娶,被动成为"独身主义者"。他以建康近郊钟山的定林寺作为研读书籍之所,实在是最佳选择。他在六朝的社会、文化、政治中心,感受到它所特有的精神氛围,在时代的紫金山上鸟瞰整个时代、社会、文化,然而,他又远离了车马红尘的闹市,来到萧然冷荒的古刹,保持着一种冷峻的态度,以虚静之心研读古籍,埋头于文学研究,以出世之身写入世之文,更能洞悉文学的历史和现状,做出深邃的评说。后来,刘勰携带所著之《文心雕龙》,"状若鬻货者",干谒沈约,终得赏接,走上仕途之路。这说明刘勰年轻时是希望有为于世的,这又使他保持着介入现实的心。刘勰的学识得到了当时思想文化界杰出人物僧祐、沈约、萧统的赏识。可以说,刘勰虽然社会地位不高，但文化品位极高，位于六朝文化的最高层。

《文心雕龙》所引用作品达一百四十多部，所涉及的作家有九百多人，可见其博大，体现了六朝文化兼容前代的特点。刘勰没有把视域拘囿于文学领域，他从整个思想文化史的高度来评说文学，并归结到思想文化层面上，可见其深邃，这体现了六朝文化内涵深刻的特点。

刘勰论述永嘉丧乱时代的诗人刘琨（越石）时说："刘琨雅壮而多风……遇之于时势也。"①西晋灭亡，五马南奔，偏安的东晋王朝苟且偷安，把收复失地置之度外，致使刘琨这样的英雄志士空怀宏愿，赍志以殁。刘琨曾和祖逖闻鸡起舞，在风云变幻的政局中，在抗御外侮的悲壮战斗中，刘琨百感交加。愤激的情志发而为歌诗，必然会染上"雅壮而多风"的色彩，可见刘勰"遇之于时势"的见解是十分独特也是十分卓越的。而刘勰在《文心雕龙》中运用这一观点十分成功地解阐了古往今来种种复杂的文学现象，正确地体认了"时势"和作家、时代和作品之间的关系，即此一端就足以证明刘勰的识见之不凡了。

一定时代的文化环境和精神土壤总是孕生出某一杰出代表来体现其文化精神。所谓风云际会，所谓应时而出，正是这一意思。近人许文雨曾把刘勰的《文心雕龙》和钟嵘的《诗品》说成是"应运而作"："曹魏以后，典午氏有天下，不久分崩。异族长驱中原，僭窃禹域。旧家世族，羞与为伍，标榜门阀，不通婚媾。终南北朝之世，成为社会特殊之梗焉。各挟一歧视之心理，互相讥评，其事虽属于政治风俗，而影响所至，一时艺林，遂大炽品论之风。此系乎时代者也。加以荆、扬文化，新立基址，文人牛息于南方之新地理，模范山水，镂雕风云，极情写物，逞辞追新，或竞轻绮之奇，或争声律之巧。篇什倍增，既有待于论定，艺术更张，亦足招其物议，发为文论，遂开前古未有之生色。此因乎地理者也。基此二因，刘勰之《文心雕龙》、钟嵘之《诗品》，乃应运而作矣。"②这也是《文心雕龙》产生的社会、历史、文化必然性。

在刘勰生活的六朝之前就产生了不可胜数的文学作品。《文心雕龙》就涉及上古唐虞时代的歌谣，《明诗》写道："尧有《大唐》之歌，舜造《南风》之诗。"在六朝，文学出现了又一个繁荣期，"家家有制，人人有

---

① 刘勰：《文心雕龙·才略》。
② 许文雨：《文论讲疏导言》。

集"①，可见其繁荣状况。这首先在士族高门中得到集中表现，《梁书·王筠传》所载王筠与诸儿书云："史传称安平崔氏及汝南应氏并累世有文才，所以范蔚宗云崔氏世擅雕龙。然不过父子两三世耳，非有七叶之中，名德重光，爵位相继，人人有集，如吾门世者也。"所谓"人人有集"便是其集中写照。六朝还出现了庞大的创作群体，产生了大量的文学作品，出现了为史家所盛誉的元嘉文学、永明文学。永明文学的最大贡献是声律，声律的发现和规范是对文学性质的进一步确定和开扩，使得文学作品不仅美观，而且美听，具有像音乐一样的审美听觉功能，为唐人律诗做了充分准备，从此，中国诗歌史进入了一个新阶段。永明体也哺育了六朝文学风格新的形态，为六朝也为中国诗学提供了新的财富。由于永明文学提倡美观兼美听，于是六朝文学便出现了一个新的审美范畴、新的审美标准——珠圆玉润。《南史·王筠传》说道："（沈约）谓王志曰，贤弟子文章之美，可谓后来能独步。谢朓常见语云：'好诗圆美流转如弹丸。'近见其数首，方知此言为实。"谢朓诗就是"珠圆玉润"的杰出代表。谢朓的生命虽然短暂，只活了三十六岁，但艺术生命却很长寿。他在当时就得到盛誉，被称为"古今独步"。萧梁简文帝萧纲誉其"文章之冠冕，述作之楷模"②。当时和后代那些傲骨嶙峋的人物都对谢朓低头服帖，例如《颜氏家训·文章》载："刘孝绰当时既有重名，无所与让，唯服谢朓，常以谢诗置几案间，动静辄讽味。"据王士禛所言，李白亦"一生低首谢宣城"③。总的来说，悠久的文学史长河涌发出难以计数的文学作家作品，六朝繁星闪烁、巨星辉煌的文学苍穹，需要文学理论家去描述、评价；繁复的文学创作现象及其经验，文学从原有的形态中剥离出来，独立成体等新现象、新形态，都需要文学理论去总结、概括，于是，刘勰应运而生。

六朝的文化典籍和资料积累空前繁富。"齐永明中，秘书丞王亮、监谢朓，又造《四部书目》，大凡一万八千一十卷。齐末兵火，延烧秘阁，经籍遗散。梁初，秘书监任昉，躬加部集，又于文德殿内列藏众书，华林园中总集释典，大凡二万三千一百六卷，而释氏不豫焉。梁有秘书监任昉、殷钧《四部目录》，又《文德殿目录》。其术数之书，更为一部，使奉朝请祖晅

---

① 萧绎：《金楼子·立言》。
② 萧纲：《与湘东王书》。
③ 王士禛：《戏仿元遗山论诗绝句三十二首》。

撰其名,故梁有《五部目录》。"①据《梁书》所载,沈约藏书两万卷,任昉、张缅、王僧孺等人均有藏书一万余卷。这是六朝特别是齐、梁文化繁荣的显著标志,在这种总体文化繁荣的基础上才会孕生出第一部大型文学总集《文选》,第一部大型文学理论著作《文心雕龙》。

这二"文"之间又存在着联系。文选学家路鸿凯曾说:"《文心》一书,本与《文选》相辅","昭明选文,或相商榷。而《刘勰传》载其兼东宫通事舍人,深被昭明爱接;《雕龙》论文之言,又若为《文选》印证,笙磬同音,是岂不谋而合,抑尝共讨论,故宗旨如一耶"②。刘勰为昭明太子东宫通事舍人,深得其赏识,参与了《文选》的编纂工作。于是这两部巨制之间有许多相近之处,尽管一者为创作形态,一者为理论形态。因此一方面可以说《文心雕龙》影响了《文选》,另一方面也可以说《文选》孕育了《文心雕龙》。清代孙梅曾说:"彦和则探幽索隐,穷神尽状。五十篇之内,百代之精华备矣。其时昭明太子纂辑《文选》,为词宗标准。彦和此书,实总括大凡,妙抉其心;二书宜相辅而行者也。"③今人穆克宏更有深入发现和论述:"《文选》选录的作家一百三十人,见于《文心雕龙》者五分之四。《文选》选录作品,在《文心雕龙》中指出篇名的大约有百余篇。""《文心雕龙》文体论二十篇,分文体为三十三类,如果加上《辨骚》篇中所论述的骚体,则为三十四类。《文选》之文体分为三十七类,所分文体与《文心雕龙》大体相同。"在文笔区分上,两者亦暗合:"《文心雕龙》所论述的名家和名篇佳作,《文选》大都有选录。"④这是《文心雕龙》为《文选》所孕生的具体性实例,也是它和六朝文化、文学现象互涵互摄的具体性实例。

黄侃认为:"读《文选》者,必须于《文心雕龙》所说能信受奉行,持观此书,乃有真解。若以后世时文家法律论之,无以异于算春秋历而用杜预长编,行乡饮仪于晋朝学校,必不合矣。"⑤《文心雕龙》是解读《文选》的钥匙。刘勰直接参与了《文选》的工作,又深得萧统的赏识和器重,他

---

① 魏徵:《隋书·经籍志序》。
② 路鸿凯:《文选学》。
③ 孙梅:《四六丛话》。
④ 穆克宏:《昭明文选研究》。
⑤ 黄侃:《文选平点》。

的文学思想影响了萧统，影响了《文选》的编纂。两"文"的文体分类，在原道、宗经、文质等方面的文学见解如此合契若符，足以证之。而《文选》本身选编七百余篇文字，为刘勰提供了丰富的引例，更何况还有"选"外的大量资料，单是萧统东宫藏书就达三万卷，从这个意义上也可以说，是《文选》及其编选工作孕育了《文心雕龙》。

从宏观文化视域来考察，《文心雕龙》是文化中心转移也就是中原衣冠文物南移的产物。"晋氏渡江，三吴最为富庶，贡赋商旅皆出其地。"[①]南方长期没有兵革，经济得以恢复和发展，这样的地理、社会环境，必然滋生出相应的文化、文学，"永嘉之后，帝室东迁，衣冠避难，多所萃止，艺文儒术，斯之为盛。今虽闾阎贱品处力役之际，吟咏不辍"[②]。江南草长，莺飞燕舞，可以吟唱；吴娃越女，歌舞婆娑，足能移情。原先悲慨的意志渐被这香风暖气所软化，士人们满足于和陶醉于山水流连、漱石枕流、诗酒风流，"暖风熏得游人醉"，于是重返河洛之志日消，奢靡之风大炽。风气既变，并及文林，于是，六朝出现金粉文学、绮丽文学，而这正是刘勰所要批评的，他完成了中国文学本体意义的批评。

刘勰作为中国文学批评家，在《文心雕龙》中体现了他强烈的责任感和干预时势的特点。在此以前，虽也有人对文学现状加以评价，但是，其主体干预意识和针对性、直接性完全不及刘勰。什么是文学批评，什么是具有传统特点的文学批评，刘勰进行了第一次建构。所谓文学批评就是从自身文学观点出发对一系列的文学现象做出恰当的评价和解阐。他作为文学理论家和文学批评家，集一身而二任，以理论家的思想观照批评，以批评家的实感体现理论，建构了中国文学理论、批评的主体性个体存在形式。例如刘勰对汉代虚妄赋风的评价是，"语瑰奇则假珍于玉树，言峻极则颠坠于鬼神"，"验理则理无不验，穷饰则饰犹未穷矣"，"虚用滥形"必然会导致"事义睽剌"[③]。在此基础上，刘勰提出了"真美"观："为情者要约而写真。"[④]这便是文学创作实践的直接性品格。他说："岁有其物，物有其容；情以物迁，辞以情发。一叶且或迎意，虫声有足引心。况清风与明月同夜，白日与

---

① 司马光：《资治通鉴·梁简文帝大宝元年》。
② 杜佑：《通典·扬州风俗》。
③ 刘勰：《文心雕龙·夸饰》。
④ 刘勰：《文心雕龙·情采》。

春林共朝哉！"①因此，他提出了文学创作的逼真性要求，所谓"窥情风景之上，钻貌草木之中"，"巧言切状，如印之印泥，不加雕削，而曲写毫芥"，由此可见形成真实性的效果，即使接受者"瞻言而见貌，即字而知时"。

中国文化是实践致用型文化，强调和重视文化对于世事、现实生活的作用力。刘勰在《程器》篇中说："盖士之登庸，以成务为用。鲁之敬姜，妇人之聪明耳，然推其机综，以方治国，安有丈夫学文，而不达于政事哉！"鲁国的敬姜，作为妇人，尚且参与政事，作为男子汉大丈夫不更应该如此吗？因此，他提出文士的完整形象和文化结构应该是："擒文必在纬军国，负重必在任栋梁。穷则独善以垂文，达则奉时以骋绩。若此文人，应梓材之士矣。"正因为以这样的实践致用型文化精神作为内核，刘勰对六朝文学现状的批评是急切的，甚至是尖锐的，强烈地体现了一位文学批评家的责任感和补偏救弊的强烈愿望。这在前代是罕见的，对后代则树立了楷范。例如《定势》说："自近代辞人，率好诡巧，原其为体，讹势所变，厌黩旧式，故穿凿取新，察其讹意，似难而实无他术也，反正而已。"《明诗》曰："及正始明道，诗杂仙心，何晏之徒，率多浮浅。"对当时的文风表现出了强烈而鲜明的批评立场、介入态度，从而系统地奠定了中国文学社会和美学批评的基本性质及主体精神、方式。

六朝文化是集大成文化，纳涓流而成大海，此前的各类文化分路而来，至六朝终成大道。在文学理论上，刘勰汲取了孔子、荀子、扬雄、王充、桓谭至陆机以来千年的批评材料，经过细致的辨析和深入的研究，认为其各有弱点、缺陷，他在《序志》篇中高屋建瓴、雄视前代地写道：

> 详观近代之论文者多矣。至如魏文述《典》，陈思序《书》，应玚《文论》，陆机《文赋》，仲治《流别》，弘范《翰林》，各照隅隙，鲜观衢路。或臧否当时之才，或铨品前修之文，或泛举雅俗之旨，或撮题篇章之意。魏《典》密而不周，陈《书》辩而无当，应《论》华而疏略，陆《赋》巧而碎乱，《流别》精而少功，《翰林》浅而寡要。又君山、公干之徒，吉甫、士龙之辈，泛议文意，往往间出，并未能振叶以寻根，观澜

---

① 刘勰：《文心雕龙·物色》。

而索源。不述先哲之诰，无益后生之虑。

——评说，恍如煮酒论英雄，逐个指出弱点缺陷。那口吻，大有天下英雄舍我其谁的派头。而这又并非口出狂言，乃是细致研究后所得出的结论，并指出了他们的共同弱点："各照隅隙，鲜观衢路"，"并未能振叶以寻根，观澜而索源"。刘勰自己则是洞悉众家之弊而规避之，他笼罩古今，博通众门，把握了文学之枢纽，又洞观文学之流变，"剖情析采，笼圈条贯"。刘知幾在《史通·自序》中就曾揭示刘勰在前人基础上实现超越的必然性，其论甚为准确深刻："词人属文，其体非一，譬甘辛殊味，丹素异彩，后来祖述，识昧圆通，家有诋诃，人相掎摭，故刘勰《文心》生焉。"

《文心雕龙》善于建构和表述自己的理论系统，完成了文学美学理论从碎片化到系统性、直觉性到思辨性的飞跃。在思维机制上体现了六朝时人的智慧、深刻、善辩。没有六朝繁复的文学作品就不可能出现《文心雕龙》，因为它失去了研究的对象；没有六朝发达的文学批评也不可能出现《文心雕龙》，因为它失去了研究的精神氛围，这二者都为《文心雕龙》的产生提供了基础。

品评人物盛在汉季。品评方式的出现乃因批评意识的萌发，而批评意识的发展又反过来促进了品评方式的发展，互涵互动。刘劭有著名的《人物志》，《世说新语》亦贯穿人物品藻。后来，品评方式出现位移，由品评人物转向品评文学作品，到齐梁时代颇成气候。诸如《梁官品格》、沈约的《新定官品》、柳恽的《棋品》、萧衍的《围棋品》、陆云的《棋品序》、庾肩吾的《书品》、谢赫的《古画品录》以及钟嵘的《诗品》，涉及文学和艺术的众多领域。刘勰虽说也用了品评法，但在整体上有了超越。《文心雕龙》不是随感式的发挥，不是随意而谈，是刘勰经过缜密思考以后的成果，纲举目张，经纬万端，具有强烈的思辨性，代表了六朝思辨文化和思维机制的最高水平。

从这样的思维机制出发，《文心雕龙》纠正了六朝摘句式的文学审美批评方式。这种批评方式在诗歌批评中表现得尤为显著，例如《世说新语》：

王孝伯在京，行散至其弟王睹户前，问："古诗中何句为最？"

睹思未答。孝伯咏"所遇无故物，焉得不速老"："此句为佳。"

摘句欣赏是六朝的一种诗文批评方式，是欣赏主体对应某一欣赏对象进行的品赏，只言局部，不及全体。这在南朝得到了进一步的发展和运用，例如

《南史·丘灵鞠传》载，宋孝武帝的殷贵妃死后，丘灵鞠作挽歌三首，言"云横广阶暗，霜深高殿寒"，"帝摘句嗟赏"。《南齐书·文学传论》也曾提到"张眎摘句褒贬"。但是，刘勰从总体上基本摆脱了摘句批评方式。他善做总体性把握，又善做审美动态性把握，描述出文学和美学思潮的变化状况和态势。他不以摘句为满足，而是从作品的整体研究出发，对某一文学美学作家、某一时代文学美学、某一文学美学倾向、某一文学美学思潮，都是在通盘的研读后，再加以评判和评定的。他绝不以摘句替代全篇、以局部代替全体，他的文学审美评论和把握之所以显得那样准确和深刻，就在于此。他对于某一时代文学审美现象的评价综合了诸种因素，对其发生的社会历史原因、演变情形均做了宏观性描述。例如《时序》写道："自献帝播迁，文学蓬转，建安之末，区宇方辑。魏武以相王之尊，雅爱诗章；文帝以副君之重，妙善辞赋；陈思以公子之豪，下笔琳琅。并体貌英逸，故俊才云蒸。"这可以说是对建安文学总体性而非摘句性的评说。

《文心雕龙》不是文化著作，而是文学美学理论著作。但是，刘勰却是从文化的角度和视域去审视美学理论，汲纳六朝的文化精神，融会成《文心雕龙》的理论框架的。因而《文心雕龙》是文化型美学理论著作，在论述一系列问题时，内蕴着文化精神，体现了六朝文化的融合性特征。

《序志》写道："盖文心之作也，本乎道，师乎圣，体乎经，酌乎纬，变乎骚；文之枢纽，亦云极矣。"由此可以看出，《文心雕龙》从内在的文化思想而言是由儒、道、释、玄所构成的综合性机制。首先，《文心雕龙》中内含着儒家思想。虽然写作《文心雕龙》时，刘勰正在佛寺之中，但其内心深处却是儒家思想占据主导地位的。《序志》篇曰："予生七龄，乃梦彩云若锦，则攀而采之。齿在逾立，则尝夜梦执丹漆之礼器，随仲尼而南行，旦而寤，乃怡然而喜。大哉，圣人之难见哉，乃小子之垂梦欤！自生人以来，未有如夫子者也。"这番充满神往、激情的话语充分显示出刘勰少有从儒之志。最终他未能得志于世，在晨钟暮鼓中度过了余生，但他的梦想，他的表白，都表明了他对儒家理想的执着。《序志》写道："唯文章之用，实经典枝条。五礼资之以成，六典因之致用；君臣所以炳焕，军国所以昭明。详其本源，莫非经典。"可见刘勰是以儒家经典性思想为依据来总结文坛风气的，"于是搦笔和墨，乃始论文"，把撰写《文心雕龙》的目的揭示得十分清楚。因此，他在《征圣》中反复强调"征之周孔，则文有师矣""征圣

立言,则文其庶矣"。他还在《原道》中写道:

  爰自风姓,暨于孔氏,玄圣创典,素王述训,莫不原道心以敷章,研神理而设教。取象乎河洛,问数乎蓍龟,观天文以极变,察人文以成化,然后能经纬区宇,弥纶彝宪,发挥事业,彪炳辞义。

刘勰所要接受和发扬的是儒家的人文主义精神。不是泛泛而论儒家学说,而是扣合其最基本精神,刘勰以儒家思想为立论的主要依据是就其基本精神而言的,而这与文学的基本精神又是沟通的,于是,文化便落实并渗透到了美学中。

  在弘扬儒家文化上,刘勰的理论又有两点值得注意:一是主张思想、精神发挥楷范作用。《史传》写道:"是立义选言,宜依经以树则;劝戒与夺,必附圣以居宗。"这是以儒家和儒学为圣、经。刘勰在《宗经》中对"经"做了具体阐释:"三极彝训,其书言经。经也者,恒久之至道,不刊之鸿教也。故象天地,效鬼神,参物序,制人纪,洞性灵之奥区,极文章之骨髓者也。""五经"有不同的内容:"《易》惟谈天","《书》实记言","《诗》主言志","《礼》以立体","《春秋》辨理"。"五经"所组合的儒家文化,是文学、美学所应宗之经,即《序志》所说:"唯文章之用,实经典枝条"。《宗经》认为,"五经"在总体上"根柢盘深,枝叶峻茂,辞约而旨丰,事近而喻远,是以往者虽旧,余味日新,后进追取而非晚,前修久用而未先",它日日常新,后代人总是享用不完,就如同"太山遍雨,河润千里"。"五经"有不同的内容,也就产生了相对应的功能和作用。在刘勰看来,"五经"是个大的文化网络,无法超出,尽管"百家腾跃",却"终入环内"。他把儒家"五经"抬到无以复加的地步,是为着挽救儒家在六朝趋于式微的局面,意欲恢复儒家曾经有过的地位和作用,为文学创作提供一种文化的楷范,并促进文学、美学的发展和进步。这便是刘勰在《宗经》中所说的以"五经"而臻文学之"六义":

  文能宗经,体有六义:一则情深而不诡,二则风清而不杂,三则事信而不诞,四则义直而不回,五则体约而不芜,六则文丽而不淫。扬子比雕玉以作器,谓"五经"之含义也。

"六义"是文学、美学创作的最高标准,也是其最佳境界,涉及文学创作的所有方面:情感深沉,风貌清雅,记事真实,内容正经,体式精要,文辞优美。与此相对，刘勰阐释了六种可以避免的弊病。这样，"六义"的内在勾连就十分紧密，是刘勰从儒家文化的本体出发，向文学、美学所提出的要求，也是他在《宗经》中对"楚艳汉侈，流弊不还"倾向所做的拨正。

另外一点是提出了以儒家文化精神为内涵的文学审美理想。在这一问题上，刘勰较为倾向于"易"学一路。他在《丽辞》中对《易》击节赞赏道："《易》之文系，圣人之妙思也。序乾四德，则句句相衔；龙虎类感，则字字相俪；乾坤易简，则宛转相承；日月往来，则隔行悬合。虽句字或殊，而偶意一也。"《易》充满阳刚之气和生生不已的旺盛亢奋的生命精神。刘勰之所以立《风骨》篇，之所以崇尚翰飞戾天的美学境界，其原因就在于此。

其次是《文心雕龙》中亦含有道家文化思想。《原道》作为《文心雕龙》的本体篇，提出了"自然之道"论："心生而言立，言立而文明，自然之道也。""自然之道"就来自于道家文化思想，"人法地，地法天，天法道，道法自然"。道遵自然，文法自然，这从本体上确定了自然在文学上的位置和本初特征。刘永济的《文心雕龙校释》说："此篇论文原于道之义，既以日月山川为道之自然，复以云霞草木为自然之文，是其所谓道，亦自然也。""自然之道"也成为刘勰《文心雕龙》文学理论的支柱之一，《诸子》言："庄周述道以翱翔。"《论说》云："庄周齐物，以论为名。"《情采》曰："老子疾伪，故称美言不信，而五千精妙，则非弃美矣。"刘勰对道家文化思想深有了解，而在齐梁崇尚自然之道又有现实用心，黄侃《文心雕龙札记》说："彦和之意，以为文章本由自然生，故篇中数言自然。……寻绎其旨，甚为平易，盖人有思心，既有言语，即有文章。言语以表思心，文章以代言语。惟圣人为能尽文之妙，所谓道者，如此而已。此与后世言文以载道者，截然不同。"刘勰批评齐、梁之风"率好诡巧""采滥忽真"，正是认为其违反了自然之道。他在《明诗》中写道："人禀七情，应物斯感，感物吟志，莫非自然。"《隐秀》认为："自然会妙，譬卉木之耀英华。"情感的发生和表达，都应该顺应自然，或者说都应自然地发生，这就烙上了道家文化思想的鲜明印记。

再次是《文中雕龙》中也具有佛家文化思想。佛家文化思想在六朝大盛，形成了整体性的社会文化思想。同时，刘勰曾寓居佛家之定林寺，按理来说，佛家文化思想会是其思想主导，其实不然。刘勰早年功名观念未泯，跟晚年彻底入禅大为不同，故《文心雕龙》仍以儒家思想为主导，而佛家文

化思想对《文心雕龙》的外在作用超过了内在影响,范文澜认为,《文心雕龙》的框架结构受佛经影响很深:

> 《释藏》卷十释慧远《阿毗昙心序》:"《阿毗昙心》者,三藏之要颂,咏歌之微言,管统众经,领其会宗,故作者以心为名焉。有出家开士,字曰法胜,渊识远鉴,探深研机,龙潜赤泽,独有其明。其人以为《阿毗昙经》源流广大,难卒寻究,非赡智宏才,莫能毕综。是以探其幽致,别撰斯部,始自界品,讫于问论,凡二百五十偈,以为要解,号之曰心。"彦和精湛佛理,《文心》之作,科条分明,往古所无。自《书记》篇以上,即所谓界品也;《神思》篇以下,即所谓问论也。盖采取释书法而为之,故能鰓理明晰若此。①

需要注意的是,刘勰与玄学之关系是一个复杂的需要做多层面分析的问题。其一,他充分看到江左以来的玄风煽动之势。对此,刘勰很不以为然,认为玄学之论"徒锐偏解,莫诣正理"。其二,刘勰认为,在玄风和"诗杂仙心"的气候中仍有不少出类拔萃者。《论说》写道:"详观兰石之才性,仲宣之去代,叔夜之辨声,太初之本玄,辅嗣之两例,平叔之二论,并师心独见,锋颖精密,盖人伦之英也。""宋岱、郭象,锐思于几神之区;夷甫、裴頠,义辨于有无之域,并独步当时,流声后代。"他对玄学中的种种现象,不怀偏见,有着杰出思想家、理论家的卓识和洞察力,充分肯定王弼、何晏以来一批玄学家的思想锐气和智慧锋芒,尤为欣赏嵇康、阮籍。《明诗》写道,在整个玄学风行期间"唯嵇志清峻,阮旨遥深,故能标焉",是其中的佼佼者。《才略》认为,"嵇康师心以遣论,阮籍使气以命诗。殊声而合响,异翮而同飞",虽然他们的具体表现形态有所不同,但都有一致的内涵和特征:师心、使气。"嵇志清峻""阮旨遥深"是就其风格而言;"师心""使气"是就其创作发生而言。这些确是的论,从"心""气"出发,任意挥发和排遣,正是玄学的基本特征,嵇康、阮籍都具有深刻、悠远的玄学殉道精神。其三,要把刘勰所做的评价和取值倾向跟他本人从玄学那里所接受进而形成的学术、文学、美学思想相区别。刘勰本人所受的玄学影响是玄学自然观,且置身于越名教而任自然的总体文化精神

---

① 范文澜:《文心雕龙注》。

氛围之中，他的思想有"任自然"之一面，他的学术、文学、美学思想亦有"任自然"之一面。又因为玄学和道学有着相联系的内涵，所以刘勰思想受玄学影响亦很自然，他的文学思想及其运用方式，诸如"乘一总万"，诸如"沿波讨源，虽幽必显"等等，都有玄学思维及其方式的影子。

刘勰所接受和采撷的六朝文化思想、精神比较复杂，但那本属于自相矛盾、了不相属的文化思想体系，却被刘勰一齐汲纳了进来，体现了六朝时文化思想界诸说纷呈、斑驳杂乱的状况，而《文心雕龙》也有着相类似的现象。可以说，《文心雕龙》是六朝文化思想界状况的投影。

刘勰是一位集大成者，他的思想广汲博纳于儒、道、佛、玄学诸家，他的总体接纳态度是不偏颇不厚薄，他在《序志》中说：

> 夫铨序一文为易，弥纶群言为难。虽复轻采毛发，深极骨髓，或有曲意密源，似近而远，辞所不载，亦不胜数矣。及其品列成文，有同乎旧谈者，非雷同也，势自不可异也；有异乎前论者，非苟异也，理自不可同也。同之与异，不屑古今，擘肌分理，唯务折衷。

"唯务折衷"是指在各种思潮中折中仲裁，可见刘勰的思想机制是折中主义的，他是在用折中主义来调和诸种文化思想，形成了他那博大的综合性思想。

《文心雕龙》是那样宏富，又是那样精深，即使是一句描述、一个结论，也可以衍化出一篇或若干篇文章。至今车载斗量的研究文字还无法穷尽其奥秘和内涵，便是有力的证明。它是那样典雅，又是那样漂亮，它自身美丽的文辞，可以作为纯文学作品即美学作品来阅读和欣赏，共具美观和美听，是一流的美文。刘勰示范性地作了一长篇骈文，令六朝最优秀的骈文作家也要颔首敛衽。他以自己的鸿篇巨制丰富提升了六朝文化。

二、《文心雕龙》的论述框架

章学诚在《文史通义·诗话》中称《文心雕龙》"体大而虑周"，具有独立完整的论述体系。在中国古典文学、美学理论中，它确是在体系、框架、结构的完备性上，前无古人，后乏来者。它是经过刘勰呕心沥血的构思所完成的，总结了中国文学、美学发展的丰富经验，回答了文学、美学中的一系列重要问题。它不同于诗话式的随意而谈，而是具有内部结构和联系的论述系统。

《序志》篇可以说是全书之总结，表述了刘勰撰著《文心雕龙》之目的、缘由及全书之内部框架、结构，这是他以"序志"名篇之原因。他写道：

> 盖文心之作也，本乎道，师乎圣，体乎经，酌乎纬，变乎骚，文之枢纽，亦云极矣。若乃论文叙笔，则囿别区分，原始以表末，释名以章义，选文以定篇，敷理以举统，上篇以上，纲领明矣。至于割情析采，笼圈条贯，摛神性，图风势，苞会通，阅声字，崇替于时序，褒贬于才略，怊怅于知音，耿介于程器，长怀序志，以驭群篇，下篇以下，毛目显矣。位理定名，彰乎大易之数，其为文用，四十九篇而已。

可以看出，《文心雕龙》由三大部分所构成，即"文之枢纽""论文叙笔""割情析采"，包含着文学创作思想之基础、文体论、创作论等三项最主要内容。因创作论与鉴赏论相联系，故《知音》等篇亦纳入其中。在探讨创作思想之基础、文体论、创作论时又贯串着历史演变情况的勾勒，因而论述具有鲜明的史感特征。

《原道》《征圣》《宗经》诸篇乃全书之枢纽，奠定了全书的思想基石。在刘勰看来，文学创作的一切都来源于此，并且，刘勰是在文化学的宏阔背景上进行探讨的，没有仅限于文学本身之一路，视野显得十分开阔。《征圣》中的总命题是："子政论文，必征于圣；稚圭劝学，心宗于经。"《宗经》篇对"经"的总体评价是："经也者，恒久之至道，不刊之鸿教也。"作为文体的母体所在，《宗经》写道："论说辞序，则《易》统其首；诏策章奏，则《书》发其源；赋颂歌赞，则《诗》立其本；铭诔箴祝，则《礼》总其端；纪传铭檄，则《春秋》为根。"其中所列文体正是刘勰在《文心雕龙》中所涉及的，且都渊源于某一"经"中，五经则繁衍出五大文体类别。刘勰所说的首、源、本、端、根等，皆言文体之本体。文体学之本体乃属于经学。这样，刘勰的思想体系便是以"经"为文体之源。刘勰又提出了文学之"六义"，这是对文学创作的具体规范，从情、风、事、义、体、文等六个方面进行了说明，每一种形态都有具体要求和范式，不可突破，突破限制便会走向反面，这一切都是根据"文能宗经"而来的。

《正纬》《辨骚》，顾题之名可知，具有"正""辨"意义。出现于汉代的纬书在六朝仍很盛行，更重要的是，它影响着文学创作。《序言》所言"酌乎纬"是一种提示，"酌"字很有分寸，体现了刘勰正确对待文化遗产的态度。刘勰首先澄清东汉以来纬书乱经的现象："按经验纬，其伪有四：盖纬之成经，其犹织综，丝麻不杂，布帛乃成；今经正纬奇，倍摘千里，其伪一矣。经显，圣训也；纬隐，神教也。圣训宜广，神教宜约；而今纬多于经，神理更繁，其伪二矣。有命自天，乃称符谶，而八十一篇，皆托于孔子，则是尧造绿图，昌制丹书，其伪三矣。商周以前，图箓频见，春秋之末，群经方备，先纬后经，体乖织综，其伪四矣。"范文澜《文心雕龙注》写道："彦和生于齐世，其时谶纬虽遭宋武之禁，尚未尽衰，士大夫必犹有讲习者，故列举四伪，以药迷罔。盖立言必征于圣，制式必禀乎经，为彦和论文之本旨。纬候不根之说，蹖驳经义者，皆所不取。"深刻揭示了刘勰作《正纬》篇的意图——既得正源，又须辨伪。另一方面，刘勰又有深刻的分析眼光，其分析中包含着审美因子，纬书确实"事丰奇伟，辞富膏腴"，有许多斑驳陆离的现象，诸如"羲农轩皞之源，山渎钟律之要，白鱼赤乌之符，黄金紫玉之瑞"，虽然"无益经典"，却"有助文章"，"芟夷谲诡，采其雕蔚"，在美学的感性色彩上，"雕蔚"之色不可缺少，故须加采撷。"采其雕蔚"的要求，正吻合于刘勰的美学思想，也吻合于齐梁时期的审美要求。那么刘勰何以又要"辨骚"，并列为本体篇之一种呢？他要从根本上确定"骚"之内涵和本体意义，并确定"骚"之历史地位。刘勰对此所做的分析贯串着一个"辨"字，以"风雅"之说为"辨"之标准，即"同于风雅者"有四："陈尧舜之耿介，称汤武之祗敬，典诰之体也；讥桀纣之猖披，伤羿浇之颠陨，规讽之旨也；虬龙以喻君子，云蜺以譬谗邪，比兴之义也；每一顾而掩涕，叹君门之九重，忠怨之辞也：观兹四事，同于风雅者也。""异乎经典者"亦有四："托云龙，说迂怪，丰隆求宓妃，鸩鸟媒娀女，诡异之辞也；康回倾地，夷羿彃日，木夫九首，土伯三目，谲怪之谈也；依彭咸之遗则，从子胥以自适，狷狭之志也；士女杂坐，乱而不分，指以为乐，娱酒不废，沉缅日夜，举以为欢，荒淫之意也：摘此四事，异乎经典者也。"这四项异、同都有缺陷："褒贬任声，抑扬过实，可谓鉴而弗精，玩而未核者也。"这其中包含着刘勰的价值评价和评判标准。刘勰"辨"的目的，亦是"正"，即确立本体之"宗"。而在立论上，刘勰没用汉人依"诗"评"骚"的观念，其论述更为宏放、稠密，使人真正了解《离骚》之文本及其历史影响。这是因为具有深邃历史感的刘勰看到了楚骚现象及其历史评价状况：扬之者以为可与日月争光，抑之者则认为作者"露才扬己"，扬抑反差如此巨大，反证出它之影响广泛。刘勰看到了《离骚》极高的审美价值："观其骨鲠所树，肌肤所附，虽取镕经意，亦自铸伟辞。……气往轹古，辞来切今，惊采绝艳，难与并能矣……惊才风逸，壮志烟高。"这样，他便确立了《骚》与《诗》相比并的历史地位："自风雅寝声，莫或抽绪，奇文郁起，其《离骚》哉！"《骚》《诗》代表了中国文学中的两种审美方式和倾向，《铨赋》写道："及灵均唱骚，始广声貌，然赋也者，受命于诗人，拓宇于楚辞也。"《诗》作为文学本体之影响，已成共识，而《骚》尚有争议，刘勰之"辨"正确立了"骚"在"文之枢纽"中之地位。

总的来说，以上五篇乃立全书之概要，是枢纽、纲领。奠定了这样的学术、美学思想基础之后，刘勰便逐一分析各类文体的特征、演变历程、构成要素。这些文体有些不是文学范畴中的，因此，刘勰所言"文"，还是广义的、泛义的，不是纯粹的、狭义的。《文心雕龙》之所以不是纯文学美学著作，原因就在于此。在分析各类文体的基础上，列《神思》篇，此篇在全书中的地位特别是美学地位十分重要，它是论述艺术思维、心理的。重视审美主体的思维、心理功能是刘勰的杰出之处，而《体性》等篇虽论述视角有所调整，但其基点仍是主体功能。"风骨"论是刘勰文学论、美学论的最重要贡献，《情采》又是刘勰独特的理论发明。《情采》篇后逐步进入对文学内部特征、要求等的分析，故它是刘勰文学、美学论的总纲，是其文学、美学思想之基石。《声律》《章句》《丽辞》《事类》《练字》是文辞的具体要求，《熔裁》《章句》则是对结构层次的基本分析，《比兴》《夸饰》是对具体艺术手法作用、功能及其运用分寸掌握的论述。文辞、结构、手法都是具体的传达手段，是就文体的表达而言的，它跟书中一系列关于文体特征的论述有联系，又跟"神思""体性"等主体性能论述有联系。

要使"神思""体性"外化，就需要通过《丽辞》等文辞、《熔裁》等结构、《比兴》等手法的具体运用来实现。它与有关篇章之间存在的联系是内在的，即文学的主体性与表现手法之间的联系。《养气》《总术》《才略》诸篇具体展开了对主体性的论述，而刘勰对文学考察的最大特点是进行动态考察，将其放置在历史演变的长河之中，《时序》诸篇便是其具体体现。由此可见，《文心雕龙》的主体论述框架确实是"体大"，包含着从创作到作家,从作品到形式,从表现到鉴赏这样一整套需要回答的问题,也总结了诗骚汉赋以来的丰富经验。中国文学理论系统到刘勰,矗立起了一座巨碑。它又确实是"虑周"的,即前后篇章之间勾连紧密,总体篇章成一整体。以"原道"开篇,一路挥洒,从容写来,至"序志"表达撰著之缘由,序志亦是明志,首尾遥相照应,可见撰著者考虑十分周全,构思至为细密。

三、《文心雕龙》的创作论

《文心雕龙》的创作论占有足够的篇幅和分量。刘勰在综合研究各类文体的基础上,对创作现象的一系列问题提出自己的见解,形成独到而系统的创作论。创作论中居首篇者为《神思》,在《文心雕龙》中具有极高的美学地位和价值,刘勰将其置于创作的统领地位,即所谓"驭文之首术,谋篇之大端"。它触及的是主体审美活动中最需要回答和解决的问题,把中国审美心理学推进到了一个新的区段上。事实上,"神思"是六朝美学的一个新范畴,西晋陆机《文赋》中所言"精骛八极,心游万仞"所包含的意义正是"神思"的内容,但陆机并未用明确概念加以表述性确定。到东晋、南朝,"神思"作为独立的审美概念出现了,宗炳《画山水序》曰:"圣贤映于绝代,万趣融其神思。"萧子显的《南齐书·文学传论》说:"属文之道,事出神思,感召无象,变化不穷。"而刘勰专列《神思》篇,将"神思"规定为创作主体的心态、心理素质与功能,它突破一切自然和人为所设置的障碍,突破有限的时空域界,走向无限阔长、深远的时域空间。不少学者将"神思"论界定为想象论,其实并非全然如此,它是比想象论丰富得多,所涉范围广泛得多的创作主体心态论。因而,"神思"就不是一般心理学范畴,而是中世纪最标准的审美心理学范畴。作者没有被他所面对和所论及的文体限制,将其导入了文学审美领域。

刘勰非常杰出地论述了审美中心与物即主体与客体之关系,突出主体功能和"神"即主体精神的主导和主宰地位,《神思》说:

> 神用象通,情变所孕。物以貌求,心以理应。

《物色》说:

> 诗人感物,联类不穷。流连万象之际,沉吟视听之区;写气图貌,既随物以宛转;属采附声,亦与心而徘徊。

> 山沓水匝,树杂云合。目既往还,心亦吐纳。春日迟迟,秋风飒飒。情往似赠,兴来如答。

这是把中国哲学的发生认识论运用于美学的成功范例。刘勰的审美心物论阐解了审美情感的发生和心物碰撞、交合的方式。

从本体上说，刘勰的这一创作思想来源于他的文学创作本源论。《原道》说："心生而言立，言立而文明，自然之道也。"把主体和对象联系起来论述，双向互生互动。《明诗》说："人禀七情，应物斯感。"人具备七情亦即复杂多样的情感，而情感的发生乃"应物"所致。《物色》篇又云："岁有其物，物有其容，情以物迁，辞以情发"，完整地描述了物、情、辞的图式。物兴情，情发辞，心应物以生感，这是把中国古典朴素的物质存在决定论应用于审美情感发生论的范例。它包含两层意思，一是情由物而生，外物引发创作主体的情感。《明诗》写道："感物吟志。"《铨赋》写道："情以物兴。"外物触发主体心灵。二是情由物迁而变。因此，刘勰确定"情"为创作之本源，《情采》说："夫铅黛所以饰容，而盼倩生于淑姿。文采所以饰言，而辩丽本于情性。故情昔文之经，辞者理之纬，经正而后纬成，理定而后辞畅，此立文之本源也。"在另一层面上，刘勰又强调了心物之间的互构交合活动，"既随物以宛转"，"亦与心而徘徊"，认为心、物之间处于不断作用状态中，《铨赋》写道："原夫登高之旨，盖睹物兴情。情以物兴，故义必明雅；物以情观，故词必巧丽。"这段论述的内在逻辑性很强：首先是"情以物兴"，通过"睹物兴情"的视觉程序进行；其次是由物生情后反转去观物，这便是"物以情观"。两者的次序没有倒置，两者的作用又没有偏废。当以有情的眼睛观察外在的一切时，"登山则情满于山，观海则意溢于海"，对象不再是客体，而是经情感染过的主体化了的存在，这正是审美过程中的现象，而刘勰论述得极有深度。

在心、物互相作用的心理活动中，在审美思维的过程中，"神思"发挥了巨大作用。"神与物游"，始终伴随物象远游。它是神游，即心游，是心意情感的畅游，进入随心所欲境地，不再限于身边琐屑，而是"文之思也，其神远矣"。刘勰把这一审美思维中的心理活动描述得十分生动："寂然凝虑，思接千载，悄焉动容，视通万里。吟咏之间，吐纳珠玉之声；眉睫之前，卷舒风云之色。"

《文心雕龙》强调"情"在文学审美创作中的功能、作用和地位。《情采》说道："夫桃李不言而成蹊，有实存也；男子树兰而不芳，无其情也。夫以草木之微，依情待实，况乎文章，述志为本。言与志反，文岂足征?""情"是文学审美创作主体的本体性因素。诗由志而入情,乃是陆机《文赋》之划时代论述和贡献。刘勰承此论述文学创作思想,即以情为基础的思想。对此,黄侃的《文心雕龙札记》曾解释道:"夫志深轩冕,而泛咏皋壤,心缠几务,而虚述人外,此之谖诈,诚可笑哂。还视后贤,岂无其比。博弈饮酒而高言性道,服食炼药而呵骂浮屠,乞丐权门而夸张介操,不窥章句而傅会六经,从政无闻而空言经济,行才中人而力肩道统。此虽其文过于颜、谢、庾、徐百倍,犹谓之采浮华而弃忠信也。焉得谓文胜之世,士有夸言,质胜之时,人皆笃论哉。盖闻修辞立诚,大易之明训,无文不远,古志之嘉谟。称情立言,因理舒藻,亦庶几彬彬君子,孰谓中庸不可能哉。"

对于文学的创作心态,刘勰提出了虚静的要求。"神思"是动态化的,具有极强的弥散力,而文学创作所需的心态则完全相反。刘勰说"陶钧文思,贵在虚静,疏瀹五藏,澡雪精神",这一说法完全来自于老庄思想,连文字表述都少有变化。《庄子·知北游》云:"老聃曰:汝斋戒疏瀹而心,澡雪而精神。"《庄子》认为,用志不分,乃凝于神,只有凝神聚志,才能远离非对象世界,产生"距离",从而更贴近对象世界;只有心态虚静,创作思维才处于高能态,才能神思、远游,艺术的感觉、想象也才能高度发达。刘勰在《养气》中说:"且夫思有利钝,时有通塞,沐则心覆,且或反常,神之方昏,再三愈黩。是以吐纳文艺,务在节宣,清和其心,调畅其气,烦而即舍,勿使壅滞。意得则舒怀以命笔,理伏则投笔以卷怀,逍遥以针劳,谈笑以药倦。"这是认为,作家在创作状态中要有平和、清朗的心理状态,正如《养气》赞词曰:"水停以鉴,火静而朗。无扰文虑,郁此精爽。"

刘勰还强调文学作家在创作前要有丰富而充足的知识准备,积学而储才,也就是说文学创作要有先期的文化积累。《通变》说:"先博览以精阅,总纲纪而摄契。"《知音》说:"圆照之象,务先博观。"这是文学创作的必要准备和先期条件。《事类》也认为:"经典沉深,载籍浩瀚,实群言之奥区,而才思之神皋也。"

刘勰的文学创作论是具体实在的,对文学创作中所遇到的复杂、矛盾问题提出了具体的解决途径。《神思》就说道:"若情数诡杂,体变迁贸,拙辞或孕于巧义,庸事或萌于新意,视布于麻,虽云未贵,杼轴献功,焕然乃珍。至于思表纤旨，文外曲致，言所不追，笔固知止。至精而后阐其妙，至变而后通其数，伊挚不能言鼎，轮扁不能语斤，其微矣乎！"

《文心雕龙》的文学审美创作论以神思为核心，以主体文化素养为基础，在心物的相互作用中通过虚静的方式来完成。这是对文学审美创作心态及其实际过程的正确揭示和规定，在此以前的文学审美创作论未有如此系统和深入，因此，它不是一般的文学创作论，而是审美创作论。

就文学审美创作中的一些实际过程、步骤，刘勰提出了具体的看法、标准，甚至是可操作方式。在整体布局上，刘勰在《熔裁》中提出了"三准"说："凡思绪初发，辞采苦杂，心非权衡，势必轻重。是以草创鸿笔，先标三准：履端于始，则设情以位体；举正于中，则酌事以取类；归余于终，则撮辞以举要。""始""中""终"标明了创作布局上的三个过程：开始是根据情感的需要来确定相应的体式，中间是斟酌考虑使用事实，最后是选择恰当的文辞。在这个过程的完整展现中又有一个总体性框架，即《附会》中所说的"情志为神明，事义为骨髓，辞采为肌肤，宫商为声气"，具体表现在以下各个方面。

第一，章法结构。《文心雕龙》重视文学作品结构的完整、有序。《附会》写道："何谓附会，谓总文理，统首尾，定与夺，合涯际，弥纶一篇，使杂而不越者也。"那么如何进行谋篇布局呢？要在表达情感的前提下，加以细致的谋划，《章句》写道："设情有宅，置言有位；宅情曰章，位言曰句。故章者，明也；句者，局也。局言者，联字以分疆；明情者，总义以包体。区畛相异，而衢路交通矣。夫人之立言，因字而生句，积句而为章，积章而成篇。篇之彪炳，章无疵也；章之明靡，句无玷也；句之清英，字不妄也。振本而末从，知一而万毕矣。"刘勰十分强调篇章结构的有序化，所谓"裁章贵于顺序"。他所提出的是总体考虑章法的思想。他反对"诡异"，甚至认为，即使是一个字，也不得如此，《练字》中说："一字诡异，则群句震惊。"又具体说道："是以缀字属篇，必须练择。一避诡异，二省联边，三权重出，四调单复。"

第二，对偶。对偶是中国语言文字的特殊组合现象。刘勰从自然万物现象的组合中确证了文字的对偶形式，《丽辞》说："造化赋形，支体必双，神理为用，事不孤立。夫心生文辞，运裁百虑，高下相须，自然成对。"他又说："至于诗人偶章，大夫联辞，奇偶适变，不劳经营。自扬、马、张、蔡,崇盛丽辞,如宋画吴冶,刻形镂法,丽句与深采并流,偶意共逸韵俱发。至魏晋群才,析句弥密,联字合趣,剖毫析厘。"他总结概括了四种对偶现象:"故丽辞之体,凡有四对:言对为易,事对为难;反对为优,正对为劣。言对者,双比空辞者也;事对者,并举人验者也;反对者,理殊趣合者也;正对者,事异义同者也。"他认为:"言对为美,贵在精巧;事对所先,务在允当。"他寻求的是以恰当的构合方式来形成对偶,对此,黄侃在《文心雕龙札记》中给予了充分的评价:"文之有骈俪,因于自然,不以一时一人之言而遂废。然奇偶之用,变化无方,文质之宜,所施各别。或鉴于对偶之末流,遂谓骈文为下格,或惩于俗流之恣肆,遂谓非骈体不得名文。斯皆拘滞于一隅,非闳通之论也。惟彦和此篇最合中道。一曰'高下相须,自然成对',明对偶之文依于天理,非由人力矫揉而成也。次曰'岂营丽辞,率然对尔',明上古简质,文不饰雕,而出语必改,非由刻意也。三曰'句字或殊,偶意一也',明对偶之文,但取配俪,不必比其句度,使语律齐同也。四曰'奇偶适变,不劳经营',明用奇用偶,初无成律。应偶者不得不偶,犹应奇者不得不奇也。终曰'迭用奇偶,节以杂佩',明缀文之士,于用齐用偶,勿师成心,或舍偶用奇,或专崇俪对,皆非为文之正轨也。舍人之言明白如此,真可以息两家之纷难,总殊轨而齐归者矣。"可见,在就对偶运用的论述中也体现着刘勰取中和的文学思想。

第三,用典。用典是六朝文学创作中的重要文化行为,刘勰在《文心雕龙》中专列《事类》,表明他的重视。他对此做了概念性的解释:"事类者,盖文章之外,据事以类义,援古以证今者也。"他认为,这是文学创作中的通行现象,"明理引乎成辞,征义举乎人事,乃圣贤之鸿谟,经籍之通矩也"。刘勰认为,用典是以丰厚的学识和学养为基础的,他说:"文章由学,能在天资。才自内发,学以外成,有学饱而才馁者,有财富而学贫者。""才为盟主,学为辅佐,主佐合德,文采必霸,才学褊狭,虽美少功。"然而,在另一方面,他又认为:"综学在博,取事贵约,校练务精,捃理须核。"这样,才能"众美辐辏,表里发挥"。

第四,声律。六朝形成了声律之争,沈约过于重视声病,遂致钟嵘之反对,刘勰以其一贯的调和姿态,于自然声律与人为声律之间加以折中调和。他特立《声律》篇,说:"夫音律所始,本于人声者也。声含宫商,肇自血气,先王因之以制乐歌,故知器写人声,声非学器者也。故言语者,文章神明,枢机吐纳律吕唇吻而已。"这是刘勰对声律形成的体认,认为其跟人的声音传达密切相关,由此找到了声律发生学原因。

刘勰声律论在基本内容上跟沈约的八病说有相类之处,"凡声有飞沉,响有双叠。双声隔字而每舛,叠韵杂句而必睽;沉则响发而断,飞则声飏不还"。刘勰所提出的,有双声叠韵,有飞声沉声,所谓"沉则响发而断,飞则声飏不还",相当于沈约的"若前有浮声,则后须切响";所谓"双声隔字而每舛,叠韵杂句而必睽",相当于沈约的"一简之内,音韵尽殊;两句之中,轻重悉异"。刘勰认为这一切都应该搭配得当,否则将是"文家之吃"。这种"文家之吃",也就是毛病,根源于"好诡"和"逐新趣异",会导致"喉唇纠纷"。而声律和谐组合,安排有序,就会产生这样的声听效果:"声转于吻,玲玲如振玉;辞靡于耳,累累如贯珠矣。"刘勰声律论成为永明体声律的有机组成部分,范文澜《文心雕龙注》说:"彦和于《情采》《熔裁》之后,首论声律,盖以声律为文学要质,又为当时新趋势。"

第五,比兴。《文心雕龙》立有《比兴》,刘勰具体阐解道:"比者,附也;兴者,起也。附理者,切类以指事;起情者,依微以拟义。起情故兴体以立,附理故比例以生。比则蓄愤以斥言,兴则环譬以托讽。盖随时之义不一,故诗人之志有二也。"他又说:"兴之托谕,婉而成章,称名也小,取类也大。""何谓为比?盖写物以附意,飏言以切事者也。"这些解释,包含前代的研究看法和结论,又是针对文坛的状况而言的。他说:"楚襄信谗,而三闾忠烈,依《诗》制《骚》,讽兼比兴。炎汉虽盛,而辞人夸毗,诗刺道丧,故兴义销亡。于是赋颂先鸣,故比体云构,纷纭杂遝,信旧章矣。"可见,他的立论目的是恢复诗学传统之本体。

第六,夸饰。夸饰是文学创作中的一种常见手法。刘勰于《文心雕龙》立《夸饰》篇,他说:"夫形而上者谓之道,形而下者谓之器。神道难摹,精言不能追其极;形器易写,壮辞可得喻其真。才非短长,理自难易耳。故自天地以降,豫入声貌,文辞所被,夸饰恒存。"刘勰充分看到了"夸饰"的存在合理性,并举出了若干例子加以证明:"言峻,则'嵩高极天';论狭,则'河不容舠';说多,则'子孙千亿';称少,则'民靡孑遗'。襄陵举'滔天'之目,倒戈立'漂杵'之论。辞虽已甚,其义无害也。"辞未害义伤意,夸饰便存,这显示了刘勰通达的文学观。当然,也有夸饰过度反伤真实的情况发生，所谓"夸过其理，则名实两乖"。善于进行折中调节的刘勰提出："若能酌《诗》《书》之旷旨，翦扬、马之甚泰，使夸而有节，饰而不诬，亦可谓之懿也。"经过调节夸饰，增强了艺术的表现力和可信度。

第七，辞藻。《文心雕龙》立《情采》，从总体上认为，文学创作是需要辞采的："圣贤书辞，总称文章，非采而何。""君子常言，未尝质也。""夫水性虚而沦漪结，本体实而花萼振，文附质也；虎豹无文，则鞟同犬羊；……其为彪炳，缛采名矣。"在辞藻问题上，刘勰所论有两点值得注意。一是文质观。刘勰认为，文质应该相符，"文附质"，"质附文"。二是情采观。刘勰特别重视"为情而造文"，反对"为文而造情"，这些观点均显示了刘勰文学观的合理性和进步性。

在文学审美创作上，刘勰提出了自己的见解。这些见解根源于他的文化和文学整体观，并且构合成系统体系，从内容和形式上，从"形""声"上，从"情""采"上，回答了文学审美创作的一系列问题。

四、《文心雕龙》的风骨、风格论

风格论是刘勰论述的又一成果。风格、风骨有一致之处，但也有不尽重合的地方。魏晋时盛行气论，曹丕用气论说明风格形成的主体因素。而在中国古典哲学中，气是本体，是万物之本源，又有不同的性质、品格，有清浊，遂生物之美恶，人性之贤与不肖。刘勰部分继承了曹丕的气说，指出："才有庸俊，气有刚柔。"才有庸才俊才之分，气有刚气柔气之别，各有不同。又把曹丕的"清浊"之气具体化了，清是俊爽超迈的阳刚之气，浊是凝重沉郁的阴柔之气。这些"才"和"气"都是天赋凝结，所谓"情性所铄"。刘勰认为，"才""气"跟风格有着密切关系。《体性》说："吐纳英华，莫非情性。"《定势》也表述了同样的意思："情致异区，文变殊术。"《体性》在"吐纳英华，莫非情性"的总命题下，以一系列作家为例，论证了情性与风格之间关系的命题。"贾生俊发，故文洁而体清"，贾谊潇洒俊发，才高气远，因此文风俊洁清爽。《才略》亦言："贾谊才颖，陵轶飞兔，议惬而赋清，岂虚至哉！"《体性》言："长卿傲诞，故理侈而辞溢。"司马相如个性傲诞，嵇康《高士传赞》曰："长卿慢世，越礼自放。犊鼻居市，不耻其状。托疾避官，蔑此卿相。乃赋《大人》，超然莫尚。"这种夸诞傲慢之个性发诸文字，常使理气过满，辞采过溢。又如《物色》所言："及长卿之徒，诡势瑰声，模山范水，字必鱼贯。"《才略》评曰："相如好书，师范屈宋，洞入夸艳，致名辞宗，然覆取精意，理不胜辞。"《体性》言："子云沉寂，故志隐而味深。"《汉书·扬雄传》云："默而好深湛之思，清静无为，少嗜欲。"扬雄性格内向，喜好深思熟虑，反映在文章风格上就是伏采潜发，意味深长。《才略》评道："子云属意，辞人最深，观其涯度幽远，搜选诡丽，而竭才以钻思，故能理赡而辞坚矣。""子政简易，故趣昭而事博。"《汉书·刘向传》说："向为人简易，无威仪，廉靖乐道，不交接世俗。"为人如此，为文亦旨趣显露。《体性》言："孟坚雅懿，故裁密而思靡。"《后汉书·班固传》云："及长，遂博贯载籍，九流百家之言，无不穷究……性宽和容众，不以才能高人。"班固高雅深邃，故善于剪裁，文路细密。《体性》言："平子淹通，故虑周而藻密。"《后汉书·张衡传》说张衡"通五经，贯六艺，虽才高于世，而无骄尚之情"。张衡贯通五经六艺，是一位通才，因此，他文虑周详、文藻细密。《体性》言："仲宣躁锐，故颖出而才果。"《三国志·魏书·杜袭传》云："（王）粲性躁竞。"王粲个性鲜明，性格急躁，才情外露，遂致才颖毕现，辞气浮露。《体性》言："公干气褊，故言壮而情骇。"褊，狭隘，公干体气狭隘而好走极端，故情感惊骇、言辞宏壮。《体性》言："嗣宗俶傥，故响逸而调远。"俶傥便是倜傥。阮籍为避害于世，佯狂醉酒，写《大人赋》等，表达超脱现实的自由理想。《三国志·王粲传》言阮籍"才藻艳逸而倜傥放荡，行己寡欲，以庄周为模则"，有浓重的庄周逍遥味，故文风超逸、格调玄远。《体性》言："叔夜俊侠，故兴高而采烈。"《三国志·王粲传》云："时又有谯郡嵇康文辞壮丽，好言老庄，而尚奇任侠。"注引《康别传》云："孙登谓康曰：君性烈而才隽，其能免乎？"嵇康有豪俊风采，豪骨气质，因此在文章风格上便是"兴高"（旨趣高远）、"采烈"（文采弘烈）。《体性》言："安仁轻敏，故锋发而韵流。"《才略》篇亦云："潘岳敏给。"潘岳敏捷轻盈，颇有风流才子的味道，因此辞锋外现、音韵浏亮。《体性》言："士衡矜重，故情繁而辞隐。"《晋书·陆机传》言其"服膺儒术，非礼不动"，为"矜重"做了注释。其文章风格情感绵细、辞色隐而不露，跟潘岳正成对比，因此，便有潘江陆海之说。刘勰高度概括地论述了作家"才""气"和风格之间的联系，在列举了各例之后，做了总结性的说明："触类以推，表里必符。岂非自然之恒资，才气之大略哉！"

刘勰的美学思想较之曹丕有进步之处。曹丕主要是从"气"的先天性出发，而刘勰既承认才气的先天性，又论述了风格后天形成的原因。他谈到才、气、学、习等四个方面的因素："辞理庸俊，莫能翻其才；风趣刚柔，宁或改其气；事义浅深，未闻乖其学；体式雅郑，鲜有反其习。"既强调了内在情性对于风格的作用，又指出了外部条件在风格形成上的意义。

刘勰说："八体屡迁，功以学成。""才有天资，学慎始习。"这些看法比起曹丕来，是一个显著的突破。但是，刘勰的"学"和"习"有着特定的内容和对象，主要指的是"体式雅郑"，他在《定势》篇中做了具体说明："模经为式者，自入典雅之懿；效骚命篇者，必归艳逸之华。"刘勰之"学"与"习"更多的是就文章体制而言，《体性》篇中所谓"事义浅深，未闻乖其学；体式雅郑，鲜有反其习"的提法，最终被归结为"摹体以定习，因性以练才"。取法"雅郑"，决定创作方向；然后按照个性特点，训练才华。刘勰胜过曹丕之处，是充分看到风格是复杂的而不是单一的文学现象，并做出了具体、多方面的论述。

在风格分型上，曹丕《典论·论文》对各类文体实行"四分法"，其四类文体的风格是："奏议宜雅，书论宜理，铭诔尚实，诗赋欲丽。"奏议一类的文体风格要典雅，文牍和论文一类的文体风格要明决，铭文祭文风格要真实，诗赋则应漂亮。这种"四体说"有优点也有缺点，优点在于接触到各种文体的内部规律，把握了它们的特点，因而论述较为切实；缺点在于对文体的分类比较粗糙，所以对文体风格的论述也就不够细密。这一方面反映了当时把文学作为独立的艺术种类看待还为时不久，各类文体发展水平比较低；另一方面反映出曹丕对文体风格的论述比较笼统。陆机后来发展了曹丕的观点，把诗和赋区分开来作为独立的文体加以论述，所谓"诗缘情而绮靡，赋体物而浏亮"[①]。

刘勰将风格归纳为两种：一是文体风格，一是文章风格。《定势》篇对文体风格的概括是：

　　章、表、奏、议，则准的乎典雅；赋、颂、歌、诗，则羽仪乎

[①] 陆机：《文赋》。

清丽；符、檄、书、移，则楷式于明断；史、论、序、注，则师范于核要；箴、铭、碑、诔，则体制于弘深；连珠、七辞，则从事于巧艳。

刘勰的"势"乃体势，亦即文体风格。随着一定体裁的确定，就相应地产生一定的体势——风格，刘勰所举的文体和所做的分类细密多了。

刘勰所提出的"赋、颂、歌、诗，则羽仪乎清丽"，反映了他的审美旨趣，六朝时尚丽的感性主义美学要求以及对诗、歌、赋、颂的审美素质规范。具体而言，《铨赋》论述了"立赋之大体"，而《颂赞》对颂提出了文体风格要求："原夫颂惟典雅，辞必清铄。敷写似赋，而不入华侈之区；敬慎如铭，而异乎规戒之域。揄扬以发藻，汪洋以树义。虽纤巧曲致，与情而变，其大体所底，如是而已"，其中的审美要求是"清""丽"。

"章、表、奏、议，则准的乎典雅"，《文心雕龙》既相承于《典论·论文》的"奏议宜雅"论，又有所拓展，专立《章表》《奏启》《议对》三篇。其中《章表》对章表的文体风格做了具体的规范要求：

章以造阙，风矩应明；表以致禁，骨采宜耀。循名课实，以文为本者也。是以章式炳贲，志在典谟；使要而非略，明而不浅。表体多包，情伪屡迁，必雅义以扇其风，清文以驰其丽。然恳恻者辞为心使，浮侈者情为文屈。必使繁约得正，华实相胜，唇吻不滞，则中律矣。

章表禀明事实或事理，属于由下向上的呈文类文章，具有公文性质，这规定其风格不能花哨繁华、花拳绣腿，而应质朴、典雅、工稳，剪尽浮言腴词，繁约得正。《文心雕龙》又有《奏启》篇，云：

夫奏之为笔，固以明允笃诚为本，辨析疏通为首。强志足以成务，博见足以穷理，酌古御今，治繁总要，此其体也。

《议对》专论论议之风格：

标以显义，约以正辞，文以辨洁为能，不以繁缛为巧；事以明核为美，不以深隐为奇，此纲领之大要也。若不达政体，而舞笔弄文，支离构辞，穿凿会巧，空骋其华，固为事实所摈；设得其理，亦为游辞所埋矣。

议对类文体应以事实为准绳，明确显豁，而不是"舞笔弄文""穿凿会巧，空骋其华"。对于符、檄、书、移、史、论、序、注、箴、铭、碑、诔等文体,《文心雕龙》大都分别列有专论,详作分述。它们基本不是属于文学一类范畴的体裁,比如言"连珠、七辞","则从事于巧艳",着眼于它们华艳、具有满足人的感性要求的特征,《杂文》亦称七辞"或文丽而义睽,或理粹而辞驳。观其大抵所归,莫不高谈宫馆,壮语畋猎;穷瑰奇之服馔,极蛊媚之声色;甘意摇骨体,艳词动魂识。虽始之以淫侈,而终之以居正。然讽一劝百,势不自反。子云所谓先骋郑卫之声,曲终而奏雅者也"。可见,刘勰文体论所涉及的范畴还是泛文学的,属于文化领域,仅有少量是纯文学的。不过在对纯文学文体进行论述时,他还是坚持了美学的视域。

在文章风格论析方面,《体性》篇提出"八体"说:"一曰典雅,二曰远奥,三曰精约,四曰显附,五曰繁缛,六曰壮丽,七曰新奇,八曰轻靡。"并做了这样的解释:典雅,效法儒家经典,绳墨儒家法规;远奥,文辞古奥,源于道学;精约,文辞精练,以少胜多;显附,辞直义畅,切理厌心;繁缛,铺张文辞,文彩繁富;壮丽,文辞富丽,气势雄大;新奇,善于脱俗,出奇制胜;轻靡,内容浅薄,文辞浮泛。

刘勰的"八体"说,有几点值得注意。一是刘勰比曹丕的认识进了一大步。曹丕对风格分型的论述还停留在文体风格上,刘勰则进入对文章风格的论述了。他把众多作家和作品的创作特色加以概括,形成了八种风格概念。这是我国最早对文章风格加以论述的材料之一。二是刘勰把"八体"风格归并成四种类型,"雅与奇反""奥与显殊""繁与约舛""壮与轻乖",两两相对。这样,八体四类就成了一个完整的体系。一旦在理论上形成体系后,刘勰又把它们用于实践,指导其对作家、作品风格的研究和评述,《诏策》《诸子》《章表》篇中就有这样的评述。三是刘勰对轻靡风格并不欣赏,用词微含贬义。《风骨》篇批评当时的文风云:"文术多门,各适所好。明者弗授,学者弗师。于是习华随侈,流遁忘反。"他所欣赏的是壮健的"风骨",专门写有《风骨》篇,他的"风骨"说在我国风格理论史上占有重要地位。

"风骨"是人物品藻移位于风格学之后的独特审美范畴。《宋书·武帝纪》引桓玄语称刘裕"风骨不恒,盖人杰也";《世说新语》描述韩康伯像只肥鸭,因而"无风骨"。它移入文章风格,则有《魏书·祖莹传》所言,"文章须自出机杼,成一家风骨"。刘勰的贡献是把它首次确定为审美风格学的范畴:"风"指内容的感化作用,"骨"指美学骨力。《风骨》对"风"的要求是:"意气骏爽,则文风清焉。"文学作品的思想感情要刚俊清新。对"骨"的规范是:"结言端直,则文骨成焉。"文学作品的语言结构要准确严密。刘勰又说:"《诗》总六义,风冠其首,斯乃化感之本源,志气之符契也。是以怊怅述情,必始乎风;沉吟铺辞,莫先于骨。"

"风骨"是富于力度的风格范畴,《风骨》篇写道:"相如赋仙,气号凌云,蔚为辞宗,乃其风力遒也。""风骨"的基本特征应是遒劲有力度。刘勰的"风骨"有三个基本点。

其一,强调"风"中之"骨",而所谓"骨"又体现了传统的人格力量,鲜明地留有从人物品藻到美学风格转型的痕迹。人格的内在力量"骨"是刘勰所倾心赞美的,他强调人言之"端直"即端正、正直、耿介,认为只有具备了这一前提条件,才能"文骨成焉"。他对一些作家、作品的"骨气"给予了高度评价:"观杨赐之碑,骨鲠训典"①,"陈琳之檄豫州,壮有骨鲠","抗辞书衅,皦然露骨"②,"杨秉耿介于灾异,陈蕃愤懑于尺一,骨鲠得焉"③,这些例举中都有人格的耿亮贞洁,于是每一例中都提到"骨鲠"一词,他们都"结言端直",最终成就了"风骨"。可见,刘勰的风骨美学带有中国传统的人格美学基色。

其二,"风骨"是一个整体。《附会》篇说:"以情志为神明,事义为骨髓,辞采为肌肤,宫商为声气。""神明""骨髓""肌肤""声气",从人体学的角度构成一个完整的人,用"情志""事义""辞采""宫商"相配组,构成一个整体,而"事义为骨髓"是其中一个组成部分。事实与含义是文章之骨髓,支撑文章的全部框架。因有"事义",文章才有内在的骨骼。"事义"之内涵,首先由刘勰所尊崇的儒家思想所规范,《封禅》篇说:"树骨于训典之区。"指的就是儒家之典训。《风骨》篇中所赞赏的潘勖之所以令"群才韬笔",之所以"骨髓峻",乃是因为他"思摹经典"。

其三,"风骨"又有其相对应的文学内容和形式。《文心雕龙》说:"辞之待骨,如体之树骸;情之含风,犹形之包气。""练于骨者,析辞必精;深乎风者,述情必显。""风"与"情"相联结,在"情"的感应中体

---

① 刘勰:《文心雕龙·诔碑》。
② 刘勰:《文心雕龙·檄移》。
③ 刘勰:《文心雕龙·奏启》。

现出"风",而"骨"与"辞"又有一定联系。刘勰强调"练于骨"则"辞必精",使得"风骨"不是一般的人物品藻范畴了,因为它与文学的内容和形式之间有对应性关系,从而就进入文学审美范畴。

刘勰对"风骨"自身的内部和外部关系也有细致的论述,他认为,"风"和"骨"之间,"风"是根本,"骨"依附于"风"。无"风",则"骨"无灵魂;无"骨",则"风"无依托,二者相辅相成。风骨和文辞修饰之间,风骨是内在美,文辞是外在美。文学创作首先应要求风格的内在美,其次才是外在美。刘勰用飞禽做比喻来说明:野鸡有鲜明的羽毛,但是顶多能飞百步,因为它肌肉过多、缺乏力量;老鹰虽然没有彩色的羽毛,却能够直飞云天,因为它骨骼强健、气势雄猛。文学的审美创作也正是这样,如果内容能起教化作用,文句上富有骨力,只是缺乏文采,就好像是飞集在文坛上的老鹰。反之,只有文采但缺少内容上的教化作用和形式上的骨力,就好像是乱窜在文坛上的野鸡。只有既具备文采又富有骨力,才是文坛上的凤凰,在刘勰看来,这是文学风格的最高境界。刘勰认为,"风骨乏采"或"采乏风骨"都是残缺的,前者是山鹰,后者是野鸡。而"采乏风骨"是刘勰对齐梁轻靡风格的抨击;刘勰同样不满于"风骨乏采",可以看出他的美学思想对感性特征的重视和要求。对于文辞,刘勰认为,应该有概括力,表现文章内容的要点,不可一味追求新奇,要防"文滥"。刘勰非常欣赏《诗经》的语言风格,而不满齐梁间一些文学作家文辞的绮靡,他之所以提倡"风骨",就是想力挽齐梁之颓风,给当时的美学风格植骨,输入新鲜活力。就语言的组织安排,刘勰也提出了自己的见解。他认为语言应该条分缕析,组织严密,这就是所谓的"首尾圆合,条贯统序"。如果安排不妥,杂乱无章,即使言辞精当,也谈不上有骨力、有风格,这就是所谓的"瘠义肥辞,繁杂失统,则无骨之征也"。

那么,刘勰所欣赏、推崇的风格范本是什么呢?"汉魏风骨"或曰"建安风骨"。其具体特征和风貌是:

> 慷慨以任气,磊落以使才。造怀指事,不求纤密之巧;驱辞逐貌,唯取昭晰之能。①

> 观其时文,雅好慷慨,良由世积乱离,风衰俗怨,并志深而笔

---

① 刘勰:《文心雕龙·明诗》。

长，故梗概而多气也。①

"汉魏风骨"的确立，为扭转齐梁风格树立了范本，既体现了刘勰本人的美学思想，又为六朝美学提供了新鲜的东西。

五、《文心雕龙》的文学美学史论

《时序》篇比较集中地反映了《文心雕龙》的文学美学史观，其通过对纵向的文学美学史的考察，所得出的结论极有价值："文变染乎世情，兴废系乎时序。"这个结论强调了"文变"，即文学风格的变化。文学及其风格不是一成不变的，而是处于经常的变动之中，日新又月异。变化的动因是什么呢？是"世情"，是社会、文化、精神氛围。《文心雕龙·明诗》对建安以来三个重要时期的诗的美学风格变化做了描述，认为建安文学风格的"慷慨以任气，磊落以使才"特征的形成，有着深刻原因，反映了当时思想领域的活跃。正始时代的文学风格受当时盛行的道家哲学以及玄学影响很大，因而诗文中夹杂着仙气。偏安江左的东晋文学风格则是沉沦在道学、玄学之风中了。

"时序"是造成文学兴废、风格废替的根本原因。刘勰的《时序》篇纳历代文学演变之史，可谓高度概括。"蔚映十代，辞采九变"，刘勰通过考察历代文学情形，在接受《周易》"变"的哲学思想基础上，得出"时运交移，质文代变""质文沿时，崇替在选"的结论。《通变》篇有相似的概括性描述："确而论之，则黄唐淳而质，虞夏质而辨，商周丽而雅，楚汉侈而艳，魏晋浅而绮，宋初讹而新。从质及讹，弥近弥淡。何则？竞今疏古，风味气衰也。"刘勰认为，黄唐、虞夏时的文章都是质实的，成为中国文学最原初、最标准的风格范型，不可企及又不可替代。延及商周便有所改变，变为"丽而雅"，因有"雅"的特征，故仍不失本调。至楚汉变成"侈而艳"，文采过溢且过分华艳。魏晋时的正始文学和西晋文学风格"浅而绮"，浅薄而轻绮。刘宋之初，则沦为"讹而新"，追求尖新而讹诵，每况愈下。他认为，整个文学美学风格演变的趋势和走向是"由质及讹"，"弥近弥淡"，越来越接近于浅淡。可见，他认为文学发展是一代不如一代，仿佛离古越远，情况越糟，《序志》篇亦云："去圣久远，文体解散。"因而他的文学史观是以古为范。他批评"今才颖之士，刻意学文，多略汉篇，师

---

① 刘勰：《文心雕龙·时序》。

范宋集"的现象。而纠偏这种倾向的途径是什么呢？刘勰的论述又回归到他的基本点上——宗经，《通变》明确写道："矫讹翻浅，还宗经诰。"

刘勰对近代文风，尤其是南朝宋以来文风的批评和抨击，是切中要害的。《明诗》篇写道："宋初文咏，体有因革。庄老告退，而山水方滋。俪采百字之偶，争价一句之奇。情必极貌以写物，辞必穷力而追新。此近世之所竞也。"《物色》篇说："自近代以来，文贵形似，窥情风景之上，钻貌草木之中。吟咏所发，志惟深远；体物为妙，功在密附。故巧言切状，如印之印泥，不加雕削，而曲写毫芥。故能瞻言而见貌，即字而知时也。"他对近代文学现状、风貌的分析无疑是准确的，但是，他把中国文学的发展状况描述和归结为递减型退化的，显示出他文学美学史思想保守性的一面。

在具体创作的审美要求方面，刘勰又是重视和强调创新的，即《封禅》所谓"日新其采"，必能超越"前辙"。但这限于具体的创作，在整体文学、美学史观上，刘勰认为不是这样的。从根本而言，这是因为刘勰宗经征圣，因此，"去圣久远"，便愈趋愈下了。

《时序》表述了一个重要见解："歌谣文理，与世推移。"其"推移"的根本动因是什么呢？是社会的诸般因素，它最终要通过文学这一特殊的载体体现出来。于是，"姬文之德盛，《周南》勤而不怨；大王之化淳，《邠风》乐而不淫"；反之，"幽厉昏而《板》《荡》怒，平王微而《黍离》哀"。刘勰还谈到春秋以后，诸国的文学状况及其形成原因：

> 春秋以后，角战英雄，六经泥蟠，百家飙骇。方是时也，韩魏力政，燕赵任权，五蠹六虱，严于秦令。唯齐楚两国，颇有文学。齐开庄衢之第，楚广兰台之宫，孟轲宾馆，荀卿宰邑。故稷下扇其清风，兰陵郁其茂俗。邹子以谈天飞誉，驺奭以雕龙驰响。屈平联藻于日月，宋玉交彩于风云。观其艳说，则笼罩雅颂，故知晔烨之奇意，出乎纵横之诡俗也。

诸国之中，唯有齐楚两国，颇有文学。齐国文学的代表是驺衍、驺奭。驺（亦作邹），战国末齐国阴阳家，提出"大九州说"，用由小及大的推演方法，"必先验小物，推而大之，至于无垠"，时人称之为"谈天衍"，此乃因其夸夸其谈，"闳大不经"。这种荒诞不稽之说，虽无法征信，但其夸饰和想象性思维无疑给文学的审美活动提供了温床。"邹子以谈天飞誉，驺奭以雕龙驰响"，恢宏、怪诞、瑰丽、奇美，恰恰是为审美所需的。《楚辞》

501

之辞色缤纷多姿、艳丽飞藻，所谓"屈平联藻于日月，宋玉交彩于风云"，也是因为"出乎纵横之诡俗"，受到了纵横家诡谲思维的影响。刘勰的杰出是他不限于文学、美学的范围、范畴进行孤立研究，而是依托思想、文化的广阔背景，探寻出文学现象形成的文化原因。比如《时序》对东汉时代自图谶之术兴起到儒家之言复兴过程中的文学演变过程的描述，至为深刻："自哀平陵替，光武中兴，深怀图谶，颇略文华"，"及明章叠耀，崇爱儒术"，文学状况为之一变。"自和安以下，迄至顺桓，则有班傅三崔，王马张蔡，磊落鸿儒，才不时乏，而文章之选，存而不论"，这是一种状况。"然中兴之后"，又出现了另一种状况，"群才稍改前辙，华实所附，斟酌经辞；盖历政讲聚，故渐靡儒风者也"，渐染儒风，取范经书，文风便转为质实。"降及灵帝"，又产生了一次重要变迁："时好辞制，造皇羲之书，开鸿都之赋，而乐松之徒，招集浅陋，故杨赐号为骥兜，蔡邕比之俳优，其余风遗文，盖蔑如也。"刘勰对东汉文学演变过程和状况的描述，体现出他文学史观的文化特征。在促进文学演化的多重因素中，刘勰较为看重最高统治集团的倡鼓作用，他说："魏武以相王之尊，雅爱诗章；文帝以副君之重，妙善辞赋……故俊才云蒸。"建安时代之所以出现"俊才云蒸"，涌现了建安文学浪潮，跟魏武父子雅好文学有关。

刘勰《通变》篇言通变，就变化论这一点而言，有可取之处，如《通变》赞语所写："文律运周，日新其业。变则可久，通则不乏。"但他虽强调变化，其内核却是复古，他设了这样的比喻："青生于蓝，绛生于茜，虽逾本色，不能复化。"尽管形态上出现变化，但"本色"不变。"故练青濯绛，必归蓝茜"，它们最后还是回归"本色"，也就是文学上日新月变，最终还是要复古。

六、《文心雕龙》的审美鉴赏论

《文心雕龙》的理论构架和具体论述，建筑在对历代及当代众多作家和作品的分析、鉴赏和批评基础之上。而刘勰又专设《知音》篇，详论审美鉴赏，这使得《文心雕龙》在理论系统上更为完整周密。

刘勰把他的鉴赏论名为"知音"，是颇有深意的。"知音"之典出自于《吕氏春秋·本味》，钟子期善解伯牙琴声，钟亡故，伯牙破琴绝弦，终身不复鼓琴。《三国志·王粲传》附吴质注引《魏略》曹丕《与质书》："昔伯牙绝弦于钟期，仲尼覆醢于子路，愍知音之难遇，伤门人之莫逮也。"刘勰不是把鉴赏看成一般的文学评价活动，而是视为鉴赏对象和主体之间心灵的对话、交流和共感，所谓"知音"就是主体应该了解对象，是艺术审美感受的知己。鉴赏完全是为了进行感受或感觉的交流，作品作为对象所引发的是主体亦即接受者心灵的波澜，用刘勰的话来说就是"心声"。《夸饰》篇曰："饰穷其要，则心声锋起。"创作过程中，心物交互作用，物起心感，落点是"心"，鉴赏过程中亦是作用于"心声"，使之兴起。一切都统一于"文心"，这是刘勰论述的总体趋归，正如《诔碑》篇写到的："观风似面，听辞如泣"。

鉴赏对象和主体之间出现情感交流，在刘勰看来，才是真正意义上的鉴赏。他把鉴赏定名为"知音"，是对鉴赏性质的深层确定，是鉴赏主体对于对象的认同，只有吻合了对象的文本性质，才能形成"知音"。其"知音"论是以对象为参照系的，因而不是现代阐释学，而是带有古典鉴赏学色彩。刘勰所要求的是作品和鉴赏、对象和主体认知上的一致，审美上的互构，心理上的交流，正如刘永济《文心雕龙校释》指出的："文学之事，作者之外，有读者焉。假使作者之性情学术、才能识略，高矣美矣……而读者识鉴之精粗，赏会之深浅，其间差异，有同天壤。此舍人所以'惆怅于知音'也。盖作者往矣，其所述造，犹能绵绵不绝者，实赖精识之士，能默契于寸心，神遇于千古也"。正因为"知音"式的鉴赏有着如此高的要求，刘勰才会发出深沉的慨叹："知音其难哉！""逢其知音，千载其一乎！"

作品进入鉴赏便是重新被确认价值的过程，会因鉴赏主体素质、兴趣、偏好的差异，出现以下状况：

> 夫篇章杂沓，质文交加，知多偏好，人莫圆该。慷慨者逆声而击节，酝藉者见密而高蹈，浮慧者观绮而跃心，爱奇者闻诡而惊听。会己则嗟讽，异我则沮弃，各执一隅之解，欲拟万端之变。所谓东向而望，不见西墙也。

"会己则嗟讽"，为认同后的情绪表现；"异我则沮弃"，为相异者的心理反映，这在艺术审美鉴赏上系正常现象。"慷慨者""酝藉者""浮慧者""爱奇者"各有不同的兴趣偏好，因而有各自会心的取向。在现代鉴赏学看来，这是允许并且得到承认的鉴赏过程现象。但刘勰认为，这是"人莫圆该"所致，遂使"各执一隅之解，欲拟万端之变"，"东向而望，不见西墙"。就对鉴赏主体提出要有完备的知识、广泛的兴趣而言,是可以的,但把以上这些状况视为非正常、非正确的鉴赏现象就显示出刘勰因过多地追求"圆该"而有些偏颇了。此外,刘勰还指出了鉴赏中所存在的这样一些现象:

> 夫麟凤与麏雉悬绝,珠玉与砾石超殊,白日垂其照,青眸写其形。然鲁臣以麟为麏,楚人以雉为凤,魏氏以夜光为怪石,宋客以燕砾为宝珠。形器易征,谬乃若是,文情难鉴,谁曰易分?

因此,他提出了艺术鉴赏上的"圆照""博观"思想:

> 凡操千曲而后晓声,观千剑而后识器,故圆照之象,务先博观。

鉴赏主体的脚下是一片丰腴的文化土壤,鉴赏主体需有广博的知识,深厚的学养,多样的实践,所谓"操千曲而后晓声,观千剑而后识器"。可见刘勰在鉴赏论上强调的仍然是文化素质结构理论。他提出艺术鉴赏的必具态度是"无私于轻重,不偏于憎爱,然后能平理若衡,照辞如镜矣",即要公正无私,无所偏爱地对待自己的鉴赏对象。同时,对鉴赏,他又提出"六观"也就是六个方面的视角:"是以将阅文情,先标六观:一观位体,二观置辞,三观通变,四观奇正,五观事义,六观宫商。斯术既形,则优劣见矣。"六个方面实际上就是刘勰讲创作论时所指涉的范畴。这样,刘勰的鉴赏论便和创作论相关联,在理论结构上是统一的,只是其方法、过程正巧相反,他说:

> 夫缀文者情动而辞发,观文者披文以入情,沿波讨源,虽幽必显。

创作的过程是"情动而辞发",这是对创作审美的正确说明。文辞的发生和驱遣为萌发的主体情感所规范,这又正是《情采》篇"为情而造文"思想的进一步体现。刘勰认为,"为情而造文"和"为文而造情"是相对立的艺术审美观:

> 昔诗人什篇,为情而造文;辞人赋颂,为文而造情。何以明其然?盖风雅之兴,志思蓄愤,而吟咏情性,以讽其上,此为情而造文也。诸子之徒,心非郁陶,苟驰夸饰,鬻声钓世,此为文而造情也。故为情者要约而写真,为文者淫丽而烦滥。而后之作者,采滥忽真,远弃风雅,近师辞赋,故体情之制日疏,逐文之篇愈盛。故有志深轩冕,而泛咏皋壤;心缠几务,而虚述人外,真宰弗存,翩

其反矣。

诗人之赋与辞人之赋的区别，来自于汉代扬雄之说。而刘勰对其区别的界定是为情而造文和为文而造情。"为情而造文"是一种需要，是情感的必然要求，不得不然，寻求发泄，"志思蓄愤，而吟咏情性"，因而，它像"桃李不言，下自成蹊"一样，自然形成，其文辞当然"要约而写真"。而"为文而造情"者则相反，心中无真性情，所谓"心非郁陶"，因此"采滥忽真"，文辞上自然"淫丽而烦滥"。

在创作审美程序上"情动而辞发"，用今天的理论来说，叫作内容规范形式；而在鉴赏审美程序上，则是"披文以入情"，从具体的文辞入手，进入对作者内蕴的情感的探发，从形式进入作品的意味，这叫作从形式反推内容。可见，今天的审美鉴赏论仍然遵循着刘勰的论述方法和程序。

七、《文心雕龙》的美学史地位

《文心雕龙》是六朝美学史，也是中国美学史上第一部最有系统性的美学论著。由于六朝时代审美理想的特点，又由于刘勰本人所受的文化、美学思想的影响，反映在《文心雕龙》中的美学思想的纯净度不高，有不少篇章所论，与其叫作美学，毋宁叫作杂文学；刘勰在论述理论问题时，所依托的背景，与其叫作美学，毋宁叫作文化学。总的来说，《文心雕龙》的文化美学色彩很浓，这与作者的思想出发点和思想方法论有密切的关系。

《文心雕龙》的出现是一座丰碑，屹立在中国文化学、文学、美学史进程上。它具有集大成性质，把先秦、两汉、魏晋以来的文学、文章学、文化学的制作经验做了一次全面的总结。这种总结，是根据作者的论述框架、结构来进行的，根据不同的专题，分门别类地论述具体的现象、经验、规律。由于每一具体章节都富于历史过程的描述，因而其史感色彩较重。其总体思想体制的综合性特征较显著，由此也带来了内在思想机制的复杂性，但由于作者过于追求思想的折中，因而隐藏了理论著作所必需的光芒。

刘勰以寒士身份干谒沈约，《文心雕龙》获得赞许，但其理论并没有因此走红；虽然他曾被昭明太子所"深爱接之"，但其书"未为时流所称"。

刘勰生前是寂寞的。

刘勰所论述的理论问题既是前几代经验的概括和总结，又针对了当代的现状。他对一些理论现象的批评，难以力挽狂澜，他所提出的理论范畴如著名的风骨论,当然也就"未为时流所称"。一定的理论往往以满足实践的需求而存在和发展,只有当初唐要建立自己的时代审美理论并清算齐梁美学时,刘勰的风骨论才被发掘出来。陈子昂得其风气之先,《与东方左史虬修竹篇序》写道:

> 文章道弊五百年矣。汉魏风骨,晋宋莫传,然而文献有可征者。仆尝暇时观齐、梁间诗,彩丽竞繁,而兴寄都绝,每以咏叹。思古人常恐逶迤颓靡,风雅不作以耿耿也。

刘勰所论述过的汉魏风骨被重新提出,成为初唐的审美理想和规范、标式,进而凝结为唐人风骨的特有范畴。再看唐代徐浩《论书》:

> 近古萧(子云)、永(智永)、欧(阳询)、虞(世南),颇传笔势,褚(遂良)、薛(稷)已降,自郐不讥矣。然人谓虞得其筋,褚得其肉,欧得其骨,当矣。夫鹰隼乏彩,而翰飞戾天,骨劲而气猛也。翚翟备色,而翱翔百步,肉丰而力沉也。若藻曜而高翔,书之凤凰矣。欧、虞为鹰隼,褚、薛为翚翟焉……初学之际,宜先筋骨,筋骨不立,肉何所附?

这段书法美学论,完全运用了刘勰的风骨论,以至直接搬用了刘勰的原文。可见,"风骨"经刘勰首创并成了中国美学的重要范畴。

刘勰的神思论,丰富了中国美学的艺术创作论和心理学。他的物情论、物感论为中国艺术的境界论奠定了基础,这才会有明代谢榛、明末清初王夫之的情景一体论。他的为情造文论,至今还有价值。其鉴赏过程论、程序论、方法论,被历代鉴赏家们所遵循。他对中国美学中的一系列重要问题做出了自己的解答。这种解答或是纯美学的,或是文化学的,但即使是纯美学的,其背后也有着文化学的思想背景,因此,《文心雕龙》的总体思想易为中国美学家和文学理论家所接受。

《文心雕龙》是中国美学史上第一部有系统体例和论述目标的美学著作,其理论思维代表了中国美学思维的最高水平:缜密、系统、细致。清代叶燮《原诗》在理论思维上就对其有继承。明代胡应麟的《诗薮》曾称许《文心雕龙》"议论精凿"。刘知幾《史通》虽有意追步《文心雕龙》,但终未嗣其响。

《文心雕龙》的哲学意味较浓。刘勰善于把哲学引入美学,对美学问题进行哲学分析,一些重要的美学问题中都含蕴着哲学思想或进行了哲学剖析。他善于把文化思潮、哲学思潮和文学、美学思潮融会起来进行论述，因而，他所论述问题都背景宏阔，且富于深度。

《文心雕龙》在现今也特别能引起美学家和文艺理论家的研究兴趣，学会的成立、学刊的诞生，成批量论著、论文的出现，表明它日益受到人们的重视，其价值不断地被发掘出来。当今人比起前代人来更能够理解这部杰出的文化型美学著作。

刘勰身后是辉煌的。

第四节　钟嵘

一、《诗品》的撰述动因

《诗品》以五言诗作家、作品为品评对象，讨论自汉代至萧梁一百二十二名诗人及其作品和无名氏的一组古诗。全书分上、中、下品，形成三卷。这是很独特的划分，体现了评论主体的眼光。而主体的主观色彩也影响了品评的客观性质，例如它把陶潜、鲍照、谢朓列为中品，魏武为下品，因而清代王士禛《古夫于亭杂录》卷五斥钟嵘"黑白混淆"。《南史》本传认为钟嵘对沈约的评价也包含恩怨色彩："（钟）嵘尝求誉于沈约，约拒之。及约卒，嵘品古今诗为评，言其优劣云：'观休文众制，五言最优。齐永明中，相王爱文，王元长等皆宗附约，于时谢朓未遒，江淹才尽，范云名级又微，故称独步。故当辞密于范，意浅于江。'盖追宿憾，以此报约也。"但这并不影响《诗品》在总体上的诗美学价值，章学诚《文史通义·诗话》云："《诗品》之于论诗，视《文心雕龙》之于论文，皆专门名家勒为成书之初祖也。《文心》体大而虑周，《诗品》思深而意远，盖《文心》笼罩群言，而《诗品》深从六艺溯流别也。（如云某人之诗，其源出于某家之类，最为有本之学，其法出于刘向父子。）论诗论文而知溯流别，则可以探源经籍，而进窥天地之纯，古人之大体矣。此意非后世诗话家流所能喻也。（钟氏所推流别，亦有不甚可晓处。盖古书多亡，难以取证。但已能窥见大意，实非论诗家所及。）"章学诚的上述见解十分透辟。他运用了比较法，分析了《文心》与《诗品》的异同。同者，"皆专门名家勒为成书之初祖也",都是把前代的文学研究成果加以总结、提炼、发挥,使之形成完整的体系。两著都产生在六朝萧梁时代,美学史在这里出现一个淤积层,刘、钟做了集大成并在此基础上进行深化的工作,这显示出了美学史历程中六朝特别是萧梁之地位。而在诗歌这一中国文学渊源最早的文学品类中,只有当《诗品》出现以后才脱离了观念混杂却又偏向于致用性质的轨道,确定了诗美学的方向。《诗品》是中国美学史上第一部诗美学专著,在美学思想深度上确实超过前代。

《诗品序》说,当时彭城的刘绘(士章),也是一位俊赏之士,他"欲为当世诗品,口陈标榜,其文未遂,感而作焉",这是说明钟嵘作《诗品》的直接原因。刘绘所要做的事是"诗品","品"是其主要手段和方式,这也成为钟嵘评诗的方法。《南史》本传说,"嵘品古今诗,为评言其优劣"。而"感而作焉"则是钟嵘撰《诗品》的基本动因,有感而发,有感而作,这也成了《诗品》一大特色——富于实践目的性和针对性。其具体表现为以下几点。

其一是针对当时的诗坛现状,"今之士俗,斯风炽矣",人人竞操诗作,个个附庸风雅,于是,出现这样的状况:"庸音杂体,人各为容。至使膏腴子弟,耻文不逮,终朝点缀,分夜呻吟,独观谓为警策,众睹终沦平钝。次有轻薄之徒,笑曹、刘为古拙,谓鲍照羲皇上人,谢朓今古独步。而师鲍照,终不及'日中市朝满';学谢朓,劣得'黄鸟度青枝',徒自弃于高明,无涉于文流矣。"诗坛上一地鸡毛,一片乱象,恶朱夺紫,所出现的繁荣只是畸形的繁荣和虚假的泡沫:"观王公缙绅之士,每博论之余,何尝不以诗为口实,随其嗜欲,商榷不同,淄渑并泛,朱紫相夺。喧议竞起,准的无依。"这是亟须改变的诗坛现状,其途径就是通过品诗分出优劣高下,对诗坛起指导作用。

其二是针对当时的诗坛评论现状,"陆机《文赋》,通而无贬;李充《翰林》,疏而不切;王微《鸿宝》,密而无裁;颜延论文,精而难晓;挚虞《文志》,详而博赡,颇曰知言。观斯数家,皆就谈文体,而不显优劣。至于谢客集诗,逢诗辄取;张骘《文士》,逢文即书。诸英志录,并义在文,曾无品第"。这里面又有两种偏向:一种是陆机、李充、王微、颜延之、挚虞等人,"就谈文体",属于文体论,"不显优劣",并不用评论和品评显示诗之高下;另一种是"逢诗辄取""逢文即书"的诗文选集之类,

"曾无品第"。

钟嵘有志于澄清诗坛，改变现状，为建立起新的诗学体系，他借"九品论人"方法于诗学，建立"诗品"，各定品第，分为上、中、下三等，品古今诗，评其优劣。"九品论人，《七略》裁士，校以宾实，诚多未值。至若诗之为技，较尔可知，以类推之，殆均博弈。"钟嵘主张，无论是论人裁士，还是论文品诗，都应贯彻名实相副的原则。这样，钟嵘的《诗品》便确定了中国诗学的主体性特征，即发挥品评优劣的主体作用；所品评的对象是作为艺术品类而存在的诗歌，同时又侧重在诗的形式、风格、因承关系等方面。这样便在品评导向中摆脱了致用理性而走向艺术美学，使《诗品》成为美学论之存在，促进了诗学向美学的重大变迁，从而奠定了其在六朝美学史和中国美学史上之地位。

二、诗的本体性体认

对诗的本体属性和特征如何体认，一直是中国美学史的重要问题，因为作为文体，其历史更为悠久。从先秦到两汉，诗的本体被界定为"言志"，到西晋陆机始有"缘情"之论，这可以说是首家之言。而陆机只有"诗缘情而绮靡"再省俭不过的文字表述，并未充分展开。但从此诗的本体特征便告别"志"，而与"情"相联系。刘勰《文心雕龙》亦高度重视审美过程和审美结晶中所体现和凝结的"情"，写有《情采》专篇。另外《神思》等篇亦有涉及，提出情乃文之经论，但他对情的体认并没有突破传统的美学框架，即致用理性美学框架，认为一是不能放任情感泛滥漫溢，失去其规范，所谓"任情失正"，因而要加以有效调控，"控引情源"，这仍然是发乎情而止乎礼义的老模式。二是"《风》《雅》之兴，志思蓄愤，而吟咏情性，以风其上"，"吟咏情性"仅是作为手段存在，其目的是"风其上"，在总体审美理想上仍然是传统的。《毛诗序》说："国史明乎得失之迹，伤人伦之废，哀刑政之苛，吟咏情性以风其上。"这样的认识总框架影响了刘勰理论的拓新和颖脱。钟嵘别开一途，建立了以情气为本源，以感荡心灵为方式，以悲怨为内涵的诗美学本体论，从而刷新了中国诗美学理论史。《诗品序》写道："气之动物，物之感人，故摇荡性情，形诸舞咏。照烛三才，辉丽万有；灵祇待之以致飨，幽微藉之以昭告；动天地，感鬼神，莫近于诗。"把这一审美发生过程做反向推导，是"舞咏"乃"性情""摇荡"所致，"性情"又因"物感"所生,"物"则导因于"气"。"气"是中国哲学说明万物本源的本体论。《易·系辞》曰:"精气为物。"孔颖达疏:"谓阴阳精灵之气,氤氲积聚而为万物也。"王充《论衡·自然》云:"天地合气,万物自生。""气"创生万物。依据这一创生学原理,钟嵘认为,"气"不仅使万物生焉,而且促使万物发生运动、变动,这就是"气之动物"。发生运动、变动的万物又感化着作为万物灵长的人,形成了人的性情的摇荡,进而形诸于舞咏,也就是通过一定的物化载体体现出来。钟嵘以极其简洁的语言表述了中国美学发生学的物感式原理。这一点,同时代美学家也有不少论述。刘勰《文心雕龙》云:"春秋代序,阴阳惨舒。物色之动,心亦摇焉。"沈约《宋书·谢灵运传论》曰:"夫志动于中,则歌咏外发。"相较而言,钟嵘之论把情感本源、情感发生、情感表达作为统一的审美发生命题来论述,显得更为完整。他更深地寻究了情感的发生之本,揭示了情感和万物之源的关系。他物感论的杰出之处是体认到万物和人的性情的关系是感应,人之于物是通过感应来实现异质同构的,这就对物感式的审美论做出了新的阐释。于是,经过物感运动的审美所产生的诗歌,便能"灵祇待之以致飨,幽微藉之以昭告",心思与灵祇相沟通,微言妙意能直达上苍,因此,"动天地,感鬼神,莫近于诗"。物感不是纯粹的感动,而是感应;物感论不是望文生义式的物质世界决定感情,而是情与天地通,心通天地之气的感应论。这才是中国审美物感论的准确含义,体现了中国哲学的体认论。

钟嵘把情感来源分为自然世界和社会人生两大类,囊括了人的情感来源和发生以及感应对象的全部领域。春夏秋冬四季物候无一不可以"感诸诗者也",更重要的是,社会人生的诸多现象对于感荡人心灵具有重要作用。钟嵘在描述这些现象时用词苍健遒劲,现象本身或凄怨苍凉,或慷慨悲壮,其核心意象则是悲怨。这反映了钟嵘的审美趋向,也反映了萧梁时已把种种悲观现象和人的悲怨情绪作为审美的对象。当心灵被感荡、摇荡后,就需要寻求一种表达方式和发泄形式,诗是最佳形式。"非陈诗何以展其义?非长歌何以骋其情?"从"摇荡情性"——言情性的发生,到"吟咏情性"——言情性的表达,到品李陵诗所说的"陶性灵、发幽灵",即陶冶情性——最终讲情性的效应。钟嵘都是围绕"情性"这一核心进行的,这其中有几点需要注意:第一,钟嵘所言"情性"已摆脱了以理制性的认识框架,纯粹讲"情"。第二,钟嵘不满于"理过其辞,淡乎寡味"的玄言诗,认为其情、理互悖，理知过甚、过多，溢于言辞，其根本原因是少有情性，遂致人们在艺术欣赏时感到"淡乎寡味"。从他反玄言诗，可以看出他对情性的重视。第三，从感荡情性到吟咏情性到陶冶情性，构成了审美的全过程。上述三点的理论倾向、理论系统都使得钟嵘的情性论成为标准化的审美论，在中国美学史上具有开拓意义。

而钟嵘在倡导情性、论述情性时又有这样几个特点。

第一，把情性的产生、感荡与诗人的人生道路和遭际联系起来。例如钟嵘品李陵诗，"名家子，有殊才，生命不谐，声颓身丧。使陵不遭辛苦，其文亦何能至此"。又如品刘琨诗，"琨既体良才，又罹厄运，故善叙丧乱，多感恨之词"，人生的厄运、遭际孕生出情感，使情感内容充满了悲怆感。这正继承了中国诗学的认识传统：屈原"发愤以抒情"，司马迁"发愤而作"，同时代刘勰"蚌病成珠"，为诗人主体情感的形成探寻到了原因。钟嵘的情性论应该说是中国美学上"为人生的艺术"的最早理论，规范了艺术与个体人生的关系。人生滋生了情感内涵和形式，艺术又表现了一种人生内容和情感。如此，艺术所表现的情性既有个体性又有社会性。在个体内部精神世界中，情性又与"人德"相连，例如他品陶渊明，"笃意真古，辞兴婉惬。每观其文，想其人德"。如此，钟嵘便把人品和文品、人德和文德联系起来了，但他贯彻这一原则并不彻底，如把人品低劣的潘岳的诗列为上品，把石崇的诗列为中品。看来，他还是较重诗艺特质。

第二，钟嵘的审美重心和所推尚的情感重点是"怨"，除了在序中集中论及外，在具体品评时亦多有涉及。值得注意的是，"怨"大都用于上、中品的诗人，可见，"怨"是钟嵘诗美学的品赏标准。它与"悲"相连，形成六朝特定的悲怨美学范畴。如钟嵘品古诗："意悲而远。"品李陵诗："文多凄怆，怨者之流。"品班姬诗："《团扇》短章，辞旨清捷，怨深文绮。"品曹植诗："情兼雅怨，体被文质。"品王粲诗："发愀怆之词。"品阮籍诗："颇多感慨之词。"品左思诗："文典以怨，颇为精切。"品秦嘉及其妻徐淑诗："文亦凄怨。"品沈约诗："不闲于经纶，而长于清怨。"于是，钟嵘得出了这样的结论："嘉会寄诗以亲，离群托诗以怨。"钟嵘诗美学尚"怨"，但不主张撕肝裂胆、怨气冲天，有"伤清雅之调"，而是主张"情兼雅怨""文典以怨"，即"怨"情要有制约和要则，成为具有规范性的情感要求。

第三，钟嵘所欣赏或者说他诗美学的理想境界是建安风力。他以建安风力为顶峰，为坐标系，所谓诗风日下，也就是建安风力颓衰，被玄风所笼罩，其间虽有刘琨等人"仗清刚之气"，回挽颓风，但因"彼众我寡，未能动俗"。那么，钟嵘理想中的"建安风力"是什么呢？不是"古直""甚有悲凉之句"的曹公魏武诗风，而是陈王曹植之风。他品评曹植的诗："其源出于《国风》。骨气奇高，词采华茂，情兼雅怨，体被文质，粲溢今古，卓尔不群。嗟乎！陈思之于文章也，譬人伦之有周、孔，鳞羽之有龙凤，音乐之有琴笙，女工之有黼黻。"对曹植的赞美可以说是无以复加，在钟嵘心目中，曹植风格即建安风力，代表了建安风力的最高成就。那么钟嵘的建安风力和刘勰的建安风骨是否属于同一范畴呢？不完全一致。刘勰所说的建安风骨是"骨鲠""峻切""梗概多气"；钟嵘所说的建安风力既有骨气，且有辞采，更兼雅怨。因此，他对"气过其文，雕润恨少"的刘桢诗和"讦直露才"、有伤"渊雅"、"过为峻切"的嵇康诗，稍含微词。他所说的建安风力有特定内涵，即"干之以风力，润之以丹采"的完型化了的美学形态。

这一切，从本源、中心、形态论等方面构成了钟嵘《诗品》的本体论，其涉及的领域和触及的深度具有美学性质。

三、诗的赋、比、兴审美论

赋、比、兴是中国文章学、写作学的老题目，但它一开始便被纳入了致用理性的思维框架之中，用于进行政治伦理性的阐解，最典型的是郑玄解比兴，曰："比，见今之失，不敢斥言，取比类以言之；兴，见今之美，嫌于媚谀，取善事以喻劝之。"[①]由此开了中国之离开本体以比兴附会来解诗的先例，流弊所及，如近人黄侃《文心雕龙札记》所说："不明诗人本所以作，而辄事探求，则穿凿之弊固将滋多于此矣"。从汉儒释诗、强解比兴的迷宫中走出来的第一人是钟嵘，他大步走向了审美论的新天地。他说道："诗有三义焉：一曰兴，二曰比，三曰赋。文已尽而意有余，兴也；因物喻志，比也；直书其事，寓言写物，赋也。宏斯三义，酌而用之，干之以风力，润之以丹采，使味之者无极，闻之者动心，是诗之至也。若专用比兴，患在意深，意深则词踬。若但用赋体，患在意浮，意浮则文散，嬉成流移，文无止泊，有芜漫之累矣。"本来诗有六义，而钟嵘只提"兴、比、赋"三

---

① 郑玄：《周礼注疏》卷二三。

义,乃因为此三义更易于做审美说明,或者说更接近于美学。他对此三义的排列次序也颇为独特:"诗有三义焉:一曰兴,二曰比,三曰赋。"其阐释亦按照这个序次进行。这和传统的六义排列次序有明显不同。《周礼·春官宗伯》:太师"教六诗,曰风,曰赋,曰比,曰兴,曰雅,曰颂"。次序是赋、比、兴。《毛诗·周南·关雎序》:"故《诗》有六义焉:一曰风,二曰赋,三曰比,四曰兴,五曰雅,六曰颂。"其次序也是赋、比、兴。直到今天,人们都是这样排列的。唯独钟嵘把次序颠倒,把"兴"提前,列在首位,这充分说明他对"兴"在文学美学中地位之推重。"兴"经过他的说明,已具备了文学美学的素质特征。

这里出现了一个具有史的意味的现象。钟嵘《诗品》是第一次从文学审美的角度确定"兴"作为审美素质的含义,比起刘勰的"兴者,起也"说是意识的升华。刘勰还拘泥于诗的发生过程和步骤,钟嵘已触及诗的本身素质。更重要的是,钟嵘解"兴"较之汉儒释诗是文学审美上的重大突破,其根本原因在于研究者的主体意识和方法论。汉儒释诗是政治宗法意识的附会和规范,其经学方法是使诗回归文学美学的天然障碍。而钟嵘所处时代,文学和美学都开始觉醒,钟嵘呼吸时代新鲜空气,才会在观念和方法上对"比兴"做出美学色彩的说明。正因为钟嵘对"比兴"做出了新的说明,才会有唐代的"兴象"论。延及明清,李东阳《怀麓堂诗话》曰:"所谓比与兴者,皆托物寓情而为之者也。盖正言直述则易于穷尽而难于感发,惟有所寓托,形容模写,反复讽咏,以俟人之自得,言有尽而意无穷,则神爽飞动,手舞足蹈而不自觉,此诗之所以贵情思而轻事实也。"显然发挥了钟嵘见解,触及诗歌"贵情思而轻事实"的审美特质。

钟嵘要求"兴""比""赋"在综合运用中发挥立体效应而不主张偏至。如果专用比、兴,"患在意深",一切借助于比体和兴体来表达,主体之意深藏不露,难以发现和表现,在语言媒介上就显得不通畅,反而阻止了主体之意的表达。反之,如果只用赋体,直书其事,则"患在意浮",没有深埋的主体之意,"意浮则文散,嬉成流移,文无止泊,有芜漫之累"。避免偏至性运用,就须弘发三义,"酌而用之"。以风力作为骨干,用丹采加以润饰,这就是"诗之至也",是诗美学的最高境界,会使"味之者无极,闻之者动心"。深刻坚实的内容和华彩丽藻的形式相结合的审美素质,让人体味不尽、心动不已。

钟嵘对兴、比、赋三者的阐解既吸收了前人的成果，又做出了新颖的解说。他说，"兴"是"文已尽而意有余"，这不是"兴者，起也"，也不是先言此物而引起所咏之物，而是涉及六朝时言意这对极为重要的美学范畴，涉及审美素质的最根本特征是文尽而意不尽。这绝非一般的描述和表达手段、技法所能概括的，它是素质论而非技法论。钟嵘在品评具体诗人作品时就贯彻着这一美学思想，如品阮籍诗："言在耳目之内，情寄八荒之表。"品郦炎诗："怀寄不浅。"他批评某些诗人作品也是从这一美学角度进行的，例如他批评张华时指出"其体华艳，兴托不奇"，当诗的内涵没有深刻、新奇的东西时，体式"华艳"，也是应当否定的。这样，"兴"的"文已尽而意有余"遂成为诗美学的首要因素，其深远影响是形成后期中国美学史的"兴寄"美学范畴。清代李重华《贞一斋诗说》认为"有兴而诗之神理全具"，陈廷焯《白雨斋词话》说："所谓兴者，意在笔先，神余言外，极虚极活，极沉极郁，若远若近，可喻不可喻，反复缠绵。"经过这样的阐解，"兴"便不属于修辞学，而进入审美学了。钟嵘对"比"的阐解，"因物喻志"，也跟传统的解释不同，强调主体"志"的功能，落脚点在"志"上；其"赋"的"寓言写物"也不是纯物象论，而是强调发挥"寓言"的功能。所有这些，赋予了赋、比、兴以全新的意识，成为中国诗美学的奠基之言。

四、滋味说

钟嵘说："夫四言，文约意广，取效《风》《骚》，便可多得。每苦文繁而意少，故世罕习焉。五言居文辞之要，是众作之有滋味者也，故云会于流俗。岂不以指事造形，穷情写物，最为详切者邪！"四言、五言之变化是中国诗体之变革显示。四言诚然有"文约意广"的长处，但因诗体体式本身的限制，"文繁而意少"，"故世罕习焉"，只有曹操、嵇康等极少数诗人才可说是有成就者。五言之于四言是诗体之进步，"五言居文辞之要，是众作之有滋味者也"，五言体式机制在容纳诗作内容时更能发挥长处，因而更有"滋味"。表面上看，滋味是就四言、五言而言的，实质上是说五言体式的进化更有助于表现内容，从而更有"滋味"。从最初涉及"味"的美学史材料，如孔子闻《韶》"三月不知肉味"来看，晏子说"声亦如味"，至少提示了这样一点："味"已从自然物质型转化为艺术感受型，艺术的审美享受已大大超过了口腹的生理享受。人们对艺术感受的忘情追求显示了审美的重大进步，而钟嵘的贡献是把"味"导入诗美学中。

什么样的诗文学作品是有"味"的呢？钟嵘认为，首先是"指事造形，穷情写物，最为详切"。"指事造形"是说描述事象，塑造形象；"穷情写物"是指绘写物象，穷尽情感。它们均应"最为详切"，也就是详尽切到，写形则淋漓尽致，抒情则情尽意满，而五言诗的体式最能体现出这一"详切"特点。这表明了钟嵘对形象性和主体抒情性的重视，然而这还不是钟嵘之论的最根本特点，其最根本特点是写形抒情应彻底充分，而不是浅尝辄止、点到即止，无穷的意绪才会引发无穷的效应，从而使"味之者无极，闻之者动心"。他所要求的是"无极"——"滋味"（名词）令"味"（动词）之者体会"无极"，没有穷尽。

钟嵘绝非一般化地赞同或反对"形似"。他把张协诗列为上品，即因为其"巧构形似之言"，而与形似相伴生的是"风流调达"，"词采葱蒨，音韵铿锵，使人味之，亹亹不倦"，这正符合他的审美要求。然而，尚巧似的鲍照、张华却遭到钟嵘的指摘，他言鲍照"贵尚巧似，不避危仄，颇伤清雅之调"；言张华"巧用文字，务为妍冶"，但"其体华艳，兴托不奇"，"儿女情多，风云气少"。形似虽是艺术的表层要求，但艺术的表现需要借助于形象的逼真描述来体现，因而形似又需有深沉的"兴托"，言虽在"耳目之内"，情却"寄八荒之表"，有更多更丰的言外之旨。同样，在抒发情感上也是如此，例如他评《古诗》："意悲而远，惊心动魄，可谓几乎一字千金。"情感高度浓缩，有丰富的容量和涵值，惊心动魄，一字足抵千金，富于审美的张力。

那么，"最为详切"、最有"滋味"的美学范例是谁呢？钟嵘认为，是谢灵运。他说谢灵运"兴多才高"，"内无乏思，外无遗物，其繁富，宜哉！然名章迥句，处处间起；丽典新声，络绎奔会。譬犹青松之拔灌木，白玉之映尘沙，未足贬其高洁也"。所谓"内无乏思，外无遗物"，在主、客体方面都是彻底、充分跟"指事造形，穷情写物，最为详切"之义吻合的，这样的文学作品在审美上才是有"滋味"的。

"滋味"的具体形态、标准如此，也有具体的诗人、作品作为审美的范式存在，那么它如何获得呢？这便是钟嵘所说的"宏斯三义，酌而用之"，"干之以风力，润之以丹采"，要有"兴托"。

钟嵘是把"味"导入诗美学,并给以前所未有地位之第一人。"味"是钟嵘美学思想的核心,是他所描述的诗之至境。它既是作为名词概念的审美素质之"味"的存在,又是作为动词概念的审美鉴赏之"味"的存在。它既有具体的形态,又有具体的范式,还有实现的途径,于是"味"在钟嵘那里成为完整结构,成为独立的美学范畴,其影响及于司空图、苏轼、张戒、谢榛、袁枚等一批美学家。

五、钟嵘审美兴趣倾向

《诗品序》云:"夫属词比事,乃为通谈。若乃经国文符,应资博古,撰德驳奏,宜穷往烈。至乎吟咏情性,亦何贵于用事?'思君如流水',既是即目;'高台多悲风',亦惟所见;'清晨登陇首',羌无故实;'明月照积雪',讵出经、史。观古今胜语,多非补假,皆由直寻。颜延、谢庄,尤为繁密,于时化之。故大明泰始中,文章殆同书抄。近任昉、王元长等,词不贵奇,竞须新事,尔来作者,寖以成俗,遂乃句无虚语,语无虚字,拘挛补衲,蠹文已甚。但自然英旨,罕值其人。词既失高,则宜加事义,虽谢天才,且表学问,亦一理乎!"这段论述集中表达了钟嵘的审美兴趣倾向:"直寻""自然英旨"。

"直寻"就是直接采撷对象世界。既是"直寻",就反对"补假";既是"吟咏情性",就不主张"用事",这样就保持着来自感性的对象世界鲜活水灵的性质。"直寻"还包含着审美的直觉功能,当下即得,与审美对象之间保持着最直接而又最简单的联系,不需要过多的中介形式,而是以主体的审美心理结构迅疾而直接地同化对象世界,形成了具有中国色彩、特征的直觉思维。"直寻"的另一处提法是"寓目辄书",强调了"目"的观察功能。也只有这样,才能"指事造形,穷情写物,最为详切"。

钟嵘提倡"吟咏情性",由此确定诗的根本属性、特征。他认为,"吟咏情性"与"用事"出典是根本对立的,因此"吟咏情性""亦何贵于用事"。章炳麟《国故论衡·辨诗》认为:"诗又与议奏异状,无取数典,钟嵘所以起例。"有开拓之功。章炳麟是从诗与议奏的文体体式上看的,然而从美学的角度来看,"吟咏情性"坚持了诗的审美样式特性,使之区别于一般的应用文体。

钟嵘所援引的"思君如流水""高台多悲风""明月照积雪"等诗

句，之所以千古流传，乃是因为它们朴实且没有出典用事地"吟咏情性"，"寓目辄书"了最常见的景象和情感。这些都集中表现了钟嵘的"自然英旨"美学观。他不满于"拘挛补衲"的诗学倾向，认为诗是情性的外化结晶，不是逞奇炫博；诗是情性之物，不是学问之作，而情性乃"自然"所致，是"自然"的表现和流露。

钟嵘认为"自然英旨"之"词"与"事义"之间、"天才"与"学问"之间是对立的："词既失高"，没有文辞，"则宜加事义"，便用典故来充塞；"虽谢天才，且表学问"，没有天才，便炫耀学问。在钟嵘美学观中，极为重视和欣赏诗人的才情，他击节赞赏"陆（机）才如海，潘（岳）才如江"，正因为重才，才使得他对潘岳不做传统的人格评价。他赞谢惠连"才思富捷"，却贬谢瞻等人"才力苦弱"，谢朓"才弱"。从钟嵘的褒贬中可以看出他对于才、情作为诗人审美素质构成因子的重视，这样，他就走上了纯美学的道路。

钟嵘对声律美学的要求是"真美"，具体而言，就是"清浊通流，口吻调利"，流利和畅，温润美听。他不是一般地反对声律，他认为，"文制，本须讽读"，但他也认为"不可蹇碍"，应该流丽通畅。他所崇尚的"真美"实际上就是自然之美。这种自然性美学观，是钟嵘美学思想的倾向性体现，也构成了他的美学本体论，显示了他的美学个性。

总之，钟嵘在建立中国诗美学进而建立中国纯美学方面有开拓之功。他建构了以"味"的审美感觉为中心的审美创作和鉴赏论，他说五言有"滋味"，他描述诗之至境是"味之者无极，闻之者动心"，他贬斥玄言诗是"淡乎寡味"。他的"味"论与诗体进化形式相关，与诗的形象感相关，更与诗的深层内蕴相关。他对实现"滋味"至境的途径和手段有完整的描述。他对兴、比、赋做出了具有美学色彩的阐释，对"风力"与"丹采"并重诗美形态的重视，对"词采华茂"的欣赏，对"质木无文"的不满，对诗美与对象世界"直寻"关系的确定及他的自然性美学观，都带有他所处那个时代的审美理想特征，代表了那个时代美学的最高水平，并在总体美学思想和精神方面沾溉后世。

第五节　萧氏三兄弟

梁武帝萧衍之子昭明太子萧统、简文帝萧纲、元帝萧绎在文学美学理论上均有建树。就思辨性质而言，统、绎重在立论，纲倾于论辩；就论述气势而言，纲居首，咄咄逼人；就理论主张的内涵而言，若以传统文学论为参照系，纲的反正统姿态最桀骜，统与纲有异，绎与统略同。

萧统评陶渊明，虽着力甚多，但其根本点却在"风教"二字。他把陶诗思想纳入这一框架，对陶文的批评亦以此为标杆。《陶渊明集序》云："尝谓有能观渊明之文者，驰竞之情遣，鄙吝之意祛，贪夫可以廉，懦夫可以立，岂止仁义可蹈，抑乃爵禄可辞，不必傍游泰华，远求柱史。亦有助于风教也。"陶潜文学的作用、功能，绝非萧统之论所能规范和说明，但萧统何以要将之纳入"风教"呢？正是文学阐释的需要。他对《闲情赋》的批评是："白璧微瑕，惟在《闲情》一赋，扬雄所谓劝百而讽一者，卒无讽谏，何足摇其笔端？惜哉！亡是可也！"惋惜之情，溢乎言表，而"卒无讽谏"正是基于"风教"之论。可见，萧统是在形成伦理"先结构"的情况下阐解陶诗的，因此，苏轼《东坡志林》斥之曰："此乃小儿强作解事者。"

萧绎、萧纲在这一点上亦与萧统雷同。萧绎的《金楼子·立言》曰："诸子兴于战国，文集盛于二汉，至家家有制，人人有集。其美者足以叙情志，敦风俗；其弊者只以烦简牍，疲后生。"他们在理性主义上的一致性表明其作为梁的最高统治集团利用文艺创作的目的性。但在总体一致前提下，他们所运用的手段又不尽相同。萧统通过评价某一作家、作品来表述，萧纲则将阐发具体化，萧绎立足于以个人的"立言"来实现价值肯定。他将传统的立德、立功、立言三者统一起来，最终落脚点是"立言"。他发展了曹丕、曹植的思想，在《金楼子序》中说："余于天下，为不贱焉。窃念臧文仲既殁，其言立于世；曹子恒云，立德著书，可以不朽；杜元凯言，德者非所企及，立言或可庶几。故户牖悬刀笔，而有述作之志矣。常笑淮南之假手，每嗤不韦之托人。由是年在志学，躬自搜纂，以为一家之言。"这样，在总体上，梁代文学美学跟玄味道浓郁的东晋文学美学便有了区别，表现了六朝不同时期的精神格调。

在文学美学史观上，萧统的认识是"随时变改"，《文选序》一开篇就是对文学史历程的宏观概括：

> 式观元始，眇觌玄风。冬穴夏巢之时，茹毛饮血之世，世质民淳，斯文未作。逮乎伏羲氏之王天下也，始画八卦，造书契，以代结绳之政，由是文籍生焉。《易》言："观乎天文，以察时变；观乎人文，以化成天下。"文之时义，远矣哉！若夫椎轮为大辂之始，大辂宁有椎轮之质？增冰为积水所成，积水曾微增冰之凛，何哉？盖踵其事而增华，变其本而加厉。物既有之，文亦宜然，随时变改，难可详悉。

萧统以"物既有之"的现象说明"文亦宜然，随时变改"的发展规律，其进化观的历史意识是先进的，在这以前还未有人如此明确地说明文学的演进状况和规律性现象。

萧绎亦取同一见解，《金楼子·立言》曰："古之文笔，今之文笔，其源又异。"《内典碑铭集林序》云："夫世代亟改，论文之理非一；时事推移，属词之体或异。"随着时代世事的变改，无论是文学的内容，还是形式，都要随之改变。这种总体文学美学史观虽较抽象笼统，但其中的变更意识却是不言而喻的。

萧纲较之乃兄、乃弟，基本立论倾向一致，但持论稍有不同，他强调古今有异，侧重在不可以古律今。他的语气亦无统、绎平和之状，显得锋芒毕露。《与湘东王书》曰："若夫六典三礼，所施则有地；吉凶嘉宾，用之则有所。未闻吟咏情性，反拟《内则》之篇；操笔写志，更摹《酒诰》之作，迟迟春日，翻学《归藏》，湛湛江水，遂同《大传》。"他认为六典三礼、吉凶嘉宾，各有所施，不能强求划一。他主尚吟咏情性，而这类作品有其特殊性能，故不能用《内则》等篇什来规范，这不是反宗经，而是强调文学自身所固有的性质、特点。确实，"吟咏情性"不是萧纲所首创，《毛诗序》早有此论，然而其"吟咏情性"和"风动教化"相联系，"吟咏情性"不伤于风化："国史明乎得失之迹，伤人伦之废，哀刑政之苛，吟咏情性，以风其上，达于事变而怀其旧俗者也"。萧纲的贡献是对其加以分解、过滤，将"情性"与"风教"相剥离，使之形成一个自洽、自足性命题。萧纲说："若以今文为是，则古文为非；若昔贤可称，则今体宜弃。俱为盍各，则未之敢许。"实际上偏向于不可"今体宜弃"。这样，才能解释他何以会对近世之作推崇到如此高的地步："至如近世谢朓、沈约之诗，任昉、陆倕之笔，斯实文章之冠冕，述作之楷模。张士简之赋，周升逸之辩，亦成佳手，难可复遇。"

萧统的"随时变改"论，萧纲的"今文为是"论，萧绎的"时事推移"论，都强调了文学之"变"，古今体殊，莫可一裁，这和萧子显的名论"在乎文章，弥患凡旧，若无新变，不能代雄"①，表达了齐梁文学寻求新变的呼声，以及为他们不与古同的文学新创之路急切地寻找理论依据和史论基础的渴望。在对文学感性特征的重视方面，统、纲、绎有相近处，但程度稍有不同。

其一，就娱玩性能而言。萧统《文选序》曰："众制锋起，源流间出。譬陶匏异器，并为入耳之娱；黼黻不同，俱为悦目之玩。"不同的作品层出叠现，从不同方面满足了人们的需求——"入耳之娱""悦目之玩"，这正是最为显著和鲜明的感觉满足和印象接受。萧统的《七契》中有一节关于饮食的描述，可以参看。文曰："怡神甘口，穷美极滋。加以伊公调和，易氏燔爨，传车渠之碗，置青玉之案，瑶俎既已丽奇，雕盘复为美玩。子能与予而享之乎？"美食配之美器，不仅能满足口腹之欲，而且能获赏心之快，所谓"美玩"是也。因此，他们就高度重视感性的悦目动心，使视觉摇荡复又口感甚佳。前者如萧纲《答新渝侯和诗书》："垂示三首，风云吐于行间，珠玉生于字里，跨蹑曹左，含超潘陆。双鬟向光，风流已绝；九梁插花，步摇为古。高楼怀怨，结眉表色。长门下泣，破粉成痕。复有影里细腰，令与真类。镜中好面，还将画等。此皆性情卓绝，新致英奇。"对这种"花面交相映"的丽人绝代风姿的描述，不可谓不悦目动人。萧纲对此击节赞赏，正体现了他的审美趣味和好尚。他把这类感官力极强的诗视为"性情卓绝"，为他的"吟咏性情"论下了绝好的注脚。后者如萧绎《金楼子·立言》："宫徵靡曼，唇吻遒会。"这是就声律而言的，给人唇吻快感。两者联系起来，就是悦目、爽口。这完全是一种美感直接作用于人们感官的感性特征描述，跟萧子显"轻唇利吻"的说法声气相投，反映了齐梁时代文学美学对感性的要求。

其二，就文学的审美形式感而言。萧统《文选序》认为，文学应是"综缉辞采""错比文华"，要有焕斓的文采。他评陶渊明说："其文章不群，

---

① 萧子显：《南齐书·文学传论》。

辞采精拔，跌宕昭彰，独超众类，抑扬爽朗，莫之与京。"总体估价是对的，但特征概括有误。陶之诗文特征并非"辞采精拔"，而是淡而实浓、质而实腴，在平和闲散之中有无限的蕴藉和玄远意味。萧统之所以做出这样的评说概括，实乃是用他文学形式的先构图式来定向框套的。而萧绎对文学性能的规定是"绮縠纷披"（属色彩）、"宫徵靡曼"（属声律）、"情灵摇荡"（属情性）。而对于诗赋一类的文学体裁，萧纲极力主张要有美文学性，他声色俱厉地讨伐了扬雄、曹植之论。《答张缵谢示集书》曰："日月参辰，火龙黼黻，尚且著于玄象，章乎人事，而况文辞可止，咏歌可辍乎？不为壮夫，扬雄实小言破道；非谓君子，曹植亦小辩破言。论之科刑，罪在不赦。"一开始以"天文"演说"人文"，确定"人文"藻丽的存在合理性，跟其《昭明太子集序》的开篇是同一论证方式。接着，他几近咬牙切齿地愤斥扬、曹，认为即使科以刑律，亦不为过，大有鞭尸三百犹不解恨的激愤，从而为他鼓倡文学的审美形式感大力张目。其笔锋所向，一并扫过"时有不拘"冗长拖沓的谢灵运诗，"了无篇什之美""质不宜慕"的裴子野文，显示了他对文学华美凝练形式的急切呼唤。另一方面，萧纲对与之同道，虽成就不显，但文辞华靡的诗歌十分欣赏，如读梁宗室新渝县侯萧映之诗，"手持口诵，喜荷交并"①。他不仅在上引的《答张缵谢示集书》中表述了自己的主张，而且写有赠张缵的诗："仪表咸推挹，墙仞难窥践。既富垂帷学，复折波涛辩。绮思暖霞飞，清文焕飙转。朱旗赫宕与，雕棨纷曜煜。波摇白鳢舟，风动苍鹰舳。九嶷势参差，江天相蔽亏。三春澧浦叶，九月洞庭枝。洞庭枝婀娜，澧浦叶参差。芬芳与摇落，俱应伤别离。"萧纲先是赞其"仪表"，据《南史·张缵传》，缵"身长七尺四寸，眉目疏朗，神采爽发"，确实仪表不凡。而他所赞赏的张缵"绮思暖霞飞，清文焕飙转"，正是肯定其绮丽文采特色。这样，统、纲、绎就为六朝"丽"的文学范畴奠定了理论基础，提供了创作实际依据。

其三，就物感式创作方式而言。物感式即外在对象触发创作主体的情绪欲望，形成实际创作行为，这是中国创作活动最普遍的行为方式。萧氏三兄弟在这方面的论述也是相当完备和独到的。萧统《与晋安王书》曰："炎凉始贸，触兴自高，睹物兴情，更向篇什。"前一个"兴"是创作情

---

① 萧纲：《答新渝侯和诗书》。

感之感兴；后一个"兴"是触发、兴起。萧统坚持了文学创作的基本内容是感兴的认识，又强调了感兴需要有导发契机和对象——"物"，需要有"触""睹"的直接行为方式。他在《答湘东王求文集及诗苑英华书》中具体写道："或日因春阳，其物韶丽，树花发，莺鸣和，春泉生，暄风至，陶嘉月而嬉游，藉芳草而眺瞩，或朱炎受谢，白藏纪时，玉露夕流，金风多扇，悟秋山之心，登高而远托；或夏条可结，倦于邑而属词，冬云千里，睹纷霏而兴咏，密亲离则手为心使。"多种活动方式和不同季节景物，都是为"兴咏"而存在的。萧纲则在《答张缵谢示集书》中提出了"寓目写心，因事而作"的说法。较之萧统，他更注重具有社会色彩的情绪对文学审美创作活动的感发意义。他写道："至如春庭乐景，转蕙承风，秋雨且晴，檐梧初下，浮云生野，明月入楼，时命亲宾，乍动严驾，车渠屡酌，鹦鹉骤倾，伊昔三边，久留四战，胡雾连天，征旗拂日，时闻坞笛，遥听塞笳，或乡思凄然，或雄心愤薄，是以沈吟短翰，补缀庸音，寓目写心，因事而作。""寓目"的直接接触，是"写心"的前提条件，这对物感型创作做了富于创造性的表述，是中国"目击道存"的哲学思维方式在文学审美创作方式上的体现。萧统侧重于触景生情，萧纲注意于因事而作，都强调对象、外物对于主体、情感的作用。统、纲所罗列的景态、物态、事态，越是多样，越是显示出他们对于不同对象的体认功能和感应水平，从而也规定了文学审美创作实践活动和实际成果的多态性。而在物感论上，萧绎较之二兄有所深入，他提出"内外相感"说。《金楼子·立言》曰："捣衣清而彻，有悲人者，此是秋士悲于心，捣衣感于外，内外相感，愁情结悲，然后哀怨生焉。苟无感，何嗟何怨也？"这还不是一般的外物作用于内心，引起感受的反映论、决定论，而是主体业已具备了"感"的情绪结构，才能与外在对象相应和，所谓"秋士悲于心，捣衣感于外"，两相交契，一拍即合，"内外交感"。"交感"是交流，互为作用。当"交感"出现以后，文学创作的审美主体才真正处于自由状态，因为他已经与对象融化了。萧绎正确地指出："苟无感，何嗟何怨也？"当主体"无感"，没有先存的情绪积累和图像，就无法同化同一对象形式。

　　萧纲《劝医论》言医学，借诗学为例，其谈诗部分，独立起来可视作萧纲对文学审美创作活动的完整描述："为诗，则多须见意，或古或今，或雅或俗，皆须寓目，详其去取，然后丽辞方吐，逸韵乃生。岂有秉笔不讯，而能善诗。"这便把上述诸点汇为了一体。

第六节 萧子显

萧子显（约489—约537），字景阳，兰陵（今江苏常州西北）人，齐高帝萧道成之孙，齐豫章文献王之子。入梁后官至吏部尚书，曾被梁武帝称为"才子"，著有《南齐书》等。《南齐书·文学传论》是一篇颇为重要的文学美学论文。另外，《梁书》本传引萧子显《自序》，也发表了他关于文学美学创作的见解。

萧子显的文学思想有着鲜明的特色，代表了六朝文学美学理论的先进水平，主要包括以下几点。

其一，对文学基本性质的新确定。萧子显在他的论述中，对文学的基本性质做了新的确定，其着眼点是全新的，即审美特质、声律美学。《南齐书·文学传论》写道：

> 文章者，盖情性之风标，神明之律吕也。蕴思含毫，游心内运，放言落纸，气韵天成，莫不禀以生灵，迁乎爱嗜，机见殊门，赏悟纷杂。若子桓之品藻人才，仲治之区判文体，陆机辨于《文赋》，李充论于《翰林》，张眡摘句褒贬，颜延图写情兴，各任怀抱，共为权衡。属文之道，事出神思，感召无象，变化不穷。俱五声之音响，而出言异句；等万物之情状，而下笔殊形。

萧子显的论述着眼点显然摆脱了前代的论述和文学的传统功利主义因素，他是真正回归文学的本体特性来进行论述和确定的。其本体特性不是别的，而是审美特性。就萧子显对文学审美特性的体认来说，包含两个方面：一是审美主体，一是声律特质。这两个方面都体现了六朝对文学特性的体认已上升到新的层面。在萧子显看来，文学的创作动因不是社会政教的需要，而是审美主体发露和表达需要，这便是："文章者，盖情性之风标，神明之律吕也。"文章是主体"情性""神明"，也就是主体精神的表征。同时，萧子显认为，在文学的创作过程中，主体需要蕴思，"游心内运"，这是极为重要的见识，是文学创作主体内在的精神活动和运作。"生灵""气韵""赏悟"等，都是就审美主体的特质而言的。文学创作是主体精神的体现，是主体"气韵"的天然生成,是"生灵"的禀赋体现。在这之中。萧子显十分重视"神思",崇尚文学创作的灵性,又重视其个性。他认为,文学创作主体"各任怀抱",各有"爱嗜",便会有不同的个性,而个性来自于"神思",能"感召万象,变化不穷",展现出无穷无尽的现象。在重视主体情性的同时,萧子显还重视声律,认为文学不仅要美观,而且要美听,这显然是富于六朝文学理论审美特性的体认论。这样,萧子显对文学基本特性的确定就包含着两个十分重要的方面:一是主体因素,一是声律因素。这是六朝时对文学审美基本特质的完整理解和体认。

其二,对诗歌新体制的评价。萧子显在《南齐书·文学传论》中写道:

> 吟咏规范,本之雅什,流分条散,各以言区。若陈思"代马"群章,王粲"飞鸾"诸制,四言之美,前超后绝。少卿离辞,五言才骨,难与争鹜。桂林湘水,平子之华篇;飞馆玉池,魏文之丽篆。七言之作,非此谁先?卿、云巨丽,升堂冠冕;张、左恢廓,登高不继。赋贵披陈,未或加矣。显宗之述傅毅,简文之擒彦伯,分言制句,多得颂体。裴颜内侍,元规凤池,子章以来,章表之选。孙绰之碑,嗣伯喈之后;谢庄之诔,起安仁之尘。颜延《杨瓒》,自比《马督》,以多称贵,归庄为允。王褒《僮约》,束皙《发蒙》,滑稽之流,亦可奇玮。五言之制,独秀众品。

萧子显列举了诗、赋、颂、章表等多种文体,诗中又涉及"四言之美""五言才骨""七言之作",并且认为,"五言之制,独秀众品"。这是对五言诗在六朝诗坛地位的估价和评定,反映了六朝时文体评价中对五言诗的独有推崇。这和钟嵘《诗品序》的见解是一致的。钟嵘在"序"中就认为:"五言居文辞之要,是众作之有滋味者。"可见,五言诗在六朝有着很高的地位,是文学体式的重要体现。

其三,对物感式文学创作经验的揭示。六朝时的文学创作经验,刘勰、钟嵘、萧子显等人均做了总结和概括,其中最重要的经验便是物感式文学创作,是对象触发了主体的创作情思和愿望。例如萧子显《自序》就写道:"若乃登高目极,临水送归,风动春朝,月明秋夜,早雁初莺,开花落叶,有来斯应,每不能已也。"这些对象对于创作主体形成触动,于是感应产生,主体便不可遏制地出现创作冲动。对象的美态或美的景观是调动主体审美情感和愿望的主要媒介物,《自序》中所说的一种现象正是其写照："天监十六年，始预九日朝宴。稠人广坐，独受旨云：'今云物甚美，卿得不斐然赋诗？'"这是对创作心态的描述。

其四，对创作状态自然性的重视。萧子显认为，文学作家、诗人在审美创作时处于自然而然的状态中，这是创作主体的自然性表现。《自序》写道："每有制作，特寡思功，须其自来，不以力构。"审美创作是自然发生，自然而来，不可强求，"不以力构"的，创作是一种轻松的精神行为，这就如同他在《南齐书·文学传论》中所说的"轻唇利吻"，"应思悱来，勿先构聚"。

其五，对文学美学发展史及其规律的体认。在这一问题上更能体现出萧子显的文学美学史观和态度，《南齐书·文学传论》写道：

> 习玩为理，事久则渎，在乎文章，弥患凡旧。若无新变，不能代雄。建安一体，《典论》短长互出；潘、陆齐名，机、岳之文永异。江左风味，盛道家之言，郭璞举其灵变，许询极其名理。仲文玄气，犹不尽除；谢混情新，得名未盛。颜、谢并起，乃各擅奇；休、鲍后出，咸以标世。朱蓝共妍，不相祖述。

萧子显的文学美学史观是强调"变"、重视"变"。"若无新变，不能代雄"，这是一个响亮的口号，是一个鲜明的文学美学变化观念。它既体现了六朝文学新变的状况，也是对文学美学发展观的一种体认。求变、求新、求发展，这一文学美学史观是进步的，在中国文学美学史观上，是激进的，摒弃了保守和凝滞，应当给予充分的肯定。

其六，对当时文学现状的评价及相应对策。《南齐书·文学传论》认为："今之文章，作者虽众，总而为论，略有三体。"在他看来，当时的文学美学现状有三种倾向。

"一则启心闲绎，托辞华旷，虽存巧绮，终致迂回。宜登公宴，本非准的。而疏慢阐缓，膏肓之病，典正可采，酷不入情。此体之源，出灵运而成也。"这一类倾向是理过其情，虽然典正，但缺乏情思，是由谢灵运所发源的。这是萧子显以"情性"论即审美论为出发点所做的评价。

"次则缉事比类，非对不发，博物可嘉，职成拘制。或全借古语，用申今情，崎岖牵引，直为偶说。唯睹事例，顿失清采。此则傅咸五经，应璩指事，虽不全似，可以类从。"这一类情形是搬用古语，缉事此类，机械对偶，用古语来表达当代人的情感，其代表人物是傅咸、应璩。钟嵘就曾在

《诗品》中评价傅咸"繁富可嘉",应璩"善为古语",其基本估价与萧子显相同,而萧子显评价的出发点仍然是他的"情性""气韵"文学审美观。

"次则发唱惊挺,操调险急,雕藻淫艳,倾炫心魂,亦犹五色之有红紫,八音之有郑、卫。斯鲍照之遗烈也。"其代表人物是鲍照,他有些险厉,故作惊人之笔,这和钟嵘《诗品》的评价又是一致的,钟嵘言鲍照"贵尚巧似,不避危仄,颇伤清雅之调。故言险俗者,多以附照",有许多人依附于鲍照,遂成为文学审美创作的一种倾向。而萧子显评价的着眼点则是他崇尚自然,"须其自来,不以力构"的文学审美观。

针对以上三种创作倾向,萧子显提出了自己的见解:

委自天机,参之史传,应思悱来,勿先构聚。言尚易了,文憎过意,吐石含金,滋润婉切。杂以风谣,轻唇利吻,不雅不俗,独中胸怀。轮扁斫轮,言之未尽。文人谈士,罕或兼工。非唯识有不周,道实相妨。谈家所习,理胜其辞,就此求文,终然翳夺,故兼之者鲜矣。

赞曰:学亚生知,多识前仁。文成笔下,芬藻丽春。

这些见解在本体上就是从他的情性、神明、气韵、自然审美观出发的。强调天机,是萧子显对文学作为精神活动的正确体认,同时,他又重视学养,"参之史传",构成文学审美创作的学养基础。当创作准备充分以后,人的创作冲动就会油然而生,不需要预先设置,也就是所谓的"应思悱来,勿先构聚"。萧子显反对文意雕琢,过分求工,即所谓"文憎过意",认为文章应当通俗易懂,这样容易被人接受。同时,音调要流利,如"吐石含金",有金石之声,"滋润婉切"。萧子显还主张文学创作要"杂以风谣",广泛吸收民间歌谣,这和萧绎《金楼子·立言》"吟咏风谣"的主张是一致的,体现了当时文学发展的正确方向。而文风流利,"轻唇利吻",有助于传播,其风格应当是"不雅不俗,独中胸怀"的。

六朝精神世界有两类人物,这就是"文人谈士",文人是进行文学创作的人,谈士则是所谓的清谈之士。在萧子显看来,这两类人各有所长,各有所攻,"罕或兼工",他们之间差异十分显著,判若泾渭。萧子显认为:"谈家所习,理胜其辞,就此求文,终然翳夺。"谈士有自己独特的思维方式和话语系统,他们"理胜其辞",所铸合的是辩难之辞,是玄言,而不是文人所创造的以情性、神性、气韵、自然为内核的文学语言。对两种不同的精神主体，做出如此不同的界定，殊为难得。这可以看出，萧子显是以他所体认、确定的文学本体为基点，去做"文人谈士"划界的，划分得越是清晰，就越能够确定文学的基本特征。

萧子显对文学从审美基本特质的体认，视角独特，论析深隽，其文学美学论在六朝美学史上奠定了独有的地位。

第七节　两大论争

六朝文学美学出现了两大论争，一为文笔之争，一为萧纲与裴子野之争。

文笔之争是六朝文学美学理论中的重大之争，是文体发展的必然结果。当文体不断涌现和分蘖，就需要对文体的特征加以确定，进而对文体加以分类，真正确立文学作为文体的存在和独立性质。曹丕《典论·论文》提出"四体八类说"：奏议、书论、铭诔、诗赋。陆机《文赋》提出诗、赋、碑、诔、铭、箴、颂、论、奏、说十体，较之曹丕所说，范围有所扩大。刘勰《文心雕龙》指出章、表、奏、议、赋、颂、歌、诗、符、檄、书、移、史、论、序、注、箴、铭、碑、诔、连珠、七辞二十二体，可以说范围空前，也更细致。各类文体如何进行归类，从而确定其基本特征，提交给了文学美学理论界，于是文笔之争便出现了。

人们首先要确立文、笔不同的性质，那么，文、笔之别何在呢？刘勰《文心雕龙·总术》说："今之常言，有文有笔，以为无韵者笔也，有韵者文也。夫文以足言，理兼诗书，别目两名，自近代耳。颜延年以为笔之为体，言之文也。经典则言而非笔，传记则笔而非言。请夺彼矛，还攻其盾矣！何者？《易》之《文言》，岂非言文！若笔为言文，不得云经典非笔矣。将以立论，未见其论立也。予以为发口为言，属翰曰笔；常道曰经，述经曰传。经传之体，出言入笔，笔为言使，可强可弱。《六经》以典奥为不刊，非以言笔以优劣也。"黄侃《文心雕龙札记》说："文笔以有韵无韵为分，盖始于声律论既兴之后，滥觞于范晔、谢庄，而王融、谢朓、沈约扬其波……然则属辞为笔，自汉以来之通言；无韵为笔，自宋以后之新说。"这体现了刘勰文论的总体性，他对众多文体做了总体的论述，并在音韵学的基础上加以区分，这体现了他文学观念的非纯净性，即他尚未对文学的性质特征加以审美性的界定，这跟当时文体发展水平的实际状况相关。

刘宋时范晔结合自己的撰述来辨别文、笔，云无韵故称笔，赞有韵故称文，可见，在一开始，韵与非韵是文与笔的区别界限。

刘宋"颜延年以为笔之为体，言之文也。经典则言而非笔，传记则笔而非言"，把"传记"亦划入笔类，这就使笔所包含的类别有所扩大，这一文体观念影响了刘勰，他在《文心雕龙》中把史传、诸子归入笔类之中。颜延之还于"文""笔"之外另立"言"字。范文澜《文心雕龙札记》说："此言字与笔字对举，意谓直言事理，不加彩饰者为言，如《礼经》《尚书》之类是；言之有文饰者为笔，如《左传》《礼记》之类是；其有文饰而又有韵者为文。"颜延之重视文学的形式机制，成为文笔之辨中的一支突起异军。

而如前所引，刘勰在总体认识上，仍然是把文笔划分开来的，这贯串于他的整个文学思想中。《文心雕龙·体性》所谓"笔区云谲，文苑波诡"，即云有韵为文，无韵为笔。

以上文笔之辨的区分标准还在有韵无韵之上，所依据的是声韵标准，还没有触及文学之本体性质。而萧梁时萧绎《金楼子·立言》写道：

> 古人之学者有二，今人之学者有四。夫子门徒，转相师受，通圣人之经者，谓之儒。屈原、宋玉、枚乘、长卿之徒，止于辞赋，则谓之文。今之儒，博穷子史，但能识其事，不能通其理者，谓之学。至如不便为诗如阎纂，善为章奏如伯松，若此之流，泛谓之笔。吟咏风谣，流连哀思者，谓之文……笔退则非谓成篇，进则不云取义，神其巧惠，笔端而已。至如文者，唯须绮縠纷披，宫徵靡曼，唇吻遒会，情灵摇荡。而古之文笔，今之文笔，其源又异。

这是从审美的视角对文、笔的界定，不再局限于有韵无韵了，而是立足其内在的审美素质。这个素质是综合性的机制，有"情灵摇荡""流连哀思"的情感因素，有"宫徵靡曼，唇吻遒会"的声律美感，还有"绮縠纷披"的缤纷藻饰。这是对文学审美属性的基本揭示，遂成为对六朝美学理论的重大贡献。

另一论争为萧纲与裴子野之争。

萧氏三兄弟的文学理论倾向，统与绎较接近，不脱中和机制；纲较偏激，立论大胆，放言泼辣。萧统《答湘东王求文集及诗苑英华书》说："夫文典则累野，丽亦伤浮。能丽而不浮，典而不野，文质彬彬，有君子之致。"萧统把"典""丽"视为对立两极，只求典雅则乏文采，流之质木；若只求丽华，则会伤于浮露。于是，他将两者调和配给，取其中点，如画家调配颜色取中间色调一样，"丽而不浮，典而不野"，感性中沉淀着理性，理性寄寓于感性，其境界则是儒家常道之"文质彬彬"，达于"君子之致"。萧统自言"吾尝欲为之，但恨未逮耳"，尽管还未及至，却心向往之。他的上述思想是统一的，不仅在理论阐发中是这样，在具体的评判中同样贯串着这一原则。如《答玄圃园讲颂启令》云："首尾可观，殊成佳作。辞典文艳，既温且雅。"典艳相得，温雅不废。萧绎亦不满于时兴的轻靡文风，《金楼子·立言》曰："夫今之俗，缙绅稚齿，闾巷小生，学以浮动为贵，用百家则多尚轻侧，涉经记则不通大旨，苟取成章，贵在悦目，龙首豕足，随时之义，牛头马髀，强相附会。事等张君之弧，徒观外泽；亦如南阳之里，难就穷检矣。"如何纠偏，澄清文坛呢？他开的方子与萧统庶几相近。《内典碑铭集林序》说："繁则伤弱，率则恨省，存华则失体，从实则无味。或引事虽博，其意犹同；或新意虽奇，无所倚约；或首尾伦帖，事似牵课；或翻复博涉，体制不工。能使艳而不华，质而不野，博而不繁，省而不率，文而有质，约而能润，事随意转，理逐言深，所谓菁华，无以间也。"仍然是对对立两端加以中和，这使梁代文学美学理论界中保持着一种良好的平衡，不盈不缺，不满不亏，不偏不倚，均谐匀称，为传统的文学美学思想所接受。而萧纲的论述则多有不同，对于统、绎的中和，无疑是异端之说，其主要表现是：清算裴子野，高言"放荡论"。

裴子野作为历史学家，史笔出色，为人厉害，因不服沈约撰《宋书》称"松之（裴子野之曾祖，为《三国志》作注者）已后无闻焉"，便撰《宋略》二十卷，在书中掘沈约祖坟，捅了他的老家底，言"戮淮南太守沈璞（沈约之父），以其不从义师故也"，吓得大名鼎鼎、俨然一代文宗的沈约"徒跣谢之，请两释焉"，请求私了，并不得不"叹其述作曰：'吾弗逮也'"①。裴子野的文学代表作是《雕虫论》，题目已显倾向，作于齐末，主要就刘宋大明以来的文学状况发论，并不关涉梁代。

---

① 李延寿：《南史·裴子野传》。

萧纲选中裴作为靶子，其原因主要有三：一是裴子野文风恰与萧纲等梁代作家靡丽文风相抵触，"子野为文典而速，不尚靡丽，制多法古，与今文体异"；二是《雕虫论》与萧纲的主张相抵牾；三是"当时或有诋诃者，及其末，翕然重之"，裴子野死后名声鹊起，有一批"粉丝"，左右梁代文坛，大有取代、淹没萧纲之势，而作为有太子之尊的萧纲，容不得这种状况的形成和发展。他在《与湘东王书》中说："文章未坠，必有英绝，领袖之者，非弟而谁？每欲论之，无可与语，思吾子建，一共商榷。"一种自命曹丕、曹植，欲执当代文坛牛耳的情态声口，跃然纸上。以上这些，使萧纲下了清算裴子野的决心，他选择了裴殁后，自己立为皇太子的时机，这又有一个重要原因。裴身前深得武帝赏识，草檄文告，"武帝深嘉焉"，"诸符檄皆令具草"①，死后，"武帝悼惜，为之流涕"②。又据《梁书·裴子野传》，武帝亲下诏，褒扬裴并述凄然之怀："文史足用，廉白自居。劬劳通事，多历年所。奄致丧逝，恻怆空怀。""先是，五等君及侍中以上乃有谥，及子野特以令望见嘉，赐谥贞子"③，这是不寻常的哀荣，是据其"令望"所做的破格赐谥。

裴子野的《雕虫论》反对文学所应具有的感性审美特征，而以史学眼光看文学，以典章檄文看文学。其理论核心仍然是传统古旧的老调子："劝美惩恶，王化本焉。"在悠久的文学史上，只有《诗》才是裴氏所奉之楷模，后之作者便每况愈下，"思存枝叶，繁华蕴藻，用以自通"，《诗》之传统尽丧。他将"百帙五车"的"赋诗歌颂"，一笔撂倒，认为祸首是楚骚、司马相如，"悱恻芳芬，楚骚为之祖；靡漫容与，相如和其音"，可见，他所否定的是诗赋的情感缠绵悱恻，吟咏情性，文采斐然，即文学的审美性能和特征。在裴氏眼中，苏、李、曹、刘尚或可也，潘、陆、颜、谢便不在话下了，因为潘、陆，"固其枝叶"，多费辞藻；颜、谢，"箴绣鞶帨，无取庙堂"。他扫尽刘宋孝武帝大明以来文坛："闾阎年少，贵游总角，罔不摈落六艺，吟咏情性。"以否定"吟咏情性"为直接目标。"学者以博依为总务，谓章句为专鲁。淫文破典，斐尔为功，无被于管弦，非止乎礼义。深心主卉木，远致极风云，其兴浮，其志弱。巧而不要，隐而不深，讨其宗途，

---

① 李延寿：《南史·裴子野传》。
② 李延寿：《南史·裴子野传》。
③ 李延寿：《南史·裴子野传》。

亦有宋之风也。"最后，他引用荀子"乱代之徵，文章匿而采"的话作为结论。总括而言，裴子野的文学思想是以教化为根本，反"繁华蕴藻"，反"吟咏情性"，以理性伦常取代感性特征。这是一种古典气息极浓的正统声音，从根本上否定了美学所需要的感性色彩，其文学美学观是保守的，其文学美学史观是落后的。

萧纲的《与湘东王书》在观点上与裴氏针锋相对。裴反"吟咏情性"，萧则言"未闻吟咏情性，反拟《内则》之篇"。裴反"篾绣鞶帨"，萧则对裴文"了无篇什之美"，嗤之以鼻。裴认为，其时文风正楚骚风染所及，萧则认为恰恰相反，乃"正背风骚"所致，对当时文坛效法谢灵运、裴子野大为不满，逐一指疵，认为谢"时有不拘""冗长""巧不可阶"，确实揭示了谢灵运创作的毛病。又认为裴氏于典章文诰，颇为里手，但文体相殊，与"诗赋欲丽"究竟不同。对于文学来说，裴文确是"质不宜慕"，当时文坛效谢规裴，却又舍本求末："学谢则不届其精华，但得其冗长；师裴则蔑绝其所长，惟得其所短。"遂致"懦钝""浮疏""阐缓"，"握瑜怀玉之士，瞻郑邦而知退；章甫翠履之人，望闽乡而叹息。诗既如此，笔又如之。徒以烟墨不言，受其驱染，纸札无情，任其摇襞。甚矣哉，文之横流，一至于此"。最后，萧纲以文坛盟主自任，提出要和时为湘东王的萧绎一起来扭转文坛风习："辨兹清浊，使如泾渭；论兹月旦，类彼汝南。"

萧纲与裴子野之间在理论上的纷争是梁代文学美学界的一件大事，其性质是理性主义和感性主义的争论：文学仍然保持教化的陈旧内容，纯粹成为理性的奴婢，还是应当有其不可缺少的感性外在特征和令人悦目动听的美感形式。在六朝文学已经充分感性化即审美化的情况下，是以向后退的文学美学史观重新回到质野无文的原初状态，还是承认它存在的现实性和合理性？这是六朝文学美学中带有根本倾向的问题。

萧纲《诫当阳公大心书》有一番石破天惊的议论：

> 立身之道，与文章异。立身先须谨重，文章且须放荡。

立身与立文、人品与文品统一观，是中国文学具有文化学特征的基本观点。《周易·系辞》曰："将叛者其辞惭，中心疑者其辞枝，吉人之辞寡，躁人之辞多，诬善之人其辞游，失其守者其辞屈。"而萧纲之论，一反传统，把"立身"与"文章"分解为两半，互不关涉，认为立身应受伦理道德观制约，为文则可以偏离。这不仅对传统是反叛，而且对于魏晋以来的人物品藻、评品文章的做法也是一种背离。但这是一种重要的分离，强调了文学生存的独立性。文学活动是主体艺术思维的产物，以情感为动力，以想象为中介，特别需要艺术的虚拟和假定性逻辑，也就是按照审美的法则和规律行事。它不是道德观和立身人品的外化形式和直接表现，因此，不能以人观文，亦不能以文观人。文学活动一旦摆脱了这种道德桎梏，就会按照自身的规律去确定其实践行为方式。故而我们对"放荡"不能做望文生义的阐解。就萧纲等的为人而言，实不是浪子皇帝、花花太岁，跟前代齐东昏侯和后代陈后主的纵情"放荡"多有不同。就文学理论而言，这是一个寻求文学独立品格即审美品格的命题，使创作行为和物化成果获得了更多的感性内容。

这一命题的确立又无疑给当时人们解释他们佛气与俗气、教化和靡化的矛盾现象提供了答案。他们崇拜佛教，虔诚、认真，并非虚应故事，但精神信仰崇拜并不反映于诗歌中间，他们的不少诗显得俗不可耐。这便是立身先须谨重，文章且须放荡的实例证明。同样，他们虽也提出教化论，但诗歌格调则是靡化浮荡。理论和创作虽有同步，但亦有不同步现象，理论是规范，或是对整个社会、文学的总体要求，甚或是统治集团的根本利益需要，但创作往往表现为个人的行为，表达了个人的某种情感、意绪、欲望、需求，甚至直觉感悟意识、潜意识、潜欲望。同时，人是理性和感性的双重组合，个体感性要求在具有规范性的理论行为上无法表达出来，却又不致自行消泯，感性冲动是理性冰层下潜伏的热流，往往要通过最具个体性能的感性创作活动宣泄出来。这些都为说明萧氏兄弟三人自身的矛盾现象提供了依据。

承之前传统，在梁代理性主义美学思想仍然存在，裴子野就是一个证例。萧氏兄弟也未能幸免地持教化说。另一面则是感性主义膨胀至于失控，官能刺激感受被强化。在乍暖还寒、气流交撞的六朝，形成了裴子野的古典派，萧统、萧绎还应包括刘勰的折中派，萧纲的偏激派，他们分别代表了各自的美学精神、环境要求，于是成为一种现象。这一现象具有六朝的时代根本特征。

第八节 其他

曾经在文学审美论说上发挥影响作用的六朝文学理论还有还多，主要包括以下诸人的各类见解。

第一，檀道鸾的文学美学史见解。《世说新语·文学》刘孝标注引檀道鸾《续晋阳秋》言：

> （许询）有才藻，善属文。自司马相如、王褒、扬雄诸贤，世尚赋颂，皆体则《诗》《骚》，傍综百家之言。乃至建安，而诗章大盛。逮乎西朝之末，潘陆之徒虽时有质文，而宗归不异也。正始中，王弼、何晏好《庄》《老》玄胜之谈，而世遂贵焉。至过江，佛理尤盛，故郭璞五言始合会道之言而韵之，询及太原孙绰转相祖尚。又加以三世之辞，而《诗》《骚》之体尽矣。询、绰并为一时文宗，自此作者悉体之。至义熙中，谢混始改。

这段短短的论述，是批评玄言诗的第一篇文字，也是把"诗""骚"相连作为统一的文学传统加以看待的第一篇文字，同时又是对汉魏至东晋的文学史发展事实所做出的高度凝练的概括，意义十分显著，对南朝的所有文学美学理论均发挥了深刻的影响。

第二，张融文学观。张融作为永明年间的奇才，被高帝萧道成称为："此人不可无一，不可有二。"他的文学观属于激进型的，《门律自序》写道：

> 吾文章之体，多为世人所惊。汝可师耳以心，不可使耳为心师也。夫文岂有常体，但以有体为常，政当使常有其体。丈夫当删《诗》《书》，制礼乐，何至因循寄人篱下。且中代之交，道体阙变，尺寸相资，弥缝旧物。吾之文章，体亦何异，何尝颠温凉而错寒暑，综哀乐而横歌哭哉？政以属辞多出，比事不羁，不阡不陌，非途非路耳。然其传音振逸，鸣节竦韵，或当未极，亦已极其所矣。汝若复别得体者，吾不拘也。

又《戒子》曰："吾文体英绝，变而屡奇，既不能远至汉魏，故无取嗟晋宋。"可见，他的心理是矛盾的，一方面他很为自己奇变的文学观自傲，另一方面他又劝其后代不要趋步，而要别得他体。然而，他文体"变而屡奇"的观念确实反映了六朝求新求异的文学发展状况和急切的理论要求，跟萧子显《南齐书·文学传论》所说的"若无新变，不能代雄"，是一致的。

第三，江淹文学观念。江淹的文学观念中有几点值得注意。一是对重古轻今的批评。《学梁王兔园赋序》说："或重古轻今者。仆曰：何为其然哉？无知音，则已矣。聊为古赋，以奋枚叔之制焉。"二是进化观。《铜剑赞序》说："余以为古者语质而难解，今者语文而易了。"三是主张不同风格的各尽其致和并列共存。《杂体诗序》认为："楚谣汉风，既非一国……杂错之变无穷。"这对后代风格多样化理论多有影响。

第四，徐陵文学观。徐陵的文学观念主要集中在《玉台新咏序》中，主要包括几点。一是纯文学观念。"往世名篇，当今巧制，分诸麟阁，散在鸿都，不藉篇章，无由披览。于是然脂暝写，弄笔晨书，撰录艳歌，凡为十卷，曾无参于雅颂，亦靡滥于风人，泾渭之间，若斯而已。"徐陵所欣赏和选录的是被正统观念所弃的诗歌，它们充满了强烈的感性色彩，绮丽重艳，情性摇荡，餍足人心。《玉台新咏序》本身就是一篇艳丽的文字。二是求新的文学发展观。求新求变已成为六朝特别是南朝的文学风习，因而徐陵标书题为"新咏"，称诗歌是"属意于新诗""奏新声于度曲"。而且从"新"的文学观念出发，他在书中采录了许多当代人的诗作。三是对妇女文学进行歌颂。《玉台新咏序》对妇女及妇女文学的礼赞，展现了前所未有的热情，还对妇女丰富的内心世界，华丽的外在形态做了令人眼花缭乱的感性描述。难怪今世学者章培恒觉得该序出自陈后主宠妃张丽华之手。

六朝是中国文学审美论说全面发展和繁荣的时期，从自身构合了六朝这个文学自觉的时代：在内容上涉及文学理论、文学批评、文学鉴赏的所有领域，集其大成；在形式上有短制亦有长篇，有品评有思辨，有尺简亦有高头讲章，彬彬大盛矣！

第二十八章 南北朝美学交流

南朝与北朝长期处于分裂、割据、对峙的状态之中，南北朝美学有各自的形态、特征，又进行了交流，出现了融合。

第一节 南北朝美学的特征

南北朝美学的特征是因差异而来，其差异又因地理、社会、文化环境的不同基因而孳生出来。在《隋书·文学传序》中，曾就南北朝文化、文学精神的差异做出了如下比较：

> 自汉魏以来，迄乎晋宋，其体屡变，前哲论之详矣。暨永明、天监之际，太和、天保之间，洛阳、江左，文雅尤盛。于时作者，济阳江淹、吴郡沈约、乐安任昉、济阴温子昇、河南邢子才、巨鹿魏伯起等，并学穷书圃，思极人文，缛彩郁于云霞，逸响振于金石。英华秀发，波澜浩荡，笔有余力，词无竭源。方诸张、蔡、曹、王，亦各一时之选也。闻其风者，声驰景慕，然彼此好尚，互有异同。江左宫商发越，贵于清绮；河朔词义贞刚，重乎气质。气质则理胜其词，清绮则文过其意。理深者便于时用，文华者宜于咏歌，此其南北词人得失之大较也。若能掇彼清音，简兹累句，各去所短，合其两长，则文质斌斌，尽善尽美矣。

这是对于南北朝文化、美学精神、特征，最早也是最深刻的概括，同时对南北朝文化、美学融合提出了期待，要求"各去所短，合其两长，则文质斌斌，尽善尽美"。这是对特定历史时期南北方文化、美学的分别概括，普适度很高，遂成为经典之论。刘师培的《南北文学不同论》写道：

  声音既殊，故南方之文亦与北方迥别。大抵北方之地，土厚水深，民生其间，多尚实际；南方之地，水势浩洋，民生其际，多尚虚无。民崇实际，故所著之文不外记事、析理二端；民尚虚无，故所作之文或为言志、抒情之体。

  江左诗文溺于玄风，辞谢雕采，旨寄玄虚，以平淡之词，寓精微之理。故孙（孙绰）、许（许询）、二王（王羲之、王献之），语咸平典，由嵇、阮而上溯庄周，此南文之别一派也。惟刘琨之作，善为凄戾之音，而出以清刚（孙楚、卢谌之作亦然）；郭璞之作，佐以彪炳之词，而出以挺拔。北方之文，赖以不堕。晋、宋以降，文体复更。渊明之诗仍沿晋派。至若慧业文人，咸崇文藻，镜雕云风，模范山水。自颜、谢诗文，舍奇用偶，鬼斧默运，奇情毕呈。句争一字之奇，文采片言之贵，情必极貌以写物，辞必穷力以追新（谢元晖亦然）。齐、梁以降，益尚艳辞，以情为里，以物为表，赋始于谢庄，诗昉于梁武（简文及元帝之诗亦然）。阴、何、吴、柳（阴铿、何逊、吴均、柳恽），厥制益工，研炼则隐师颜、谢，妍丽则近则齐、梁。子山继作，掩抑沉怨，出以哀艳之词，由曹植而上师宋玉。此又南文之一派也（惟范云、任昉，文诗渊懿，江总、沈约亦无轻靡之辞，乃齐、梁文士之杰出者）。鲍照诗文，义尚光大，工于骋势，然语乏清刚，哀而不壮。大抵由左思而上效苏、张。此亦南文之一派也。梁、陈以降，文体日靡（至陈后主而极矣。即刘孝标、刘彦和、陆佐公之文，亦多清新之句），惟北朝文人舍文尚质。崔浩、高允之文，咸硁确自雄。温子昇长于碑版，叙事简直，得张、蔡之遗规；卢思道长于歌词，发音刚劲，嗣建长安之佚响（如《蓟北情歌》诸作是也）。子才、伯起（邢邵、魏收），亦工记事之文，岂非北方文体固与南方文体不同哉？

  自子山、总持（江总）身旅北方，而南方轻绮之文，渐为北人所崇尚。又初明（沈炯）、子渊（王褒）身居北土，耻操南音，诗歌劲直，习为北鄙之声，而六朝文体亦自是而稍更矣。隋炀诗文远宗潘、陆，一洗浮荡之言，惟隶事研词尚近南方之体。杨、薛之作，间符隋炀，吐音近北，摛藻师南。故隋、唐文体，力刚于颜、谢，采缛于潘、张，折衷南体、北体之间而别成一派。唐初诗文与隋代同，制句切响，言务纤密，虽雅法六朝，然卑靡之音于焉尽革。

这是近代以来对南北朝美学精神、特征及其融合、发展的经典之论，承认了南北朝美学的差别，由此形成对其各自美学精神和特征的认可。

差异是区别，区别便形成排拒，长期所形成的审美趣味便对同类者加以迎纳，而对异类者加以拒斥。这种同者相纳、异者相斥的美学现象，便加深了南北朝美学的进一步差别，例如颜之推《颜氏家训·文章》就曾记有这方面的事例：

王籍《入若耶溪》诗云："蝉噪林逾静，鸟鸣山更幽。"江南以为文外断绝，物无异议。简文吟咏，不能忘之；孝元讽味，以为不可复得，至《怀旧志》载于籍传。范阳卢询祖，邺下才俊，乃言："此不成语，何事于能？"魏收亦然其论。

兰陵萧悫，梁室上黄侯之子，工于篇什。尝有《秋诗》云："芙蓉露下落，杨柳月中疏。"时人未之赏也。吾爱其萧散，宛然在目。颍川荀仲举、琅邪诸葛汉，亦以为尔。而卢思道之徒，雅所不惬。

对于同一个对象，北方文学美学家和原南方的文学美学家之间产生了这么大的差异，甚至有截然对立的观点。

差异形成了南北朝美学各自的精神、风貌、特征，形成了区域性美学丛体，形成了各自的美学个性、品格。杏花、春雨、江南、骏马、秋风、塞北，不同的地理文化环境会孕生出不同的文化心理结构。《礼记·王制》说："凡居民材，必因天地寒暖燥湿。广谷大川异制，民生其间者异俗，刚柔轻重，迟速异齐，五味异和，器械异制，衣服异宜。修其教，不易其俗；齐其致，不易其宜。"杂花生树、群莺乱飞的南方，融冶得人心理细腻、灵敏、娟秀，才会出现谢灵运、谢朓以至于丘迟那样的文学审美心理。而北国则是"土气寒凝，风砂恒起，六月雨雪"[1]，形成了人们心理的奔放、粗粝、雄豪，他们所咏歌的便是那剽悍和勇力，是马上征服世界的气概，"健儿须快马，快马须健儿"[2]。那无有边际的草原，开阔着人们的心胸，于是

---

[1] 萧子显：《南齐书·魏虏传》。
[2] 佚名：《折杨柳歌辞》。

便有那千古绝唱的《敕勒歌》，迥然不同于南方的诗章：

> 敕勒川，阴山下。天似穹庐，笼盖四野。天苍苍，野茫茫，风吹草低见牛羊。

《乐府诗集》卷八六云：

> 《乐府广题》曰："北齐神武（高欢）攻周玉壁，士卒死者十四五，神武圭愤疾发。周王下令曰：'高欢鼠子，亲犯玉壁。剑弩一发，元凶自毙。'神武闻之，勉坐以安士众，悉引诸贵，使斛律金唱《敕勒（歌）》，神武自和之。其歌本鲜卑语，易为齐言，故其句长短不齐。"

《敕勒歌》实现了对塞上北川的动人描绘，它是简洁的，又是舒展的；它是描述的，又是抒情的。它实现了北方文学审美的重要方式：以粗线条的描绘去表达舒卷四放的心理感受。金代诗人元好问在《论诗三十首》中赞赏道："慷慨歌谣绝不传，穹庐一曲本天然。中州万古英雄气，也到阴山敕勒川。"

文化、社会习俗影响人们的思想、生活方式和行为标准。颜之推在《颜氏家训·涉务》中说："江南朝士，因晋中兴南渡江，卒为羁旅，至今八九世，未有力田，悉资俸禄而食耳。"南方人会享受，形成悠闲自如的生活节奏和文化格调，但北方人却常常因生存危机而苦恼，便没有多少闲情逸致。因而，南朝多俏丽华美之诗赋，北朝则多经世致用之散文。

北人好客，客来如家人，南人则稍逊。《宋书·王懿传》曾有比较性记载："北土重同姓，谓之骨肉，有远来相投者，莫不竭力营赡；若不至者，以为不义，不为乡里所容。仲德闻王愉在江南，太原人，乃往依之，愉礼之甚薄。"颜之推《颜氏家训·治家》曾比较江东邺下的南北妇家之风："江东妇女，略无交游，其婚姻之家，或十数年间，未相识者，惟以信命赠遗，致殷勤焉。邺下风俗，专以妇持门户，争讼曲直，造请逢迎，车乘填街衢，绮罗盈府寺，代子求官，为夫诉屈。此乃恒、代之遗风乎？南间贫素，皆事外饰，车乘衣服，必贵整齐；家人妻子，不免饥寒。河北人事，多由内政，绮罗金翠，不可废阙，羸马悴奴，仅充而已。"南方妇女是无交游的，北方妇女则是撑门户的；南方妇女在闺中，北方妇女则在马上。于是便有只能产生在北方的光耀千古的《木兰诗》，这是和《孔雀东南飞》相比并的叙事诗双璧。它具有完整的情节和叙事行为，而又内藏着击赏之情，咏唱着民族巾帼英雄的精神亮点。诗中的花木兰以女扮男装的独有方式实现了崇高形象和人格力量的塑造。这不是一个具体实在的个体人物的描绘，而是民族精魂凝聚的艺术化塑造。花木兰的舍身赴国、勤于战事、不避锋镝、以亲情为尚等等，都是簇簇闪烁的亮点。诗中那含有泥土气息的话语，那辗转铺排的描述，那以紧凑之结构显示战事紧迫的手法，那疏于战场密于回乡的安排，那特有的女儿心态、军旅氛围、亲情气氛的渲染，都体现了高超的艺术成就。特别是它所透发出来的艺术风调使人会立刻感受到北地风情，形成了北方诗歌的最鲜明标志。又如《李波小妹歌》写道："李波小妹字雍容，褰裳逐马如卷蓬。左射右射必叠双。妇女尚如此，男子安可逢！"这是又一位巾帼英雄，所散发的是强悍之美、勇力之美，迥异于南方女性的柔弱之美、婀娜之美。而这样的诗歌就是北方民族快马健儿、骏骥健妇尚武精神的颂歌。

北方文学还体现了游牧民族的流徙，不同于南方文学所体现的农耕文明，例如《紫骝马歌辞》："高高山头树，风吹叶落去。一去数千里，何当还故处？"北方文学中陇头流水的悲慨也显得格外深沉，如《陇头歌辞》："陇头流水，流离山下。念吾一身，飘然旷野。朝发欣城，暮宿陇头。塞不能语，舌卷入喉。陇头流水，鸣声幽咽。遥望秦川，心肝断绝。"总的来说，多种因素哺育和铸造着北方人的文化心理结构，从而在文学的审美创作中表现出来，《北史·文苑传序》写道：

> 既而中州板荡，戎狄交侵。僭伪相属，生灵涂炭，故文章黜焉。其能潜思于战争之间，挥翰于锋镝之下，亦有时而间出矣。若乃鲁徵、杜广、徐光、尹弼之俦，知名于二赵；宋该、封弈、朱彤、梁谠之属，见重于燕、秦。然皆迫于仓卒，牵于战阵，章奏符檄，则粲然可观；体物缘情，则寂寥于世。非其才有优劣，时运然也。至于朔方之地，蕞尔夷俗，胡义周之颂国都，足称宏丽。区区河右，而学者埒于中原，刘延明之铭酒泉，可谓清典……

> 洎乎有魏，定鼎沙朔。南包河、淮，西吞关、陇。当时之士，有许谦、崔宏、宏子浩、高允、高闾、游雅等，先后之间，声实俱茂，词义典正，有永嘉之遗烈焉。及太和在运，锐情文学，固以颉颃汉彻，跨蹑曹丕，气韵高远，艳藻独构。衣冠仰止，咸慕新风，律调颇殊，曲度遂改。辞罕泉源，言多胸臆，润古雕今，有所未遭。是故雅言丽则之奇，绮合绣联之美，眇历岁年，未闻独得。

这描述了北方文学审美的基本特征：崇尚古朴简练，保持周、秦时代的风韵，不同于南方文学审美之清丽特征。同时，揭示了北方文学审美特征所形成的多重地理、社会、文化原因。所以，对南北朝文化、文学审美差异，《颜氏家训·音辞》说："南方水土和柔，其音清举而切诣，失在浮浅，其辞多鄙俗。北方山川深厚，其音沉浊而钝，得其质直，其辞多古语。然冠冕君子，南方为优；闾里小人，北方为愈。"在比较南北朝文化美学差异时，颜之推不免站在了正统立场。

作为南方文学特征重要体现和代表的，是南方乐府歌辞。它分为吴歌和西曲两大门类，是南方经济、文化发展和繁荣的产物，它改变了乐府的品位，风格转为佻达、明快。《晋书·乐志》曰："吴歌杂曲并出江南，东晋以来，稍有增广。其始皆徒歌，既而被之管弦。盖自永嘉渡江之后，下及梁、陈，咸都建邺。"《乐府诗集》曰："西曲歌出于荆、郢、樊、邓之间，而其声节送和与吴歌亦异，故因其方俗而谓之西曲。"

《大子夜歌》集中代表了南方乐府歌辞的基本风格特征。"歌谣数百种，子夜最可怜。慷慨吐清音，明转出天然。丝竹发歌响，假器扬清音。不知歌谣妙，声势出口心。"此言其清音婉转，天然明丽，却又是出之心口之间。

南方乐府歌辞主要内容是爱情，对爱情表述得大胆率真，例如《子夜吴歌》之八曰："前丝断缠绵，意欲交结情。春蚕易感化，丝子已复生。"他们把爱情编织起来，形成与四时季节相联结的完整歌辞，例如《子夜四时歌》：

> 春风动春心，流目瞩山林。山林多奇采，阳鸟吐清音。
> 春林花多媚，春鸟意多哀。春风复多情，吹我罗裳开。
> 田蚕事已毕，思妇犹苦身。当暑理絺服，持寄与行人。
> 秋风入窗里，罗帐起飘扬。仰头看明月，寄情千里光。
> 渊冰厚三尺，素雪覆千里。我心如松柏，君情复何似？

这类爱情诗的一个重要特点是对女性爱情心态的把握和表达。女性对爱情表现得深挚和执着，时时担心男性的变异，例如《子夜歌》之三十六："侬作北辰星，千年无转移。欢行白日心，朝东暮还西。"女性爱情心态中又着意描述了两种情形。一是对爱情无法实现的失落感，例如《子夜歌》之七曰："始欲识郎时，两心望如一。理丝入残机，何悟不成匹！"一是对情人、情爱的相思，对离别之情的深长体味与表达，例如《子夜歌》之二十八："夜长不得眠，转侧听更鼓。无故欢相逢，使侬肝肠苦。"《莫愁乐》之二："闻欢下扬州，相送楚山头。探手抱腰看，江水断不流。"《西曲·古城乐》："布帆百余幅，环环在江津。执手双泪落，何时见欢还？"

在这类情爱乐府歌辞中，爱情坚贞的表现显得分外突出，例如《欢闻变歌》之五："锲臂饮清血，牛羊持祭天。没命成灰土，终不罢相怜。"

南方还产生了和北朝《木兰辞》相媲美的《西洲曲》：

忆梅下西洲，折梅寄江北。单衫杏子红，双鬓鸦雏色。西洲在何处？两桨桥头渡。日暮伯劳飞，风吹乌白树。树下即门前，门中露翠钿。开门郎不至，出门采红莲。采莲南塘秋，莲花过人头。低头弄莲子，莲子青如水。置莲怀袖中，莲心彻底红。忆郎郎不至，仰首望飞鸿。鸿飞满西洲，望郎上青楼。楼高望不见，尽日栏杆头。栏杆十二曲，垂手明如玉。卷帘天自高，海水摇空绿。海水梦悠悠，君愁我亦愁。南风知我意，吹梦到西洲。

全曲完全不同于巾帼英气盎然的《木兰辞》，而是充满缠绵情怀，阴柔之声婉转。它以六朝人折梅寄远去表达爱情为核心，在春到秋、早到晚的变化中，反复表露这名女子的相思之情。这名女子的情爱心态具有南方女子的心理结构特征，因此在表征南方文学清秀特征时便极具典型性。它那由情意缠绵所带来的曲折回环的诗的形式特征也是引人注目的。沈德潜甚至指出了它在文学史上的衍发意义，"似绝句数首，攒簇而成，乐府中又生一体。初唐张若虚、刘希夷七言古发源于此"。可见后代诗人深受此曲影响。

南朝乐府歌辞还充分体现了南方文学机巧新奇的特点，情调或为挑逗，但真率之意宛然，时见双关，巧用谐音，自跟北方文学判然有别。

虽然有残酷的战争、血腥的屠戮、文化的隔阂、精神的隔膜，但南北人民对追求心声的相通，却有共同的要求，《折杨柳歌辞》就表达了这一文化诉求："遥看孟津河，杨柳郁婆娑。我是虏家儿，不解汉儿歌。"胡儿不解汉儿，却表达了要求理解的愿望，于是，融合便成为不可避免之大势。

第二节　南北朝美学的融合

融合是必然的，是社会、文化交流之大势，是文化大"穹庐"下民族文化、美学互相吸收、融化的共同要求。

边境互市、互旅多重原因下所出现的北人来南、南人赴北，双方由不解而萌生的互解要求，这些都是南北朝美学融合的社会语境和原因。

事物并非铁板一块，既然南朝美学的感性特征、绮丽色彩、轻盈风格成为一种存在，成为表达美学观念的一种方式，就必然会渗透到北朝，甚至为北朝美学之士所欣赏和吸收。《北史·柳庄传》引苏绰言，可以看出北方文学受到南方华丽文风的影响情形："近代以来，文章华靡，逮于江左，弥复轻薄。洛阳后进，祖述未已。"尽管未免气急败坏，"以革前弊"，但是吸收已呈无改之大势，逐步形成对南方文化的认同感，例如《北史·杜弼传》载，高欢认为，"江东复有一吴老翁萧衍，专事衣冠礼乐，中原士大夫望之以为正朔所在"。

因而，南方的文化、美学悄悄传入北地，不胫而走，《北齐书·元文遥传》载："晖业尝大会宾客，有人将《何逊集》初入洛，诸贤皆赞赏之。河间邢劭试命文遥，诵之几遍可得？文遥一览便诵。"《北齐书·祖珽传》载刘孝绪据梁武帝之命所撰《华林遍略》在北地所受欢迎之情形："（祖珽）为秘书丞，领舍人，事文襄。州客至，请卖《华林遍略》。文襄多集书人，一日一夜写毕，退其本曰：'不须也。'珽以《遍略》数帙质钱樗蒲，文襄杖之四十。……又盗官《遍略》一书。"南方的作品传入北地，其被人熟悉的程度已到了随时称引的地步。《北齐书·文襄纪》载，东魏主对于高澄"朕！朕！狗脚朕！"的辱骂，吟"咏谢灵运诗曰：'韩亡子房奋，秦帝鲁连耻。本自江海人，忠义感君子。'因流涕"。在高澄邺城遇刺前，其走卒崔季舒预感到树倒猢狲散的结局，"无故于北宫门外诸贵之前诵鲍明远诗曰：'将军既下世，部曲亦罕存。'声甚凄断，泪不能已，见者莫不怪之"。从史载可以看出，北人对南朝文学的了解不是肤浅的，而是深入的，例如《颜氏家训·文章》记：

> 邢子才常曰："沈侯文章，用事不使人觉，若胸臆语也。"深以此服之。祖孝征亦尝语吾曰："沈诗云：'崖倾护石髓。'此岂似用事邪？"

其文学审美见解已深入南方文学美学理论的深度层面上了。

北人也逐渐认识到应该以南人的名士风度塑造自身，《世说新语·任诞》曰："王孝伯言：'名士不必须奇才，但使常得无事，痛饮酒，熟读《离骚》，便可称名士。'"这便是魏晋风度、六朝名士，而北人对此了解甚深，以之为北地名士塑造的要求。《魏书·卢元明传》记中山王熙对卢元明的期待："卢郎有如此风神，唯须诵《离骚》，饮美酒，自为佳器。"

前引那位对王籍《入若耶溪》不以为然的魏收，还另有故事。他悄悄地剽窃南方文学，《北齐书·魏收传》记道：

> 收每议陋邢邵文。邵又云："江南任昉，文体本疏，魏收非直模拟，亦大偷窃。"收闻乃曰："伊常于《沈约集》中作贼，何意道我偷任昉。"

不必互相揭短、指责，大哥二哥实为一样，都是南方文学的文贼。不管怎么说，南方文学渗透到北方，已成事实。又不管怎么说，这是南北朝文学融合的重要一步。

通过渗透、融化，北方文学家甚至敢于提出挑战，跟南方文学家媲美叫板，甚至超过之，《北史·温子昇传》记道：

> 济阴王晖业尝云："江左文人，宋有颜延之、谢灵运，梁有沈约、任昉。我子昇是陵颜轹谢，含任吐沈。"

口气可真不小啊！但话又说回来，如无底气，何能发此大话，吐此狂言！

南北对峙，但存在外交关系，使辙交驰互有往来。其使臣犹如先秦时代一样，富于文才，并以诗歌来沟通交流。《汉书·艺文志》写道："古者，诸侯卿大夫交接邻国，以微言相感，当揖让之时，必称诗以喻其志，盖以别贤不肖而观盛衰焉，故孔子曰'不学诗，无以言'也。"这种诗歌功能在消歇了相当长的历史时期后，在南北朝又恢复了。据《北史》载，北方十分重视外交人才的选拔，以文才作为其基本的文化素质："既有南北通好，务以俊义相矜，衔命接客，必尽一时之选，无才地者，不得与焉"。北方外交使臣文化素养之高，令南人吃惊，例如梁武帝萧衍接见东魏使臣李谐后，说："朕今日遇劲敌，卿辈常言北间都无人物，此等何处来？"于是，出现诸多南北之间、北国之间外交使者诗歌唱和的记载，例如庾信便作有《对宴齐使》《聘齐秋晚馆中饮酒》等。另《北史·薛道衡传》载："（陈使）傅縡赠诗五十韵，道衡和之，南北称美。"可见，外交活动带动了诗歌活动，带动了南北朝文学美学之融合。

南籍寓北的文士在促成南北朝文化、美学交流融合中，发挥了特殊的作用，其作用概括起来，就是入北带去南方美学风调，同时处北则又受到北方文化、美学的滋润、影响，从而使南北相融相合相化，这其中有两位人物须着重提起。

一位是王褒。王褒，字之渊，琅邪临沂（今属山东）人，王俭曾孙。梁元帝时任吏部尚书、左仆射，江陵被陷后入北朝，北周时任小司空，出为宜州刺史而卒，年六十四。明人辑有《王司空集》。王褒入北后享有很高待遇，《北史·王褒传》记道：

> 褒与王克、刘毂、宗懔、殷不害等数十人，俱至长安。周文喜曰："昔平吴之利，二陆而已。今定楚之功，群贤毕至，可谓过之矣。"又谓褒及王克曰："吾即王氏甥也，卿等并吾之舅氏，当以亲戚为情，勿以去乡介意。"于是授褒及殷不害等车骑大将军、仪同三司。常从容上席，资饩甚厚。褒等亦并荷恩眄，忘羁旅焉。周孝闵帝践阼，封石泉县子。明帝即位，笃好文学，时褒与庾信，才名最高，特加亲待。帝每游宴，命褒赋诗谈论，恒在左右。寻加开府仪同三司。保定中，除内史中大夫。武帝作《象经》，令褒注之，引据赅洽，甚见称赞。

这段记载对于了解王褒入北后的情况，十分重要。他已十分富贵了，参与并介入最高层的文学活动了，北朝统治者对于南方文士表现出高度的热情和迎纳态度，周文帝宇文泰"母曰王氏"，于是他立刻道近乎，攀亲戚，自称"王氏甥氏"，而敬称王褒、王克"吾之舅氏"，动情地劝慰："当以亲戚为情，勿以去乡介意。"这对于稳定人心、延揽人才发挥了很大的作用，同时，也体现了北方统治者对南方文士的欣赏，对南方文化、美学的需求，这又是服从于整个北地文化汉化的需要的。在这样的文化环境中，南北朝文化、美学的交流就不是以单一化的形态出现了。

王褒带去了南方精美型、精致型文化和娴熟的美学技巧，这无疑是宇文集团所需要和欢迎的。同时，南方的宫体诗必也一并进入。因为有消费，才会有生产。《高句丽》诗写道："萧萧易水生波，燕赵佳人自多。倾杯覆碗灌灌，垂手奋袖婆娑。不惜黄金散尽，只畏白日蹉跎。"本来易水寒波，燕赵多慷慨悲歌之士，但在王褒看来却是红粉佳人自多。这是用宫体文学视域来看待北方生活了。

另一方面，经历、地理、自然环境、北方文化等因素不可避免地影响了文风诗韵，王褒《燕歌行》中南方"初春丽景莺欲娇，桃花流水没河桥"之流丽，在离别江陵时被《始发宿亭》"漠漠村烟起，离离岭树齐"的苍茫所取代，进而被进入北地后肠断心悲的《渡河北》所淹没，该诗云："秋风吹木叶，还似洞庭波。常山临代郡，亭障绕黄河。心悲异方乐，肠断陇头歌。薄暮临征马，失道北山阿。"一开始就奠定了诗的萧索格调，眼前的秋风木叶，所勾起的是跟洞庭波相似的景象联想。现今置身北国的黄河边，远离了南方热土，那陇地的音乐歌曲，只能增加内心的悲伤、哀痛，"薄暮"的"失道"，更令人断肠天涯。整首诗诗韵深沉悲凄，已脱早期格调。

王褒还写有著名的《与周弘让书》，云：

> 嗣宗穷途，杨朱歧路。征蓬长逝，流水不归。舒惨殊方，炎凉异节。木皮春厚，桂树冬荣。想摄卫惟宜，动静多豫。贤兄入关，敬承款曲。犹依杜陵之水，尚保池阳之田。铲迹幽溪，销声穷谷。何其愉乐，幸甚幸甚！

> 弟昔因多疾，亟览九仙之方；晚涉世途，常怀五岳之举。同夫关令，物色异人；譬彼客卿，服膺高士。上经说道，屡听玄牝之谈；中药养神，每禀丹砂之说。顷年事道尽，容发衰谢，芸其黄矣，零落无时，还念生涯，繁忧总集。视阴慨日，犹赵盈之徂年；负杖行吟，同刘琨之积惨。河阳北临，空思巩县；霸陵南望，还见长安。所冀书生之魂，来依旧壤；射声之鬼，无恨他乡。

> 白云在天，长离别矣！会见之期，邈无日矣！援笔揽纸，龙钟横集。

《北史·庾信传》载："时陈氏与周通好，南北流寓之士，各许还其旧国。陈氏乃请王褒及信等十数人。武帝唯放王克、殷不害等，信及褒并惜而不遣。"王褒失去了南归故国的希望，更为引发和增添他的乡关之思，使其作品深切、沉痛、酸楚，具有动人的艺术感染力量。

另一位是庾信。庾信（513—581），字子山，南阳新野（今属河南）人，庾肩吾之子。初仕萧梁，为东宫抄撰学士、建康令，后出使西魏，恰遇西魏灭萧梁，便羁留北地。历仕西魏、北周，官至车骑大将军、开府仪同三司，世称"庾开府"。后人辑有《庾子山集》。

王褒际遇与庾信相似，但文名及影响不及他。庾信早期是宫体诗的代表人物，《北史·庾信传》曾载："父肩吾为梁太子中庶子，掌管记。东海徐摛为右卫率,摛子陵及信并为抄撰学士。父子在东宫,出入禁闼,恩礼莫与比隆,既文并绮艳,故世号为'徐庾体'焉。当时后进,竞相模范。每有一文,都下莫不传诵。"庾信入北后的遭际跟王褒一样,对北方文学发挥着重要作用,令狐德棻《周书·王褒庾信传论》说这作用"牢笼于一代",可见其大、其广,在程度上也超过了王褒许多,跟北方文学美学之交流也是双向的。

一方面,庾信带去了南风趣韵,使北人耳目新鲜。北周滕王宇文逌为《庾信集》作序,评价甚高:"信降山岳之隆,蕴烟霞之秀,器量侔瑚琏,志性甚松筠。妙善文词,尤工诗赋,穷缘情之绮靡,尽情物之浏亮。诔夺安仁之美,碑有伯喈之情。箴似扬雄,书同阮籍。"当时北方出现了一些庾信体的追求者和效法者,北周赵王宇文招便是其中的一位,他"学庾信体,词多轻艳"[①]。庾信奉和赵王宇文招的十多首诗大多是宫体诗,例如《奉和赵王春日诗》:"城傍金谷苑,园里凤凰池。细管调歌曲,长衫教舞儿。向人长曼脸,由来薄面皮。梅花绝解作,树叶本能吹。香烟龙口出,莲子帐心垂。莫畏无春酒,须花但见随。"又如《和赵王看伎诗》:"绿珠歌扇薄,飞燕舞衫长。"完全是南方宫体诗的味道。如此多地跟赵王招唱和,怎不使其近墨者黑、近朱者赤呢?滕王宇文逌《庾信集序》也写到当时效法庾信体的情形:"才子词人,莫不师教;王公名贵,尽为虚襟。"

另一方面,庾信在北地也改变了其诗风文风。庾信入北后,精神和灵魂处于矛盾和分裂的状态中,《周书·庾信传》写道:"信虽位望通显,常有乡关之思。"这在他因王褒之死所作的《伤王司徒褒》诗中有集中的表达:"陕路秋风起,寒堂已飒焉。丘杨一摇落,山火即时燃。昔为人所羡,今为人所怜。世途旦复旦,人情玄又玄。故人伤此别,留恨满秦川。定名于此定,全德以斯全。惟有山阳笛,凄余思旧篇。"他与王褒的遭遇最为相近,当王褒死后,他最易产生兔死狐悲之痛。虽然现在富贵荣华,但内心深处却充满着"为人所怜"的自卑感、凄凉感和羞愧感。

世事的变化、文化的转型,影响着庾信,北地风光、突生巨变所逼发出的乡关之思,形成了他浑浩接苍茫的文学情味。他在诗中多次提到守节之苏武,然而,他又何能与之比肩!贪恋荣华而又良心未泯,使得庾信的灵魂受

[①] 令狐德棻:《周书·赵僭王招传》。

到煎熬和咬噬，这就改变并重塑着他的文化审美心理结构，他又易于接受北方文化、美学的影响，因而构合成了新的诗文风貌和素质，这让杜甫有高度评价："庾信文章老更成，凌云健笔意纵横。"[①]"庾信平生最萧瑟，暮年诗赋动江关。"[②]虽然遭际不同，但是其情感形式和内涵都使杜甫认为，自身"哀伤同庾信"[③]。

明代杨慎在《升庵诗话》卷九中对杜甫的"老成"评价，做了这样的阐解："庾信之诗，为梁之冠绝，启唐之先鞭。史评其诗曰绮艳。杜子美称之曰清新，又曰老成。绮艳清新，人皆知之，而其老成，独子美能发其妙。余尝合而衍之曰：'……子山之诗，绮而有质，艳而有骨，清而不薄，新而不尖，所以为老成也。'"问题的关键还不在于此，"老成"最重要的是情感、精神的深邃、深切，以时代的视域审视着社会和个人的大波大澜。无论如何，这应该是时代精神的凝定和深化。可见，虽然经历不等同，但也经过社会和个人的大波大澜的杜甫，是用泣血的心灵感受并评价庾信之"老成"的。庾信的早期诗文，如《北史·文苑传序》所评："其意浅而繁，其文匿而彩，词尚轻险，情多哀思。"如《周书》所评："夸目侈于红紫，荡心逾于郑卫。"但是后期之诗判若两人之作，如《郊行值雪》："风雪俱惨惨，原野共茫茫。"《同卢记室从军》："地中鸣鼓角，天上下将军。"富贵荣华无法冲淡他的乡关之思。"还思建邺水，终忆武昌鱼"[④]，他目睹"玉关道路远"，遗憾的是"金陵信使疏"[⑤]。所以精神的积淀才是艺术风格、格调之根本。

庾信之文的成就超过了诗，这是因为他利用文体体式，铺衍张扬、辗转生发了他心中沸如泉涌的情感，例如他怀念死于长安的故交萧永的《思旧铭》："河倾酸枣，杞梓与楛栎俱流；海浅蓬莱，鱼鳖与蛟龙共尽。焚香复道，讵敛游魂；载酒属车，宁消愁气？芝兰萧艾之秋，形殊而共瘁；羽毛鳞介之怨，声异而俱哀。所谓天乎？乃曰苍苍之气；所谓地乎？其实抟抟之土。怨之徒也，何能感焉！"这不是一般的感发和抒发，而是冲发和迸发，

---

① 杜甫：《戏为六绝句》。
② 杜甫：《咏怀古迹》（其一）。
③ 杜甫：《风疾舟中伏枕书怀三十六韵奉呈湖南亲友》。
④ 庾信：《奉和永丰殿下言志十首》。
⑤ 庾信：《寄王琳》。

无法言说内在情感，只得指天骂地了，激愤型的情感以十分独特的方式表达了出来。

有《小园赋》的羁旅之思，有《枯树赋》的乡关之念，更有那史诗般的《哀江南赋》及其序，这是庾信身在北方对他曾经效忠过的萧梁王朝的痛苦回忆，是对建康陷落、江陵沦亡历史大事变和大灾难的总结，是个人遭际的血泪相迸的倾诉。在"五十年中，江表无事"，却有"江湖潜沸"，隐藏着深重危机。果然，"大盗移国，金陵瓦解"，个人命运从此发生了重大变化："余乃窜身荒谷，公私涂炭；华阳奔命，有去无归。中兴道销，穷于甲戌。三日哭于都亭，三年囚于别馆。"

在江陵期间，庾信跟萧绎在迁都问题上存在着严重的分歧，却不敢言讲。他极度蔑视萧绎坐拥观斗、苟且偷安的行为，于是用赋文的形式，裹和着激愤的情感对此加以指斥：

> 沉猜则方逞其欲，藏疾则自矜于己。天下之事没焉，诸侯之心摇矣。既而齐交北绝，秦患西起。况背关而怀楚，异端委而开吴。驱绿林之散卒，拒骊山之叛徒。营军梁溠，蒐乘巴渝。问诸淫昏之鬼，求诸厌劾之符。荆门遭廪延之戮，夏口滥逵泉之诛……登阳城以避险，卧砥柱而求安。既言多于忌刻，实志勇而刑残。但坐观于时变，本无情于急难。地惟黑子，城犹弹丸，其怨则黩，其盟则寒。

他用整幅画、整镜头的形式绘下、摄下了江陵难民被驱北上的情景：

> 忠臣解骨，君子吞声。章华望祭之所，云梦伪游之地。荒谷缢于莫敖，冶父囚于群帅。硎谷摺拉，鹰鹯批拂。冤霜夏零，愤泉秋沸。城崩杞妇之哭，竹染湘妃之泪。水毒秦泾，山高赵陉。十里五里，长亭短亭。饥随蛰燕，暗逐流萤。秦中水黑，关上泥青。于时瓦解冰泮，风飞电散。浑然千里，淄渑一乱。雪暗如沙，冰横似岸。逢赴洛之陆机，见离家之王粲。莫不闻陇水而掩泣，向关山而长叹。况复君在交河，妾在清波。石望夫而逾远，山望子而逾多。才人之忆代郡，公主之去清河。栩阳亭有离别之赋，临江王有愁思之歌。

描绘如画，沉痛之情充溢其间。家园之痛、身世之悲、乡土之思融为一体，集中迸发，一泄如注：

  日暮途远，人间何世！将军一去，大树飘零；壮士不还，寒风萧瑟。

  呜呼！山岳崩颓，既履危亡之运；春秋迭代，必有去故之悲。

天意人事，可以凄怆伤心者矣！

庾信把情感的浓度和表达的力度有机结合起来了，凌云健笔，意态纵横，他亦将北国之悲慨情调，南方之体物入微有机地融合起来，遂得江南之韵、河朔之风。

  南北朝美学之融合在一些杰出的创作个体身上集中表现出来，昭示了其发展前景。一些有识见、有眼光的美学理论家如颜之推也表述了南北朝美学相融合的思想，随着隋唐一统，南北朝美学融合便由朝霞初熹而至丽日中天了。

第六编

在延伸下的美学史中

第二十九章　对六朝美学的选择和吐纳

六朝是中国历史上政治最黑暗、残酷，王朝更迭最频繁的时期，这种状况自然会受到后代史学家的非议。六朝最终败于陈后主这样一名荒唐的亡国之君，于是人们总将六朝覆亡的原因归结为荒淫亡国，所谓"只缘一曲后庭花"。时至唐代，诗人杜牧《泊秦淮》还写道："烟笼寒水月笼沙，夜泊秦淮近酒家。商女不知亡国恨，隔江犹唱后庭花。"但是，六朝作为一种历史存在和社会、文化现象却始终给予后代以影响，后代人们也以不同的态度看待着这一历史现象。

第一节　隋代之于六朝

六朝后为隋，隋代开始了对六朝文化、美学的全面批判。隋文帝杨坚代周称帝，便着手纠偏文风，"每念斫雕为朴，发号施令，咸去浮华"。开皇十四年（594），隋文帝下诏："人间音乐流僻日久，弃其旧体，竞造繁声，浮宕不归，遂以成俗，宜加禁约，务存其本。"李谔上书，激烈地提出对使用浮艳文风的人要课以刑律："请勒有司，普加搜访，有如此者，具状送台。"[①]他所指斥的恰恰是六朝的思想、文化、美学成果，即所谓"以傲诞为清虚，以缘情为勋绩，指儒素为古拙，用词赋为君子"。他认为这种风习偏离了正统的儒学轨道，致使对"羲皇、舜、禹之典，伊、傅、周、孔之

---

① 魏徵：《隋书·李谔传》。

说,不复关心"。他又运用文事与国事相联结的传统观点,不无危言耸听地说,"文笔日繁,其政日乱"。

对六朝文化、美学的批判从一开始就表现出了复古主义的重要特征。著名思想家王通几乎一笔摔倒了六朝的诗人作家:"谢灵运小人哉,其文傲,君子则谨;沈休文小人哉,其文冶,君子则典;鲍照、江淹,古之狷者也,其文急以怨;吴均、孔珪,古之狂者也,其文怪以怨;谢庄、王融,古之纤人也,其文碎;徐陵、庾信,古之夸人也,其文诞;或问孝绰兄弟,子曰:鄙人也,其文淫;或问湘东王兄弟,子曰:贪人也,其文繁;谢朓,浅人也,其文捷;江总,诡人也,其文虚。"①作为对于六朝文学、美学倾向的反拨,王通力主恢复文学、美学的教化功能,《中说·立命》曰:"夫教之以《诗》,则出辞气斯远暴慢矣;约之以《礼》,则动容貌斯立威严矣。度其言,察其志,考其行,辩其德。志定则发之以《春秋》,于是乎断而能变;德全则导之以《乐》,于是乎和而知节;可从事则达之以《书》,于是乎可以立制;知命则申之以《易》,于是乎可与尽性。"为了清算六朝美学,他成为美学特别是形式美学的否定论者,《中说·天地》云:"李伯药见子而论诗,子不答。伯药退谓薛收曰:吾上陈应、刘,下述沈、谢,分四声八病,刚柔清浊,各有端序,音若埙篪,而夫子不应我,其未达欤?薛收曰,吾尝闻夫子之论诗矣,上明三纲,下达五常,于是征存亡,辨得失,故小人歌之以贡其俗,君子赋之以见其志,圣人采之以观其变,今子营营驰骋乎末流,是夫子之所痛也。不答,则有由矣。"这些都表现出了一种偏颇的态度,带有晋王杨广火烧建康宫那样的偏激情绪。新朝对于刚刚被取而代之的旧朝往往如此,但这不是客观的态度。

第二节 唐代之于六朝

唐人之于六朝审美的态度是在宽容中进行吐纳,有着审美判断的自主意识,这和唐人与生俱来的气度、气魄有关。它主要表现在以下几个方面:

一是对六朝审美成就的赞赏,它部分地表现为语言现象上的沿用和改造

---

① 王通:《中说·事君》。

后的化合。陶渊明《饮酒》（其三）云："人生复能几，倏如流电惊。"李白《对酒行》则有句："浮生速流电，倏忽变光彩。"谢灵运有"池塘生春草"的名句，李白则有"梦得池塘生春草，使我长价登楼诗"①，"他日相思一梦君，应得池塘生春草"②。人们可以从唐诗中找出许多这样的例子，但是只能说明问题的表层现象，更重要的是，李白、杜甫等唐代诗人从前代那里获得审美理想的启示，建立了自身的审美标准。例如李白对天然的美学境界的击节赞赏："清水出芙蓉，天然去雕饰"③，来自于六朝人对谢灵运的评价："谢诗如清水芙蓉"。对谢朓，李白《宣州谢朓楼饯别校书叔云》说："蓬莱文章建安骨，中间小谢又清发。"《送储邕之武昌》说："诗传谢朓清。"《酬殷明佐见赠五云裘歌》说："谢朓已没青山空。""我吟谢朓诗上语，朔风飒飒吹飞雨。"其中包含着对其"清"的美学风貌的赞赏。此外，李白还有《金陵城西楼月下吟》："解道澄江静如练，令人长忆谢玄晖。"《新林浦阻风寄友人》："明发新林浦，空吟谢朓诗。"一身傲气的李白"一生低首谢宣城"。杜甫《寄岑嘉州》也有云："谢朓每篇堪讽诵。"《八哀诗·张九龄》云："绮丽玄晖拥。"这种赞赏确实表现了李、杜等唐人的审美眼力，表现了其审美趣味的同化。

　　二是在登临诗的高峰后，在回首观望那些层峦叠嶂时，唐人表现出双重意识。一方面，唐人从前代人那里激发了诗情，李白《酬殷明佐见赠五云裘歌》云："故人赠我我不违，著令山水合清晖。顿惊谢康乐，诗兴生我衣。襟前林壑敛暝色，袖上云霞收夕霏。"这不是谢灵运《石壁精舍还湖中作》的翻用，关键就在于"顿惊谢康乐，诗兴生我衣"，是从谢灵运那里觅得的诗的情绪和感受——"诗兴"。另一方面，唐人在反思美学历史时又表现出深沉的意识，他们似乎更清晰、深刻地洞察了六朝诗的弱点。反思意识如此深刻，表明了唐人在建立自身审美理想过程中的追求，也就预示着一种新的审美意识的建立——回归到诗是审美感受对象化的基本命题上来。陈子昂《与东方左史虬修竹篇并序》中对"齐、梁间诗，彩丽竞繁，而兴寄都绝"的严厉批评，揭开了唐人美学历史反思的序幕。李阳冰《草堂集序》说："卢黄门（藏用）云：'陈拾遗横制颓波，天下质文，翕然一变。'至

---

① 李白：《赠从弟南平太守之遥》（其一）。
② 李白：《送舍弟》。
③ 李白：《经乱离后天恩流夜郎忆旧游书怀赠江夏韦太守良宰》。

今朝，诗体尚有梁、陈宫掖之风，至公大变，扫地并尽。"初唐的历史学家多参与了这场历史清算，魏徵《梁书·帝纪论》曰："太宗（梁简文帝萧纲）……多闻博达，富赡词藻。然文艳用寡，华而不实，体穷淫丽，义罕疏通，哀思之音，遂移风俗。"令狐德棻《周书·王褒庾信传论》曰："子山之文，发源于宋末，盛行于梁季，其体以淫放为本，其词以轻险为宗，故能夸目侈于红紫，荡心逾于郑卫。昔杨子云有言：'诗人之赋丽以则，词人之赋丽以淫。'若以庾氏方之，斯又词赋之罪人也。"李百药《北齐书·文苑传序》曰："江左梁末，弥尚轻险，始自储宫，刑乎流俗。"《隋书·经籍志集部序》说："永嘉已后，玄风既扇，辞多平淡，文寡风力。降及江东，不胜其弊。"唐代诗人、美学家也投入于这场反思性美学思潮。

李白《古风》（其一）指出："自从建安来，绮丽不足珍。""其三十五"曰："雕虫丧天真。"王昌龄《论文意》认为，"至晋、宋、齐、梁"，风骨"皆悉颓毁"。殷璠《河岳英灵集序》说："自萧氏以还，尤增矫饰。"唐人在建立新的美学意识和审美理想时，有对汉魏风骨的向往，他们或是对绮丽性六朝金粉美学时时警惕，担心覆辙重蹈，"恐与齐梁作后尘"①，或者是呼唤，以"蓬莱文章建安骨"来取代齐梁余风。正因为唐人对前代的美学成就具有清醒的继承和扬弃意识（《钝吟杂录》卷四就曾这样评述："千古会看齐梁诗，莫如杜老，晓得他好处，又晓得他短处。"），在审美意识的建立中才会产生新的飞跃，杜甫《春日忆李白》"清新庾开府，俊逸鲍参军"成为唐人神往的审美品貌。

三是唐代诗人继承、改造并发展着六朝诗人所描述的意象。谢灵运《游赤石进帆海》云："扬帆采石华，挂席拾海月。"李白《荆门浮舟望蜀江》则云："流目浦烟夕，扬帆海月生。"谢、李所描述的物象相似，但谢是客观描述，李则以"流目"为观照点，使审美表达一下子回归主体，是主体视点流盼飞转地观照着荆门万象，跃动着诗人遇赦东归的喜悦心情。颜延之《秋胡行》（其八）云："惨凄岁方晏，日落游子颜。"李白《送友人》则云："浮云游子意，落日故人情。"颜延之的两句诗不可谓不佳，具有某种美学氛围感，但李白的两句要更进一层，逼进到审美上来，突出了主体的审美感觉，产生了情感的注入、外射现象。晴空白云朵朵、随风飘荡，那是友

---

① 杜甫：《戏为六绝句》。

人萍迹不定、任其南北的象征；那夕阳不愿下山的迟疑，则是诗人送别友情的表征。诗人在"浮云"与"游子意"、"落日"与"故人情"之间寻找到绝妙的联结点，将主体的"意""情"注射入客体的对象"浮云""落日"身上，使感受性的审美特征显得特别鲜明。谢朓《观朝雨诗》云："朔风吹飞雨，萧条江上来。"李白《早秋单父南楼酬窦公衡》则云："疑是白波涨东海，散为飞雨川上来。"两诗均写飞雨景象，但谢诗是客观描述，李诗则是主观感受，一个"疑"字，显示出揣度、预测的意味，这就掺入了主体感受。再者，"疑"介乎肯定与否定之间，便使诗的意蕴、气象略显空灵。

王渔洋《带经堂诗话》说："唐诗佳句多本六朝，昔人拈出甚多。"从中可以看出唐人对六朝美学在选择中汲纳的基本精神和态度。

第三十章　六朝美学纵向性、多方位之影响

六朝是后代诗人吟咏不休、感慨系之的对象，诸如唐代刘长卿《秋日登吴公台上寺远眺》："惆怅南朝事，长江独至今。"李白《登金陵凤凰台》："吴宫花草埋幽径，晋代衣冠成古丘。"刘禹锡《乌衣巷》："朱雀桥边野草花，乌衣巷口夕阳斜。旧时王谢堂前燕，飞入寻常百姓家。"《石头城》："山围故国周遭在，潮打空城寂寞回。"《西塞山怀古》："金陵王气黯然收。"许浑《金陵怀古》："英雄一去豪华尽，惟有青山似洛中。"杜牧《题宣州开元寺水阁阁下宛溪夹溪居人》："六朝文物草连空，天淡云闲今古同。"李商隐《咏史》："三百年间同晓梦，钟山何处有龙盘。"宋代王安石《桂枝香》："六朝旧事随流水，但寒烟芳草凝绿。"元代萨都剌《百字令·登石头城》："指点六朝形胜地，唯有青山如壁。"清代吴伟业《台城》："可怜一片秦淮月，曾照降幡出石头。"《残画》："六朝金粉地，落木更萧萧。"六朝沉淀在后人心灵世界中的是衰败萧索的形象，所唤起的是沉痛的历史伤感。这种伤感情绪不断地被后人提起，并被他们的现实感受所同化，赋予了新的内涵，从而产生悲怆的美感情绪形式。

第一节　精神人格影响

六朝对后代精神人格的影响是多方面的，其中最重要的是名士派人格精神的影响。唐代杜牧《润州二首》写道："大抵南朝皆旷达，可怜东晋最风流。"六朝塑造了中国名士的基本形象，其"旷达""风流"的精神

影响着后代。李白《永王东巡歌》云:"但用东山谢安石,为君谈笑静胡沙。"李白是以谢安这位东晋名相为榜样的,他在诗中多处提到了谢安,如《东山吟》:"携妓东山去,怅然悲谢安。我妓今朝如花月,他妓古坟荒草寒。白鸡梦后三百岁,洒酒浇君同所欢。"《赠常侍御》:"安石在东山,无心济天下。一起振横流,功成复潇洒。"《出妓金陵呈卢六四首》(其一):"安石东山三十春,傲然携妓出风尘。"携妓东山,待时而动,正是李白从谢安那儿所寻找到的理想图,李白《江上吟》就曾做过这样的自我描述:"木兰之枻沙棠舟,玉箫金管坐两头。美酒樽中置千斛,载妓随波任去留。"李白对于东晋名士王子猷雪夜访戴逵的一段佳话亦颇为神往,《答王十二寒夜独酌有怀》起首便是:"昨夜吴中雪,子猷佳兴发。"后期中国士大夫文人的品格、性格无不受到六朝名士的影响。苏轼的旷放性格中就有着六朝名士的因子,晚明名士承续六朝风度,如徐渭等人。程晋芳评述吴敬梓曰:"敏轩生近世,而抱六代情。"即说吴敬梓久居金陵,感应到了六朝遗风。他的《儒林外史》所塑造的隐居会稽的王冕、携妻游清凉山的杜少卿等形象中,就有着六朝名士的影子。

陶渊明在后代有许多知音,唐代李白《梦游天姥吟留别》中"安能摧眉折腰事权贵,使我不得开心颜"的愤喊,正回荡着陶渊明"不为五斗米折腰"的声音。高适为封丘尉时,不堪"拜迎官长心欲碎,鞭挞黎庶令人悲",便"转忆陶潜归去来",将其作为自身的效法对象。苏东坡可说是陶渊明的旷代知音,两人心灵世界有许多契合之处。辛弃疾的不少词中都提到了陶渊明,如《哨遍》:"一飡自专,五柳笑人,晚乃归田里。"《贺新郎》:"把酒长亭说。看渊明、风流酷似,卧龙诸葛。"《鹧鸪天》:"晚岁躬耕不怨贫,只鸡斗酒聚比邻。都无晋宋之间事,自是羲皇以上人。"《水龙吟》:"须信此翁未死,到如今凛然生气,吾侪心事,今古长在。"

第二节 诗美学影响

六朝美学是中国美学史上的一个重要阶段。就诗美学而言,清代叶燮《原诗》曾这样写道:"譬诸地之生木然,三百篇则其根,苏李诗,则其萌芽山蘖,建安诗,则生长至于拱把,六朝诗则有枝叶,唐诗则枝叶垂荫。"

把六朝诗喻之为诗史中的"枝叶"是准确的。因有建安之"拱把",方有六朝之"枝叶",也才会有唐诗的"枝叶垂荫",承前而启后。此外,南朝乐府民歌吴歌西曲,为唐五代两宋的情爱性小词提供了温床。人们还认为李白绝句乃是"从六朝清商小乐府来",其《长干行》是以南朝《西洲曲》为粉本的。总的来说,六朝诗为唐诗雏形,宋代赵师秀《清夜偶成》说:"辅嗣易行无汉学,玄晖诗变有唐风。"

至于具体诗人的影响,就更密集而清晰了,例如陶渊明。清人沈德潜《说诗晬语》云:"陶诗胸次浩然,其中有一段渊深朴茂不可到处。唐人祖述者:王右丞有其清腴,孟山人有其闲远,储太祝有其朴实,韦左司有其冲和,柳仪曹有其峻洁,皆学焉而得其性之所近。"可见陶诗美学沾溉后代诗人之多、之深了。宋代苏东坡对陶渊明的诗美成就和历史地位做了极高的评价:"陶彭泽诗,初若散缓不收,反复不已,乃识其奇趣。"①《与苏辙书》更认为陶是建安以来至赵宋之第一人,"渊明作诗不多,然其诗质而实绮,癯而实腴,自曹、刘、鲍、谢、李、杜诸人,皆莫及也"。这正是对陶诗的一种阐释和理解,亦是对其肯定和评估。中国中后期诗人的诗美风格没有不受陶渊明影响的,杜甫说:"焉得思如陶谢手。"白居易说:"常爱陶彭泽,文思何高玄。"陆游说:"我诗慕渊明,恨不造其微。"元好问说:"此翁岂作诗,直写胸中天。"这不仅仅在于陶渊明开了田园诗派之一路,更在于他的美学风格和格调,那种平淡至极而又丰腴至极的诗美。

又如鲍照、何逊等人。杜甫《春日忆李白》:"俊逸鲍参军。"鲍照沉雄奇伟的诗美风格被吸收,他亦成为南朝诗风向初盛唐诗风转变的中介人物,其《咏史》诗就是上承左思诗,下启陈子昂、李白诗的。有时其影响仅在语言形式上,如鲍照《咏史》有句:"君平独寂寞,身世两相弃。"李白则写为:"君平既弃世,世亦弃君平。"丁福保《八代诗菁华录笺注》写道:"李、杜皆推服明远,称曰'俊逸'。明远字字炼,步步厚,以涩为厚。凡太炼则伤气,明远独俊逸,又时出奇警,所以独步千秋,衣被百世。"又曰:"鲍诗于去陈言之法尤严,只一熟字不用。又取真境,沉响惊奇,无平缓实弱钝懈之笔,杜、韩常师其句格,如'霞石触峰起''穹跨负天石',句法峭秀,杜公所拟也。"杜甫《秋日夔府咏怀奉寄

---

① 苏轼:《书唐氏六家书后》。

郑监李宾客一百韵》云："阴何尚清省。"《解闷》云："孰知二谢将能事，颇学阴何苦用心。"《赠毕四曜》云："流传江鲍体。"《八哀诗·张九龄》云："绮丽玄晖拥，笺诔任昉骋。"《北邻》曰："能诗何水曹。"《与李十二白同寻范十隐居》云："李侯有佳句，往往似阴铿。"《苕溪渔隐丛话》后集卷一引《东观余论》："（何逊）集中若'团团月隐洲''轻燕逐飞花''绕岸平沙合，连山远雾浮''岸花临水发，江燕绕樯飞''游鱼上急濑''薄云岩际宿'等语，子美皆采为己句，但小异耳。故曰：'能诗何水曹。'"

六朝诗人所培养起来的审美感觉对后代的影响更为细腻深切。例如，陈后主叔宝《立春日泛舟玄圃各赋一字六韵成篇》有句："遥看柳色嫩。"而唐代韩愈《早春呈水部张十八员外》则有句："草色遥看近却无。"这之间不正有着审美感觉的联系吗？而陈后主《七夕宴玄圃各赋五韵诗》云："月小看针暗。"又是何等精微的审美体察！可见，六朝诗人的审美感觉趋于精微、细腻，精致型的中国美学于此形成，它从一个方面铸造了中国诗人的审美心理结构。

第三节　论说形态影响

六朝所建立起来的美学论说形态对后代影响甚巨，首先是创造了点评式的论说形态，有《诗品》《画品》等，后来成为中国美学特别是诗美学论述的主要形式。刘勰《文心雕龙》给后代美学理论思想的影响同样是深巨的。宋代孙光宪《白莲集序》认为《文心雕龙》"穷诗源流，权衡辞义，曲尽商榷，则成格言"，明代胡应麟《诗薮》认为《文心雕龙》"议论精凿"，清代孙梅《四六丛话》称许《文心雕龙》"探幽索隐，穷神尽状"，今人杨明照在《文心雕龙校注》中认为："历代之著录、品评，群书之采摭、因习，前人之引证、考订，与夫序跋之多、版本之众，均非其他诗文评论著所能比拟。"刘勰的文学美学理论亦直接成为陈子昂"风骨兴寄"论、白居易"比兴"论的底本。后代治文学美学理论的，鲜有不提《文心雕龙》。

六朝美学上的"神思"论、"物感"论、"意兴"论、"意象"论、"比兴"论、"传神"论、"形神"论、"气韵"论、"文情"论、"滋味"论等等，都是中国美学史的首创，为此后的中国美学发展奠定了雄厚的基础，规范了中国美学众多理论及其范畴的内涵和特征。

美学影响最根本的是精神影响、观念影响。可以说，六朝美学在理论上使中国美学走向纯美学，不再是先秦两汉时持"比德"说的杂文化型美学，而是通过"澄怀"论、"畅神"论等，使审美回归主体。这是中国美学史的重大转捩，规范了此后的中国美学走向。

在审美境域上，六朝改变了汉代的大壮至于精致，改变了汉代的粗拙至于清秀，这同样对中国美学史起到了规范作用。

宗白华《论〈世说新语〉和晋人的美》对晋人精神影响中国画之状况做了精辟的描述："《世说》载简文帝入华林园，顾谓左右曰：'会心处不必在远，翳然林木，便自有濠濮涧想也。觉鸟兽禽鱼自来亲人。'这不又是元人山水花鸟小幅，黄大痴、倪云林、钱舜举、王若水的画境吗（中国南宗画派的精意在于表现一种潇洒胸襟，这也是晋人的流风余韵）？""晋人以虚灵的胸襟、玄学的意味体会自然，乃能表里澄澈，一片空明，建立最高的晶莹的美的意境。司空图《诗品》曾形容艺术心灵为'空潭泻春，古镜照神'，此境晋人有之。""这样高洁爱赏自然的胸襟，才能够在中国山水画的演进中产生元人倪云林那样'洗尽尘滓，独存孤迥'，'潜移造化而与天游'，'乘云御风，以游于尘埃之表'（皆恽南田评倪画语），创立一个玉洁冰清，宇宙般幽深的山水灵境。晋人的美的理想，很可以注意的，是显著的追慕着光明鲜洁、晶莹发亮的意象。"晋人的内在精神沉淀在后代的艺术形式中，成为美学精神的内核。

当"清"作为审美品貌在六朝被确定后，又引起了后代美学家的兴趣。王士禛《池北偶谈》引"汾阳孔文谷天胤云：诗以达性，然须清远为尚……'白云抱幽石，绿篠媚清涟'，清也；'表灵物莫赏，蕴真谁为传'，远也；'何必丝与竹，山水有清音''景昃鸣禽集，水木湛清华'，清远兼之也"，均是以六朝诗为范例的。

六朝物感式审美方式揭示了审美对象与主体的存在形式，遂为中国美学所广泛接受，并发展为情景交融论。到清代，王夫之的《薑斋诗话》对此做了终极性阐说，所谓"情景名为二，而实不可离。神于诗者，妙合无垠。巧者则有情中景，景中情"，他所列举的诗句主要来自于六朝的诗人，如谢灵运《登池上楼》："池塘生春草。"柳恽《捣衣诗》："亭皋木叶下。"萧恶《秋思》："芙蓉露下落。"这些诗句蕴含着情景交融的审美因子，遂成为情景美学论的最佳例证。

第四节　最具影响力的贡献

六朝美学对中国美学史的最大影响是思维方式和机制。它对文学、艺术第一次做出了审美本体性的阐解，改变了前代比拟性的描述手段，不拟物、比德，而是以现象为现实的审美对象，这使得文学审美的性质被发现、确定，这才是"文的自觉"的真正含义，也是它向本体的回归。西晋陆机《文赋》说："诗缘情而绮靡，赋体物而浏亮。"这道出了中国文学美学的分水界，由"诗言志"到"诗缘情"是划时代的转捩，文学的审美特质于此被认定。陆机还进一步诠解了这一审美特质的内涵："其会意也尚巧，其遣言也贵妍，暨音声之迭代，若五色之相宣。"大致包括了审美活动和传达手段的基本层面。刘勰的美学思想与陆机有一致贯通之处，他对文学审美特质的阐释有两大特点：一是发挥得更为具体、细致；二是充分贴近他那个时代的实际状况。《文心雕龙·明诗》认为："情必极貌以写物，辞必穷力而追新，此近世之所竞也。"这个"近世"即刘勰所处的当代状况。文学的审美以对象为对象，不再托物喻意或借物言志，在描述对象时，穷形尽相，辗转生发，六朝诗、赋的描述性审美功能特别显著，又不断追"新"，这就加速了六朝美学的更迭和翻新。文学上审美的新巧、园林上的精约、书法上的妍妙、画风上的精秀，都在体现着六朝精致化、雅化的审美理想和基本特征。它从根本上改变了汉代美学的大壮风貌，塑造着美学上的优美品貌，并且经过历史的选择、提炼、沉淀，在中晚唐定型化。

以西晋陆机《文赋》为先声，经萧梁刘勰《文心雕龙》系统阐释的文学创作审美心理，在六朝有了正确的说明，沾溉着中国审美心理史。例如灵感思维心态，陆机《文赋》说："若夫应感之会，通塞之纪，来不可遏，去不可止，藏若景灭，行犹响起，方天机之骏利，夫何纷而不理。思风发于胸臆，言泉流于唇齿，纷葳蕤以馺遝，唯毫素之所拟。文徽徽以溢目，音泠泠而盈耳。"如果没有灵感，则"兀若枯木，豁若涸流"。萧梁萧子显《南齐书·文学传论》说："属文之道，事出神思，感召无象，变化不穷。"《南史》卷四二《萧子显传》所载萧的一篇《自序》以自身审美创作的感性经验说明了灵感现象，认为创作灵感"须其自来，不以力构"。刘勰《文心雕龙·神思》曰："寂然凝虑，思接千载，悄焉动容，视通万里。""思理为妙，神与物游。神居胸臆，而志气统其关键；物沿耳目，而辞令管其枢机。枢机方通，则物无隐貌；关键将塞，则神有遁心。"唐及以后的文学美学家关于灵感的论述都相承于六朝，例如唐释皎然《诗式》说："意静神王，佳句纵横，若不可遏，宛若神助。"明代谢榛《四溟诗话》说："诗有天机，待时而发，触物而成。"可以说，中国审美心理学是从魏、晋、六朝建构形成，进而扩及到多种艺术与文学领域的。

哲学人物从品藻到"传神"论再到"气韵"论，是六朝由哲学及于美学的重大位移，它的根本意义在于确立了"人"为审美对象、审美重心，美学真正回归了本体。从东晋顾恺之的"传神写照"论、萧齐谢赫的"气韵"论直到清代沈宗骞《芥舟学画编》："凡物得天地之气以成者，莫不各有其神。欲以笔墨肖之，当不惟其形，惟其神也。"在书法美学上，从南朝王僧虔《笔意赞》："书之妙道，神彩为上，形质次之。"到唐代李世民《指法论》："字以神为精魄。"张怀瓘《书法要录》："深识书者，惟观神彩，不见字形。"不是都有一条延续着的美学史线索吗？

魏、晋、六朝文化—美学思想具有重大转折意义的理论是"得意忘言"。在这之前，中国文化—美学基本是以《周易》"立象尽意"论的具象性思维为主导的，对象的具在、具存性十分突出，表达"意"不脱离具体的"象"，这便规范了审美文化—美学的写实性趋向。例如《左传》说"铸鼎象物"，汉代扬雄提倡"言必有验"，王充更是高扬"疾虚妄"的真美旗帜。不管各家理论的提法如何不同，在根本思维机制上却是来自"立象以尽意"论，是其论的繁衍和孵化，王充的美学思想把这种尚实论推向了高峰。但是，魏、晋、六朝对这一尚实论进行了突破，并且经过与欧阳建"言尽意"论的论争，确定了"言不尽意"和"得意忘言"论。玄学哲学的论争在美学上产生的成果，改变了中国美学的趋向，影响了整个中后期的中国美学，从而确定了中国美学最具意义的思维方式，意义十分深远。王弼《周易略例》说："言者所以明象，得意而忘言；象者所以存意，得意而忘象。"《晋书·阮籍传》载嵇、阮"发言玄远"，"得意忽忘形骸"。刘宋谢灵运《山居赋序》说："意实言表，而书不尽。"萧子显《南齐书·文学传论》

说:"轮扁斫轮,言之未尽。"萧梁时释僧祐《梵汉译经音义同异记》说:"夫神理无声,因言辞以写意;言辞无迹,缘文字以图音。故字为言蹄,言为理筌。""得意忘言"论是一种超越论,超越实体具象,进入意识本体,是超验超象、无形无迹的,这正是审美状况。从"立象以尽意"到"得意以忘言",是美学思维的一次重大变化和演进,把美学推进到了更深的本体层次上,从此,"但见情性,不睹文字""言不尽意""言外之意"便成为最深刻、最有价值的中国美学命题。唐代皎然《诗式》说:"两重意以上,皆文外之旨。若遇高手,如康乐公,览而察之,但见情性,不睹文字,盖诣道之极也。"刘禹锡《董氏武陵集纪》云:"诗者,其文章之蕴邪?义得而言丧,故微而难能。"这样,中国文学、艺术表意性特征便确定下来,促使中国文学家、艺术家摆脱有限性,追寻无限性的美的意味,观照那炫目的美学之光。

总之,在不同的美学观念、美学形态、美学范畴等方面,六朝或是创生期,或是发展期,或是转折期。在众多的美学域界,不管是"映日荷花别样红"也好,还是"小荷才露尖尖角"也罢,中古及以后的美学大势在这里确定下来了。

"海日生残夜,江春入旧年。"在延伸的美学史中,六朝那些头有晕光的美的创造者与美的阐释者——陶渊明、谢灵运、鲍照、顾恺之、宗炳、王羲之、刘勰、钟嵘等等,纷纷走进绚丽多姿、五光十色的美学史图像中,唐及唐以后每一个时代的艺术长廊里都折射出这批巨匠或大师的光华。一切诚如谢榛《四溟诗话》所言:"文随世变,且有六朝、唐、宋影子。"

美学史还在继续延伸着,六朝美学将会以不灭或不可替代的光亮,汇入我们民族那滚滚滔滔的美学光流之中。这就是史的图像。